超级杂交水稻超高产栽培理论与实践

"十四五"时期国家重点出版物出版专项规划项目

著作委员会
主任：袁隆平

副主任：
马国辉　章秀福　赵全志
田小海　张运波　吴朝晖

委员：
徐春梅　龙继锐　周　静
魏中伟

马国辉　赵全志　张运波
徐春梅　吴朝晖　龙继锐
周　静　田小海　章秀福
魏中伟　———— 著

湖南科学技术出版社
国家一级出版社　全国百佳图书出版单位

前　言

　　水稻是我国和世界最主要的粮食作物之一，依靠科技进步继续大幅度提高单产，把产能建设作为根本，"藏粮于地、藏粮于技"，是保障粮食供给，端牢中国饭碗的必然选择。

　　1996年，中国农业部正式立项"中国超级稻育种计划"，经过20多年的科研攻关，我国超级稻发展取得了重大突破。其中，超级杂交稻超高产攻关实现了百亩连片、从亩产700 kg到1 100 kg举世瞩目的"五连跳"，为保障国家粮食安全做出了巨大贡献。

　　袁隆平院士长期重视和支持超级杂交水稻超高产栽培理论研究，提出了"良种、良法、良田、良态""四良配套"的高产攻关技术路线，组织实施了"超级杂交稻百千万超高产攻关工程"，即百亩攻关片实现亩产1 000 kg、千亩片亩产900 kg、万亩片亩产800 kg的目标，在我国南方不同生态区域取得了普遍成功。袁院士生前要求深入总结和提炼超级杂交水稻高产栽培理论与实践，以促进超级杂交稻大面积可持续均衡高产。

　　为此，我们基于超级杂交稻超高产攻关应用基础的研究结果，组织超高产攻关的科研人员共同编著了《超级杂交水稻超高产栽培理论与实践》。该书系统介绍了超级杂交稻高产潜力的生理生态机制、超高产的气候生态及田间热害发生与品种响应的生理生态特征，重点解析了超级杂交稻群体质量、源库关系、辐射利用效率及超高产稻田微生物等特征特性，分析了超级杂交稻超高产抗倒伏机制，系统构建了超级杂交稻好氧栽培、节氮栽培、抗倒栽培和热害防御等关键技术，回顾并精选了全国超级杂交稻超高产攻关实践中的典型案例和技术经验。

科技部"十五"至"十二五"国家科技支撑计划、农业农村部和国家自然科学基金委员会长期给予项目支持和资助，使我们加强了超高产攻关应用基础理论的研究，奠定了本著作的坚实基础，在此深表感谢。

本书内容上突出了理论性、系统性和创新性，对我国水稻超高产研究、技术推广和政策制定具有一定的参考价值，本书面向农业科研工作者、大专院校作物学相关师生、农业推广部门及农业管理部门工作人员。

著 者

2024 年 6 月

目 录

第一章 超级杂交稻超高产的群体特征 ……………………………………… 1

第一节 超级杂交稻育种进程中超高产品种的群体特征 ……………………… 5

一、超级杂交稻超高产品种的产量差异 ………………………………… 6

二、超级杂交稻超高产品种穗粒结构的差异 …………………………… 7

三、超级杂交稻超高产品种不同试验点单穗颖花数差异 ……………… 9

四、超级杂交稻超高产品种结实率的差异 …………………………… 10

五、超级杂交稻超高产品种千粒重的差异 …………………………… 11

六、产量变幅与产量因子变幅的关系 ………………………………… 12

第二节 超级杂交稻高产群体特征对氮肥施用量的响应机制 ……………… 18

一、超级杂交稻超高产品种的叶面积动态 …………………………… 19

二、超级杂交稻超高产品种的单株生物量及动态 …………………… 21

三、超级杂交稻超高产品种的群体生物量 …………………………… 22

四、超级杂交稻超高产品种的稻谷产量 ……………………………… 24

五、超级杂交稻超高产品种的群体穗粒结构 ………………………… 25

六、氮肥与超级杂交稻超高产群体穗粒结构变化的关系 …………… 27

第三节 超级杂交稻高产群体特征对氮肥施用时期的影响 ………………… 31

一、氮肥补施对超级杂交稻产量及产量构成的影响 ………………… 33

二、氮肥补施对超级杂交稻干物质生产的影响 ……………………… 35

第四节 超级杂交稻超高产品种的群体转运特征 …………………………… 44

一、超级杂交稻超高产品种的叶片物质积累 ………………………… 45

二、超级杂交稻超高产品种的叶片物质输出……………………………… 46

三、超级杂交稻超高产品种的茎秆物质积累……………………………… 47

四、超级杂交稻超高产品种的茎秆物质输出……………………………… 49

五、超级杂交稻超高产品种的穗部物质积累……………………………… 50

六、超级杂交稻超高产品种的穗部物质输入……………………………… 51

七、茎叶物质输出量与穗部物质输入量的相关性………………………… 52

第二章 超级杂交稻高产源库流平衡理论……………………………………… 55

第一节 源库流理论的提出及其类型和指标………………………………… 58

一、源库理论的提出………………………………………………………… 58

二、源库类型的划分………………………………………………………… 60

三、源库流的质量指标……………………………………………………… 62

第二节 超级杂交稻高产的库容特点及其调控机制………………………… 64

一、杂交水稻籽粒灌浆及其两段灌浆模式分析…………………………… 64

二、五期超级杂交籼稻籽粒库容灌浆特性及调控分析…………………… 67

第三节 超级杂交稻高产的叶源特点及其调控机制………………………… 73

一、超级杂交稻超高产叶片光合特性及其调控…………………………… 73

二、超级杂交稻群体光合速率的品种间差异……………………………… 76

三、施氮量对不同产量潜力超级杂交稻叶片衰老相关酶活性的影响……………………………………………………………………… 78

第四节 超级杂交稻高产的根源特点及其调控……………………………… 83

一、不同产量潜力超级杂交稻超高产根源特点及其氮素调控… 84

二、不同产量潜力超级杂交稻超高产根源特点及其耕层调控… 91

三、深浅耕处理下不同施氮量对五期超级杂交稻抽穗开花期根系形态的影响 …………………………………………………………… 94

四、抽穗开花期根系形态与产量构成要素的相关性分析………112

第五节　超级杂交稻高产的流特点及其调控……………………………113

　　一、不同产量潜力超级杂交稻的茎秆维管结构的差异比较………114

　　二、超级杂交稻强势籽粒与弱势籽粒维管束负荷的差异比较……118

　　三、超级杂交稻基部节间和穗颈节间伤流强度的比较……………119

第三章　超级杂交稻的辐射利用率特征　　121

第一节　不同类型超高产品种辐射利用率的差异及其受氮肥的影响……125

　　一、氮肥对不同类型超高产品种的产量差的影响…………………126

　　二、氮肥对不同类型超高产品种产量构成因子的影响……………127

　　三、氮肥对不同类型水稻品种生育期、叶面积指数、收获指数和植株吸氮量的影响…………………………………………………129

　　四、氮肥对不同类型超高产品种的辐射利用特征差的影响………130

第二节　超级杂交稻育种进程中辐射利用率的演变规律…………………134

　　一、不同年代超级杂交稻的产量和产量组成差异…………………135

　　二、不同年代超级杂交稻的生物量、截获辐射、辐射利用率和收获指数…………………………………………………………137

　　三、不同年代超级杂交稻的产量与截获辐射或辐射利用率之间的关系………………………………………………………………139

　　四、评价截获光合有效辐射、辐射利用率和收获指数对不同年代超级杂交稻的产量的贡献…………………………………………140

第三节　弱光胁迫下超级杂交稻辐射利用的变化特征……………………143

　　一、弱光胁迫下超级杂交稻的产量及产量构成……………………145

　　二、弱光胁迫下超级杂交稻干物质积累差异………………………146

　　三、弱光胁迫下超级杂交稻的净光合速率差异……………………149

　　四、弱光胁迫下超级杂交稻的花后辐射利用率变化………………150

　　五、弱光胁迫处理下产量与不同辐射利用参数之间的关系………151

第四节　氮密耦合对超级杂交稻辐射利用率的影响及其调控途径………155

一、氮密耦合对超高产品种产量形成与干物质生产的影响……156

二、氮密耦合处理下水稻产量、辐射截获率、光合有效辐射、辐射利用率、地上总干重和穗数的主成分分析　………158

三、氮密耦合对不同辐射利用特征参数的影响………159

四、氮密耦合处理下水稻产量与不同辐射利用特征相关参数之间的关系　………160

第四章　超级杂交稻气候生态与热害防御技术　　165

第一节　超级杂交稻产量表现的地理差异………168

一、研究区域………169

二、不同试验点超级杂交稻产量差异………169

三、不同试验点超级杂交稻生长期间的气象特征………173

四、主要气象因子与地理因子的相关性………177

五、产量与地理气候条件的相关性………180

第二节　超级杂交稻产量差异的气候特征………184

一、两类典型生态区超级稻产量差特征………185

二、典型生态区产量差产生的气候特征………188

第三节　水稻热害反应的品种差异与田间生理生态特征………193

一、水稻热害反应的品种差异………194

二、不同田间热害情景下水稻品种差异的生理生态………212

第四节　水稻品种耐热性鉴定及热害防御技术………226

一、水稻热害调查及品种（资源）的耐热性田间鉴定技术………227

二、水稻品种耐热性的梯级温度鉴定法………228

三、水稻高温逼熟耐性鉴定技术………230

四、优质杂交稻栽培期优化调整技术………232

第五章　超级杂交稻超高产抗倒伏理论与技术·····237

第一节　株型变化与抗倒伏关系·····240
一、水稻株型育种与抗倒伏特性的变化·····240
二、不同年代代表品种株型与库容变化趋势·····242
三、超级杂交稻超高产株型模式特点·····244

第二节　超级杂交稻抗倒伏形态特征与节间配置理论·····245
一、超级杂交稻茎秆物理承载强度的研究及超高产潜力·····246
二、超级杂交稻基部节间性状与抗倒伏性的关系·····248
三、超级杂交稻抗倒伏指数的差异与评价·····254
四、氮素水平及氮钾硅肥对超级杂交稻茎秆抗倒伏特性的影响·····256

第三节　超级杂交稻生理弹性抗倒伏研究·····263
一、植株茎鞘全钾、全硅含量的品种间差异及生育后期的动态变化·····264
二、植株茎秆和叶鞘中纤维素、木质素的品种间差异及生育后期的动态变化·····265
三、不同氮素水平对半高秆杂交稻抗倒伏生理特性的影响·····271

第四节　超级杂交稻叶鞘对抗倒伏能力的影响研究·····274
一、基部节间包鞘与去鞘的抗折力差异·····275
二、基部各节间叶鞘包茎层数·····276
三、基部各节间叶鞘包茎厚度·····278
四、基部各节间叶鞘存活数量变化·····279
五、叶鞘在超级杂交稻抗倒伏上的应用·····279

第五节　超级杂交稻抗倒伏抑制性调控与促进性调控研究·····281
一、抑制性调控理论与技术·····281

二、促进性调控理论与技术……………………………………………288

　　三、抑制性调控与促进性调控对水稻产量的影响………………………292

第六章　高产稻田微生物特征及其调控……………………………… 305

第一节　高产稻田微生物群落分布……………………………………309

　　一、不同处理对产量与产量构成因素的影响……………………………310

　　二、不同处理的群体结构特点……………………………………………312

　　三、不同处理对叶片及光合特性的影响…………………………………318

　　四、不同处理对根系生长特性的影响……………………………………319

　　五、不同处理不同时期植株N、P、K的含量…………………………324

　　六、不同处理不同时期植株根际微生物的含量…………………………327

第二节　高产稻田微生物调控途径……………………………………332

　　一、土壤微生物分析………………………………………………………333

　　二、栽培管理措施…………………………………………………………336

　　三、超级稻不同生育期土壤细菌和古菌群落动态变化…………………338

　　四、土壤基本理化性质……………………………………………………340

　　五、超级稻不同生育期土壤细菌和古菌群落高通量文库分析…………341

　　六、超级稻不同生育期土壤细菌和古菌群落结构动态分析……………342

　　七、超级稻不同生育期土壤微生物群落组成的影响因素………………345

第三节　有益微生物的应用及对产量的影响…………………………349

　　一、不同生长时期乳熟期和黄熟期对微生物总活性的影响……………350

　　二、好氧自生固氮菌在不同施氮量条件下的变化………………………351

　　三、厌氧自生固氮菌在不同施氮量条件下的变化………………………352

　　四、分蘖期解磷细菌量在不同施肥水平和密度条件下的比较…………352

　　五、施菌与不施菌条件下解钾细菌在水稻不同生育时期的变化

　　　………………………………………………………………………353

六、施菌与不施菌条件下水稻产量的变化……………………………353

第四节　耕作强度对超级杂交稻产量影响的微生物学机制…………………354

　　一、不同处理下土壤细菌群落alpha多样性以及物种组成……355

　　二、不同处理下细菌群落beta多样性 ……………………………358

　　三、耕作强度对细菌与土壤理化性质的冗余分析……………………360

　　四、耕作强度对细菌共线性网络以及功能的影响……………………362

　　五、不同耕作强度下细菌功能差异分析………………………………367

　　六、耕作强度对水稻生长以及土壤氮素循环的影响…………………370

第七章　超级杂交稻节氮高产施肥技术……………………… 377

第一节　超级杂交稻高产土壤肥力要求及其需肥规律………………………380

　　一、超级杂交稻高产土壤肥力要求……………………………………380

　　二、超级杂交稻高产需肥规律…………………………………………382

第二节　超级杂交稻氮素需求基因型差异及其吸收积累特性………………384

　　一、超级杂交稻对氮素需求的基因型差异……………………………384

　　二、超级杂交稻的氮素吸收积累特性…………………………………386

第三节　超级杂交稻节氮栽培技术策略及实践………………………………388

　　一、超级杂交稻节氮栽培技术策略……………………………………388

　　二、杂交水稻节氮高产栽培实践………………………………………390

第四节　超级杂交稻节氮高产栽培的生理效应………………………………394

　　一、超级杂交稻节氮高产的生长发育和干物质积累…………………394

　　二、超级杂交稻节氮高产光合生理……………………………………400

　　三、超级杂交稻节氮高产的产量形成…………………………………402

第五节　超级杂交稻节氮高产栽培技术………………………………………406

　　一、节氮施肥条件下超级杂交稻产量…………………………………406

　　二、超级杂交稻最佳节氮量及氮、磷、钾配比………………………409

三、节氮水平与最佳栽插密度研究……………………………………413

　　四、不同生育时期氮肥合理运筹技术……………………………………416

　　五、超级杂交稻节氮高产施肥技术规程…………………………………418

第八章　超级杂交稻好氧栽培理论与水分管理……………………………421

第一节　水稻好氧栽培的发展……………………………………………423

　　一、水稻需氧特性…………………………………………………………423

　　二、好氧栽培理论的提出…………………………………………………425

　　三、好氧栽培的生理效应…………………………………………………426

　　四、好氧栽培的生态效应…………………………………………………427

　　五、好氧栽培的调控措施…………………………………………………429

第二节　好氧栽培对超级杂交稻源库及产量的影响……………………430

　　一、对叶面积和干物质积累的影响………………………………………430

　　二、对茎秆和穗颈维管束性状的影响……………………………………431

　　三、对籽粒灌浆动态的影响………………………………………………432

　　四、对水稻产量及其构成的影响…………………………………………436

第三节　好氧栽培对超级杂交稻根系形态的影响………………………438

　　一、不同增氧模式对水稻根系形态的影响………………………………438

　　二、根际氧浓度对水稻分蘖期根系形态的影响…………………………440

　　三、根际氧浓度对水稻分蘖期根系解剖结构的影响……………………445

第四节　好氧栽培对超级杂交稻生理的影响……………………………449

　　一、对叶片生理的影响……………………………………………………449

　　二、对根系生理的影响……………………………………………………452

　　三、根际氧浓度对水稻分蘖期营养元素的吸收和积累的影响…………457

第五节　超级杂交稻好氧灌溉及水分管理………………………………466

　　一、超级杂交稻的需水规律………………………………………………466

二、需水量和灌溉定额……………………………………………………466

　　三、好氧灌溉指标及水分管理……………………………………………468

第九章　超级杂交稻高产实践与案例………………………………………………471

　第一节　超级杂交稻超高产区域…………………………………………………473

　　一、超级杂交稻超高产示范………………………………………………473

　　二、全国超级杂交稻超高产典型案例……………………………………474

　第二节　超级杂交稻超高产典型案例关键技术…………………………………480

　　一、湖南隆回超高产栽培关键技术………………………………………480

　　二、湖南龙山超高产栽培关键技术………………………………………481

　　三、河南光山超级杂交稻万亩高产攻关片关键技术……………………484

　第三节　山东莒县超级杂交稻超高产栽培关键技术……………………………489

　　一、山东莒县超级杂交稻超高产栽培基本情况…………………………489

　　二、栽培技术规范…………………………………………………………489

　第四节　云南个旧超高产栽培关键技术…………………………………………494

　　一、旱育壮秧………………………………………………………………494

　　二、精心浅栽、薄水护苗，促进返青……………………………………495

　　三、合理施肥………………………………………………………………495

　　四、晒田控苗………………………………………………………………495

　　五、水分管理………………………………………………………………496

　　六、病虫害防治……………………………………………………………496

参考文献……………………………………………………………………………………497

附1　水稻热害田间调查及耐高温性大田鉴定规程……………………………………538

附2　水稻品种耐高温性能的花期梯级温度鉴定规程…………………………………543

附3　水稻高温逼熟耐性鉴定技术规程…………………………………………………547

第一章　超级杂交稻超高产的群体特征

超高产水稻品种与生俱来的农艺性状、株叶形态和生理特性是决定水稻实际产量的基础。实现水稻品种高产的关键在于群体有效穗数、每穗粒数、千粒重等产量构成因子之间的平衡，大库容的建立和较高的籽粒充实度也是水稻高产实现的重要因素。

足量大穗是超高产的基础，穗数与结实率对产量的贡献最大。因此，在适当增加穗数的同时获取大穗，并重点提高结实率，从而形成足量的颖花量与高充实度，是超高产形成的基本群体特征；而超高产群体物质生产积累则应以稳步增加生育前期（拔节前）的适宜干物质量为基础，在生育中期通过营养生长与生殖生长的协同增长，以壮秆大穗和更为挺拔的株型，在保证形成较高群体粒叶比的同时增加群体干物质积累量，并增强群体的安全承载能力，从而使群体在生育后期，能够以高效的光合系统来提高群体物质生产力，增加干物质积累量，协调干物质转运，最终提高群体的生物学产量，并保持较高的经济系数。研究发现高干物质生产、叶面积指数及有效穗是高产区实现超高产的群体生理原因。高产类型双季稻具有库容量大、产量潜力大、物质生产能力和氮素吸收能力强的群体特点，高产类型早稻生育期 110~115 d，株高 95~105 cm，上部节间较长，倒 2 叶片、倒 3 叶片较长，叶片披垂角相对较大，穗长较长，一次枝梗和二次枝梗数多，每穗粒数 100~130 粒，千粒重 27~29 g，单穗干物质量达 2.5 g 以上；高产类型晚稻生育期 120~125 d，株高 100~110 cm，上部节间长，茎秆粗壮，叶片长度适中，叶片披垂角相对较小，穗长较长，枝梗数特别是二次枝梗数多，着粒密度大，每穗粒数 120~150 粒，千粒重 25~27 g，单穗干物质量在 3 g 左右。

水稻产量也可分解为总生物量和收获指数两部分。目前，推广应用品种的收获指数自矮秆品种之后基本稳定在 0.5 左右，且已达到一个较高的水平，很难通过增加收获指数来大幅度提高水稻产量。超级杂交稻具有较强的干物质生产与积累能力，是实现超高产的基础。近年国内外的研究倾向于抽穗后物质生产对高产更重要，特别是一季超级杂交稻，其物质生产优势主要表现在中后期，产量随中后期干物质净积累量的增加而提高，且与抽穗后的干物质积累量呈显著或极显著正相关，而与抽穗前各阶段的干物质积累量相关不显著。研究发现，在超级杂交稻茎鞘干物质输出特性方面，超级杂交中籼稻的干物质表观输出量均低于对照汕优63，表观输出率也低于对照。也有研究表明，超级早稻品种的平均输出率高于对照金优402，超级晚稻品种除淦鑫688外，茎叶物质输出总量均高于对照汕优10号，茎鞘物质输出率也高于对照，且超级晚稻输出率高于超级早稻。这可能与品种抽穗后的物质生产能力以及产量对抽穗前物质积累量的依赖程度有关，抽穗后物质生产能力强的品种可能对抽穗前物质积累量依赖程度低，其茎鞘物质输出率及转移率就低，超级杂交中籼稻可能属于该种类型，抽穗后物质生产能力相对弱的品种可能对抽穗前物质积累量依赖程度高，其茎鞘物质输出率及转移率就高。

超级杂交稻特别是一季超级杂交稻由于异步灌浆特性明显，存在结实率不稳定，进而造成产量的不稳定性，在不同年度间或同一年度不同地区间结实率忽高忽低，甚至大起大落，即生态适应性问题，具体表现在具有严格的适宜种植区域，同一地点年际间产量不稳定，存在最适播种期和适宜栽培季节等方面。关于超级杂交稻的产量稳定性，有研究表明不同地点间产量差异极显著，年际产量差异表现不一致，其中，两优293的年际间产量差异显著，并认为超级杂交稻具有明显的适宜种植区域。有研究发现超级杂交稻的有效穗、每穗粒数、结实率等产量构成因素年际间差异极显著。也有研究发现超级杂交稻两优293和两优培九在长沙地区栽培存在适宜播种期，5月20日左右播种较为适宜，早播易遇抽穗结实阶段的高温热害，晚播易遇后期低温冷害，均不利于高产。有研究认为两优培九的适宜播种期比汕优63短，其适宜播种期应安排在4月底至5月初，且播种期越早，单产越高。有研究发现多数品种的结实率对温度敏感，而两优培九等亚种间杂种更易受温度影响，适宜的抽穗开花期温度环境对稳定和提高结实率作用明显。

第一节　超级杂交稻育种进程中超高产品种的群体特征

实现水稻品种高产的关键在于群体有效穗数、每穗粒数、千粒重等产量构成因子之间的平衡，大库容的建立和较高的籽粒充实度是水稻高产实现的重要因素。具有较大的群体库容量是杂交稻超高产实现的主要原因，栽培上通过稳定群体有效穗数和增加每穗粒数来扩大总库容是进一步挖掘超级杂交水稻品种高产潜力的主要技术措施。同时还必须在扩大群体总库容量的基础上，提高和促进源物质的合成以及向籽粒运转来保证库的充实。超高产杂交稻品种与常规水稻品种相比，其叶片高效光合功能期明显延长、群体叶面积指数显著增大、比叶重和功能叶片净光合速率显著提高，源活性的提高为高产群体提供了充足的碳水化合物。粒叶比是反映群体源库关系的主要指标之一，适当提高群体粒叶比是进一步挖掘超级杂交稻高产潜力的关键措施之一。

超级杂交稻具有巨大的物质积累能力和产量潜力，生育环境因子的变化对其产量潜力的发挥具有显著的影响。生育环境主要包括肥料水平、水分管理、二氧化碳浓度、环境温度、光照强度等外界因素。水稻生长季节的空气温度、相对湿度和昼夜温差等气象因子都对水稻生长及产量构成具有显著影响。在不同生育时期水稻对温度的响应各不相同，在夜间温度低于20℃的条件下水稻的分蘖多发。有研究表明，夜间温度对水稻产量有显著影响，夜间温度每升高1℃，水稻籽粒产量则会相应地减少10%左右。此外，籽粒中碳氮积累对高温环境的响应表现不同，籽粒中可溶性淀粉合成酶的活力在高温条件下显著下降，导致蔗糖向淀粉的转变过程受阻。

水稻的生长发育直接或间接地受到外界环境条件的影响，在不同种植区域下水稻物质积累、叶面积指数等群体指标和有效穗数、每穗粒数、千粒重等产量构成因子都有显著差别，从而导致水稻在特定生态气候条件下能获得的潜在产量与大面积实际产量之间的差异很大。我国超级稻超高产攻关已在溆浦、隆回、个旧等优良生态区实现了多期目标，然而，由于生态环境的限制和高产栽培技术不到位，致使大面积生产中超级杂交稻的实际产量与高产示范的产量差距较大。因此，研究超级杂交稻生长发育对生态环境的响应，并探明群体穗粒结构和稻谷产量在不同生态区的变化规律，根据品种特性和生态适应性提出相关技术措施，对实现超级杂交稻大面积均衡增产具有重要指导意义。

一、超级杂交稻超高产品种的产量差异

超级杂交稻超高产攻关1~4期的代表性品种两优培九、Y两优1号、Y两优2号和Y两优900在江西南昌、贵州兴义、湖北荆州、湖南桂东和四川绵阳5个不同试验点的产量差异显著（表1-1）。第四期超级杂交稻代表性品种Y两优900的平均产量最高，第一期超级杂交稻代表性品种两优培九的平均产量最低，且在不同试验点的趋势基本一致。其中，两优培九、Y两优1号、Y两优2号和Y两优900在5个试验点的平均产量分别为8.83 t/hm²、9.95 t/hm²、9.88 t/hm²和10.36 t/hm²。相比两优培九，Y两优900、Y两优2号和Y两优1号的平均产量分别提高了15.4%、10.6%和17.3%，但Y两优900、Y两优2号和Y两优1号三个品种间产量差异未达显著水平。

从单一品种来看，两优培九在5个试验点间水稻产量表现稳定，平均产量为8.83 t/hm²，产量最高的湖南桂东与产量最低的贵州兴义的产量极差为1.09 t/hm²，产量变化幅度仅为4.46%。相比于两优培九，Y两优1号、Y两优2号和Y两优900的平均产量虽然大幅度提高，但其极差和产量变化幅度也大幅增加。Y两优1号在5个试验点的平均产量为9.95 t/hm²，同样在湖南桂东的产量最高，为11.08 t/hm²，但最低产量出现在四川绵阳，为9.10 t/hm²。Y两优1号品种在5个不同试验点的产量极差值提高到1.99 t/hm²，产量变化幅度也提高到7.80%。相比Y两优1号，Y两优2号在5个试验点的平均产量虽有所下降，但其产量的极差值和变化幅度同样也降低了。与两优培九和Y两优1号相同，Y两优2号同样在湖南桂东产量最高，达到10.62 t/hm²，在四川绵阳产量最低，为9.13 t/hm²，其极差值和产量变化幅

度分别为 1.50 t/hm² 和 7.47%。Y 两优 900 在四个品种间表现出最高平均产量，为 10.36 t/hm²，产量最高的江西南昌和产量最低的四川绵阳两个试验点的极差提高到 2.34 t/hm²，产量变化幅度达 10.53%。由此可见，相比其他三个品种，两优培九的产量虽然最低，但其产量的稳定性最好。Y 两优 1 号、Y 两优 2 号和 Y 两优 900 的产量虽然大幅度提高，但其产量的稳定性降低，尤其是 Y 两优 900 的平均产量均高于其他品种，但其产量的稳定性却是 4 个超级稻代表性品种中最低的。

表 1-1 超级杂交稻品种在 5 个试验点的产量表现

品种	江西南昌/(t/hm²)	贵州兴义/(t/hm²)	湖北荆州/(t/hm²)	湖南桂东/(t/hm²)	四川绵阳/(t/hm²)	平均产量/(t/hm²)	产量极差/(t/hm²)	产量变幅/%
两优培九	8.75±1.00	8.26±0.79	8.99±1.56	9.35±1.45	8.82±1.21	8.83	1.09	4.46
Y 两优 1 号	9.90±1.47	10.27±1.27	9.41±1.83	11.08±1.53	9.10±1.33	9.95	1.99	7.80
Y 两优 2 号	10.57±1.37	9.98±1.14	9.12±1.57	10.62±1.08	9.13±1.37	9.88	1.50	7.47
Y 两优 900	11.47±1.54	11.47±1.24	9.48±1.94	10.26±1.86	9.13±1.37	10.36	2.34	10.53

二、超级杂交稻超高产品种穗粒结构的差异

从表 1-2 中可以看出，4 个超级杂交稻品种的平均穗数在 5 个试验点差异未达显著水平，但穗数极差和穗数变幅差异均达显著水平。两优培九在 5 个试验点的平均穗数为 240.88/（万穗/hm²），有效穗数最高试验点湖南桂东与有效穗数最低试验点湖北荆州的极差为 66.58/（万穗/hm²），变化幅度高达 12.83%。相比两优培九，Y 两优 1 号在 5 个试验点的平均穗数略微降低，为 234.16/（万穗/hm²），有效穗数最高试验点四川绵阳与最低试验点湖北荆州的极差和变化幅度均显著下降，穗数极差为 50.75/（万穗/hm²），穗数变幅为 10.06%。与 Y 两优 2 号的最高有效穗数出现在四川绵阳，最低有效穗数出现在湖北荆州。Y 两优 2 号的平均穗数为 236.77/（万穗/hm²），穗数极差在四个品种中最大，为 81.18/（万穗/hm²），穗数变幅为 14.33%。Y 两优 900 的平均穗数仅次于两优培九，贵州兴义的最高有

效穗数与江西南昌的最低有效穗数之间的极差为 78.70 万穗 $/hm^2$，穗数变幅为四个品种中最大，高达 15.21%。由此可知，四个超级杂交稻品种的平均穗数差异不大，但不同品种在不同试验点表现不同，Y 两优 1 号的穗数在各试验点表现相对稳定，而 Y 两优 900 的穗数在不同试验点波动较大。

表 1-2　超级杂交稻品种在 5 个试验点的有效穗数

品种	江西南昌/（万穗/hm^2）	贵州兴义/（万穗/hm^2）	湖北荆州/（万穗/hm^2）	湖南桂东/（万穗/hm^2）	四川绵阳/（万穗/hm^2）	平均穗数/（万穗/hm^2）	穗数极差/（万穗/hm^2）	穗数变幅/%
两优培九	213.70±19.41	265.85±32.16	202.00±38.1	268.58±48.46	254.25±46.55	240.88	66.58	12.83
Y 两优 1 号	219.05±24.97	222.10±35.35	210.63±44.88	257.65±43.76	261.38±49.51	234.16	50.75	10.06
Y 两优 2 号	214.30±21.31	253.70±32.35	188.83±50.48	257.00±48.24	270.00±52.82	236.77	81.18	14.33
Y 两优 900	201.85±19.66	280.55±42.08	204.13±58.54	238.50±58.02	270.00±52.82	239.01	78.70	15.21

通过对平均有效穗数与有效穗数极差值和变化幅度的相关性分析表明（图 1-1），平均有效穗数与 5 个试验点的有效穗数极差值呈不显著负相关（$r=-0.017\,4^{ns}$）；与 5 个试验点的有效穗数变化幅度呈显著负相关（$r=-0.521\,4^{*}$）。由此表明，通过构建多穗足穗群体能有效减少超级杂交稻群体有效穗数在不同试验点之间的变化幅度。

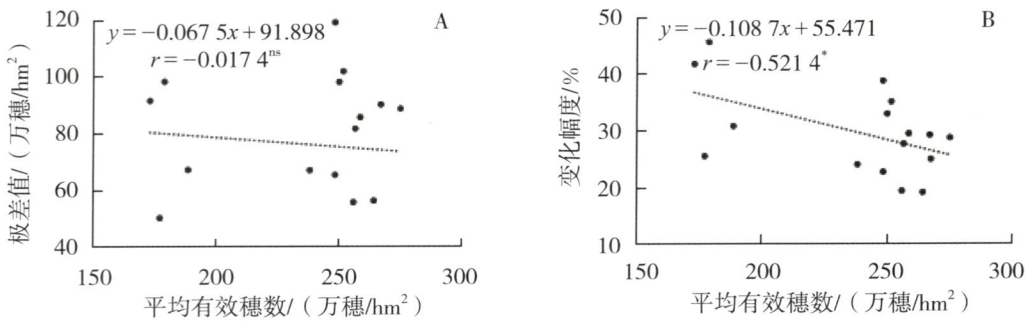

图 1-1　平均有效穗数与极差值和变化幅度的相关性

三、超级杂交稻超高产品种不同试验点单穗颖花数差异

从表 1-3 中可以看出，超级杂交稻 1～4 期代表性品种的穗粒数呈大幅度增加的趋势，品种间穗粒数差异显著。两优培九、Y 两优 1 号、Y 两优 2 号和 Y 两优 900 在 5 个试验点的平均穗粒数分别为 185.06 粒/穗、203.94 粒/穗、223.37 粒/穗和 238.36 粒/穗，Y 两优 900 的平均穗粒数分别比两优培九、Y 两优 1 号、Y 两优 2 号提高了 6.7%、16.9%、28.8%。两优培九的穗粒数在四川绵阳最高，在湖南桂东最低，两者的极差值为 30.13 粒/穗，品种的穗粒数变幅为 7.93%。相比两优培九，Y 两优 1 号的平均穗粒数提高了 10.2%，但穗粒数的极差值和变幅也大幅度提高，分别为 83.15 粒/穗和 16.60%。Y 两优 2 号的穗粒数在 5 个试验点差异较小，其平均穗粒数较两优培九和 Y 两优 1 号分别提高了 20.7% 和 9.5%，但其穗粒数变幅在 4 个超级稻品种中最小，仅为 5.78%。Y 两优 900 的平均穗粒数较其他品种显著提高，但穗粒数极差值和穗粒数变幅在 4 个品种中也最大。Y 两优 900 的穗粒数在江西南昌最高，在贵州兴义最低，穗粒数极差为 94.10 粒/穗，而穗粒数变幅达 17.98%。

由此可见，Y 两优 900 每穗粒数在 5 个生态区的极差值和变化幅度都比其他 3 个品种高，表明大穗型品种的穗粒数更容易受到区域环境的影响从而增大区域间的产量差异。

表 1-3　超级杂交稻品种在 5 个试验点的穗粒数表现

品种	江西南昌/(粒/穗)	贵州兴义/(粒/穗)	湖北荆州/(粒/穗)	湖南桂东/(粒/穗)	四川绵阳/(粒/穗)	平均穗粒数/(粒/穗)	穗粒数极差/(粒/穗)	穗粒数变幅/%
两优培九	196.78±9.74	170.25±9.64	191.73±21.61	168.20±7.38	198.33±10.02	185.06	30.13	7.93
Y 两优 1 号	187.70±2.74	263.68±15.94	180.53±12.34	193.05±13.13	194.73±7.59	203.94	83.15	16.60
Y 两优 2 号	224.43±12.92	214.73±10.36	243.80±13.26	223.68±21.89	210.23±8.23	223.37	33.58	5.78
Y 两优 900	270.55±21.49	176.45±5.91	264.75±21.56	269.83±7.90	210.23±8.23	238.36	94.10	17.98

通过对平均穗粒数与穗粒数极差值和变化幅度的相关性分析表明（图 1-2），平均穗粒数与 5 个试验点的穗粒数极差值和变化幅度都呈显著正相关，相关系数分别

为 $r=0.554^*$ 和 $r=0.466^*$。由此表明,穗粒数在不同生态区表现极不稳定,尤其是大穗型品种更容易导致区域间的产量差异增大。

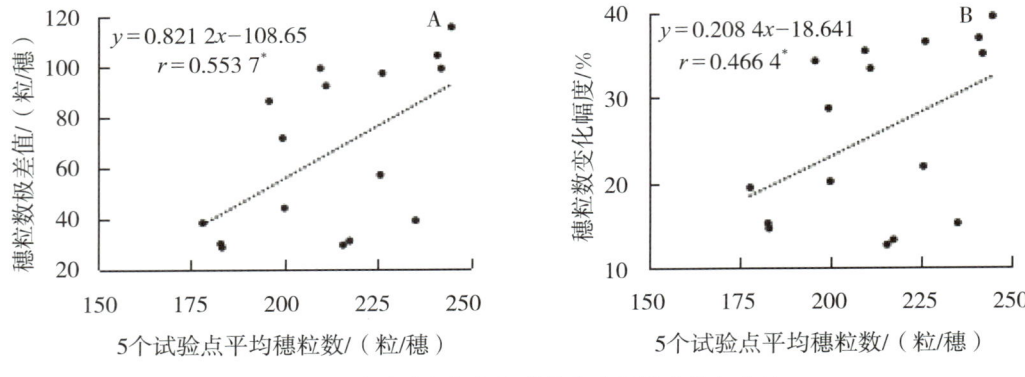

图 1-2 平均穗粒数与极差值和变化幅度的相关性

四、超级杂交稻超高产品种结实率的差异

从表 1-4 中可以看出,结实率在不同试验点之间的差异显著,品种差异不显著。4 个超级杂交稻品种的结实率均在湖北荆州最大,分别为 94.2%、93.48%、91.00% 和 86.33%,而两优培九、Y 两优 1 号的结实率均在江西南昌最低,Y 两优 2 号和 Y 两优 900 均在湖南桂东最低。4 个品种间结实率的极差值和结实率变幅均以 Y 两优 1 号最大,分别为 25.28% 和 13.04%,而 Y 两优 900 的结实率的极差值和结实率变幅最低,分别为 14.78% 和 7.18%。由此可知,超级杂交稻品种的结实率容易受到不同试验区域环境的影响,导致结实率波动较大从而增大区域产量差异。

表 1-4 超级杂交稻品种在 5 个试验点的结实率表现　　　单位:%

品种	江西南昌	贵州兴义	湖北荆州	湖南桂东	四川绵阳	结实率	结实率极差	结实率变幅
两优培九	69.95±7.19	82.08±2.93	94.2±0.8	74.28±1.45	80.63±2.17	80.23	24.25	11.49
Y 两优 1 号	68.2±2.29	88.78±3.79	93.48±1.47	72.88±5.38	82.83±1.97	81.23	25.28	13.04
Y 两优 2 号	71.75±3.52	76.75±5.08	91.00±2.68	71.55±6.7	80.53±3.15	78.32	19.45	10.24
Y 两优 900	80.2±3.96	75.15±3.48	86.33±2.78	71.55±6.7	80.68±2.15	78.78	14.78	7.18

通过对平均结实率与结实率极差值和变化幅度的相关性分析表明（图1-3），平均结实率与5个试验点的结实率极差值和变化幅度都呈显著负相关，相关系数分别为 $r=-0.542^*$ 和 $r=-0.629^*$。由此表明，超级杂交稻在优良生态区结实率越高其变化越小，反之在非优良生态区结实率越低其变化越大。

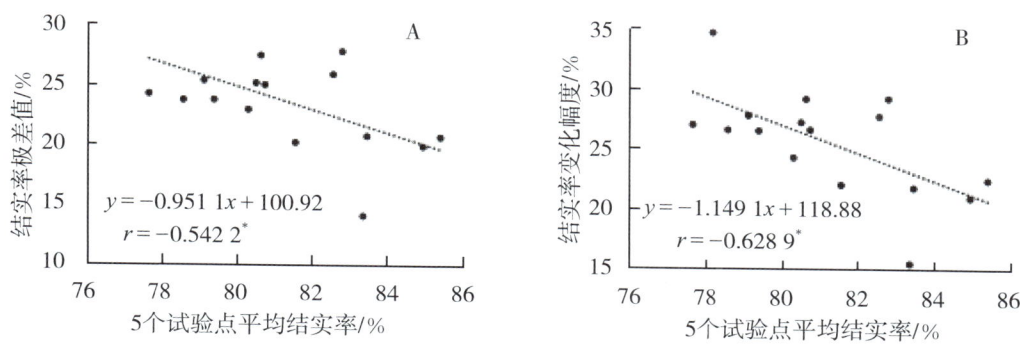

图1-3 平均结实率与极差值和变化幅度的相关性

五、超级杂交稻超高产品种千粒重的差异

试验研究结果表明（表1-5），千粒重在不同试验点以及不同品种间均存在显著差异。其中，Y两优1号在5个试验点的平均千粒重最高，其次为两优培九，然后是Y两优900，Y两优2号的平均千粒重最低。两优培九、Y两优1号、Y两优2号和Y两优900的极差分别为4.00 g、4.63 g、5.28 g和7.23 g，变化幅度分别为6.46%、6.47%、7.93%和10.54%，这可能不仅与区域气候环境有关，也可能与基础地力有关；在施用氮肥条件下千粒重的变化幅度呈降低趋势。此外，不同肥力水平对千粒重没有显著影响。

表1-5 超级杂交稻品种在5个试验点的千粒重表现

品种	江西南昌/g	贵州兴义/g	湖北荆州/g	湖南桂东/g	四川绵阳/g	平均千粒重/g	千粒重极差/g	千粒重变幅/%
两优培九	25.58±0.26	27.95±1.03	23.95±0.58	27.95±0.62	26.10±1.27	26.31	4.00	6.46
Y两优1号	27.65±0.5	26.28±0.74	24.23±0.73	28.85±0.83	27.33±1.11	26.87	4.63	6.47
Y两优2号	25.33±0.22	26.18±0.57	22.03±0.39	27.30±0.88	24.53±1.2	25.07	5.28	7.93

续表

品种	江西南昌/g	贵州兴义/g	湖北荆州/g	湖南桂东/g	四川绵阳/g	平均千粒重/g	千粒重极差/g	千粒重变幅/%
Y两优900	24.60±0.56	29.03±0.29	21.80±0.47	26.38±0.55	24.53±1.2	25.27	7.23	10.54

通过对平均千粒重与千粒重极差值和变化幅度的相关性分析表明（图1-4），平均千粒重与5个试验点的千粒重极差值和变化幅度都呈显著负相关，相关系数分别为 $r=-0.5295^*$ 和 $r=-0.6059^*$。由此表明，超级杂交稻在适宜生态区千粒重较重且变化较小，反之在非适宜生态区千粒重偏轻且变化较大。栽培中应注重千粒重的提高，以减小区域间的变化幅度。

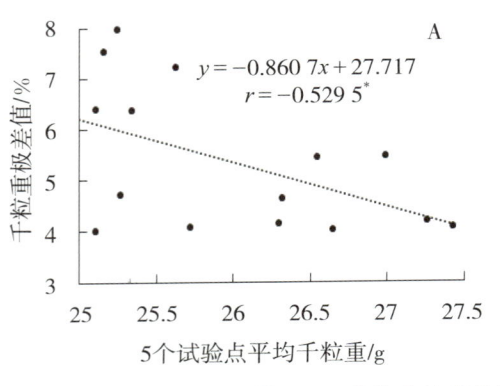 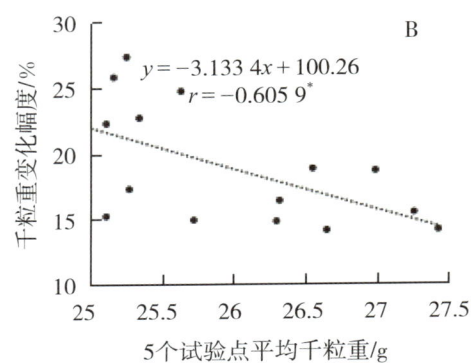

图1-4 平均千粒重与极差值和变化幅度的相关性

六、产量变幅与产量因子变幅的关系

1. 平均产量与产量变幅的相关性

通过对平均产量与产量极差值和变化幅度的相关性分析表明（图1-5），平均产量与5个试验点的产量极差值呈不显著正相关（$r=0.357^{ns}$）；与5个试验点的产量变化幅度呈不显著负相关（$r=-0.102^{ns}$）。由此表明，超级杂交稻品种产量潜力提高或施肥导致产量提高后区域之间的产量差异并不一定会随之增大。

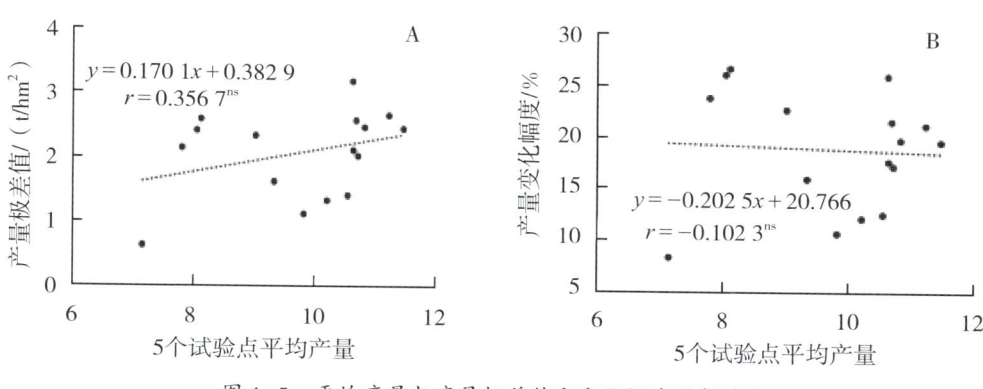

图 1-5 平均产量与产量极差值和变化幅度的相关性

2. 超高产品种产量变幅与产量因子变幅的相关性

对不同品种产量变幅与产量因子变幅的相关性分析表明（表1-6），两优培九在试验点间的产量变幅与结实率变幅呈极显著正相关，而与穗数变幅、穗粒数变幅和千粒重变幅都呈极显著负相关，表明该品种可以通过调控穗数、穗粒数和千粒重的多重途径来实现均衡增产。Y两优1号和Y两优2号在试验点间的产量变幅与穗数和穗粒数变幅呈极显著正相关，而与结实率变幅呈显著负相关，表明穗数和穗粒数的变化都会导致这两个品种在不同生态区产量差异增加。Y两优900在试验点间的产量变幅与结实率变幅呈极显著正相关，而与穗粒数变幅呈极显著负相关，表明不同试验点结实率的变化是导致该品种产量差异的主要因子，可通过调控穗粒数缩小试验点间的产量差异。

表 1-6 不同品种产量变幅与产量因子变幅的相关性

品种	穗数变幅	穗粒数变幅	结实率变幅	千粒重变幅
两优培九	−0.729 8**	−0.642 5**	0.672 1**	−0.471 1*
Y两优1号	0.662 8**	0.701 6**	−0.471 1*	−0.505 2*
Y两优2号	0.555 0*	0.633 0**	−0.602 3**	0.274 1
Y两优900	0.277 5	−0.641 3**	0.544 0*	0.147 4

* 表示差异显著，** 表示差异极显著。

3. 不同地力水平下产量变幅与产量因子变幅的相关性

从图1-6中可以看出，5个试验点之间稻谷产量的变化幅度与产量构成因子的变化幅度存在一定的相关性。其中N1表示未添加肥料，N2表示添加肥料

210 kg/hm², N3 表示添加肥料 300 kg/hm², N4 表示添加肥料 390 kg/hm²。在 N1 无肥水平下，稻谷产量的变幅与有效穗数和穗粒数的变幅均呈显著正相关，相关系数分别为 $r=0.568^*$ 和 $r=0.608^*$，表明无肥种植条件下超级杂交稻群体穗数和粒数的变化会显著影响稻谷产量并导致不同试验点之间的产量差异增大，这可能与基础地力和无肥条件下群体穗粒结构不协调有关。

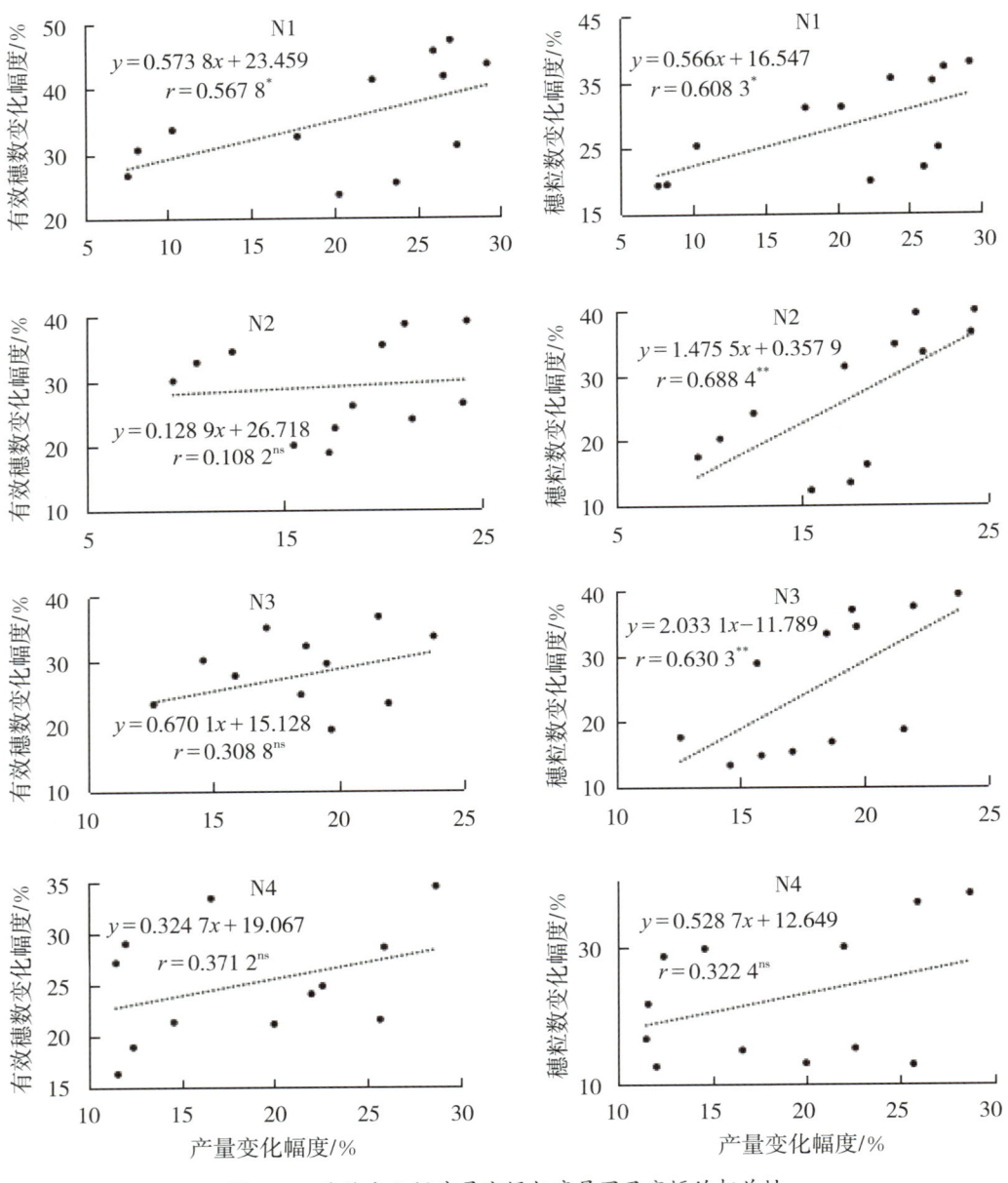

图 1-6　试验点之间产量变幅与产量因子变幅的相关性

在 N2 和 N3 施肥水平下，稻谷产量的变幅与有效穗数变幅的关系不显著，但与穗粒数变幅呈极显著正相关，相关系数分别为 $r=0.688^{**}$ 和 $r=0.630^{**}$。表明适宜施肥条件下，超级杂交稻群体有效穗数在不同生态区的波动不会导致区域产量差异显著加大，这主要由于超级杂交稻品种在适宜施肥水平下群体具有自我调节能力，即群体有效穗数少时植株个体大，群体有效穗数多时植株个体小；而穗粒数更易受到生态环境的影响而导致区域间产量差异加大。在 N4 施肥水平下，稻谷产量的变幅与有效穗数和穗粒数的变幅均呈不显著正相关。

4. 超高产品种产量与产量构成因子的回归分析

回归分析表明（表1-7），两优培九产量与有效穗数达极显著相关（$r=0.528$）；在产量构成因子中，两优培九的每穗总粒数与千粒重呈显著负相关（$r=-0.613$），因此，大面积种植两优培九时过于追求大穗和多粒会导致千粒重下降。Y两优1号产量与有效穗数达极显著正相关（$r=0.699$）；在产量构成因子中，每穗总粒数与结实率呈极显著负相关（$r=-0.672$），千粒重与有效穗数呈显著正相关（$r=0.457$），因此，大面积种植Y两优1号时有效穗数和千粒重同时提高不影响产量，而每穗粒数太多则可能导致结实率下降。Y两优2号产量与有效穗数达极显著正相关（$r=0.614$）；在产量构成因子中，每穗总粒数与有效穗数和千粒重均呈显著负相关（$r=-0.478$；$r=-0.487$），因此，大面积种植Y两优2号时确保适宜有效穗数即可，穗数过多可能导致每穗粒数下降。Y两优900产量与有效穗数显著相关（$r=0.528$）；在产量构成因子中，每穗总粒数与有效穗数和千粒重均呈极显著负相关（$r=-0.587$；$r=-0.613$），与Y两优2号的回归分析结果相似。

表1-7 产量与产量构成因子的回归分析

品种	产量构成因子	有效穗 x_1	总粒数 x_2	结实率 x_3	千粒重 x_4
两优培九	总粒数 x_2	$-0.587\,3^{**}$	0.384 6		
	结实率 x_3	$-0.357\,6$			
	千粒重 x_4	0.415 9	$-0.613\,3^{**}$	0.241 9	
	实际产量 y	$0.527\,6^{*}$	$-0.096\,1$	0.253 5	0.355 9
	回归方程	\multicolumn{4}{l}{$y=-492.621\,78+25.691\,6x_1+0.749\,5x_2+6.118\,8x_3+4.040\,77x_4$}			

续表

品种	产量构成因子	有效穗 x_1	总粒数 x_2	结实率 x_3	千粒重 x_4
Y 两优 1 号	总粒数 x_2	−0.197 9			
	结实率 x_3	−0.184 5	−0.671 7**		
	千粒重 x_4	0.457 4*	−0.048 2	0.164 3	
	实际产量 y	0.699 4**	0.075 6	0.050 6	0.410 8
	回归方程	$y=-901.831\,82+41.240\,4x_1+2.774\,2x_2+8.330\,4x_3-12.375\,9x_4$			
Y 两优 2 号	总粒数 x_2	−0.477 9*			
	结实率 x_3	−0.318 0	0.108 4		
	千粒重 x_4	0.346 2	−0.486 92*	0.353 8	
	实际产量 y	0.613 5**	−0.163 4	0.177 2	0.344 8
	回归方程	$y=-247.078\,19+23.565\,8x_1+1.013\,58x_2+3.906\,2x_3-0.202\,9x_4$			
Y 两优 900	总粒数 x_2	−0.587 3**			
	结实率 x_3	−0.357 6	0.384 6		
	千粒重 x_4	0.415 9	−0.613 3**	0.241 9	
	实际产量 y	0.527 6*	−0.096 1	0.253 5	0.355 9
	回归方程	$y=-492.621\,78+25.691\,6x_1+0.749\,5x_2+6.118\,8x_3+4.040\,77x_4$			

* 表示 $p<0.05$，差异显著，** 表示 $p<0.01$，差异极显著。

我国南方稻区不同区域的示范高产和实际单产的差距可达 4.22～7.01 t/hm²，除受环境因素影响以外就是水稻优良品种和高产栽培技术推广的缺失。在相同栽培措施下，Y 两优 900 在不同试验点之间的产量差异显著，在优良试验点隆回群体总颖花量达到 758.7 万个/hm²，产量突破 15 t/hm²，而在长沙的产量只有 11.8 t/hm²。本研究发现，超级杂交稻品种平均产量的提高不是试验点之间产量差异增大的主要原因，适宜的施肥水平可以缩小超级杂交稻在不同试验点的产量差异。在无肥条件下 Y 两优 1 号、Y 两优 2 号和 Y 两优 900 稻谷产量在试验点间的变幅较大，分别为 23.7%、26.0% 和 26.6%，然而在施氮量 300 kg/hm² 时其变幅分别降低至 12.4%、12.0% 和 19.5%，其中 Y 两优 900 产量变幅的降低程度低于 Y 两优 1 号和 Y 两优 2 号，表明该品种的生态适应性和大面积稳产性相对较弱；两优培九与其他 3 个品种相反，随着施肥量增加产量变幅呈升高趋势，这主要由于两优培九的最适施氮量为 225～255 kg/hm²，该肥力水平下结实率稳定且最高，而增施肥料后该品种结实率的稳定性下降。

不同生态区的积温、有效积温、极端温差和日照时数等光温因子主要通过对每穗实粒数、每穗总粒数和结实率的作用而影响杂交水稻的产量。由于基础地力各异和无肥条件下群体穗粒结构不协调，无肥条件下试验点之间的产量差异随着群体有效穗数和每穗粒数变幅的增加而显著增加，相关系数分别为 $r=0.568^*$ 和 $r=0.618^*$。施肥增加了群体有效穗数在试验点之间的极差值，但由于施肥条件下群体有效穗数的基数增大，群体有效穗数在不同试验点的变幅随着肥料增施有降低趋势。每穗粒数在试验点之间的极差值和变化幅度随着肥料增施都呈降低趋势。Y两优900 15 t/hm² 产量群体的平均每穗粒数可达 330.6 粒。本研究发现，在较高施肥水平下对穗粒数进行科学调控是降低产量差异的主要技术手段之一，施氮量为 210 kg/hm² 和 300 kg/hm² 时，试验点之间产量差异只与穗粒数的变幅呈极显著正相关，相关系数分别为 $r=0.688^{**}$ 和 $r=0.630^{**}$，这主要由于在适宜施肥水平下，群体有效穗数趋于稳定，而穗粒数的大幅波动成为不同试验点之间产量差异较大的最主要因素。

随着超级杂交稻品种产量潜力的增加，1~5 期品种在 5 个种植区域之间的产量差没有随之增加，区域间产量差最高达到 3.17 t/hm²。无肥条件下，区域间产量差随着群体有效穗数和每穗粒数变幅的增加而显著增加；在 210 kg/hm² 和 300 kg/hm² 施氮量条件下，每穗粒数在 5 个种植区的变化幅度是区域间产量差的最主要因子，两个施氮水平下的相关系数分别为 $r=0.688^{**}$ 和 $r=0.630^{**}$。合理的肥料调控能显著降低区域间的产量差：施氮量 300 kg/hm² 时，Y两优1号、Y两优2号和Y两优900 在 5 个试验点的产量变幅分别从无肥条件下的 23.7%、26.0% 和 26.6% 下降至 12.4%、12.0% 和 19.5%；由于两优培九在增施肥料过程中的结实率在生态区域间的变化幅度越来越大，其区域间产量差随着施肥量增加而增加。

第二节　超级杂交稻高产群体特征对氮肥施用量的响应机制

氮素营养是水稻生长发育所需的重要营养元素之一，它的供给与稻谷产量、稻米品质、稻株抗性等指标有着密切联系。近十年来，随着超高产水稻品种（组合）在稻作生产上广泛应用，施氮水平大幅提高。国内外实践证明，适当地增施氮肥有利于超级稻产量潜力的进一步发挥，但也可能导致氮肥的增产效益递减，肥料利用率降低，甚至降低稻米品质并造成生态环境的污染。根据超级稻品种的生育进程及其特性科学地确定氮肥施用量和施用时期，能在有效提高氮肥利用率的基础之上进一步挖掘超级稻高产潜力，也一直被国内外水稻栽培研究者所重视。

在氮素营养运筹中，中后期氮素营养供给状况是影响超级稻生育性状和产量最重要的因素，在施氮总量、基蘖肥和生育中后期穗肥配比科学合理的基础上，追施穗肥可以通过优化群体穗粒结构来实现增产。大穗型水稻品种需氮关键时期为分蘖期、孕穗期和灌浆结实期，在移栽前、分蘖期、幼穗分化期、抽穗期4次施肥能提高产量 8.3%~22.6%，适当提高穗肥/基蘖肥施用比例能提高分蘖成穗率，并增加每穗粒数；多穗型水稻品种则需提高基肥和返青肥比例，降低穗肥用量，以提高分蘖率。适宜的穗肥用量有促进大穗形成的作用，这主要与幼穗分化期营养器官中积累的碳水化合物密切相关，不同品种的非结构性碳水化合物积累量对穗肥供应量的反应不一致。构建较高的颖花群体是实现超级稻高产的前期基础，超级稻的每亩颖花量可达 30 万个 /hm^2 以上，高产攻关田甚至可达 45 万个 /hm^2 以上。穗分化期施肥可促进颖花分化，防止颖花退化，增加二次枝梗的分化数，为大穗的形成奠定了基础。倒 3 叶期适宜的穗肥施用可提高群体总颖花量，此期施用穗肥比倒 5 叶期施用的一次枝梗退化率降低 0.64%~2.33%，颖花退化率降低 5.84%~7.88%，结实率可提高 85.62%。我国超级稻研究中的第一期超高产攻关代表品种两优培九在适宜总施氮量下（225 kg/hm^2），于倒 3 叶、倒 2 叶期等量分次补给氮素营养，能保证群体穗数适宜，每穗颖花数较多，穗粒协调，从而获得高产。

水稻生产一直追求高产、优质、高效，而稻谷产量一方面取决于品种的遗传特性，另一方面取决于其生长环境和管理措施，其中肥料施用尤为关键。超级杂交稻品种具有干物质积累优势和巨大的高产潜力，在优良生态区的超高产攻关试验示范中通过增加化学肥料施用量和科学制定施肥方案等措施优化群体主要性状来实现高产。然而，在大面积生产中由于受到生态气候等因子限制，品种的高产潜力并不能充分发挥，合理增施肥料和优化施肥方案是保障超级杂交稻大面积均衡增产的有力措施。

一、超级杂交稻超高产品种的叶面积动态

不同处理下叶面积指数（LAI）的变化动态如表1-8所示。总体来看，叶面积指数表现为随施肥量的增加而增大，无氮处理（N1）的各品种在同一生育期叶面积指数都明显低于施氮处理。各品种之间，叶面积指数在生育前期的差异较小，随着生育进程推进，品种间的差异逐渐增大。在无氮处理下，各品种在幼穗分化期叶面积指数最大，为4.0~4.5；齐穗后，Y两优2号一直保持较其他品种略高的叶面积指数优势，在成熟期，叶面积指数为1.75，显著高于其他4个品种。在210 kg/hm²（N2）施氮处理下，叶面积指数动态变化表现为生育前期快速增长，齐穗后快速降低，增长幅度与下降幅度都较大；叶面积指数在齐穗期达到最大，此时湘两优900的叶面积指数最高，达9.2，明显高于其他4个品种；齐穗后30 d，湘两优900的叶面积指数仍显著高于两优培九、Y两优1号、Y两优2号3个品种。在270 kg/hm²（N3）和330 kg/hm²（N4）施氮处理下，各品种的最大叶面积指数均超过9.0；除湘两优900外，其他品种的最大叶面积指数相对于210 kg/hm²施氮处理均有所上升；施氮量从270 kg/hm²增加到330 kg/hm²，5个品种的最大叶面积指数并没有表现出明显的增长。

综合5个品种在不同施氮水平的叶面积指数动态分析发现，氮素对叶面积大小影响作用明显，无氮和施氮处理之间差异显著，施氮量对叶面积增长的促进作用有一定的限制，获得最大叶面积指数的最适施氮量为210~270 kg/hm²；从品种间比较

来看,湘两优 900 在叶面积上具有较大优势,生育前期叶面积增长快且最大叶面积指数高,有利于高产群体的早期建立,但在生育后期的下降幅度较大,影响后期光合物质合成与积累,对产量潜力的发挥有一定的限制作用。

表 1-8 不同施肥量下超级杂交稻叶面积指数的动态变化

处理	品种	分蘖盛期	幼穗分化期	齐穗期	齐穗后 30d	成熟期	齐穗期高效叶面积率 /%
N1	两优培九	2.78±0.18a	4.55±0.36a	3.08±0.26c	1.72±0.07d	0.93±0.05c	59.8±3.4b
	Y 两优 1 号	2.47±0.20b	4.05±0.29b	3.54±0.31b	1.95±0.11c	0.88±0.03d	62.1±4.2b
	Y 两优 2 号	2.47±0.14b	4.51±0.38a	4.12±0.37a	2.83±0.17a	1.75±0.09a	69.1±4.8a
	Y 两优 900	2.16±0.20c	4.25±0.41ab	3.44±0.29b	2.18±0.20b	1.19±0.10b	60.1±5.0b
	湘两优 900	2.38±0.16b	4.06±0.30b	3.80±0.33ab	2.13±0.19b	0.98±0.06c	63.5±5.5b
N2	两优培九	4.05±0.33b	7.34±0.54a	6.98±0.57d	5.83±0.39b	3.62±0.17a	59.9±4.8a
	Y 两优 1 号	3.89±0.29b	6.71±0.60bc	7.16±0.66d	4.95±0.41d	2.73±0.22c	57.9±5.1a
	Y 两优 2 号	4.11±0.34ab	6.96±0.59b	7.77±0.69c	5.38±0.47c	3.39±0.29ab	59.1±4.9a
	Y 两优 900	4.05±0.31b	7.11±0.65ab	8.04±0.73b	6.01±0.53ab	3.36±0.31ab	59.4±3.7b
	湘两优 900	4.21±0.40a	6.64±0.51c	9.20±0.75a	6.21±0.49a	3.31±0.27b	56.7±3.5b
N3	两优培九	4.29±0.39ab	7.59±0.71b	8.04±0.66c	5.36±0.41b	5.75±0.44a	57.3±4.2a
	Y 两优 1 号	4.36±0.41a	8.22±0.77a	9.03±0.82a	6.64±0.54a	5.55±0.39a	56.5±4.0a
	Y 两优 2 号	3.50±0.33c	6.57±0.52c	7.92±0.68c	5.73±0.48b	5.00±0.35b	58.8±5.1a
	Y 两优 900	4.24±0.39ab	7.13±0.60bc	8.61±0.73b	5.66±0.49b	5.01±0.38b	56.8±3.8a
	湘两优 900	4.22±0.31b	6.96±0.62c	8.60±0.59b	6.14±0.55ab	3.81±0.23c	56.7±4.4a
N4	两优培九	5.06±0.47a	8.72±0.80a	8.21±0.70c	5.86±0.38c	6.06±0.40a	63.2±4.9a
	Y 两优 1 号	5.10±0.42a	7.77±0.71b	8.89±0.76b	6.13±0.44b	5.01±0.44b	61.2±5.5ab
	Y 两优 2 号	4.44±0.38b	7.85±0.67b	8.67±0.55c	6.30±0.49ab	5.26±0.51b	62.4±5.2ab
	Y 两优 900	3.95±0.32c	8.67±0.69a	8.80±0.60b	6.86±0.53a	5.22±0.47b	63.5±4.6a
	湘两优 900	4.39±0.41b	7.67±0.71b	9.40±0.77a	6.90±0.47a	4.40±0.28c	59.6±4.3b

二、超级杂交稻超高产品种的单株生物量及动态

从不同施肥量下超级杂交稻单株量动态来看（表1-9），在穗分化始期，4种处理下单株的干物质积累量差异不显著，均在1.80 g/株。齐穗期和齐穗后30 d，3个施肥处理的单株干物质积累量低于无肥处理，其中齐穗期，N2、N3和N4处理的单株干物质量分别比N1处理少10.6%、15.5%和19.5%，齐穗后30 d分别少0.7%、6.9%和17.0%，这主要由于增施肥料越多群体的分蘖总数就越多，群体干物质积累总量分配至单个茎蘖中的物质就越少。成熟期与齐穗期和齐穗后30 d相反，即3个施肥处理的单株干物质积累量高于无肥处理，N2、N3和N4处理的单株干物质量分别比N1处理多9.2%、6.1%和10.1%。结果表明，施氮处理下群体总茎蘖数多而使得齐穗期至齐穗后30 d这段时间的单株干物质积累量低于无肥处理（1.20 g/株）；然而在齐穗后30 d至成熟期这段时间N1处理的单株干物质积累量几乎没有增加（增加量仅为0.09 g/株），但此时3个施氮处理的单株干物质积累优势明显，N2、N3和N4处理的单株干物质积累增量分别为0.63 g/株、1.02 g/株和2.03 g/株，即施肥量越多，齐穗后30 d至成熟期的单株干物质积累量越多。此外，N1处理下，Y两优900和湘两优900的单株干物质积累量在齐穗后30 d至成熟期没有增加反而减少，这主要与无肥条件下灌浆结实末期土壤营养供应不足有关。

表1-9 不同施肥量下超级杂交稻单株干重动态   单位：g/株

时期	处理	两优培九	Y两优1号	Y两优2号	Y两优900	湘两优900
穗分化始期	N1	1.47±0.11c	1.52±0.12b	2.04±0.16a	1.96±0.13ab	2.12±0.18ab
	N2	1.55±0.09b	1.61±0.15a	1.74±0.10b	1.89±0.16b	2.06±0.16bc
	N3	1.56±0.13b	1.53±0.09b	1.67±0.11b	2.06±0.15a	1.91±0.12c
	N4	1.71±0.10a	1.67±0.10a	1.62±0.15b	1.87±0.11b	2.23±0.20a
齐穗期	N1	5.27±0.39a	4.98±0.38a	6.07±0.45a	6.95±0.53a	6.96±0.62a
	N2	4.91±0.33ab	4.87±0.28ab	5.45±0.44b	6.05±0.40b	5.79±0.37a
	N3	4.63±0.41b	4.86±0.35ab	4.95±0.38a	5.63±0.43bc	5.50±0.41b
	N4	4.54±0.37b	4.55±0.40b	4.63±0.39ab	5.11±0.41c	5.50±0.28b
齐穗后30d	N1	6.03±0.45ab	5.81±0.47b	7.27±0.54a	8.15±0.57a	8.28±0.63a
	N2	6.55±0.52a	6.38±0.53a	6.39±0.49b	7.75±0.63b	8.22±0.55a
	N3	6.01±0.4ab	6.41±0.59a	6.34±0.50b	6.94±0.38c	7.39±0.49b
	N4	5.57±0.50b	5.38±0.46b	5.50±0.33c	5.81±0.41d	7.26±0.44b

续表

时期	处理	两优培九	Y两优1号	Y两优2号	Y两优900	湘两优900
成熟期	N1	6.39±0.55c	6.35±0.51b	7.43±0.52a	7.97±0.55b	7.85±0.53c
	N2	7.14±0.63ab	7.16±0.60a	7.17±0.56ab	8.62±0.63a	8.84±0.61a
	N3	6.98±0.58b	7.43±0.66a	6.85±0.45b	8.66±0.68a	8.29±0.66b
	N4	7.53±0.47a	7.14±0.57a	7.54±0.54a	8.29±0.59ab	9.15±0.73a

各品种在不同施肥处理下的单株干重差异性表现不同。无氮处理下两优培九与Y两优1号的全生育期单株干重最低，Y两优2号略高，Y两优900与湘两优900最高，将近达到8.0 g/株。N2施氮处理下，Y两优900与湘两优900全生育期的单株干重超过8.5 g/株，比其他3个品种多；两优培九、Y两优1号和Y两优2号3个品种之间的差异不显著。N3施氮处理下，两优培九、Y两优1号、Y两优2号和Y两优900的单株干重与N2处理相比变化不大，而湘两优900的显著降低；在N4处理下，湘两优900在齐穗后30 d的单株干重明显高于其他品种，而其他品种的差异不大。此外，不同品种单株干重对施氮量的响应各不相同：两优培九与Y两优1号的单株干重在不同施氮处理下的差异不大；Y两优2号的单株干重在无氮处理下较大，N2和N3处理下次之且两者相近，N4处理下最大；Y两优900全生育期单株干重随施氮量的增加差异明显，在N2处理下成熟期就能达到较高水平（8.62 g/株）；湘两优900在N4处理下单株干重最大，为9.15 g/株。

三、超级杂交稻超高产品种的群体生物量

由表1-10可知，在各生育时期无氮处理下的各品种整体的群体干物质量都明显低于施氮处理，而3个施氮处理间的差异不大；不同品种在不同施氮水平下的干物质动态表现不同，两优培九在无氮处理下全生育期干物质量都显著低于施氮处理，3个施氮处理之间在任何一个生育期都没有明显差异，表明两优培九在210 kg/hm² 的低氮水平下就能充分发挥物质积累潜能，增加氮素并不能提高其干物质积累量；Y两优1号的群体生物量随着施氮量的增加表现为先增后减，在齐穗期和齐穗后30 d，270 kg/hm² 施氮处理下的生物量分别为14.52 t/hm² 和17.43 t/hm²，

显著高于 210 kg/hm² 和 330 kg/hm² 施氮处理，但在成熟期，氮肥处理之间的差异不显著；Y 两优 2 号成熟期以 210 kg/hm² 施氮处理的生物量最大，为 19.36 t/hm²，270 kg/hm² 和 330 kg/hm² 施氮处理的生物量显著下降，分别为 17.20 t/hm² 和 16.63 t/hm²；Y 两优 900 成熟期的生物量在 21.00 t/hm² 左右，氮肥处理间的差异不明显；湘两优 900 在齐穗期和齐穗后 30 d 的生物量都以 210 kg/hm² 施氮处理的生物量最大，成熟期以 270 kg/hm² 施氮处理的生物量最大，为 24.62 t/hm²，显著高于其他施氮处理。

通过对不同施氮处理下的群体干物质量动态分析发现，与不施氮相比，施氮 210 kg/hm² 处理下成熟期生物量平均提升 43.59%，施氮 270 kg/hm² 处理下平均提升 48.4%，当施氮量升高到 330 kg/hm² 时平均提升仅 37.6%，由此可见，施氮量在 270 kg/hm² 左右时 5 个品种的平均生物量最高。两优培九、Y 两优 1 号、Y 两优 2 号和 Y 两优 900 在 210 kg/hm² 施氮量下，成熟期生物量就能达到最大值，而湘两优 900 成熟期生物量达到最大需要 270 kg/hm² 的施氮量。施氮量过高（330 kg/hm²）对 Y 两优 1 号和 Y 两优 2 号的生长有一定的抑制作用，成熟期生物量比低施氮量（210 kg/hm²）分别下降 22.4% 和 14.1%（表 1-10）。

表 1-10 不同施氮量下超级杂交稻群体干物质动态　　　单位：t/hm²

品种	处理	分蘖期	幼穗分化期	齐穗期	齐穗后 30d	成熟期
两优培九	N1	2.69 ± 0.16c	5.17 ± 0.33c	9.48 ± 0.59b	11.34 ± 0.95c	12.35 ± 1.03b
	N2	3.01 ± 0.28b	6.91 ± 0.43ab	12.00 ± 1.01a	16.86 ± 1.24a	20.79 ± 1.55a
	N3	3.30 ± 0.16b	6.25 ± 0.39b	12.57 ± 1.20a	16.06 ± 1.19a	21.58 ± 2.01a
	N4	4.08 ± 0.19a	7.45 ± 0.55a	11.95 ± 1.07a	14.54 ± 1.19b	21.52 ± 1.81a
Y 两优 1 号	N1	2.64 ± 0.23c	5.44 ± 0.42c	10.55 ± 0.88c	11.30 ± 1.03c	14.40 ± 1.11b
	N2	3.23 ± 0.30b	6.86 ± 0.54b	12.65 ± 1.10b	15.98 ± 1.18b	20.01 ± 1.61a
	N3	3.53 ± 0.22ab	7.23 ± 0.60a	14.52 ± 1.15a	17.43 ± 1.32a	20.47 ± 1.73a
	N4	3.95 ± 0.24a	7.23 ± 0.41a	12.61 ± 0.95b	14.72 ± 1.04b	15.53 ± 1.02b
Y 两优 2 号	N1	2.57 ± 0.20c	6.06 ± 0.47c	11.18 ± 0.90b	13.62 ± 1.11b	15.44 ± 1.30c
	N2	3.61 ± 0.19a	7.03 ± 0.56a	12.42 ± 0.96a	15.51 ± 1.09a	19.36 ± 1.19a
	N3	3.11 ± 0.19b	6.62 ± 0.53b	12.54 ± 0.94a	15.86 ± 1.12a	17.20 ± 1.52b
	N4	3.95 ± 0.21a	6.85 ± 0.46b	12.40 ± 1.13a	13.56 ± 1.11b	16.63 ± 0.94bc

续表

品种	处理	分蘖期	幼穗分化期	齐穗期	齐穗后30d	成熟期
Y两优900	N1	2.57±0.18b	5.80±0.35b	10.65±0.77b	12.10±1.07b	13.61±1.07b
	N2	3.39±0.27a	6.96±0.52a	13.12±1.21a	16.40±1.22a	21.67±1.67a
	N3	3.58±0.30a	7.55±0.66a	14.02±1.06a	15.70±1.20a	20.85±1.74a
	N4	3.47±0.30a	7.49±0.53a	13.35±1.08a	15.25±1.23a	21.51±1.75a
湘两优900	N1	2.61±0.25b	5.52±0.28c	10.12±0.84b	12.42±1.11c	15.32±1.25d
	N2	3.79±0.33a	6.33±0.48b	14.14±1.06a	18.84±1.43a	19.31±1.28c
	N3	3.49±0.27a	6.56±0.48ab	13.20±1.00a	16.78±1.17b	24.62±2.04a
	N4	3.75±0.28a	7.17±0.58a	13.46±1.14a	17.48±1.31ab	21.45±1.54b

四、超级杂交稻超高产品种的稻谷产量

从图1-7可以看出，5个超级杂交稻品种在不同氮肥水平下稻谷产量差异显著，随着氮肥用量的增加，稻谷产量表现为先增加后降低的趋势。两优培九在N2处理下稻谷产量最高，为9.76 t/hm^2，比不施肥N1处理高出32.0%，随着氮肥用量增加，稻谷产量不增加反而降低，N3处理比N2处理降低6.8%，N4处理比N2处理显著下降，降幅为10.5%。Y两优1号在N2处理下稻谷产量为10.08 t/hm^2，比不施肥N1处理高出29.4%，进一步增施氮肥仍然能够显著提高稻谷产量，N3处理比N2处理显著提高9.2%，达到11.00 t/hm^2，N4处理比N3处理略有下降；Y两优2号在N2处理下稻谷产量为11.38 t/hm^2，比不施肥N1处理高出32.7%，进一步增施氮肥稻谷产量提高不明显，N3处理比N2处理仅仅增加0.31 t/hm^2，N4处理比N3处理下降0.51 t/hm^2，N2、N3、N4处理间差异不显著；Y两优900在N2处理下稻谷产量为12.10 t/hm^2，比不施肥N1处理高出32.1%，进一步增施氮肥仍然能够显著提高稻谷产量，N3处理比N2处理显著提高7.0%，达到12.95 t/hm^2，N4处理比N3处理显著下降；湘两优900在N2处理下稻谷产量为12.37 t/hm^2，比不施肥N1处理高出27.1%，增施氮肥还能够显著提高稻谷产量，N3处理比N2处理显著提高6.3%，达到13.15 t/hm^2，N4处理比N3处理略有下降。研究结果表明，两优培九和Y两优2号在N2处理下稻谷产量达到最高（分别为9.76 t/hm^{2}和11.38 t/hm^2），而Y两优1号、Y两优900和湘两优900在N3处理下稻谷产量最高（分别为11.00 t/hm^2、

12.95 t/hm² 和 13.15 t/hm²，施氮肥最多的 N4 处理其稻谷产量反而下降；在非优良生态区，即使施用足量的氮肥，5 个超级杂交稻品种也难以达到高产攻关的产量。

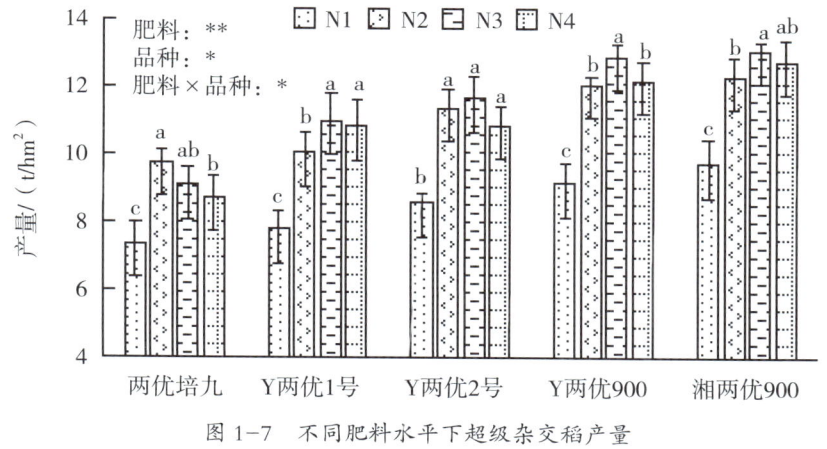

图 1-7　不同肥料水平下超级杂交稻产量

N1、N2、N3 和 N4 处理下，超级杂交稻品种的平均产量分别为 8.53 t/hm²、11.14 t/hm²、11.58 t/hm² 和 11.10 t/hm²；在同等肥力水平下，超级杂交稻品种之间的稻谷产量差异显著，在 N1 和 N2 处理下稻谷品种产量极差为 2.50 t/hm² 左右，变异系数均为 0.11；在 N3 和 N4 处理下稻谷品种产量极差超过 4.00 t/hm²，变异系数均为 0.14。结果表明，施肥在显著提升超级杂交稻稻谷产量的同时还拉大了品种之间的产量差异，即氮肥施用量越大，品种间的稻谷产量差异越大，这主要由于在高肥条件下，产量潜力大的品种能进一步发挥高产潜力，而产量潜力相对较小的品种却因高肥而导致产量降低，从而导致品种之间的产量差异随着肥料用量的增加而变得越来越大。

五、超级杂交稻超高产品种的群体穗粒结构

从表 1-11 可以看出，5 个超级杂交稻品种在不同肥料水平下有效穗数差异显著，有效穗数随着氮肥用量的增加而不断增加。两优培九 N2、N3 和 N4 处理的有效穗数在（224.6～229.5）万穗/hm²，施肥处理间差异不显著，但都显著高于 N1 处理，最多高出 23.3%；Y 两优 1 号随着施氮肥量的增多有效穗数增幅明显，N2 处理比 N1 处理显著提高 17.9%，N2 处理与 N3 处理差异不显著，N4 处理下有效穗数进一步显著提高，达 241.3 万穗/hm²；Y 两优 2 号在氮肥处理下没有差异，但都显著

高出 N1 处理 19.3%~25.1%；Y 两优 900 在 N2 和 N3 处理下有效穗数差异不显著，该品种都在 205 万穗 /hm²，显著高于 N1 处理的 174.2 万穗 /hm²，继续增施氮肥，有效穗数还能大幅增多，即 N4 处理比 N3 处理高出 7.4%；湘两优 900 的有效穗数在氮肥处理之间不显著。试验结果表明，在 210 kg/hm² 施氮水平下两优培九和 Y 两优 2 号的有效穗数就能达到最高，继续增施氮肥并不能显著提高有效穗数，而 Y 两优 1 号和 Y 两优 900 有效穗数能通过增施氮肥进一步提高有效穗数，在 N4 施氮水平下分别达到最高的 241.3 万穗 /hm² 和 220.4 万穗 /hm²。

在每穗粒数方面，两优培九仅在 N2 处理比 N1 处理显著提高；Y 两优 1 号在 4 个施肥水平下的差异不明显；其他 3 个品种在 N4 处理下的每穗粒数有下降趋势，Y 两优 2 号在 N4 处理下比 N1 处理的每穗粒数下降 9.4%，Y 两优 900 在 N4 处理下的每穗粒数比 N1 处理下降 14.0%，湘两优 900 在 N4 处理下也表现最低。由此可见，适当增施氮肥能显著提高两优培九的每穗粒数，但高氮处理不能增加大穗型超级杂交稻品种 Y 两优 900 和湘两优 900 的每穗粒数。

从 4 个肥力水平的平均值分析来看，从第一期到第五期 5 个代表品种穗粒结构的变化趋势表现为：群体有效穗数减少，而每穗粒数显著增多，最终群体总颖花量呈增加趋势。第四、第五期代表品种 Y 两优 900 和湘两优 900 群体有效穗数将近 200.0 万 /hm²，比第一、第二期代表品种两优培九和 Y 两优 1 号的减少 7.7% 左右；而第四、第五期代表品种的每穗粒数达到 280.0 左右，比第一、第二期代表品种最多高出 53.17%。在群体总颖花量方面，第四、第五期代表品种最高达 567.1 万个 /hm²，比第一、第二期代表品种高出 37.9% 左右。

随着氮肥用量的增加结实率有下降趋势，但是下降幅度不明显；而品种之间的结实率差异显著，Y 两优 1 号、Y 两优 2 号、Y 两优 900 和湘两优 900 的结实率都在 90% 以上，显著高于两优培九，这可能与品种的生态适应性有关。在千粒重方面，随着施肥量的增加千粒重略有增加，但差异不显著；而 5 个品种之间的差异显著，表现为 Y 两优 1 号＞两优培九＞湘两优 900 ＞ Y 两优 2 号＞ Y 两优 900。由此可见，结实率和千粒重主要由品种特性决定，施肥水平对结实率和千粒重都没有显著影响。

表 1-11 不同肥力水平下超级杂交稻群体穗粒结构

指标	处理	两优培九	Y 两优 1 号	Y 两优 2 号	Y 两优 900	湘两优 900
有效穗数/（万穗/hm²）	N1	186.2±13.2b	184.3±11.6c	183.6±7.8b	174.2±11.0c	157.7±10.3b
	N2	229.5±4.8a	217.2±9.5b	229.7±16.4a	205.3±14.5b	203.1±7.9a
	N3	224.6±11.2a	232.7±17.5ab	225.4±11.7a	207.6±9.3b	205.4±16.6a
	N4	225.0±14.6a	241.3±14.2a	219.1±15.7a	220.4±17.2a	215.3±14.3a
	平均值	213.8	219.0	214.1	201.8	197.3
每穗粒数/粒	N1	187.7±11.7b	188.0±8.2a	240.0±5.2a	281.5±11.9a	288.0±9.4ab
	N2	210.4±16.2a	183.9±7.3a	210.8±15.3b	267.0±8.6ab	286.1±16.9ab
	N3	192.7±18.6b	188.5±7.8a	229.4±2.6ab	291.6±20.4a	301.4±18.8a
	N4	196.3±7.1a	190.4±15.6a	217.5±17.6b	242.1±21.2b	274.5±20.9b
	平均值	196.8	187.7	224.4	270.6	287.5
总颖花量/（万个/hm²）	N1	349.1±18.2c	346.9±21.5c	439.2±19.0c	489.8±21.1c	453.6±24.0b
	N2	482.9±23.6a	400.0±16.7b	483.8±22.8ab	548.7±19.3b	581.1±24.2a
	N3	432.8±19.8b	438.3±26.2a	516.2±30.3a	603.6±29.6a	619.4±30.3a
	N4	441.7±20.2ab	459.8±30.0a	476.3±29.3b	533.8±22.8b	584.7±17.9a
	平均值	420.6	411.1	480.6	545.8	567.1
结实率/%	N1	82.8±2.9a	91.7±3.3a	93.4±0.6a	91.2±2.5a	93.9±0.6a
	N2	79.9±4.2a	89.4±2.8a	92.3±0.5a	91.7±6.9a	91.6±0.8a
	N3	85.3±2.0a	90.2±2.8a	89.8±3.8a	89.3±3.8a	90.7±3.1a
	N4	83.3±2.6a	92.4±1.5a	91.2±1.4a	89.0±5.9a	90.1±1.9a
	平均值	82.83	90.93	91.68	90.30	91.58
千粒重/g	N1	25.7±0.5a	27.0±0.7a	25.4±0.4a	23.9±0.3b	25.9±0.4a
	N2	25.2±0.2a	28.2±0.4a	25.6±0.4a	24.4±0.6ab	25.7±0.4a
	N3	25.8±0.9a	27.8±1.0a	25.1±0.4a	25.1±0.4a	25.3±0.5a
	N4	25.6±0.1a	27.6±0.1a	25.2±0.5a	25.0±0.2a	25.3±0.1a
	平均值	25.58	27.65	25.33	24.60	25.55

六、氮肥与超级杂交稻超高产群体穗粒结构变化的关系

将不同氮肥水平对 5 个超级杂交稻的增产原因进行了分析（图 1-8），从无肥 N1 处理到低肥 N2 处理，5 个品种的产量平均增加 2.50 t/hm²，有效穗数平均增加了 40.77 万穗/hm²，每穗粒数平均增加了 2.89，对产量增加量分别与有效穗数增加量和每穗粒数增加量进行相关分析，结果表明从无肥 N1 处理到低肥 N2 处理的产量增量与有效穗数的增加量呈正相关，但未达到显著水平（$r=0.326^{ns}$），与每穗粒数的增加量的相关性也不明显（$r=-0.073^{ns}$）；从 N2 处理到 N3 处理，5 个品种的

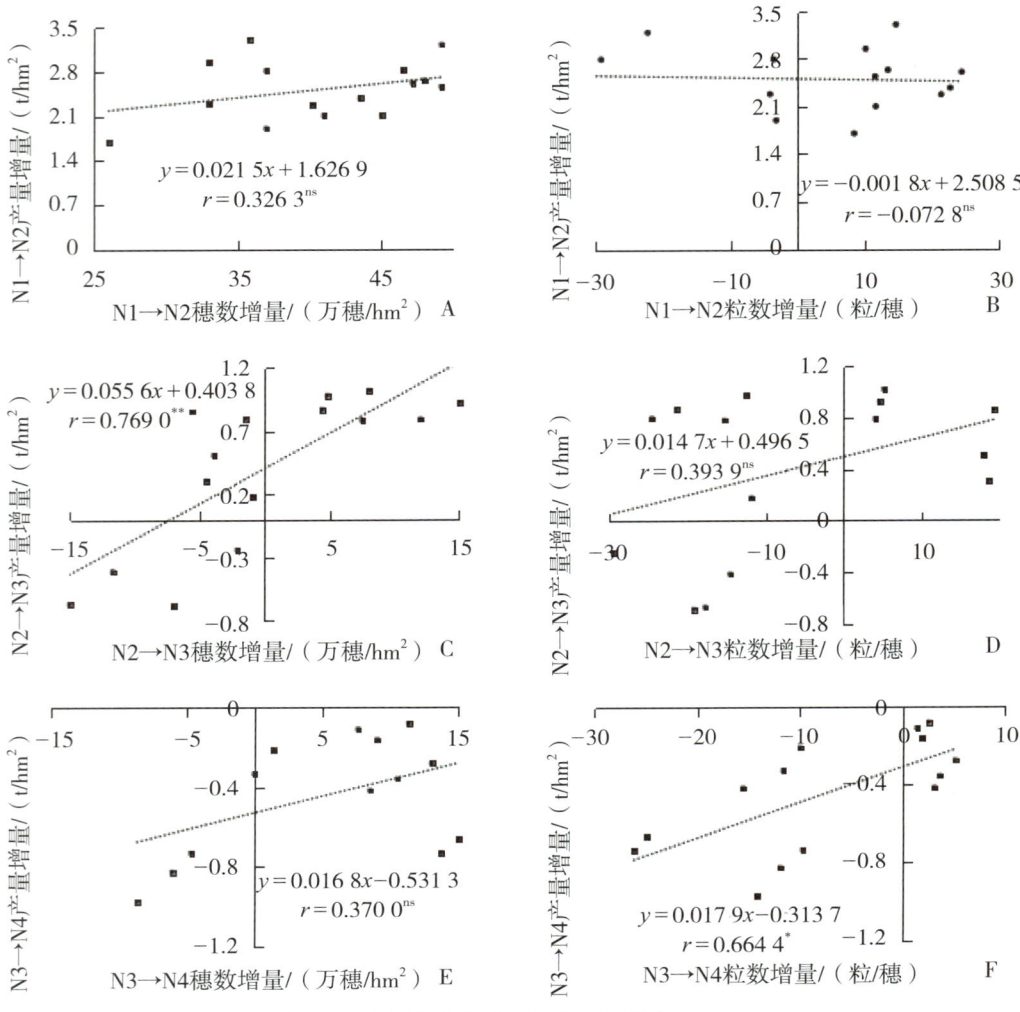

图 1-8 施肥增产与穗粒结构变化的相关性

产量平均增加量在 −0.68~0.93 t/hm² 之间变化，有效穗数平均增加量的变化范围为（−15.00~15.00）万穗/hm²，每穗粒数平均增加量的变化范围在 −29.41~19.30，对该施氮水平下产量增加量分别与有效穗数增加量和每穗粒数增加量进行相关分析表明，从 N2 处理到 N3 处理的产量增加量与有效穗数的增加量呈极显著正相关（$r=0.769^{**}$），与每穗粒数的增加量也呈正相关，但相关性不显著（$r=0.394^{ns}$）；从 N3 处理到 N4 处理，5 个品种的产量都表现为下降趋势，产量的平均增加量在 −0.82~0.08 t/hm² 变化，有效穗数平均增加量的变化范围在（−8.60~15.00）万穗/hm²，每穗粒数平均增加量的变化范围在 −26.09~5.12，对该施氮水平下产量增加量分别与有效穗数增加量和每穗粒数增加量进行相关分析表明,从 N3 处理到 N4 处理的产量增加量与有效穗数增加量的相关性不显著($r=0.370\,0^{ns}$),但与每穗粒数的增加量呈显著正相关($r=0.664\,4^{*}$)。

施肥能显著提高超级杂交稻的稻谷产量主要是通过改变其群体穗粒结构而得以实现。本研究结果表明,从无肥到施氮 210 kg/hm^2,5 个超级杂交稻品种产量增加量与有效穗数和每穗粒数的增加量的相关性都不显著,其主要原因是:在施氮量 210 kg/hm^2 肥力水平下 5 个超级杂交稻品种的有效穗数和每穗粒数都较无肥处理的增加量有高有低,但是该肥力水平下 5 个品种产量的增加量基本一致(2.50 t/hm^2 左右);施氮量 270 kg/hm^2 能在施氮量 210 kg/hm^2 基础上继续提高产量,其主要原因是有效穗数的提高,而施氮量 330 kg/hm^2 能在施氮量 270 kg/hm^2 基础上继续增产则是由于每穗粒数的增多。从而得知,在本试验中施氮量 330 kg/hm^2 施肥水平下,5 个超级杂交稻品种的产量都表现出下降趋势,其主要与每穗粒数的减少有关。

齐穗期水稻群体干物质积累量和叶面积指数等指标是衡量高产群体的重要指标。本研究的相关分析结果表明,施肥增产(FY)与施肥增加的齐穗期单位面积茎鞘干物质积累量呈不显著负相关,相关系数 $r=0.076$(图 1-9A);施肥增产与施肥增加的齐穗期叶面积指数呈不显著正相关,相关系数 $r=0.148$(图 1-9B)。由此可见,齐穗期的干物质积累量和叶面积指数适宜即可,一味地增加基肥施用量将导致营养生长期生长过旺,往往不能实现更高的稻谷产量,反而导致肥料利用效率降低,因此,在超级杂交稻高产栽培过程中,应根据品种特性和产量潜力合理地设计

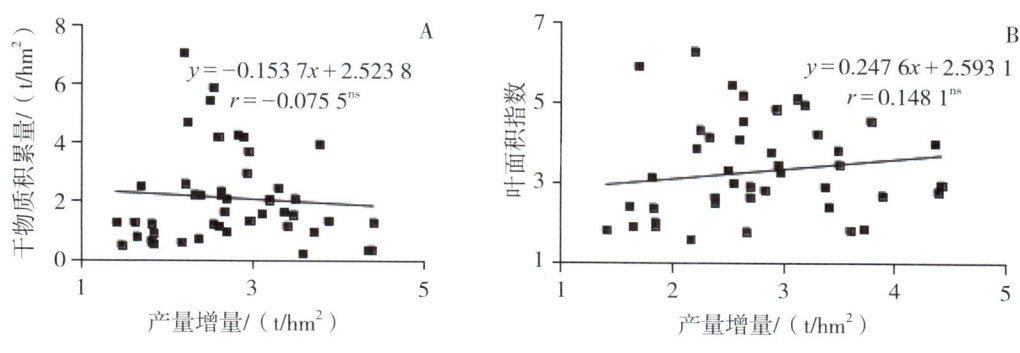

图 1-9 干物质积累量和叶面积指数增量与产量增量的相关性

施肥时期，科学地进行前肥后移，使得更多的肥料在穗分化期和灌浆结实期得到更高效的利用。

超级杂交稻在生物产量积累、叶面积指数和光合能力等方面都具有明显的优势，因而具有超高产潜力。施肥能显著提高超级杂交稻的稻谷产量主要是通过改变其群体穗粒结构而得以实现。本研究结果表明，从无肥到施氮 210 kg/hm²，5 个超级杂交稻品种产量增加量与有效穗数和每穗粒数的增加量的相关性都不显著，其主要原因是：在施氮量 210 kg/hm² 肥力水平下，5 个超级杂交稻品种的有效穗数和每穗粒数都较无肥处理的增加量有高有低，而稻谷产量的增加量基本一致，都在 2.50 t/hm² 左右，从而导致其相关性不显著；群体有效穗数多少是决定水稻产量高低的主要因子之一。本研究发现，从施氮量 210 kg/hm² 到 270 kg/hm²，稻谷产量能否继续提高主要由有效穗数的变化情况决定，该增施肥料过程中稻谷产量增加量与有效穗数增加量之间呈显著正相关（$r=0.769^{**}$）；而从施氮量 270 kg/hm² 到 330 kg/hm²，产量能否继续提高主要由每穗粒数的变化情况决定，该增施肥料过程中产量增加量与每穗粒数增加量之间呈显著正相关（$r=0.664^{*}$）。已有研究表明 Y 两优 900 的 15 t/hm² 产量群体的平均每穗粒数可达 330.6，而在本试验中，从施氮量 270 kg/hm² 到 330 kg/hm² 过程中，大穗型品种 Y 两优 900 和湘两优 900 的每穗粒数分别从 267.0 和 286.1 下降至 242.1 和 274.5，从而产量表现为下降趋势，这主要由于生态条件限制了超级杂交稻的每穗粒数的进一步增加。由此可见，每穗粒数是高肥力水平下超级杂交稻稻谷产量潜力进一步发挥的主要限制因子。

超级稻中后期的物质生产优势是提高总生物量和稻谷产量的重要保障，穗分化进程中适量适时地补给氮素营养能促进该优势的发挥。与普通稻相比，超级稻总生物产量平均提高 10.6%，其中拔节前提高 1.3%，拔节至抽穗期和抽穗至成熟期分别提高 8.6% 和 19.9%。中后期适当施用穗肥能使上三叶的叶长、叶宽和叶面积指数迅速增大，同时，冠层上部三片叶占总叶面积的比例也有所提高，并且群体净光合速率和蒸腾速率提高，叶面积衰退速度减慢，花后物质合成和积累更多。在分蘖盛期轻度晒田后的第 1 d 施用氮素穗肥会导致抽穗后 15 d 和 30 d 群体光合速率降低，而且群体有效穗数也会下降；而在晒田复水后的第 8 d 或第 15 d 追施氮肥则提高灌浆结实期叶片的光合速率；在中度和重度晒田后的第 1 d 或第 8 d 追施氮肥能显著提高孕穗期和齐穗期叶片的净光合速率。

施肥能显著改善水稻生长前期的干物质积累量、叶面积指数、光合生理等群体指标，从而大幅提高稻谷产量。本研究发现，施肥条件下齐穗期干物质积累量和叶面积指数与稻谷产量的相关性并不明显，一味地增加基肥施用量往往导致营养生长期生长过旺，反而不能实现更高的稻谷产量，并导致肥料利用效率降低。齐穗期干物质积累量与稻谷产量显著相关，其主要原因是本研究选用的超级杂交稻品种具有较长的灌浆结实期，高产形成更多依赖于后期光合物质的合成。因此，在超级杂交稻高产栽培过程中，应根据品种特性和产量潜力合理地设计施肥时期，科学地进行前肥后移，以便更多的肥料在穗分化期和灌浆结实期得到更高效的利用。

增施氮肥显著提高了超级杂交稻品种的产量，然而不同肥力水平下的增产机制各异。从无肥到施氮 210 kg/hm^2，稻谷产量增加是群体穗数增加量和每穗粒数增加量的双因子互作结果，而与单一因子的增加量无显著相关性。从施氮 210 kg/hm^2 到 270 kg/hm^2，稻谷产量增加主要与群体穗数的增加量显著相关（$r=0.769^{**}$）。而从施氮 270 kg/hm^2 到 330 kg/hm^2，稻谷产量能否继续增加主要取决于高肥水平下每穗粒数是否增加，两者相关性达显著水平（$r=0.664^{*}$）；该增施肥料过程中，超级杂交稻品种在非优良生态区的每穗粒数有所下降，导致稻谷产量呈下降趋势。此外，5 个品种的产量随着施肥量的增加而增加，从低肥条件下的 2.50 t/hm^2 左右增加至高肥条件下的 4.00 t/hm^2 以上。

第三节　超级杂交稻高产群体特征对氮肥施用时期的影响

在作物栽培管理中肥料的施用对粮食增产作用可达 55% 以上，但大量施用化肥往往带来不少负面影响，造成严重破坏土壤养分平衡和生态环境问题。一般氮肥施入土壤后主要有三方面的去向，一是被作物吸收利用，二是以无机氮形式或有机结合形态残留在土壤中,三是以氨挥发、硝化与反硝化、淋洗或径流等途径损失至环境中。目前我国水稻施肥主要存在两个突出问题,一是氮肥用量超标,超出世界水稻氮肥平均用量的75%;二是施肥技术科技含量较低,绝大多数稻区在选择肥料种类、施肥时期与施肥方法等方面仍然按当地传统习惯进行,如施肥重前轻后,普遍把大量氮肥施在水稻生长的前期,占全生育期施肥量的70%以上,造成根际氮素供应与植株需氮量产生严重的时期错位,肥料利用率大幅度降低,加剧了对农田生态环境的污染,因此粮田合理施肥是提高产量、减少资源浪费、减少环境污染的重要措施。

我国主要是肥料用量大,而肥料利用效率却偏低,大部分作物的平均氮肥利用效率只有30%左右,而水稻氮肥利用率为28.2%。氮肥施用量太多、施用时期不合理、氮磷钾比例失调、轻视有机肥施用等,是造成氮肥利用率低、生产成本高、资源浪费的主要原因。此外,不同的播种模式下氮肥利用率的差异显著,在撒播、条播和精量穴播模式下,氮素肥料于倒4叶伸出时一次性追施处理的氮素转运量、转运率和贡献率都在较高水平;而在宽窄行条播模式下,氮素肥料分别于倒4叶和倒2叶期分两次追施有利于氮肥利用率的提高。施用氮肥条件下水稻植株的吸氮总量和群体产量都显著提高,氮肥后移有利于氮肥利用率的提高;在施氮总量一致的条件下,氮肥作为基肥和分蘖肥施用时的氮素营养的吸收利用效率比作为穗肥施用的低。水稻在幼穗分化期的吸氮速率最大,且认为提高水稻肥料利用率最直接有效的措施是改进施肥方式和管理模式,确定适宜的施氮量和穗肥施用时期是当前栽培模式最有研究意义的内容。幼穗发育期追施氮肥能提高水稻群体的氮肥利用效率。

超级杂交稻品种具有较长的生育期,往往由于后期营养短缺而导致群体物质生产的优势不能正常发挥,如何建立颖花量充足的高库容群体,以及如何保证生育后期有足够的源物质向籽粒输送,是超级杂交稻品种大面积种植中产量潜力充分发挥的关键所在。幼穗分化期补施氮肥可通过适当提高叶面积指数等指标来改善冠层气象环境并降低植株表面温度,还有利于大库容品种库容量的提高和促进大穗的形成,提高羧化效率及水分利用率,使得光合性能得到整体提升,最终可以通过优化产量结构、协调源库关系而缩小与高产攻关的产量差距。

一、氮肥补施对超级杂交稻产量及产量构成的影响

1. 氮肥补施对超级杂交稻产量的影响

氮肥补施时期处理对Y两优6号和Y两优900的产量影响有显著差异，N1、N2、N3、N4、N5（5个补施氮肥处理）的产量均显著高于不补施氮肥处理（N6），2个品种结果一致（图1-10A、图1-10B）。2016年，Y两优6号在N3、N5处理下产量最高，分别为9 334.4 kg/hm^{2}和9 125.0 kg/hm^2，比不补施氮肥处理（N6）的产量分别增加8.6%和6.2%；N1、N2、N4处理产量分别为9 075.0 kg/hm^2、9 042.7 kg/hm^{2}和8 976.6 kg/hm^2，分别比N6处理增产4.9%、5.2%、5.6%，但显著低于N3处理。Y两优900在N3、N5处理下产量最高，分别为9 446.9 kg/hm^{2}和9 386.5 kg/hm^2，比不补施氮肥处理（N6）的产量分别增加9.7%和8.9%；N1、N2、N4处理产量分别为9 234.4 kg/hm^2、9 060.5 kg/hm^{2}和8 984.4 kg/hm^2，分别比N6处理增产4.3%、7.2%、5.2%，其中N1、N4处理的产量显著低于N3和N5处理（图1-10A）。此外，补施氮肥对Y两优900的增产幅度高于Y两优6号。

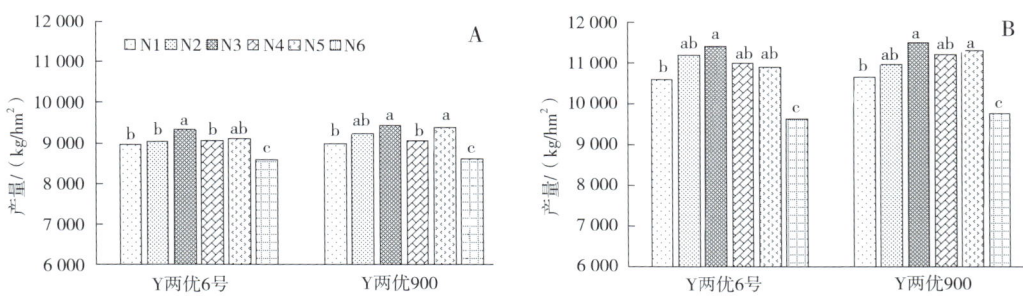

在总施氮量300 kg/hm^{2}上，设置N1（基肥210 kg/hm^2+分蘖肥90 kg/hm^2），N2（基肥120 kg/hm^2+拔节肥90 kg/hm^2），N3（基肥120 kg/hm^2+分蘖肥60 kg/hm^2+幼穗分化2期120 kg/hm^2），N4（基肥120 kg/hm^2+分蘖肥60 kg/hm^2+幼穗分化4期120 kg/hm^2），N5（基肥120 kg/hm^2+分蘖肥60 kg/hm^2+幼穗分化6期120 kg/hm^2）和N6（基肥120 kg/hm^2+分蘖肥60 kg/hm^2）的对照处理。

图1-10 不同时期补施氮肥对产量的影响（A：2016年；B：2017年）

2017年的试验结果和趋势基本与2016年相一致，5个补施氮肥处理的产量均显著高于不补施氮肥的N6处理，其中，Y两优6号的N1、N2、N3、N4、N5（5个补施氮肥处理）的产量分别比不补施氮肥的N6处理高出10.0%、16.4%、18.5%、14.3%、13.3%，Y两优900分别为9.2%、12.5%、18.1%、15.0%、15.9%

（图 1-10B）；此外，年度间的产量差异显著，2017 年穗肥施用对产量的增幅高于 2016 年，2017 年 Y 两优 6 号和 Y 两优 900 的平均产量分别为 10 800.5 kg/hm² 和 10 917.2 kg/hm²，显著高于 2016 年，这可能与年度间气候差异有关。

2. 氮肥补施对超级杂交稻产量构成的影响

从产量构成因子来看，补施氮肥时期对 2 年的有效穗数的影响达显著水平。2016 年，Y 两优 6 号在 N2、N3、N5 处理下的有效穗数高，达 230 万 /hm² 左右，比对照 N6 处理高出 7.5%～12.5%，差异达显著水平；其次是 N4 处理，达 221.1 万 /hm²，比 N6 处理高出 3.9%，差异不显著；N1 处理的有效穗数最少，比 N6 处理低 1.5%；Y 两优 900 在 N2、N3 处理下的有效穗数高，达 200 万 /hm² 以上，比对照 N6 处理高出 7.8%～10.6%，差异达显著水平；其次是 N1 和 N5 处理，达 190 万 /hm² 以上，与对照 N6 处理差异不显著。2017 年，随着补施氮肥时间推迟，有效穗数呈现减少趋势，N1 处理下 Y 两优 6 号和 Y 两优 900 的有效穗数分别高达 280.7 万 /hm² 和 264.1 万 /hm²，分别比其他 5 个处理高出 10.0%～18.9% 和 13.7%～19.6%，均达显著水平（表 1-12）。

表 1-12 氮肥补施时期对超级杂交稻产量构成因子的影响

处理	Y 两优 900				Y 两优 6 号			
	有效穗/（万穗/hm²）	每穗粒数/粒	结实率/%	千粒重/g	有效穗/（万穗/hm²）	每穗粒数/粒	结实率/%	千粒重/g
2016 年								
N1	194.55ab	250.49b	81.39ab	23.28a	209.55b	204.00a	83.80c	25.45a
N2	209.40a	259.92ab	74.04c	23.36a	239.25a	196.30ab	77.76d	25.11a
N3	204.15a	260.21ab	82.75a	22.66ab	230.55a	198.83a	85.08bc	25.52a
N4	187.80b	267.23a	83.22a	22.35b	221.10ab	201.62a	87.13ab	25.02a
N5	195.75ab	274.51a	83.59a	22.29b	228.60a	195.75a	88.94a	25.18a
N6	189.30b	261.00ab	79.08a	22.70ab	212.70a	181.44b	86.18b	25.67a
2017 年								
N1	264.14a	226.81b	74.12d	23.82b	280.72a	193.08a	76.68c	27.01b
N2	232.24b	234.95ab	77.41c	24.77a	255.31b	173.32bc	83.16ab	28.20a
N3	229.68b	236.25ab	78.98bc	24.90a	251.38b	166.69c	77.89c	28.24a
N4	224.58b	255.87a	76.46c	24.76a	236.06c	181.48ab	82.84ab	28.49a
N5	220.75b	246.26a	83.29a	24.68a	242.65bc	176.63bc	85.87a	28.88a
N6	227.13b	222.46b	79.66b	24.32ab	238.82c	165.60c	81.54b	28.05ab

氮肥补施时期对 2 个品种每穗粒数的变化有显著影响。2016 年，Y 两优 6 号在 N1、N4 处理下的每穗粒数最高，达 200 粒以上，比对照 N6 处理高出 20 粒/穗左右，差异达显著水平；其次是 N2、N3、N5 处理，比 N6 处理略高，差异不显著；Y 两优 900 在 N4、N5 处理下的每穗粒数高，分别为 267.2 粒/穗和 274.5 粒/穗，分别比对照高出 6.2 粒/穗和 13.5 粒/穗；其次是 N2、N3 处理，N1 处理的每穗粒数最少，约 250 粒/穗。2017 年，2 个品种的每穗粒数均低于 2016 年，这主要与 2017 年有效穗数比 2016 年多有关。其中，Y 两优 6 号的每穗粒数为 165.6~193.1 粒，以 N1 处理最高；Y 两优 900 每穗粒数为 222.5~255.9 粒，N4 处理最高。

氮肥补施时期对结实率的影响显著但规律不明显，同样的氮肥补施处理在不同年份和不同品种之间表现不一致。2016 年，Y 两优 6 号和 Y 两优 900 结实率最低的处理都是 N2，分别为 77.8% 和 74.0%；2017 年，Y 两优 6 号和 Y 两优 900 结实率最低的处理都是 N1，分别为 76.7% 和 74.1%；2 年的结实率都以 N5 处理的最高。由此可见，穗肥施用的时期越早，结实率越低，适当推迟穗肥施用时间有利于结实率的提高。在千粒重方面，施用穗肥不一定能提高千粒重；千粒重在不同年份的变化明显，Y 两优 6 号在 2016 年、2017 年的千粒重分别为 25.3 g 和 28.1 g；Y 两优 900 在 2016 年、2017 年的千粒重分别为 22.8 g 和 24.5 g。

二、氮肥补施对超级杂交稻干物质生产的影响

1. 氮肥补施对超级杂交稻群体干物质积累的影响

由图 1-11 可以看出，Y 两优 6 号和 Y 两优 900 干物质积累趋势一致。由于分蘖期还未开始补施氮肥处理，此时处理间干物质积累量的差异不显著；分蘖期，Y 两优 6 号的群体干物质量为 4 872.4~5 506.0 kg/hm^2，Y 两优 900 量为 4 538.6~5 243.7 kg/hm^2。齐穗期，补施氮肥处理（N1、N2、N3、N4、N5）的群体干物质积累量均显著高于未补施氮肥处理（N6），其中 Y 两优 6 号补施氮肥处理比不补施氮肥处理高出 12.4%~32.9%，Y 两优 900 补施氮肥处理比不补施氮肥处理高出 10.1%~30.1%；N1 处理的群体干物质积累量最大，Y 两优 6 号和 Y 两优 900 分

别为 12 848.6 kg/hm² 和 14 708.1 kg/hm²；N2、N3、N4、N5 处理间差异不明显，但都显著高于 N6 处理。成熟期，5 个补施氮肥处理之间的差异不显著，但都显著高于 N6 处理；齐穗期群体干物质积累量最大的 N1 处理在成熟期的物质积累优势变弱，甚至低于其他 4 个补施氮肥处理。

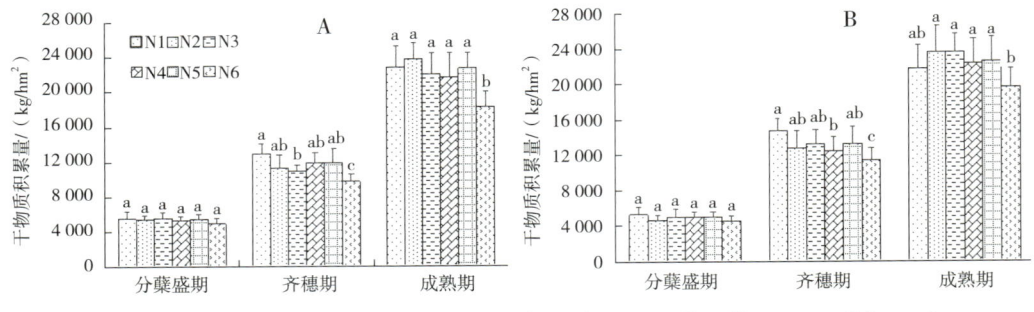

图 1-11　补施氮肥时期对群体干物质的影响（A：Y 两优 6 号；B：Y 两优 900）

2. 氮肥补施对超级杂交稻叶面积衰减率的影响

表 1-13 表明，不同时期补施氮肥对 Y 两优 6 号和 Y 两优 900 后期群体的叶面积指数（LAI）、齐穗期颖花数、粒叶比和叶面积衰减率均有显著的影响。Y 两优 6 号，齐穗期 N1、N2、N3 处理的叶面积指数较高，达到 9.0 以上，显著高于其他处理；N4、N5 处理齐穗期叶面积指数均为 7.7 左右，与不补施氮肥的 N6 处理差异不显著；成熟期，补施氮肥的 5 个处理的叶面积指数均显著高于不补施氮肥的 N6 处理，随着补施氮肥时间的推迟，叶面积指数呈下降趋势，即补施氮肥越早，成熟期叶面积指数越高，有利于成熟期合成更多的光合物质；在总颖花数方面，N4、N5 处理最高，均达到 47.9 万个 /hm²，其次是 N1、N2、N3 处理，总颖花数为 46.0 万个 /hm² 左右，5 个补施氮肥处理之间差异不显著，但均显著高于 N6 处理 43.2 万个 /hm²；粒叶比以不补施氮肥处理（N6）最大，补施氮肥后粒叶比下降，且施用越早下降越多；在叶面积衰减率方面，由于 N6 处理后期没有补充氮肥营养，因此齐穗期至成熟期间绿叶衰老速率较快，衰减率为 54.7%，显著高于补施氮肥的 5 个处理，5 个补施氮肥处理中，N5 处理的叶面积衰减率最低。

表 1-13 氮肥补施时期对叶面积衰减率的影响

品种	处理	叶面积指数		齐穗期颖花数/万个/hm²	粒叶比	叶面积衰减率/%
		齐穗期	成熟期			
Y两优6号	N1	9.51±0.52a	4.75±0.56a	46.5±5.11a	0.47±0.02b	50.06±4.78b
	N2	9.76±0.38a	4.95±0.38a	45.9±3.72a	0.50±0.02b	49.29±3.14b
	N3	9.98±0.64a	4.61±0.43ab	46.1±3.04a	0.49±0.04b	48.61±4.06b
	N4	7.73±0.36b	4.48±0.36b	47.9±6.00a	0.54±0.03a	48.69±5.08b
	N5	7.71±0.53b	4.35±0.54b	47.9±3.38a	0.54±0.05a	47.59±3.63c
	N6	7.40±0.47b	3.36±0.43c	43.2±2.95b	0.60±0.03a	54.65±4.51a
Y两优900	N1	8.66±0.26a	3.41±0.24b	57.5±5.33a	0.64±0.04b	60.56±5.20a
	N2	8.70±0.40a	3.84±0.12ab	56.7±3.90a	0.61±0.02b	55.90±3.57c
	N3	8.14±0.43a	3.31±0.45b	54.9±3.14ab	0.6±0.05b	59.30±5.02a
	N4	8.19±0.55a	3.54±0.22b	53.2±5.03b	0.63±0.04b	56.85±4.80b
	N5	8.31±0.37a	4.16±0.33a	53.9±4.41b	0.64±0.03b	47.79±3.49d
	N6	7.01±0.47b	3.07±0.23c	52.5±3.22b	0.73±0.04a	56.17±4.06b

Y两优900齐穗期N1、N2、N3、N4、N5处理的叶面积指数差异不显著，均在8.0以上，显著高于不补施氮肥的N6处理；成熟期，补施氮肥的5个处理的叶面积指数均显著高于不补施氮肥的N6处理，其中以N5处理的最高，叶面积指数维持在4.0以上，由此可见，适时补施氮肥能有效延长功能叶片的高效光合期。在总颖花数方面，N1、N2处理的较高，分别达到57.5万个/hm²和56.7万个/hm²，显著高于N4、N5、N6处理的，N4、N5处理的总颖花数虽有提高，但未达到显著水平；粒叶比以不补施氮肥处理N6的最大，补施氮肥的5个处理之间差异不显著；在叶面积衰减率方面，N1处理的叶面积衰减率最高，达60.0%以上，其次是N3、N4、N6、N2处理，N5处理的最低，仅为47.8%。

由上可知，补施氮肥时期对Y两优6号总颖花量无显著影响，而Y两优900总颖花量随着补施氮肥时期的推迟有增加趋势；补施氮肥后粒叶比下降，且施用越早下降越多，表明在总库容（总颖花数）一定的情况下，补施氮肥能促进更多的"源（叶片光合合成物质）"向"库（籽粒）"的供应，确保籽粒充实饱满；推迟补施氮肥后成熟期叶片衰减率降低，补施氮肥时期越迟越有利于延长功能叶片的高光效持续期。

3. 氮肥补施对超级杂交稻源库关系的影响

通过分析水稻籽粒产量与齐穗后功能叶片 SPAD 值的关系，发现两者之间存在显著的正相关关系。2 个水稻品种功能叶片在齐穗后的 SPAD 值与籽粒产量之间存在极强的相关性，相关系数在抽穗期、抽穗后 15 d 和抽穗后 30 d 分别为 $r=0.624\ 3^{**}$、$r=0.875\ 2^{**}$、$r=0.558\ 9^{**}$（图 1-12），3 个时期均达到了极显著水平，尤其是齐穗后 15 d 的相关性最高。

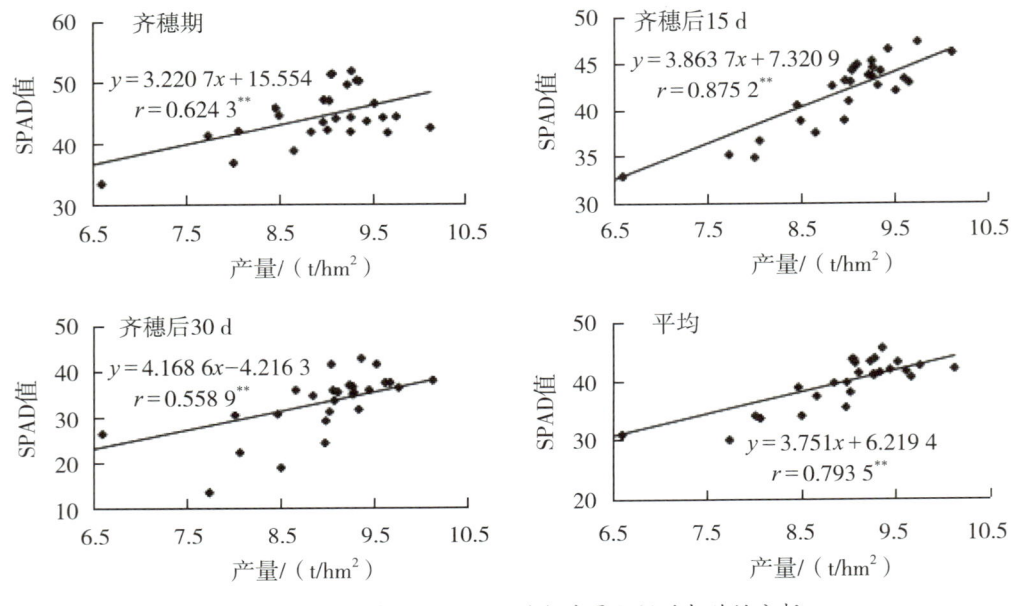

图 1-12　补施氮肥下 SPAD 值与产量之间的相关性分析

灌浆结实期功能叶片光合速率与稻谷产量之间也存在显著的正相关关系。两者之间的相关系数随着水稻生育进程呈不断升高趋势，即相关系数在抽穗期、抽穗后 15 d 和抽穗后 30 d 分别为 $r=0.216\ 6^{ns}$、$r=0.421\ 9^{*}$、$r=0.564\ 0^{**}$（图 1-13）。这一结果进一步表明，适时适量补施氮肥确保功能叶片不早衰和延长叶片高效光合作用持续时间对实现超级杂交水稻品种的高产潜力具有重要意义，尤其是接近完熟时期功能叶片的高光合活性也非常重要。因此，在高产栽培过程中应采取适宜水肥措施延长叶片高效光合作用持续时间，提高生殖生长后期功能叶片的光合活性。

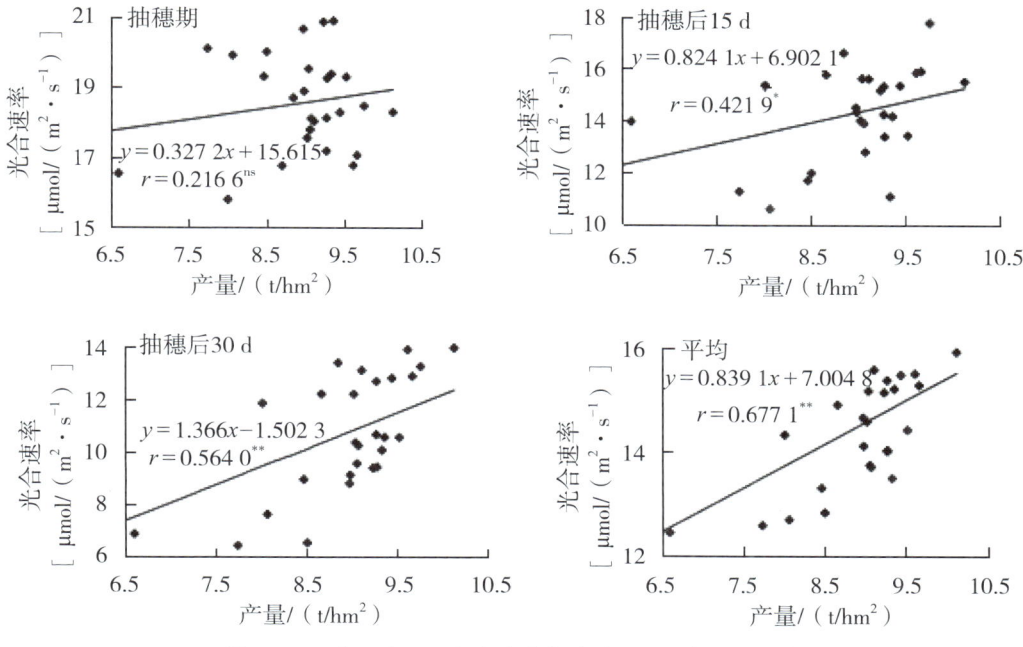

图 1-13 穗肥处理下光合速率与产量之间的相关性分析

4. 氮肥补施对各营养器官干物重的动态变化

茎秆物质积累量是抽穗后群体生产力高低的重要指标之一，茎秆物质量越大表明茎秆的充实度越好，抗倒伏能力越强，且有利于茎秆中物质向籽粒的高效运转。从 2 个品种主穗的茎秆物质积累及动态变化来看（图 1-14），始穗期主穗茎秆部位的干物重处理间差异不显著，Y 两优 6 号表现为 N3＞N4＞N2＞N5＞N6＞N1，Y 两优 900 表现为 N2＞N3＞N4＞N5＞N6＞N1；始穗后茎秆物质积累量不断增加，至始穗后 12 d 达到最大值，此时 Y 两优 6 号和 Y 两优 900 都以 N3 处理的积累量最大，分别为 1.55 g/穗和 1.78 g/穗；始穗后 12 d 至始穗后 18 d，茎秆物质积累量急剧下降，表明茎鞘物质此时开始向外运转，其中 Y 两优 6 号以 N3 处理的茎秆输出量最多，Y 两优 900 以 N4 处理的茎秆输出量最多，都超过了 0.31 g/穗；始穗后 18 d 至始穗后 24 d，茎秆物质积累量呈现小幅度上升趋势；始穗后 24 d 至始穗后 30 d，这段时期茎秆物质大量向外输出，其中 Y 两优 6 号以 N3 处理的输出量最大，为 0.27 g/穗，Y 两优 900 以 N4 处理的输出量最大，为 0.30 g/穗。

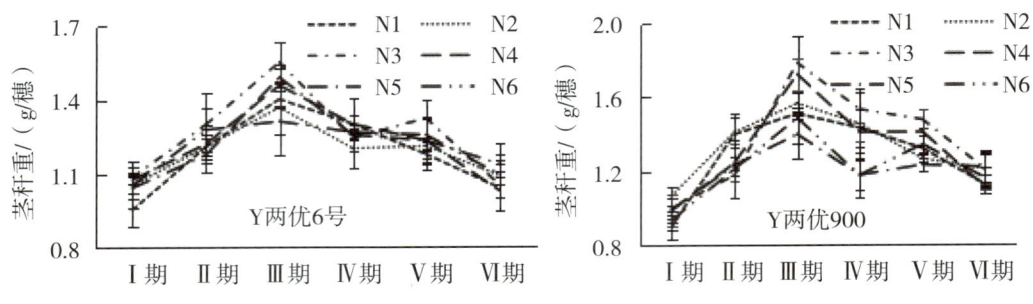

图 1-14 灌浆结实期茎秆干物重动态变化

叶鞘是碳水化合物储存的最主要营养器官，叶鞘物质输出对高产形成具有重要意义。从图 1-15 可以看出，始穗期至始穗期后 30 d，叶鞘的干物质积累量呈连续下降趋势。始穗期，Y 两优 6 号叶鞘干物质积累量以 N2 和 N4 处理最大，均超过了 1.90 g/穗，Y 两优 900 叶鞘干物质积累量以 N2 和 N3 处理最大，均超过了 2.30 g/穗。Ⅰ 期～Ⅱ 期、Ⅱ 期～Ⅲ 期、Ⅲ 期～Ⅳ 期、Ⅳ 期～Ⅴ 期这 4 个时段内叶鞘的干物质输出量较低，Y 两优 6 号每个时段平均输出量为 0.07 g/穗，Ⅰ 期～Ⅴ 期平均总输出量为 0.31 g/穗。Y 两优 900 叶鞘输出量明显高于 Y 两优 6 号，前 4 个时段的平均输出量为 0.10 g/穗，Ⅰ 期～Ⅴ 期平均总输出量为 0.48 g/穗。Ⅴ 期～Ⅵ 期叶鞘干物质输出量最大，Y 两优 6 号平均为 0.21 g/穗，且不补施氮肥的 N6 处理输出量最大，为 0.26 g/穗，其次是 N3 处理，为 0.24 g/穗，N1 处理最低，为 0.15 g/穗；Y 两优 900 平均为 0.20 g/穗，且不补施氮肥的 N6 处理输出量最大，为 0.28 g/穗，其次是 N3 处理，为 0.25 g/穗，N5 处理最低，为 0.13 g/穗。从灌浆结实期叶鞘总输出量来看，Y 两优 6 号以 N4 处理最大，为 0.56 g/穗，Y 两优 900 以 N3 处理最大，为 0.81 g/穗；2 个品种之间差异显著，Y 两优 6 号灌浆结实期的叶鞘平均输出量为

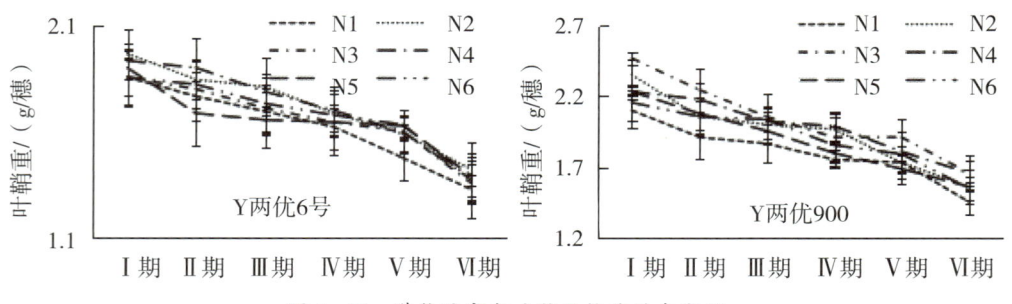

图 1-15 灌浆结实期叶鞘干物重动态变化

0.52 g/穗，Y两优900的为0.68 g/穗，表明Y两优900的叶鞘输出能力比Y两优6号大。

叶片的物质积累量是叶片光合能力的评价指标之一。从图1-16可以看出，叶片干物质积累动态变化规律不明显。始穗期，Y两优6号以N3处理的物质积累量最大，为1.89 g/穗，Y两优900以N2处理最大，为2.16 g/穗；整个灌浆结实期（Ⅰ期~Ⅵ期），叶片的干物质积累量变化幅度不大，Y两优6号叶片平均积累量从Ⅰ期的1.81 g/穗下降到Ⅵ期的1.61 g/穗，降幅为0.20 g/穗；Y两优900叶片平均积累量从Ⅰ期的1.92 g/穗下降到Ⅵ期的1.78 g/穗，降幅为0.14 g/穗。

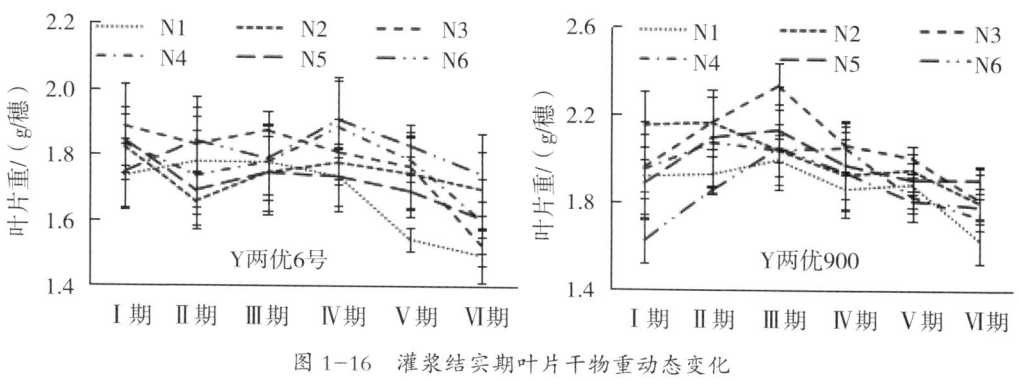

图1-16 灌浆结实期叶片干物重动态变化

从图1-17中可以看出，穗部的干物质积累量在整个灌浆结实期呈不断增加趋势。Ⅰ期~Ⅱ期穗部物质增长量较少，Y两优6号和Y两优900分别为0.18 g/穗和0.12 g/穗；Ⅱ期~Ⅲ期2个品种穗部物质重分别增长0.88 g/穗和0.79 g/穗；Ⅲ期~Ⅳ期2个品种穗部物质重分别增长1.29 g/穗和1.21 g/穗；Ⅳ期~Ⅴ期2个品种穗部物质重分别增长0.97 g/穗和1.27 g/穗；Ⅴ期~Ⅵ期2个品种穗部物质重分别增长0.47 g/穗和0.52 g/穗。由此可见，抽穗后12~24 d是穗部物质积累的高峰时期。从不同处理比较来看，Y两优6号以N4处理的积累量最高，为5.78 g/穗，Y两优900以N5处理的积累量最高，为5.02 g/穗。

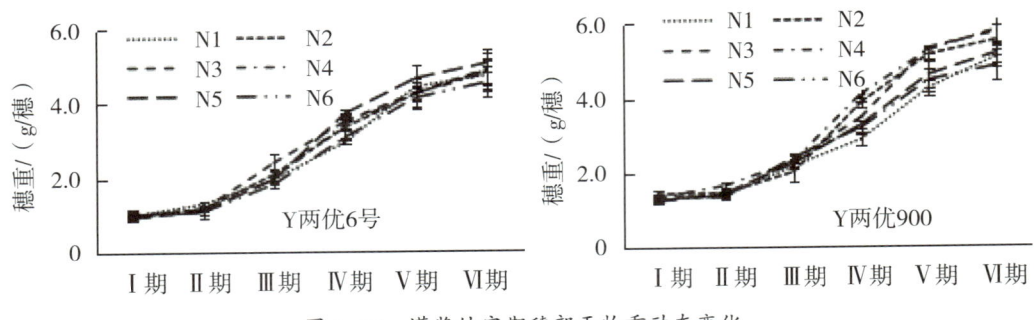

图 1-17 灌浆结实期穗部干物重动态变化

5. 氮肥补施对超级杂交稻物质转运的影响

从图 1-18 中可以看出，2 个品种在补施氮肥条件下，灌浆结实期营养器官（茎秆、叶鞘、叶片）干物质输出量与穗部增重存在一定相关性。其中，茎秆物质输出量与穗部增重之间呈不显著负相关（$r=-0.044\ 1^{ns}$，$p > 0.05^{ns}$），叶鞘物质输出量与穗部增重之间呈显著正相关（$r=0.578\ 2^{*}$，$p < 0.05$），叶片物质输出量与穗部增重之间呈不显著正相关（$r=0.128\ 7^{ns}$，$p > 0.05$）。

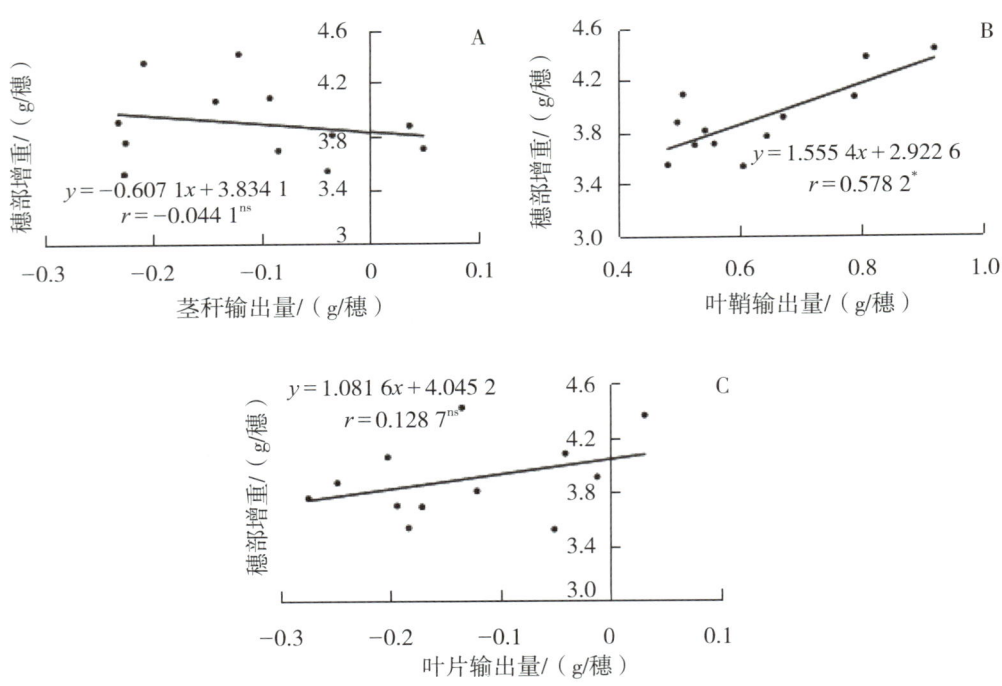

图 1-18 营养器官物质输出与穗部增重的相关性

进一步将灌浆结实期不同时期的叶鞘输出量与相应时期穗部增重进行相关分析表明，Ⅰ~Ⅱ期、Ⅱ~Ⅲ期、Ⅳ~Ⅴ期这3个时段的叶鞘物质输出量与穗部增重之间呈不显著正相关，相关系数分别为$r=0.123$、$r=0.017$、$r=0.028$；Ⅲ~Ⅳ期的叶鞘物质输出量与穗部增重之间呈显著正相关，相关系数为$r=0.469^*$；Ⅴ~Ⅵ期的叶鞘物质输出量与穗部增重之间呈不显著负相关，相关系数为$r=-0.1822$。结果表明，Ⅲ~Ⅳ期，即始穗后12~18 d叶鞘物质输出量对穗部增重具有明显的促进作用。

超高产水稻品种具有生育期长的特点，由于生育后期土壤营养消耗殆尽，经常导致灌浆结实期生长优势不明显，适时适量补充氮素营养有利于超高产水稻品种后期生长优势和产量潜力的发挥。本研究发现，在幼穗分化的各个时期补施氮素营养都能显著提高长生育期水稻品种的稻谷产量，其中以幼穗分化中前期补施氮肥产量提升幅度最大。穗肥施用时期对产量构成因子的影响少有报道，本研究表明幼穗分化早期补施氮肥能促进小穗成穗并提高群体有效穗数10.0%以上，随着氮素营养补施的推迟，群体有效穗数呈下降趋势；结实率则随着氮素营养补施的推迟有升高趋势，这可能是由于推迟施用穗肥促进了灌浆结实期源物质的合成和供应；每穗粒数和千粒重的变化根据品种特性变化规律不明显。大穗品种往往由于后期群体有效穗数不足而限制产量潜力的发挥，故在幼穗分化前期适量补施氮素营养能通过促进小穗成穗来提高成穗率；而库大源弱的群体往往出现结实率低和籽粒充实度低的问题，在幼穗分化中后期适量补施氮素营养能提高灌浆结实期源物质的合成量，从而促进籽粒库的充实和结实率的提高。

冠层光合作用是作物生长和产量形成的基础，提高抽穗后冠层光合源是实现水稻稳产高产的关键。灌浆结实期间冠层光合作用可贡献水稻最终籽粒产量的60%以上。灌浆结实前期的光合速率与籽粒产量密切相关，灌浆结实中后期光合速率显著下降。本研究发现补施氮肥处理有效提高了灌浆结实中后期光合速率，在齐穗后15 d、30 d的净光合速率分别比不施用穗肥处理提高了10.2%和18.8%左右。此外，水稻籽粒产量不仅与齐穗期前后的光合速率存在显著的正相关关系，而且在齐穗后30 d两者之间仍呈显著正相关（$r=0.564^{**}$）。叶片SPAD值长期以来一直被用作评估水稻植株氮素状况的指标。在本研究中使用的两个水稻品种的旗叶 SPAD 值与籽粒产量之间存在极强的相关性，在抽穗后 15 d 相关性最显著（$r=0.875^{**}$）。由此可见，幼穗分化期适量补施氮素营养能有效减缓叶片衰老并延长叶片高光合作用持续时间，从而使得叶片在灌浆结实末期通过光合合成的物质仍对籽粒产量的提高具有显著贡献。

研究发现，灌浆结实期茎鞘物质积累变化呈明显的"V"字形，在齐穗后 3~23 d 是茎鞘物质向外输出的主要时间段，输出量于齐穗后第 23 d 降至最低后又开始上升。本研究进一步分析了灌浆结实期营养器官物质输出与穗部物质积累的相关性，发现在幼穗分化期补施氮肥条件下，灌浆结实期茎秆和叶片的物质输出量与穗部物质积累的相关性不显著，而灌浆结实期叶鞘物质输出量与穗部增重之间呈显著正相关（$r=0.578^*$），其中在始穗后 12~18 d 时间段的相关性最为显著。此外，不同品种和不同时间补施氮肥对叶鞘物质输出有明显影响，Y 两优 6 号在幼穗分化 6 期补施氮肥时灌浆结实期叶鞘输出量最大，为 0.56 g/穗，Y 两优 900 在幼穗分化 4 期补施氮肥时最大达 0.81 g/穗。

幼穗分化期适时补施氮肥通过改善超级杂交稻生育中后期群体结构实现了稻谷产量增加 4.3%~18.5%，能有效缩小大面积种植与高产攻关之间的产量差距。在幼穗分化前期补氮促进了小蘖成穗而提高群体有效穗数 10.0% 以上；在幼穗分化中后期补氮有效延长了灌浆结实期群体高光效持续期，齐穗后 30 d 功能叶 SPAD 值比不补施氮肥处理提高近 20.0%，净光合速率维持在 13.0 μmol/（m²·s）以上，从而显著提高了稻谷籽粒产量（$r=0.564^*$）。此外，幼穗分化期补施氮肥条件下，叶鞘向外输出的源物质能显著促进籽粒库中的物质积累（$r=0.578^*$）。

第四节　超级杂交稻超高产品种的群体转运特征

水稻籽粒物质主要来自始穗期以前茎鞘贮存物质和抽穗后的光合合成，前者约占 1/3。群体营养器官中储藏的碳水化合物能促进灌浆初期籽粒库的活性，同时也对稻谷产量形成、后期抗逆能力，特别是对阴雨寡照、干旱等逆境造成的合成物质不足导致的籽粒充实度下降具有重要的缓解作用。水稻籽粒灌浆所需的碳水化合物主要依靠抽穗后功能叶的光合作用来合成；此外，还有一部分来自抽穗前群体营养器官内储藏的非结构性碳水化合物。水稻抽穗后，茎秆和叶鞘等营养器官作为临时的物质供应源向生殖器官持续输送碳水化合物，为籽粒提供灌浆物质并促进库活性和灌浆，同时还增强了水稻生育后期抗虫和抗倒伏的能力。

水稻稻谷实际产量是由库容量（群体有效穗数和平均穗粒数）以及籽粒充实度（粒重和结实率）两部分来决定，如何通过技术措施来稳定和实现产量构成因子之间的协调发展是实现超高产的重要保障。足够多的群体颖花量是实现超高产的前提，而由于超高产品种的群体有效穗数、结实率、千粒重的变化相对较小，超级杂交稻的增产主要依靠每穗粒数的增加，即充分发挥大穗型品种穗大粒多的特性。

协调个体与群体之间的关系、提高灌浆结实期群体碳水化合物的积累量，并促进茎鞘中非结构性碳水化合物向穗部的运转是进一步挖掘产量潜力的有效途径。当水稻产量达到 $11 \sim 12 \ t/hm^2$ 水平时，其籽粒充实物质主要来源于齐穗后功能叶片光合物质的合成，而超高产品种的灌浆结实期相对较长的生育特性能更加充分地利用有效的温光资源。云南、福建等地的水稻超高产特征的总结表明，群体干物质积累量与稻谷实际产量之间存在显著正相关关系，超高产水稻品种在生长发育前期的生长速率较低，在孕穗期时达到最高，而在灌浆结实期又稍有下降。

水稻籽粒产量与群体干物质生产总量和花后向籽粒的转运显著相关，籽粒产量一方面来源于抽穗后群体的光合物质合成，占总产量的70%～85%，另一方面来源于灌浆结实期群体营养器官可溶性碳水化合物向籽粒的转移和运输，对产量的贡献率可达到30%左右。因此，研究并阐明超级杂交稻品种源库特性和营养器官碳水化合物向籽粒的运输规律对超高产栽培具有重要指导意义。

一、超级杂交稻超高产品种的叶片物质积累

从表1–14可以看出，在整个灌浆结实期间5个超级杂交稻不同时期的超高产

代表性品种的叶片物质积累量差异达显著水平（$p < 0.05$）。从齐穗期到成熟期，叶片物质积累量不断减少，Y两优900和湘两优900在齐穗期叶片物质积累量达2.30 g/株以上，显著高于两优培九、Y两优1号和Y两优2号；齐穗后7 d，Y两优900和湘两优900的叶片物质积累量为2.10 g/株左右，仍然显著高于其他3个品种；齐穗后15 d，湘两优900的叶片物质积累量显著下降，与两优培九和Y两优2号之间差异不显著；随着生育进程的推进，5个品种之间的差异逐渐缩小，齐穗后39 d，湘两优900的叶片物质积累量仍处于较高水平，为1.13 g/株，Y两优2号的最少，仅为0.73 g/株。试验结果表明，相对于两优培九、Y两优1号和Y两优2号，产量潜力更高的品种Y两优900和湘两优900的叶片在整个灌浆结实期，尤其是灌浆末期都具有物质积累优势，有利于叶片高效光合期的延长和高产潜力的进一步发挥。

表1-14　灌浆结实期叶片物质积累变化动态　　　　单位：g/株

品种	齐穗期	齐穗后7d	齐穗后15d	齐穗后23d	齐穗后31d	齐穗后39d
两优培九	1.94±0.11b	1.69±0.11b	1.62±0.13bc	1.48±0.10b	1.17±0.05c	0.86±0.04c
Y两优1号	2.00±0.08b	1.64±0.09b	1.60±0.08c	1.31±0.07bc	1.30±0.08b	1.03±0.11b
Y两优2号	2.07±0.16b	1.79±1.20b	1.75±0.11b	1.25±0.11c	1.18±0.12c	0.73±0.06d
Y两优900	2.34±0.20a	2.08±0.08a	1.93±0.15a	1.78±0.16a	1.50±0.09a	1.07±0.09ab
湘两优900	2.37±0.13a	2.12±0.16a	1.88±0.08ab	1.79±0.14a	1.32±0.11b	1.13±1.00a

二、超级杂交稻超高产品种的叶片物质输出

从图1-19中可以看出，5个超级杂交稻品种在整个灌浆结实期间的叶片物质输出量存在显著差异，其中以Y两优2号的叶片物质输出量最大，达1.34 g/株，其次是Y两优900和湘两优900，分别为1.26 g/株和1.24 g/株，两优培九和Y两优1号叶片输出量相对较少，分别为1.07 g/株和0.96 g/株。另一方面，不同品种在灌浆结实期各个阶段的叶片物质输出量差异显著，其中，两优培九叶片物质输出主要时期为齐穗后Ⅳ期和Ⅴ期，两段时期内的输出量均超过0.30 g/株，占叶片物质输出总量的56.0%以上；Y两优1号叶片物质输出主要时期为齐穗后Ⅰ期和Ⅲ期，两段时期内的输出量分别为0.35 g/株、0.29 g/株，分别占叶片物质输出总量的36.6%

和 30.4%；Y 两优 2 号叶片物质输出主要时期为齐穗后Ⅲ期和Ⅴ期，两段时期内的叶片物质输出量分别为 0.50 g/株、0.45 g/株，分别占叶片物质输出总量的 37.3% 和 33.8%；Y 两优 900 叶片物质输出主要时期为齐穗后Ⅳ期和Ⅴ期，两段时期内的输出量分别为 0.28 g/株、0.43 g/株，分别占叶片物质输出总量的 22.4% 和 33.9%；湘两优 900 叶片物质输出主要时期为齐穗后Ⅰ期和Ⅳ期，两段时期的输出量分别为 0.25 g/株、0.47 g/株，分别占叶片物质输出总量的 20.0% 和 37.7%。

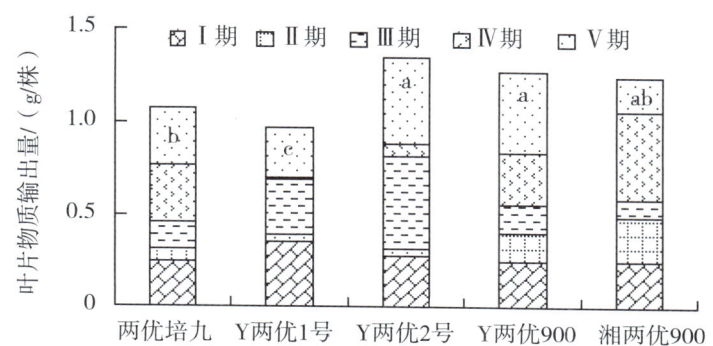

注：Ⅰ期为齐穗期至齐穗后 7d；Ⅱ期为齐穗后 8～15d；Ⅲ期为齐穗后 16～23d；Ⅳ期为齐穗后 24～31d；Ⅴ期为齐穗后 32～39d，下同。

图 1-19　灌浆结实期叶片物质输出量

三、超级杂交稻超高产品种的茎秆物质积累

茎秆和茎鞘是光合物质储存的主要器官之一，在生殖生长期间储存于茎秆中的碳水化合物能有效向穗部转运，从而促进大穗和高产的形成。从茎秆物质积累总量来看（图 1-20），Y 两优 900 和湘两优 900 的较多，积累量在 3.80 g/株左右，其他 3 个品种在 3.40 g/株左右。从不同部位分析来看，齐穗期 5 个品种下部茎秆中积累的营养物质占茎秆积累总量的 50% 左右，Y 两优 900 下部茎秆物质积累量最多，为 1.87 g/株，Y 两优 2 号的最少，为 1.66 g/株；中部茎秆的物质积累量显著低于下部茎秆，占茎秆物质总量的 28.4%～31.5%，5 个品种中部茎秆物质积累量在 0.99～1.21 g/株，以 Y 两优 900 的最多（1.21 g/株），Y 两优 1 号的最少（0.99 g/株）；上部茎秆积累的物质量最少，占茎秆总量的 17.9%～22.3%。

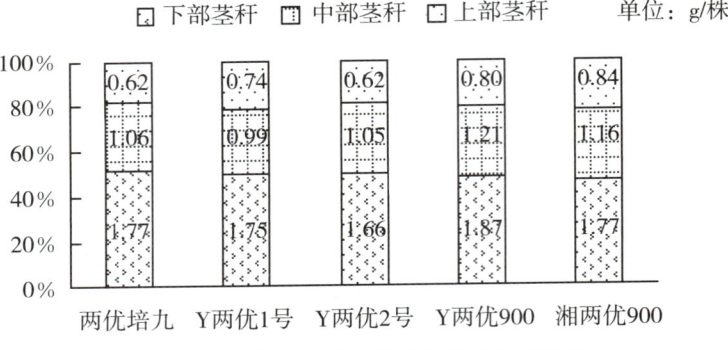

图1-20 齐穗期茎秆物质积累的分布情况

从表1-15可以看出，5个超级杂交稻品种在灌浆结实期的茎秆物质积累量差异达显著水平（$p<0.05$）。齐穗期，5个品种上部、中部、下部茎秆中积累的物质量分别为0.62~0.84 g/株、0.99~1.21 g/株、1.66~1.87 g/株；到齐穗后39 d时，上部、中部、下部茎秆分别为0.40~0.51 g/株、0.55~0.86 g/株、0.91~1.40 g/株。从茎秆物质积累总量上来看，Y两优900和湘两优900在齐穗期的物质积累量分别为3.89 g/株和3.77 g/株，显著高于两优培九、Y两优1号和Y两优2号；齐穗后7 d和齐穗后15 d，Y两优900的茎秆物质积累量最高，分别为3.56 g/株和3.35 g/株，均显著高于其他4个品种；齐穗后31 d和齐穗后39 d，Y两优900和湘两优900的茎秆物质积累量差异不显著，但都显著高于其他3个品种。试验结果表明，相对于两优培九、Y两优1号和Y两优2号，Y两优900和湘两优900的茎秆更具有物质积累优势，有利于Y两优900和湘两优900高产形成和提高抗倒伏能力。

表1-15 灌浆结实期茎秆物质积累变化动态　　　　　　　　　　单位：g/株

	品种	齐穗期	齐穗后7d	齐穗后15d	齐穗后23d	齐穗后31d	齐穗后39d
上部茎秆	两优培九	0.62±0.04c	0.49±0.03b	0.47±0.05b	0.47±0.01b	0.45±0.03b	0.45±0.02b
	Y两优1号	0.74±0.02b	0.48±0.01b	0.46±0.02b	0.45±0.03b	0.44±0.03b	0.44±0.04b
	Y两优2号	0.62±0.05c	0.52±0.03ab	0.48±0.03b	0.45±0.01b	0.43±0.02b	0.40±0.02c
	Y两优900	0.80±0.02ab	0.58±0.02a	0.54±0.04a	0.53±0.03a	0.51±0.04a	0.51±0.03a
	湘两优900	0.84±0.03a	0.51±0.04ab	0.53±0.02a	0.50±0.04ab	0.50±0.03a	0.48±0.03a b
中部茎秆	两优培九	1.06±0.04b	0.91±0.05b	0.82±0.06b	0.77±0.03b	0.74±0.03b	0.66±0.02b
	Y两优1号	0.99±0.05b	0.86±0.04c	0.77±0.03c	0.71±0.03b	0.71±0.04b	0.68±0.03b
	Y两优2号	1.05±0.07b	1.03±0.08a	0.76±0.02c	0.73±0.02b	0.74±0.06b	0.55±0.04c
	Y两优900	1.21±0.06a	1.12±0.09a	1.00±0.06a	0.87±0.04a	0.84±0.05a	0.80±0.04a
	湘两优900	1.16±0.07a	1.04±0.06a	0.95±0.05a	0.90±0.05a	0.88±0.05a	0.86±0.05a

续表

	品种	齐穗期	齐穗后 7d	齐穗后 15d	齐穗后 23d	齐穗后 31d	齐穗后 39d
下部茎秆	两优培九	1.77±0.13ab	1.69±0.12b	1.36±0.09c	1.32±0.09c	1.13±0.08c	1.09±0.07b
	Y两优1号	1.75±0.11ab	1.64±0.09b	1.41±0.11c	1.11±0.08d	1.14±0.09c	1.12±0.09b
	Y两优2号	1.66±0.14b	1.58±0.10c	1.37±0.12c	1.08±0.05d	1.16±0.11c	0.91±0.04c
	Y两优900	1.87±0.16a	1.85±0.15a	1.81±0.14a	1.70±0.13a	1.61±0.13a	1.40±0.10a
	湘两优900	1.77±0.12ab	1.61±0.10bc	1.59±0.10b	1.55±0.11b	1.47±0.11b	1.40±0.12a
全部茎秆	两优培九	3.45±0.28b	3.09±0.22bc	2.65±0.20c	2.56±0.18b	2.33±0.17b	2.20±0.23b
	Y两优1号	3.47±0.30b	2.97±0.19c	2.64±0.19c	2.27±0.21c	2.28±0.20b	2.24±0.14b
	Y两优2号	3.33±0.19b	3.13±0.25b	2.61±0.23c	2.25±0.19c	2.33±0.19b	1.86±0.11c
	Y两优900	3.89±0.27a	3.56±0.31a	3.35±0.31a	3.10±0.22a	2.96±0.23a	2.72±0.22a
	湘两优900	3.77±0.30a	3.17±0.26b	3.06±0.26b	2.94±0.20a	2.85±0.21a	2.74±0.19a

四、超级杂交稻超高产品种的茎秆物质输出

上部茎秆物质在灌浆结实期间的输出量很少，5个品种都不超过0.45 g/株，而品种间差异较大，其中以湘两优900的输出量最多，为0.42 g/株，两优培九的最少，为0.18 g/株；上部茎秆物质输出时期主要集中在齐穗后Ⅰ期，除Y两优2号以外，其他4个品种在该段时期的输出量占上部茎秆总输出量的70.0%以上，其余时期上部茎秆的物质输出量没有。中部茎秆物质输出以Y两优900最多，为0.69 g/株，两优培九和Y两优2号次之，Y两优1号和湘两优900最少，为0.40 g/株左右；中部茎秆物质输出时期主要集中在齐穗后Ⅱ期，5个品种在该段时期的物质输出量占全期输出总量的27.7%～53.2%。下部茎秆物质输出以Y两优2号最多，为1.34 g/株，Y两优1号次之，为1.23 g/株，Y两优900和两优培九次之，为0.70 g/株左右，湘两优900最少，为0.45 g/株；下部茎秆物质输出时期主要集中在齐穗后Ⅱ期，除湘两优900以外，4个品种在该段时期的物质输出量占全期输出总量的22.4%～48.5%。

图1-21表明，不同品种在整个灌浆结实期间的茎秆物质输出量存在显著差异，其中以Y两优2号的茎鞘物质输出量最大，达2.18 g/株，其次是Y两优1号，为1.96 g/株，再次是Y两优900和两优培九，分别为1.67 g/株和1.44 g/株，湘两优

900 的最少，为 1.27 g/株。另一方面，不同品种在灌浆结实期各个阶段的茎秆物质输出量差异显著，其中，两优培九茎秆物质输出主要时期为齐穗后Ⅰ期和Ⅱ期，两段时期内的输出量分别为 0.37 g/株和 0.53 g/株，分别占茎秆物质输出总量的 25.4% 和 36.8%；Y 两优 1 号茎秆物质输出主要时期为齐穗后Ⅰ期和Ⅱ期，两段时期内的输出量分别为 0.50 g/株、0.70 g/株，分别占茎秆物质输出总量的 25.4% 和 35.8%；Y 两优 2 号茎秆物质输出主要时期为齐穗后Ⅱ期和Ⅴ期，两段时期内的输出量分别为 0.87 g/株、0.46 g/株，分别占茎秆物质输出总量的 40.1% 和 21.4%；Y 两优 900 茎秆物质输出主要时期为齐穗后Ⅱ期和Ⅳ期，两段时期内的输出量分别为 0.46 g/株、0.39 g/株，分别占茎秆物质输出总量的 27.2% 和 23.3%；湘两优 900 茎秆物质输出主要时期为齐穗后Ⅰ期和Ⅱ期，两段时期内的输出量分别为 0.60 g/株、0.23 g/株，分别占茎秆物质输出总量的 47.3% 和 17.8%。

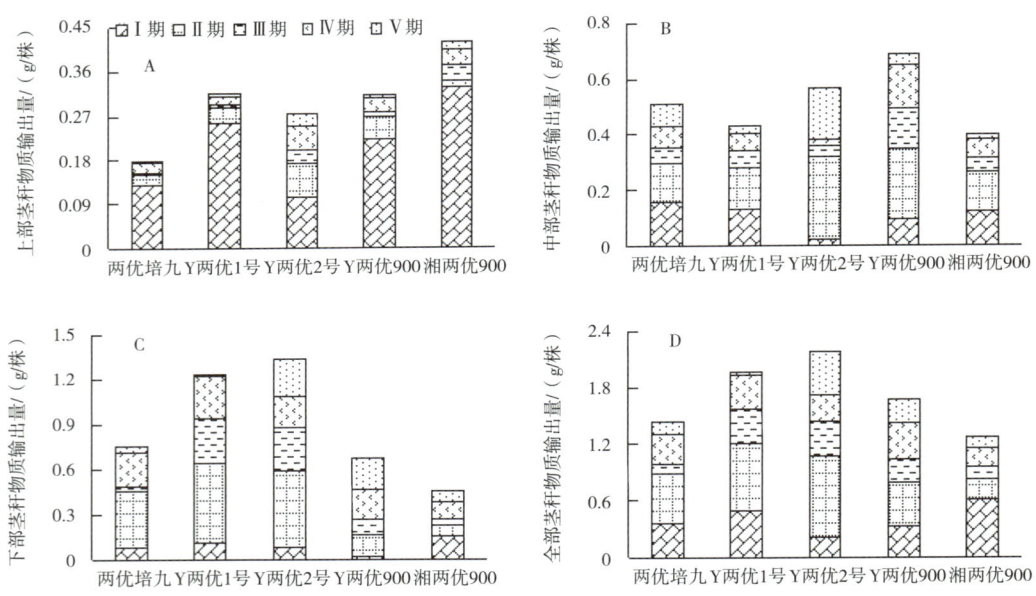

图 1-21 灌浆结实期茎秆物质输出量

五、超级杂交稻超高产品种的穗部物质积累

从表 1-16 中可以看出，在整个灌浆结实期间 5 个超级杂交稻品种的穗部物质积累量差异达显著水平（$p < 0.05$）。齐穗期，Y 两优 900 和湘两优 900 的穗部物

质积累量达 1.20 g/株以上，显著高于两优培九、Y 两优 1 号和 Y 两优 2 号；齐穗后 7 d，Y 两优 900 的穗部物质积累量最多，为 1.94 g/株，其次是 Y 两优 2 号、湘两优 900 和 Y 两优 1 号，在 1.70 g/株左右，两优培九最少，仅 1.45 g/株；齐穗后 15 d，穗部物质积累量快速上升，其中 Y 两优 900 和湘两优 900 超过 3.0 g/株，显著高于 Y 两优 2 号；Y 两优 900 在齐穗后 23 d、31 d、39 d 均为最高，分别为 4.65 g/株、5.51 g/株、6.05 g/株，显著高于两优培九、Y 两优 1 号和 Y 两优 2 号；齐穗后 39 d，即成熟收获时穗部物质积累量表现为 Y 两优 900＞湘两优 900＞Y 两优 1 号＞Y 两优 2 号＞两优培九，Y 两优 900 的穗部物质积累优势明显。

表 1-16　灌浆结实期穗部物质积累变化动态　　　　单位：g/株

品种	齐穗期	齐穗后 7d	齐穗后 15d	齐穗后 23d	齐穗后 31d	齐穗后 39d
两优培九	1.04±0.02b	1.45±0.12c	2.93±0.23bc	3.86±0.31b	4.28±0.34c	4.35±0.40c
Y 两优 1 号	0.97±0.05b	1.63±0.09b	2.93±0.15bc	3.69±0.27bc	4.75±0.40b	5.33±0.43b
Y 两优 2 号	1.09±0.07b	1.81±0.13ab	2.81±0.19c	3.44±0.30c	4.29±0.37c	4.84±0.38c
Y 两优 900	1.22±0.08a	1.94±0.15a	3.34±0.31a	4.65±0.37a	5.51±0.39a	6.05±0.49a
湘两优 900	1.20±0.10a	1.71±0.12b	3.00±0.22b	3.75±0.26b	4.89±0.43b	5.69±0.51ab

六、超级杂交稻超高产品种的穗部物质输入

从图 1-22 中可以看出，不同品种在整个灌浆结实期间的穗部物质输入量存在显著差异，其中以 Y 两优 900 的穗部物质输入量最大，达 4.83 g/株，其次是湘两优 900 和 Y 两优 1 号，分别为 4.49 g/株和 4.36 g/株，两优培九和 Y 两优 2 号穗部输入量相对较少，分别为 3.31 g/株和 3.75 g/株。另一方面，不同品种在灌浆结实期各个阶段的穗部物质输入量差异显著，其中，两优培九穗部物质输入主要时期为齐穗后Ⅱ期和Ⅲ期，两段时期内的输入量分别为 1.48 g/株和 0.93 g/株，分别占整个灌浆结实期穗部物质输入总量的 44.7% 和 28.1%；Y 两优 1 号穗部物质输入主要时期为齐穗后Ⅱ期和Ⅳ期，两段时期内的输入量分别为 1.30 g/株、1.06 g/株，分别占穗部物质输入总量的 29.8% 和 24.3%；Y 两优 2 号穗部物质输入主要时期为齐穗后Ⅱ期和Ⅳ期，两段时期内的输入量分别为 1.00 g/株、0.85 g/株，分别占穗部物质输入总

量的 26.7% 和 22.7%；Y 两优 900 穗部物质输入主要时期为齐穗后Ⅱ期和Ⅲ期，两段时期内的输入量分别为 1.40 g/株、1.31 g/株，分别占穗部物质输入总量的 29.0% 和 27.1%；湘两优 900 穗部物质输入主要时期为齐穗后Ⅱ期和Ⅳ期，两段时期内的输入量分别为 1.29 g/株、0.75 g/株，分别占穗部物质输入总量的 28.7% 和 25.4%。试验结果表明，穗部物质输入的最主要时期为齐穗后Ⅱ期，该段时期穗部物质输入量在 1.00~1.48 g/株，占灌浆结实期穗部物质输入总量的 26.7%~44.7%；其次是齐穗后Ⅲ期和Ⅳ期，两个时期穗部物质输入量均占输入总量的 20.0% 左右；灌浆结实始期（Ⅰ期）和末期（Ⅴ期）的穗部物质积累量相对较少。

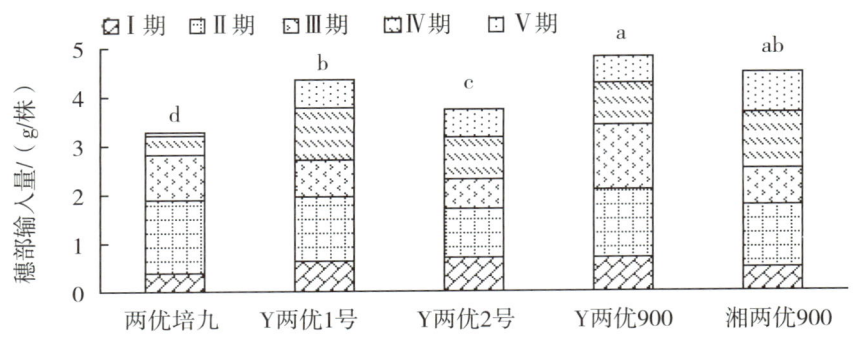

图 1-22　灌浆结实期穗部物质输入量

七、茎叶物质输出量与穗部物质输入量的相关性

通过对高产水稻品种灌浆结实期的茎叶物质输出量与穗部物质输入量的相关性分析发现（表 1-17），5 个品种的叶片物质输出量均与穗部物质输入量呈负相关，即灌浆结实期间叶片物质输出越多，则穗部增重越少，其中大穗型品种 Y 两优 900 和湘两优 900 达到显著水平，相关系数分别为 $r=-0.4198^*$ 和 $r=-0.4522^*$。因此，在大穗型品种栽培过程中应在生殖生长期间采取补施叶面肥、干湿交替管理等农艺措施维持群体叶片活性，防止功能叶片早衰，这对大穗型品种高产潜力的发挥具有重要作用。两优培九、Y 两优 1 号、Y 两优 2 号的茎秆物质输出量均与穗部物质输入量呈正相关，即灌浆结实期间茎秆物质输出越多，则穗部增重也越多，其中 Y 两优 2 号达到显著水平，相关系数为 $r=0.555^*$；Y 两优 900、湘两优 900 则表现为显

著负相关，表明大穗型高产品种灌浆结实期茎秆和叶片物质输出过多会限制籽粒产量的进一步提高。

表 1-17　茎叶物质输出量与穗部物质输入量的相关性

茎叶物质输出量	穗部物质输入量				
	两优培九	Y 两优 1 号	Y 两优 2 号	Y 两优 900	湘两优 900
叶片物质输出量	−0.268 2	−0.388 3	−0.239 6	−0.419 8*	−0.452 2*
上部茎秆物质输出量	0.169 1	0.302 3	0.261 3	0.267 8	−0.202 7
中部茎秆物质输出量	0.232 6	0.524 2*	0.404 4*	0.540 1*	0.268 3
下部茎秆物质输出量	0.461 1*	0.311 2	0.527 1*	0.100 5	−0.337 9
全部茎秆物质输出量	0.332 7	0.117 4	0.554 7*	−0.417 1*	−0.485 0*

影响水稻营养器官中的物质储藏和转运的因素很多，其中品种是主要因素之一。本研究中，Y 两优 900 和湘两优 900 茎秆物质积累优势明显，2 个品种在齐穗期达到 3.80 g/株以上，比其他 3 个品种高出约 12.7%；Y 两优 2 号的茎秆和叶片在灌浆结实期物质输出量大，分别达 2.18 g/株和 1.34 g/株。已有研究表明，灌浆结实期群体营养器官可溶性碳水化合物向籽粒的转移和运输最多可贡献 30% 的稻谷产量。本研究发现，超级杂交稻在灌浆结实期的叶片物质输出量与籽粒产量之间呈负相关，尤其是大穗型品种 Y 两优 900 和湘两优 900，其相关性更为显著，这主要由于叶片物质输出较少有利于生育后期高光效群体的维持；而茎秆物质输出与籽粒产量之间的关系因品种不同而不同，产量潜力相对较低的两优培九、Y 两优 1 号和 Y 两优 2 号表现为正相关，而产量潜力相对较高的 Y 两优 900 和湘两优 900 表现为显著负相关。由此可见，大穗型超高产水稻品种的产量形成对茎秆和叶片等营养器官的物质转运依赖度相对较小，其产量更多地依赖于生育后期光合合成。因此，将生育后期的茎秆物质量和叶片光合活性维持在更高水平是进一步挖掘超级杂交稻品种产量潜力的重要基础。

抽穗前有 68% 的水稻群体营养器官中储藏碳水化合物转运至稻穗，而呼吸所消耗占 20% 左右，还有 12% 左右则残留在营养器官之中，茎鞘和叶片等器官储藏物质的运转和输出对籽粒产量的贡献率可达 30% 左右。由此可见，抽穗前群体营养器官中积累的物质与稻谷产量的形成密切相关。另一方面，灌浆结实期间营养器官中的碳水化合物含量有效反映了功能叶片光合 CO_2 同化能力和碳代谢活性，也有效反映了籽粒吸收和转化光合合成物质的能力。因此，在抽穗期前积累丰足非结构性碳水化合物，并采取适宜的栽培管理措施尽量多地使物质转运到穗部，是提高籽粒产量和实现更高产的有效途径。

此外，超级杂交稻品种的弱势粒率比较高，群体籽粒具有明显的二次灌浆高峰。本研究中 5 个品种的第一次灌浆高峰都在齐穗后 8～15 d，其中两优培九的灌浆结实期相对较短，该时段灌浆量占灌浆总量的 44.7%，而其他 4 个灌浆期较长的品种为 26.7%～29.8%；5 个超级杂交稻品种灌浆物质积累高峰各不相同，第二次灌浆高峰时期品种间有所不同，两优培九和 Y 两优 900 为齐穗后 16～23 d，Y 两优 1 号、Y 两优 2 号和湘两优 900 为齐穗后 24～31 d。

在施氮量 210 kg/hm^2 水平下，超级杂交稻品种从第 1 期（两优培九）到第 5 期（湘两优 900）群体有效穗数减少 9.6%，但由于每穗粒数从 192.7 粒提高到 286.1 粒，从而第 5 期品种的群体总颖花量高达 581.1 万个 /hm^2，比第 1 期提高了 34.3%。在群体源特性方面，第 4、第 5 期品种功能叶片具有更长的高光效持续期，蜡熟期间的光合速率仍高达 20.0 μmol/（m^2·s）；并且齐穗期源物质积累优势明显，茎秆和叶片中物质积累量分别比前 3 期品种高出 9.2%～12.7% 和 13.0%～22.1%。此外，产量潜力较高的第 4、第 5 期大穗型品种在灌浆结实期的茎叶物质过多输出不利于高光效群体的维持，导致茎叶物质输出与穗部物质积累两者之间呈显著负相关。

第二章　超级杂交稻高产源库流平衡理论

1996年中国启动实施了"中国超级稻育种计划"。经过20多年的科研攻关，"中国超级稻育种计划"取得了重大突破。我国超级杂交稻先后实现了亩产700 kg、800 kg、900 kg、1 000 kg的第一期至第四期育种目标，取得了举世瞩目的"五连跳"。2000年，中国超级稻先锋组合两优培九连续两年在湖南龙山县百亩连片亩产达到700 kg。2002年，湖南龙山县Y两优1号百亩示范片平均亩产817 kg，成为长江中下游地区首个平均亩产超800 kg的百亩示范片。2004年，湖南隆回等多个超级杂交稻百亩示范片平均亩产均超过800 kg；2011年，Y两优2号百亩试验田平均亩产926.6 kg；2013年，超级杂交稻Y两优900平均亩产达到988.1 kg；2014年湖南省溆浦县Y两优900百亩连片平均亩产达到1 026.7 kg；2015年，云南省个旧市超级杂交稻湘两优900百亩连片平均亩产1 067.5 kg；2018年袁隆平科研团队创造了亩产1 153 kg新的超高产纪录。

自1928年Mason和Maskell提出"源库"概念以来，用"源库"的观点探索作物产量形成机理已成为农业科技工作者的一个重要理论基础和研究方法。作物生产是一个系统，相对于籽粒产量库容，水稻籽粒干物质来源主要包括叶片的光合作用、茎鞘储藏物质的再分配以及根系吸收、合成的物质等。大量的研究结果表明，水稻生育后期的叶片光合作用是籽粒产量的主要物质来源，花后干物质积累量70%左右来自叶片的光合作用，25%~30%来自茎鞘储藏物质的再运转。而此时叶片逐渐衰老，延缓后期叶片衰老、延长叶片的功能期是主要途径。要延缓叶片的衰老，必须先保护根系功能正常，才能实现根叶互养互保。同时，籽粒的库容活性对籽粒灌浆也具有重要作用。可以明确，超级杂交稻产量潜力的实现取决于生育后期作物产量系统的源库质量和协调程度，而生育后期的根系功能在超级杂交稻籽粒灌浆和产量形成中具有决定性的作用。

在"超级杂交稻全国高产攻关百亩示范工程项目"的支持下，以总库容量不同的超级杂交稻代表性品种两优培九（总颖花量 30 万个/亩左右，产量 700 kg/亩左右）、Y 两优 2 号（总颖花量 40 万个/亩左右，产量 900 kg/亩左右）、湘两优 900（总颖花量 50 万个/亩左右，产量 1 000 kg/亩左右）为试验材料，选择云南个旧（特殊生态区）、湖南隆回（适宜生态区）及湖北荆州、河南光山（一般生态区）等四个不同气候生态区进行联合大田栽培试验，研究四期超级杂交稻的源库流平衡关系，解析超级杂交稻产量持续增加的生理机制，以及栽培调控源库流协调的作用机理。本章主要基于超级杂交水稻北界的河南信阳试验研究结果，试图揭示超级杂交稻的源库流平衡关系，以期为各地超级杂交稻大面积均衡高产栽培提供理论依据。

第一节 源库流理论的提出及其类型和指标

一、源库理论的提出

1928 年，Mason 和 Maskell 通过对碳水化合物在棉株内分配方式的研究提出了作物的源库学说。但大量的关于作物源库对籽粒产量作用的研究成果是自 20 世纪 60 年代以后在植物生理学就物质运输机理研究的基础上不断涌现出来的。

源库的概念通常是根据碳水化合物输入、输出作物生长中心器官的特点来描述的。一般将生长中心器官定义为库，而将为生长中心器官提供营养物质的器官定义为源。经典的源库理论认为：源是指产生或输出同化物的器官或组织。植株的源系统由绿色的茎、鞘、叶以及根系等组成，功能叶及其叶鞘是主要的源；库是指利用或贮藏同化物的器官或组织，库系统由新生的组织及子实等构成，穗（主要是籽粒）是主要的库。

源库在水稻生长发育过程中是相对的、动态的，可因其所起作用的不同而变化。有些器官是永久的源，有些器官是永久的库，而有些器官属源库兼用型。如水稻在幼穗分化之前源主要是叶片，库即是当时生长着的新生叶、叶鞘、茎和根；幼穗分化至抽穗，源主要还是叶片，库即是当时生长着的营养器官和穗部器官；抽穗后源物质由两部分构成，一部分是叶片生产的光合产物，另一部分是茎鞘等营养器官贮藏的非结构性物质，而库主要是籽粒。叶鞘在幼穗分化前是库，到抽穗后则变作源。由此可见，水稻源库间的界限并非是绝对的。

以往的研究通常把叶面积或叶面积指数（LAI）作为衡量源的指标，把单位面积的颖花量作为产量库的指标，并认为粒/叶是衡量群体库源关系的一个综合指标。由于用叶面积作为源的衡量指标不能反映出源的活性即光合能力，Wilson 就将源的强度表达为数量上易变的源大小（常以叶面积衡量）与速率上易变的源活力（常以光合速率衡量）的乘积，库的强度则等于库的大小（单位面积颖花数 × 粒重）× 库的活力。显然，这种方法较之单纯地用叶面积代替源能力更为全面。

随着新实验手段如胚乳细胞计数技术等的广泛应用，这方面又有了新的认识。张祖建等研究认为胚乳细胞数目是品种籽粒库容特征的表现基础，梁建生等也认为，胚乳细胞数或每个胚乳细胞内淀粉体数可确切表示库的大小。朱庆森提出了谷粒充实率概念，并认为它能与产量源库关系概念相衔接，是衡量水稻籽粒充实程度的相对最佳指标；接着又提出了总库容量（即总颖花量 × 饱粒千粒重）和有效库容两项指标，后者为总库容扣除未受精的空粒所占的部分。

洪植善等在研究不同"粒叶比"指标的基础上认为用粒重/叶或产量库/叶描述库源特征，要优于粒（颖花）/叶，因为前者变异系数小，能更真实、全面地反映水稻群体结实期的库源特征。而凌启鸿则认为把 3 种"粒叶比"［颖花（粒）/叶、实粒/叶、粒重/叶］作为衡量和反映水稻群体库源协调的指标能表达更多的综合信息。但冯维珠等研究认为，粒叶比仅是抽穗期群体源库关系的静态表述，而实粒/叶比是抽穗至成熟期源库关系的动态表述，是反映抽穗后群体源库发展关系及动态优劣的动态指标，准确地表示了籽粒灌浆期间每朵颖花实际占有的光合势。

王夫玉系统地审视了群体源、库及源库关系的度量指标，提出了具体修正方案：用矫正光合势替代绿叶叶面积指数或将表观光合势作为描述源大小的特征，可以消除光照强度、光合时间和叶面积变化对源的影响；同时，王夫玉还指出籽粒充实度反映了群体库对源的适应程度，或称源对库的充实程度。由于势容比与籽粒充实度呈极显著正相关，且势容比是建立在相同的比较基础之上。所以，势容比可以作为群体源库关系协调程度的衡量指标，是反映群体光合生产力高低的一个综合指标。

二、源库类型的划分

　　源库理论的研究重点问题是何者为限制产量的主要因子，但已有的研究结论不尽相同。有的认为是源，有的认为是库，还有的认为是流。持源限制观点的认为，源是籽粒发育的物质基础，源的不足是限制水稻产量的主要因子，作物要高产就必须提高适宜的叶面积指数，增加叶的光合速率。凡特逊等研究认为叶片是主要的光合源，要增加产量，必须提高适宜的叶面积指数。通过在开花前后提高 CO_2 浓度可以提高水稻产量这一试验也推断水稻产量受源的光合能力限制。Army 和 Greer 从水稻增产历史来看也认为源一直是产量提高的限制因子。

　　持库限制观点的认为，库是产量的直接构成者，并且产量库容对源的生产具有反馈作用，要提高产量必须依靠不断地扩大库。在水稻中，谷壳限制谷粒大小，而每穗颖花数限制谷粒数，其贮藏能力是产量的限制因子。许多高产品种的结实率可达 85% 以上，但仍有可利用的非结构性碳水化合物残留在叶片和茎鞘中，不能被库调用，甚至中后期还有相当量的营养物质"回流"至茎鞘，这暗示着库容的不足。因此，近年来育种与栽培上都希望通过扩大库容实现高产。

　　流是否是限制产量的因素，目前尚不够清楚。流是指源和库之间同化物的运输能力。流包括连接源端和库端的输导组织的结构及其性能，如维管束的数目、大小、联系方式等发育状况和流转能力等。Evans 研究发现穗颈维管束不发达会影响产量，并由此推断，当维管束的运输能力达饱和时，是可以限制籽粒生长速度的。这也就是说除源和库以外，流有时也是限制产量的因素。

杨守仁认为在不同条件下源、流、库三者之一都有可能成为作物产量的限制因素，单方面强调产量的限制因素是源抑或库是不全面的，要获得高产，不仅源库要协调，还要考虑到流（运转）的协调，即源要足、库要大和运转要通畅。由此可见，源、库、流三者之间的关系是相互促进、相互影响、相互制约的。

曹显祖、朱庆森等按源库特征与产量关系将水稻品种划分为3种源库类型：源限制型、库限制型和源库协调型。朱庆森认为群体库容大小与库容的充实决定水稻产量，而群体库容由有效穗数、每穗粒数、饱粒千粒重等因素决定。20世纪初，朱庆森等又按库容量、成熟期茎鞘内可用性碳水化合物残留率和结实率。

朱庆森等根据组合的源库物质运转情况和谷粒充实率，又将不同亚种间杂交组合的品种源库特征划分为4类：第1类组合的源库特征是物质产量很大，库容相对不足，谷粒充实率高；第2类组合的源库特征是光合产物相对不足，物质向穗部运转不畅，源与流共同限制了籽粒的充实；第3类组合的源库特征是光合产物相对充足，物质向穗部运转不畅，主要是流不畅限制了籽粒充实；第4类组合是一个特殊类型的亚种间杂交组合，其源库特征是库容量很大，光合生产量相对不足，限制了谷粒充实。

张洪程等人则根据株型与群体数量、质量相统一的原则，进行系统比较分析，将水稻品种划分为4种类型：库大源强协调型、库小源小协调型、库大源弱源限制型、库小源足库限制型。王夫玉在研究群体源库特征时，根据总颖花量、籽粒充实度、势容比和产量等群体源库特征指标，并结合群体聚类分析结果，将水稻群体划分为4种源库类型：库限制型群体、源限制型群体、源库限制型群体、源库优化型群体。

根据作物的源库理论，对水稻品种进行源库类型分类，在因种塑造高产群体方面有其实用性。但品种的源库类型是其源库特性与产量形成关系在一定生态环境和栽培条件下的反映，受品种遗传力控制较小，受生境条件影响较大，栽培条件改变了，则群体源库特征随之改变。曹显祖等从改变肥力角度进行研究，结果发现在不同氮素营养条件下，多数品种发生了型变，如盐粳2号在低氮和中氮条件下为库限制型，在高氮条件下则转变为源库互作型。林鹿对杂交早稻的研究也表明，在一般栽培条件下杂交早稻是源库互作型，在小群体条件下是库限制型，而在大群体条件下则是源限制型。由此可见，某些品种的源库类型是会随着栽培条件的变化而变化的。

三、源库流的质量指标

一般把生产和输出光合产物的部位称为源，把接受和贮藏光合产物的部位称作库。源强度（容量）是源大小（叶面积）与源活力（光合速率）的乘积，库容量则等于库的大小乘库活力。此后有人进一步将其分解成：库强度是库容和库活性的综合能力，库容是单位面积穗数、亩穗粒数和单粒体积的乘积，库活性包括灌浆速率和灌浆持续期。对于谷类作物库的大小，日本学者曾用下式表达：产量容积 = A（每平方米的穗数）× B（每穗分化完成的小花数）× C（受精率）× D（籽粒潜在重量的上限）。

源的种类有三种。第一种叶源：是生产和输出光合物质的主要器官；第二种茎鞘源：主要由叶片的同化作用而贮藏积累在茎鞘中的碳水化合物，其后有一部分向产品器官转运；第三种根源：根能吸收肥、水、矿质营养等，为籽粒等器官提供合成蛋白等所必需的氨基酸等物质（图2-1）。前两种源可称为光合源，后一种则是营养源。以上三种源对产量贡献大小虽有不同，但都很重要，不可代替。

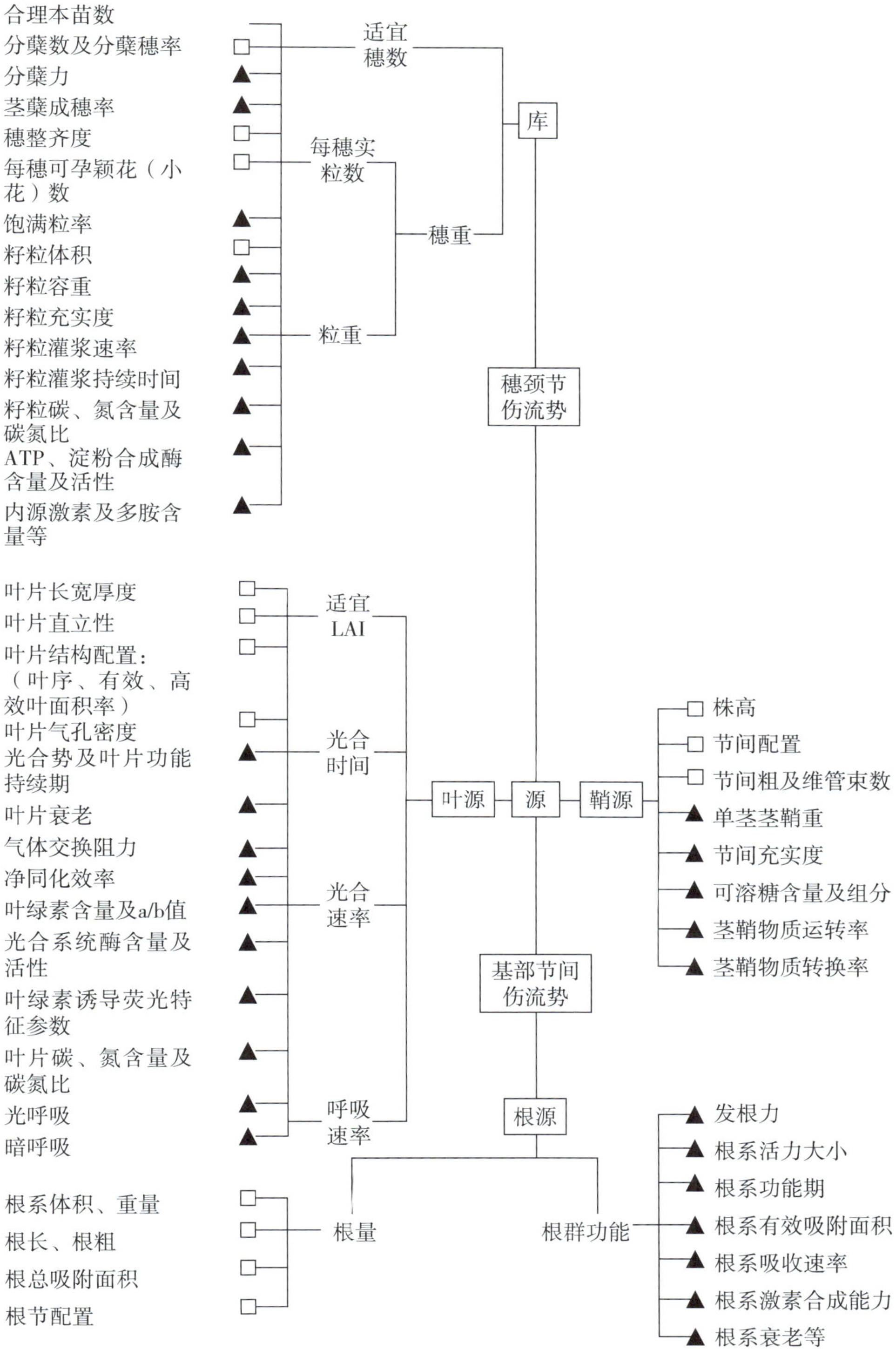

第二章 超级杂交稻高产源库流平衡理论

图 2-1 禾谷类作物群体源库质量指标结构示意图

第二节 超级杂交稻高产的库容特点及其调控机制

一、杂交水稻籽粒灌浆及其两段灌浆模式分析

1. 杂交水稻籽粒两段灌浆现象

大量的研究表明,杂交水稻具有典型的两段灌浆现象,不少人认为这一现象为杂交水稻所特有,因为常规水稻品种通常只有一个灌浆高峰。杂交水稻两段灌浆现象如汕优63在正常生长季节(中稻)栽培时就能看到,即从籽粒积累的动态过程来看,籽粒积累有两个高峰,一个出现在灌浆前期,一个出现在灌浆中后期,在籽粒积累曲线上出现一个平台,平台前有一个积累高峰,平台后出现另一个积累高峰,这一现象即所谓两段灌浆现象(图2-2)。

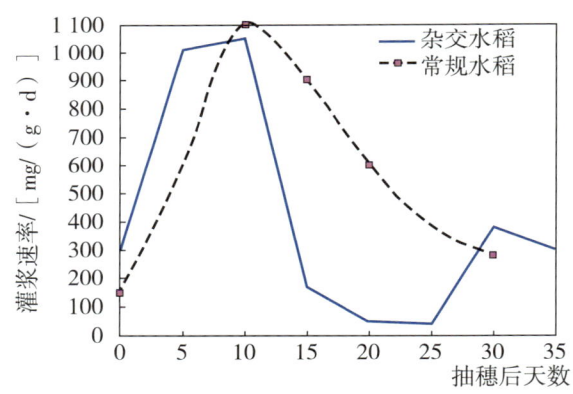

图2-2 杂交水稻与常规稻灌浆特征差异

从籽粒灌浆的全过程来看,杂交水稻的灌浆强度比常规水稻大。在整个灌浆过程中,杂交水稻威优6号出现两个高峰,第一个高峰在开花后12~15 d内形成,高峰值可达1 000 mg以上;第二个高峰在开花后一个月左右出现,高峰值大小和持续时间与当时的气温密切相关。一般在抽穗开花较迟或秋寒来得早、秋季气温下降快的情况下,或在栽培措施不当引起叶片功能早衰,光合速率显著下降,有机养分供应不足的情况下,都有可能导致第二个高峰出现迟,持续天数少,高峰值低,有

时甚至不出现第二个高峰。因此，20世纪80年代初期生产上时有杂交晚稻产量不高、不稳的现象出现。杂交早稻在高温下灌浆，叶片养分转运快，易于早衰，因此不利于杂交水稻的灌浆，往往不能形成第二个灌浆高峰，从而造成杂交早稻的秕粒多、籽粒轻，产量潜力难以充分发挥。在同样条件下，常规品种一般只有一个灌浆高峰，这个高峰出现的时间与杂交水稻的第一个高峰基本符合，而且高峰值也可达到杂交水稻的水平，但由于颖花数少，籽粒灌浆时间比较短，养分供应集中，因此不出现第二个高峰。正由于这个原因，常规水稻每穗的籽粒少，有机养料的供求矛盾比较缓和，同时受后期气温的影响小，因而结实率较高。

2. 两段灌浆的模式及其理论的初步分析

马国辉进一步通过对常规稻南特号、矮脚南特、广陆矮4号、湘早籼1号、三系杂交稻威优35及一季稻汕优63的灌浆特性进行比较研究发现（图2-3）：同一个品种（组合）在不同季节种植时可以表现出完全不同的灌浆特性，即有的存在两段灌浆现象，而有的却只表现出一次灌浆的特征。正季栽培（早稻）时几乎所有的品种（组合）都没有出现两段灌浆现象，而反季栽培（晚稻）时有些品种（组合）如矮脚南特和威优35就表现出两段灌浆特性。因此他认为：两段灌浆现象是作为水稻的共性存在，而不是杂交水稻的个性表现，只是由于水稻品种间灌浆能力的差异，水稻强、弱势颖花物质积累能力差异及灌浆期气候条件（如温度）的不同，使有的品种（组合）不能表现出两段灌浆的特性而已。

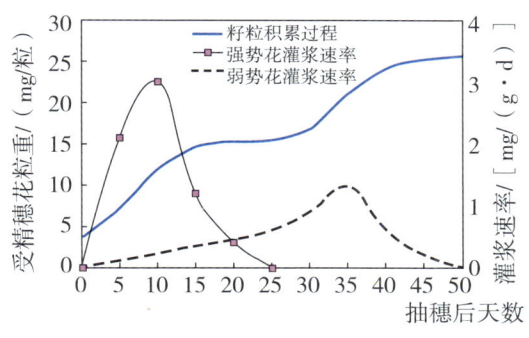

图2-3 汕优63的两段灌浆现象

进一步研究结果表明，水稻强势花具有明显的灌浆优势，如其生理活性强、颖花容量相对较大、灌浆启动快、积累速率高。而且灌浆期温度的高低、单穗颖花数的多少（特别是弱势花的多少）、每枚颖花的库容大小、水稻品种自身灌浆能力（速率）的高低及抽穗前茎鞘贮藏碳水化合物的多少均与两段灌浆是否表达密切相关。根据这些研究结果，马国辉提出了水稻"同步、异步两段灌浆"模型（图2-4），即当强势花快速增重（积累）时，弱势花以较低的积累速率同步增重，表现出强、弱势花同步灌浆的特性，此时强势花对弱势花具有潜在的生理抑制功能；当强、弱势花同步灌浆时，由于强势花的生理优势而较早增重到其最大粒重，此时如果弱势花仍具有干物质积累活性，由于潜抑制已解除，弱势花跃升到主导地位，使其积累速率提高，从而籽粒可继续增重到最大粒重，而呈现出另一积累峰值。当单穗颖花多（特别是弱势花多）、灌浆时期较长（如中、晚稻）、灌浆期温度相对较低时，有利于形成弱势颖花的异步灌浆特性，只有在同步灌浆能力较强，而异步灌浆得以充分表达时，两段灌浆才表现明显。

杂交水稻由于穗大粒多，弱势颖花所占比重也大，因此籽粒灌浆多呈现"同步、异步两段灌浆"特征，即所看到的两段灌浆现象。因此，在高产栽培时，应充分调节和安排好大穗型杂交组合的灌浆结实期，并尽量增加茎鞘的贮藏积累以提高颖花的积累调节能力；在育种上应尽可能地选育灌浆能力强，特别是强、弱势花同步灌浆能力强、穗型中等的组合。

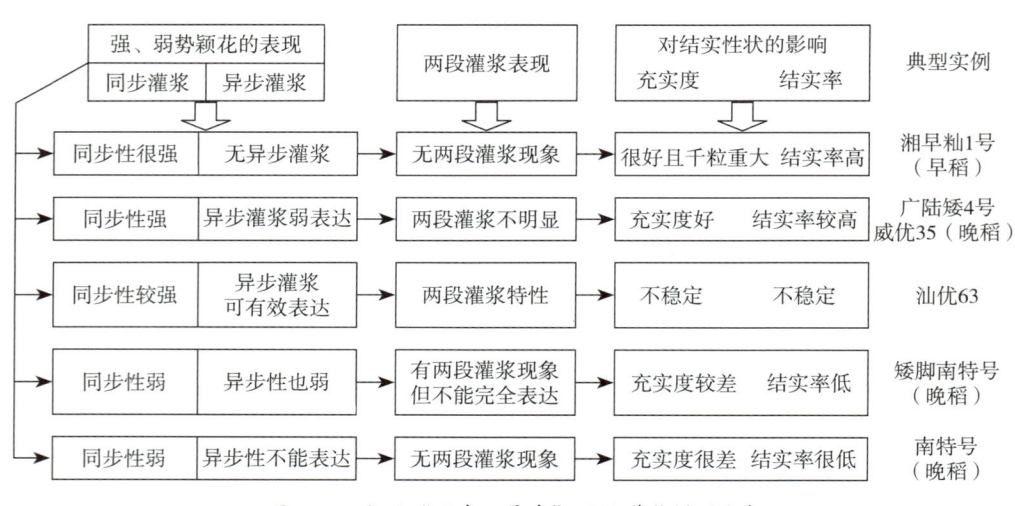

图 2-4 水稻"同步、异步"两段灌浆模型分析

二、五期超级杂交籼稻籽粒库容灌浆特性及调控分析

1. 五期超级杂交籼稻产量及其构成因素的差异

为明确超级杂交籼稻产量及其构成的差异，我们选取具有不同产量潜力的超级杂交籼稻代表性品种：两优培九、Y两优1号、Y两优2号、Y两优900和湘两优900，这些品种分别实现了超级杂交稻攻关第一期至第五期的产量目标的典型品种（本章简称"五期超级杂交稻"），即百亩片平均单产分别达到700 kg、800 kg、900 kg、1 000 kg和1 100 kg。通过设置N0（对照）、N10、N14、N20、N26、N30共六个氮肥处理，采用裂区设计，研究了不同施氮量下五期超级杂交籼稻产量及其构成因素的差异（表2-1）。结果表明：

（1）五期超级杂交稻，由第一期到第五期，其产量呈先增加后降低的趋势，Y两优900产量最高。虽然按照五期超级杂交稻产量潜力来看，其产量应该是不断升高的，但是由于湘两优900可能受生态环境的限制，未能表现出其产量潜力。

（2）五期超级杂交稻有效穗数不断降低，而穗粒数与产量不断升高，千粒重以及结实率先升高后降低，说明超级杂交稻产量潜力的不断提高主要是依赖穗粒数的增加来实现的。

（3）随着施氮量的增加，实际产量、每穗粒数和千粒重均表现出先升高后降低的趋势，有效穗数和结实率变化趋势相反，前者表现为不断升高的趋势。两优培九、Y两优2号以及Y两优900，三个品种每穗粒数随着施氮量的增加，整体上表现出先增加后减少的趋势，而Y两优1号与湘两优900则正好与之相反。从每穗粒数平均值来看，五期超级杂交稻，由第一期到第五期，每穗粒数是先升高后降低的，Y两优900每穗粒数最大。从结实率均值看，由第一期到第五期，结实率表现为先升高后降低的趋势，Y两优2号结实率最高。因此，五期超级杂交稻的穗部性状及结实特性存在着复杂的类型。

表 2-1　施氮量对不同产量潜力超级杂交稻产量及其构成因素的影响

品种	处理	有效穗数/(万穗/hm²)	穗粒数/粒	千粒重/g	结实率/%	实际产量/(t/hm²)
两优培九	N0	172.68e	167.4a	27.1ab	75.14a	5.83b
	N10	231.9d	175.66a	26.87ab	68.84ab	7.13a
	N14	269.22c	141.42bc	26.96ab	68.78ab	7.4a
	N20	309.86b	149.65b	27.19a	69.63ab	6.64ab
	N26	339.4a	127.29c	26.3bc	65.21b	6.39ab
	N30	345.2a	143.14b	25.58c	65.89b	6.36ab
	平均值	279.57	150.33	26.56	68.82	6.63
Y两优1号	N0	213.34e	167.11a	25.32b	86.94a	7.81b
	N10	239.37d	164.07a	26.98a	84.22a	10.37a
	N14	264.38c	164.47a	27.83a	82.94a	10.34a
	N20	287.17b	160.09a	27.84a	85.55a	9.83a
	N26	308.16a	166.87a	27.64a	84.39a	10.19a
	N30	324.59a	167.67a	27.35a	84.14a	10.18a
	平均值	280.17	165.55	27.38	84.44	9.79
Y两优2号	N0	188.84d	225.05bc	22.88a	89.84a	7.55b
	N10	217.79c	272.78a	23.32a	87.67a	9.57a
	N14	276.89b	234.59bc	23.63a	86.01a	11.26a
	N20	282.02b	249.41ab	23.37a	86.73a	11.24a
	N26	283.9b	228.99bc	23.44a	86.49a	10.52a
	N30	319.51a	206.82c	23.21a	86.29a	11.06a
	平均值	259.42	230.26	23.3	87.13	10.2
Y两优900	N0	124.96f	257.96b	22.4c	86.53a	7.49b
	N10	176.09e	347.5a	23.73a	84.69ab	11.06a
	N14	193.43d	335.33a	23.68a	85.02ab	11.06a
	N20	246.11c	277.19b	23.44ab	83.96ab	11.07a
	N26	269.17b	220.77c	23.17ab	81.42bc	10.69a
	N30	302.88a	206.42c	22.98bc	79.37c	10.56a
	平均值	221.14	273.85	23.22	83.62	10.32
湘两优900	N0	126.23e	269.1a	24.01ab	79.31a	7.16b
	N10	190.23d	264.26a	24.56a	76.74ab	9.51a
	N14	207.79c	259.7a	24.88a	76.77ab	8.98ab
	N20	263.8a	227.49ab	24.35ab	73.55bc	8.15ab
	N26	228.92b	273.88a	23.98ab	72.77bc	7.57b
	N30	271.31a	208.15b	23.53b	68.52c	8.2ab
	平均值	209.33	252.68	24.22	74.46	8.26
F值	品种效应	175.95**	174.35**	284.04**	109.72**	85.21**
	氮肥效应	482.37**	19.64**	11.93**	8.35**	26.44**
	品种与氮肥互作效应	8.16**	6.75**	2.92**	0.97**	2.33**

2. 五期超级杂交籼稻强、弱势粒粒重及灌浆速率的差异

为明确五期超级杂交籼稻籽粒库容的差异，我们研究了不同施氮量下五期超级杂交籼稻籽粒灌浆特性的变化规律（图 2-5、图 2-6）。结果表明：

（1）在灌浆类型上，五期超级杂交籼稻均属于异步灌浆型；强势粒灌浆启动快，时间早，籽粒重量在花后 5 d 左右进入快速增长期，弱势粒灌浆启动慢，时间晚，籽粒重量在花后 10 d 左右进入快速增长期。强势粒达到最大灌浆速率的时间早于弱势粒，但对实际产量的影响小于弱势粒。

（2）Y 两优 2 号和 Y 两优 900 灌浆速率最快，粒重基本上在花后 22 d 左右进入平台期，两优培九、Y 两优 1 号和湘两优 900 的粒重在花后 29 d 逐步进入平台期。

（3）达到最大灌浆速率的时间随着氮肥用量的增加整体后移，最大灌浆速率逐渐减小，灌浆曲线相对平缓，灌浆速率相对平稳，灌浆活跃期整体延长。低氮处理下（N0 和 N10）的灌浆速率较大，灌浆后期则反之。五个品种中，Y 两优 2 号强势粒的灌浆速率在氮肥间变化幅度最大，其中在 N0 和 N10 处理下最大灌浆速率可分别达到 1.9 mg/d 和 1.8 mg/d 左右，远高于平均最大灌浆速率。

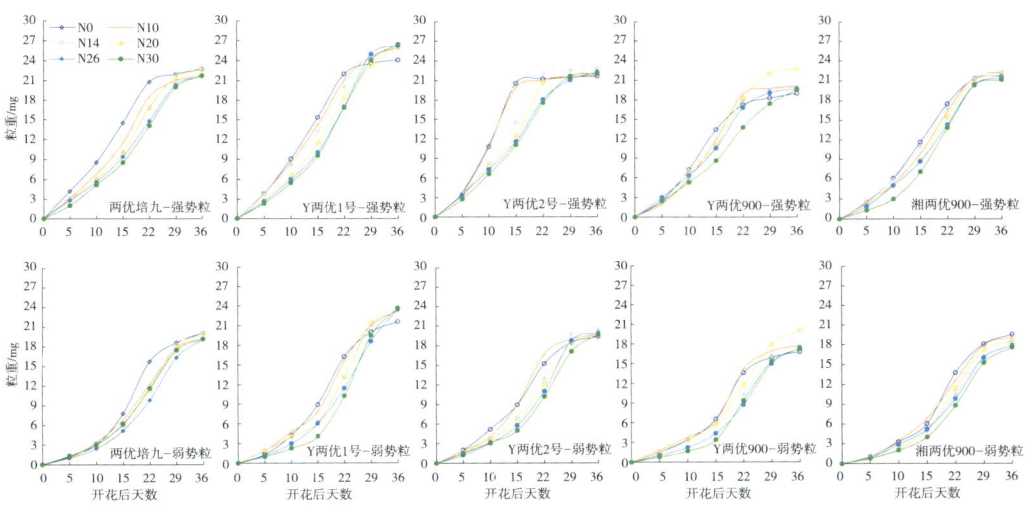

（N0：0 kg/hm²；N10：150 kg/hm²；N14：210 kg/hm²；N20：300 kg/hm²；N26：390 kg/hm²；N30：450 kg/hm²。下同。）

图 2-5 五期超级杂交籼稻不同氮肥处理下强势粒、弱势粒灌浆粒重动态曲线

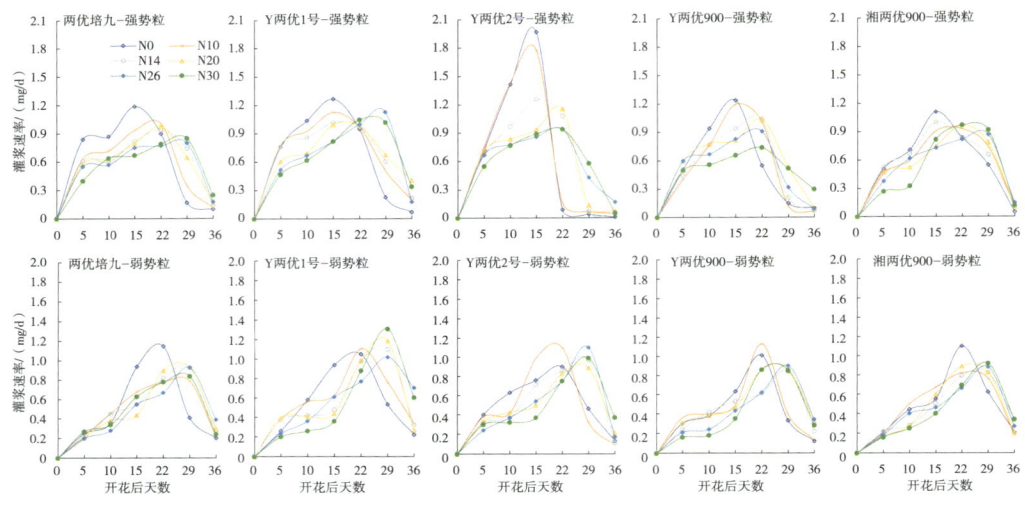

图 2-6 五期超级杂交籼稻不同氮肥处理下强势粒、弱势粒灌浆速率动态曲线

3. 五期超级杂交籼稻强、弱势粒灌浆特征参数差异

以开花后天数为自变量，粒重为因变量，通过 Richards 方程 $W=A(1+Be^{-kt})^{-1/N}$ 进行拟合，比较五期超级杂交稻不同氮肥处理下强、弱势粒的灌浆特征参数（表 2-2、表 2-3）。结果表明：

（1）两优培九、Y 两优 2 号和 Y 两优 900 的强、弱势粒 A 值以及 Y 两优 1 号和湘两优 900 的强势粒 A 值均在中氮水平下（N14 或者 N20）达到最大值，Y 两优 1 号和湘两优 900 的弱势粒 A 值分别在 N26 和 N10 水平下达到最大值。

（2）随着施氮量的增加，起始生长势 $R0$ 整体上有所降低，且因为品种不同，差异较大。两优培九的起始生长势最小，随施氮量变化幅度小于其余四个品种；不施氮时（N0），两优培九和 Y 两优 1 号弱势粒的 $R0$ 大于强势粒，施用氮肥后，弱势粒的 $R0$ 相对于强势粒有明显降低；Y 两优 2 号、Y 两优 900 和湘两优 900 强势粒 $R0$ 则明显高于弱势粒。

（3）强势粒达到最大灌浆速率的时间（$T_{max} \cdot G$）变化范围是 5.28～24.97 d，弱势粒达到最大灌浆速率的时间（$T_{max} \cdot G$）变化范围是 13.67～29.08 d，较强势粒明显推迟。与不施氮（N0）相比，施氮处理达到最大灌浆速率的时间（$T_{max} \cdot G$）明显增长。当灌浆速率达到最大时，强势粒的籽粒重量明显大于弱势粒。Y 两优 2 号、Y

两优 900 以及湘两优 900 的强势粒 $W_{max} \cdot G$ 在 N14 处理下达到最大值，两优培九和 Y 两优 1 号的强势粒 $W_{max} \cdot G$ 分别在 N0 和 N26 处理下达到最大值；两优培九、Y 两优 1 号和 Y 两优 900 的弱势粒 $W_{max} \cdot G$ 在 N14 处理下达到最大值，Y 两优 2 号和湘两优 900 的弱势粒 $W_{max} \cdot G$ 在 N26 处理下达到最大值。

表 2-2 不同类型水稻强势粒灌浆过程的 Richards 方程参数估值

品种	施氮量	A	B	K	N	R^2	R0	$T_{max} \cdot G$ /d	$W_{max} \cdot G$ /g	G_{max} /[g/(千粒·d)]	G_{mean} /[g/(千粒·d)]
两优培九	N0	22.57	4.33	0.28	1.78	0.999	0.16	13.54	12.71	1.27	0.83
	N10	21.89	4.29	0.25	1.65	0.999	0.15	15.44	12.13	1.12	0.74
	N14	23.60	4.41	0.21	1.71	0.999	0.13	18.07	13.17	1.04	0.68
	N20	23.34	3.82	0.20	1.42	0.999	0.14	17.30	12.53	1.04	0.68
	N26	22.82	3.74	0.18	1.44	0.999	0.13	18.63	12.28	0.91	0.60
	N30	23.54	2.82	0.15	0.96	0.998	0.16	18.72	11.68	0.91	0.61
Y 两优 1 号	N0	24.13	3.22	0.24	1.18	0.999	0.20	12.72	12.46	1.37	0.91
	N10	26.82	1.47	0.15	0.58	0.999	0.26	13.22	12.17	1.18	0.79
	N14	27.12	1.67	0.15	0.65	0.999	0.22	14.36	12.56	1.11	0.75
	N20	28.71	0.67	0.11	0.33	0.999	0.35	15.54	12.10	1.04	0.70
	N26	26.65	8.12	0.32	3.18	0.998	0.10	21.59	16.99	1.31	0.83
	N30	27.92	3.96	0.19	1.32	0.999	0.14	19.85	14.77	1.18	0.78
Y 两优 2 号	N0	21.46	11.53	0.88	4.01	0.999	0.22	11.52	14.36	2.53	1.57
	N10	21.48	7.90	0.62	2.78	0.997	0.22	11.06	13.31	2.19	1.40
	N14	22.86	6.80	0.40	2.63	0.999	0.15	14.50	14.00	1.55	0.99
	N20	21.99	8.65	0.45	3.78	0.999	0.12	16.33	14.54	1.36	0.85
	N26	22.76	2.60	0.18	1.00	0.999	0.18	14.63	11.38	1.01	0.67
	N30	22.74	3.07	0.19	1.09	0.997	0.18	15.42	11.57	1.07	0.71
Y 两优 900	N0	18.81	2.05	0.23	0.60	0.999	0.38	10.99	8.61	1.25	0.84
	N10	20.08	5.86	0.36	1.86	0.999	0.19	14.57	11.41	1.44	0.94
	N14	19.98	5.36	0.31	1.85	0.999	0.17	15.26	11.34	1.24	0.81
	N20	23.23	4.00	0.22	1.52	0.999	0.14	16.29	12.65	1.10	0.73
	N26	19.79	4.39	0.25	1.73	0.999	0.14	15.42	11.07	1.01	0.66
	N30	21.64	0.91	0.11	0.41	0.999	0.28	15.86	9.36	0.75	0.51
湘两优 900	N0	22.43	2.09	0.18	0.67	0.999	0.26	14.06	10.44	1.10	0.74
	N10	23.11	3.40	0.19	1.13	0.999	0.17	17.06	11.83	1.07	0.71
	N14	23.50	1.93	0.16	0.66	0.999	0.24	15.07	10.89	1.02	0.69
	N20	22.33	5.88	0.21	2.16	0.999	0.12	19.42	13.11	1.09	0.71
	N26	22.63	3.79	0.19	1.30	0.998	0.14	18.78	11.92	0.98	0.64
	N30	21.69	6.20	0.28	1.83	0.999	0.15	20.29	12.29	1.20	0.78

本表采用 Richards 模型：$W=a/(1+\exp(b-cx))^{(1/d)}$ 对水稻灌浆进行模拟，R0 表示起始生势，$T_{max} \cdot G$ 表示生长速率最大时的天数，G_{max} 表示最大生长速率，G_{mean} 表示平均生长速率，下同。

表 2-3 不同类型水稻弱势粒灌浆过程的 Richards 方程参数估值

品种	施氮量	A	B	K	N	R^2	R0	$T_{max} \cdot G$ /d	$W_{max} \cdot G$ /g	G_{max} /[g/(千粒·d)]	G_{mean} /[g/(千粒·d)]
两优培九	N0	19.98	4.11	0.24	1.00	0.999	0.25	16.85	9.98	1.22	0.81
	N10	20.52	3.11	0.17	0.88	0.999	0.19	18.96	10.02	0.91	0.61
	N14	20.93	5.95	0.25	1.82	0.999	0.13	21.80	11.85	1.03	0.67
	N20	20.46	7.19	0.29	2.14	0.999	0.13	22.45	11.98	1.09	0.71
	N26	20.17	5.91	0.23	1.75	0.999	0.13	23.26	11.31	0.95	0.62
	N30	19.91	5.39	0.23	1.68	0.999	0.14	21.09	11.07	0.95	0.62
Y两优1号	N0	22.11	2.24	0.18	0.57	0.999	0.31	15.91	10.02	1.12	0.76
	N10	24.08	4.13	0.20	1.31	0.999	0.15	19.41	12.71	1.09	0.72
	N14	23.44	9.48	0.36	3.20	0.999	0.11	23.36	14.97	1.27	0.80
	N20	23.51	12.26	0.45	4.22	0.999	0.11	24.04	15.89	1.37	0.85
	N26	29.70	2.13	0.11	0.57	0.999	0.20	23.79	13.45	0.97	0.66
	N30	24.37	9.10	0.33	2.40	0.999	0.14	25.28	14.63	1.40	0.90
Y两优2号	N0	19.81	3.08	0.19	1.01	0.999	0.19	15.86	9.92	0.96	0.64
	N10	19.45	5.94	0.32	1.81	0.999	0.18	16.66	10.99	1.26	0.82
	N14	20.73	10.18	0.40	3.52	0.999	0.11	22.20	13.50	1.20	0.76
	N20	20.12	8.53	0.33	3.02	0.997	0.11	22.39	12.69	1.05	0.67
	N26	19.98	14.55	0.54	4.88	0.996	0.11	24.23	13.90	1.26	0.78
	N30	20.07	9.90	0.35	3.31	0.995	0.11	24.59	12.91	1.06	0.67
Y两优900	N0	16.61	7.20	0.35	2.30	0.999	0.15	18.21	9.88	1.05	0.67
	N10	17.43	13.03	0.57	4.58	0.999	0.12	20.21	11.98	1.22	0.75
	N14	18.12	7.41	0.29	2.62	0.998	0.11	22.51	11.09	0.88	0.56
	N20	20.66	6.67	0.26	2.18	0.998	0.12	22.28	12.16	1.01	0.65
	N26	17.79	8.80	0.32	2.73	0.999	0.12	24.28	10.98	0.95	0.60
	N30	17.61	7.09	0.29	1.76	0.999	0.17	22.52	9.89	1.04	0.68
湘两优900	N0	19.77	5.33	0.26	1.48	0.999	0.17	19.28	10.71	1.10	0.73
	N10	20.27	3.21	0.18	0.90	0.999	0.20	18.62	9.92	0.93	0.62
	N14	19.58	5.08	0.22	1.45	0.999	0.15	21.92	10.55	0.93	0.61
	N20	19.15	5.70	0.25	1.50	0.999	0.17	20.84	10.41	1.05	0.69
	N26	18.34	7.76	0.30	2.51	0.999	0.12	23.09	11.13	0.94	0.60
	N30	18.11	8.04	0.30	2.28	0.999	0.13	23.85	10.76	0.99	0.64

4. 水稻籽粒灌浆特征参数与产量的关系

相关分析结果表明（表 2-4），达到最大灌浆速率的时间和最大灌浆速率与实际产量之间呈正相关关系，其中弱势粒对产量的影响整体大于强势粒。具体表现为：终极生长量 A、达到最大灌浆速率时的籽粒重量 $W_{max} \cdot G$、最大灌浆速率 G_{max} 和平均

灌浆速率 G_{mean} 与每穴穗数、千粒重和结实率之间呈极显著正相关关系，与每穗粒数呈极显著负相关关系，实际产量受到 $R0$、$T_{max} \cdot G$ 和 $W_{max} \cdot G$ 的显著影响，与 $R0$ 呈极显著负相关关系，与 $T_{max} \cdot G$ 和 $W_{max} \cdot G$ 呈极显著正相关关系。

表 2-4 Richards 参数与产量的相关性分析

籽粒部位	灌浆参数	每穴穗数	每穗粒数	千粒重	结实率	实际产量
强势粒	A	0.62**	−0.65**	0.77**	0.30*	0.09
	$R0$	−0.17	0.09	−0.08	0.18	−0.21
	$T_{max} \cdot G$	−0.07	0.06	−0.07	−0.28*	0.16
	$W_{max} \cdot G$	0.50**	−0.48**	0.51**	0.28*	0.29*
	G_{max}	0.13	−0.15	0.03	0.42**	0.09
	G_{mean}	0.14	−0.18	0.06	0.43**	0.06
弱势粒	A	0.50**	−0.65**	0.77**	0.34**	0.13
	$R0$	−0.31*	0.03	−0.07	−0.03	−0.41**
	$T_{max} \cdot G$	0.35**	−0.11	0.11	−0.10	0.43**
	$W_{max} \cdot G$	0.52**	−0.40**	0.50**	0.34**	0.48**
	G_{max}	0.44**	−0.40**	0.36**	0.37**	0.23
	G_{mean}	0.45**	−0.48**	0.42**	0.37**	0.14

第三节 超级杂交稻高产的叶源特点及其调控机制

一、超级杂交稻超高产叶片光合特性及其调控

1. 超级杂交稻光合势的品种间差异

于五期超级杂交稻的分蘖期、拔节期、抽穗期、灌浆期、成熟期，采用干重法测定叶面积指数，计算群体生长率和光合势。

群体生长率 $[t/(hm^2 \cdot d)] = (W_2 - W_1)/(t_2 - t_1)$，式中，$W_1$ 和 W_2 为前后 2 次测定的干物质重。

光合势 $[m^2/(m^2 \cdot d)] = 1/2 (L_1 + L_2) \times (t_2 - t_1)$，式中，$L_1$ 和 L_2 为前后 2 次测定的单位土地面积上的叶面积，t_1 和 t_2 为前后 2 次测定的时间。

结果表明（表 2-5，表 2-6）：

（1）抽穗前期，前两期超级杂交稻光合势高于或低于后三期超级杂交稻，但花后光合势积累一定是后三期超级杂交稻要高于前两期。此外，后三期超级杂交稻在拔节期后生长率要大于前两期，说明从第三期开始超级杂交水稻在孕穗期以后的"源"供应能力较强。

（2）随着生育期进程，五期超级杂交稻的光合势表现出先升高后降低的趋势。在拔节期至抽穗期出现最大值——210.84 $m^2/(m^2 \cdot d)$、216.55 $m^2/(m^2 \cdot d)$、223.98 $m^2/(m^2 \cdot d)$、191.97 $m^2/(m^2 \cdot d)$ 以及 248.07 $m^2/(m^2 \cdot d)$。随着产量潜力的增加，分蘖期至拔节期整体上表现出先降低后升高的趋势，在两优培九处有最大值，拔节期至抽穗期表现出先升高后降低再升高的趋势，在湘两优900处有最大值，抽穗期至灌浆期、灌浆期至成熟期以及花后群体光合势没有明显变化趋势，分别在湘两优900、Y两优2号（湘两优900与之相差不大）以及湘两优900出现最大值，同比两优培九分别增加了16.69%、10.96%以及28.21%。

（3）分蘖期至拔节期、拔节期至抽穗期、灌浆期至成熟期，各品种内群体光合势随着施氮量的增加，均是不断升高的；而抽穗期至灌浆期以及花后群体光合势则是除湘两优900表现出先升高后降低的趋势外，其他均表现为不断升高的趋势。此外，各生育期以及花后群体光合势，随着产量潜力的增加，均表现出在Y两优2号及湘两优900处有峰值的双峰型趋势。整体上品种、施氮量及其二者互作均对各生育期以及花后群体光合势产生极显著的影响。

（4）各时期的光合势均与实际产量间存在显著甚至极显著正相关关系。

表2-5　施氮量对不同产量潜力超级杂交稻光合势的影响　　单位 [$m^2/(m^2 \cdot d)$]

品种	处理	分蘖期至拔节期	拔节期至抽穗期	抽穗期至灌浆期	灌浆期至成熟期	花后光合势
两优培九	N0	38.03c	99.58d	58.09e	52.04f	102.14d
	N10	64.91b	167.63c	93.06d	74.32e	177.15c
	N14	73.86b	203.83bc	120.3c	125.15d	260.18b
	N20	70.21b	222.56b	150.77b	146.59c	290.8ab
	N26	97.51a	283.7a	184.19a	160.15b	306.07a
	N30	109.34a	287.72a	175.64a	174.83a	308.57a
	平均值	75.64	210.84	130.34	122.18	240.82

续表

品种	处理	分蘖期至拔节期	拔节期至抽穗期	抽穗期至灌浆期	灌浆期至成熟期	花后光合势
Y两优1号	N0	30.7d	121.19d	68.39e	46.61d	137.17d
	N10	49.21c	144.69d	92.75d	92c	191.23c
	N14	70.8b	196.91c	117.58c	96.49c	193.15c
	N20	81.13ab	254.4b	141.57b	103.7c	246.69b
	N26	79.6ab	270.15b	158.03b	128.72b	295.32a
	N30	95.73a	311.96a	174.92a	142.18a	325.52a
	平均值	67.86	216.55	125.54	101.62	231.51
Y两优2号	N0	28.05d	124.18d	79.74e	58.22e	155.89e
	N10	64.49c	181.91c	109.77d	106.26d	209.26d
	N14	62.22c	215.5c	135.93c	128.51c	272.51c
	N20	74.14bc	212.31c	138.85c	161.61b	288.73c
	N26	82.92b	268.41b	170.26b	171.92b	336.17b
	N30	102.62a	341.55a	210.61a	186.92a	386.9a
	平均值	69.07	223.98	140.86	135.57	274.91
Y两优900	N0	30.46c	87.7d	54.75e	51.14e	98.95e
	N10	51.57b	160.98c	97.54d	92.68d	197.62d
	N14	60.62ab	191.11bc	135.11c	136.78c	234.78c
	N20	65.55ab	216.07b	150.3bc	155.43b	292.14b
	N26	52.01b	210.99b	159.12b	154.14b	308.31b
	N30	72.83a	284.97a	190.22a	186.95a	403.56a
	平均值	55.51	191.97	131.17	129.52	255.9
湘两优900	N0	33.38d	106.44c	71.42f	61.46e	127.31e
	N10	75.37bc	225.31b	125.59e	106.16d	266.6d
	N14	62.72c	251.73b	161.45c	134.37c	335.36c
	N20	88.55ab	225.5b	143.03d	150.56b	269.4d
	N26	89.51ab	351.86a	220.7a	180.88a	447.06a
	N30	100.02a	327.57a	190.41b	177.04a	406.82b
	平均值	74.92	248.07	152.1	135.08	308.76
F值	品种效应	9.87**	12.43**	19.6**	44.99**	35.2**
	氮肥效应	62.99**	147.59**	303.19**	585**	332.49**
	品种与氮肥互作效应	1.86*	3**	4.86**	6.54**	9**

表2-6 不同产量潜力超级杂交稻光合势与产量及其构成因素间相关性分析

指标	时期	有效穗数	每穗粒数	千粒重	结实率	实际产量
光合势	分蘖期至拔节期	0.493**	−0.046	0.081	−0.357**	0.319*
	拔节期至抽穗期	0.673**	−0.060	0.147	−0.175	0.281*
	抽穗期至灌浆期	0.679**	−0.038	0.064	−0.174	0.290*
	灌浆期至成熟期	0.667**	0.025	−0.048	−0.222	0.347**
	花后光合势	0.645**	0.003	0.016	−0.211	0.286*

二、超级杂交稻群体光合速率的品种间差异

水稻产量中的90%主要来自光合产物的积累，其中叶面积指数、群体光合势、群体生长率、净同化率等指标都可以表征群体光合的生产能力。前人研究关于水稻光合生产特征的结果显示，无论是从品种演进方面还是从不同产量水平方面来看，高产水稻均存在较高的最适叶面积指数和有效叶面积率、高效叶面积率，并且在生育中后期（拔节期至成熟期）具有光合势、净同化率和群体生长率均较高等特点。而关于五期超级杂交稻代表性品种间光合生产特征的差异研究较少。使用Yaxin-1101光合测定仪，采用闭路式回路，在分蘖期、拔节期、抽穗开花期、灌浆期及成熟期，测定了不同杂交稻品种的群体光合速率的动态变化：群体光合速率（$molCO_2 \cdot m^{-2}s^{-1}$）=（$N_2-N_1$）/ [（0.6 m×0.6 m）×60 s] ×（H_1/H_2）。其中，N_1为初始CO_2浓度，N_2为60 s时CO_2终值，H_1为测量时箱体高度，H_2为130 cm（箱体的最大高度）。

结果表明（表2-7）：群体光合速率随着生育期进程，均呈现先升高后降低的变化趋势，且均在抽穗期达到最大值。随着施氮量的增加，分蘖期两优培九、Y两优1号以及Y两优2号，抽穗期两优培九、Y两优1号以及Y两优900，灌浆期以及成熟期两优培九和Y两优1号，均呈不断升高的趋势，其他处理下整体上均呈现出先升高后降低的趋势。抽穗期，各施氮量下，群体光合速率均呈现出先升高后降低的趋势，且均是Y两优2号有最大值，相较于两优培九，同比分别增加了3.67%、19.82%、51.51%、20.91%、63.83%以及18.36%；灌浆期与抽穗期变化趋势相同，但N10、N14以及N30处理下，Y两优900均有最大值，而在N20以及N26处理下Y两优2号有最大值；成熟期各施氮量下，除N0不断升高，N30先下降后升高外，其他均呈先升高后降低的趋势。

表 2-7 施氮量对不同产量潜力超级杂交稻群体光合速率的影响

单位：$molCO_2 \cdot m^{-2}s^{-1}$

品种	处理	分蘖期	拔节期	抽穗期	灌浆期	成熟期
两优培九	N0	0.25±0.09	0.53±0.12	1.34±0.16	0.8±0.36	0.03±0.00
	N10	0.37±0.06	0.52±0.09	1.33±0.26	0.88±0.05	0.05±0.00
	N14	0.25±0.09	0.72±0.28	1.53±0.33	0.93±0.08	0.29±0.06
	N20	0.25±0.09	0.5±0.08	1.44±0.24	0.79±0.12	0.08±0.00
	N26	0.63±0.2	0.59±0.03	1.62±0.19	1.13±0.28	0.2±0.02
	N30	0.67±0.1	0.53±0.04	1.85±0.4	1.22±0.35	0.39±0.03
	平均值	0.4±0.11	0.56±0.11	1.52±0.26	0.96±0.21	0.17±0.12
Y两优1号	N0	0.25±0.09	0.53±0.12	1.34±0.16	0.8±0.36	0.03±0.00
	N10	0.37±0.06	0.52±0.09	1.33±0.26	0.88±0.05	0.05±0.00
	N14	0.25±0.09	0.72±0.28	1.53±0.33	0.93±0.08	0.29±0.06
	N20	0.25±0.09	0.5±0.08	1.44±0.24	0.79±0.12	0.08±0.00
	N26	0.63±0.2	0.59±0.03	1.62±0.19	1.13±0.28	0.2±0.02
	N30	0.67±0.1	0.53±0.04	1.85±0.4	1.22±0.35	0.39±0.03
	平均值	0.4±0.11	0.56±0.11	1.52±0.26	0.96±0.21	0.17±0.01
Y两优2号	N0	0.26±0.16	0.61±0.1	1.38±0.24	0.63±0.17	0.09±0.01
	N10	0.48±0.14	0.52±0.01	1.59±0.22	0.7±0.23	0.24±0.09
	N14	0.26±0.16	0.5±0.1	2.32±0.82	1±0.34	0.3±0.03
	N20	0.26±0.16	0.57±0.03	1.74±0.34	1.25±0.2	0.08±0.01
	N26	0.56±0.14	0.55±0.16	2.65±1.09	1.21±0.3	0.45±0.04
	N30	0.61±0.01	0.51±0.06	2.19±0.58	1.04±0.12	0.26±0.09
	平均值	0.4±0.13	0.54±0.07	1.98±0.55	0.97±0.23	0.24±0.02
Y两优900	N0	0.3±0.04	0.43±0.05	1.07±0.15	1.2±0.57	0.1±0.00
	N10	0.43±0.09	0.41±0.14	1.11±0.12	1.17±0.35	0.12±0.03
	N14	0.3±0.04	0.4±0.1	1.14±0.18	1.25±0.23	0.23±0.01
	N20	0.3±0.04	0.41±0.12	1.01±0.36	1.09±0.16	0.49±0.03
	N26	0.56±0.1	0.38±0.1	1.27±0.22	1.05±0.03	0.48±0.07
	N30	0.43±0.17	0.27±0.06	1.56±0.4	1.45±0.19	0.14±0.02
	平均值	0.39±0.08	0.38±0.1	1.19±0.24	1.2±0.25	0.26±0.01
湘两优900	N0	0.42±0.19	0.5±0.12	1.03±0.24	0.38±0.12	0.2±0.01
	N10	0.45±0.11	0.59±0.07	1.47±0.26	0.81±0.02	0.17±0.00
	N14	0.42±0.19	0.44±0.12	1.27±0.16	0.94±0.11	0.16±0.01
	N20	0.42±0.19	0.45±0.11	1.36±0.18	0.97±0.09	0.42±0.05
	N26	0.69±0.11	0.53±0.04	1.51±0.19	1.28±0.03	0.15±0.01
	N30	0.56±0.24	0.49±0.11	0.99±0.48	1.19±0.07	0.28±0.06
	平均值	0.49±0.17	0.5±0.09	1.27±0.25	0.93±0.07	0.23±0.01

三、施氮量对不同产量潜力超级杂交稻叶片衰老相关酶活性的影响

关于基部叶片对产量形成的作用，前人研究所得结论各不相同，有学者认为倒4叶以下叶片对籽粒灌浆几乎没有作用，而有的学者则十分强调倒4叶以下叶片对产量形成的贡献，更有学者的研究结果表明，倒4叶对产量形成产生作用，是有一定条件的，即杂交稻群体每穗粒数≥185粒时，倒4叶以下叶片对产量形成才会产生显著影响。关于超级杂交稻叶片抗氧化酶特性，前人也做了很多研究，但是这些研究更多的是着眼于剑叶或者上三叶的抗氧化酶特性，而关于基部叶片，特别是倒4叶叶片抗氧化酶的研究尚未见报道。本研究针对五期超级杂交稻的基部倒4叶衰老的相关酶活性展开了研究。

1. 对超氧化物歧化酶活性的影响

不同氮肥处理对倒4叶超氧化物歧化酶（SOD）活性的影响结果表明（表2-8），随着产量潜力的增加，五期超级杂交稻三个时期超氧化物歧化酶活性整体上均表现为先下降后升高的趋势。各品种内除施氮量对抽穗期Y两优900、灌浆期Y两优1号以及成熟期两优培九无显著性差异外，对其他处理影响显著。同时，随着施氮量的增加，抽穗期两优培九、Y两优1号以及灌浆期两优培九均表现出先降低后升高的趋势；成熟期Y两优1号，抽穗期Y两优2号，成熟期Y两优2号、湘两优900均呈先升高后降低的趋势；灌浆期Y两优2号、Y两优900以及抽穗期湘两优900均呈先升高后降低再升高的趋势。

表2-8　施氮量对不同产量潜力超级杂交稻超氧化物歧化酶活性的影响　单位：μ/gFW

品种	处理	抽穗期	灌浆期	成熟期
两优培九	N0	470.11b	445.82ab	418.74a
	N10	458.81b	428.79b	415.73a
	N14	403.39c	436.52ab	414.09a
	N20	454.71b	428.59b	411.72a
	N26	489.61a	435.68ab	403.97a
	N30	470.72b	457.9a	371.97b
	平均值	457.89	438.88	406.03

续表

品种	处理	抽穗期	灌浆期	成熟期
Y两优1号	N0	470.72a	420.91a	338.6c
	N10	444.03b	411.43a	391.38a
	N14	448.34b	417.96a	369.41abc
	N20	432.02bc	404.17a	375.79ab
	N26	415.7c	396.92a	336.41c
	N30	450.81b	365.71b	350.36bc
	平均值	443.61	402.85	360.33
Y两优2号	N0	389.88c	419.77ab	304.96c
	N10	415.13b	432.23a	366.5b
	N14	388.13c	389.27c	440.16a
	N20	393.72c	403.45bc	397.49b
	N26	464.36a	350.11d	390.56b
	N30	404.65bc	429.09a	387.28b
	平均值	409.31	403.99	381.16
Y两优900	N0	432.34a	369.99ab	292.65d
	N10	433.86a	374.8a	379.9b
	N14	427.23a	383.51a	429.95a
	N20	431.65a	364.95ab	329.57c
	N26	427.23a	347.08b	411.17ab
	N30	438.16a	376.17a	304.96cd
	平均值	431.74	369.42	358.03
湘两优900	N0	445.7abc	359.79c	411.64b
	N10	464.27a	428.41b	455.15a
	N14	441.31bc	417.18b	408.99b
	N20	454.46ab	411.68b	396.61b
	N26	432.55c	437.41b	429.95ab
	N30	434.85bc	500.57a	399.56b
	平均值	445.52	425.84	416.98
F值	品种效应	60.69**	35.56**	26.3**
	氮肥效应	9.43**	9.15**	18.75**
	品种与氮肥互作效应	10.79**	11.13**	8.66**

2. 对过氧化物酶活性的影响

不同氮肥处理对倒4叶过氧化物酶（POD）活性的影响结果表明（表2-9），随着产量潜力的增加，五期超级杂交稻过氧化物酶活性抽穗期以及成熟期整体上表现出先升高后降低的趋势，而灌浆期则呈不断降低的趋势。各品种内，施氮量除了对

Y两优900灌浆期以及成熟期影响无显著差异外，对其他影响差异显著；同时，随着施氮量的增加，两优培九抽穗期、灌浆期以及灌浆期Y两优2号均表现为先降低后升高的趋势，成熟期两优培九以及抽穗期Y两优1号、Y两优900均表现为不断升高的趋势，成熟期Y两优1号，抽穗期、成熟期Y两优2号，以及抽穗期、灌浆期以及成熟期湘两优900均表现为先降低再升高的趋势，灌浆期Y两优1号无明显变化趋势。

表2-9　施氮量对不同产量潜力超级杂交稻过氧化物酶活性的影响　单位：μ/g·min

品种	处理	抽穗期	灌浆期	成熟期
两优培九	N0	63.18c	65.69c	65.69c
	N10	124.13a	92.23a	65.2c
	N14	65.96c	66.38c	69.06c
	N20	105.23b	75.93bc	96.73b
	N26	77.67c	92.43a	78.27c
	N30	126.36a	80.01ab	127.78a
	平均值	93.75	78.78	83.79
Y两优1号	N0	66.34d	87.91a	50.91e
	N10	89.92c	61.8bc	69.1d
	N14	105.05b	52.32c	85.73c
	N20	94.99bc	88.51a	132.06a
	N26	146.48a	64.78bc	102.21b
	N30	157.63a	69.24b	128.43a
	平均值	110.07	70.76	94.74
Y两优2号	N0	38.51d	66.94bc	50.91e
	N10	94.39c	55.72cd	69.1d
	N14	121.79b	52.32d	85.73c
	N20	118.85b	74b	132.06a
	N26	146.48a	71.95b	102.21b
	N30	98.15c	117.27a	128.43a
	平均值	103.03	73.03	94.74
Y两优900	N0	54.19c	72.22a	65.69b
	N10	63.73c	47.28b	65.2b
	N14	66.88c	79.47a	69.06b
	N20	67.43c	75.87a	120.26a
	N26	84.48b	54.58b	78.27b
	N30	120.32a	70.42a	127.78a
	平均值	76.17	66.64	87.71

续表

品种	处理	抽穗期	灌浆期	成熟期
湘两优 900	N0	58.44d	32.57d	50.91e
	N10	67.86cd	27.49d	69.1d
	N14	79.47abc	62.2ab	85.73c
	N20	84.37ab	50.76bc	132.06a
	N26	73.53bc	67.05a	102.21b
	N30	90.96a	47.31c	128.43a
	平均值	75.77	47.9	94.74
F 值	品种效应	43.96**	110.49**	27.38**
	氮肥效应	91.64**	14.52**	187.73**
	品种与氮肥互作效应	19.31**	14.1**	3.57**

3. 对丙二醛含量的影响

不同氮肥处理对倒 4 叶丙二醛含量的影响结果表明（表 2-10），随着产量潜力的增加，抽穗期的丙二醛含量整体上呈现出先升高后降低再升高再降低的趋势，Y 两优 900 的丙二醛含量最高，Y 两优 2 号的含量最低；灌浆期，丙二醛含量随着产量潜力的增加，表现为先升高后降低后再略微升高，在 Y 两优 1 号达到峰值，含量为 3.87 μmol/g；成熟期的丙二醛含量也表现为先升高后降低再升高再降低的趋势，其中 Y 两优 2 号的含量最高。

随着施氮量的增加，五个品种在不同时期的表现不尽相同。随着施氮量的增加，两优培九、Y 两优 900 三个时期的丙二醛含量最大值均出现在低氮水平；Y 两优 1 号和 Y 两优 2 号的峰值出现在中低氮水平；湘两优 900 则在中高氮水平出现峰值。随着生育时期的变化，Y 两优 900 和湘两优 900 的丙二醛均值整体上先降低后升高，在抽穗期有最大值；两优培九的丙二醛含量逐渐降低，同样在抽穗期有峰值；Y 两优 1 号则先升高后降低，在灌浆期丙二醛含量最多；Y 两优 2 号则表现为逐渐升高的趋势，在成熟期达到最大值。

表 2-10　施氮量对不同产量潜力超级杂交稻丙二醛含量的影响　单位：μmol/gFW

品种	处理	抽穗期	灌浆期	成熟期
两优培九	N0	3.32b	4.92a	3.32a
	N10	5.83a	2.24d	2.84ab
	N14	3.43b	2.6cd	3.12ab
	N20	3.76b	1.54e	2.45ab
	N26	2.1c	2.92c	2.7ab
	N30	3.7b	3.87b	2.05b
	平均值	3.69	3.02	2.75
Y两优1号	N0	4.67a	4.48a	2.57bc
	N10	3.69b	4.7a	2.4bc
	N14	3.12b	3.01c	3.68a
	N20	3.1b	3.58bc	2.26c
	N26	3.55b	3.79b	3.46ab
	N30	4.67a	3.67b	2.57bc
	平均值	3.8	3.87	2.82
Y两优2号	N0	2.94a	3.38a	4.42ab
	N10	3.02a	3.28a	3.54bc
	N14	3.62a	2.85ab	5.38a
	N20	3.3a	2.21bc	3.47bc
	N26	1.13b	2.54bc	4b
	N30	0.6b	2.17c	2.87c
	平均值	2.44	2.74	3.95
Y两优900	N0	3.75c	2.96a	2.37a
	N10	5.72a	2.56a	2.05a
	N14	4.72b	2.36a	3.12a
	N20	3.83c	2.43a	2.04a
	N26	4.28bc	1.51b	2.13a
	N30	2.85d	0.95b	2.66a
	平均值	4.19	2.13	2.39
湘两优900	N0	3.29b	2.62ab	2.84abc
	N10	3.6ab	2.81ab	2.54bc
	N14	4.32a	2.37ab	2.87abc
	N20	3.94ab	2.16b	1.81c
	N26	4.12ab	2.37ab	3.78a
	N30	3.98ab	2.92a	2.94ab
	平均值	3.88	2.54	2.8
F值	品种效应	20.41**	50.47**	23.94**
	氮肥效应	13.26**	22.75**	8.39**
	品种与氮肥互作效应	9.79**	8.91**	1.76

4. 不同产量潜力超级杂交稻抗氧化酶、丙二醛含量与产量及其构成因素间相关分析

相关分析结果表明（表2-11），生育后期基部叶片丙二醛以及超氧化物歧化酶与产量间均不存在显著性相关，而灌浆期、成熟期过氧化氢酶以及抽穗期、成熟期过氧化物酶均与产量间存在显著甚至极显著正相关。灌浆期丙二醛以及过氧化物酶均与每穗粒数间存在显著甚至极显著负相关，而成熟期过氧化氢酶却与每穗粒数间存在显著正相关；灌浆期丙二醛与千粒重间有显著正相关关系，成熟期过氧化氢酶却与千粒重间存在极显著负相关关系。成熟期丙二醛含量与结实率间存在显著正相关关系。

表2-11 不同产量潜力超级杂交稻抗氧化酶、丙二醛含量与产量及其构成因素间相关分析

指标	时期	有效穗数	每穗粒数	千粒重	结实率	实际产量
丙二醛	抽穗期	−0.222	0.088	0.021	−0.308	−0.280
	灌浆期	−0.058	−0.567**	0.396*	0.293	−0.357
	成熟期	−0.040	−0.133	−0.129	0.424*	0.100
过氧化氢酶	抽穗期	0.036	0.162	0.141	−0.135	0.016
	灌浆期	0.501**	0.002	0.047	0.038	0.585**
	成熟期	0.076	0.400*	−0.520**	−0.127	0.376*
超氧化物歧化酶	抽穗期	0.066	−0.154	0.329	−0.352	−0.256
	灌浆期	0.302	−0.272	0.295	−0.165	−0.078
	成熟期	0.199	0.149	0.081	−0.231	0.267
过氧化物酶	抽穗期	0.679**	−0.322	0.350	0.095	0.498**
	灌浆期	0.473**	−0.444*	0.187	−0.215	−0.009
	成熟期	0.518**	0.085	0.122	−0.065	0.668**

第四节 超级杂交稻高产的根源特点及其调控

根系的形态生理特征及其与产量的关系是水稻根系研究的热点。关于高产水稻品种根系应有的特征，凌启鸿等认为，高产、高光效群体应该具有发展深广且活力旺盛的根系；付景等以四个超级稻为材料，两个常规稻为对照，发现超级杂交稻较常规稻有更大的库容量、生育前期有更强的根系活力。关于根系与地上部及产量

的研究，有专家认为，水稻的根干重、根条数、根系活力、根冠比与产量密切相关；根干重、根条数与穗数、穗粒数、千粒重密切相关；根系氧化力、伤流强度与千粒重、产量呈显著或极显著正相关；另一部分专家得出与上述不同的结果，杨建昌等认为产量随品种演进增加的同时，根重增大，但根系伤流量却在不断降低，蔡昆争等表明抽穗期和成熟期根冠比与产量呈极显著负相关，刘桃菊等表明水稻在齐穗期根系较少的情况下，适当增加根长和根重可以提高产量，但当根长和根重增加到一定程度后，产量反而会下降。关于不同根层根系质量与产量形成关系，前人根据水稻各个根层根系对水稻产量的影响大都以 20 cm 根层为界限，测量时期选定为单一时期（抽穗开花期或成熟期），且为较早期的常规稻、杂交稻品种，与产量潜力高的超级杂交稻相比，这些品种根系质量、分布面积相对较小，且前人针对不同层次根系对产量的影响有不同见解。凌启鸿等研究认为，籼型杂交稻在稻谷产量 $6 \sim 11 \text{ t/hm}^2$ 范围内，产量与上层根重呈极显著正相关，而与下层根重关系不密切。郑景生等也认为水稻根系分布在 $0 \sim 5$ cm 土层的上层根贡献率占 65%，分布在 $5 \sim 20$ cm 土层的中下层根占 35%，分布在 20 cm 以下土层的根系对产量则无明显贡献。吴伟明等研究则认为，高产水稻产量的提高，可能得益于其较高的深层根质量，蔡昆争等则进一步说明，下层根（10 cm 以下）质量与产量之间呈显著正相关关系。

专家对根系特性研究得出不同的结论，可能因水稻品种类型以及地理环境差异等原因造成，而对不同期次超级杂交稻持续增产的根源质量研究较少。我们在田间条件下对两优培九、Y 两优 1 号、Y 两优 2 号、Y 两优 900 四期超级杂交稻在不同氮素水平和不同耕作深度条件下的根系特性进行了研究。

一、不同产量潜力超级杂交稻超高产根源特点及其氮素调控

1. 不同产量潜力超级杂交稻根干重的影响

不同产量潜力超级杂交稻 $0 \sim 15$ cm 根干重的影响结果表明（表 2-12），随着产量潜力的提高，四期超级杂交稻苗期、拔节期、抽穗开花期 $0 \sim 15$ cm 根干重呈逐渐

增大的趋势，灌浆中期、成熟期 0～15 cm 根干重整体呈先降低后升高的趋势，两优培九与 Y 两优 900 大于 Y 两优 1 号与 Y 两优 2 号。随着施氮量的增加，分蘖期 0～15 cm 根干重呈先升高后趋于平缓的趋势，其余几个时期则呈先升高后降低的趋势，分别在 N300、N210、N150、N210 达最大值。

不同产量潜力超级杂交稻 15～30 cm 根干重的影响结果表明（表 2-13），随着产量潜力的提高，四期超级杂交稻 15～30 cm 根干重分蘖期、拔节期各品种间规律性不明显。在抽穗开花期、灌浆中期、成熟期品种间差异均达显著或极显著水平，整体上随产量潜力提高呈逐渐升高的趋势，在 Y 两优 900、Y 两优 2 号达最大值。随着施氮量增加，不同氮肥处理间 15～30 cm 根干重差异均达极显著水平，分蘖期、拔节期、抽穗开花期、灌浆中期呈先升高后降低的变化趋势。

表 2-12　不同产量潜力超级杂交稻 0～15 cm 根干重　　　单位：mg

处理	品种	分蘖期	拔节期	抽穗开花期	灌浆中期	成熟期
N0	两优培九	0.19b	1.63ab	1.56c	2.24a	2.23a
	Y 两优 1 号	0.30a	1.24b	1.72b	1.3b	1.22b
	Y 两优 2 号	0.31a	1.36b	1.67b	1.5b	1.46b
	Y 两优 900	0.28a	1.88a	2.01a	2.17a	2.33a
	平均值	0.27	1.53	1.74	1.80	1.81
N150	两优培九	0.41b	1.30c	1.94c	2.13a	2.21a
	Y 两优 1 号	0.38b	1.86b	2.03b	2.36a	1.65b
	Y 两优 2 号	0.51a	1.97b	2.09b	2.43a	1.50b
	Y 两优 900	0.54a	2.49a	2.20a	2.26a	2.28a
	平均值	0.46	1.90	2.07	2.29	1.91
N210	两优培九	0.56a	1.92c	2.37b	2.44a	2.11ab
	Y 两优 1 号	0.53b	2.03b	2.39b	1.63b	1.70b
	Y 两优 2 号	0.59a	2.20a	2.49b	1.87ab	1.65b
	Y 两优 900	0.63a	2.09b	2.85a	2.15ab	2.65a
	平均值	0.58	2.06	2.52	2.02	2.03
N300	两优培九	0.6a	1.87b	2.16a	2.14a	1.5ab
	Y 两优 1 号	0.57a	1.77b	1.81b	2.04a	1.46b
	Y 两优 2 号	0.59a	2.22ab	2.14a	1.71b	1.57ab
	Y 两优 900	0.6a	2.72a	2.3a	2.13a	1.63a
	平均值	0.59	2.15	2.1	2	1.54

续表

处理	品种	分蘖期	拔节期	抽穗开花期	灌浆中期	成熟期
N390	两优培九	0.54c	1.68b	1.84c	2.24a	2.16a
	Y两优1号	0.59b	1.93ab	1.84c	1.92ab	1.59b
	Y两优2号	0.68a	2.11ab	1.95b	1.68b	1.62b
	Y两优900	0.61b	2.42a	2.46a	2.38a	2.12a
	平均值	0.60	2.03	2.02	2.05	1.87
N450	两优培九	0.54b	1.92b	1.80c	1.87ab	1.51a
	Y两优1号	0.52b	1.98b	1.96b	1.70b	1.19b
	Y两优2号	0.71a	2.38a	2.11a	1.76ab	1.46a
	Y两优900	0.61ab	2.42a	2.18a	2.15a	1.65a
	平均值	0.59	2.18	2.01	1.87	1.45
F值	品种效应	3.83*	6.95**	3.32*	9.91**	39.28**
	氮肥效应	27.07**	9.58**	8.55**	4.19**	13.70**
	品种与氮肥互作效应	0.77	2.15*	1.02	2.10*	3.06**

表 2-13　不同产量潜力超级杂交稻 15～30 cm 根干重　　　单位：mg

处理	品种	分蘖期	拔节期	抽穗开花期	灌浆中期	成熟期
N0	两优培九	8.67b	71.39c	91.17b	91.56b	81.34b
	Y两优1号	10.67b	144.95b	93.34b	66.28c	116.51b
	Y两优2号	21.46a	138.34a	144.29a	125.56a	148.01a
	Y两优900	6.58b	128.23a	143.79a	133.67a	159.79a
	平均值	11.84	120.73	117.15	104.27	126.41
N150	两优培九	14.04b	144.4a	135.51b	103.78b	108.51b
	Y两优1号	12.17b	150.45b	90.78c	86.06b	77.67b
	Y两优2号	20.08a	229.68ab	163.67a	131.33a	145.4a
	Y两优900	17.92a	183.9ab	136.28b	129.01a	135.67a
	平均值	16.05	177.11	131.56	112.55	116.81
N210	两优培九	31.83a	133.73b	100.34b	61.17b	74.95b
	Y两优1号	11.71b	139.17b	68.17c	92.56ab	103.23a
	Y两优2号	23.42ab	265.68a	118.56a	107.45ab	127.56a
	Y两优900	10.83b	266.96a	133.4a	135.9a	114.56a
	平均值	19.45	201.39	105.12	99.27	105.07
N300	两优培九	28.92a	135.51b	76.11b	94.56a	80.73b
	Y两优1号	11.5c	145.4a	68.89b	75.5b	59.45b
	Y两优2号	20.63b	245.68a	135.67a	113.01a	121.73a
	Y两优900	18.38b	202.51a	127.84a	88.06a	121.39a
	平均值	19.86	182.27	102.13	92.78	100.82

续表

处理	品种	分蘖期	拔节期	抽穗开花期	灌浆中期	成熟期
N390	两优培九	8.38b	109.78a	122.78b	51.72c	100.01b
	Y两优1号	16.54ab	172.56a	92.34b	60b	60.61c
	Y两优2号	23.46a	237.23b	179.79a	87.12a	129.84a
	Y两优900	7.08b	138.56b	202.95a	97.23a	119.17a
	平均值	13.87	164.54	149.47	74.02	102.41
N450	两优培九	14.38a	175.9b	88.84b	66.11b	82.00b
	Y两优1号	11.67a	201.62a	100.34ab	45.45c	81.00b
	Y两优2号	9.11a	170.29a	119.34ab	63.67b	128.06a
	Y两优900	13.54a	196.73a	152.01a	80.34a	120.56a
	平均值	12.17	186.13	115.13	63.89	102.91
F值	品种效应	1.83	2.19	8.43**	3.93*	12.33*
	氮肥效应	27.07**	9.66**	3.55**	3.09**	4.56**
	品种与氮肥互作效应	0.77	1.47	0.76	1.67	0.94

2. 不同产量潜力超级杂交稻根条数的影响

不同产量潜力超级杂交稻根条数的影响见表2-14。结果表明：拔节期、灌浆中期、成熟期呈先降低后升高的变化趋势，根条数最大的是两优培九、Y两优900，抽穗开花期随产量潜力提高，整体呈逐渐升高的趋势。随着施氮量的增加，各时期整体均呈先升高后降低的变化趋势。

表2-14 不同产量潜力超级杂交稻根条数

处理	品种	分蘖期	拔节期	抽穗开花期	灌浆中期	成熟期
N0	两优培九	68a	260ab	293ab	301a	320a
	Y两优1号	68a	211c	271b	270b	232b
	Y两优2号	74a	237bc	334a	271b	248b
	Y两优900	69a	284a	322a	314a	323a
	平均值	70	248	305	289	281
N150	两优培九	132a	253b	352bc	439a	431a
	Y两优1号	100b	294ab	337c	305c	272c
	Y两优2号	105b	245b	412ab	389ab	293c
	Y两优900	100b	337a	426a	367bc	318b
	平均值	109	282	382	375	328
N210	两优培九	174a	368a	353b	445a	437a
	Y两优1号	131b	309b	356b	321b	352bc
	Y两优2号	138b	337ab	447a	357b	318c
	Y两优900	137b	356a	411b	428a	386b
	平均值	145	342	392	388	373

续表

处理	品种	分蘖期	拔节期	抽穗开花期	灌浆中期	成熟期
N300	两优培九	152a	370a	487a	469a	403a
	Y两优1号	131b	282b	373b	411ab	384a
	Y两优2号	140b	336ab	324b	356b	322b
	Y两优900	152a	382a	405a	434a	359ab
	平均值	144	343	397	417	367
N390	两优培九	146a	304b	384c	430a	457a
	Y两优1号	130a	287b	382c	390b	344c
	Y两优2号	151a	362a	397b	383b	334c
	Y两优900	134a	355a	406a	439a	391b
	平均值	140	327	392	411	382
N450	两优培九	160a	348ab	378ab	426b	366a
	Y两优1号	134b	270b	363c	453ab	289b
	Y两优2号	135b	365a	402b	422b	308b
	Y两优900	136b	336ab	435a	437a	390a
	平均值	141	330	395	434	338
F值	品种效应	12.50**	12.29**	24.97**	16.40**	70.91**
	氮肥效应	79.19**	16.34**	28.84**	32.18**	31.55**
	品种与氮肥互作效应	1.79*	2.24*	4.67**	2.81**	4.32**

3. 不同产量潜力超级杂交稻根长的影响

不同施氮水平对不同产量潜力超级杂交稻根长的影响结果见图 2-7。结果表明，0～15 cm 根层 N0 条件下各品种间根长差异不显著，N150、N210、N300、N390 条件下三、四期超级杂交稻品种 Y 两优 2 号、Y 两优 900 根长要高于一、二期超级杂交稻品种；15～30 cm、30～45 cm 根层 N0 处理下表现为两优培九、Y 两优 900 根长较大，其余各氮肥处理下随着产量潜力的提高，根长整体呈逐渐升高的变化趋势，以 Y 两优 2 号、Y 两优 900 最大。灌浆中期 0～15 cm 根层各氮肥处理下各品种间表现规律不一致，15～30 cm、30～45 cm 根层在施氮条件下整体表现为 Y 两优 2 号、Y 两优 900 根长要高于两优培九、Y 两优 1 号；成熟期 0～15 cm 根层各品种间差异未达显著水平，15～30 cm、30～45 cm 根层各氮肥处理下，三、四期超级杂交稻品种根长要高于其余两个品种。

不同氮肥处理下，随着施氮量的增加，各时期各层根长呈先升高后降低的变化趋势，各时期 0～15 cm 根长均在 N210 达最大值，抽穗开花期（30～45 cm）、成熟期（15～30 cm、30～45 cm）根长在 N150 达最大值，抽穗开花期（15～30 cm）、灌浆中期（15～30 cm、30～45 cm）在 N300 达最大值，总体来看生育后期低氮水平根长要高于高氮水平。

随着生育进程，抽穗开花期至灌浆中期各层根长变化不大，灌浆中期至成熟期 0～15 cm 根长快速下降，30～45 cm 根长则呈逐渐增加的趋势。

4. 不同产量潜力超级杂交稻根表面积的影响

图 2-7 结果表明：抽穗开花期不同品种间 15～30 cm、30～45 cm 根层的根表面积方差分析达到了极显著差异。各氮肥处理下随着产量潜力的提高，根表面积整体呈逐渐升高的变化趋势（N0 处理除外），以 Y 两优 2 号、Y 两优 900 最大。灌浆中期不同品种间各层次根表面积方差分析达到了极显著差异，0～15 cm 根层整体以 Y 两优 900、Y 两优 1 号根表面积最大，15～30 cm、30～45 cm 根层在施氮条件下整体表现为 Y 两优 2 号、Y 两优 900 根表面积要高于两优培九、Y 两优 1 号；成熟期 0～15 cm 根层各品种间差异未达显著水平，15～30 cm、30～45 cm 根层各氮肥处理下，Y 两优 2 号、Y 两优 900 根表面积要高于其余两个品种。

不同氮肥处理下，随着施氮量的增加，各时期各根层根表面积呈先升高后降低的变化趋势，各时期 0～15 cm 根表面积均在 N210 达最大值，抽穗开花期、成熟期（30～45 cm）根表面积在 N150 达最大值，抽穗开花期（15～30 cm）、灌浆中期（15～30 cm、30～45 cm）在 N300 达最大值，成熟期（15～30 cm）在 N390 达最大值。

随着生育进程，抽穗开花期至灌浆中期各根层的根表面积变化不大，灌浆中期至成熟期 0～15 cm 根表面积快速下降，30～45 cm 根表面积则呈逐渐增加的趋势。

5. 不同产量潜力超级杂交稻根体积的影响

由图 2-7 可知：抽穗开花期不同品种间各根层的根体积方差分析达到了极显著差异，0～15 cm 根层整体以 Y 两优 900 根体积最大，其次是 Y 两优 1 号、Y 两优 2 号，两优培九最小（N0 处理除外）；15～30 cm、30～45 cm 根体积随着产量潜力的提高，呈逐渐升高的变化趋势（N0 处理除外），以 Y 两优 2 号、Y 两优 900 最大。灌浆中期 0～15 cm 根层整体以 Y 两优 900、Y 两优 1 号根体积最大，15～30 cm、30～45 cm 根层在施氮条件下整体表现为 Y 两优 2 号、Y 两优 900 根体积要高于两优培九、Y 两优 1 号；成熟期 0～15 cm 根层各品种间差异未达显著水平，15～30 cm、30～45 cm 根层在施氮条件下，Y 两优 2 号、Y 两优 900 根体积要高于其余两个品种。

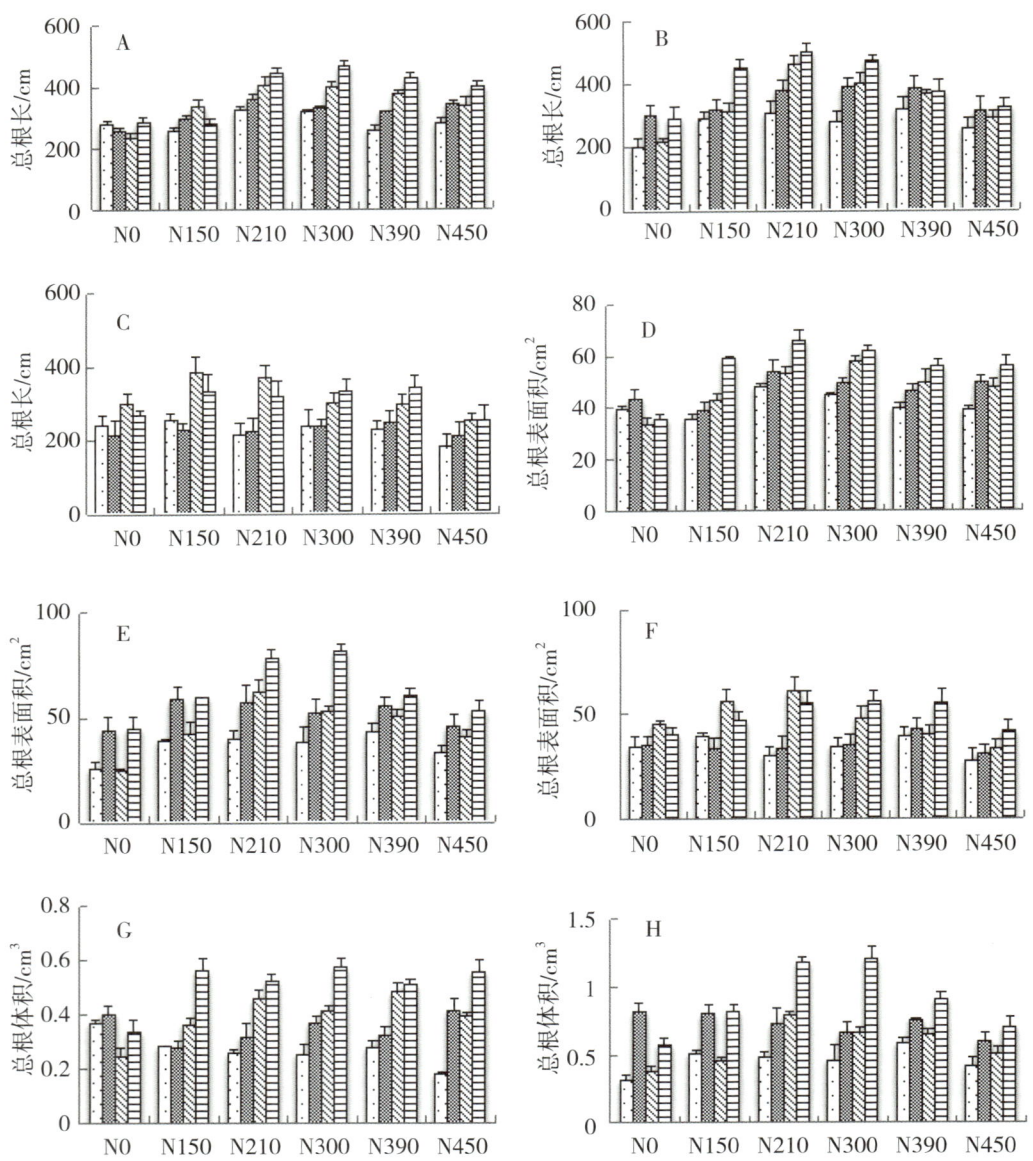

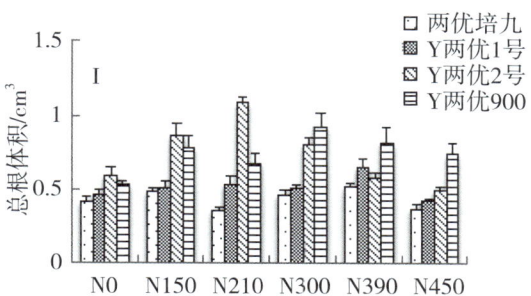

A：抽穗开花期总根长；B：灌浆中期总根长；C：成熟期总根长；D：抽穗开花期总根表面积；E：灌浆中期总根表面积；F：成熟期总根表面积；G：抽穗开花期总根体积；H：灌浆中期总根体积；I：成熟期总根体积。

图 2-7 超级杂交稻总根长、总根表面积、总根体积

二、不同产量潜力超级杂交稻超高产根源特点及其耕层调控

为明确超级杂交稻持续增产的根源质量特性，采用深耕（25~30 cm）和浅耕（10~15 cm）两种耕作措施，选用第一期到第五期的超级杂交稻的代表性品种两优培九、Y两优1号、Y两优2号、Y两优900以及湘两优900为材料，研究其根源构型差异，以期为大面积均衡高产栽培和超级稻育种实践提供理论依据。

1. 深浅耕处理下五期超级杂交稻抽穗开花期根系指标的变化

（1）深浅耕处理对五期超级杂交稻抽穗开花期根长的影响

深浅耕处理下五期超级稻品种的根长变化结果表明（图2-8），随着超级稻品

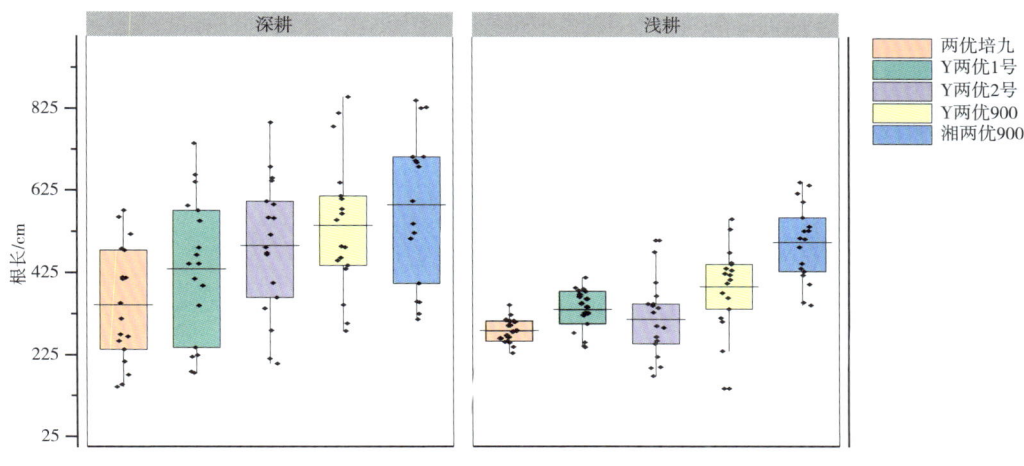

图 2-8 深浅耕处理下五期超级稻品种的根长变化

种的更替，根长表现为逐渐升高的趋势。深耕在各品种处理下的根长指标均高于浅耕。在深耕措施下，随着品种的更新根长逐步升高，湘两优900最为明显。在浅耕耕作措施下，根长随品种更替逐步升高。

（2）深浅耕处理对五期超级杂交稻抽穗开花期根投影面积的影响

深浅耕处理下五期超级稻品种的根投影面积变化结果见图2-9。结果表明，随着超级稻品种的更替根投影面积表现为逐渐升高的趋势。深耕在各品种处理下的根投影面积指标均高于浅耕。在深耕措施下，随着品种的更新根投影面积逐步升高，湘两优900最为明显。在浅耕耕作措施下，根投影面积随品种更替逐步升高。

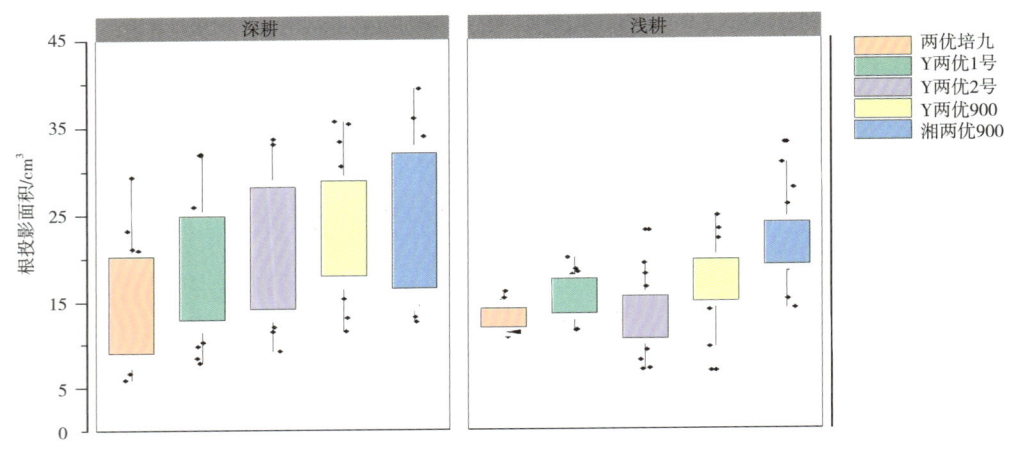

图2-9 深浅耕处理下五期超级稻品种的根投影面积变化

（3）深浅耕处理对五期超级杂交稻抽穗开花期根表面积的影响

深浅耕处理下五期超级稻品种的根表面积变化见图2-10。结果表明，随着超级稻品种的更替根表面积表现为逐渐升高的趋势。深耕在各品种处理下的根表面积指标均高于浅耕。在深耕措施下，随着品种的更新根表面积逐步升高，湘两优900最为明显。在浅耕耕作措施下，根表面积随品种更替逐步升高。

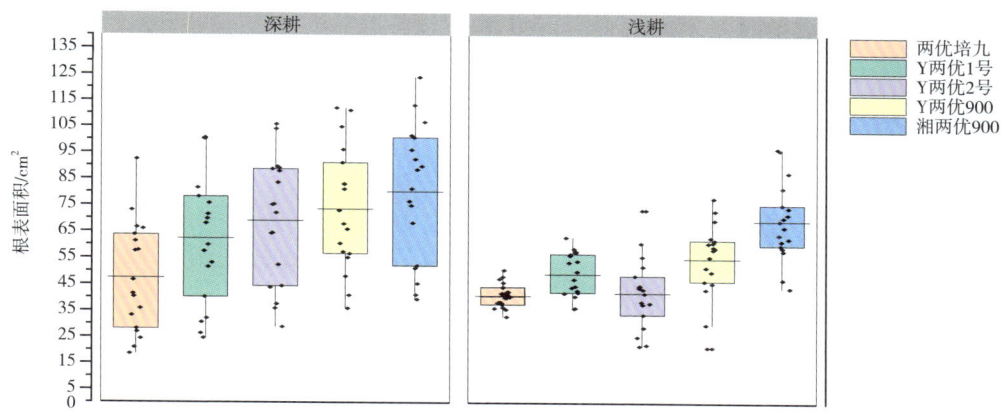

图 2-10　深浅耕处理下五期超级稻品种的根表面积变化

（4）深浅耕处理对五期超级杂交稻抽穗开花期根体积的影响

深浅耕处理下五期超级稻品种的根体积变化见图 2-11。结果表明，随着超级稻品种的更替根体积表现为逐渐升高的趋势。深耕在各品种处理下的根体积指标均高于浅耕。在深耕措施下，随着品种的更新根体积逐步升高，湘两优 900 最为明显。在浅耕耕作措施下，根体积随品种更替逐步升高。

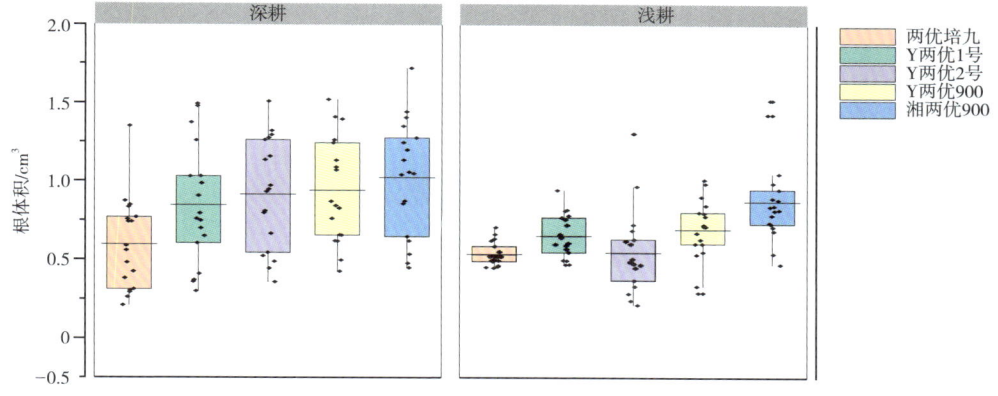

图 2-11　深浅耕处理下五期超级稻品种的根体积变化

5. 深浅耕处理对五期超级杂交稻抽穗开花期根平均直径的影响

深浅耕处理下五期超级稻品种的根平均直径变化见图 2-12。结果表明，随着超级稻品种的更替根平均直径未有明显变化趋势。深耕在各品种处理下的根平均直径指标均高于浅耕。在深耕措施下，随着品种的更新根平均直径呈现先升高后降低的趋势，其中 Y 两优 2 号达到较大值。

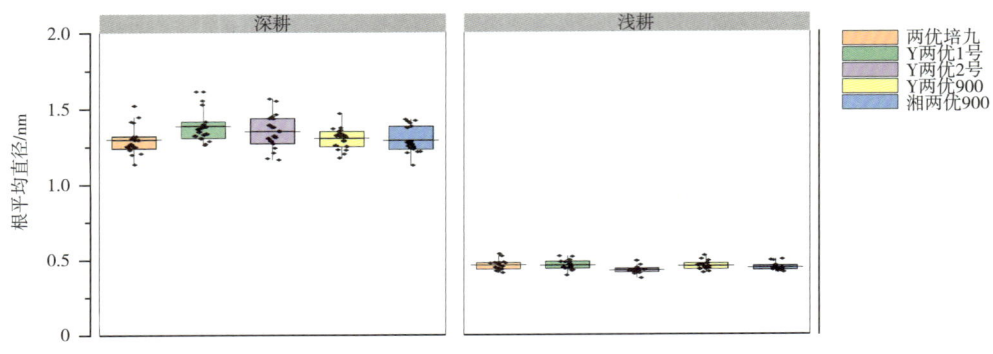

图 2-12 深浅耕处理下五期超级稻品种的根平均直径变化

6. 深浅耕处理对五期超级杂交稻抽穗开花期根条数的影响

深浅耕处理下五期超级稻品种的根条数变化结果见图 2-13。结果表明，随着超级稻品种的更替根条数表现为逐渐升高的趋势。深耕在各品种处理下的根条数指标均高于浅耕，深浅耕趋势一致。在深耕措施下，随着品种的更新根条数逐步升高，在湘两优 900 达到最大值。在浅耕耕作措施下，根条数随品种更替逐步升高。

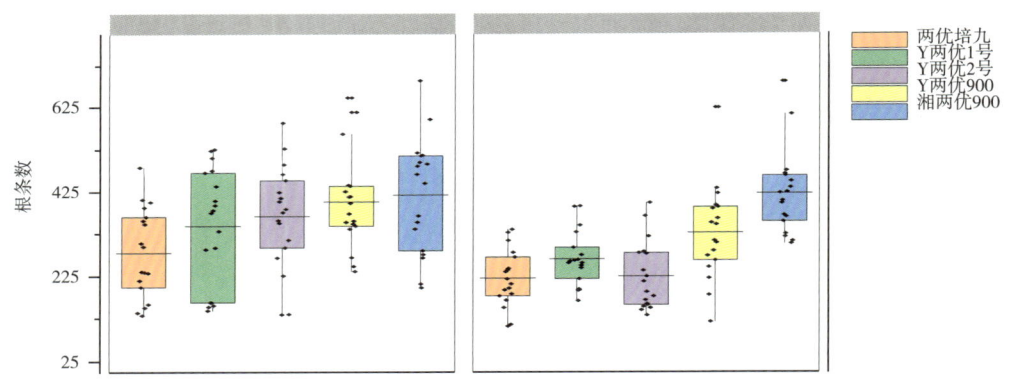

图 2-13 深浅耕处理下五期超级稻品种的根条数变化

三、深浅耕处理下不同施氮量对五期超级杂交稻抽穗开花期根系形态的影响

1. 深浅耕处理对超级杂交稻抽穗开花期根长的影响

（1）深浅耕处理下不同施氮量对五期超级稻抽穗开花期根长的影响

深浅耕处理下不同施氮量对五期超级稻抽穗开花期根长的影响结果见图 2-14。结果表明，各品种的根长表现为随着施氮量的增加逐渐增长之后再逐步降低的规律，深耕根长指标整体高于浅耕，深浅耕趋势基本一致。在深耕措施下，在抽穗开

花期各品种的根长在施氮量 N14 下达到最高，之后开始降低。其中湘两优 900 的根长在不同施氮量皆高于其他品种，各品种根长在 N14 条件下从高到低依次为湘两优 900＞Y 两优 900＞Y 两优 2 号＞Y 两优 1 号＞两优培九。在浅耕耕作措施下，五个品种的根长随施氮量增加逐步升高，在 N14 达到最高后慢慢降低。抽穗开花期各品种根长从高到低依次为湘两优 900＞Y 两优 900＞Y 两优 2 号＞Y 两优 1 号＞两优培九。

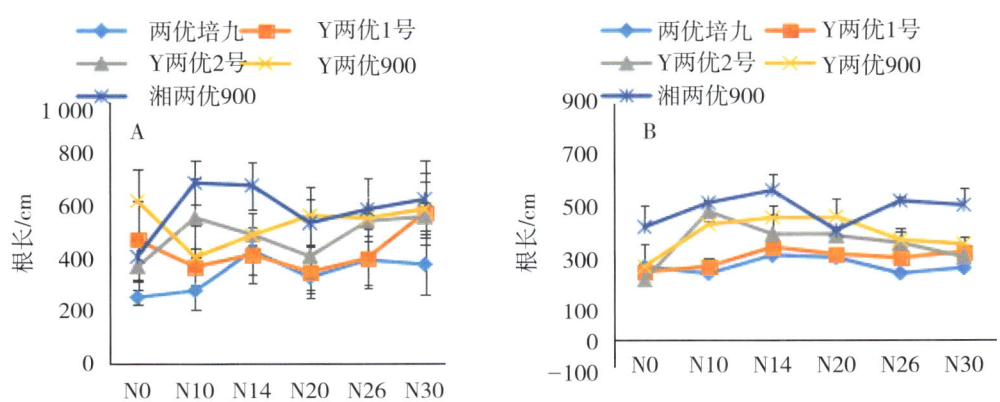

图 2-14 深浅耕处理下五期超级稻抽穗开花期各施氮量根长对比（A、B 分别是深耕和浅耕，下同）

（2）深浅耕处理下不同施氮量对五期超级稻抽穗开花期不同土层根长的影响

深浅耕处理在不同施氮量对五期超级稻抽穗开花期不同土层根长的影响见图 2-15。结果表明，在抽穗开花期，随着产量潜力的增加根长呈逐步升高的趋势；五期超级稻品种的根长指标在不同施氮量下深耕均高于浅耕。三个土层中，根长在 0～15 cm 土层占比最高，占根长总量的 55%。深耕的根长高于浅耕主要在中下土层中（15～30 cm 和 30～45 cm）的根长增加，说明深耕有利于根系生长。在深耕耕作措施下，抽穗开花期各品种的根长从高到低依次为湘两优 900＞Y 两优 2 号＞Y 两优 900＞Y 两优 1 号＞两优培九。五个品种的根长在各土层中主要分布在 0～15 cm 深度，各土层中的根长占比呈现 0～15 cm＞15～30 cm＞30～45 cm 的情况。在土层 15～30 cm 和 30～45 cm 中 Y 两优 900 和湘两优 900 的根长指标明显高于前三期超级稻品种。随着五期品种产量潜力的提升，五个品种的根长整体上呈现逐渐增加的趋势。

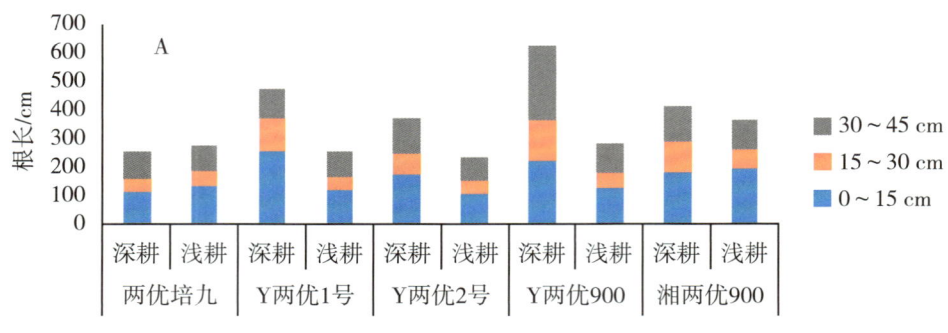
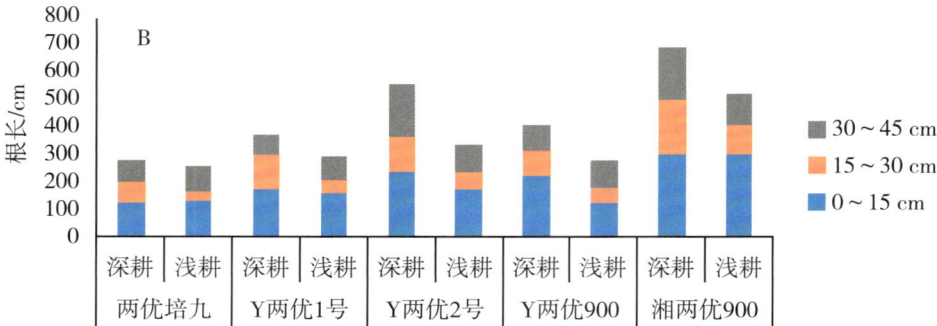
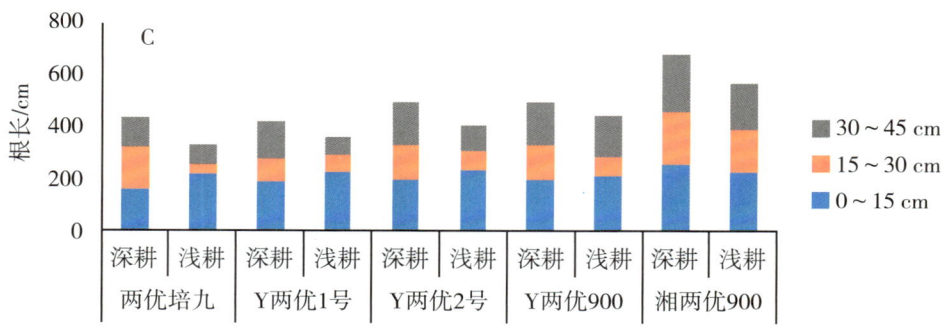
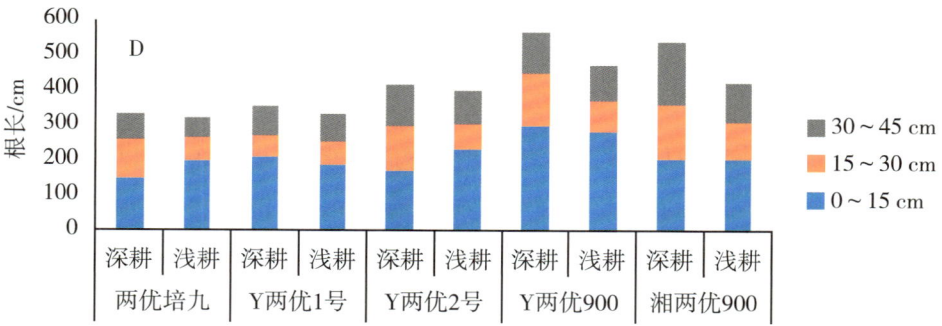

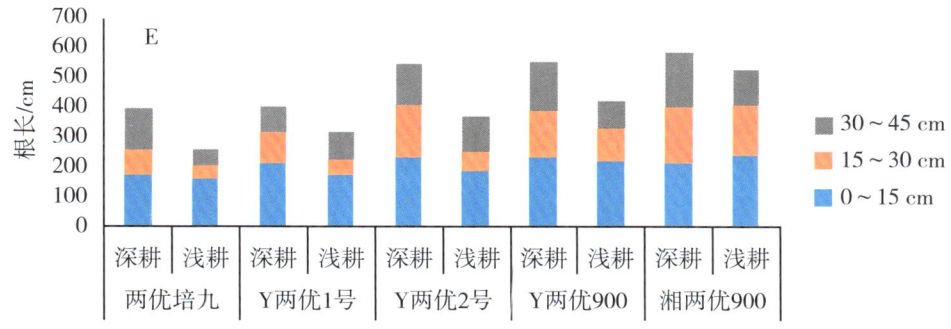

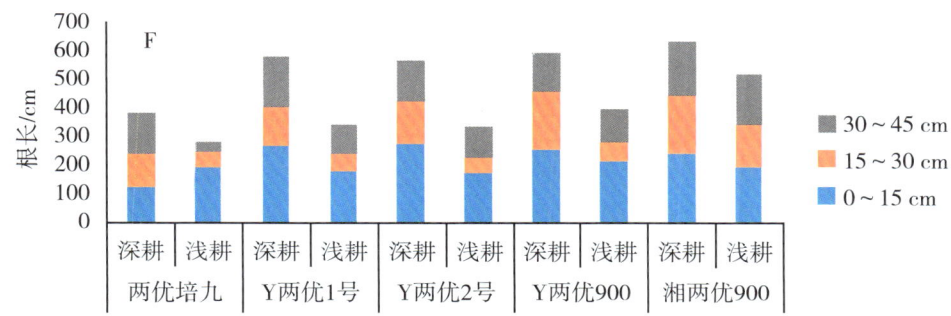

不同氮肥处理。A：N0—0 kg/hm²；B：N10—150 kg/hm²；C：N14—210 kg/hm²；D：N20—300 kg/hm²；E：N26—390 kg/hm²；F：N30—450 kg/hm²。

图 2-15 深浅耕处理下施氮量对五期超级杂交稻抽穗开花期各土层根长的影响

2. 深浅耕处理对超级杂交稻抽穗开花期根投影面积的影响

（1）深浅耕处理下不同施氮量对五期超级稻抽穗开花期根投影面积的影响

深浅耕处理下不同施氮量对五期超级稻抽穗开花期根投影面积的影响见图2-16。结果表明，各品种的根投影面积表现为随着施氮量的增加逐渐增长之后再逐步降低的规律，深耕根投影面积指标整体高于浅耕，深浅耕趋势基本一致。在深耕措施下，在抽穗开花期各品种的根投影面积在施氮量 N14 下达到最高，之后开始降低。其中湘两优 900 的根投影面积在不同施氮量皆高于其他品种，各品种根投影面积在 N14 条件下从高到低依次为湘两优 900＞Y 两优 900＞Y 两优 2 号＞Y 两优 1 号＞两优培九。在浅耕耕作措施下，五个品种的根投影面积随施氮量增加逐步升高，在 N14 达到最高之后慢慢降低。抽穗开花期各品种根投影面积从高到低依次为湘两优 900＞Y 两优 900＞Y 两优 2 号＞Y 两优 1 号＞两优培九。

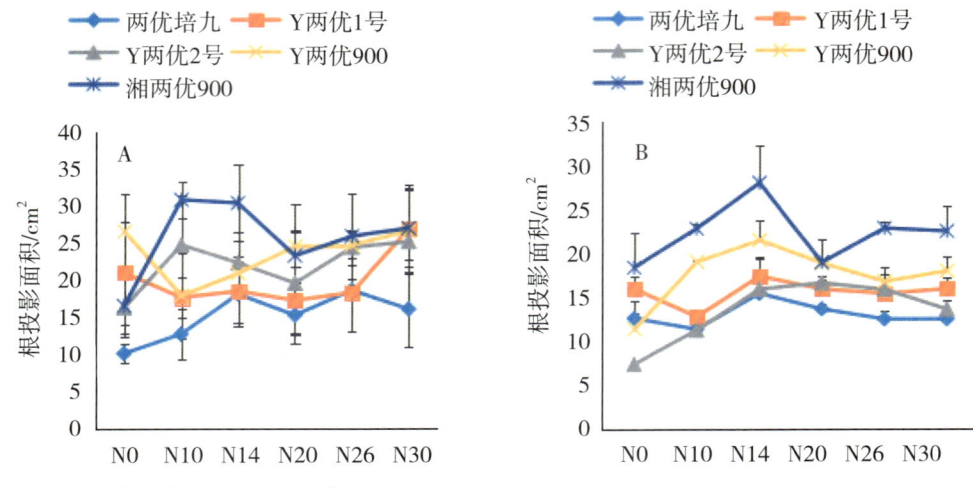

注：A 为深耕处理，B 为浅耕处理。
图 2-16　深浅耕处理下五期杂交稻抽穗开花期各施氮量根投影面积对比

（2）深浅耕处理下不同施氮量对五期超级稻抽穗开花期不同土层根投影面积的影响

从图 2-17 可以看出，在抽穗开花期，随着产量潜力的增加根投影面积呈逐步升高的趋势；五期超级稻品种的根投影面积指标在不同施氮量下深耕均高于浅耕。三个土层中，根投影面积在 0～15 cm 土层占比最高，占根投影面积总量的 55%。深耕的根投影面积高于浅耕主要在中下土层中（15～30 cm 和 30～45 cm）的根投影面积增加。在深耕耕作措施下，抽穗开花期各品种的根投影面积从高到低依次为湘两优 900＞Y 两优 2 号＞Y 两优 900＞Y 两优 1 号＞两优培九。五个品种的根投影面积在各土层中主要分布在 0～15 cm 深度，各土层中的根投影面积占比呈现 0～15 cm＞15～30 cm＞30～45 cm 的情况。在土层 15～30 cm 和 30～45 cm 中，Y 两优 900 和湘两优 900 的根投影面积指标明显高于前三期超级稻品种。随着五期品种产量潜力的提升，五个品种的根投影面积整体上呈现逐渐增加的趋势。

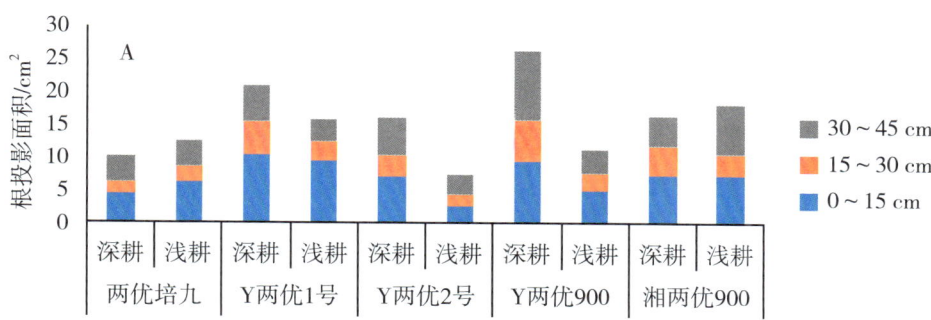
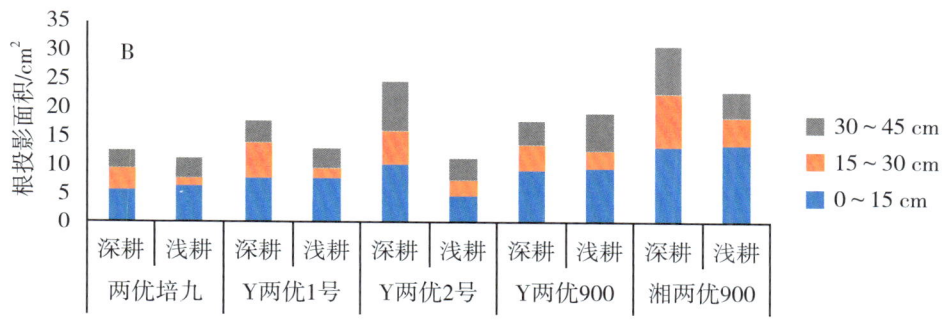
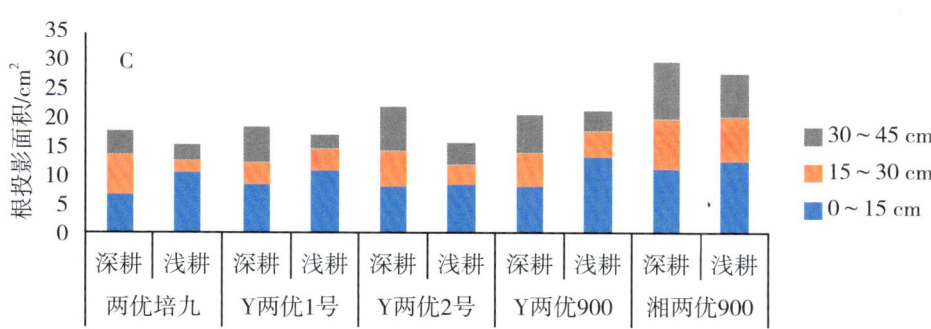
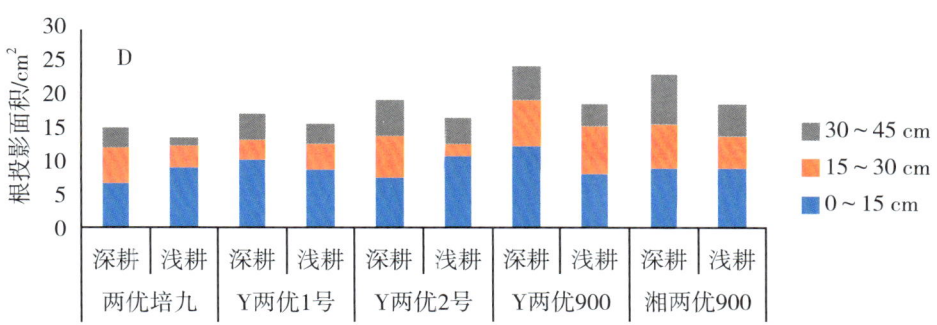

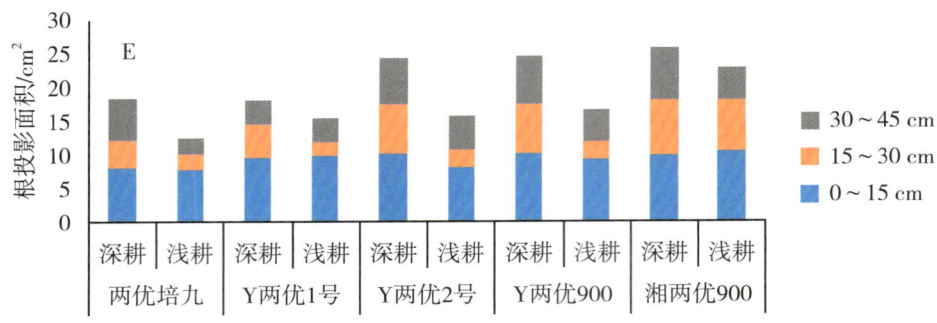

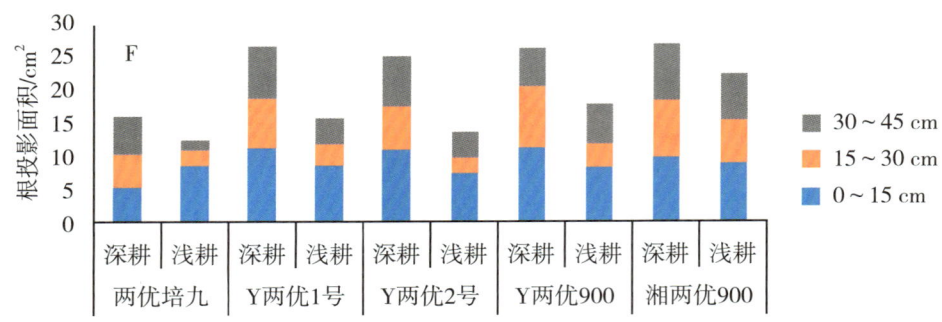

不同氮肥处理，A：N0—0 kg/hm²；B：N10—150 kg/hm²；C：N14—210 kg/hm²；D：N20—300 kg/hm²；E：N26—390 kg/hm²；F：N30—450 kg/hm²。

图 2-17 深浅耕处理下施氮量对五期超级杂交稻抽穗开花期各土层根投影面积的影响

3. 深浅耕处理对超级杂交稻抽穗开花期根表面积的影响

（1）深浅耕处理下不同施氮量对五期超级稻抽穗开花期根表面积的影响

深浅耕处理下不同施氮量对五期超级稻抽穗开花期根表面积的影响结果见图2-18。结果表明，各品种的根表面积表现为随着施氮量的增加逐渐增长之后再逐步降低的规律，深耕根表面积指标整体高于浅耕，深浅耕趋势基本一致。

在深耕措施下，在抽穗开花期各品种的根表面积在施氮量N14下达到最高，之后开始降低。其中湘两优900的根表面积在不同施氮量皆高于其他品种，各品种根表面积在N14条件下从高到低依次为湘两优900＞Y两优900＞Y两优2号＞Y两优1号＞两优培九。在浅耕耕作措施下，五个品种的根表面积随施氮量增加逐步升高，在N14达到最高后再慢慢降低。抽穗开花期各品种根表面积从高到低依次为湘两优900＞Y两优900＞Y两优2号＞Y两优1号＞两优培九。

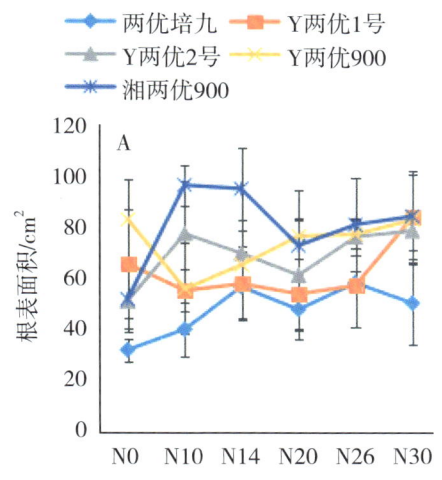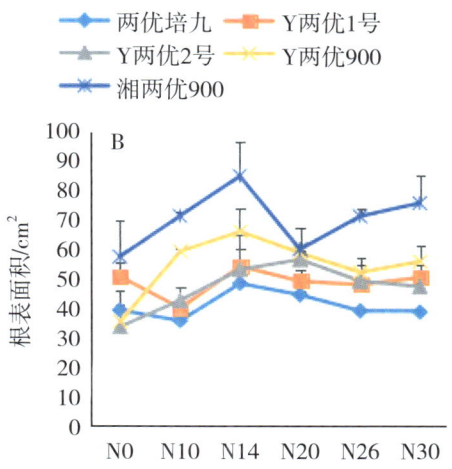

注：A为深耕处理，B为浅耕处理。

图2-18 深浅耕处理下五期杂交稻抽穗开花期各施氮量根表面积对比

（2）深浅耕处理下不同施氮量对五期超级稻抽穗开花期不同土层根表面积的影响

从图2-19可以看出，在抽穗开花期，随着产量潜力的增加根表面积呈逐步升高的趋势；五期超级稻品种的根表面积指标在不同施氮量下深耕均高于浅耕。三个土层中，根表面积在0～15 cm土层占比最高，占根表面积总量的55%。深耕的根表面积高于浅耕主要在中下土层中（15～30 cm和30～45 cm）的根表面积增加。在深耕耕作措施下，抽穗开花期各品种的根表面积从高到低依次为湘两优900＞Y两优2号＞Y两优900＞Y两优1号＞两优培九。五个品种的根表面积在各土层中主要分布在0～15 cm深度，各土层中的根表面积占比呈现0～15 cm＞15～30 cm＞30～45 cm的情况。在土层15～30 cm和30～45 cm中Y两优900和湘两优900的根表面积指标明显高于前三期超级稻品种。随着五期品种产量潜力的提升，五个品种的根表面积整体上呈现逐渐增加的趋势。

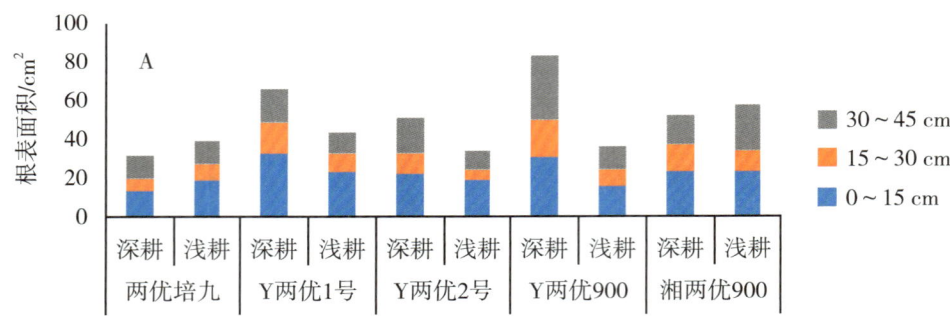
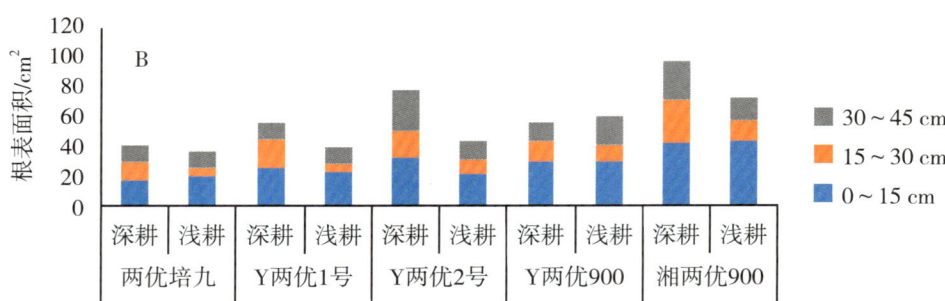
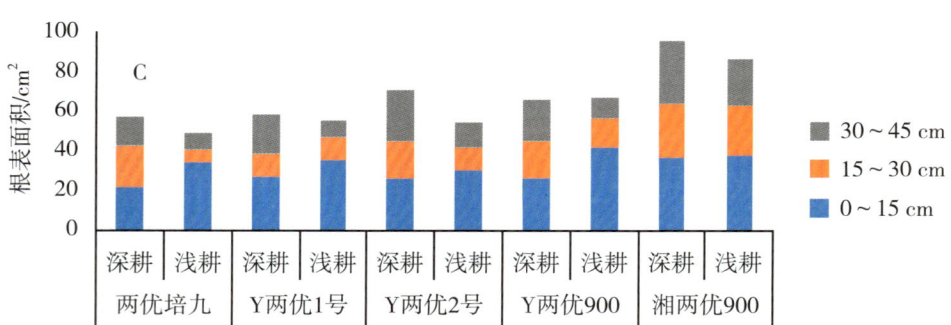
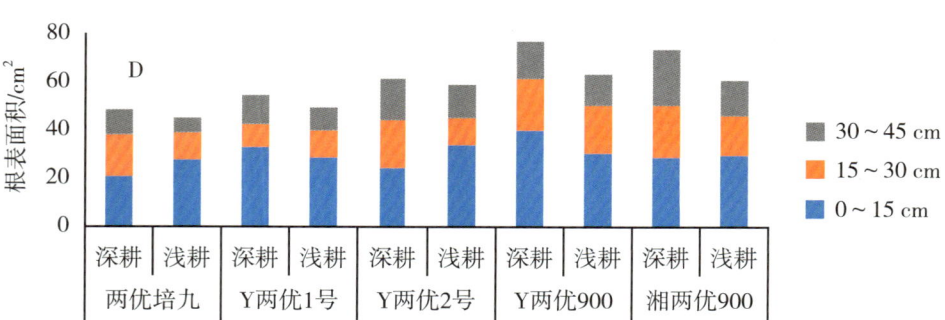

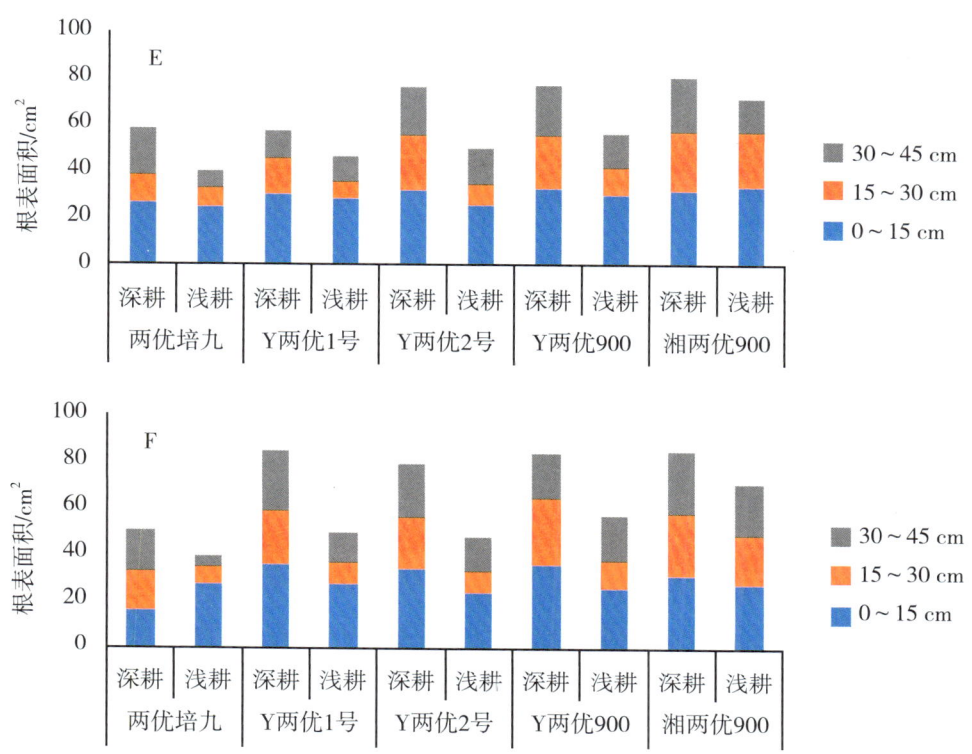

不同氮肥处理。A: N0— 0 kg/hm²; B: N10—150 kg/hm²; C: N14—210 kg/hm²; D: N20—300 kg/hm²; E: N26—390 kg/hm²; F: N30—450 kg/hm²。

图 2-19 深浅耕处理下施氮量对五期超级杂交稻抽穗开花期各土层根表面积的影响

4. 深浅耕处理对超级杂交稻抽穗开花期根体积的影响

（1）深浅耕处理下不同施氮量对五期超级稻抽穗开花期根体积的影响

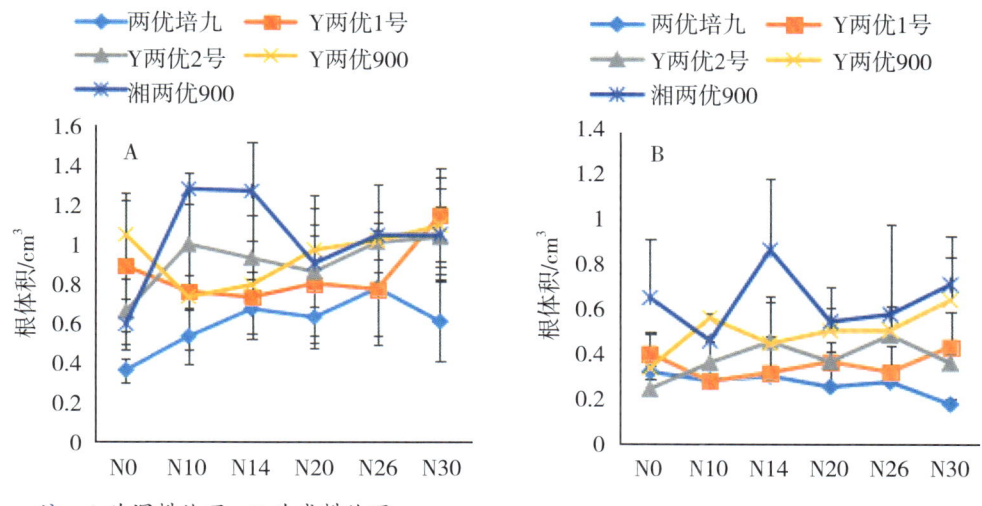

注: A 为深耕处理, B 为浅耕处理。

图 2-20 深浅耕处理下五期杂交稻抽穗开花期各施氮量根体积对比

深浅耕处理下五期杂交稻抽穗开花期各施氮量根体积对比结果见图2-20。结果表明，各品种的根体积表现为随着施氮量的增加逐渐增长之后再逐步降低的规律，深耕根体积指标整体高于浅耕，深浅耕趋势基本一致。在深耕措施下，在抽穗开花期各品种的根体积在施氮量N14下达到最高，之后开始降低。其中湘两优900的根体积在不同施氮量皆高于其他品种，各品种根体积在N14条件下从高到低依次为湘两优900＞Y两优900＞Y两优2号＞Y两优1号＞两优培九。在浅耕耕作措施下，五个品种的根体积随施氮量增加逐步升高，在N14达到最高后再慢慢降低。抽穗开花期各品种根体积从高到低依次为湘两优900＞Y两优900＞Y两优2号＞Y两优1号＞两优培九。

（2）深浅耕处理下不同施氮量对五期超级稻抽穗开花期不同土层根体积的影响

深浅耕处理下施氮量对五期超级杂交稻抽穗开花期各土层根体积的影响见图2-21。结果表明，在抽穗开花期，随着产量潜力的增加根体积呈逐步升高的趋势；五期超级稻品种的根体积指标在不同施氮量下深耕均高于浅耕。三个土层中，根体积在0～15 cm土层占比最高，占根体积总量的55%。深耕的根体积高于浅耕主要在中下土层中（15～30 cm和30～45 cm）的根体积增加。在深耕耕作措施下，抽穗开花期各品种的根体积从高到低依次为湘两优900＞Y两优2号＞Y两优900＞Y两优1号＞两优培九。五个品种的根体积在各土层中主要分布在0～15 cm深度，各土层中的根体积占比呈现0～15 cm＞15～30 cm＞30～45 cm的情况。在土层15～30 cm和30～45 cm中Y两优900和湘两优900的根体积指标明显高于前三期超级稻品种。随着五期品种产量潜力的提升，五个品种的根体积整体上呈现逐渐增加的趋势。

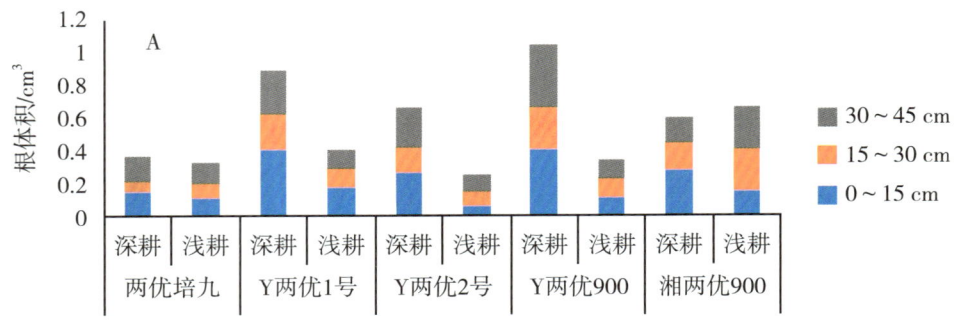

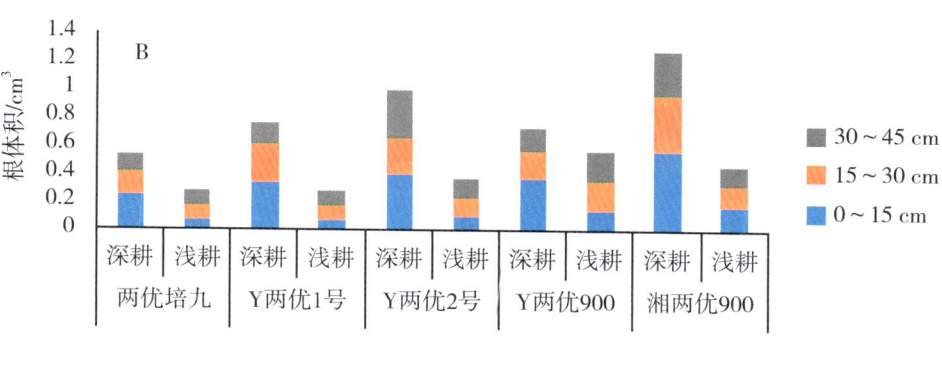
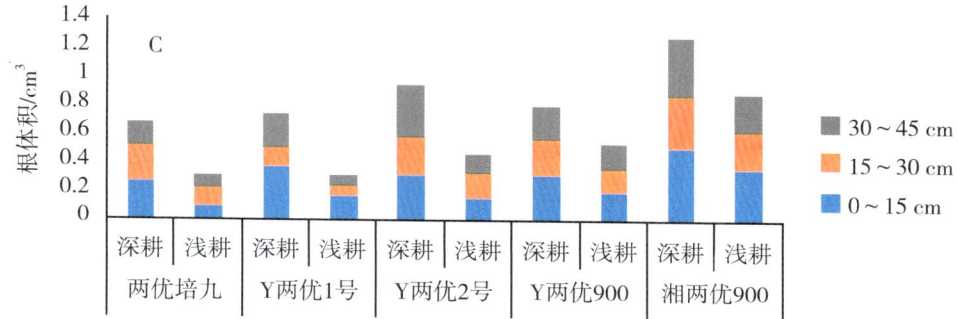
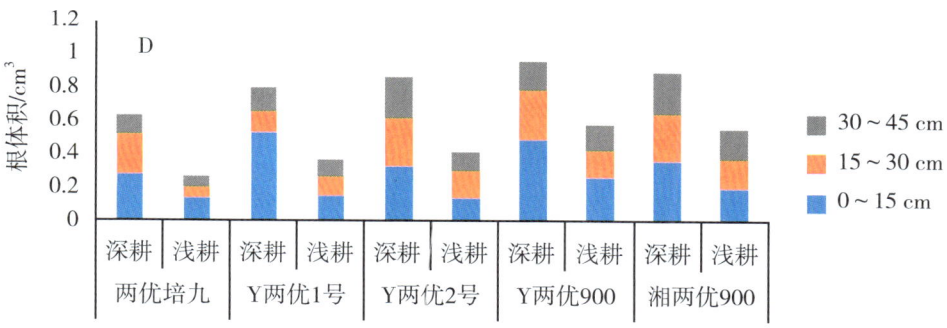
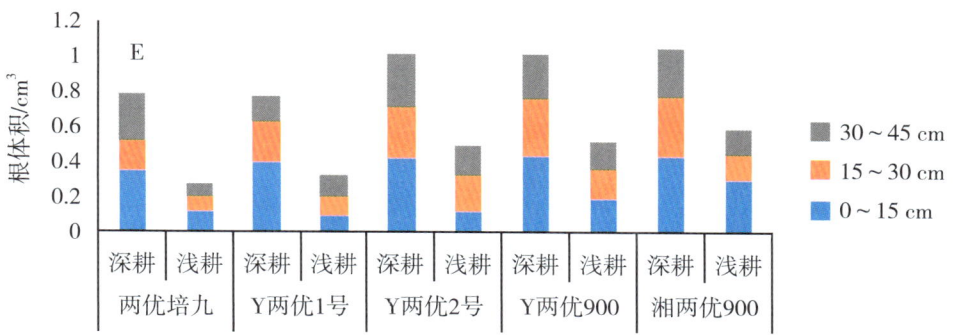

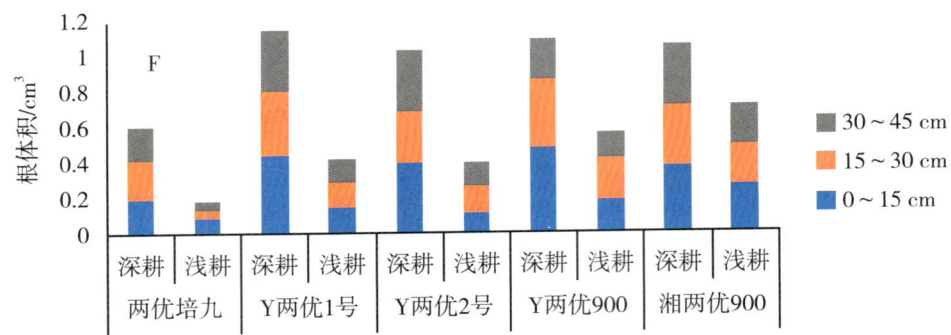

不同氮肥处理。A：N0—0 kg/hm²；B：N10—150 kg/hm²；C：N14—210 kg/hm²；D：N20—300 kg/hm²；E：N26—390 kg/hm²；F：N30—450 kg/hm²。

图 2-21 深浅耕处理下施氮量对五期超级杂交稻抽穗开花期各土层根体积的影响

5. 深浅耕处理对超级杂交稻抽穗开花期根平均直径的影响

（1）深浅耕处理下不同施氮量对五期超级稻抽穗开花期根平均直径的影响

从图 2-22 可知，各品种的根平均直径表现为随着施氮量的增加并无明显趋势，深耕根平均直径指标整体高于浅耕。在深耕措施下，在抽穗开花期各品种的根平均直径在施氮量 N10 和 N20 下达到较高。其中 Y 两优 1 号的根平均直径在不同施氮量皆高于其他品种。在浅耕耕作措施下，五个品种的根平均直径随施氮量增加逐步升高，在 N14 达到最高后再慢慢降低，N14 施氮量下各品种平均直径从高到低依次为湘两优 900＞Y 两优 900＞Y 两优 2 号＞Y 两优 1 号＞两优培九。

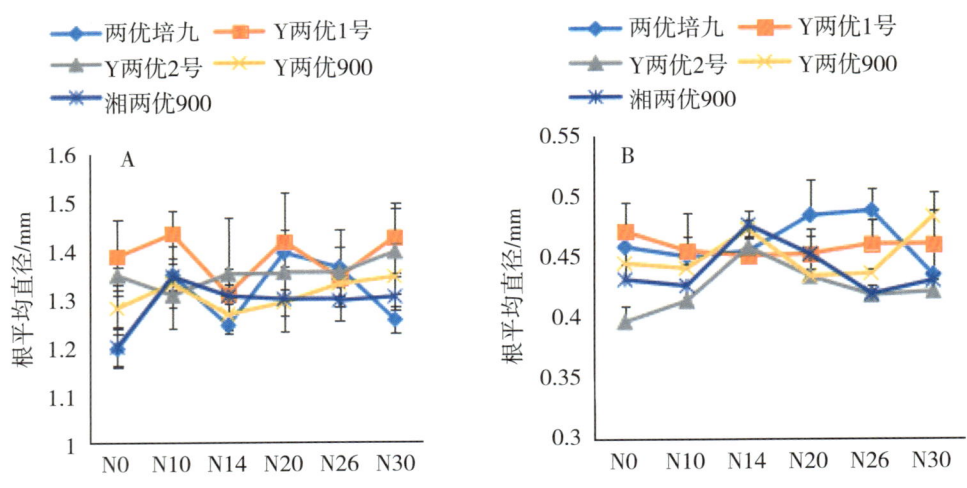

注：A 为深耕处理，B 为浅耕处理。

图 2-22 深浅耕处理下五期杂交稻抽穗开花期各施氮量根平均直径对比

（2）深浅耕处理下不同施氮量对五期超级稻抽穗开花期不同土层根平均直径的影响

深浅耕处理下施氮量对五期超级杂交稻抽穗开花期各土层根平均直径的影响结果见图2-23。结果表明，在抽穗开花期，随着产量潜力的增加根平均直径呈逐步升高的趋势；五期超级稻品种的根平均直径指标在不同施氮量下深耕均高于浅耕。三个土层中，根平均直径在0～15 cm土层占比最高，占根体积总量的55%。深耕的根平均直径高于浅耕主要在中下土层中（15～30 cm和30～45 cm）的根平均直径增加。

在深耕耕作措施下，抽穗开花期各品种的根平均直径从高到低依次为湘两优900＞Y两优2号＞Y两优900＞Y两优1号＞两优培九。五个品种的根平均直径在各土层中主要分布在0～15 cm深度，各土层中的根平均直径占比呈现0～15 cm＞15～30 cm＞30～45 cm的情况。在土层15～30 cm和30～45 cm中Y两优900和湘两优900的根平均直径指标明显高于前三期超级稻品种。随着五期品种产量潜力的提升，五个品种的根平均直径整体上呈现逐渐增加的趋势。浅耕趋势与深耕基本一致。在浅耕耕作措施下，在分蘖盛期各品种的根平均直径从高到低依次为Y两优900＞Y两优2号＞湘两优900＞Y两优1号＞两优培九，五个品种的根平均直径整体上呈现从苗期到分蘖盛期逐步升高的趋势，在分蘖盛期或拔节期达到最高，拔节期之后快速降低趋于稳定。在分蘖盛期Y两优2号根平均直径最高，其次为Y两优900。

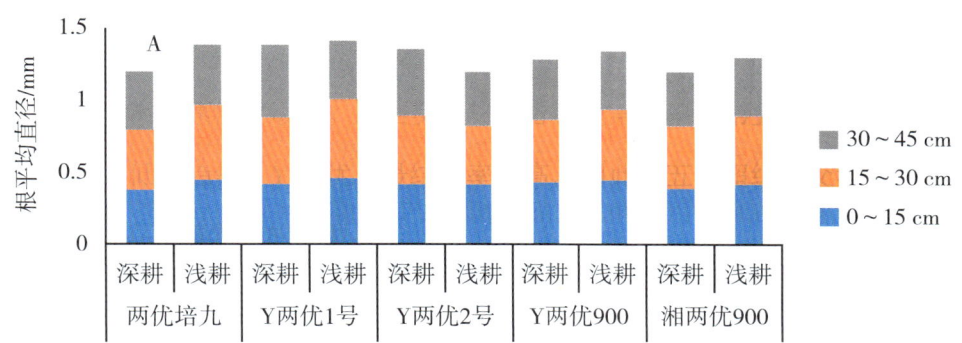

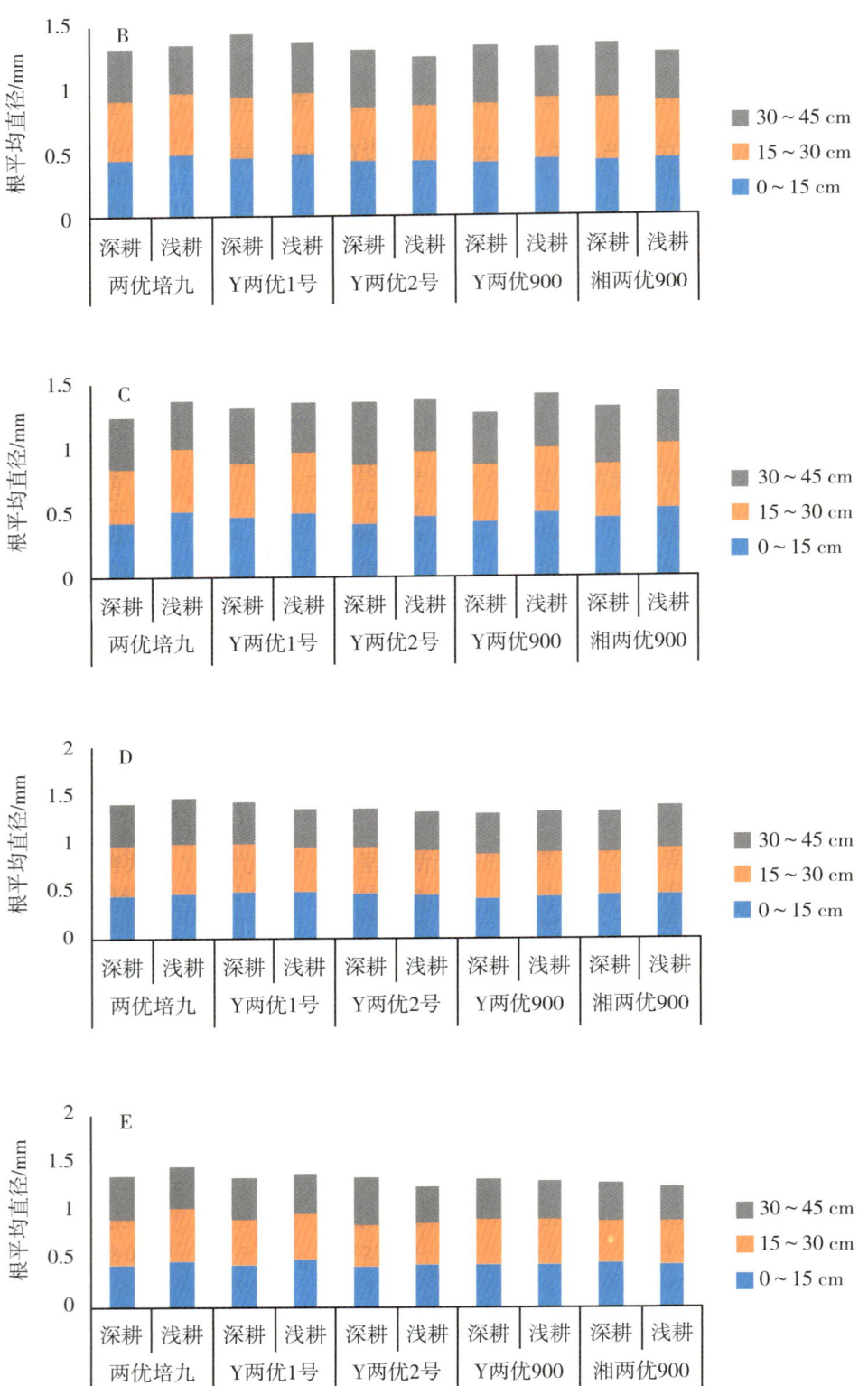

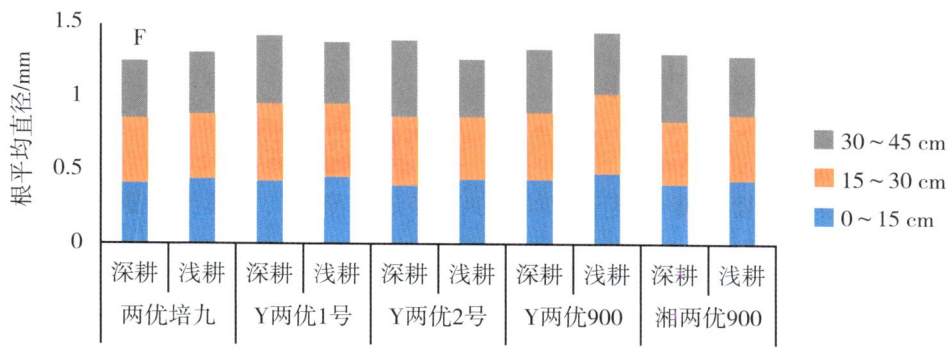

不同氮肥处理。A：N0—0 kg/hm²；B：N10—150 kg/hm²；C：N14—210 kg/hm²；D：N20—300 kg/hm²；E：N26—390 kg/hm²；F：N30—450 kg/hm²。

图 2-23　深浅耕处理下施氮量对五期超级杂交稻抽穗开花期各土层根平均直径的影响

6. 深浅耕处理对超级杂交稻抽穗开花期根条数的影响

（1）深浅耕处理下不同施氮量对五期超级稻抽穗开花期根条数的影响

从图 2-24 可以看出，各品种的根条数表现为随着施氮量的增加逐渐增长之后再逐步降低的规律，深耕根条数指标整体高于浅耕，深浅耕趋势基本一致。在深耕措施下，在抽穗开花期各品种的根条数在施氮量 N10 下达到最高，之后开始降低。其中湘两优 900 的根条数在不同施氮量下皆高于其他品种，各品种根条数在 N10 条件下从高到低依次为湘两优 900＞Y 两优 2 号＞Y 两优 900＞Y 两优 1 号＞两优培九。在浅耕耕作措施下，五个品种的根条数随施氮量增加逐步升高，在 N14 达到最高后再慢慢降低。抽穗开花期各品种根条数从高到低依次为湘两优 900＞Y 两优

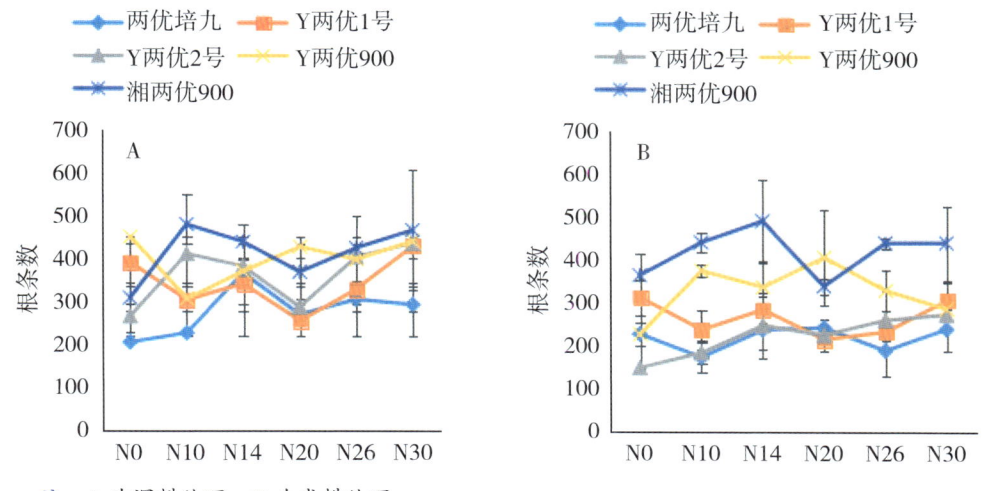

注：A 为深耕处理，B 为浅耕处理。

图 2-24　深浅耕处理下五期杂交稻抽穗开花期各施氮量根条数对比

900＞Y两优2号＞Y两优1号＞两优培九。

（2）深浅耕处理下不同施氮量对五期超级稻抽穗开花期不同土层根条数的影响

从图2-25可以看出，在抽穗开花期，随着产量潜力的增加根条数呈逐步升高的趋势；五期超级稻品种的根条数指标在不同施氮量下深耕均高于浅耕。三个土层中，根条数在0~15 cm土层占比最高，占根条数总量的55%。深耕的根条数高于浅耕主要在中下土层中（15~30 cm和30~45 cm）的根条数增加。

在深耕耕作措施下，抽穗开花期各品种的根条数从高到低依次为湘两优900＞Y两优2号＞Y两优900＞Y两优1号＞两优培九。五个品种的根条数在各土层中主要分布在0~15 cm深度，各土层中的根条数占比呈现0~15 cm＞15~30 cm＞30~45 cm的情况。在土层15~30 cm和30~45 cm中Y两优900和湘两优900的根条数指标明显高于前三期超级稻品种。随着五期品种产量潜力的提升，五个品种的根条数整体上呈现逐渐增加的趋势。

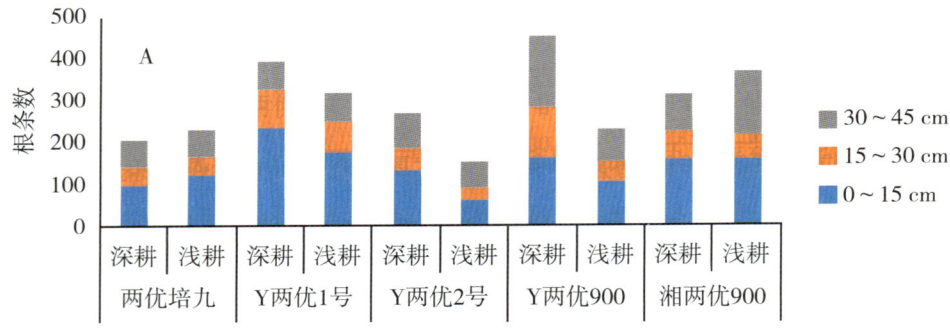

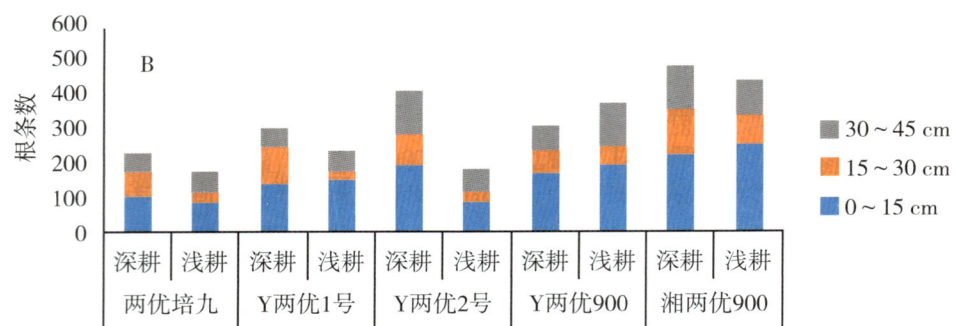

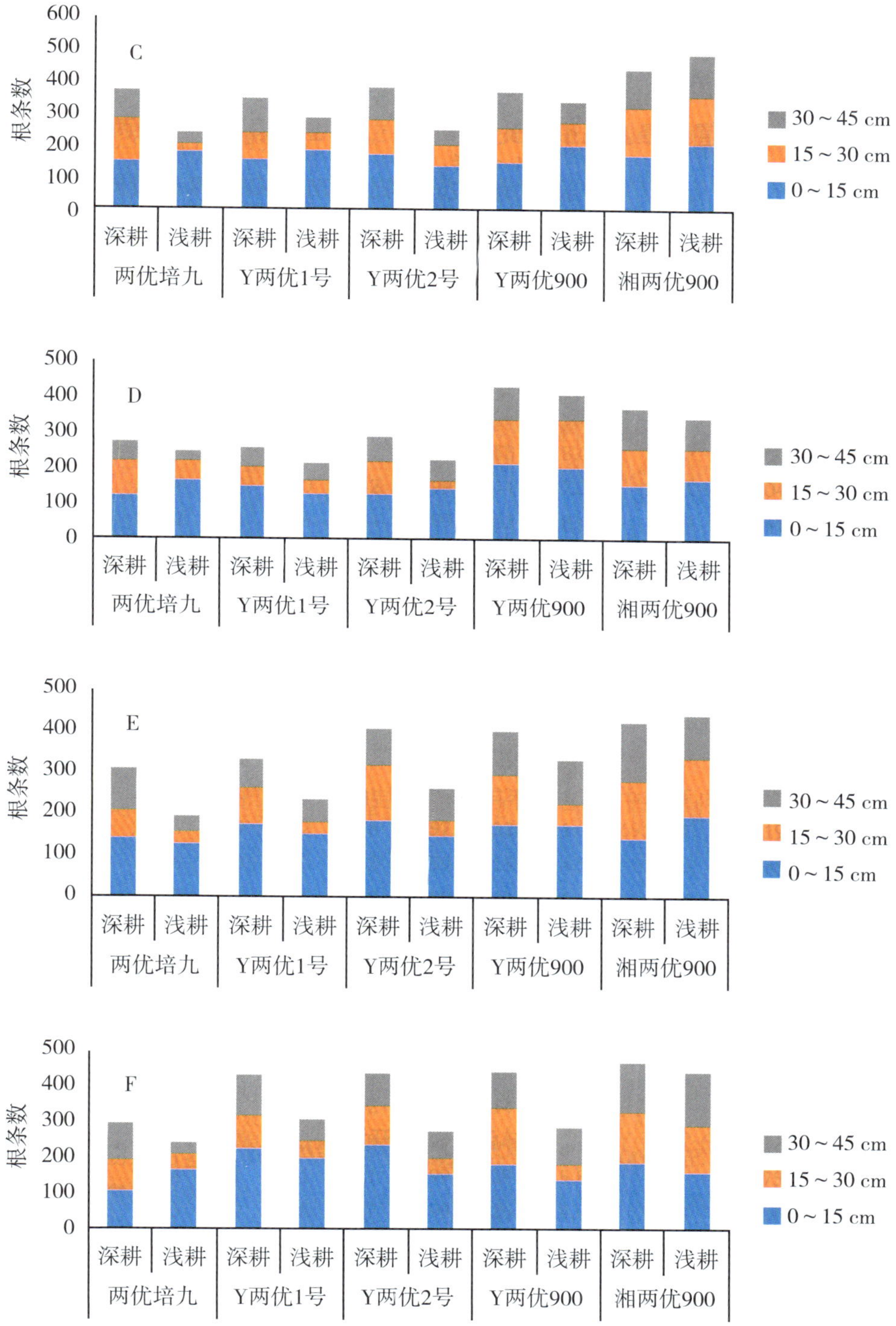

不同氮肥处理。A：N0—0 kg/hm²；B：N10—150 kg/hm²；C：N14—210 kg/hm²；D：N20—300 kg/hm²；E：N26—390 kg/hm²；F：N30—450 kg/hm²。

图 2-25 深浅耕处理下施氮量对五期超级杂交稻抽穗开花期各土层根条数的影响

四、抽穗开花期根系形态与产量构成要素的相关性分析

将抽穗开花期根系各指标与产量及其构成因素进行相关性分析，结果表明（表 2-15）：不同耕作方式下抽穗开花期 0~15 cm 根层根系各项指标与穗粒数呈显著或极显著正相关，15~30 cm 根层根系各指标均与穗粒数相关性未达显著性水平，30~45 cm 根层根系各指标均与穗粒数呈显著或极显著正相关；0~15 cm 和 15~30 cm 根层的根长、根投影面积、根表面积、根体积、根条数与有效穗数未达显著相关性水平，根平均直径与有效穗数达显著正相关；30~45 cm 根层的根长、根投影面积、根表面积、根体积、根条数与有效穗数呈极显著负相关，根平均直径与有效穗数未达显著性水平；结实率与各根层根系指标均未达显著性水平；0~15 cm 根层的根长与千粒重达到显著负相关，根平均直径与千粒重达极显著负相关，15~30 cm 根层的根长、根投影面积、根表面积、根体积、根条数与千粒重达到显著或极显著负相关，根平均直径与千粒重达显著正相关，30~45 cm 根层的根长、根投影面积、根表面积、根体积、根条数与千粒重均达到极显著负相关，根平均直径与千粒重未达显著性相关；0~15 cm 的根长、根投影面积、根表面积与实际产量达到极显著正相关，根条数达显著正相关。

表 2-15 抽穗开花期根系各指标与产量及其构成因素相关性分析

指标	土层	穗粒数	有效穗数	结实率	千粒重	实际产量
根长	0~15 cm	0.302*	0.055 7	0.108 3	−0.277*	0.365**
	15~30 cm	0.131 4	−0.120 6	−0.124 0	−0.343**	0.080 7
	30~45 cm	0.295*	−0.341**	0.028 6	−0.472**	0.050 7
根投影面积	0~15 cm	0.274*	0.101 6	0.051 4	−0.052 0	0.369**
	15~30 cm	0.175 5	−0.117 4	−0.095 3	−0.308*	0.117 2
	30~45 cm	0.271*	−0.364**	0.070 9	−0.473**	0.066 4
根表面积	0~15 cm	0.365**	0.096 2	0.096 3	−0.137 4	0.409**
	15~30 cm	0.183 4	−0.103 9	−0.082 6	−0.336**	0.144 1
	30~45 cm	0.282*	−0.345**	0.078 8	−0.490**	0.083 6
根体积	0~15 cm	0.076 4	−0.172 9	0.109 0	−0.232 9	0.187 2
	15~30 cm	0.199 3	−0.137 1	0.056 0	−0.399**	0.242 8
	30~45 cm	0.240 3	−0.347**	0.138 2	−0.452**	0.113 1

续表

指标	土层	穗粒数	有效穗数	结实率	千粒重	实际产量
根平均直径	0~15 cm	−0.049 0	0.283*	−0.089 7	0.469**	0.135 5
	15~30 cm	−0.126 0	0.277*	−0.068 5	0.304*	0.048 0
	30~45 cm	−0.118 1	0.000 4	0.192 5	−0.046 0	0.142 5
根数	0~15 cm	0.274*	0.024 9	0.099 4	−0.126 3	0.314*
	15~30 cm	0.188 4	−0.166 1	−0.109 2	−0.304*	0.072 5
	30~45 cm	0.371**	−0.393**	−0.043 6	−0.488**	0.003 0

"*""**"分别表示差异达到显著和极显著水平。

第五节 超级杂交稻高产的流特点及其调控

水稻植株体内的维管束系统是主要的运输组织，承担着植株体内长距离运输功能。维管束主要由木质部和韧皮部构成，由导管构成的木质部主要运输水分和溶解在其中的无机盐，由筛管和伴胞组成的韧皮部主要输送溶解状态的同化物。禾谷类茎秆维管束系统是水分、矿物质和有机养分运输的通道，在"源、库、流"中行使"流"的功能。水稻茎秆是联系"源"和"库"的重要枢纽。凌启鸿等研究认为，水稻茎秆维管束数目的多少是品种穗形大小的生物学基础和形态结构的主要特征。超级杂交稻具有高产、多抗、适应性广的优点，随着超级杂交稻选育和超高产水稻品种的推广，超级杂交稻所表现出的"库大、源强、流畅"日益受到重视。前人研究主要着眼于茎秆维管束结构与穗部性状之间的关系或者茎秆维管束结构与植株抗倒伏性之间的关系，而关于不同产量潜力水稻品种，特别是不同产量潜力超级杂交稻茎秆维管束结构差异及其与超级杂交稻产量潜力的关系尚未见报道。因此，本试验选取具有不同产量潜力的4期超级杂交稻代表性品种，研究超级杂交稻持续增产的茎秆维管束结构基础，为超级杂交稻的育种和栽培提供理论依据。

一、不同产量潜力超级杂交稻的茎秆维管结构的差异比较

1. 茎秆小维管束数目的差异比较

不同产量潜力超级杂交稻的茎秆小维管束数目比较结果见图 2-26。结果表明，5 个节间小维管束数目除 Y 两优 900 在倒 2 节有最大值外，其他品种均在倒 5 节有最大值，倒 1 节数目较少。随着超级杂交稻产量潜力的增加，5 个茎节间小维管束数目整体上均表现不断增加的趋势，两优培九最少，Y 两优 900 最多，且 Y 两优 900 各节间小维管束数目均显著高于两优培九。Y 两优 900 各节间小维管束数目较两优培九增加最多的是倒 1 节，其次是倒 2 节，倒 5 节增加最少，增幅分别为 46.11%、22.58%、9.68%。4 期超级杂交稻品种各节间小维管束数目除倒 3 节无显著差异外，其他节间小维管束数目至少有 2 个品种间差异达显著水平。

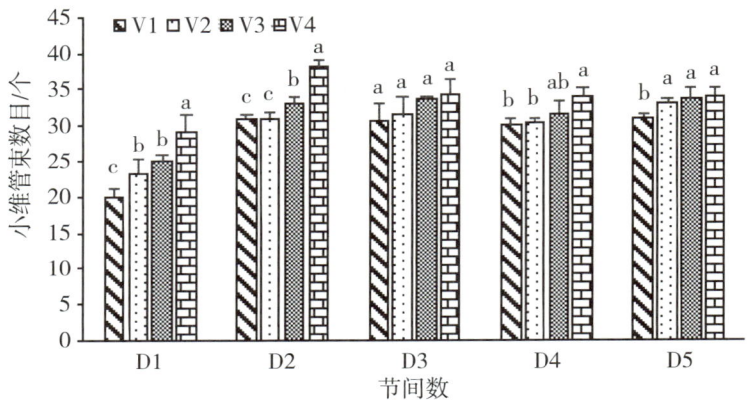

V1：两优培九；V2：Y 两优 1 号；V3：Y 两优 2 号；V4：Y 两优 900。

图 2-26 不同产量潜力超级杂交稻茎秆小维管束数目的差异

2. 茎秆小维管束面积的比较

不同产量潜力超级杂交稻的茎秆小维管束面积的差异比较见图 2-27。结果表明，从倒 1 节至倒 5 节各品种小维管束面积整体上均表现为不断升高的趋势，且 Y 两优 1 号倒 5 节较倒 1 节增幅最大，其次是 Y 两优 2 号，Y 两优 900 增幅最少，增幅分别为 146.69%、137.26%、63.93%。各节间小维管束面积随着超级杂交稻产量潜力的增加，除倒 5 节表现出先升高后降低的趋势（Y 两优 2 号有最大值）外，其他 4 个茎节间均呈不断增加的趋势，均在 Y 两优 900 有最大值。除倒 3 节和倒 5 节

以外，Y 两优 900 与其他 3 个品种均存在显著差异。此外，倒 1 节至倒 5 节 5 个伸长节间小维管束面积最大值较两优培九分别增加了 35.85%、42.68%、23.24%、5.29%、15.45%。

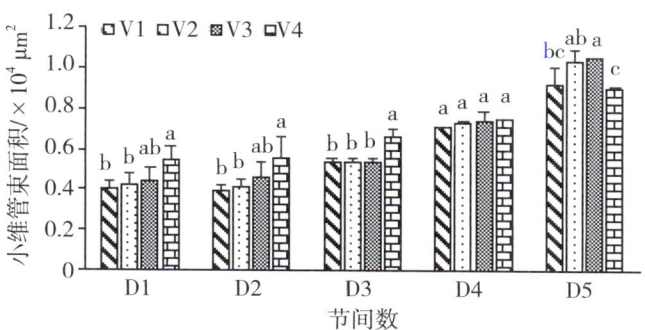

V1：两优培九；V2：Y 两优 1 号；V3：Y 两优 2 号；V4：Y 两优 900。

图 2-27　不同产量潜力超级杂交稻茎秆小维管束面积的差异

3. 茎秆小维管束总面积的比较

不同产量潜力超级杂交稻的茎秆小维管束总面积的差异比较见图 2-28。结果表明，从倒 1 节至倒 5 节各品种小维管束总面积整体上表现出不断升高的趋势。各节间小维管束总面积随着超级杂交稻产量潜力的增加，除倒 5 节表现为先升高后降低的趋势，且在 Y 两优 1 号有最大值外，其他 4 个茎节间均呈不断增加的趋势，在 Y 两优 900 有最大值。Y 两优 900 倒 2 节间和倒 3 节间小维管束面积均显著高于其他 3 个品种。倒 1 节至倒 4 节 4 个节间 Y 两优 900 和倒 5 节 Y 两优 1 号小维管束总面积较两优培九的增长率呈逐渐降低的趋势，增幅分别为 90.31%、71.98%、37.82%、12.45%、11.58%。

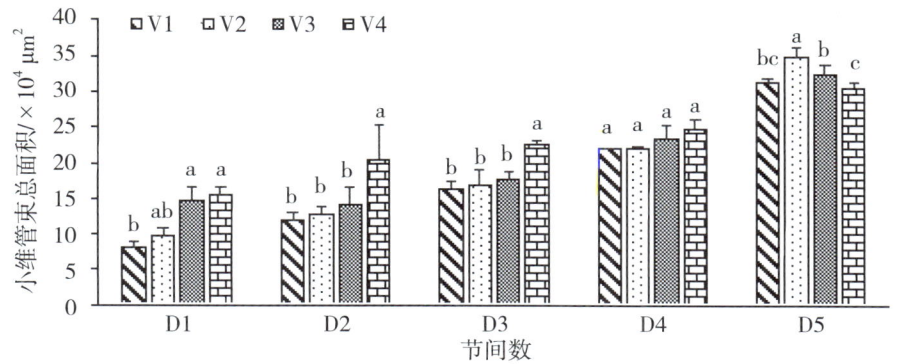

V1：两优培九；V2：Y 两优 1 号；V3：Y 两优 2 号；V4：Y 两优 900。

图 2-28　不同产量潜力超级杂交稻茎秆小维管束总面积的差异

4. 茎秆大维管束数目的比较

不同产量潜力超级杂交稻的茎秆大维管束数目的差异比较见图 2-29。结果表明，4 期超级杂交稻品种倒 1 节至倒 5 节大维管束数目呈不断增加的趋势，且各节间大维管束数目随超级杂交稻产量潜力的增加均呈不断增加的趋势。除倒 2 节、倒 3 节外，其他 3 个节间超级杂交稻品种间均存在显著差异。Y 两优 900 倒 1 节至倒 5 节大维管束数目较两优培九分别增加 9.52%、7.37%、6.19%、6.06%、11.94%。

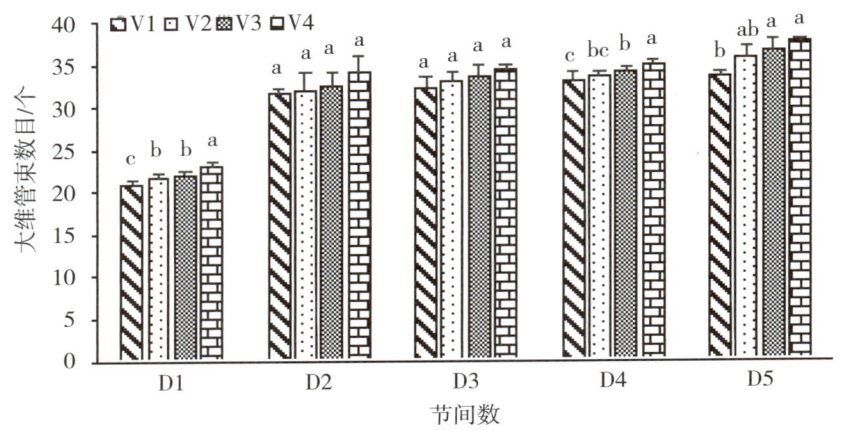

V1：两优培九；V2：Y 两优 1 号；V3：Y 两优 2 号；V4：Y 两优 900。

图 2-29 不同产量潜力超级杂交稻茎秆大维管束数目的差异

5. 茎秆大维管束面积的比较

不同产量潜力超级杂交稻的茎秆大维管束面积的差异比较见图 2-30。结果表明，从倒 1 节至倒 5 节，除两优培九大维管束面积不断增加外，其他 3 个品种整体上均表现为先降低后升高的趋势，且均在倒 2 节有最小值，除 Y 两优 900 在倒 4 节有最大值外，其他 3 个品种均在倒 5 节有最大值。此外，各节间大维管束面积随着超级杂交稻产量潜力的增加，除倒 2 节和倒 3 节表现为先降低后升高的趋势，其他 3 个节间均表现为不断升高的趋势，且均在 Y 两优 900 处有最大值。Y 两优 900 倒 1 节、倒 3 节和倒 4 节大维管束面积较两优培九分别增加了 26.73%、14.11% 和 22.18%。

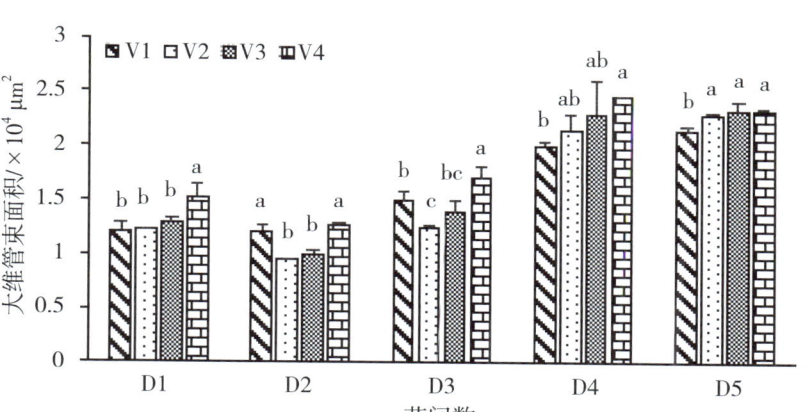

V1：两优培九；V2：Y两优1号；V3：Y两优2号；V4：Y两优900。
图2-30 不同产量潜力超级杂交稻茎秆大维管束面积的差异

6. 茎秆大维管束总面积的比较

不同产量潜力超级杂交稻的茎秆大维管束总面积的差异比较见图2-31。结果表明，从倒1节至倒5节各品种大维管束总面积整体上表现为不断升高的趋势。各节间大维管束总面积随着超级杂交稻产量潜力的增加，除倒2节和倒3节表现为先降低后升高外，其他3个节间均表现为不断升高的趋势，且5个节间大维管束总面积均在Y两优900处有最大值。Y两优900各节间大维管束总面积均显著高于两优培九和Y两优1号，且其倒1节、倒2节和倒3节大维管束总面积均显著高于其他3期超级杂交稻品种。Y两优900各节间大维管束总面积较两优培九分别增加43.81%、32.26%、27.12%、28.31%、19.08%。

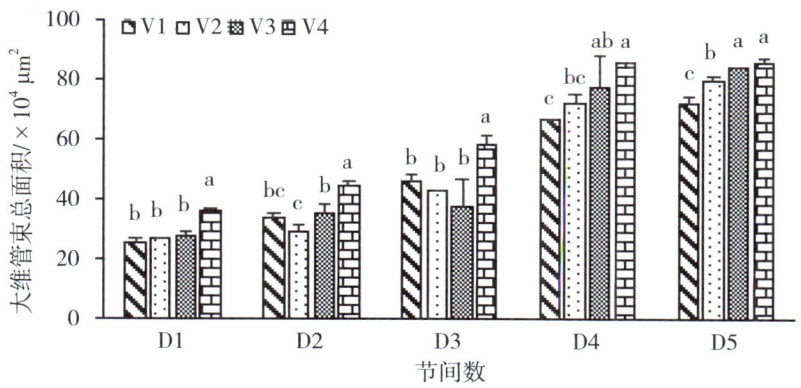

V1：两优培九；V2：Y两优1号；V3：Y两优2号；V4：Y两优900。
图2-31 不同产量潜力超级杂交稻茎秆大维管束总面积的差异

二、超级杂交稻强势籽粒与弱势籽粒维管束负荷的差异比较

以超级杂交稻两优培九为试验材料，对其上、下三枝维管组织面积总颖花负荷量进行了研究（表2-16），结果表明，不论大小维管束，其维管组织各性状总颖花负荷量的大小基本表现为上三枝大于下三枝，即上三枝总粒数所分配的总维管束面积小于下三枝总粒数所分配的总维管束面积。不论是单个一次分枝颖花负荷还是一次分枝总负荷，均表现为穗顶部大于穗基部。对于整个稻穗枝梗的维管组织结构来讲，同一部位相同维管组织性状的面积基本表现为下部大于上部；同一部位相同维管组织性状的颖花负荷量表现为上部大于下部。因此，对于下部籽粒来说，不论是维管组织面积还是颖花负荷量，均优于上部籽粒。即下部籽粒不但维管组织发达，而且单个籽粒所分配的维管组织通道较多。然而上部强势籽粒，尽管维管组织通道不如下部，单位维管组织负荷量较大，但充实度远高于下部籽粒，这说明，维管组织通道可能不是弱势籽粒充实度差的限制因子。

表2-16　下三个一次分枝与上三个一次分枝维管组织总负荷的差异比较（两优培九）

维管组织	部位	花后天数/d					
		5	10	15	20	25	30
大维管束总面积颖花负荷量/粒	下三枝	0.813	0.945	0.771	0.887	1.097	0.813
	上三枝	2.994	3.134	2.670	2.731	3.153	2.994
大维管束韧皮部总面积颖花负荷量/粒	下三枝	6.150	9.011	6.149	7.433	13.769	6.150
	上三枝	11.182	11.537	8.257	8.831	11.478	11.182
小维管束总面积颖花负荷量/粒	下三枝	5.545	9.517	5.475	8.377	7.720	5.545
	上三枝	12.219	13.364	14.216	12.664	14.000	12.219
小维管束韧皮部总面积颖花负荷量/粒	下三枝	21.689	38.244	21.225	32.675	28.085	21.689
	上三枝	46.406	46.060	44.938	41.124	45.786	46.406
维管束总面积颖花负荷量/粒	下三枝	0.718	0.856	0.685	0.793	1.016	0.718
	上三枝	2.361	2.465	2.018	2.086	2.474	2.361
韧皮部总面积颖花负荷量/粒	下三枝	4.416	7.621	4.352	6.668	6.056	4.416
	上三枝	9.672	10.359	10.800	9.682	10.721	9.672
导管总面积颖花负荷量/粒	下三枝	0.665	0.730	0.689	0.655	0.697	0.665
	上三枝	30.817	38.704	30.362	30.879	37.184	30.817

三、超级杂交稻基部节间和穗颈节间伤流强度的比较

以超级杂交稻两优培九为材料，研究了抽穗后不同氮素穗肥施用量处理下基部节间和穗颈节间流强度的差异（图2-32），结果表明：与基部节间的伤流强度呈单峰曲线相比，穗颈节间的伤流强度在穗后10 d左右时间存在明显的低谷，表明在抽穗后10 d左右时间，籽粒的库容活性与叶源的光合性能、茎鞘的物质运转和根系活力可能存在不协调、不平衡的问题。

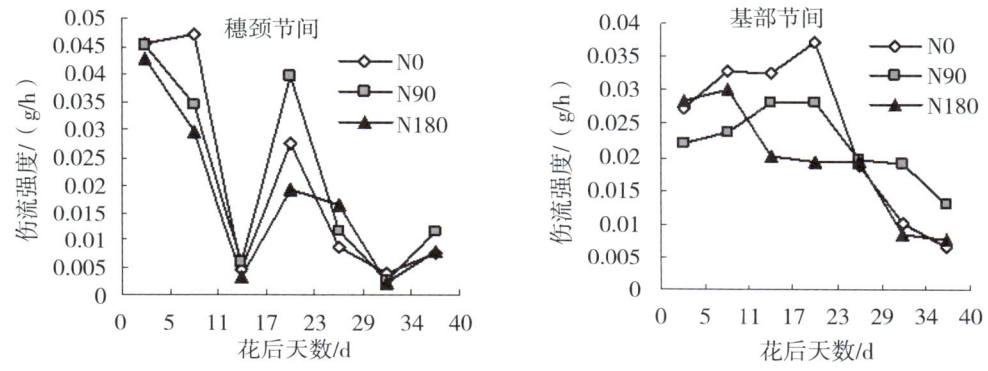

图2-32　超级杂交稻两优培九基部节间和穗颈节间伤流强度的比较

第三章　超级杂交稻的辐射利用率特征

作物进行光合作用生产的干物质是其产量的直接来源，作物产量的高低取决于光能利用率的大小。要提高作物光能利用率，一方面要尽可能地截获入射光，另一方面要提高光能转化效率。自从1768年美国科学家普雷斯特发现了光合作用后，作物的光能利用一直是作物科学的优先研究领域之一。作物高产栽培的目标，从光能利用角度出发，就是如何充分利用太阳能并使其有效转化为干物质和籽粒，常用的描述指标有光能利用率、光能转化率和辐射利用率。

辐射利用率是作物生长时段内干物质的积累量与该时段作物冠层拦截太阳辐射量中有效光合辐射的比值。Monteith把辐射转化为干物质的效率定义为辐射利用率，并报道作物地上部干物质积累量和冠层拦截总辐射之间存在线性关系，进而定义这个斜率为辐射利用率，同时指出辐射利用率受消光系数、生物化学转换效率和CO_2交换系数等因素的制约。20世纪80年代以后，辐射利用率的概念逐步被引入并广泛用于作物生长分析和模拟，一些主流作物生长模型均使用辐射利用率（RUE）来模拟潜在产量。估算辐射利用率的方法有很多种，一种方法是利用冠层消光系数（K）、叶面积指数（LAI）和作物生长速率来计算辐射利用率；第二种是用辐射利用率作为线性关系的斜率，拟合干物质积累量和辐射累积截获之间的线性关系，上述两种辐射利用率计算方法的相关系数很接近。

作物辐射利用率在作物品种和生态区域间存在差异，研究表明美国的4个水稻品种的产量差异与辐射利用率无关，但辐射利用率与消光系数K关系密切，最高辐射利用率的品种K值最小。辐射利用率在供试的日本水稻高产品种之间的差异不大。超级杂交稻两优培九的辐射利用率与常规粳稻日本晴差异不大，但却显著低于Takanari，辐射利用率并不能解释两优培九在日本东京和中国云南的产量优势。超级杂交稻品种的辐射利用率与常规籼稻无显著差异，但却比杂交稻高10%~12%，超级杂交稻产量的提高主要靠辐射利用率和光合有效辐射拦截量的协同提高。超级杂交稻 Y 两优 087 的辐射利用率比杂交稻特优 838 高 14%，但两者拦截的太阳辐射量无显著差异。以上研究表明，超级杂交稻的辐射利用率高于杂交稻，但与常规稻相比无明显优势。高辐射利用率地区几乎是低辐射利用率地区的 2 倍，表明辐射利用率低的地区仍然有较大的提升空间。

生物量和收获指数共同决定产量，产量的提高可以通过增加生物量、收获指数或两者共同增加来实现。以前水稻品种的增产主要依靠收获指数的提高，现代水稻品种的增产主要靠生物量的增加，超级杂交稻主要依靠生物量获得高产，需要大量的氮肥投入。氮肥通过影响光合有效辐射量和辐射利用率来决定生物量，单位面积叶片氮含量影响辐射利用率。超级杂交稻品种两优培九生物量高的原因是叶面积持续时间长，而不是由于在高氮条件下的辐射利用率高。高氮调控实现高产潜力是由于较高的辐射利用率转化较高的生物量，增施氮肥提高超级杂交稻生物量主要是通过延长生育期和绿叶持续时间来实现总辐射量的增加。如籼粳杂交稻甬优系列品种高产的一个原因就是具有较长的籽粒灌浆期，只是通过延长生育期提高生物量这种途径没有通过提高辐射利用率进而增加生物量可行有效。增施氮肥提高了冠层光谱的光化学植被指数和叶片叶绿素含量，提高了辐射利用率。在氮肥调控中对辐射利用率存在一定的争议，氮肥调控是提高了辐射利用率还是有效光合辐射量一直没有明确的结论。

水稻产量与冠层入射太阳辐射和较高的辐射截获量有关，热带环境的温度高于亚热带环境，导致较低的产量和较低的辐射利用率。在平原地区难以获得高产一方面与昼夜温差有关，另一方面也受灌浆期年季间的光照影响。在弱光条件下，杂交水稻开花期光照强度降低至自然光照强度的 40% 时，旗叶的光合速率明显下降，导致干物质积累减少。目前，虽然已有很多关于弱光条件下光合产物的再分配的研究，但是对于弱光条件下如何调控辐射利用率或有效光合辐射量，从而提高超高产品种产量稳定性还有待进一步研究。

第三章　超级杂交稻的辐射利用率特征

第一节　不同类型超高产品种辐射利用率的差异及其受氮肥的影响

在过去 10 年中，全球水稻产量每年的增长率已降至 1% 以下，但水稻产量每年需要增长 1.2% 以上，才能满足未来人口增长和经济发展对粮食的日益增长的需求。为了实现这一目标，应大力培育具有更高产量潜力的新水稻品种，以提高水稻的平均产量。

20 世纪 50 年代末的中国以及 20 世纪 60 年代初的国际水稻研究所，开发出了半矮秆品种，这显著提高了灌溉水稻的产量潜力。1976 年，中国杂交水稻的发展进一步提高了水稻的产量潜力，在热带地区，杂交水稻比常规稻的产量潜力提高了 9%。1996 年，中国建立了超级稻项目。1998 年，袁隆平院士提出了一种超级杂交稻发展战略，将水稻理想株型与亚种间杂种优势相结合。

超级杂交稻具有以下形态特征：中等分蘖能力、穗重、穗位高、长、直立、厚、窄和"V"形顶部三片叶子。超级杂交水稻品种（两优培九和协优 9308）比普通杂交稻（汕优 63 和协优 63）产量高 8%~20%。超级杂交稻的高产归因于更多的生物量、更高的叶面积指数（LAI）、更久的绿叶面积持续时间和更高的分蘖能力。与普通杂交水稻相比，超级杂交水稻在单叶水平上具有较高的光合速率、叶片衰老较慢以及对光抑制的耐受性等特性。

产量潜力被定义为一个品种在其适应的环境中生长时，在营养和水分不受限制的情况下，有效控制害虫、病害、杂草、倒伏及其他胁迫因素下的潜在产量。前人对超级杂交水稻的产量和产量属性的研究大多在一个地点、一个季节、一个氮肥用量或与对照品种相比仅使用一个超级杂交稻品种。在这些研究中，很难就超级杂交稻与其他品种之间的产量潜力差异得出具体结论。本研究于 2007 年和 2008 年分别在浏阳地区和桂东地区开展试验，试验设置适氮（浏阳：135 kg/hm^2，桂东：150 kg/hm^2）和高氮（浏阳：225 kg/hm^2，桂东：250 kg/hm^2）两个处理，供试品种为 3 类共 6 个品种，分别是两优培九和两优 293（超级杂交稻）、汕优 63 和 II 优 838

(普通杂交稻)以及扬稻6号和黄华占(常规稻)。其中,两优293在2008年替换为Y两优1号。桂东地区为水稻高产生态区,对肥料的需求更大,浏阳为一般生态区,对肥料的需求相对较小。

一、氮肥对不同类型超高产品种的产量差的影响

在本研究中,品种间水稻产量的差异均达显著水平(表3-1)。在浏阳试验点,各氮肥用量下,两优培九的产量都是这两年来最高的。2008年桂东试验点Y两优1号的最高产量为11.49 t/hm^2。在所有四个试验中,普通杂交稻或常规稻品种的产量最低。超级杂交稻品种在不同地点、年份和氮肥水平上都比普通杂交稻或常规稻品种具有更高的水稻产量。普通杂交稻品种与常规稻品种的产量差异不显著。在桂东试验点,超级杂交稻、普通杂交稻和常规稻品种在两种氮肥用量和年份下平均产量分别为11.15 t/hm^2、10.03 t/hm^2 和 9.97 t/hm^2。在所有四个试验和两个氮肥处理下,超级杂交稻品种的平均产量比普通杂交稻品种高11%,比常规稻品种高14%。2007年和2008年,桂东试验点的水稻产量分别比浏阳试验点高23%和17%。年际间的水稻产量差异相对较小,尤其是桂东试验点。在所有四个试验中,氮肥用量对水稻产量的影响都不显著。在四个试验中,只有一个试验中氮肥和品种对水稻产量的交互作用显著。

表3-1 超高产品种在湖南省浏阳试验点和桂东试验点的产量表现　　　　单位:t/hm^2

品种	浏阳试验点		桂东试验点	
	适氮/(135 kg/hm^2)	高氮/(225 kg/hm^2)	适氮/(150 kg/hm^2)	高氮/(250 kg/hm^2)
2007年				
两优培九	8.85 a	9.15 a	11.22 a	10.92 a
两优293	8.55 ab	9.01 ab	10.96 ab	10.96 a
汕优63	8.29 b	7.84 de	9.89 b	10.17 ab
II优838	8.14 b	7.48 e	9.89 b	9.73 b
扬稻6号	8.42 ab	8.34 cd	9.93 b	10.06 ab
黄华占	8.13 b	8.45 bc	10.16 ab	9.62 b
平均值	8.4	8.38	10.34	10.24
方差分析				

续表

品种	浏阳试验点		桂东试验点	
	适氮/ (135 kg/hm²)	高氮/ (225 kg/hm²)	适氮/ (150 kg/hm²)	高氮/ (250 kg/hm²)
氮肥（A）	NS		NS	
品种（B）	**		*	
氮肥 × 品种	*		NS	
2008 年				
两优培九	9.85 a	10.15 a	11.09 a	11.08 ab
Y 两优 1 号	9.78 a	9.86 a	11.48 a	11.49 a
汕优 63	8.17 b	8.00 c	10.24 b	9.88 c
II 优 838	8.52 b	8.00 c	10.45 b	10.01 c
扬稻 6 号	8.64 b	8.82 b	9.59 c	9.77 c
黄华占	8.75 b	8.75 b	10.20 b	10.42 bc
平均值	8.95	8.93	10.51	10.44
方差分析				
氮肥（A）	NS		NS	
品种（B）	**		**	
氮肥 × 品种	NS		NS	

二、氮肥对不同类型超高产品种产量构成因子的影响

就品种而言，黄华占的穗数最高（表 3-2 和表 3-3）。三个品种类型的每平方米穗数差异显著。与其他品种相比，超级杂交稻品种的穗数适中。超级杂交稻在桂东试验点的穗数比在浏阳试验点的多 10% 左右。超级杂交稻品种平均每穗有 195 粒，分别比普通杂交稻品种和常规稻品种高 21% 和 16%。穗数在两个试验点之间差异显著。

表 3-2　超高产品种在湖南省浏阳试验点和桂东试验点的产量构成（2007 年）

品种	穗数/ (万穗/hm²)	穗粒数/粒	总颖花数/ (万个/hm²)	结实率/%	粒重/mg
浏阳试验点					
两优培九	260.0 b	192.2 a	49.9 a	72.0 bc	23.0 c
两优 293	251.9 bc	190.0 a	47.8 a	72.7 b	22.7 c
汕优 63	237.8 c	158.1 c	37.5 b	69.4 c	26.5 a
II 优 838	207.9 d	172.6 b	35.7 b	74.5 b	25.8 b
扬稻 6 号	209.8 d	168.8 bc	35.4 b	80.2 a	26.3 a
黄华占	301.4 a	166.8 bc	49.8 a	78.7 a	18.8 d
平均值	244.8	174.7	42.7	74.6	23.9

续表

品种	穗数/ (万穗/hm²)	穗粒数/粒	总颖花数/ (万个/hm²)	结实率/%	粒重/mg
桂东试验点					
两优培九	264.8 b	195.3 a	51.5 a	76.8 bc	24.2 d
两优293	262.5 b	194.3 a	51.0 a	77.5 bc	24.5 d
汕优63	292.9 a	149.3 e	43.6 bc	75.6 c	26.5 b
Ⅱ优838	253.0 b	167.6 cd	42.3 c	80.3 b	25.4 c
扬稻6号	224.3 c	179.1 bc	40.2 c	80.5 b	28.4 a
黄华占	305.3 a	156.8 de	47.7 ab	84.5 a	20.9 e
平均值	267.1	173.7	46.1	79.2	25.0

超级杂交稻和黄华占每平方米的颖花数显著高于其他三个品种。桂东试验点的颖花数比浏阳试验点的高8%~13%。总体而言，汕优63结实率最低，黄华占结实率最高。三个品种类型之间的结实率差异显著。桂东试验点的平均结实率略高于浏阳试验点。扬稻6号的粒重最高，其次是两个普通杂交稻品种，两个超级杂交稻品种最低。

表3-3 超高产品种在湖南省浏阳试验点和桂东试验点的产量构成（2008年）

品种	穗数 /m²	穗粒数/粒	总颖花数/ (万个/hm²)	结实率/%	粒重/mg
浏阳试验点					
两优培九	225.6 c	221.0 a	49.8 a	74.5 d	23.4 e
Y两优1号	244.5 b	181.6 b	44.2 b	84.4 b	24.1 d
汕优63	228.4 c	158.8 c	36.3 c	74.3 d	27.5 b
Ⅱ优838	215.5 cd	158.8 c	34.1 d	81.7 c	26.6 c
扬稻6号	203.1 d	175.6 b	35.5 cd	81.3 c	27.9 a
黄华占	301.0 a	143.7 d	42.5 b	89.4 a	20.0 f
平均值	236.4	173.3	40.4	80.9	24.9
桂东试验点					
两优培九	260.9 b	192.7 a	50.0 a	86.1 ab	24.2 e
Y两优1号	266.4 b	191.4 a	50.9 a	82.8 c	25.2 d
汕优63	270.5 b	156.6 d	42.2 b	77.8 d	27.4 b
Ⅱ优838	253.7 b	168.4 cd	42.3 b	85.7 abc	27.0 c
扬稻6号	207.2 c	181.9 ab	37.5 c	83.8 bc	28.0 a
黄华占	296.3 a	173.8 bc	51.1 a	88.6 a	21.5 f
平均值	259.2	177.5	45.7	84.1	25.5

三、氮肥对不同类型水稻品种生育期、叶面积指数、收获指数和植株吸氮量的影响

超级杂交稻品种的生育期比其他品种长，黄华占生育期最短（表 3-4 和表 3-5）。桂东试验点的水稻生长持续时间明显长于浏阳试验点。普通杂交稻品种通常在开花时叶面积指数最高。桂东试验点的叶面积指数仅在 2007 年高于浏阳试验点。收获指数和地上总吸氮量在品种间差异很小，并且在不同试验中不一致。不同品种的收获指数和总吸氮量存在的差异不一致。桂东试验点的总吸氮量比浏阳试验点高 30% 左右。

表 3-4　超高产品种的生育期、叶面积指数、收获指数和植株总吸氮量（2007 年）

品种	生育期 /d	齐穗期叶面积指数	收获指数 /%	总吸氮量 /（kg/hm²）
浏阳试验点				
两优培九	123	6.09 b	45.1 cd	182.5 a
两优 293	123	5.68 b	46.4 bc	176.3 ab
汕优 63	115	6.95 a	44.5 d	169.1 ab
Ⅱ优 838	115	7.14 a	46.3 bc	168.4 b
扬稻 6 号	115	5.48 bc	47.3 b	169.8 ab
黄华占	107	4.99 c	49.3 a	170.7 ab
平均值	116	6.06	46.5	172.8
桂东试验点				
两优培九	128	7.21 b	48.7 a	225.6 ab
两优 293	130	7.23 b	49.3 a	213.4 b
汕优 63	126	8.55 a	45.7 b	212.7 b
Ⅱ优 838	126	8.51 a	45.2 b	229.2 ab
扬稻 6 号	126	7.21 b	45.6 b	245.4 a
黄华占	120	7.17 b	47.5 ab	218.5 b
平均值	126	7.65	47.0	224.1

表 3-5　超高产品种的生育期、叶面积指数、收获指数和植株总吸氮量（2008 年）

品种	生育期 /d	齐穗期叶面积指数	收获指数 /%	总吸氮量 /（kg/hm²）
浏阳试验点				
两优培九	110	6.99 a	48.8 b	182.9 ab
Y 两优 1 号	110	5.34 c	51.0 a	192.9 a
汕优 63	101	6.99 a	44.6 d	166.6 c

续表

品种	生育期 /d	齐穗期叶面积指数	收获指数 /%	总吸氮量 /（kg/hm²）
Ⅱ优838	101	6.80 a	46.3 c	184.7 ab
扬稻6号	106	5.70 b	46.9 c	171.1 bc
黄华占	97	5.21 c	48.3 b	165.8 c
平均值	104	6.17	47.7	177.3
桂东试验点				
两优培九	128	5.86 b	50.8 a	227.4 ab
Y两优1号	128	5.32 c	52.2 a	217.1 b
汕优63	123	6.72 a	47.4 c	227.1 ab
Ⅱ优838	123	6.92 a	50.4 ab	246.3 a
扬稻6号	128	5.73 bc	46.6 c	228.5 ab
黄华占	118	5.92 b	48.5 bc	227.0 ab
平均值	125	6.08	49.3	228.9

四、氮肥对不同类型超高产品种的辐射利用特征差的影响

超级杂交稻由于其生育期长，累积入射辐射量略高于其他品种（表3-6和表3-7）。然而，超级杂交稻品种的辐射截获量不一定高，因为它们的冠层光照截获率低于普通杂交稻品种。普通杂交稻品种的冠层光照截获率较高是由于其叶面积指数较高。两个试验点之间的辐射截获量存在差异。桂东试验点的冠层光照截获率普遍高于浏阳试验点。

平均而言，超级杂交稻品种的地上干物质积累量比普通杂交稻品种和常规稻品种高8%。普通杂交稻品种和常规稻品种的干物质积累量没有差异。桂东试验点的干物质积累量比浏阳试验点高17%~20%。普通杂交稻品种的光能利用效率（RUE）比常规稻和超级杂交稻品种低10%~12%。超级杂交稻品种和常规稻品种之间的辐射利用率差异很小。桂东试验点的辐射利用率高于浏阳试验点。

表3-6 超高产品种辐射利用率及其相关参数（2007年）

品种	入射辐射 /（MJ/m²）	截获辐射 /（MJ/m²）	截获率 /%	总干物质重 /（g/m²）	辐射利用率 /（g/MJ）
浏阳试验点					
两优培九	1 864	1 402 a	75.2 b	1 830 a	1.31 a
两优293	1 864	1 381 b	74.1 c	1 701 b	1.23 b
汕优63	1 754	1 381 b	78.7 a	1 547 cd	1.12 c

续表

品种	入射辐射/(MJ/m²)	截获辐射/(MJ/m²)	截获率/%	总干物质重/(g/m²)	辐射利用率/(g/MJ)
II优838	1 754	1 370 b	78.1 a	1 483 d	1.08 c
扬稻6号	1 754	1 266 c	72.2 d	1 579 c	1.25 ab
黄华占	1 663	1 176 d	70.8 e	1 499 cd	1.27 ab
平均值	1 776	1 330	74.8	1 606	1.21
桂东试验点					
两优培九	1 708	1 414 a	82.8 b	1 972 a	1.39 abc
两优293	1 618	1 328 b	82.1 bc	1 986 a	1.50 a
汕优63	1 666	1 421 a	85.3 a	1 878 ab	1.33 c
II优838	1 666	1 417 a	85.1 a	1 909 ab	1.35 bc
扬稻6号	1 666	1 346 b	80.8 c	2 008 a	1.49 a
黄华占	1 583	1 227 c	77.5 d	1 776 b	1.45 ab
平均值	1 651	1 359	82.3	1 922	1.42

表3-7 超高产品种辐射利用率及其相关参数（2008年）

品种	入射辐射/(MJ/m²)	截获辐射/(MJ/m²)	截获率/%	总干物质重/(g/m²)	辐射利用率/(g/MJ)
浏阳试验点					
两优培九	1 635	1 283 a	78.5 b	1 776 a	1.38 ab
Y两优1号	1 641	1 227 b	74.8 c	1 758 ab	1.43 a
汕优63	1 579	1 266 a	80.2 a	1 666 bc	1.32 bc
II优838	1 579	1 270 a	80.4 a	1 600 c	1.26 c
扬稻6号	1 607	1 186 c	73.8 cd	1 714 ab	1.45 a
黄华占	1 531	1 110 d	72.5 d	1 576 c	1.42 a
平均值	1 595	1 224	76.7	1 682	1.38
桂东试验点					
两优培九	1 704	1 354 b	79.4 b	2 056 a	1.52 b
Y两优1号	1 704	1 315 c	77.1 cd	2 035 a	1.55 b
汕优63	1 654	1 376 ab	83.2 a	1 899 c	1.38 c
II优838	1 670	1 388 a	83.1 a	1 939 bc	1.40 c
扬稻6号	1 704	1 327 c	77.9 bc	1 885 c	1.42 c
黄华占	1 579	1 204 d	76.3 d	2 002 ab	1.66 a
平均值	1 669	1 327	79.5	1 969	1.49

2007年和2008年，超级杂交水稻品种的产量在浏阳试验点和桂东试验点和两个氮肥处理下都超过了普通杂交稻和常规稻品种，证明超级杂交稻具有较高产量潜力。在研究中，我们比较了两个试验点和两年内超级杂交稻品种与普通杂交稻品

种、常规稻品种在中氮和高氮水平下的表现，浏阳和桂东两个试验点的平均水稻产量分别超过 8 t/hm² 和 10 t/hm²。根据产量潜力的定义，本研究中的水稻品种在我们田间试验的气候条件下展现了较高的产量潜力。在浏阳和桂东两个试验点，两个氮肥施用量和两年的平均值中，超级杂交稻品种的产量分别比普通杂交稻品种和常规稻品种高 13% 和 11%。在本试验的田间条件下，超级杂交稻品种的产量潜力提高了 12%。

超级杂交稻品种的较高水稻产量归因于源和库的改善。超级杂交稻品种比普通杂交稻和常规稻品种产生更高的干物质积累量。较长生长时间和较高的累积入射辐射量是超级杂交稻品种高生物量的部分原因。尽管超级杂交稻品种比普通杂交稻品种具有更低的辐射截获量，但与普通杂交稻品种相比，其较高的辐射利用率导致了较高的生物量产量。在成熟期，超级杂交稻品种的生物量分别比普通杂交稻品种和常规稻品种高 25% 和 8%。超级杂交稻品种的每穗粒数比普通杂交稻品种和常规稻品种高 21% 和 16%，这导致超级杂交稻品种的每平方米颖花数高于普通杂交稻和常规稻品种（黄华占除外）。超级杂交稻品种在收获指数（除 2007 年的桂东试验点）、结实率、千粒重和穗数方面没有表现出优势。超级杂交稻的高产与较高的叶面积持续时间和更多的生物量生产有关。

作物辐射利用率没有解释超级杂交稻品种的产量优势，估算辐射利用率有多种方法。一种方法是使用冠层消光系数、叶面积指数和作物生长率来计算辐射利用率，第二种方法是拟合累积生物量和累积辐射截获量之间的线性关系，将辐射利用率计算为线性关系的斜率。在我们的研究中，我们将辐射利用率计算为成熟期地上总干重与整个生长季节累积截获辐射量的比率。在我们的研究中，所有处理的平均辐射利用率使用我们的系数为 1.38 g/MJ，使用 Sinclair and Muchow 的系数为 1.33 g/MJ。两种方法的相关系数（r）为 0.87。基于叶片氮含量和光合速率的计算值结合实验观察表明，非胁迫下水稻作物的辐射利用率约为 1.4 g/MJ，这与本研究中确定的辐射利用率值非常接近。

普通杂交稻品种与常规稻品种的产量无显著差异。普通杂交稻品种的 RUE 比超级杂交稻和常规稻品种低10%~12%。低辐射利用率可能限制了普通杂交稻品种的产量。与其他两个品种组相比，普通杂交稻品种的单叶光合作用速率较低，杂种优势与高的单叶光合速率无关。在这两个常规稻之间，低分蘖和少穗导致扬稻6号的总颖花数较小，而粒重较低是黄华占产量低的原因。

2007年，浏阳试验点的氮肥施用量从135 kg/hm² 增加到225 kg/hm²，而在其他三个试验中，氮肥施用量则从150 kg/hm² 提高到250 kg/hm²。两种氮肥处理之间的生物量和收获指数没有显著差异。两优培九和汕优63在大范围氮肥用量（60~410 kg/hm²）下对氮肥的响应表明，这两个品种在120~150 kg/hm² 的氮量处理下的产量最高，这表明超级杂交稻品种不一定需要更多的氮肥才能获得高产。

浏阳试验点和桂东试验点的水稻产量相差约20%。桂东试验点的水稻产量高归因于高生物量和氮吸收、更多的穗、较高的结实率和高的辐射利用率。辐射利用率不能解释两个试验点之间的产量差异。第一，浏阳试验点的季节平均日辐射量比桂东高10%；第二，两个试验点的年际辐射量没有明显差异；第三，整个水稻生长期间桂东试验点的累积辐射截获量仅比浏阳高2%~8%。因此，最低温度可能解释了桂东试验点的高产。浏阳试验点水稻生长期间的平均气温比桂东高2.8℃~4.1℃。较高的温度导致浏阳试验点的生长时间较短。开花期间的最高温度降低了穗粒数和结实率。高的最低温度增加了维持呼吸，减少了干物质积累。桂东试验点的生物量比浏阳高17%，氮吸收量高29%，桂东试验点的叶片氮浓度高于浏阳试验点，桂东试验点叶片氮浓度较高、维持呼吸较低与辐射利用率较高有关。

超级杂交稻品种比普通杂交稻和常规稻品种具有更多的生物量。较长的生育期和高累积入射辐射量是超级杂交稻品种高生物量的原因。超级杂交稻品种的穗数显著大于普通杂交稻品种和常规稻品种，形成了较大的库。超级杂交稻品种的辐射利用率与常规稻品种相似，但高于普通杂交稻品种。超级杂交稻品种与普通杂交稻和常规稻品种相比，产量潜力提高了12%。

第二节　超级杂交稻育种进程中辐射利用率的演变规律

超级杂交稻品种的产量突破已经通过形态改良和杂种优势实现。产量的进一步提高可能来自更有效的生物量积累，同时保持一定的收获指数。作物产量可以表示为生物量和收获指数的乘积，而生物量可以表示为作物冠层拦截的辐射量和辐射利用率的乘积。如果忽略光合作用对根生长的贡献，产量可以描述为截获辐射量、辐射利用率和收获指数的乘积。因此，辐射截获量和辐射利用率的协同增加可能会进一步提高产量。

目前尚不清楚辐射截获量和辐射利用率对产量提高的相对贡献是否相当。辐射截获量由累积入射辐射和截获率确定。累积入射辐射量与作物生长持续时间有关，而辐射截获量取决于冠层的形态特征，如叶面积、角度和方向。延长作物生长持续时间的可能性较小，因为当前作物的持续时间与合适的季节相吻合，并且大多数高产品种的冠层结构接近最佳，因此，很难改善冠层形态。一些研究人员认为，水稻产量的进一步增加可能是由辐射利用率的增加而不是更高的辐射截获量所导致的，但这些研究多是关于普通杂交稻，而关于超级杂交稻的研究较少。

自20世纪80年代以来，随着作物遗传和作物管理实践的改进，以及农业投入的增加，特别是氮肥投入的增加，水稻产量显著增加。有研究表明，需要大量氮肥投入才能提高超级杂交稻的产量。氮肥施用是作物生产的一个关键因子，通过其对有效光合辐射和辐射利用率的影响来决定潜在的干物质生产。在所有植物营养素中，氮肥是影响辐射利用率的最重要的营养元素。单位面积的叶片氮含量影响不同作物的辐射利用率。两优培九的高产是由于其大的叶面积和持续时间，而不是在高氮条件下的辐射利用率导致了大量的生物量积累。相比之下，杂交水稻品种通过较高的氮肥用量来实现的高产潜力是通过辐射利用率来提高地上生物量的结果。氮供应的增加是否通过增加生长季节累积的辐射截获量或辐射利用率来促进超级杂交稻地上生物量的积累，目前尚不清楚。本研究于2015—2017年在荆州地区开展了连续三年的大田试验，试验设置三个氮肥处理梯度，分别为 N0：0 kg/hm²，N1：210 kg/hm² 和 N2：300 kg/hm²，试验品种为 3 个超级杂交稻，分别是 2005 年、2014 年和 2017 年被农业部确定为超级稻的两优培九、Y 两优 2 号和 Y 两优 900。

一、不同年代超级杂交稻的产量和产量组成差异

增施氮肥显著提高了两优培九、Y 两优 2 号和 Y 两优 900 等不同年代的超级杂交稻的产量（图 3-1），品种之间存在显著差异（表 3-8）。两优培九和 Y 两优 2 号在 N1（210 kg/hm²）处理下的产量与 N2（300 kg/hm²）处理一样高，而 Y 两优 900 在 N2 处理下的产量高于 N1 处理。在 N2 处理中，Y 两优 900 比两优培九和 Y 两优 2 号具有更高的产量，产量差异为 1.4～2.1 t/hm²。

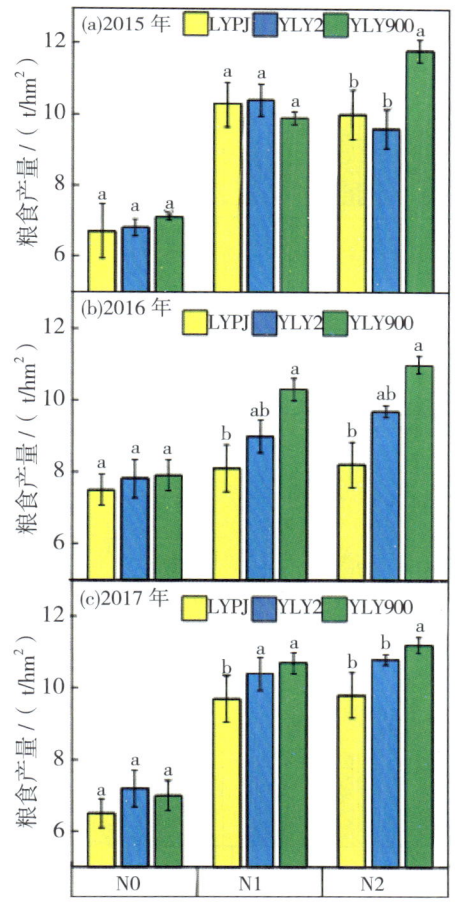

图 3-1 不同氮肥处理下超级杂交稻产量表现

表 3-8 产量与产量构成因子以及辐射利用相关参数的方差分析

方差分析	产量	有效穗数	每穗粒数	结实率	粒重	截获辐射	总干物重	辐射利用率	收获指数
年份	NS	12.35**	NS	11.25**	20.70**	15.39**	97.52**	61.08***	13.69**
氮肥	112.93**	100.73**	12.4**	7.38**	NS	232.17**	607.75**	180.36**	NS
品种	12.75**	18.05**	26.35**	NS	52.53**	7.06**	41.9**	48.24**	8.71**
年份×氮肥	4.97**	NS	10.06**	4.77**	3.32*	5.27**	26.37**	21.80**	NS
年份×品种	NS	NS	NS	10.42**	NS	NS	10.84**	3.22*	NS
氮肥×品种	NS	6.26**	3.13*	3.1*	NS	NS	4.30**	3.13*	NS
年份×氮肥×品种	NS	NS	NS	NS	NS	NS	NS	NS	NS

氮肥处理和品种之间的穗数、每穗粒数和结实率存在显著差异（表 3-8）。随着氮肥的增加，超级杂交稻的结实率降低，这在 2015 年和 2017 年更为明显（图 3-2）。

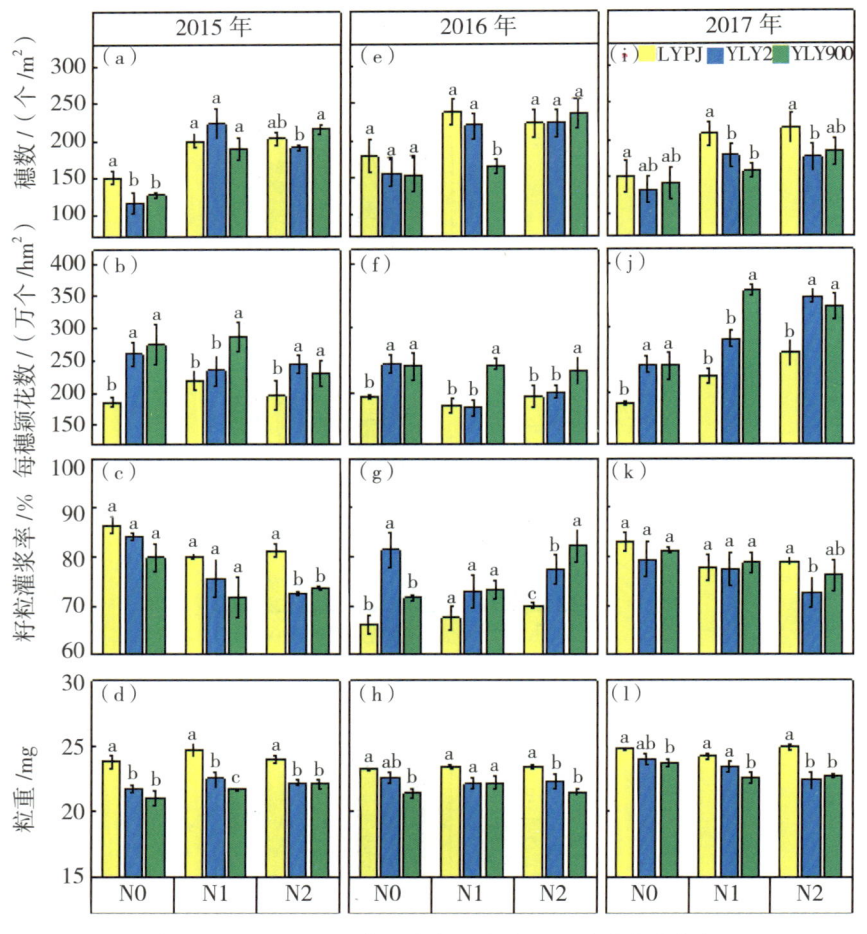

图 3-2 2015—2017 年三个超级杂交稻品种的产量构成

增加氮肥用量显著增加了 Y 两优 900 的穗数，N2 处理比 N1 处理高 19.5%。在 N1 处理中，两优培九和 Y 两优 2 号的穗数和每穗粒数显著增加，但在 N2 处理中保持稳定或下降。氮肥的增加并没有显著增加超级杂交稻的粒重，但不同品种之间的粒重有所不同，两优培九和 Y 两优 2 号通常高于 Y 两优 900。

二、不同年代超级杂交稻的生物量、截获辐射、辐射利用率和收获指数

增施氮肥显著增加了超级杂交稻的地上总干重。与 N0 处理相比，N1 处理平均高 32.2%，N2 处理平均高 34.9%。与产量相似，在 N1 处理中，两优培九和 Y 两优 2 号的地上总干重与 Y 两优 900 一样高，在 N2 处理中有显著差异。在 N2 处理中，两优培九和 Y 两优 2 号的总干重平均比 Y 两优 900 低 10.9%。增施氮肥也促进了超级杂交稻中的辐射截获量、截获率和辐射利用率，但在 N1 和 N2 处理中辐射利用率没有显著差异。在 N1 和 N2 处理中，Y 两优 900 的辐射利用率高于两优培九和 Y 两优 2 号。在 N1 处理中，Y 两优 900 的平均辐射利用率比两优培九和 Y 两优 2 号高 13.0%，在 N2 处理中高 13.3%。品种之间的收获指数和生长持续时间没有显著差异，但较高的氮肥处理导致较低的收获指数（图 3-3、表 3-9）。

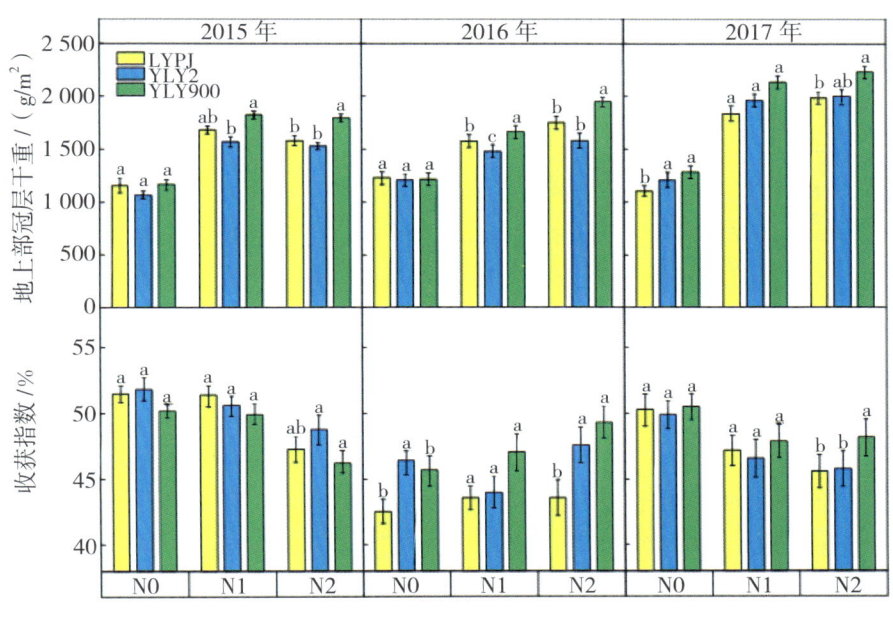

图 3-3 2015—2017 年超级杂交稻的干物质量和收获指数

表 3-9 超级杂交稻成熟期辐射利用率及其相关参数

年份	氮肥	品种	生育期/d	入射辐射/(MJ/m²)	截获辐射/(MJ/m²)	截获率/%	辐射利用率/(g/MJ)
2015年	N0	两优培九	115	1 872	581a	68.9a	1.99a
		Y两优2号	116	1 836	580a	70.2a	1.84b
		Y两优900	117	1 845	564a	68.0a	2.06a
	平均值		116	1 851	575B	69.0B	1.96B
	N1	两优培九	117	1 845	690a	83.1a	2.44ab
		Y两优2号	122	1 896	693a	81.1b	2.26b
		Y两优900	113	1 809	664a	81.7b	2.75a
	平均值		117	1 850	683A	82.0A	2.48A
	N2	两优培九	118	1 851	707a	84.9a	2.24b
		Y两优2号	113	1 809	694a	85.3a	2.20b
		Y两优900	114	1 817	673b	82.3b	2.67a
	平均值		115	1 826	691A	84.2A	2.37A
2016年	N0	两优培九	101	1 798	563a	69.6ab	2.18b
		Y两优2号	108	1 738	564a	72.2a	2.14b
		Y两优900	110	1 772	528a	66.2b	2.30a
	平均值		106	1 769	552C	69.3C	2.21B
	N1	两优培九	104	1 792	640a	79.4a	2.46ab
		Y两优2号	108	1 792	630a	78.2ab	2.35b
		Y两优900	112	1 812	622a	76.3b	2.67a
	平均值		108	1 798	631B	78.0B	2.49A
	N2	两优培九	106	1 823	691a	84.3a	2.53ab
		Y两优2号	110	1 831	666a	80.8b	2.37b
		Y两优900	114	1 852	693a	83.2a	2.81a
	平均值		110	1 835	683A	82.8A	2.57A
2017年	N0	两优培九	110	1 845	592a	71.3a	1.86b
		Y两优2号	110	1 845	591a	71.2a	2.05a
		Y两优900	110	1 845	605a	72.8a	2.12a
	平均值		110	1 845	596C	71.8C	2.01B
	N1	两优培九	112	1 856	669a	75.8a	2.75c
		Y两优2号	113	1 861	650a	77.6a	3.02b
		Y两优900	114	1 867	640a	76.2a	3.34a
	平均值		113	1 861	653B	76.5B	3.04A
	N2	两优培九	112	1 856	703a	84.1a	2.83b
		Y两优2号	114	1 867	712a	84.7a	2.82b
		Y两优900	114	1 867	666b	84.6a	3.35a
	平均值		113	1 863	693A	84.5A	3.00A

三、不同年代超级杂交稻的产量与截获辐射或辐射利用率之间的关系

不同品种的产量与辐射截获量和辐射利用率均呈显著正相关（$P<0.01$）（图3-4），但这些关系的强度在不同品种之间有所不同。Y两优900的高产量与辐射利用率（$R^2=0.66$）的关系比截获辐射（$R^2=0.48$）更密切，而两优培九和Y两优2号的产量与截获辐射（$R^2=0.53$，$R^2=0.63$）的关系大于辐射利用率（$R^2=0.31$，$R^2=0.55$）。

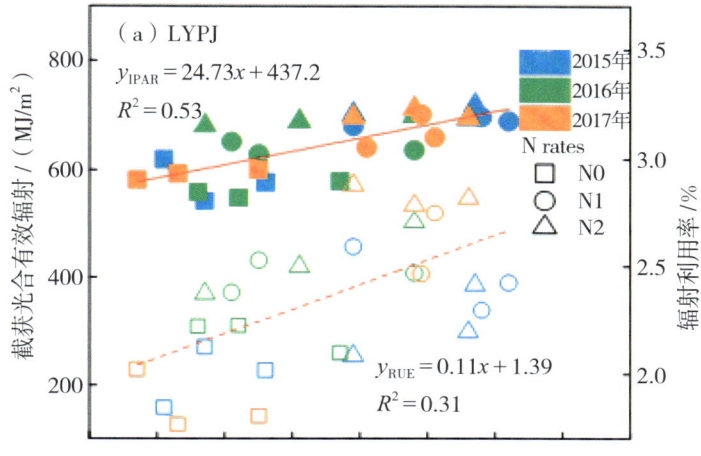

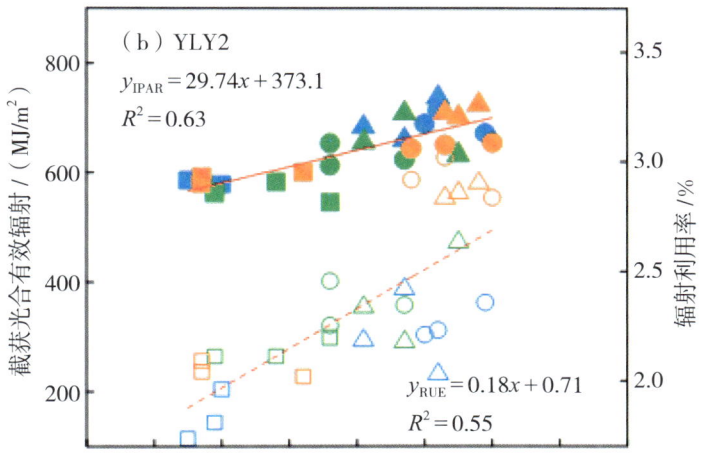

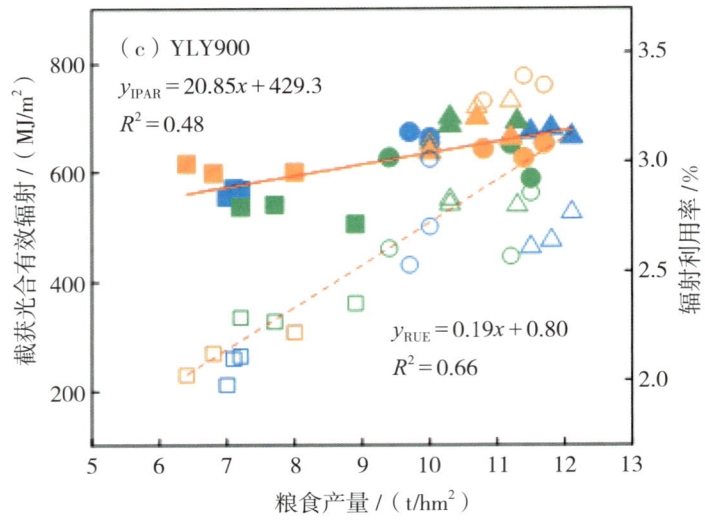

图 3-4 产量与截获光合有效辐射（IPAR）和辐射利用率（RUE）的关系

四、评价截获光合有效辐射、辐射利用率和收获指数对不同年代超级杂交稻的产量的贡献

水稻产量可以表示为生物量和收获指数的乘积。我们将作物在光合作用下将光能转换为干物质的能力称为辐射利用率。在忽略光合作用对根系的影响条件下，水稻产量也可以表示为光合有效辐射截获量和辐射利用率的乘积。而产量也可以用截获光合有效辐射、辐射利用率和收获指数三者乘积表示，但这三者对产量的相对贡献尚不明确。因此，本研究开发了以下多元回归模型，以量化截获光合有效辐射、辐射利用率和收获指数对水稻产量的相对贡献（表 3-10）：

ln（Grain yield）= a + b ln（IPAR）+ c ln（RUE）+ d ln（HI）

其中，a 为常数，b，c 和 d 分别为 IPAR，RUE 和 HI 与产量回归系数，以其值大小评估对产量的相对贡献。将试验数据代入多元回归模型，可以得到以下 3 个品种的回归模型：

ln（水稻产量 $_{LYPJ}$）= −6.24 + 1.19 ln（IPAR）+ 0.48 ln（RUE）+ 0.36 ln（HI）

ln（水稻产量 $_{YLY2}$）= −5.98 + 1.10 ln（IPAR）+ 0.51 ln（RUE）− 0.19 ln（HI）

ln（水稻产量 $_{YLY900}$）= −3.10 + 0.63 ln（IPAR）+ 0.79 ln（RUE）− 0.88 ln（HI）

表 3-10　多元回归分析产量（GY）与截获光合有效辐射（IPAR）、辐射利用率（RUE）和收获指数（HI）之间的相关性

产量	截获光合有效辐射			辐射利用率			收获指数			调整后 R^2
	回归系数	标准误差	P 值	回归系数	标准误差	P 值	回归系数	标准误差	P 值	
两优培九	1.19	0.37	**	0.48	0.25	NS	0.36	0.34	NS	0.53
Y 两优 2 号	1.10	0.21	***	0.51	0.13	***	−0.19	0.27	NS	0.79
Y 两优 900	0.63	0.29	*	0.79	0.16	***	−0.88	0.45	NS	0.74

在两优培九中，水稻产量仅对光合有效辐射量有显著影响，回归系数为 1.19。光合有效辐射量和辐射利用率对 Y 两优 2 号的产量均有显著影响（$P<0.05$），回归系数分别为 1.10 和 0.51。然而，由于低氮和高氮处理的收获指数降低，收获指数的回归系数为 −0.19。同样，光合有效辐射量（$P<0.05$）和辐射利用率（$P<0.001$）显著影响 Y 两优 900 的产量，回归系数分别为 0.63 和 0.79。

在过去几十年里，中国的超级杂交稻取得了显著进步。在本研究中，我们评估了三个超级杂交稻品种在不同氮处理条件下对水稻产量及其生理决定因素的影响，其中包括辐射截获量和辐射利用率。结果表明，辐射截获量和辐射利用率都有助于超级杂交稻的高产，但这些具高产潜力的超级杂交稻品种的增产生理机制不同。

本研究结果表明，Y 两优 900 的产量优势主要是较高的辐射利用率以及较高的穗数和每穗粒数导致的较高的地上生物量产量。Y 两优 900 中较高的辐射利用率可能与较高的叶片光合性能和改善了叶片光合特性有关。我们之前的研究证实，Y 两优 900 比两优培九具有更高的叶片光合速率，尤其是在后期生长阶段。Y 两优 900 产量优势的生理和农艺基础归因于较高的叶片叶绿素含量、较大的叶片厚度、较大的叶面积、较高的光合速率、较高的干物质，特别是在灌浆期较高的地上生物量积累。

两优培九在中国南方稻区广泛种植，研究表明，两优培九和 Y 两优 2 号的产量优势最重要的生物学特征是其更大的叶面积和持续时间，这增加了抽穗前的地上生物量积累，而不是辐射利用率。本研究表明，两优培九和 Y 两优 2 号的产量优势主

要是较高的辐射截获量导致的较高的地上生物量产量。与 Y 两优 900 的较高辐射利用率相比，在低氮条件下，两优培九和 Y 两优 2 号的成熟期地上生物量等于或高于 Y 两优 900，但两优培九和 Y 两优 2 号的辐射截获率高于 Y 两优 900，这表明两个超级杂交稻品种的地上生物量增加可能是较高的辐射截获量所致。

两优培九和 Y 两优 2 号中较高的辐射截获量不是由于其较长的生长时间造成的，因为在本研究中，两个品种的生长期比 Y 两优 900 短。两优培九和 Y 两优 2 号的辐射截获量较高，这是由于它们的特定冠层结构，特别是从分蘖到穗分化的较低叶角和抽穗前的较大叶面积，这两个因素都有助于光截获，并且高于 Y 两优 900。考虑到 Y 两优 900 的产量优势和多元回归分析的结果，辐射利用率在超级杂交稻品种的产量提高中比收获指数发挥更重要的作用。随着作物基因的改良和作物管理实践的改进，水稻产量显著增加。在中国超高产育种计划中，培育大穗或重穗是作物育种者提高水稻产量潜力的重要途径之一。以多穗为育种目标来提高水稻产量是目前水稻育种的一个方向，表面上看，这似乎有所不同，但它们与提高辐射利用率的趋势一致。本研究结果对于水稻育种家和农学家调整超级杂交稻品种的育种目标、方法和管理实践都有一定的参考意义。

在本研究中，氮肥处理对三个超级杂交稻品种的辐射利用率没有显著影响。叶片氮含量较低的植物倾向于调整其叶面积，而不是调整其单位叶面积的氮含量，因此单位叶面积的光合作用变化很小。叶片中高氮含量虽可提高叶片的净光合速率，但同时也促进生长和细胞呼吸，导致高能量消耗，部分抵消了其对净光合速率的促进作用，因为高氮组织需要更多的能量来维持生理活动。本研究中的氮处理下生长的两优培九、Y 两优 2 号和 Y 两优 900 的光合特性，证实了这几个品种在低氮和高氮之间的净光合速率没有显著差异。因此，增加氮供应不一定会导致较高的辐射利用率和光合作用。在本研究中，辐射利用率对氮供应不敏感的另一个可能原因是叶片的遮光效应。由于较高的叶面积指数，在高氮处理中被遮蔽的叶片比例较高。因此，氮肥不会线性地增加辐射利用率，而是渐进地增加。

本研究结果还证实，增加氮肥投入可提高超级杂交稻产量，Y 两优 900 在 N2

处理中产量超过 11 t/hm²。这可能是因为新育成的超高产品种是在高氮条件下选育的，高产是由于穗数和每穗粒数的增加。生产上普通杂交稻品种的氮肥投入约为 210 kg/hm²，超级杂交稻为 300 kg/hm²。由于超级稻更好地适应高氮条件，农民倾向于施用更多氮肥以获得更高的产量，但高的氮肥投入往往导致低氮利用效率和严重的环境污染。因此发展绿色超级稻的战略，以应对水稻生产的挑战，包括减少水稻生产中的氮投入。有建议采用减少氮肥用量的密植策略来缓解减少氮肥用量带来的负面产量效应，然而，这种策略在超级杂交稻优良品种中的可行性需要进一步探讨。

同时本研究面临一些局限性，在不同氮处理下，仅在一个生态区域评估了辐射截获量和辐射利用率对地上生物量积累和产量的贡献。太阳辐射随纬度、天气条件、海拔高度和日照时间而变化。不同地区的太阳辐射差异可能会影响作物辐射利用率。在日本京都，两优培九的辐射利用率为 1.60～2.16 g/MJ，在中国云南，辐射利用率为 1.50～1.94 g/MJ，这两个值都比我们目前的试验地点低得多。目前尚不清楚这些差异是否会影响在不同氮肥处理下辐射截获量和辐射利用率对地上生物量积累的贡献，需要进一步的研究来验证这些在不同生态区域超级杂交稻中的贡献。

本试验评估了辐射截获量和辐射利用率对 1990—2015 年间育成的超级杂交稻品种在不同氮肥处理下的水稻产量贡献的影响。氮肥施用增加了 Y 两优 900 的产量，主要是由于较高的辐射利用率和增加的穗数和每穗粒数导致的较高的地上生物产量。新育成的超高产品种的产量优势，辐射利用率在产量提高中比收获指数发挥更重要的作用。总之，本研究的结果将有助于育种人员调整其育种目标，以进一步提高超级杂交稻的产量潜力。

第三节　弱光胁迫下超级杂交稻辐射利用的变化特征

作物生产受到许多环境因素的影响，如太阳辐射、环境温度、可用水资源和土壤肥力。近几十年来，长江中下游地区太阳辐射量呈下降趋势。了解不同品种，特别是弱光胁迫对超级杂交水稻的影响，以便育成耐弱光品种，以减轻弱光胁迫对该地区水稻生产的影响，并保障粮食安全。

在水稻生长的关键阶段，如穗分化或灌浆阶段，连续阴天或降雨通常会导致水稻产量的大幅损失和水稻品质的下降。弱光胁迫严重限制了世界上一些水稻种植区的水稻产量，特别是在东南亚和中国。作为最重要的水稻生产区之一，中国四分之三的水稻种植区位于长江流域，其中40%的水稻种植区域种植单季水稻。在过去几十年中，长江中下游地区在夏季连续遭遇降雨，该地区1961—2011年的平均累计多云降雨日数为每年70～130天，2014年8月，连续的雨天持续了15天。大多数单季水稻品种的灌浆期通常从8月中旬到9月中旬，这一时期恰逢阴雨，这对水稻生产造成了严重损害。

由于低光照条件对水稻的生长和产量有着不利的影响，近年来越来越多的研究人员开始关注光照强度对水稻生产的影响。遮光会降低光合作用有效辐射并改变光照质量，从而导致水稻的形态、生理、生物量和产量发生不利变化。水稻产量是干物质生产、分配和积累的结果。在许多研究中都报道了在降低光照强度下水稻干物质产量的减少，但结果因品种而异。与普通杂交稻和常规稻品种相比，超级杂交稻在低光照条件下积累干物质的能力要低得多。在遮光胁迫下，营养器官的干物质分配高于生殖器官。杂交水稻开花期，当光照度降至自然光照度的40%时，剑叶的光合速率显著降低，导致干物质积累减少，光合产物的重新分配发生改变。

因此，本研究于2019年和2020年在荆州地区开展了连续两年的大田试验，试验设置齐穗期遮光40%处理和不遮光处理，供试品种为两个类型共4个品种，分别为籼型杂交稻（Y两优900、荃优华占）和籼粳杂交稻（甬优1540、甬优538）。旨在研究弱光胁迫下超级杂交稻的产量形成、干物质生产特征以及辐射利用特性的变化，以期为超级杂交稻的高产高效栽培以及生态适应性研究提供理论依据和数据支撑。

一、弱光胁迫下超级杂交稻的产量及产量构成

正常光照下，籼粳杂交稻两年平均产量为 9.58 t/hm²，而籼型杂交稻则为 8.81 t/hm²，籼粳杂交稻较籼型杂交稻具有 8.3% 的产量优势（图 3-5）。齐穗后弱光降低了所有供试水稻的产量，且在品种间存在显著差异。其中，2019 年籼型杂交稻遮光下产量下降了 58.4%，而籼粳杂交稻则下降了 42.8%；2020 年籼型杂交稻遮光下产量下降了 60.0%，显著大于籼粳杂交稻的 47.2%。

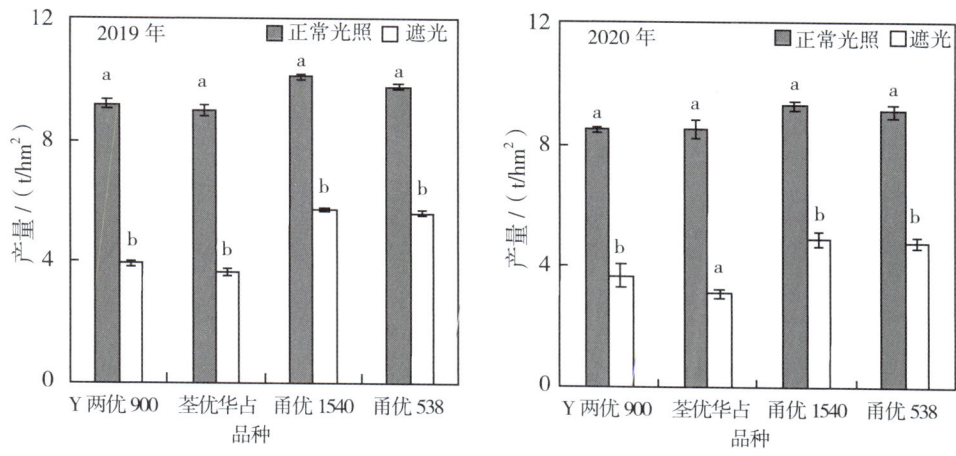

图 3-5　2019—2020 年齐穗后遮光下不同类型品种水稻产量

如表 3-11 所示，在各项产量构成因子中，结实率受齐穗后遮光影响最显著，而且品种、处理和品种 × 处理间存在差异，均达到了极显著水平。其中 2019 年籼型杂交稻在齐穗后遮光下结实率下降了 56.0%，籼粳杂交稻仅下降了 45.1%；2020 年籼型杂交稻在齐穗后遮光下结实率下降了 54.5%，显著高于籼粳杂交稻的 43.9%。而水稻的有效穗数和每穗粒数的差异仅存在于品种间，齐穗后遮光对两者的影响并不显著。

表 3-11　2019—2020 年不同类型品种水稻齐穗后遮光下产量构成

年份	品种	处理	有效穗数/（万穗/hm²）	每穗粒数/粒	结实率/%	粒重/mg
2019 年	Y 两优 900	正常光照	247.4a	196.7a	76.2a	24.0a
		遮光	242.8a	196.8a	32.7b	22.8b

续表

年份	品种	处理	有效穗数/(万穗/hm^2)	每穗粒数/粒	结实率/%	粒重/mg
2020年	荃优华占	正常光照	288.6a	163.9a	74.9a	24.6a
		遮光	283.8a	154.5a	33.8b	22.8b
	甬优1540	正常光照	184.8a	302.6a	73.4a	21.2a
		遮光	229.7a	276.9a	37.8b	21.0a
	甬优538	正常光照	220.8a	282.1a	72.0a	21.0a
		遮光	219.1a	270.5a	42.0b	20.3a
	Y两优900	正常光照	207.7a	214.6a	72.1a	24.1a
		遮光	192.0b	230.1a	36.4b	21.0b
	荃优华占	正常光照	225.8a	207.6a	72.6a	23.2a
		遮光	216.5a	215.2a	29.4b	22.8a
	甬优1540	正常光照	184.8a	290.9a	72.6a	20.9a
		遮光	183.6a	295.3a	41.4b	20.0b
	甬优538	正常光照	175.1a	303.1a	72.9a	21.0a
		遮光	173.9a	299.9a	40.2b	20.7a
	方差分析	品种	**	*	**	**
		处理	NS	NS	**	**
		品种×处理	NS	NS	**	*

二、弱光胁迫下超级杂交稻干物质积累差异

齐穗后遮光处理对不同类型品种水稻各生育期干物质重影响显著。2019年遮光前籼型杂交稻的茎叶干物质重平均为1 040.6 g/m^2，籼粳杂交稻的平均茎叶干物质重则为951.3 g/m^2；2020年遮光前籼型杂交稻的茎叶干物质重平均为781.9 g/m^2，籼粳杂交稻则为787.3 g/m^2。在营养生长阶段，籼型杂交稻具有一定干物质积累优势。齐穗后15 d和成熟期正常光照下，籼粳杂交稻茎叶和穗干物质积累量均显著高于籼型杂交稻。所有供试水稻品种茎叶干物质重均在齐穗后15 d达到最低。籼型杂交稻茎叶干物质均随生育期而下降，而籼粳杂交稻品种茎叶干物质在灌浆后期有显著回升。遮光显著降低了干物质生产的积累速度和积累量。2019年籼粳杂交稻成熟期总干物质在遮光下平均下降了23.9%，而籼型杂交稻则下降了32.3%；2020年籼粳杂交稻成熟期总干物质在遮光下平均下降了27.6%，显著小于籼型杂交稻的35.6%

（表 3-12）。

表 3-12 2019—2020 年不同类型品种水稻齐穗后遮光下干物质积累量　　　　　单位：g/m²

年份	品种	处理	齐穗期	齐穗后 15 d		成熟期	
			茎叶	茎叶	穗	茎叶	穗
2019 年	Y 两优 900	正常光照	937.4	869.4a	682.4a	819.9a	958.0a
		遮光	937.4	811.1b	583.0b	734.4b	473.5b
	荃优华占	正常光照	1 143.7	832.2a	592.8a	868.0a	943.7a
		遮光	1 143.7	764.9b	389.4b	717.8b	505.1b
	甬优 1540	正常光照	932.4	944.0a	682.0a	927.5a	1 040.0a
		遮光	932.4	854.7b	580.4b	791.8b	691.2b
	甬优 538	正常光照	970.2	753.1a	685.3a	859.1a	1 037.8a
		遮光	970.2	750.5b	592.5b	781.2b	677.7b
2020 年	Y 两优 900	正常光照	704.4	592.0a	542.2a	581.8a	852.0a
		遮光	704.4	491.6b	298.5b	399.5b	454.4b
	荃优华占	正常光照	859.3	558.6a	414.0a	549.9a	831.0a
		遮光	859.3	477.1b	247.3b	427.6b	529.8b
	甬优 1540	正常光照	806.8	666.3a	561.1a	764.7a	915.2a
		遮光	806.8	563.4b	413.4b	583.0b	604.1b
	甬优 538	正常光照	767.8	696.0a	639.3a	689.4a	913.8a
		遮光	767.8	539.6b	474.7b	565.3b	624.8b
	方差分析	品种	**	**	**	**	**
		处理	—	**	**	**	**
		品种 × 处理	—	NS	NS	**	**

除对干物质积累外，齐穗后遮光也对干物质转运有显著影响。由图 3-6 可知，齐穗后遮光显著提高了所有供试水稻的表观输出量和表观输出率。相较于正常光照，籼粳杂交稻的表观输出量在 2019 年和 2020 年分别提高了 106.8 g/m² 和 152.9 g/m²，而籼型杂交稻的表观输出量在 2019 年和 2020 年则分别提高了 117.9 g/m² 和 152.3 g/m²。籼粳杂交稻的表观输出率在 2019 年和 2020 年分别提高了 11.3% 和 19.3%，籼型杂交稻则分别提高了 11.2% 和 20.1%。

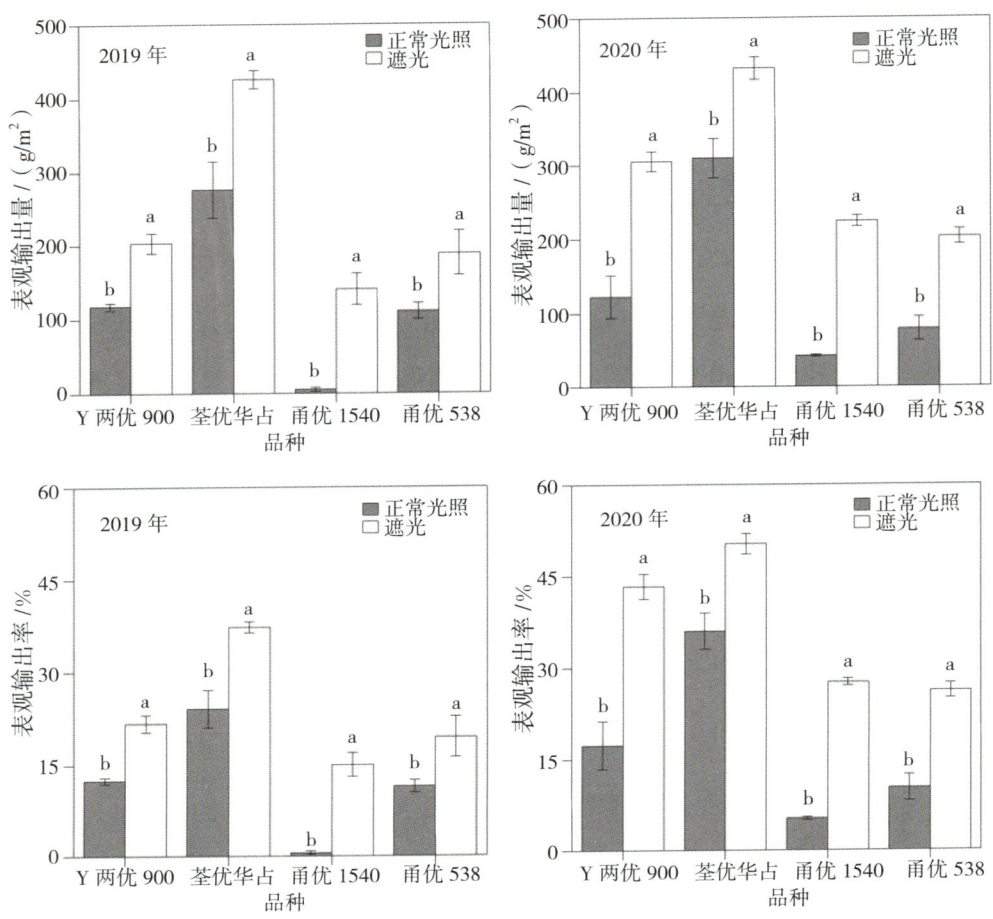

图 3-6 2019—2020 年不同类型品种水稻齐穗后遮光下表观输出量与表观输出率

齐穗后遮光显著降低了齐穗后各时期水稻穗部的干物质分配比例（图 3-7）。与正常光照相比，籼型杂交稻 2019 年齐穗后 7 d、齐穗后 15 d 和成熟期穗部干物质分配率分别下降了 19.9%、11.9% 和 24.0%，在 2020 年则分别下降了 9.8%、20.8% 和 9.3%，这一数据显著大于籼粳杂交稻。籼粳杂交稻 2019 年齐穗后 7 d、齐穗后 15 d 和成熟期穗部干物质分配率分别下降了 5.9%、6.0% 和 13.4%，在 2020 年则分别下降了 4.9%、3.3% 和 7.3%。

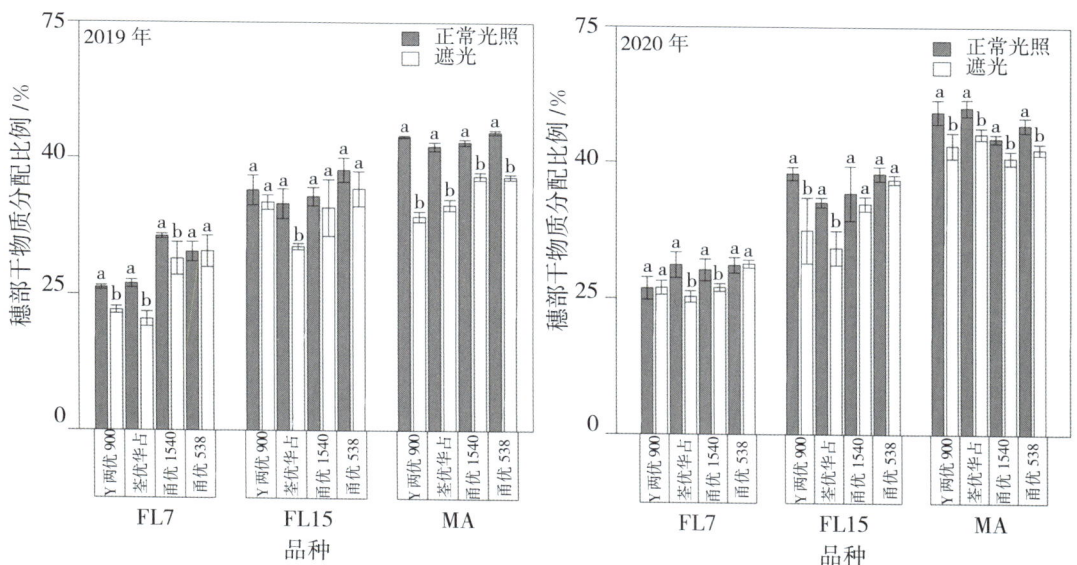

图 3-7 2019—2020 年不同类型品种水稻齐穗后遮光下穗部干物质分配比例

三、弱光胁迫下超级杂交稻的净光合速率差异

正常光照下，籼粳杂交稻比籼型杂交稻具有更高的比叶重，而且其遮光下的比叶重下降幅度也较小。籼粳杂交稻的比叶重在 2019 年和 2020 年分别下降了 5.7% 和 3.8%，低于籼型杂交稻（2019 年和 2020 年分别下降了 11.8% 和 14.6%）。与正常条件相比，齐穗后遮光显著提高了所有供试水稻品种的 SPAD 值，其中籼粳杂交稻的 SPAD 值增加了 9.3%，籼型杂交稻的 SPAD 值增加了 14.4%。齐穗后遮光延缓了水稻叶片的衰老速率，但显著降低了水稻的净光合速率。与正常光照相比，齐穗后遮光下籼粳杂交稻的净光合速率在 2019 年和 2020 年分别下降了 19.0% 和 21.4%，齐穗后遮光下籼型杂交稻的净光合速率在 2019 年和 2020 年均下降了 32.1%。齐穗后遮光显著降低了所有供试品种水稻的气孔导度，在齐穗后遮光下，2019 年和 2020 年籼型杂交稻的气孔导度分别下降了 30.5% 和 31.8%。然而，在遮光条件下，籼粳杂交稻的气孔导度在 2019 年和 2020 年分别下降了 23.1% 和 26.3%。

在齐穗后遮光下，所有供试品种水稻在 2019 年和 2020 年灌浆期的净光合速率、气孔导度、SPAD 值和比叶重在品种和处理之间存在显著差异。2019 年水稻灌浆期净光合速率在处理间与品种 × 处理间存在显著差异，而 SPAD 值和比叶重则不显著；2020 年水稻灌浆期净光合速率和比叶重在处理间与品种 × 处理间存在互作效应。处理间对净光合速率、气孔导度、SPAD 值和比叶重的影响均显著大于品种和处理之间的互作效应（表 3-13）。

表 3-13 超高产品种齐穗后遮光下 15 d 叶片光合特性

年份	品种	处理	净光合速率/（μmol/m^{-2}·s）	气孔导度/（mmol/m^2·s）	SPAD 值	比叶重/（g/m^2）
2019 年	Y 两优 900	正常光照	17.3a	576.7a	35.4b	47.6a
		遮光	11.7b	388.6b	41.5a	41.1b
	荃优华占	正常光照	16.2a	545.2a	36.1b	49.2a
		遮光	11.1b	390.5b	42.6a	44.4b
	甬优 1540	正常光照	18.4a	601.0a	41.1b	51.9a
		遮光	14.6b	465.8b	44.7a	49.2b
	甬优 538	正常光照	17.7a	602.3a	40.2b	54.9a
		遮光	13.6b	422.2b	45.3a	48.1b
2020 年	Y 两优 900	正常光照	15.2a	539.6a	39.1b	45.2a
		遮光	10.3b	366.1b	44.1a	37.8b
	荃优华占	正常光照	15.0a	513.1a	37.4b	47.0a
		遮光	14.6b	460.1b	44.1a	51.4b
	甬优 1540	正常光照	17.4a	576.3a	41.3b	50.0a
		遮光	10.3b	351.7b	43.2a	41.1b
	甬优 538	正常光照	16.8a	581.5a	41.6b	51.7a
		遮光	13.2b	430.8b	45.2	49.6b
方差分析		品种效应	**	**	**	**
		与处理	**	**	**	**
		品种与处理互作效应	**	**	**	**

四、弱光胁迫下超级杂交稻的花后辐射利用率变化

由表 3-14 可知，齐穗后遮光下水稻的灌浆期干物质、辐射利用率和辐射截获量显著降低。在齐穗后遮光下，籼粳杂交稻的 RUE 为 2.45 g/MJ，籼型杂交稻为 0.79 g/MJ。与正常光照相比，齐穗后遮光下籼型杂交稻的辐射利用率在 2 年内下降了 71.7%，显著高于籼粳杂交稻（26.5%）。在遮光下，籼粳杂交稻的灌浆期干物质

积累量在 2019 年和 2020 年分别下降了 47.0% 和 53.0%。然而，2019 年籼型杂交稻的灌浆期干物质积累量下降了 76.8%，2020 年下降了 80.2%。

表 3-14 超高产品种齐穗后遮光下灌浆期辐射利用率

年份	品种	处理	光合有效辐射 /（MJ/m²）	冠层光截获率/%	辐射截获量 /（MJ/m²）	灌浆期干物质 /（g/m²）	辐射利用率 /（g/MJ）
2019 年	Y两优900	正常光照	635.6	88.4b	252.9a	840.5a	3.32a
		遮光	469.6	93.4a	197.4b	270.4b	1.37b
	荃优华占	正常光照	567.4	86.8a	221.6a	668.0a	3.02a
		遮光	462.9	91.2a	190.0b	79.1b	0.42b
	甬优1540	正常光照	727.8	88.5a	289.7a	1 035.0a	3.57a
		遮光	550.6	92.8a	187.0b	550.6b	2.83b
	甬优538	正常光照	695.3	86.4b	270.4a	926.8a	3.43a
		遮光	441.4	94.0a	186.8b	488.7b	2.62b
2020 年	Y两优900	正常光照	678.3	90.1a	275.0a	729.4a	2.65a
		遮光	437.1	95.8a	188.4b	149.4b	0.79b
	荃优华占	正常光照	601.5	90.7a	245.5a	521.5a	2.12a
		遮光	405.7	95.3a	174.1b	98.0b	0.56b
	甬优1540	正常光照	674.4	90.2a	273.8a	873.0a	3.19a
		遮光	431.4	94.1a	182.7b	380.2b	2.08b
	甬优538	正常光照	675.6	88.8a	269.9a	835.5a	3.10a
		遮光	434.8	93.3a	188.8b	422.3b	2.27b
方差分析		品种效应	NS	**	**	**	**
		与处理	**	**	**	**	**
		品种与处理互作效应	NS	**	**	**	**

五、弱光胁迫处理下产量与不同辐射利用参数之间的关系

在齐穗后遮光下，不同类型品种水稻的产量与干物质、辐射截获量和辐射利用率存在显著正相关关系（图 3-8）。籼粳杂交稻的灌浆期干物质和辐射利用率与产量的相关性强于籼型杂交稻，而冠层光截获率和辐射截获量的相关性则相反。对于籼粳杂交稻，籽粒产量与辐射利用率之间的相关系数为 $R^2=0.46$，对于遮光下的籼型杂交稻，籽粒产量与灌浆期干物质之间的相关系数为 $R^2=0.16$，而对于籼粳杂交稻，籽粒产量与灌浆期干物质之间的相关系数为 $R^2=0.72$，对于遮光下的籼型杂交

稻，籽粒产量与辐射利用率之间的相关系数为 $R^2=0.20$。籼粳杂交稻辐射截获量与产量的相关系数为 $R^2=0.50$，籼型杂交稻辐射截获量与产量的相关系数为 $R^2=0.51$。然而，冠层光截获率与产量之间的相关系数不显著，籼粳杂交稻的相关系数为 $R^2=0.0005$，籼型杂交稻的相关系数为 $R^2=0.15$。

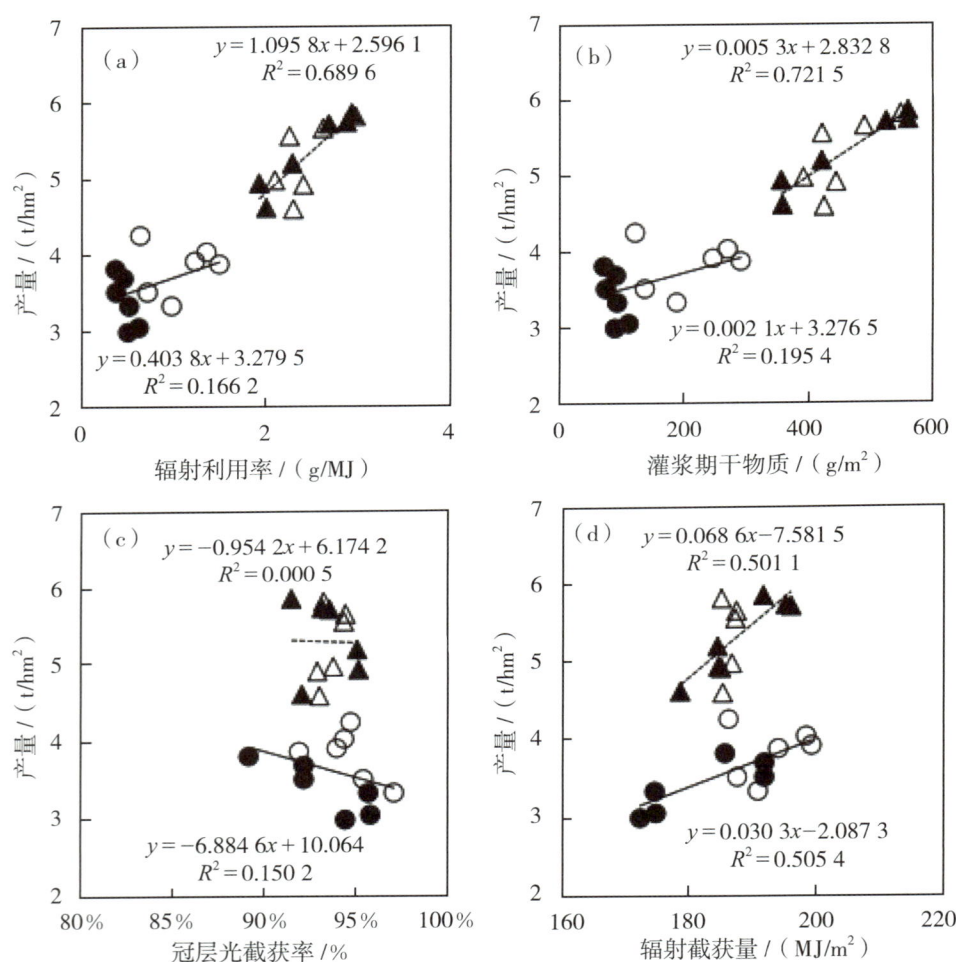

图 3-8　齐穗后遮光对不同类型品种水稻产量与辐射利用率（a）、灌浆期干物质（b）、冠层光截获率（c）和辐射截获量（d）的相关性分析

籼粳杂交稻具有更强的干物质积累能力和更大的干物质积累量，这是籼粳杂交稻高产的重要保障。有研究表明，籼粳杂交稻的干物质积累量相较于其亲本有显著的提升。在本研究中，正常光照下籼粳杂交稻成熟期的总干物质积累量比籼型杂交稻提高了 10.4%。所有阶段的遮光都会降低水稻的干物质积累量和生长速率，从而

抑制水稻的产量。我们在研究中发现，齐穗后遮光对籼粳杂交稻以及籼型杂交稻减产的影响主要来源于结实率的降低。齐穗后遮光主要影响了水稻籽粒的灌浆过程，由于光合作用在弱光胁迫下受到抑制，源器官并不能提供足够的同化物来满足籽粒生长，水稻灌浆不充分，形成大量的空粒与半饱粒，从而导致供试品种的结实率和千粒重大幅度降低，极大限制了水稻的产量潜力。也有研究发现，光照强度的减弱主要导致了水稻有效穗数的降低，进而导致了水稻的减产。而在本试验中有效穗数和颖花数无显著变化，可能在抽穗前有效穗数和颖花就已经形成，灌浆期弱光胁迫并未对其产生太大的负面影响。

齐穗后遮光导致了所有供试水稻品种地上各部器官干物质积累量的降低。从不同器官来看，齐穗后遮光对水稻籽粒干物质积累量的降低最为明显；从不同时期来看，齐穗后遮光对成熟期水稻干物质积累量的降低最显著。从水稻不同类型品种来看，籼粳杂交稻比籼型杂交稻在遮光下具有更稳定的干物质积累能力，这样更高的干物质积累能力不仅体现在成熟期籽粒重，也体现在灌浆后期籼粳杂交稻的茎叶部分依旧可以增长干重。由于水稻光合作用受齐穗后遮光的抑制，干物质生产能力显著下降，籽粒灌浆要依靠花前积累在茎叶部分的同化物输出，这导致水稻茎叶部分的干物质输出量和输出率显著提高。但输出量的提高并不能满足籽粒灌浆的需求，这导致水稻穗部分配到的干物质量显著下降。此外，在本试验中，2019年水稻生长期间的温度和太阳辐射高于2020年，因此两年所有供试品种的产量和总干重有所差异。

有研究发现，高产籼粳杂交稻群体产量可达到13.5 t/hm^2，而其茎干物质重在灌浆后期增加了2倍。本研究中各类型品种水稻茎鞘干物质重均在齐穗后15 d降到最低，而籼粳杂交稻在灌浆后期茎鞘部干物质重出现明显回升，这说明即使是灌浆后期其干物质生产能力也较强。除了水稻灌浆期叶片生产的光合产物以外，从茎叶部向籽粒转运的同化物也是干物质积累的重要途径。籼粳杂交稻干物质积累能力强，但其花后碳同化物转运效率相对较低，因此进一步提高水稻营养器官花后碳氮物质转运效率，是实现水稻高产的重要途径之一。在本研究中，在齐穗后遮光下，表观输出量和表观输出率高于正常光照，这意味着遮光条件下光合作用受到抑制，不能提供足够的同化物来满足籽粒生长，只有增加茎叶输出才能满足籽粒灌浆的需求。而且遮光对干物质转运的影响在水稻品种间存在显著差异。与籼型杂交稻相比，籼粳杂交稻在齐穗后遮光下具有更强的干物质转运能力。

水稻籽粒干物质主要来自花后叶片积累的光合产物，而花后弱光胁迫严重限制了水稻光合能力。许多研究都把弱光环境下植物的光合速率作为评判品种适应性最基本的生理指标。当水稻单叶和冠层的净光合速率较低时，叶面积指数和产量会有不同程度的下降。我们对齐穗后在遮光处理下不同类型品种水稻剑叶光合特性的研究表明，齐穗后遮光处理下水稻净光合速率显著降低，这可能是由于 PSII 的光合量子效率降低和叶肉电子传递效率降低导致的羧化效率降低。净光合速率的下降在品种间存在显著差异，其中，籼粳杂交稻降低幅度显著小于籼型杂交稻。齐穗后遮光也降低了水稻剑叶的气孔导度，而且降低趋势与净光合速率相同，均为籼粳杂交稻降幅远小于籼型杂交稻。比叶重作为衡量光合作用性能的重要参数，在本研究正常光照下，籼粳杂交稻相较于籼型杂交稻具有更高的比叶重。籼粳杂交稻所具有的高比叶重可能来自其较强的干物质积累能力所带来的较高的叶干重。同时，比叶重也受到遮光的显著抑制，与净光合速率保持一致。因此，我们认为即使在弱光下，籼粳杂交稻的叶片也具有更稳定的光合特性。

值得注意的是，本试验中，遮光显著降低了剑叶净光合速率，但提高了所有供试水稻叶片 SPAD 值。这是由于水稻为了适应遮光环境，提高叶绿素含量以捕获更多光能。同时，遮光降低了叶绿素 a/b 的值，叶绿素 b 含量的提高有助于水稻更有效地利用散射光中的蓝紫光。遮光下光照主要以蓝紫散射光为主，蓝光能促进非碳水化合物的积累，抑制碳水化合物积累，所以导致净光合速率显著降低。

作物群体光能利用效率反映作物干物质生产的能力，与作物的经济产量有密切的关系。出现生物量差异的原因，可能是群体冠层辐射截获积累量的差异，也可能是作物对吸收的太阳辐射转化为干物质的效率不同，或者是两者的共同作用。在本研究中，在正常光照下，籼粳杂交稻的辐射利用率高于籼型杂交稻。更重要的是，在我们的研究中观察到干物质积累量、辐射利用率和水稻产量之间存在显著的线性相关。这些结果表明，齐穗后遮光引起的干物质积累量下降是产量下降的主要原因。因此，在籼粳杂交稻灌浆期保持较高的辐射利用率和干物质积累量可以减少遮光造成的产量损失。

光能利用率与作物光截获量及生物积累量密切相关，要提高作物光能利用率，一是提高光能转化效率，二是增加光截获量。与籼型杂交稻相比，籼粳杂交稻较高的产量主要依赖其较长的光合生育期，尤其是灌浆中后期籼粳杂交稻依旧可以保持较高的光合速率，处于较长时间的光合产物的制造与积累过程。我们在研究中发现，正常光照下籼粳杂交稻相较于籼型杂交稻具有更高辐射利用率。在早期阶段，水稻群体较低的叶面积导致严重的冠层漏光和光资源浪费。而在水稻生长后期，过高的光截获率会造成群体质量的恶化，不利于水稻高产。在本研究中，齐穗后遮光提高了水稻的冠层光截获率，但籼粳杂交稻灌浆期冠层光截获率与产量的相关性极低（$R^2=0.0005$），显著小于灌浆期入射辐射（$R^2=0.50$）。因此，相较于冠层光截获率，提高籼粳杂交稻辐射截获量更能减少齐穗后遮光带来的产量损失。因此我们认为，群体辐射利用率水平和辐射截获量都较高，是籼粳杂交稻具有高生物量的基础。

籼粳杂交稻相比于籼型杂交稻具有更好的产量潜力。弱光胁迫下，籼粳杂交稻光合物质生产和积累受到显著抑制。茎部最大输出量和输出率提高，但分配到穗部干物质比例大幅下降。灌浆期辐射利用率、辐射截获量和干物质积累量与产量呈显著正相关。因此，提高籼粳杂交稻灌浆期辐射利用率、干物质积累量、辐射截获量及净光合速率等光合参数可以减少弱光胁迫带来的产量损失。

第四节　氮密耦合对超级杂交稻辐射利用率的影响及其调控途径

每种作物都有一个独特的辐射利用率值范围，并且辐射利用率值在不同的生态区域之间可能有所不同。有报告美国水稻品种的产量与辐射利用率无关，但辐射利用率与消光系数密切相关。然而，在日本水稻的高产品种之间未发现辐射利用率的显著差异。超级杂交稻（两优培九）和常规稻（日本晴）的辐射利用率也没有显著差异，但显著低于杂交稻（Takanari），辐射利用率值不能解释日本东京和中国云南两优培九的产量差异。虽然科学家成功地使用辐射利用率模拟了热带和温带地区的水稻产量，但无法模拟云南中国品种的超高产。尽管超级杂交稻的产量潜力比普通杂交稻高10%~12%，但超级杂交稻和普通杂交稻的辐射利用率之间没有显著差异。田间试验证实超级杂交稻的辐射利用率比普通杂交稻高14%，但品种的光合有效辐射没有显著差异。超级杂交稻籽粒产量的增加主要取决于辐射利用率和光合有效辐射。

叶角已被证明是决定入射光分布的主要因素。具有直立角度的叶片提高了冠层的光截获。较厚的叶片更有利于植物的较高氮含量和较高数量的叶肉细胞。作物辐射利用率已被证明与光合作用和呼吸作用有关；因此，呼吸消耗的减少和光合作用的增加有利于提高植物的辐射利用率。然而，呼吸消耗的减少很难监测，并且需要增加光合作用来提高辐射利用率，通过提高叶片的光合作用，可以通过提高叶绿素、光系统Ⅱ复合物（PSⅡ）和Rubisco效率，可以获得更高的辐射利用率。

水稻冠层受植物品种、氮肥投入和植株密度的影响，健康的冠层有利于提高水稻产量和辐射利用率。然而，关于氮肥和密度条件下辐射利用率的信息仍然有限。本研究以两个杂交稻品种（Y两优900和荃两优681）和两个常规稻品种（黄华占和粤农丝苗）为材料，设置高氮（270 kg/hm^2）和低氮（180 kg/hm^2）两个氮肥处理，高密（47.6 hill/m^2）和低密（37 hill/m^2）两个密度处理，研究氮密耦合下的辐射利用特征。

一、氮密耦合对超高产品种产量形成与干物质生产的影响

氮肥和密度处理显著影响了常规稻和杂交稻的产量（图3-9）。高氮（270 kg/hm^2）处理下Y两优900和荃两优681的产量为9.82 t/hm^2，比低氮（180 kg/hm^2）处理高10.1%，高密（47.6 hill/m^2）处理下为9.77 t/hm^2，比低密

（37 hill/m²）处理高 7.1%。高氮（270 kg/hm²）处理下黄华占和粤农丝苗的产量为 9.73 t/hm²，比低氮（180 kg/hm²）处理高 2.1%，高密（47.6 hill/m²）处理下为 9.24 t/hm²。低氮 × 高密处理的产量为 9.65 t/hm²，分别比低氮 × 低密和高氮 × 低密（37 hill/m²）处理高 11.4% 和 1.4%。

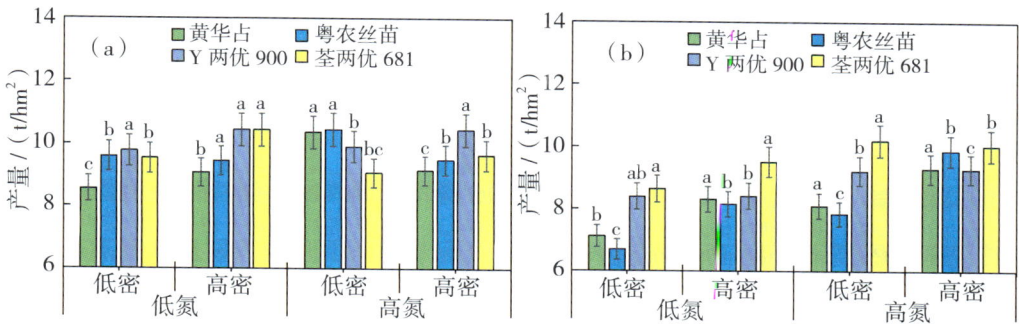

图 3-9　2017 年（a）和 2018 年（b）四个品种在不同氮肥和密度处理下的产量

黄华占和粤农丝苗在分蘖中期时的干物重为 73.1 g/m²，比 Y 两优 900 和荃两优 681 高 23.3%。成熟期杂交稻的干物重为 1 668.6 g/m²，比常规稻高 22.9%。氮和密度处理显著影响了水稻的干物重（表 3-15），高氮处理下黄华占和粤农丝苗的干物重为 1 401.7 g/m²，比低氮处理高 6.6%，高密处理下为 1 467.6 g/m²（比低密处理高 17.5%）。高氮处理下 Y 两优 900 和荃两优 681 的干物重为 1 878.4 g/m²，比低氮处理高 28.8%，高密处理下为 1 838.4 g/m²，比低密处理高 22.7%（图 3-10）。

表 3-15　产量与分蘖期和成熟期辐射利用参数的方差分析

方差分析	产量	截获率		辐射截获量		辐射利用率		总干物质重	
		分蘖中期	成熟期	分蘖中期	成熟期	分蘖中期	成熟期	分蘖中期	成熟期
品种	NS	4.16*	9.56**	NS	33.17**	NS	15.65**	21.10**	NS
氮肥	NS	NS	NS	NS	NS	18.73**	NS	4.10*	6.18*
密度	NS	NS	NS	13.73**	NS	4.30*	NS	4.89*	NS
品种*氮肥	NS	3.19**	4.36**	NS	23.12**	7.76**	9.65**	12.13**	NS
品种*密度	NS	2.69*	4.51**	4.95**	20.62**	NS	9.33**	13.31**	NS
氮肥*密度	3.31*	NS	NS	6.51**	NS	9.41**	NS	3.50*	6.21**
品种*氮肥*密度	NS	2.63*	2.35*	2.93**	23.43**	5.49**	12.29**	12.42**	7.32**

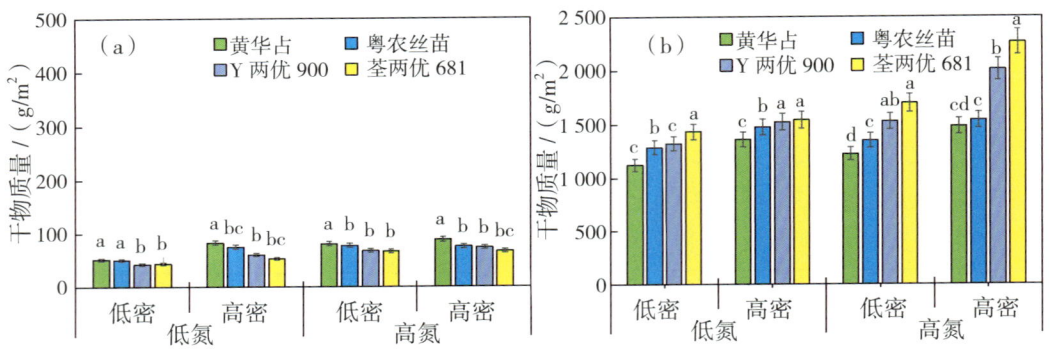

图 3-10 四个品种在不同氮肥和密度处理下，分蘖中期（a）和成熟期（b）的干物质量

二、氮密耦合处理下水稻产量、辐射截获率、光合有效辐射、辐射利用率、地上总干重和穗数的主成分分析

在不同氮肥用量和种植密度下，常规稻的符合度低于杂交稻（表 3-16）。在两组水稻中，辐射截获率、光合有效辐射和辐射利用率对主成分 1 的贡献更大。主成分 2 的差异主要归因于品种的产量和穗数。产量、穗数和干物质与主成分 1 呈正相关，而产量与辐射截获率、光合有效辐射和辐射利用率不呈正相关（图 3-11）。在 PCA 分析中，氮肥和密度的相互作用受到常规稻品种的显著影响，处理之间的差异主要取决于穗数。

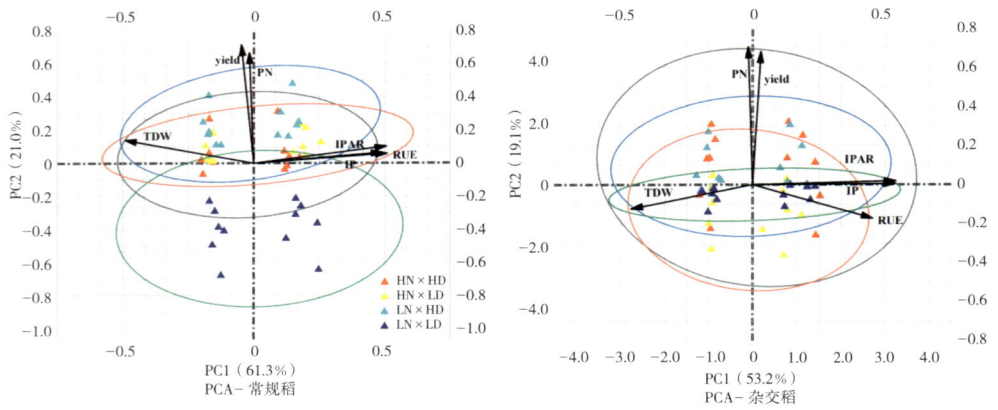

图 3-11 不同氮肥和密度处理下产量、辐射截获率、光合有效辐射、辐射利用率、地上总干重和穗数的主成分分析（PCA）

表 3-16 常规稻和杂交水稻产量、辐射截获率、光合有效辐射、辐射利用率、地上总干重和穗数等主成分分析

项目	常规稻		杂交稻	
	主成分 1	主成分 2	主成分 1	主成分 2
产量	−0.02	0.67	0.03	0.68
辐射截获率	0.51	0.06	0.54	0.00
截获量	0.51	0.10	0.54	0.02
辐射利用率	0.49	0.07	0.45	−0.17
总干物重	−0.49	0.14	−0.46	−0.12
有效穗数	−0.05	0.72	−0.02	0.70

三、氮密耦合对不同辐射利用特征参数的影响

不同氮肥和密度处理显著影响了常规稻和杂交稻的辐射截获率。常规稻分蘖期的辐射截获率为 56.7%，比杂交稻高 8.1%（图 3-12）。杂交稻在成熟期的辐射截获率为 92.6%，比常规稻高 4.1%。高氮处理的常规稻的辐射截获率比低氮处理的高 10.4%，高密处理的辐射截获率比低密处理的辐射截获率高 4.8%。高氮处理下杂交稻的辐射截获率比低氮处理下高 7.2%，高密处理下的辐射截获率比低密处理下高 2.2%。杂交稻和常规稻品种在高氮 × 高密处理下表现出最高的辐射截获率。

常规稻在分蘖期的光合有效辐射为 355.3 MJ/m^2，比杂交稻高 14.3%。杂交稻在成熟期的光合有效辐射为 785.4 MJ/m^2，比常规稻高 10.0%。氮和密度处理显著影响了常规稻和杂交稻的光合有效辐射。在分蘖期，高氮处理下的常规稻光合有效辐射为 190.7 MJ/m^2，比低氮处理高 7.3%，高氮处理下的光合有效辐射为 184.5 MJ/m^2。高氮处理下杂交稻的光合有效辐射为 782.5 MJ/m^2，比低氮处理高 6.1%。高氮处理下杂交稻的光合有效辐射为 799.4 MJ/m^2，比低氮处理高 3.6%。在低氮 × 高密处理下，常规稻和杂交稻的光合有效辐射最高。

在水稻分蘖期时，常规稻的辐射利用率为 0.74 g/MJ，比杂交稻高 6.9%，在成熟期杂交水稻的辐射利用率为 2.06 g/MJ。氮肥和密度处理下的辐射利用率差异显著。高氮处理下分蘖期的常规稻辐射利用率比低氮处理高 1.3%，高密处理下的辐射利用率比低密处理下高 6.0%。在低氮 × 高密处理下，杂交稻在成熟期的辐射利用率最高，为 2.17 g/MJ。

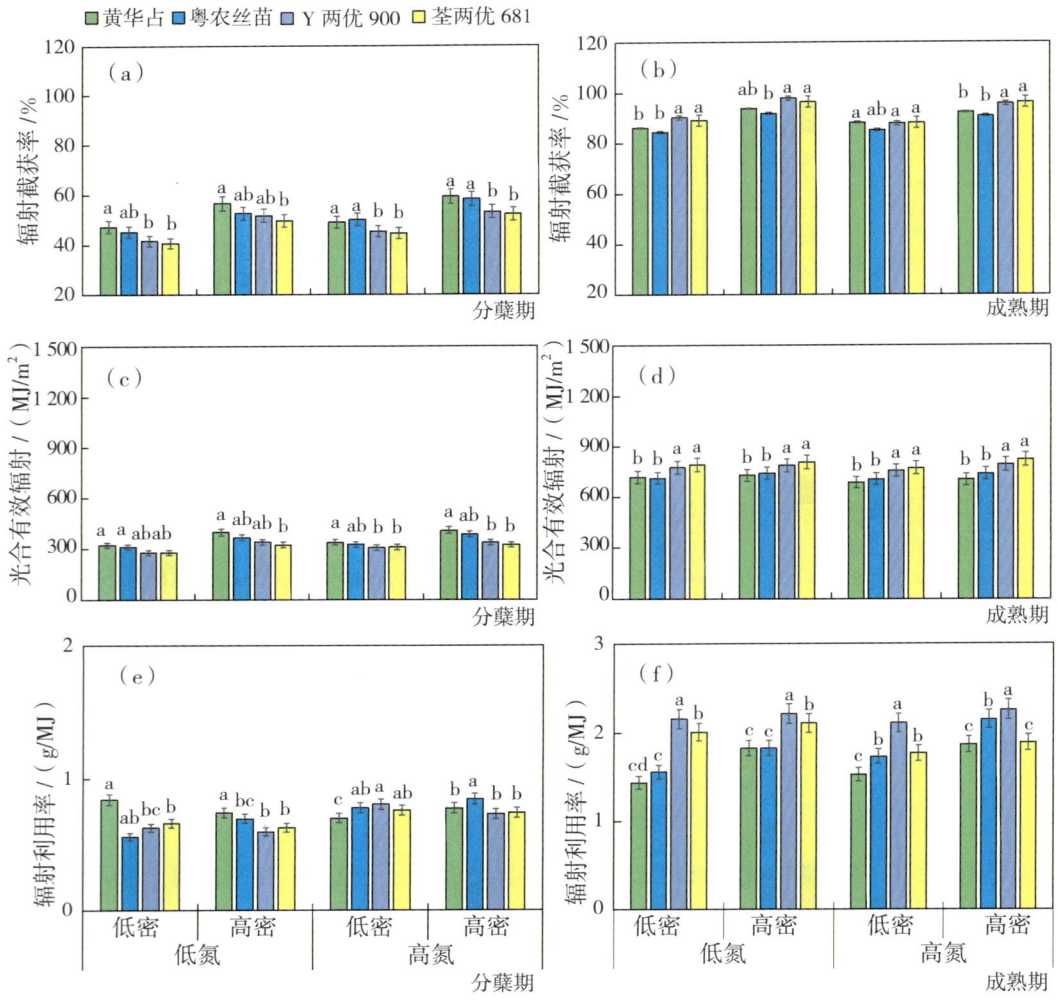

图 3-12 四个品种在分蘖期和成熟期截获率、光合有效辐射量和辐射利用率

四、氮密耦合处理下水稻产量与不同辐射利用特征相关参数之间的关系

不同品种的水稻产量与辐射截获率、光合有效辐射和辐射利用率显著正相关（$P<0.01$）（图 3-13），但这种关系在不同品种的生长阶段有所不同。分蘖期时，常规稻的产量与辐射截获率和光合有效辐射之间的相关性强于杂交稻，而成熟期时杂交稻的相关性优势相反。杂交稻的产量与光合有效辐射之间的相关系数为 $R^2=0.49$（$P<0.05$），而常规稻在分蘖期时为 $R^2=0.35$（$P<0.05$）。杂交稻的产量与分蘖期和成熟期的辐射利用率之间的相关性更强。分蘖期时的产量和辐射利用率的相关系数分

别为 $R^2 = 0.21$ 和 $R^2 = 0.45$，成熟期时的 $R^2 = 0.14$ 和 $R^2 = 0.23$。

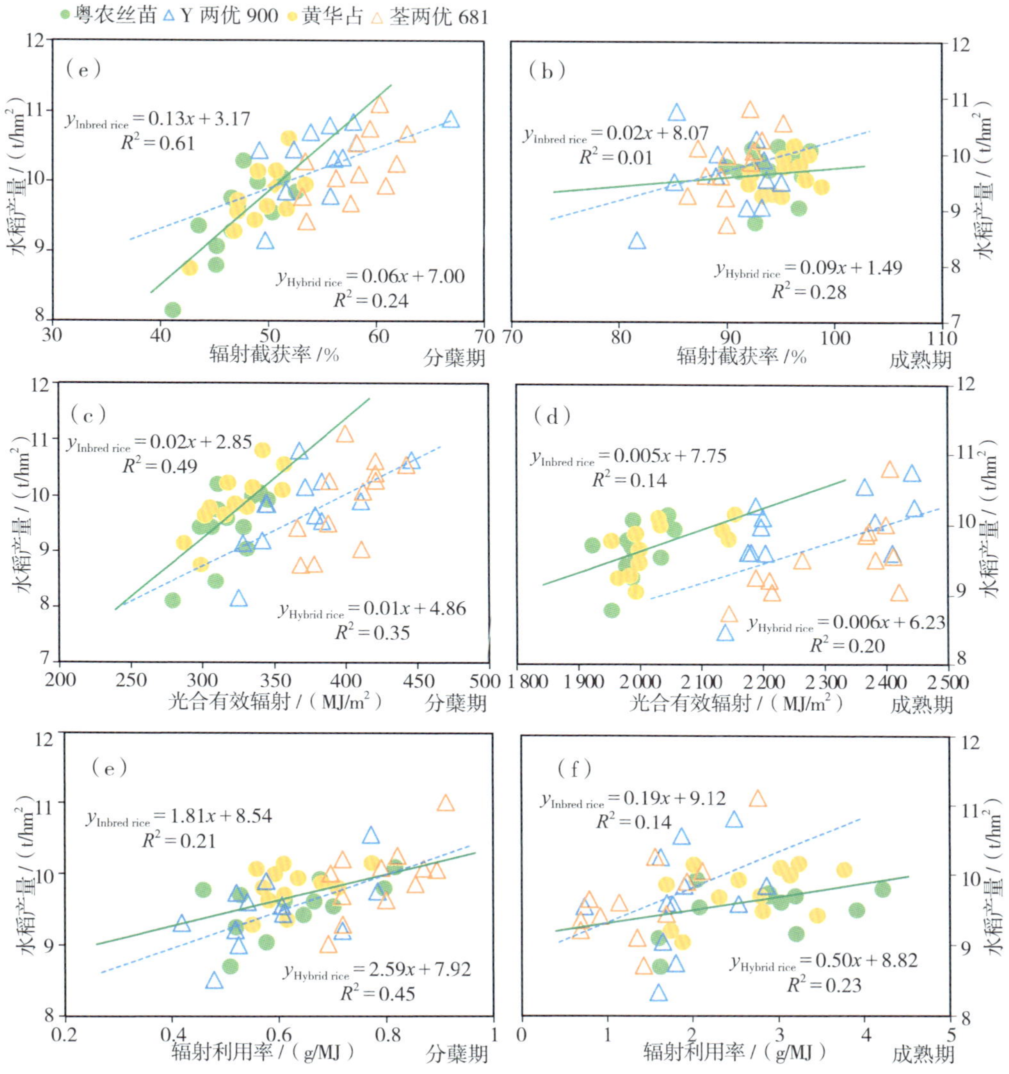

图 3-13　杂交水稻品种 Y 两优 900 和荃两优 681 在分蘖中期（a）和成熟期（b）产量与辐射截获率、光合有效辐射和辐射利用率的关系

杂交稻育种通过形态改良和亚种间杂种优势在水稻产量方面取得了突破，在本研究中，我们发现杂交稻的产量比常规稻高 8.1%，而常规稻的穗数比杂交稻高 25.0%。杂交稻品种的每穗颖花数为 225.6，比常规稻高 20.7%。因此，每穗粒数的增加有助于杂交稻的高产。杂交稻分蘖能力较弱，导致生长初期分蘖较少。在分蘖期杂交稻的辐射截获率和光合有效辐射分别比常规稻低 9.4% 和 12.5%，这导致在生

长早期辐射利用率较低。然而，常规稻品种具有较多的穗数。通过增加常规稻的分蘖数，早期冠层封闭有利于在生长早期提高辐射截获率和光合有效辐射。然而，杂交稻的生长时间比常规稻长 7~10 d，这导致辐射截获率和光合有效辐射分别比常规稻高 4.1% 和 10.0%。从这一角度来看，在增加密度和减少氮投入的情况下，加速杂交稻生长早期的冠层封闭是提高杂交稻辐射利用率的有效途径。

生物量和收获指数共同决定水稻产量，通过增加生物量、收获指数或两者都增加可以实现水稻产量的提高。杂交稻产量主要取决于生物量，但也可以通过增加收获指数来提高。生物量主要取决于光截获能力、群体光分布特征和光转换效率，氮肥利用率由生物量、光合有效辐射和辐射利用率决定。两优培九在高氮条件下实现了高产，这归因于大量的生物量积累，而不是辐射利用率。然而，杂交稻品种的产量潜力可以提高高氮下的辐射利用率，是否可以通过提高光合有效辐射或辐射利用率来实现杂交稻高产是有争议的。在本研究中，我们发现杂交稻的较高辐射利用率是辐射截获率和光合有效辐射改善的结果，杂交稻的辐射截获率和光合有效辐射之间相关性显著（$P < 0.05$），而常规稻的辐射截获率与光合有效辐射之间的相关性不显著（$P > 0.05$），杂交稻的辐射截获率和光合有效辐射更依赖于生长时间，尤其是在灌浆后期的光合作用。

大多数关于作物冠层辐射截获率及其分布的观测研究涉及单一地点或单一生长期，但辐射截获率具有空间特异性和时间动态变化特性。因此，辐射截获率的分布特征不能通过单一地点或单一生长期的观测结果来反映。水稻种群中的光分布不仅受到品种和氮处理的影响，还受到太阳辐射、生长阶段和种植密度的影响。

超级杂交稻 Y 两优 900 创造了高产纪录，Y 两优 900 的产量优势归因于厚叶、大叶面积和高光合能力。Y 两优 900 的高辐射利用率可能与叶片的高光合性能有关。两优培九的高生物量是由于其在高氮下的持续时间较长导致截获更多的辐射量，而不是高辐射利用率导致其更高的生物量积累。结果表明，高氮条件下的产量潜力取决于辐射利用率和生物量，这影响了杂交稻的生物量积累，主要是生长持续时间延长的结果。

氮通过增加冠层光谱的光化学植被指数和叶绿素含量来增加辐射利用率。过量施用氮肥导致叶面积指数下降，水稻群体漏光严重，造成光能资源浪费，不利于群体生产潜力的挖掘，在早期水稻群体的下部叶面积较低导致严重的冠层漏光和浪费光资源。在水稻生长后期，较高的辐射截获率将影响辐射利用率，从而对水稻产量产生不利影响，适当减少冠层辐射截获率总量和保持一定的漏光利于提高产量。在生长早期加快冠层封闭，并在灌浆期延长叶片衰老，有利于提高辐射截获率、光合有效辐射和辐射利用率。因此，增加密度和减少氮是改善杂交稻辐射利用的最有效方案。

在本研究中，我们评估了辐射截获率、光合有效辐射和辐射利用率在不同氮肥用量和种植密度下对杂交稻和常规稻产量的贡献。结果表明，高库容量的增加是杂交稻品种高产的主要原因，杂交稻品种的每穗颖花数和干物质积累均高于常规稻。分蘖期常规稻的辐射截获率和光合有效辐射高于杂交稻，杂交稻的辐射利用率较高归因于较高的辐射截获率和光合有效辐射。本试验的结果表明，增密减氮可使早期冠层封闭，提前封行有助于提高杂交稻的生物量和产量。

第四章　超级杂交稻气候生态与热害防御技术

随着全球气候变暖的日益加剧，作物生产的气象灾害也日益凸显。我国水稻生产跨越热带、亚热带和温带，气象灾害严重是其重要特征。超级杂交稻（籼型）的产量潜力较高，但其主产地在我国南方地区，复杂的地理与气候、地形与海拔等形成了各具特色的气象条件，对超级杂交稻的产量和品质及其稳定性带来深刻影响。因此，从地理或生产带的角度深刻剖析超级杂交稻产量、品质形成的气候生态，是实现超级杂交稻优化生产布局、针对性品种选育与匹配、栽培挖潜等关键技术的重要依据。同时，近40～50年来，我国特别是长江流域这一世界特大稻作带的水稻热害的发生强度和频率均在持续增加，已演变成稻作生产上的重大制约因素。探讨水稻热害发生的基本条件、致害特征，建立相应的防御技术，保证超级杂交稻的高产、稳产和优质，也成为生产上的亟须。

在"十一五"至"十二五"期间，在国家杂交水稻工程技术研究中心袁隆平院士和马国辉研究员领导下，依托"超级杂交稻全国高产攻关百亩示范工程项目"，组织了一个跨越我国主要稻作带30个试验点的超级杂交稻联合生态试验。该试验采用了统一品种、统一栽培技术方案的基本试验设计，取得了同一品种、多年份的水稻物候与生育过程、产量及其构成因素和主要气象参数。从20世纪初开始，长江大学田小海教授与日本相关团队合作，对我国长江中游江汉平原的水稻热害进行了持续研究，主要在热害形成的条件（田间和冠层微环境）与类型、致害机理和品种耐热鉴定技术方面形成了相应的成果。

第一节　超级杂交稻产量表现的地理差异

农业气候资源主要包括气温、光照、水分等气候因子，它是与农业生产关系密切，能对农业生产产生重要影响的环境资源因子，不同区域不同年份农业气候资源具有较大差异。农业气候资源要素的数量多寡及其组合、质量及其变化特征，造成农业气候资源类型多样化，不同气候资源类型在一定程度上决定了种植制度、作物布局、品种及种类、农业管理措施等，这些对作物产量及品质也会产生较大影响。

超级杂交稻是我国开展超级杂交稻育种规划以来陆续培育的具有较大潜在生产力和现实生产力的一类水稻，其主要特征是穗型大（每穗颖花数多）、生长势较强，对各地气候条件的适应性存在差异。因此，生产上能否将品种的潜在生产力有效转化成现实生产力，既是一个如何发挥品种潜力的作物学学术问题，也是生产上如何保证超级杂交稻高产稳产的技术问题。现实生产中，我们常常看到，部分品种在其初期的品种展示或示范时，产量优势突出，但在扩大推广中，在其他地区这些产量优势常常难以看到，甚至出现受灾减产。因此，探讨这类品种在我国不同区域的产量表现，并找到产生差异背后的地理气候原因，对校正超级杂交稻育种方向、搞好品种与地理条件的合理匹配，发挥品种优势，找到关键的栽培技术等，意义重大。

本节基于"超级杂交稻全国高产攻关百亩示范工程项目"的百亩示范片中得到的结果整理而成。研究在湖南、湖北、四川、重庆、广西、云南、山东、江西、陕西、浙江等10个省（直辖市、自治区）设立了20个不同试验点，分析了不同试验点气温、降雨量、日照时数等气候资源特征及其变化趋势，并对比了海拔、纬度、经度等地理因子对各试验点气候影响作用，旨在客观探明超级杂交稻不同试验点农业气候资源变化规律。

一、研究区域

选取海拔 15~1 300 m，北纬 20°~40°，东经 100°~120° 范围内种植超级杂交稻的生态示范基地，本试验共筛选 20 个试验点，具体海拔、经纬度见表 4-1，试验点的主体位于我国长江流域的亚热带气候区域。

表 4-1 不同试验点具体海拔、纬度、经度

序号	试验点简称	百亩示范片具体地址	海拔高度 /m	纬度 /°N	经度 /°E
1	江西成新	江西省成新农场南湖垦区	17	28°53′20.36″	116°08′38.08″
2	湖北蕲春	湖北省黄冈市蕲春县八里湖农场余赛村	20.5	30°19′31.81″	115°35′21.04″
3	江西德安	江西省九江市德安县丰林镇依塘村	31	29°18′58.01″	115°45′2.99″
4	湖北荆州	湖北省荆州市沙市区观音垱镇	34	30°21′1.00″	112°30′44.88″
5	山东日照	山东日照市莒县阎庄镇大路东村	37	35°24′51.01″	118°29′42.74″
6	湖南桃源	湖南省常德市桃源县马鬃岭镇木樨桥村	39	28°54′53.30″	111°15′31.53″
7	浙江金华	浙江省婺城区汤溪镇厚大村	43	29°05′58.25″	119°38′29.24″
8	湖北随州	湖北省随州市随县均川镇幸福村	71	31°42′49.06″	113°21′59.97″
9	湖南宁乡	湖南省长沙市宁乡县双凫铺镇双凫村	81	28°08′21.12″	112°16′47.70″
10	河南光山	河南省光山县信阳市孙铁铺镇蒋楼村	83	32°08′56.30″	114°42′43.67″
11	湖南永定	湖南省张家界市永定区教字垭镇兴隆村	166	29°05′7.31″	110°29′22.57″
12	湖南祁东	湖南省衡阳市祁东县步云桥镇金龙岩村	188	26°48′14.70″	111°56′59.43″
13	广西灌阳	广西省桂林市灌阳县黄关镇联德村	242	25°27′20.95″	111°03′57.21″
14	湖南隆回	湖南省邵阳市隆回县羊古坳镇雷峰村	267	27°20′57.65″	110°57′42.64″
15	陕西汉中	陕西省汉中市西乡县堰口镇许家巷村	450	33°04′37.52″	107°02′4.19″
16	湖南龙山	湖南省吉首市龙山县石羔街道中南村	480	29°15′21.52″	109°46′16.83″
17	重庆南川	重庆市南川区东城街道三秀居委会	544	29°08′17.89″	107°10′1.49″
18	四川绵阳	四川省绵阳市安州区塔水镇浮萍村	555	31°29′46.91″	104°23′24.32″
19	湖南桂东	湖南省桂东县大塘镇全溪村岭下组	705	25°56′10.81″	113°52′43.19″
20	云南个旧	云南省个旧市大屯镇新瓦房村委会	1 287	23°25′51.91″	103°17′7.55″

二、不同试验点超级杂交稻产量差异

1.年际和试验点之间产量差异

综合各试验点两年平均产量看，以云南个旧产量最高，平均产量达 16.17 t/hm²，其次为湖南隆回和湖南祁东等，为 14~15 t/hm²，而湖南宁乡等试验点产量较低，平均

低于 12.00 t/hm²。最高试验点和最低试验点 2 年间的产量差为 4 t/hm² 以上。此外，各试验点 2 年间的产量趋势基本一致（因规律反映了品种对地域生态条件的总体反应）。

产量与产量构成因素方差分析表明（表 4-2），两年多个试验点平均产量及产量构成因子间差异不显著；不同试验点间产量具有极显著差异，说明超级杂交稻具有适宜的种植区域，要获得超高产需要满足超级杂交稻对气候条件及地理因子等需求。

表 4-2 超级杂交稻产量与产量构成因素的方差分析

变异来源	产量 /（t/hm²）	有效穗数 /（万穗/hm²）	每穗总粒数 / 粒	结实率 /%	千粒重 /g	株高 /cm
年份	0.34	1.83	0.43	2.65	0.04	2.03
试验点	13.94**	6.74**	2.50*	2.91*	4.17**	2.56*
年份 × 试验点	45.80**	35.78**	61.49**	54.15**	3.09**	10.21**

** 表示在 0.01 水平差异显著；* 表示在 0.05 水平差异显著。下同。

各点年度间产量虽总体趋势一致，但部分点年度间的产量波动较大，分别为蕲春、德安、日照、金华、随州、宁乡、灌阳、桂东（图 4-1）。

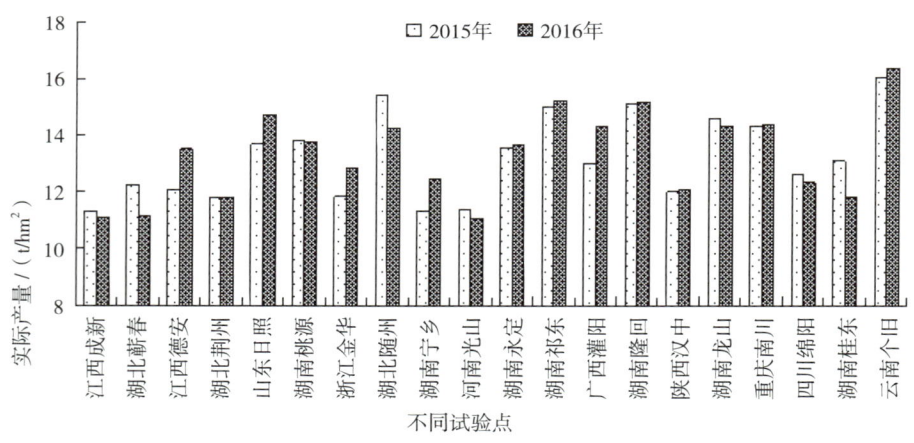

图 4-1 全国不同试验点超级稻产量变化

根据 2 年产量及其变动性特点，将 20 个试验点进行聚类分析，可分成 3 类（图 4-2）。第一类，特高产地区，只有一个试验点，即云南个旧，其特点为产量特别高且稳定，地理上属于高原地区；第二类，高产地区，包含湖南祁东、湖南隆回、湖北随州、湖南龙山、湖南桃源、湖南永定、山东日照、重庆南川、江西德安、广西灌阳等10个试验点，其特点是高产且较稳定，地理上多属于适度高海拔地区（100～550 m）、高纬度（31°24′～35°24′）和山丘特殊生态区；第三类，低产地区，包含湖北荆州、河南光山、湖南宁乡、陕西汉中、四川绵阳、浙江金华、江西成新、湖北蕲春、湖南桂东等9个试验点，其特点是低产且不稳定，地理上多属于低海拔（＜100 m）、低纬度（＜31°24′）和平原地区。由于我国南方主要的水稻面积实际分布在上述第三类地区，因此可以说，超级杂交稻在大面积上，其产量优势还在一定程度上未能得到预期的实现。

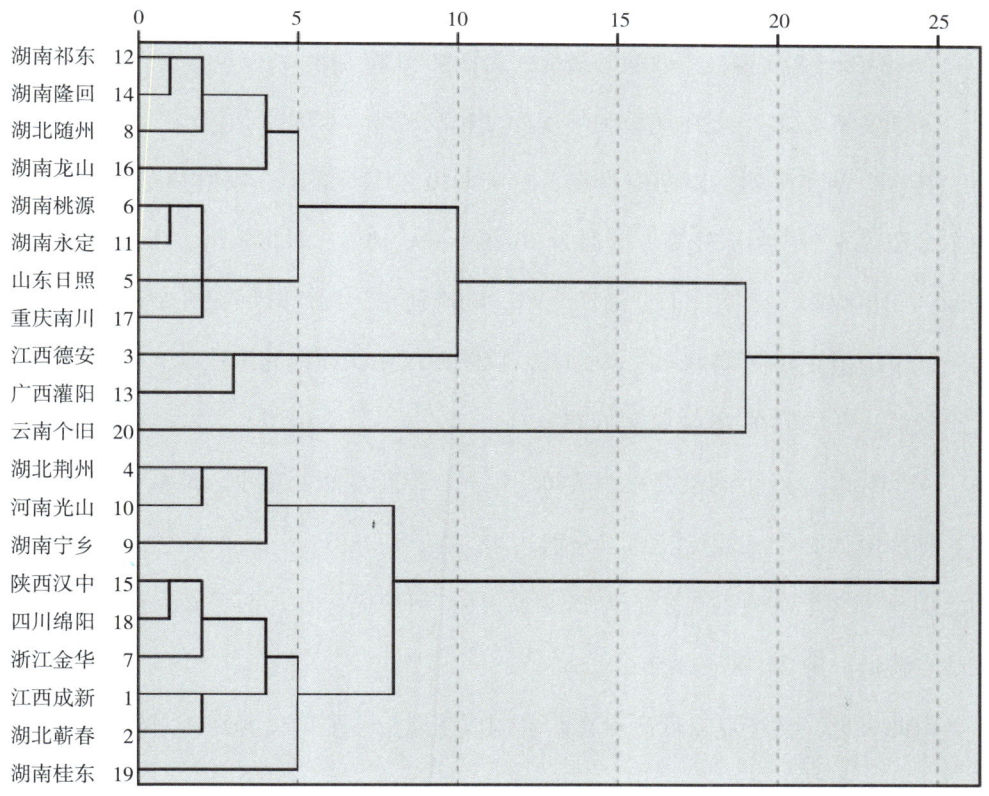

图 4-2　2015—2016年产量及波动性系统聚类分析图

2. *产量构成差异*

为进一步探明不同试验点产量存在差异的原因，对各试验点株高及产量构成因子进行了分析（表4-3）。

①有效穗数。20个试验点2015年、2016年平均有效穗数分别为227.82万穗/hm²、232.65万穗/hm²。其中，广西灌阳和湖南桃源较高，分别达270.75万穗/hm²和267.75万穗/hm²，湖南隆回、湖南龙山、湖北荆州、河南光山、云南个旧、重庆南川、山东日照等7个试验点居中，平均值变幅在236.48万~247.05万穗/hm²；浙江金华最少，仅178.20万穗/hm²。

②每穗总粒数。20个试验点2015年、2016年平均每穗粒数分别为288.10粒、291.59粒，不同年际平均每穗粒数差异不大。两年平均每穗粒数，以湖南桃源、浙江金华两个试验点较高，分别达339.43粒/穗和337.65粒/穗，以湖南祁东、河南光山、湖北随州、湖南龙山、湖南隆回、云南个旧、湖南永定等7个点居中，为303.83~313.65粒/穗；广西灌阳最低，为227.30粒/穗。

③结实率。20个点在地域和年度间变幅均较大。首先，2015年明显优于2016年。其次，两年平均，以湖南永定、重庆南川、广西灌阳、湖南祁东、湖南龙山、山东日照等6个试验点较高，变幅为90.25%~93.15%；湖北随州、江西德安、湖南桃源、四川绵阳、云南个旧、浙江金华、湖南桂东、湖南隆回等8个试验点结实率居中，平均值变幅在84.60%~89.21%；以陕西汉中、河南光山、湖北蕲春等3个试验点较低，平均值在76.40%~76.75%。

④千粒重。20个试验点在地域间变幅大，但年度间变幅小。地域上，以湖南桃源、湖南隆回2个试验点较高，分别达28.20 g和28.05 g；陕西汉中、湖南永定和湖北随州等3个试验点次之，为27~27.4 g；河南光山、江西成新、浙江金华3个试验点较低，为24.38~24.55 g。

由此可见，高产点与低产点在产量构成因素上主要的差异在于总颖花数和结实率等2个方面。

表4-3 2015—2016年两年平均各试验点株高及产量结构

试验点	株高/cm	有效穗数/(万穗/hm²)	每穗粒数/粒	结实率/%	千粒重/g
江西成新	123.95	220.80	267.65	80.60	24.47
湖北蕲春	116.10	219.23	281.30	76.40	26.20

续表

试验点	株高 /cm	有效穗数 /（万穗 / hm²）	每穗粒数 / 粒	结实率 /%	千粒重 /g
江西德安	112.35	206.39	285.08	88.33	26.10
湖北荆州	122.10	238.13	283.75	81.77	25.89
山东日照	111.80	247.05	282.74	90.25	25.93
湖南桃源	112.95	267.75	339.43	87.75	28.20
浙江金华	108.50	178.20	337.65	85.61	24.38
湖北随州	118.70	222.15	308.48	89.21	27.00
湖南宁乡	121.60	221.70	272.65	83.59	26.89
河南光山	124.70	240.00	309.25	76.70	24.55
湖南永定	117.00	233.85	303.83	93.15	27.30
湖南祁东	116.50	225.00	313.65	91.55	26.70
广西灌阳	119.00	270.75	227.30	91.60	26.20
湖南隆回	114.85	236.48	305.50	84.60	28.05
陕西汉中	109.90	214.58	273.72	76.75	27.40
湖南龙山	118.15	237.23	306.77	90.75	26.70
重庆南川	106.60	244.48	272.77	92.99	25.28
四川绵阳	120.35	216.75	253.55	86.90	26.80
湖南桂东	122.30	220.28	281.13	84.64	26.15
云南个旧	123.95	220.80	267.65	80.60	24.47

三、不同试验点超级杂交稻生长期间的气象特征

1. 日平均气温特点

图 4-3 显示出 2015 年和 2016 年全国 20 个不同试验点超级杂交稻生长期内的逐日平均气温和总平均气温变化情况。两年日均气温变化趋势相同，总体上都表现随超级杂交稻生育进程推进先逐渐升高后降低变化。2 年间 20 个不同试验点日均气温变化趋势及平均气温值总体上差异不大，但 2016 年各地总体气温偏高，水稻生长期内超过 25℃天数较 2015 年高出 19 d，前期超过 25℃提前 9 d 来临，后期超过 25℃推迟 10 d 结束，平均气温也高 1.0℃，说明从日均气温和平均气温考虑，2016 年更有利于促进超级杂交稻生长发育。

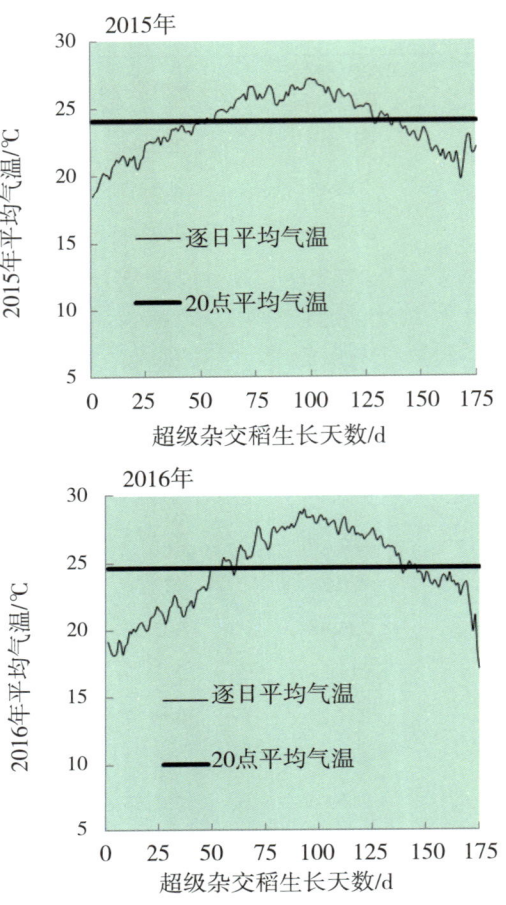

逐日平均气温为超级杂交稻生育期内20个试验点逐日气温的平均值；20个试验点平均气温为超级杂交稻生育期内20个试验点平均气温的总平均值。

图4-3 超级杂交稻生长期内平均气温

全生育期气温距平为各试验点平均气温与20个试验点总平均气温之差（图4-4）。这一差值在年度间表现稳定，说明其主要由地理因素决定。全生育期气温距平为正值的分别有江西成新、湖南宁乡、浙江金华、江西德安、湖北荆州、湖南祁东、湖南桃源、湖北蕲春、四川绵阳、湖北随州、河南光山，而其余9个试验点全生育期气温距平都为负值。其基本规律是，偏高试验点分布在纬度较低或海拔较低的平原地区，而偏低试验点则分布在高纬度或海拔较高的地区。

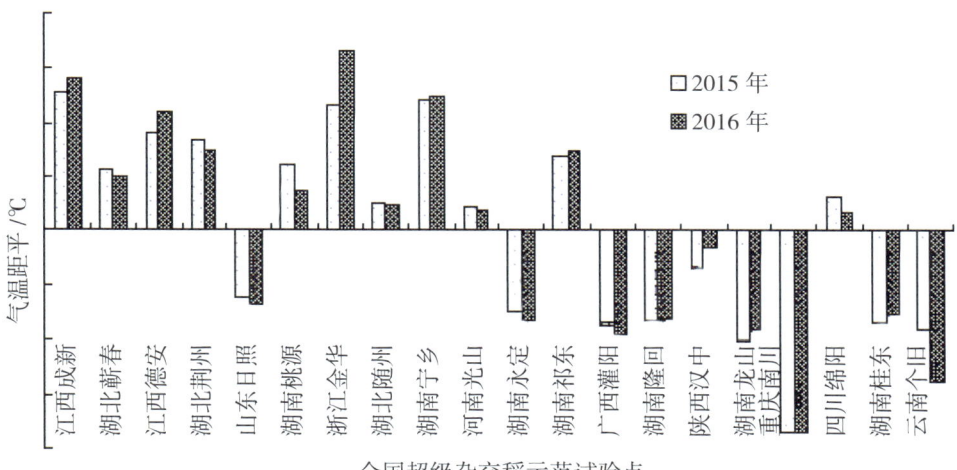

图 4-4 不同试验点超级杂交稻生长期内气温距平变化

2. 有效积温特点

有效积温是作物某一段时间内日平均气温与生物学零度之差的总和,它是反映作物生长发育对热量需求或衡量地区热量资源的重要指标,也基本上反映了作物的生长发育速率与温度的线性关系。由图 4-5 可知,各试验点超级杂交稻全生育期有效积温存在明显差异,其基本规律与温度距平基本相似。

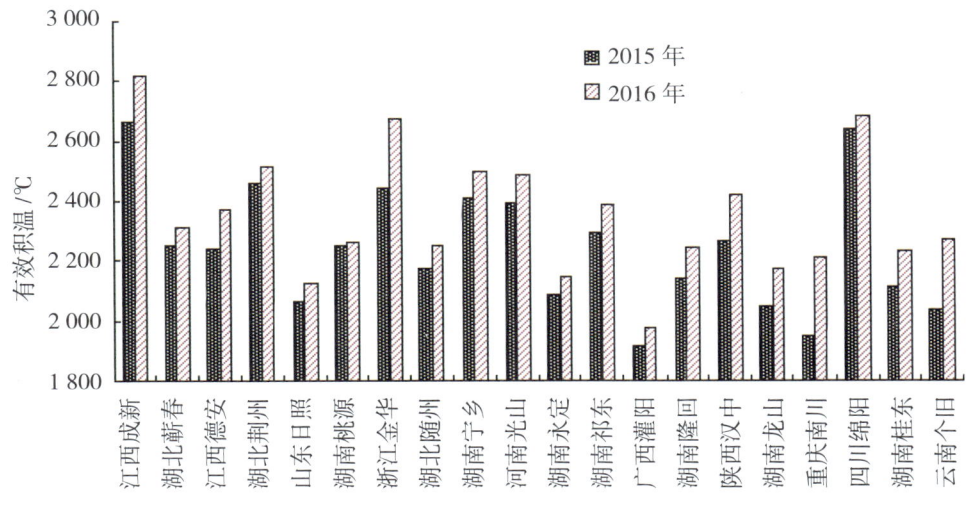

图 4-5 不同试验点超级杂交稻生长期内有效积温变化

3. 降雨量特点

降雨量是指从天空降落到地面上，未经蒸发、渗透、流失而在水面上积聚的水层深度，它是区域水资源量评价的重要依据。不同试验点降雨量差异较大（图4-6）。2年间20个试验点水稻生育期间平均降雨量分别为849.12 mm和910.84 mm。其中，纬度偏高的几个试验点低于平均，主要有山东日照、湖北随州、四川绵阳、陕西汉中。这些试验点表现为一定程度区域性缺水，在水源条件不好的地方或遭遇干旱年份时会发生一定程度的干旱灾害。

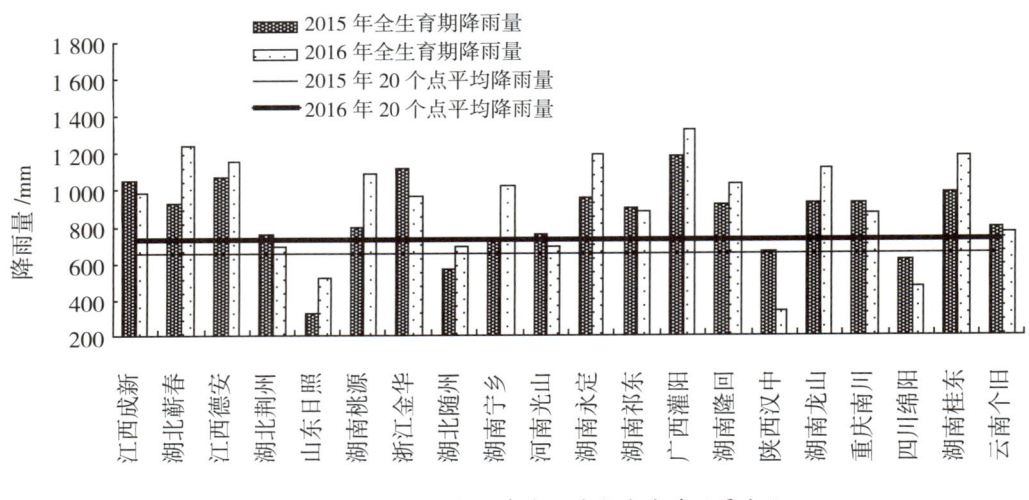

图4-6 不同试验点超级杂交稻生长期内降雨量变化

4. 日照时数特点

图4-7显示出不同试验点不同年份超级杂交稻全生育期内日照时数情况，同一年份不同试验点日照时数有一定差异。2年20个试验点水稻生长期的平均累计日照时数分别为764.39 h和833.30 h。2年中日照时数均超20个试验点均值的有7个，分别为山东日照、云南个旧、河南光山、江西成新、陕西汉中、湖北荆州、湖北随州；湖南桂东、广西灌阳、湖南祁东、湖南桃源、江西德安5个试验点日照时数明显较低。另外，部分地区日照时数年际间波动很大，部分接近甚至超过50%，主要有浙江金华、湖南隆回、湖南永定、重庆南川、湖南龙山和云南个旧6个试验点，这理应成为影

响超级杂交稻产量稳定性的一个重大因素。

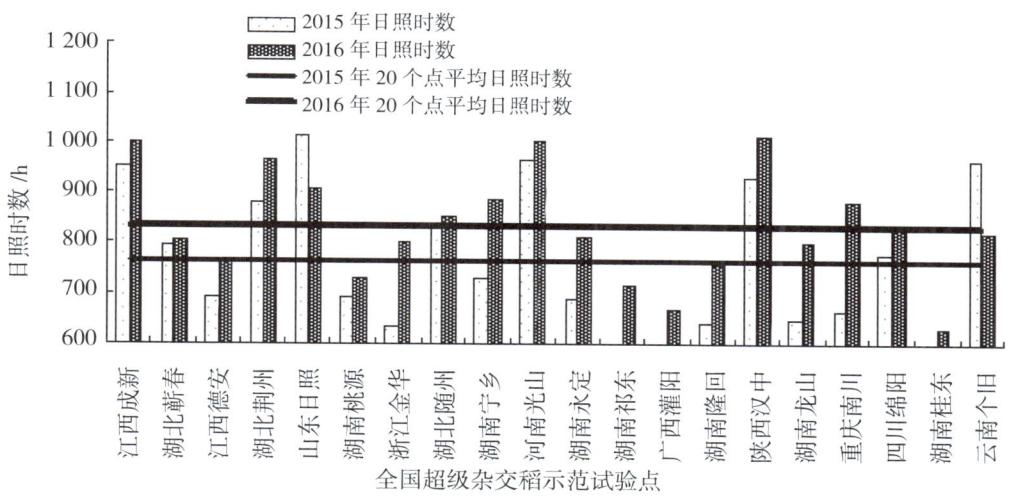

图 4-7 不同试验点超级杂交稻生长期内日照时数变化

四、主要气象因子与地理因子的相关性

1. 日平均气温与海拔、纬度和经度的关系

2 年间，20 个试验点水稻生长期间，平均气温与海拔存在极显著负相关关系、与纬度呈不显著正相关性、与经度呈显著正相关性（图 4-8）。为进一步分析不同试验点海拔、纬度、经度对平均气温的影响作用，采用标准化线性回归系数对比相互贡献的大小（表 4-4）。20 个试验点平均气温与海拔呈负相关性，与纬度、经度都呈正相关性，海拔与纬度、经度的标准化线性回归系数之比分别为 3.911、1.182，即海拔对平均气温的影响作用是纬度的 3.911 倍，是经度的 1.182 倍。经度与纬度的标准化线性回归系数之比为 3.310，即经度对平均气温的影响程度是纬度因素的 3.310 倍。

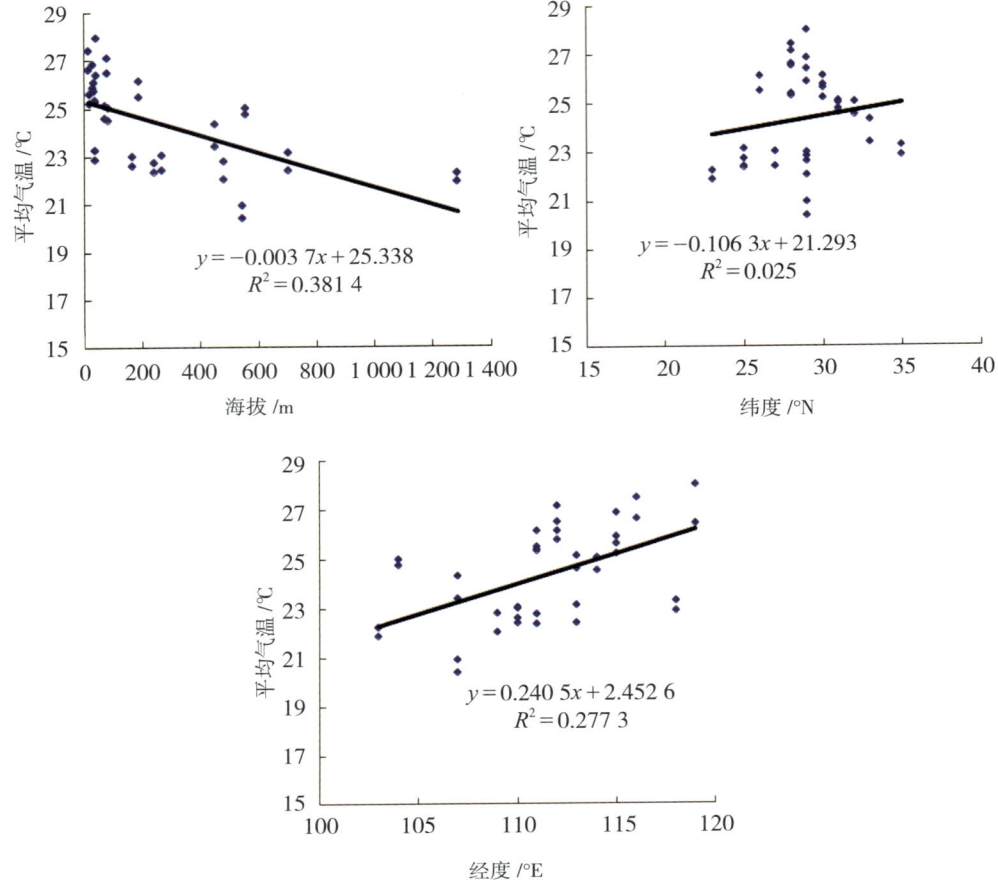

图 4-8 各试验点平均气温与海拔、纬度、经度散点图

表 4-4 平均气温与海拔、纬度、经度的线性回归系数

因变量	海拔			纬度			经度		
	回归系数	标准系数	P 值	回归系数	标准系数	P 值	回归系数	标准系数	P 值
平均气温	-0.004	-0.618	<0.01	0.106	0.158	>0.05	0.241	0.523	<0.01

2. 降雨量与纬度的关系

2 年间，20 个试验点水稻生长期间，降雨量与纬度的相关性显著（负相关），但与海拔和经度的相关性不显著（图 4-9）。

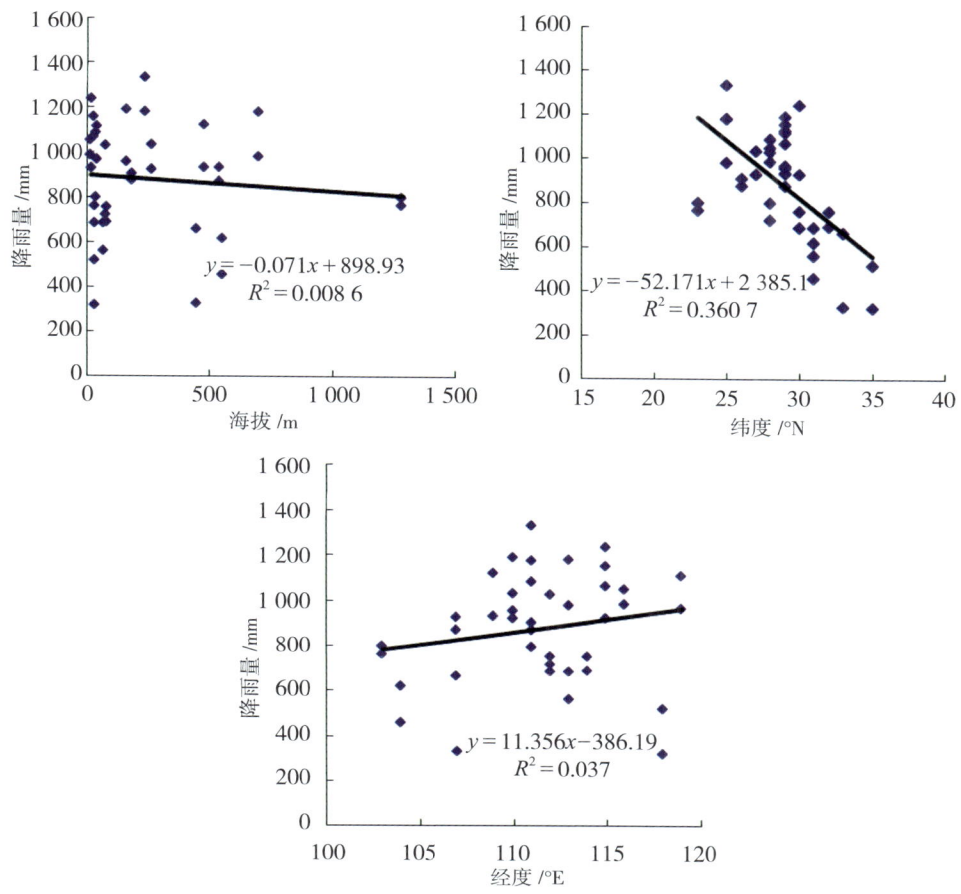

图 4-9 各试验点降雨量与海拔、纬度、经度散点图

3. 日照时数与纬度的关系

2 年间，20 个试验点水稻生长期间，日照时数与海拔呈不显著负相关（图 4-10），与纬度呈显著正相关，而与经度呈不显著正相关。采用标准化线性回归系数对比分析了各试验点海拔、纬度、经度对日照时数的影响大小（表 4-5）。由表可知，日照时数与海拔存在负相关性，与纬度、经度存在正相关关系，纬度与经度、海拔的标准化线性回归系数之比分别为 15.794、8.524，即纬度对日照时数的影响作用是经度的 15.794 倍，是海拔的 8.524 倍，说明各试验点超级杂交稻全生育期内，日照时数受纬度影响因素较大。

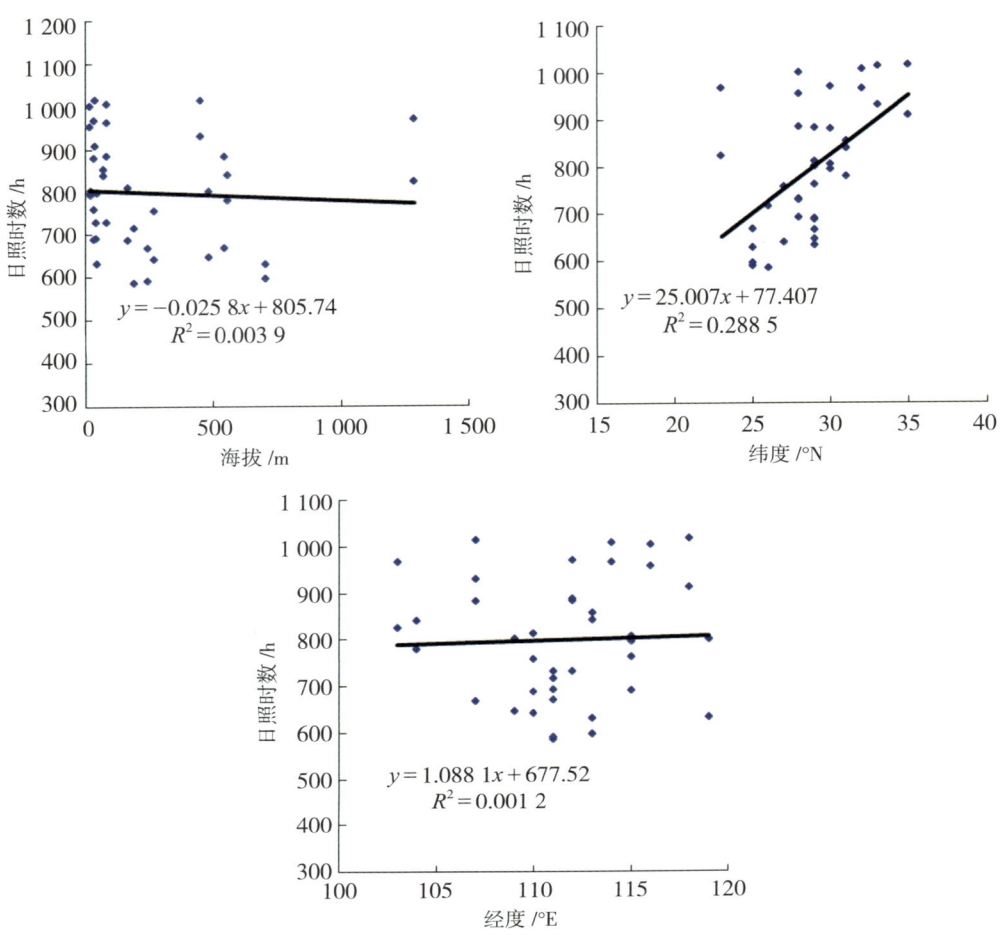

图 4-10 各试验点日照时数与海拔、纬度、经度散点图

表 4-5 日照时数与海拔、纬度、经度的线性回归系数

因变量	海拔			纬度			经度		
	回归系数	标准系数	P 值	回归系数	标准系数	P 值	回归系数	标准系数	P 值
日照时数	−0.026	−0.063	>0.05	25.007	0.537	<0.01	1.008	0.034	>0.05

五、产量与地理气候条件的相关性

1. 产量与气候因子的关系

由表 4-6 可知，气候因子的 7 个因素与产量相关性分析，结果表明：产量与日平均气温呈极显著负相关，产量与有效积温呈极显著负相关。

表 4-6 产量和产量结构性状与气候因子相关性分析（2015—2016 年）

气候因子	株高 /cm	有效穗 /（万穗 /hm²）	总粒数 / 粒	结实率 /%	千粒重 /g	产量 /（t/hm²）
日平均气温 /℃	0.28	−0.47**	0.09	−0.07	−0.19	−0.53**
昼夜温差 /℃	0.18	0.27	1.00**	0.02	0.22	0.06
有效积温 /（℃·d）	0.29	−0.38*	−0.11	−0.08	−0.28	−0.48**
降雨量 /mm	0.12	0.06	0.13	0.27	−0.14	−0.03
日照时数 /h	0.02	0.05	−0.08	−0.33*	−0.28	−0.27
水汽压 /hPa	−0.08	−0.08	0.15	0.13	0.26	0.16
2 m 风速（m/s）	0.01	0.04	−0.02	−0.37*	−0.12	0.09

将日平均气温等 8 个气候因子综合成 3 个主要影响因子，对其影响产量的作用进行了主成分分析（图 4-11 和表 4-7）。3 个主因子的累积贡献率达 75.85%。主因子 1 包括降雨量、日照时数；主因子 2 包括有效积温和日平均气温；主因子 3 包括风速值。由此可将气候因子中的 8 个因子，通过降维成 4 个主因子，即日照时数、降雨量、日平均气温、2 m 风速。

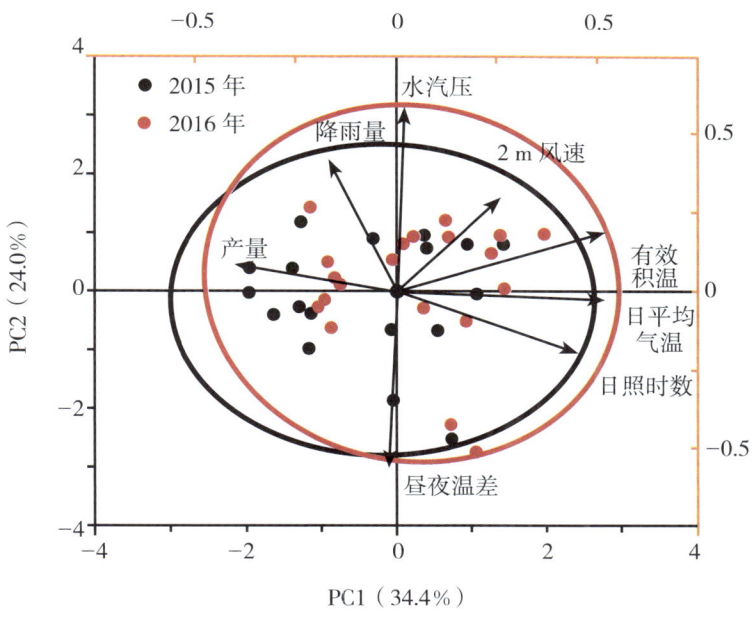

图 4-11 产量与气候因子主成分分析得分图

表 4-7 产量与气候因子的主成分分析

主因子	初始特征值	贡献率 /%	累计贡献率 /%
1	3.26	36.18	36.18
2	2.12	23.56	59.74
3	1.45	16.11	75.85

2. 产量与气候因子回归关系

超级杂交稻产量与产量构成因子相关性和回归结果（图 4-12 和表 4-8）表明，产量与日照时数、总日照时数、总降雨量均呈不明显负相关，与昼夜温差、水汽压、2 m 风速都存在不显著正相关，与日平均气温存在显著负相关。根据产量与气候因子二次多项式逐步回归方程可以得到，产量最高时，水稻整个生育期内的日平均气温为 20.39℃，温度日较差为 9.58℃，降雨量为 730.12 mm，总日照时数为 586.48 h，水汽压为 28.75 hPa，2 m 风速为 0.88 m/s。

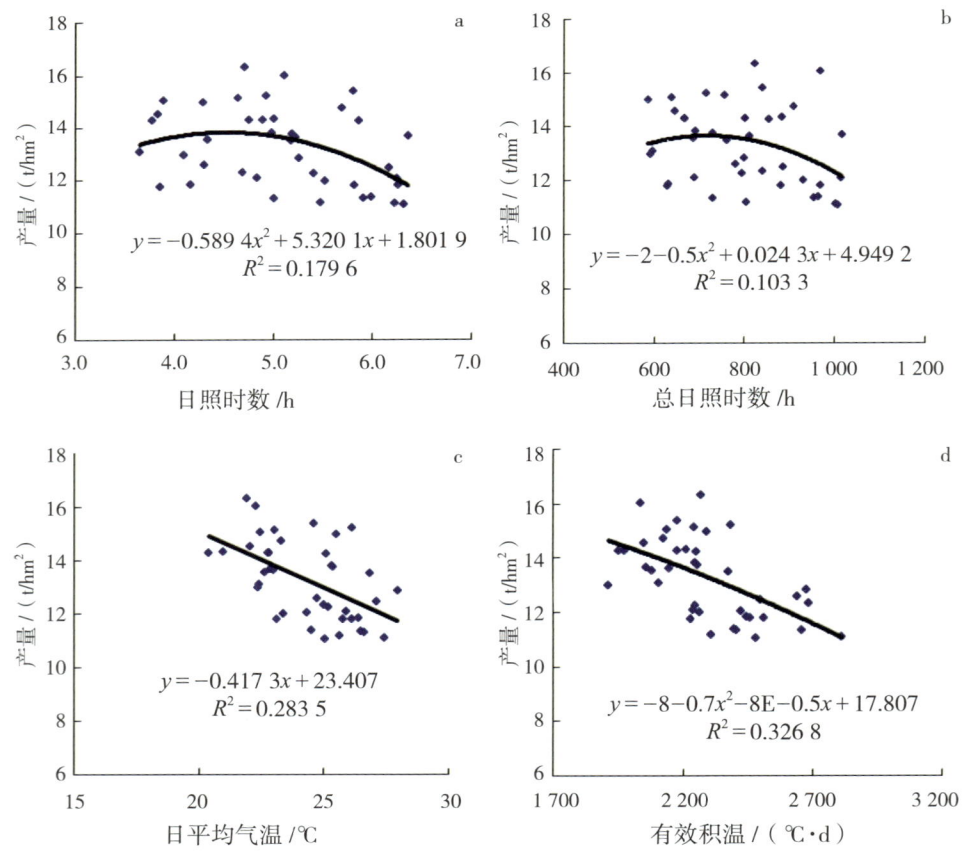

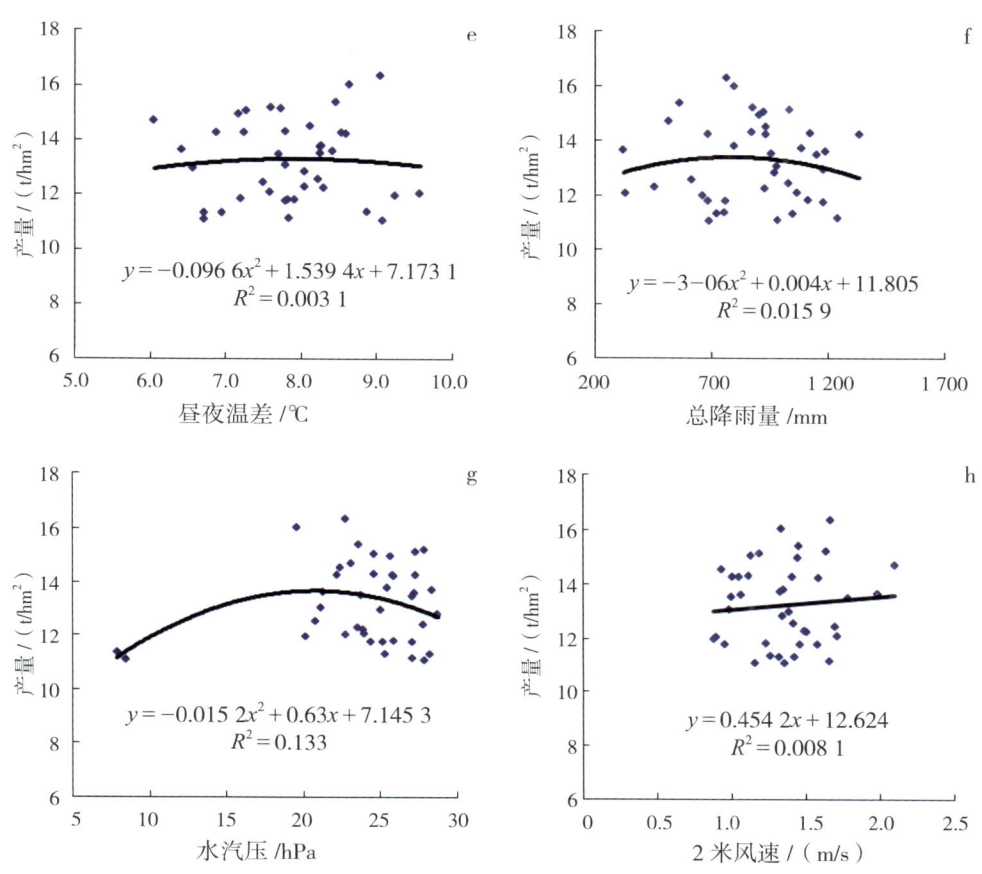

图 4-12 超级杂交稻产量与气候因子之间的关系

表 4-8 产量与气候因子回归系数（2015—2016 年）

日平均温度 /℃	昼夜温差 /℃	降雨量 /mm	日照时数 /h	水汽压 /hPa	2 m 风速 /(m/s)
−0.69**	0.34**	−0.14	−0.22	0.37	0.44

对气候因子与产量性状的双重筛选逐步回归分析：在临界值 $Fx=1.53$，$Fy=1.88$ 的条件下，可建立如下产量回归方程（组）。

$Y = 24.823\ 8 - 0.510\ 2X1 + 0.000\ 3X2 - 0.002\ 3X3 + 1.946\ 9X4$（$R = 0.665\ 2$，$p<0.01$）

其中，X1：日平均气温；X2：日温差；X3：日照时数；X4：2 m 风速；Y：实际产量。

结果表明：在水稻适宜生长范围内，日平均温度每升高 1℃，超级杂交稻产量减少 512.5 kg/hm^2，日温差每升高 1℃，超级杂交稻产量增加 0.3 kg/hm^2；日照时数每延长 1 h，超级杂交稻产量减少 2.3 kg/hm^2；水稻冠层空气流动速度增加 1 m/s，将会增加水稻产量 1.95 t/hm^2。

总之，全国 20 个试验点在连续 2 个典型年份的超级杂交稻高产示范栽培表明，不同气候适应区水稻产量的差异巨大，高、低试验点达约 4 t/hm^2。产量差在产量构成因素上主要表现在有效穗和结实率等 2 个因素。产量差异在地域上反映明显，总体上分成 3 个层级，即特高产地区、高产地区和低产地区，3 类地区对应明显的地理、气候特征。地理因素产生的产量差异与气象因素关联密切，其中，日照时数、降雨量、日平均温度、2 m 风速等 4 个因素与产量关联较大，全生育期日平均温度与产量呈显著负相关，而总日照时数与产量呈一定负相关。这些结果表明，温度和日照这两个驱动水稻产量形成最关键的环境资源因子，整体上成为多数试验点产量形成的"负要素"，即逆境，并进而成为超级杂交稻高产的障碍。深度阐明超级杂交稻产量要素形成与关键气象因子的关系，并形成相应的针对性育种与栽培技术，是未来超级杂交稻研究的重要方向。

第二节　超级杂交稻产量差异的气候特征

作物在其一个生长周期中，利用各种环境资源（主要为气候资源）合成作物体和产量物质，从而形成相应的产量和品质。不同代际的超级杂交稻虽在优势基因集聚和地域环境适应性上可能有较大进步，但已如前述，其在我国幅员辽阔的地理环境下，品种和地域间表现的产量差巨大，说明超级杂交稻大的产量潜力并不意味着其在任何地理气候条件下都会有效实现。因此，揭示这种产量差背后的气候特征，对修正我国超级杂交稻育种方向和实现现有超级杂交稻品种科学布局及形成相应的栽培技术，意义重大。

近年来，全球气候变暖带来的极端温度对我国水稻生产的影响日益显现。气候变化主要表现为极端温度事件（含高温和低温）发生的频度和强度均呈增加趋势，已成为水稻高产稳产的重要威胁。孕穗期和抽穗开花期是水稻产量形成的关键时期，也是其对极端温度最为敏感的时期。而巧合的是，我国南方特别是长江流域的夏季高温与此期高度重合。因此，全球气候变暖下极端温度有可能是我国超级杂交稻产量差形成的一个"关键"因子。

为此，我们从"超级杂交稻百千万示范工程"30 个定点试验中，选取高产区和对照区各 3 个，围绕产量差产生的气候要素进行了解析。

从"超级杂交稻百千万示范工程"选出 2015 年和 2016 年两年超级杂交稻产量均在 15 t/hm^2 及以上百亩示范点，且做一季稻栽培曾出现过高产记录的区域，作为代表性高产区，有湖北随州、湖南隆回、云南个旧等；两年产量均在 11 t/hm^2 左右，且做一季稻栽培未出现过高产记录的区域，作为代表性对照区，有江西成新、浙江金华、湖南宁乡等。

一、两类典型生态区超级稻产量差特征

1. 典型生态区产量差异

2 年间不同生态区单产差异达极显著水平（图 4-13）。高产区 2 年产量平均在 15 t/hm^2 以上，对照区产量平均在 11～12 t/hm^2 水平，两者的产量差的额度大致相当于对照区当年产量的 1/4～1/3。但高产区和对照区各自在年份之间的产量差异不显著，表明这种产量差是稳定的。

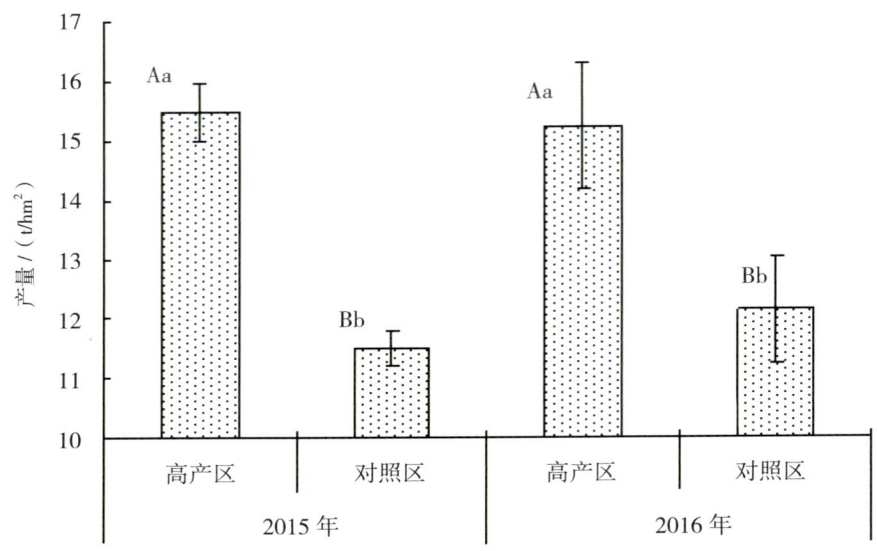

大写字母表示在 0.01 水平下差异极显著，小写字母表示在 0.05 水平下差异显著。

图 4-13 不同生态区域的超级杂交稻产量差异

2. 典型生态区产量构成因素特点

与对照区域相比，高产区株高平均降低 4.5 cm，有效穗增加了 27.27 万 /hm²，总粒数增加 13.51 粒 / 穗，结实率增加 3.34%，千粒重增加 1.86 g（表 4-9）。由此可见，高产区全面提高了水稻的 4 个产量构成因素，从而大幅度提高了其产量水平。可以推测，高产区在水稻全生育期的各方面气候条件有可能更适于超级杂交稻的生长和结实。一般而言，水稻产量构成的 4 个因素，理论上平均提高就可以提高产量。但现实生产上，一般很难做到这一点，源于品种特性与环境资源不匹配导致的 4 个因素间存在的负相关效应。但这里我们可以看到，高产生态区的超级杂交稻较好地克服了这一障碍，使得产量大幅提高。

表 4-9 不同生态区域超级杂交稻株高和产量结构差异（2015—2016 年）

年份	试验点	株高 /cm	有效穗 /（10⁴/hm²）	总粒数 / 粒	结实率 /%	千粒重 / g
2015 年	湖北随州	118.80	233.70	311.87	95.85	27.00
	湖南隆回	115.60	231.45	308.50	82.50	28.00
	云南个旧	102.00	250.20	290.00	85.00	26.50
	平均值	112.13a	238.45a	303.46a	87.78a	27.17a

续表

年份	试验点	株高 /cm	有效穗 / (10^4/hm^2)	总粒数 / 粒	结实率 /%	千粒重 / g
2015 年	江西成新	124.90	209.40	274.50	81.00	24.29
	浙江金华	107.00	176.55	335.29	80.02	23.76
	湖南宁乡	120.10	210.90	250.30	86.16	27.54
	平均值	117.33a	198.95b	286.70a	82.39c	25.20a
2016 年	湖北随州	118.60	210.59	305.09	82.57	27.00
	湖南隆回	114.10	241.50	302.50	86.70	28.10
	云南个旧	112.00	237.60	319.00	87.00	26.00
	平均值	114.90a	229.90a	308.86a	85.42a	27.03a
2016 年	江西成新	123.00	232.20	260.80	86.17	24.65
	浙江金华	110.00	179.85	340.00	81.99	25.00
	湖南宁乡	123.10	232.50	295.00	85.06	26.23
	平均值	118.70a	214.85b	298.60a	84.41b	25.29a

2015 年高产生态区与对照生态区进行方差分析，2016 年与之相同，下同。

3. 典型生态区水稻生育期变化

虽本研究涉及的 6 个生态区气候条件各异，但高产区超级杂交稻全生育期和播种期至抽穗期天数均显著多于对照区，抽穗至成熟天数也明显高于对照区（表4-10）。

表 4-10　不同生态区超级杂交稻生育期的变化（2015—2016 年）

年份	试验点	播种至抽穗 /d	抽穗至成熟 /d	全生育期 /d
2015 年	湖北随州	103	67	169
	湖南隆回	105	68	172
	云南个旧	111	56	166
	平均值	106.3Aa	63.7	169.0Aa
2015 年	江西成新	90	51	140
	浙江金华	89	61	149
	湖南宁乡	91	56	146
	平均值	90Bb	56	145Bb
2016 年	湖北随州	102	66	167
	湖南隆回	104	60	163
	云南个旧	113	53	165

续表

年份	试验点	播种至抽穗 /d	抽穗至成熟 /d	全生育期 /d
	平均值	106.3Aa	59.7	165.0Aa
2016 年	江西成新	84	58	141
	浙江金华	96	54	149
	湖南宁乡	91	57	147
	平均值	90.3Bb	56.3	145.7Bb

一般而言，水稻营养生长期或抽穗前在适宜且偏低的气温和稳定的其他环境下，有利于水稻健康而缓慢生长，最后才可能使得其具有较长营养生长期。显然，在这种条件下，更有利于水稻分蘖特别是低位分蘖的成长，最后形成大蘖和多蘖，这显然更有利于超级杂交稻这类以大穗型为特色品种潜力的发挥。另一方面，大穗型品种本身具有较长的结实灌浆期，但这一"较长"灌浆期的实现也需要当地气候的密切配合，显然，适宜的气温配以足够的光照就是必要的外界条件。总之，可以认为高产生态区超级杂交稻产量的提高在生育期上重要的表现为生育期及其阶段的有效延长，更有利于其在前期形成更高质量的群体结构和后期更多、更有效的灌浆物质的积累与分配。

二、典型生态区产量差产生的气候特征

1. 典型生态区气候特征

2015 年高产区整个生育期平均气温为 22.93℃，对照区平均气温为 26.71℃，高产区低 3.77℃（图 4-14a）；2016 年与 2015 年有相似的规律，且年份之间无差异（图 4-14b）。

整体上，可将上述两区的气温变化分为 2 个阶段，即第一个阶段：生育期前期 110 d 左右，高产区平均气温持续低于对照，差距平均为 4.17℃；第二个阶段：超级杂交稻生长 110 d 至成熟，高产区与对照区平均气温差距缩小，仅为 1.17℃，显然，这可能直接导致超级杂交稻在高产区的营养生育期和灌浆结实期的延长。

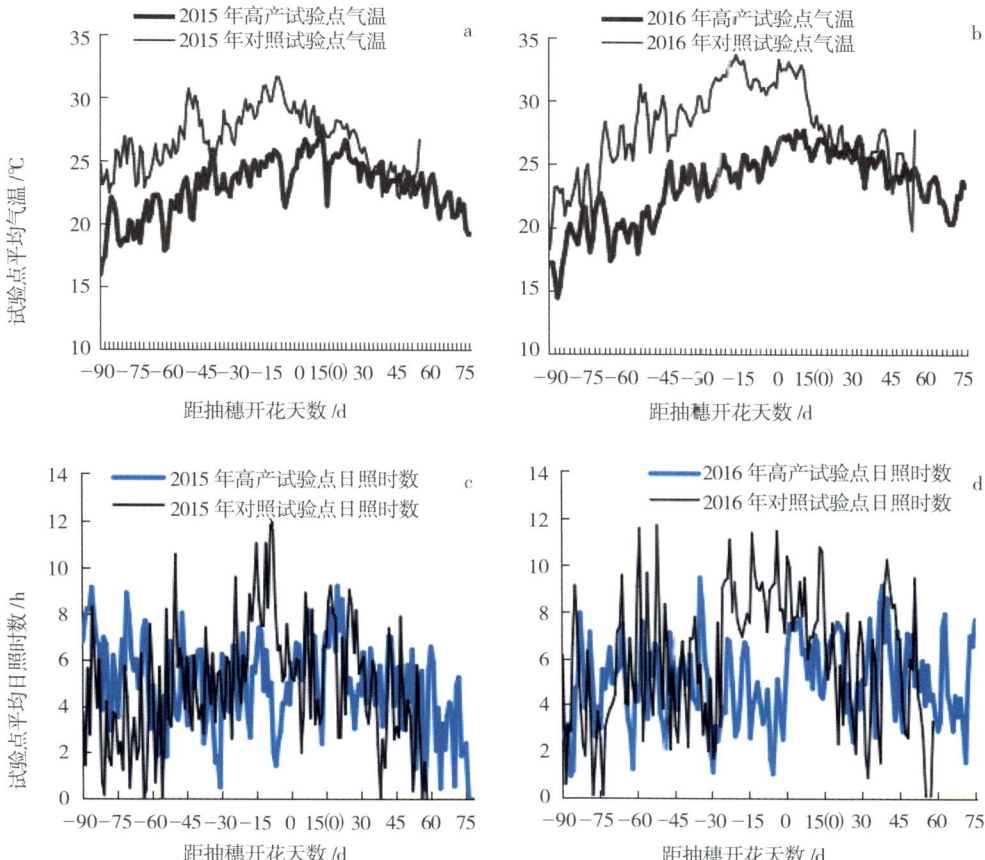

a：2015年不同生态区域气温差异；b：2016年不同生态区域气温差异；c：2015年不同生态区域日照时数差异；d：2016年不同生态区域日照时数差异。0：对照区的抽穗期；15（0）：高产区的抽穗期。下同。

图4-14 不同生态区域气温和日照时数差异

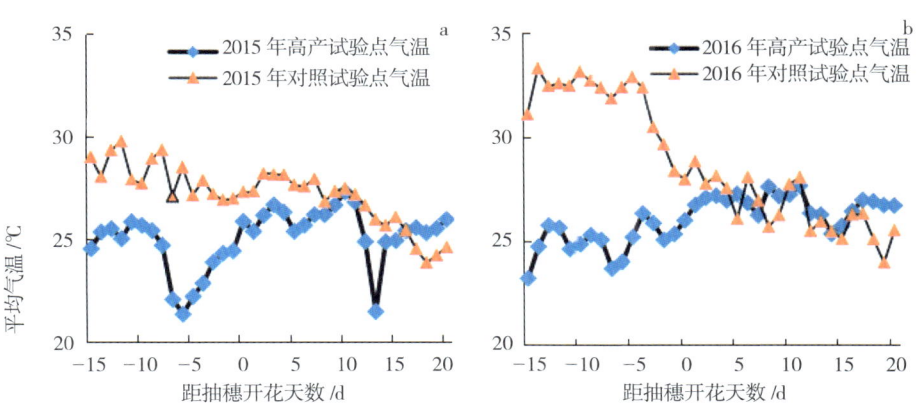

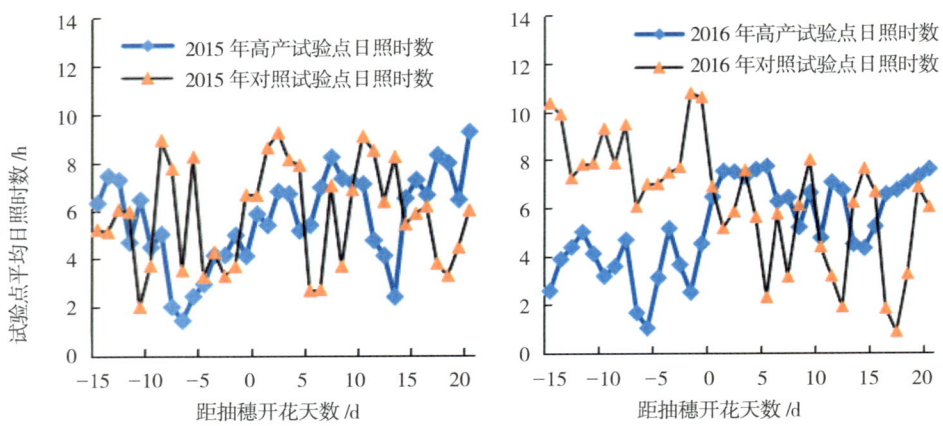

a：2015年典型生态区抽穗前15 d和抽穗后20 d气温；b：2016年典型生态区抽穗前15 d和抽穗后20 d气温；c：2015年典型生态区抽穗前15 d和抽穗后20 d日照时数；d：2016年典型生态区抽穗前15 d和抽穗后20 d日照时数。0：抽穗期。下同。

图4-15 典型生态区抽穗前15 d至抽穗后20 d日平均气温和日照时数

从水稻孕穗至灌浆前期这一决定产量的关键时期，即抽穗前15 d至抽穗后20 d的温度条件来看，巨大的温度差异出现在抽穗前15 d至抽穗后5~10 d［图4-15（a和b）］。2015年度，高产区低于对照区3℃~4℃，而2016年则低7℃~8℃。而且，对照区在2016年在抽穗前经历了严重的危害性高温天气（日均温≥30℃，≥3 d）。总之，对照区在抽穗前后经历的高温，将降低抽穗前茎鞘基部灌浆物质的有效积累，经历危害性高温则直接导致颖花不育和结实率降低。此外，对照区在抽穗后15~17 d时温度会继续下降，但高产点则仍然能维持较高适宜温度，从而也更有利于灌浆。

2. 产量形成关键期气候特征

相比高产区，对照区在生育前期整体日照水平更高［图4-14（c和d）］，但后期这两类地区差异不大或高产区更好。总体上，高产区日照条件的表现更平稳。从抽穗前15 d至抽穗后20 d日照条件来看，与温度对应，在抽穗前15 d至抽穗后5~10 d，以对照区日照时数高，但此后则以高产区日照条件更平稳，且维持较高水平［图4-15（c和d）］。抽穗前后较高的日照本身更有利于水稻的光合作用，但与其"伴生"的高温的副作用则有可能抵消甚至降低其正作用（抽穗前）。灌浆期较高的日照时数并伴随适宜气温，则有利于大穗型品种的高水平、超长灌浆期灌浆的实现。

3. 昼夜温差特征

高产区昼夜温差明显高于对照区，且该差异在播种期最大，随着生育进程的推进差异逐步减少，至抽穗期差异达最小值，抽穗后该差异又增加（图 4-16 和图 4-17）。

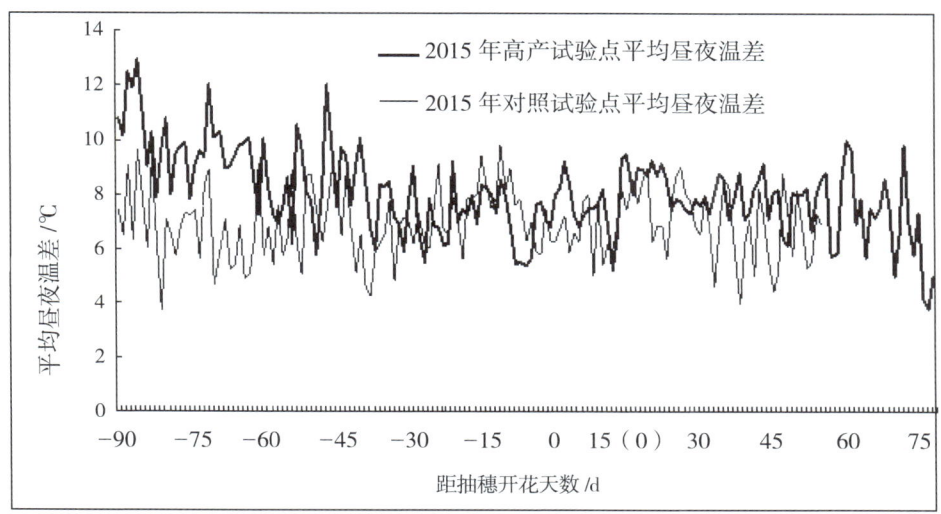

图 4-16　2015 年不同生态区昼夜温差

图 4-17　2016 年不同生态区昼夜温差

4. 高温热害

2016年，对照区江西成新、浙江金华、湖南宁乡分别出现了连续 8 d、6 d、5 d 最高气温超过 35℃的高温热害（表 4-11）。3 个对照试验区因开花期高温导致结实率下降明显，平均较 2015 年下降 5%。其实，高产区的湖北随州也发生了明显的高温危害，导致产量及结实率的年度波动。

表 4-11 2015—2016 年不同生态区超级杂交稻抽穗开花期高温热害变化

年份	试验点	最高温度/℃	最低温度/℃	高温胁迫指数
2015 年	湖北随州	31.24	22.805	0
	湖南隆回	29.78	21.41	0
	云南个旧	25.155	18.235	0
	平均值	28.73	20.82	0
2015 年	江西成新	31.685	24.805	0
	浙江金华	31.13	24.205	0
	湖南宁乡	31.605	24.545	0
	平均值	31.47	24.52	0
2016 年	湖北随州	32.37	25.07	1.00
	湖南隆回	30.725	22.695	0
	云南个旧	26.61	18.335	0
	平均值	29.90	22.03	0.33
2016 年	江西成新	32.92	26.205	1.70
	浙江金华	33.76	24.595	1.38
	湖南宁乡	34.465	26.66	1.25
	平均值	33.72	25.82	1.44

总之，我国南方超级杂交稻高产区与对照区在气候上的基本不同点主要表现在 3 个方面。其一，对照区水稻生长期间整体温度偏高、变幅大、日较差小，而高产区总体气温偏低且平稳、日较差大；其二，对照区在水稻较敏感的生殖生长期受极端高温影响严重，而高产区相对较好；其三，对照区在水稻抽穗开花前后阶段，日照与气温的配合均较差，而高产区则均较好。在高产区条件下，大穗型超级杂交稻具有更长的生长阶段和全生育期，抽穗前能形成更好的群体结构和物质积累，抽穗前后能形成更高质量的授粉灌浆环境与物质，是这类品种在这些生态区实现高产的

重要原因。但我国更大面积的水稻面积位于对照区的低纬度、低海拔的平原地区，探讨这些地区超级杂交稻的适应性成为今后超级杂交稻发展的重要课题。初步来看，培育具有较好的产量构成因素及其调节能力、在全生育期特别是生殖生长期具有较好的抗高温环境的水稻品种，应成为未来我国超级杂交稻育种的重要方向。另一方面，针对不同特性品种及其可能匹配的不同生态环境开展针对性栽培技术研究，则是我国超级杂交稻栽培的重要课题。

第三节　水稻热害反应的品种差异与田间生理生态特征

近年来，随着全球气候变暖的加剧，水稻热害问题日益上升为水稻生产上的一个关键技术问题。早期的研究主要集中在水稻热害的敏感时期——水稻的生殖生长期，此时也是热害导致水稻产量受损最大和最明显的时期。相关研究对热害引起水稻结实障碍的相关花器官和生殖细胞、授粉功能完成过程等进行了深度解析，也对热害发生的条件进行了深入探究。近期的研究从主要在热害下花粉发育相关的分子生物学通路、关键基因、耐热基因挖掘等方面做了较多的工作。

我们与日本岐阜大学和日本农业环境技术研究所（NIAES），在长江大学所在地的长江中游江汉平原，针对水稻田间热害做了长时间监测和研究。该研究较早报道了田间条件下水稻穗部温度异常升高的现象；系统揭示了热害条件下不同品种田间有效花粉散粉行为和不同冠层结构品种授粉差异与热害的关系；以及长江中游作为世界水稻热害高发地的基本田间微气象学特征等。

在众多水稻抗热技术中，首选还是品种技术。也正是依靠育种，我国水稻抗热技术取得了明显进步。但一个明显的事实是，我国水稻热害研究特别缺乏相关田间条件下的品种差异和生理生态特征的深入研究，对全面揭示品种差异、展示其抗性潜力还十分不够，不利于抗热育种上对优良耐热资源及其基因的进一步挖掘与利用。此节我们首先从光合作用角度揭示不同耐性品种在"强高温"（控制条件下设置的日最高气温达 38℃~42℃，以日最高气温 31℃为对照）下的差异，这一工作除可揭示品种对强高温的反应差异外，还可以揭示现有水稻品种差异在未来更大幅度高温下可能的潜力。其次，针对田间实际发生的不同规模的热害，我们用另一组试验，展示差异品种的实际表现，及其与田间生态与授粉功能实现的关系，从而更深入地揭示耐性差异化的品种如何在现实生产中实现其耐热的基本田间过程。

一、水稻热害反应的品种差异

1. 耐/感水稻品种在强高温下的光合特征

试验采用盆栽种植，水稻处理时期为营养生长盛期。试验设置梯级高温处理（日最高气温分别为 38℃、40℃、42℃），以日最高气温 31℃为对照。从气体交换参数（Pn、Gs、Ci、Tr）、叶绿素荧光参数 [Fv/Fm、Y（Ⅱ）、ETR、qP、NPQ]、光合关键酶（Rubisco、RCA）活性以及光合色素含量（Chl、Car）等方面测定典型耐/感品种的生理特征。在此基础上，测定了典型耐/感品种在长期（连续 30 d）极端高温下的物质生产性能差异，以验证品种的光合作用对高温反应的差异最后在物质生产上的体现。

（1）叶片净光合速率（Pn）

在高温处理前 5 d，水稻品种的净光合速率（Pn）均随着温度的变化整体呈现出先升后降的趋势（图 4-18）。耐性品种 N22 在 40℃时仍能保持具有较高的光合速率。至处理第 7 d，各品种 Pn 则随处理温度的变化呈现明显差异。其中，耐性品种（N22 和 SDWG005）依然保持先升高后降低的趋势，而热敏感性品种（绵恢 101）和中间型品种（两优培九）则随着温度的升高净光合速率逐渐下降，差异均达显著水平（$P < 0.05$）。品种之间的比较可以看出，极端高温（42℃）处理 1 d，N22 和 SDWG005 的净光合速率即分别显著高于绵恢 101 11.1%、17.9%。至第 5 d 时，耐性水稻品种（N22 和 SDWG005）净光合速率整体高于热敏感性品种（绵恢 101）和中间型品种（两优培九）。而且，同一高温下热敏感性品种的净光合速率下降幅度大于耐性品种（图 4-19）。与对照（31℃）相比，N22 和 SDWG005 的净光合速率在 40℃、

42℃下分别下降了4.7%、7.6%和2.3%、14.0%，而两优培九和绵恢101分别下降了5.7%、15.9%和5.2%、15.1%。此结果说明短期高温对光合速率有促进作用，耐性品种比感性品种具有更高的光合高温适应阈值温度，随着处理时间的延长高温会对光合作用产生胁迫，但相较于热敏感性品种，耐热性品种对高温的光合适应能力更强，反应时间更长。

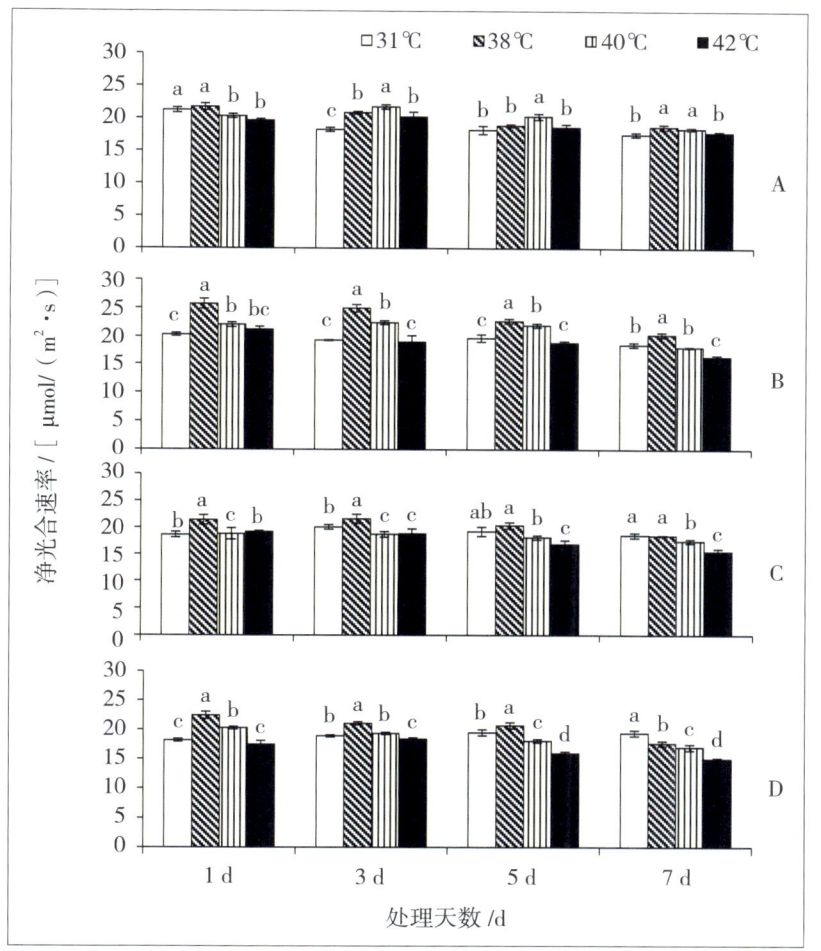

图中不同英文小写字母表示P在小于0.05水平上具有显著差异（$p<0.05$）；字母A~D分别为品种N22、SDWG005、两优培九和绵恢101。

图4-18 不同处理天数下各品种叶片净光合速率变化

（2）气孔导度（Gs）

随着处理温度的增加，水稻叶片气孔导度大都呈现出先升高后降低的变化趋势，这一结果与光合速率变化较为相似（图4-20）。但不同品种、不同高温处理天

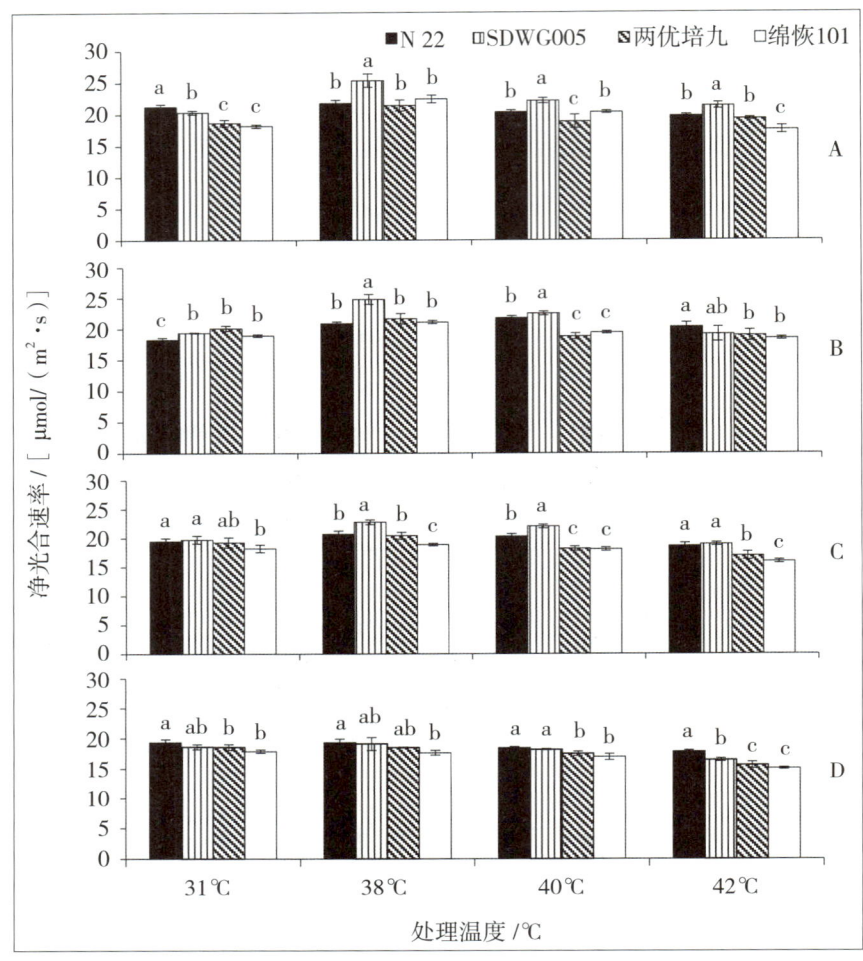

图中不同英文小写字母表示 P 在小于 0.05 水平上具有显著差异（$p < 0.05$）；字母 A~D 分别为处理 1 d，3 d，5 d 和 7 d。

图 4-19　不同处理温度品种间叶片净光合速率变化

数之间的气孔导度变化存在明显差异。高温处理第 1 d，两优培九和绵恢 101 的气孔导度在 38℃即达到峰值，进一步升高温度气孔导度受抑制；而 N22 和 SDWG005 在 42℃时仍能保持较高的气孔导度。在 40℃和 42℃高温下，4 个品种的气孔导度基本表现出 SDWG005、N22 ＞两优培九＞绵恢 101；尤其是在 42℃时，SDWG005、N22 的气孔导度分别比绵恢 101 高 17.9%、33.8%。以上结果表明，在一定范围内的高温可以促进气孔导度的增加进而提高光合速率。随着温度的增加气孔导度逐渐受到抑制，高温下感性品种气孔导度下降幅度更大，响应速度更快。与感性品种相比，耐性品种在极端高温下仍能保持较高的气孔导度。

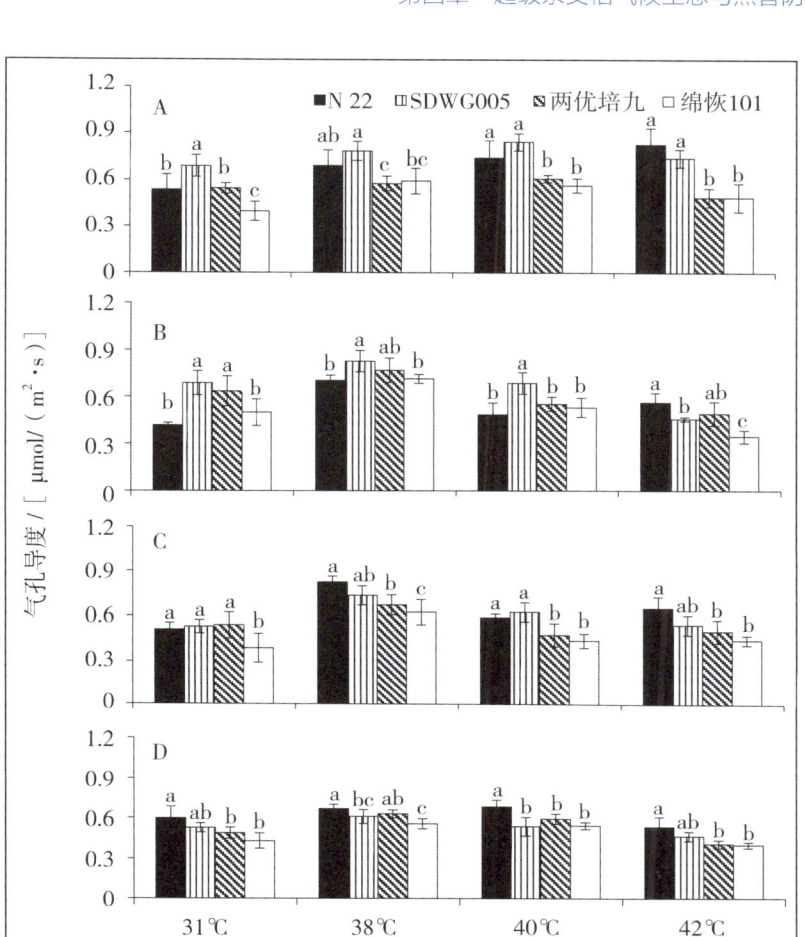

图中不同英文小写字母表示 P 在小于 0.05 水平上具有显著差异（$p < 0.05$）；字母 A~D 分别为处理 1 d, 3 d, 5 d 和 7 d。

图 4-20　不同处理温度品种间叶片气孔导度变化

（3）胞间二氧化碳浓度（C_i）

引起净光合速率下降的原因一般分为气孔因素和非气孔因素 2 种。气孔因素主要受叶片上的气孔密度、气孔大小和气孔开度的影响，阻止细胞内二氧化碳的供应；非气孔因素主要与胞间二氧化碳浓度过高造成 PS Ⅱ 反应中心受损或失活有关。因此判断光合速率下降是否与气孔限制有关，既要看气孔导度的大小，也要看胞间二氧化碳浓度的变化。由图 4-21 可知，在高温下处理 1 d，不同品种间的气孔导度和胞间二氧化碳浓度状态与光合速率的表现较为一致。表明高温处理下光合速率的下降主要与气孔因素有关。但随着高温处理天数的延长,绵恢 101 在处理第 3 d,42℃时光合速率显著低于 N22,但胞间二氧化碳浓度却与 N22 无显著差异,因此最先表现出非气孔限制。其次是 SDWG005 与两优培九在处理第 5 d,38℃时的气孔导度与净光合速率变化一致,但胞间二氧化碳浓度与净光合速率的变化趋势相反;N22 在处理第 7 d 气孔导度高于 SDWG005 的条件下,净光合速率下降,表明此时非气孔因素是限制其光合速率的主要因素。由此可见,在 7 d 的高温环境下所有品种均遭受到气孔和非气孔因素的双重限制,但感性品种绵恢 101 比耐性品种 N22、SDWG005 发生非气孔限制因素更早。

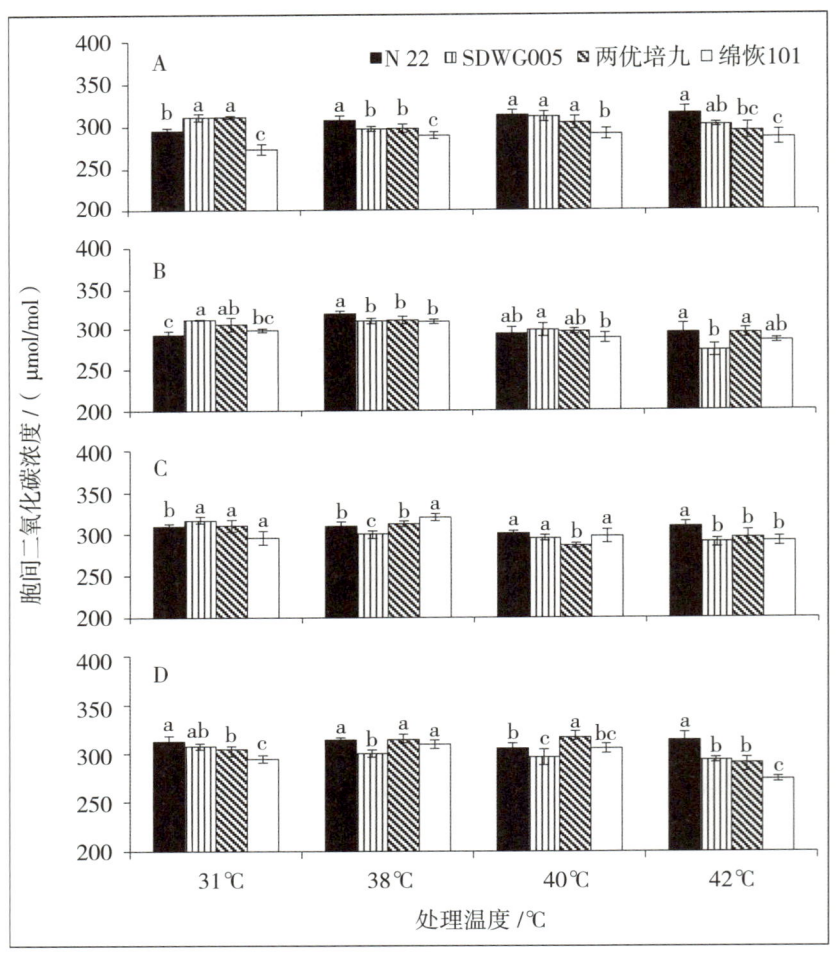

图中不同英文小写字母表示 P 在小于 0.05 水平上具有显著差异($p<0.05$);字母 A~D 分别为处理 1 d,3 d,5 d 和 7 d。

图 4-21 不同处理温度品种间叶片胞间二氧化碳浓度变化

（4）叶片蒸腾速率（Tr）

蒸腾作用是植物体表面（叶片）的水分以水蒸气状态散失到大气中的过程，蒸腾作用的强弱不仅受外界环境条件的影响，而且还受植物本身尤其受气孔导度的调节和控制。水稻在受到高温胁迫时能主动增加气孔导度，提高蒸腾速率来减少高温伤害。从图4-22可以看出，4个水稻品种的蒸腾速率均随着温度的增加而上升。不同品种比较，在40℃和42℃的高温环境下，仅处理1 d绵恢101的蒸腾速率就明显低于其他3个品种。但随着高温处理时间的增加，尤其是处理第7 d时，同一品种

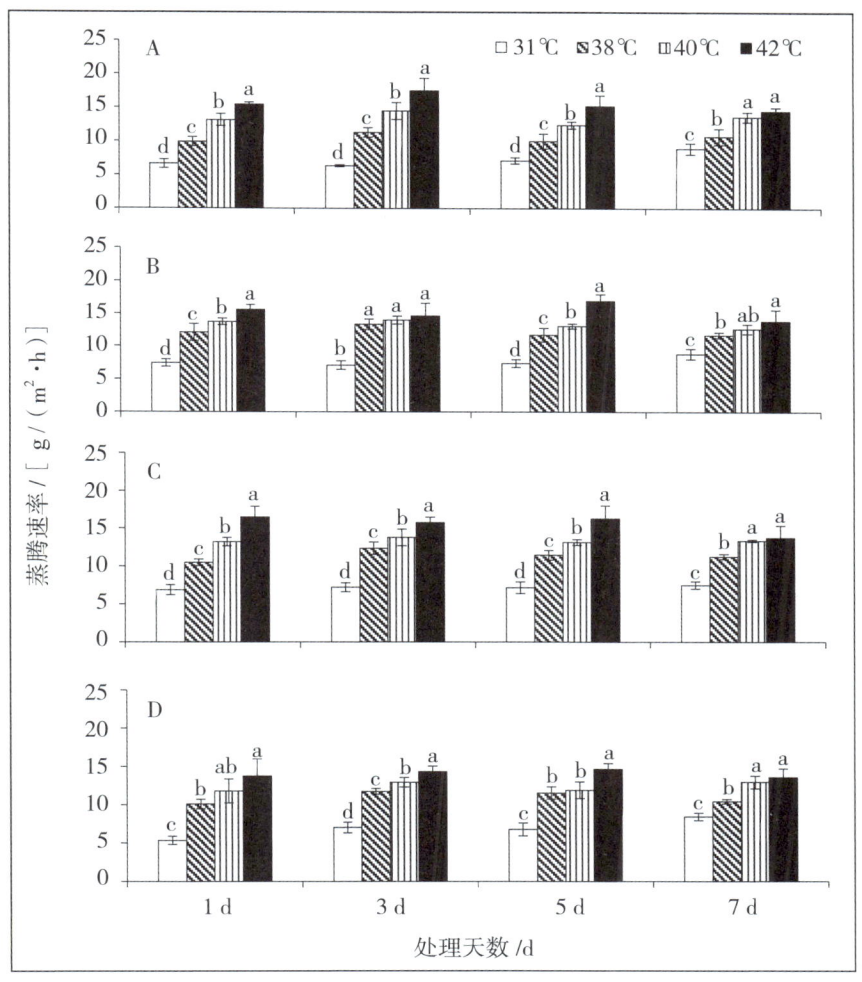

图中不同英文小写字母表示P在小于0.05水平上具有显著差异（$p < 0.05$）；图A~D分别为品种N22、SDWG005、两优培九和绵恢101。

图4-22 不同处理天数下各品种的叶片蒸腾速率变化

在40℃和42℃之间的蒸腾速率以及各品种之间的蒸腾速率变化已无明显差异（图4-23）。表明高温处理7d后植物的气孔调节能力均出现下降。

综上，在一定温度范围内高温可以促进气孔导度、胞间二氧化碳浓度增加，提高蒸腾速率和光合速率。在42℃内水稻光合速率整体上表现出先升高后降低的趋势。其中感性品种（绵恢101）的光合阈值温度在38℃；耐性品种（N22）的阈值温度达40℃。随着处理温度和时间的进一步增加，水稻气孔导度、蒸腾速率以及光合速率均明显降低，水稻气孔调节能力变弱。但耐性品种比热敏感性品种对高温适应时间更长、胁迫反应时间更为迟钝，且随着处理天数的增加耐性品种的光合参数整体高于感性品种。

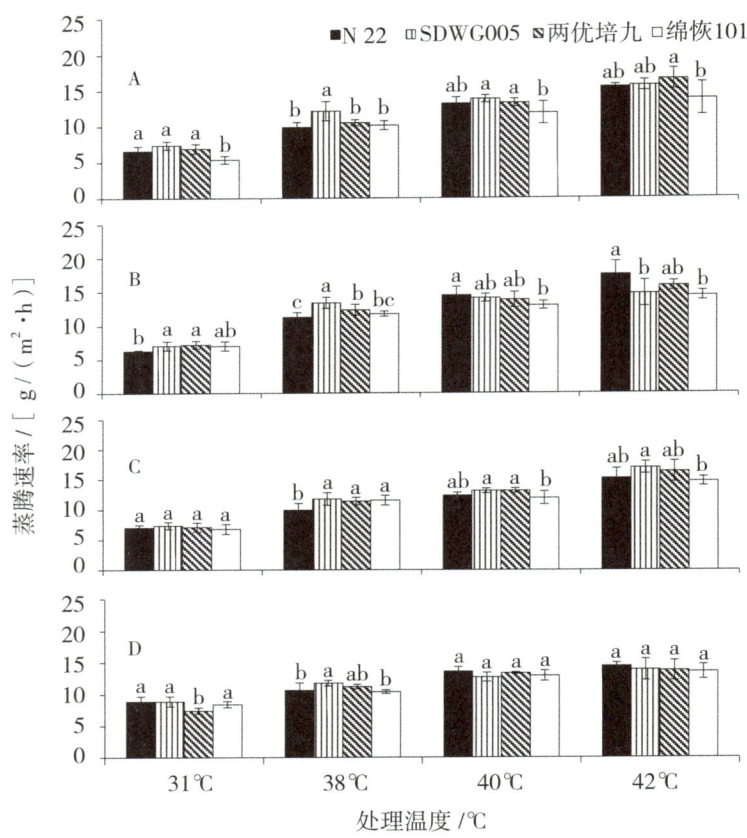

图中不同英文小写字母表示P在小于0.05水平上具有显著差异（$p<0.05$）；图A~D分别为处理1d、3d、5d和7d。

图4-23 不同处理温度下品种间叶片蒸腾速率变化

2. 耐/感水稻品种在强高温下的叶绿素荧光特征

(1) PSⅡ最大光化学效率（Fv/Fm）

Fv/Fm 是最重要的荧光参数之一，代表光合机构把吸收的光能用于化学反应的最大效率——即 PSⅡ最大光化学效率。胁迫环境下光化学效率直接决定叶片的光合速率，常被用来表示环境胁迫的程度。由图 4-25 可知，随着温度的升高和处理天数的增加，4 个品种的 Fv/Fm 在高温下均出现不同程度的降低。尤其是在 42℃ 高温下处理 7 d，与 31℃ 相比，N22、SDWG005、两优培九和绵恢 101 分别降低了 10.0%、14.7%、18.4%、24.0%；42℃ 高温下处理 7 d，与处理 1 d 相比，N22、SDWG005、两优培九和绵恢 101 分别降低了 8.2%、10.4%、9.7%、23.5%。说明极端高温下水稻受到气孔因素和非气孔因素的双重胁迫。比较不同品种可以看出（图 4-25），在 40℃ 高温下处理 1 d，绵恢 101 的 Fv/Fm 即显著低于 N22 和 SDWG005，在 42℃ 极端高温时，Fv/Fm 整体表现出 N22、SDWG005＞两优培九＞绵恢 101 的趋势。

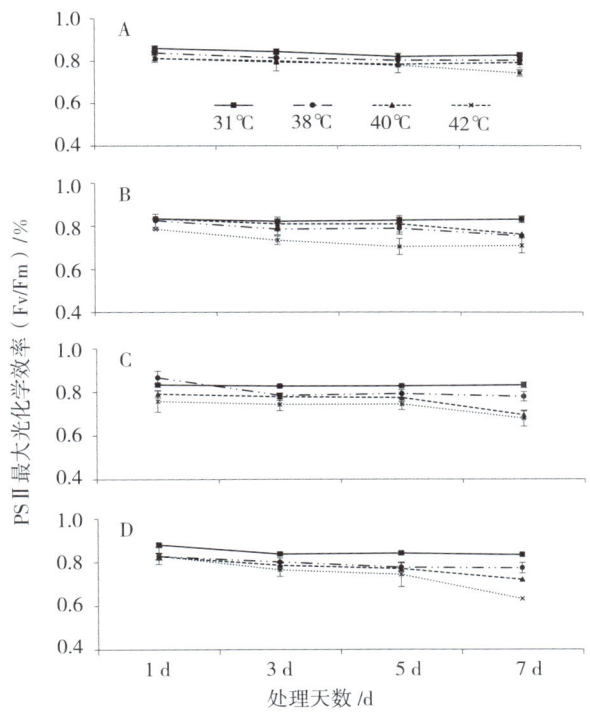

图 A~D 分别为品种 N22、SDWG005、两优培九和绵恢 101。

图 4-24 不同处理天数下各品种叶片 PSⅡ最大光化学效率（Fv/Fm）

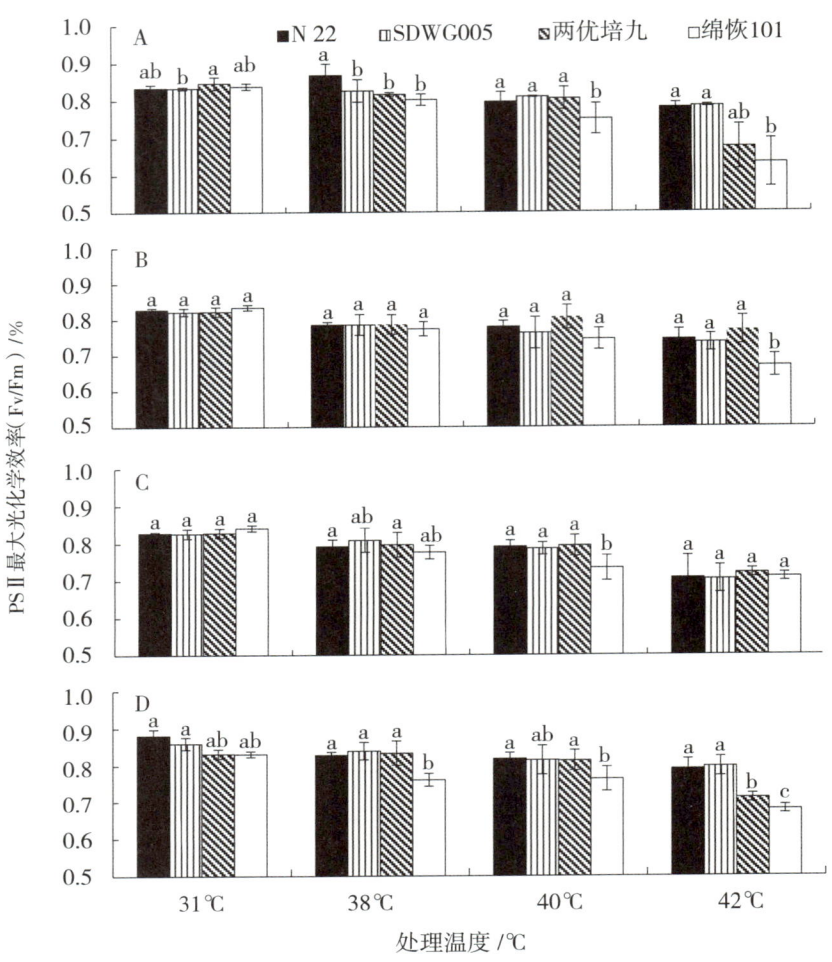

图中不同英文小写字母表示 P 在小于 0.05 水平上具有显著差异（$p < 0.05$）；图 A~D 分别为处理 1 d、3 d、5 d 和 7 d。

图 4-25　不同处理温度下品种间叶片 PS Ⅱ 最大光化学效率（Fv/Fm）

（2）PS Ⅱ 实际光化学量子效率 [Y（Ⅱ）]

Y（Ⅱ）表示在环境胁迫下 PS Ⅱ 反应中心部分关闭的情况下的实际原初光能捕获效率，反映植物叶片在光下用于电子传递的能量占吸收光能的比例与 PS Ⅱ 反应中心的开放程度，其值越小表明电子传递活性和传递速率越低。从图 4-26 可以看出，随着温度的升高，Y（Ⅱ）整体上表现出先增加后降低的变化规律，水稻大都在最高温达到 38℃ 后实际光化学量子效率 Y（Ⅱ）下降。说明高温下不利于光能参与光化学反应的进程与提高光能利用效率。但受不同温度和处理天数的影响，4 个品种表现略有差异。处理 1 d 的时候，N22 和 SDWG005 在 42℃下的 Y（Ⅱ）达到最大值，且显著高于两优培九和绵恢 101。说明 42℃高温处理 1 d 即对两优培九和绵恢 101 的实际光化学量子效率产生抑制作用，而短期高温对 SDWG005 和 N22 的实际光化学量子效率具有促进作用。这一变化趋势与光合速率前期表现较为一致。

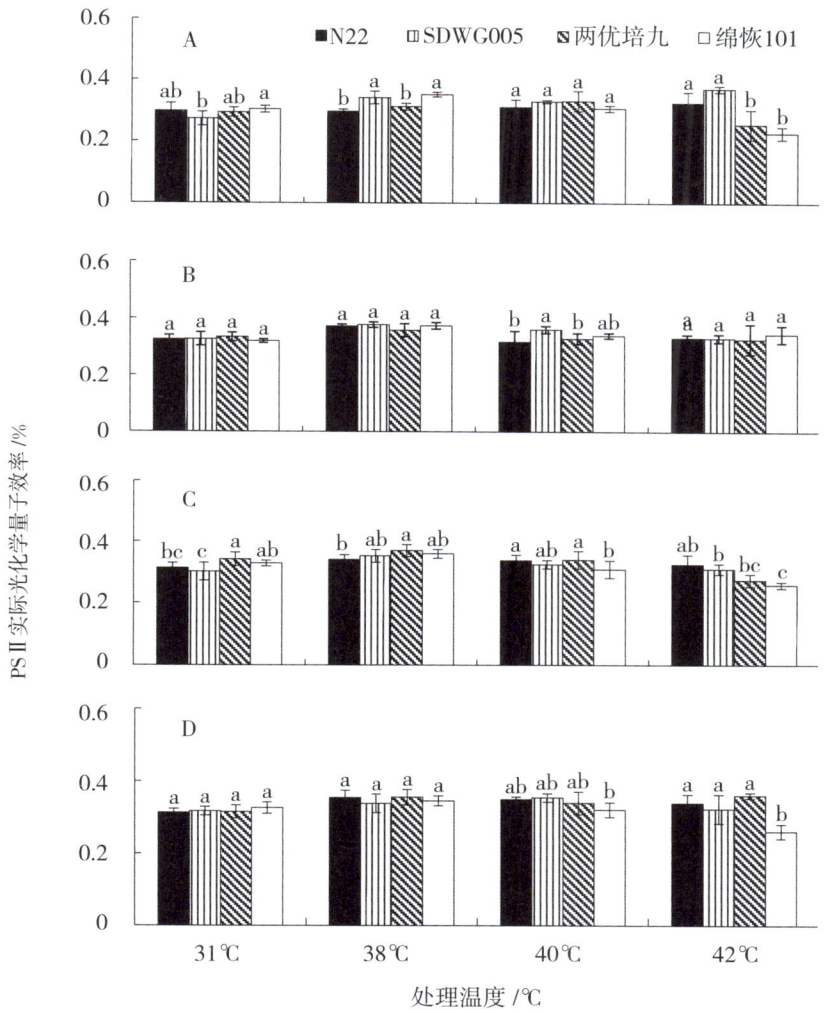

图中不同英文小写字母表示 P 在小于 0.05 水平上具有显著差异（$p<0.05$）；图 A～D 分别为处理 1 d、3 d、5 d 和 7 d。

图 4-26　不同处理温度下叶片 PS Ⅱ 实际光化学量子效率

（3）相对电子传递速率（ETR）

一般认为相对电子传递速率与植物的净光合速率呈显著正相关关系。本研究显示,水稻叶片在高温下处理 1 d 时 ETR 变化趋势与 Pn 基本一致(图 4-27)。绵恢 101 和两优培九的相对电子传递速率在 42℃高温下显著低于 N22 和 SDWG005。但随着处理天数的增加,N22 和 SDWG005 的电子传递速率逐渐从处理 1 d 时随温度升高而增加,演变为处理 7 d 时随温度上升而下降的趋势。表明处理时间和温度的协同作用损伤了这 2 个品种的电子传递机构,使其电子传递速率受到了抑制;而绵恢 101 和两优培九的变化趋势则与之相反,从处理第 5 d 开始在 42℃下的 ETR 显著高于 N22 和 SDWG005。以上说明,感性品种的电子传递速率受高温的影响早于耐性品种。

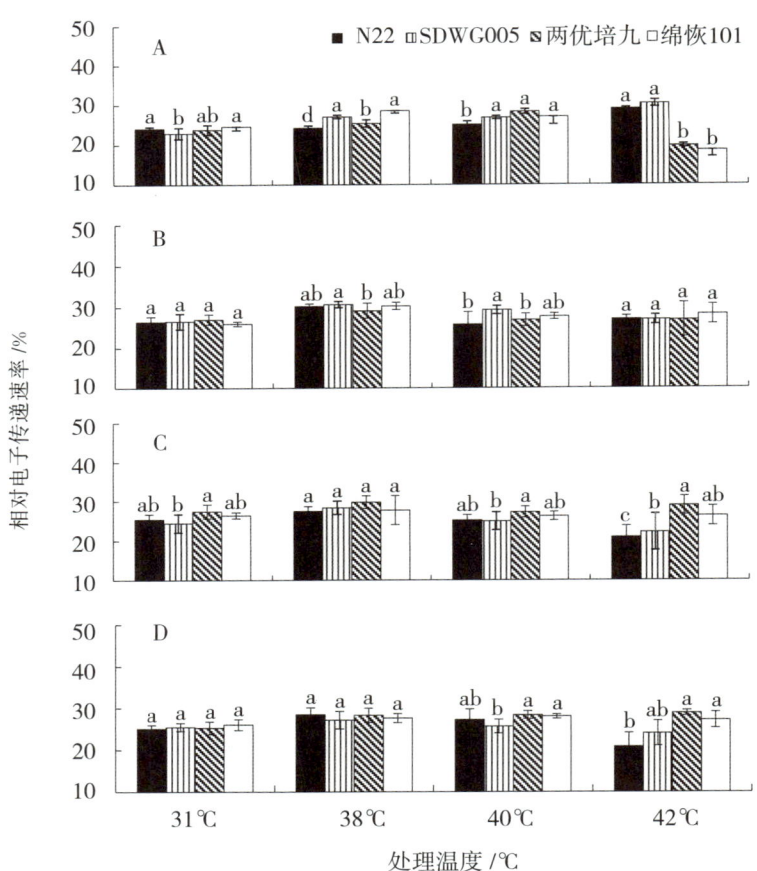

图中不同英文小写字母表示 P 在小于 0.05 水平上具有显著差异($p<0.05$);图 A～D 分别为处理 1 d、3 d、5 d 和 7 d。

图 4-27 不同处理温度下叶片相对电子传递速率

(4)光化学淬灭系数(qP)

叶绿素荧光产量的下降(淬灭)可以由光合作用的增加引起,也可以由热耗散的增加引起。由光合作用引起的荧光淬灭称之为光化学淬灭（qP 或 qL），由热耗散引起的荧光淬灭称之为非光化学淬灭（qN 或 NPQ）。光化学淬灭反映了植物光合活性的高低。由图 4-28 可知，42℃高温处理 1 d，两优培九和绵恢 101 的光化学淬灭系数即显著低于 N22 和 SDWG005，4 个品种的 qP 表现为 SDWG005＞N22＞两优培九＞绵恢 101。而温度低于 42℃时彼此之间的光合活性则无明显差异。随着处理天数的增加 SDWG005、两优培九和绵恢 101 等 3 个品种之间的光化学淬灭系数已无显著变化，而 N22 在 42℃处理 7 d 时与其他品种相比仍具有较高的光化学淬灭系数，表现出更高的光合活性。

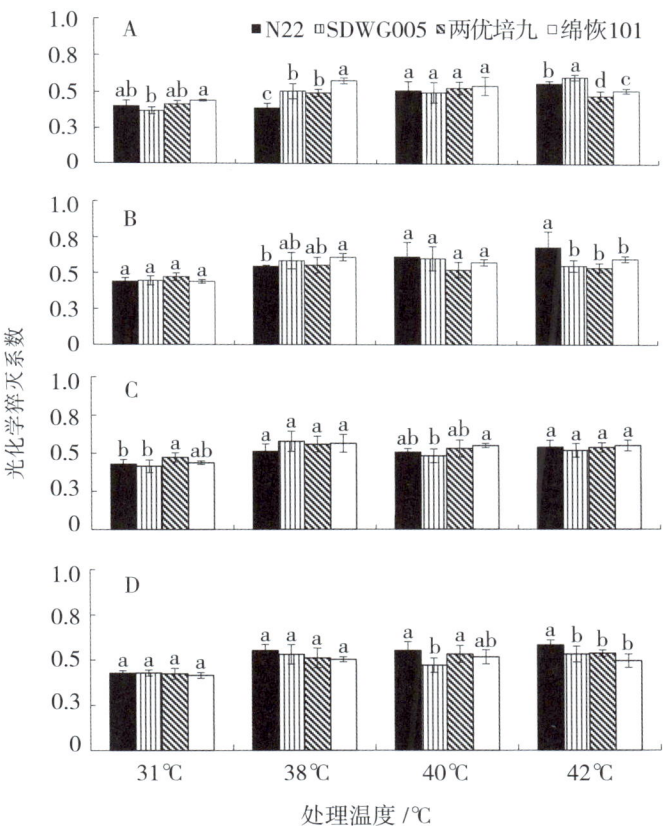

图中不同英文小写字母表示 P 在小于 0.05 水平上具有显著差异（$P<0.05$）；图 A~D 分别为处理 1 d、3 d、5 d 和 7 d。

图 4-28 不同处理温度下叶片光化学淬灭系数

（5）非光化学淬灭系数（NPQ）

非光化学淬灭系数（NPQ）反映 PSⅡ 天线色素吸收的光能不能用于光合电子传递而以热的形式耗散掉的光能部分。当 PSⅡ 反应中心天线色素吸收过量的光能时，如不能及时地耗散将对光合机构造成失活或破坏，所以非光化学淬灭是一种自我保护机制，反映了植物耗散过剩光能为热的能力，也就是光保护能力。从图 4-29 可以看出，在中等高温 38℃内绵恢 101、两优培九的非光化学淬灭能力高于 N22、SDWG005，但在极端高温 42℃下则成相反趋势，尤其处理 5 d 后 N22 和 SDWG005 的非光化学淬灭系数明显高于绵恢 101 和两优培九，差异达显著水平（$p < 0.05$）。不同品种 NPQ 对高温反应的阈值温度也存在差异。处理 1 d 的时候，N22 和 SDWG005 在 40℃时达到峰值，两优培九和绵恢 101 则在 38℃时达到峰值，温度进一步上升光保护能力下降。但随着处理天数的增加，水稻 NPQ 对高温产生了一定程度的适应能力。从处理 3 d 后，水稻的非光化学淬灭对高温响应的阈值温度可以看出，绵恢 101 和两优培九分别从 38℃提高到了 40℃，SDWG005 和 N22 则在 42℃仍具有较高的非光化学淬灭能力。以上表明，水稻在一定的范围内的高温环境下会通过非光化学淬灭耗散过剩的光能形成自我保护机制，而耐性品种发生非光化学淬灭的阈值温度更高、对高温适应范围更宽，可能是 N22、SDWG005 在 38℃中等高温下 NPQ 分别低于绵恢 101、两优培九的主要原因。

综上，高温下 PSⅡ 反应中心受损或可逆性失活，从而导致相对电子传递受阻，实际光化学量子效率［Y（Ⅱ）］和最大光化学效率（Fv/Fm）降低是引起高温下净光合速率下降的非气孔因素之一。虽然水稻在一定范围内的高温环境下可通过非光化学淬灭（NPQ）耗散过剩的光能形成自我保护机制，但在极端高温（42℃）下耐性品种比感性品种具有更高的光合活性和热耗散能力，有助于耗散过剩的激发能，缓解胁迫环境对光合作用的影响。

3. 耐/感水稻品种在强高温下的光合关键酶反应

（1）叶片 Rubisco 活性

通过比较高温下光合差异比较大的 2 种类型品种的 Rubisco 活性发现，高温胁

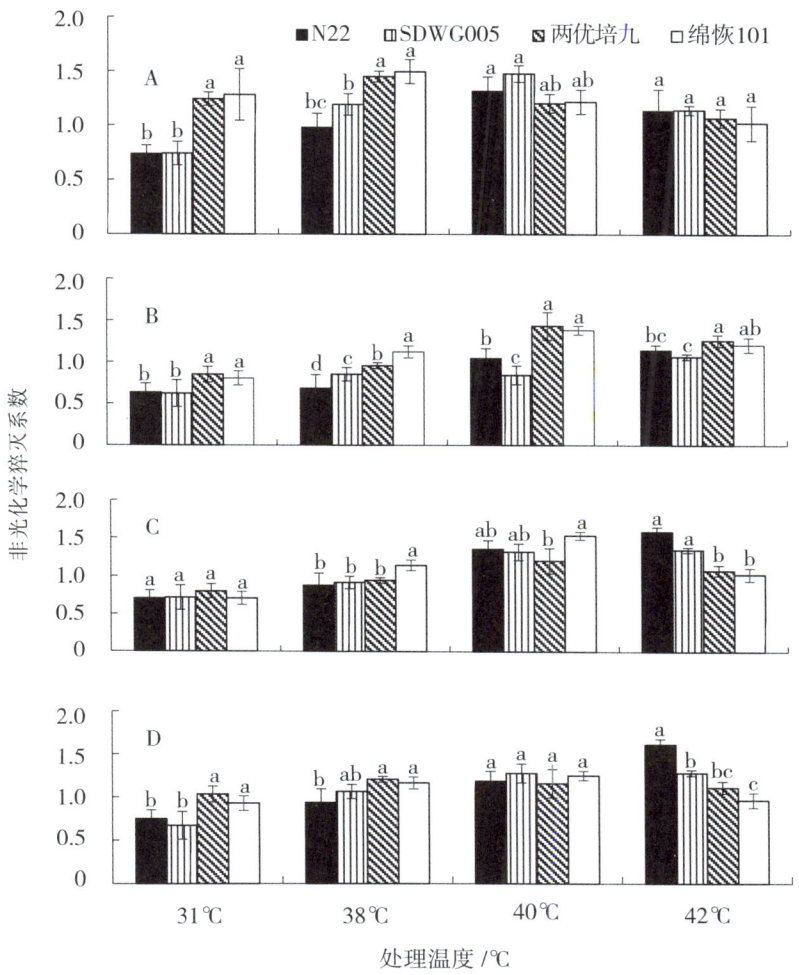

图中不同英文小写字母表示 P 在小于 0.05 水平上具有显著差异（$p < 0.05$）；图 A~D 分别为处理 1 d、3 d、5 d 和 7 d。

图 4-29　不同处理温度下叶片非光化学淬灭系数

迫致使水稻叶片的 Rubisco 活性在 38℃时即发生变化，随着温度的升高各品种的 Rubisco 活性逐渐递减趋势（图 4-30）。与 31℃相比，耐性品种 N22 的 Rubisco 的活性在 38℃、40℃和 42℃时分别下降了 15.8%、13.5%、29.3%，SDWG005 的 Rubisco 活性分别下降了 32.8%、39.3%、29.4%；感性品种绵恢 101 的 Rubisco 活性分别下降了 33.3%、43.7%、51.8%。各品种降幅按大小排序依次为 N22 > SDWG005 > 绵恢 101。不同温度下各品种间的比较也可以看出 N22 和 SDWG005 的 Rubisco 活性均显著高于绵恢 101（$p < 0.05$）。

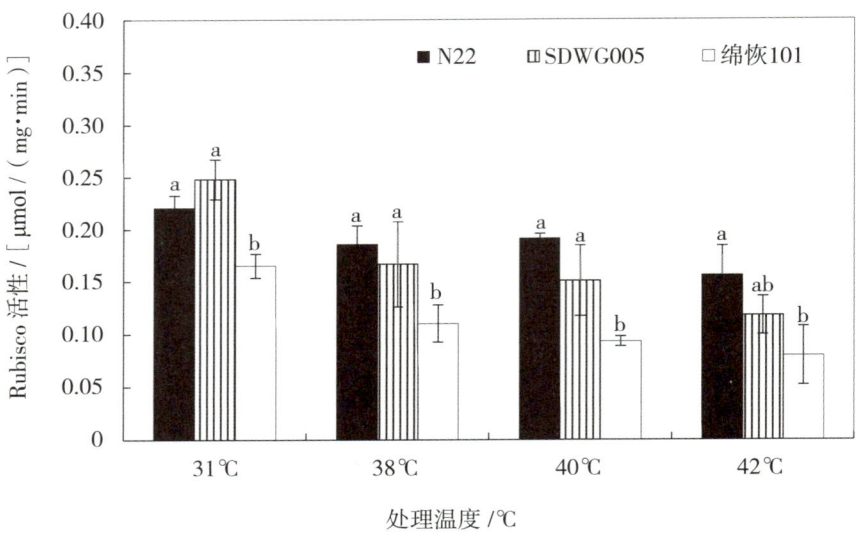

此图显示的是高温处理第 5 d 时各水稻品种的 Rubisco 活性。图中不同英文小写字母表示 p 在小于 0.05 水平上差异达显著水平（$p < 0.05$）。

图 4-30　不同温度处理下叶片 Rubisco 活性

（2）叶片 RCA 活性

通过比较高温下光合差异比较大的 2 种类型品种的 RCA 活性可以看出，高温胁迫致使水稻叶片的 RCA 活性在明显降低，但不同品种对温度的敏感程度有所差异（图 4-31）。与 31℃相比，耐性品种 N22 的 RCA 在 38℃、40℃下仍能保持较高水平的活化状态，直到 42℃时才开始出现活性下降，其次是 SDWG005 阈值温度为 40℃；感性品种绵恢 101 对温度最为敏感，在 38℃时 RCA 活性便出现明显下降。与对照 31℃相比，N22、SDWG005 和绵恢 101 在 42℃时 RCA 活性分别下降了 24.8%、22.0%、51.4%。各水稻品种 RCA 对温度敏感程度表现为绵恢 101 > N22 > SDWG005，且绵恢 101 明显低于 N22，差异达显著水平（$p < 0.05$）。说明与热敏感性品种相比耐热性较强的品种其 RCA 活性对高温响应的阈值温度更高、反应更加迟钝。

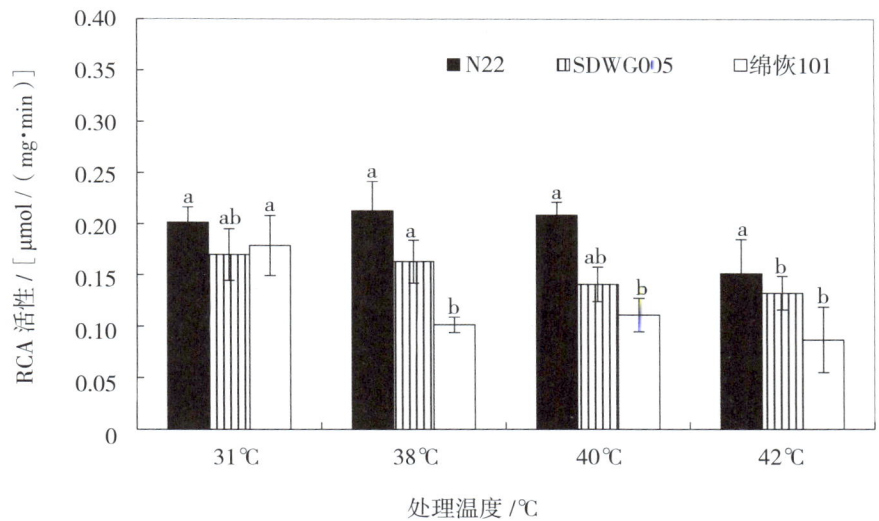

此图显示的是高温处理第 5 d 时各水稻品种的 RCA 活性。图中不同英文小写字母表示 p 在小于 0.05 水平上差异达显著水平（$p < 0.05$）。

图 4-31　不同温度处理下叶片 RCA 活性

4. 耐/感水稻品种在强高温下的光合色素含量

（1）叶绿素含量

叶绿素是植物叶绿体内参与光合作用的重要色素，当植物受到热胁迫时会影响叶绿素的合成，因此叶绿素含量被认为是一种敏感的热损伤指标。从图 4-32 可看到，叶绿素总含量整体上随着温度的升高表现出先增加后降低的趋势。在高温下 4 个品种的叶绿素含量总体表现为 N22、SDWG005＞两优培九＞绵恢 101。叶绿素又包括叶绿素 a 和叶绿素 b。叶绿体中的色素都能够吸收光能，但只有少数特殊状态下的叶绿素 a 才有转化光能的作用，而大部分的叶绿素 a 和全部叶绿素 b 具有吸收和传递光能的作用。从图 4-32B 可以看出所有品种的叶绿素 a 变化趋势与总叶绿素含量一致，表明叶绿素 a 占总叶绿素含量比值较大。经过高温处理后，水稻的叶绿素 a／b 的值也随之发生了明显的变化（图 4-32C）。不同品种比较可以看出，在极端高温 42℃时各品种间的叶绿素 a/b 整体表现出两优培九＞绵恢 101 ＞ SDWG005、N22。

（2）类胡萝卜素含量

类胡萝卜素具有帮助吸收光能、耗散多余能量和诱导作物抗氧化能力的综合功能。一定温度范围内，随着温度的升高，水稻的类胡萝卜素含量呈现先迅速增加后降低的变化趋势，所有水稻品种的类胡萝卜素含量均在38℃达到峰值（图4-32D）。随着温度的进一步升高，各品种表现出不同的变化趋势。绵恢101和两优培九随着温度的升高而降低，N22和SDWG005在高温下未出现明显的下降趋势，表现较为稳定。且在40℃即可看到N22和SDWG005的类胡萝卜素含量明显高于绵恢101和两优培九。在42℃下各品种的类胡萝卜素含量表现为SDWG005＞N22＞两优培九＞绵恢101，与绵恢101相比，N22和SDWG005的类胡萝卜素含量分别高其8.2%、10.7%。

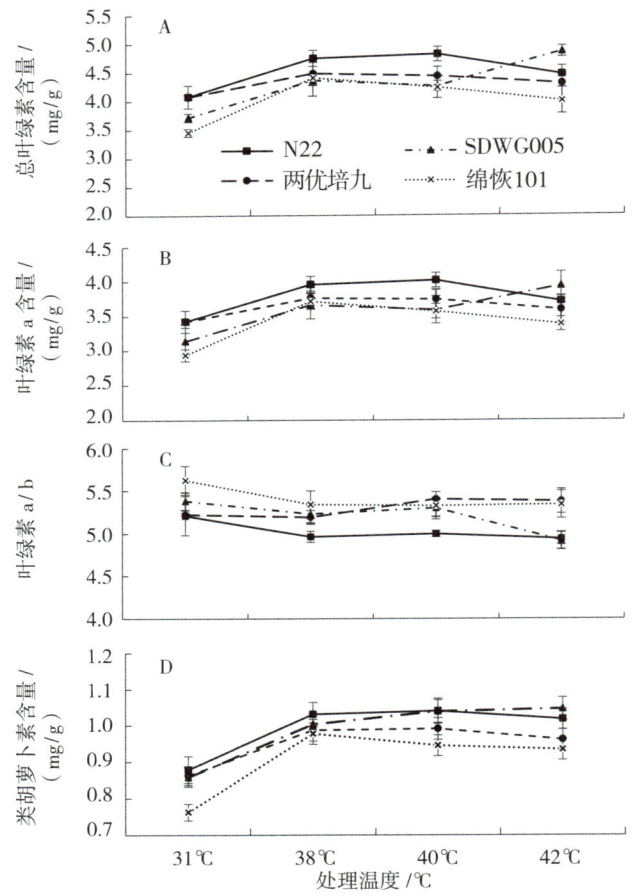

此图显示的是高温处理第5 d时各水稻品种的光合色素含量。图A~D分别为总叶绿素含量、叶绿素a含量、叶绿素a/b、类胡萝卜素含量。

图4-32 不同温度处理下水稻叶片光合色素含量

5. 耐/感水稻品种在强高温下干物质生产性能

(1) 干物质积累量

从图 4-33 可以看出，高温下 N22 和 SDWG005 干物质积累量明显高于绵恢 101。与对照 31℃相比，水稻的干物质积累量在 38℃即发生明显的下降，差异均达显著水平（$p < 0.05$），且干物质积累随着温度的升高而不断降低。不同品种的降幅存在差异，与对照 31℃相比，在 38℃、40℃、42℃时 N22 分别降低了 26.6%、32.0%、39.6%；SDWG005 分别降低了 25.7%、41.9%、44.6%；两优培九分别降低了 32.1%、43.7%、38.6%；绵恢 101 分别降低了 38.2%、40.3%、53.4%。4 个品种的平均降幅大小表现为绵恢 101＞两优培九＞SDWG005＞N22。高温下耐性品种的干物质积累量整体明显大于感性品种。

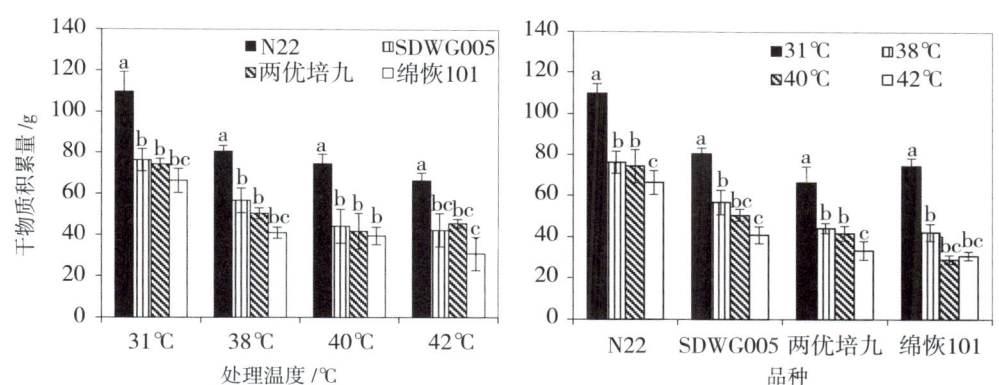

图中不同小写英文字母表示 P 在小于 0.05 水平上具有显著性差异（$p < 0.05$）。

图 4-33 不同处理温度下水稻干物质积累量

(2) 净同化率

净同化率（NAR）表示光合作用的日生产率。前期光合研究结果显示，随着温度的逐渐升高，只有绵恢 101 的净光合速率表现出与净同化率较为一致的变化趋势，SDWG005 和 N22 甚至表现在一定范围内高温高光合趋势。而从图 4-34 可以看出，所有品种在高温下的净同化率与温度均呈显著负相关关系。此结果说明在一定范围的高温可以提高光合速率，但长时间的高温则会抑制水稻净光合速率造成光合作用的日生产率降低进而影响物质生产。同时也从侧面说明绵恢 101 的净光合速率对高温胁迫反应时间更早。植物净同化率是由光合作用与呼吸作用共同决定的，在前期研究表明 SDWG005 与 N22 光合水平相当，甚至在适宜温度下 SDWG005 的光合速率还高于 N22。但结果显示经过为期 30 d 的高温处理后 SDWG005 的净光合速率却显著低于 N22，差异达显著水平（$p < 0.05$）。此结果表明 SDWG005 可能发生了严重的呼吸作用进而消耗了光合物质的积累。

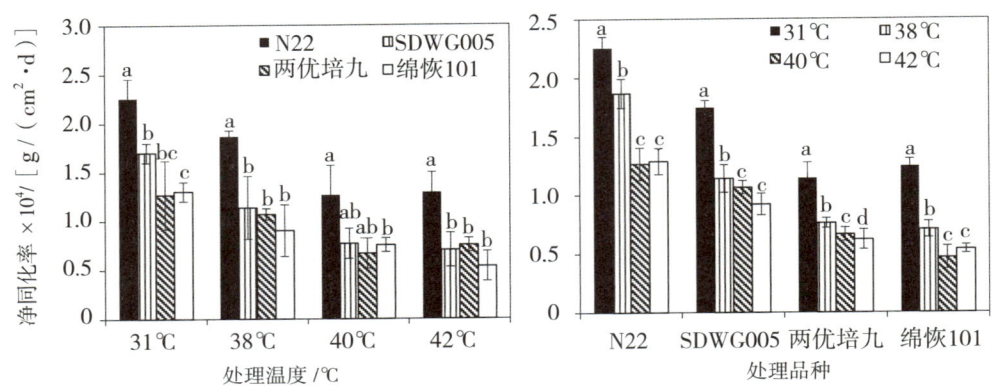

图中不同小写英文字母表示 p 在小于 0.05 水平上具有显著性差异（$p < 0.05$）。

图 4-34 不同处理温度下水稻净同化率

总之，本研究揭示，耐性品种 N22、SDWG005 在强高温下能保持比感性品种较稳定的光合速率和性能，进而获得了更高的物质生产结果。从光合作用这一角度可以认为，水稻耐热的生理原因在于，高温下耐性品种具有更高的气孔导度（Gs）、光合活性（qP）和热耗散能力（NPQ），能维持更高的光合关键酶（Rubisco、RCA 酶）活性和较高叶绿素、类胡萝卜素含量及合理比例，从而有效缓解高温产生的光抑制，减少光合系统的热损伤。

二、不同田间热害情景下水稻品种差异的生理生态

采用田间监测的试验方法，选用绵恢 101、IR64、全两优 681 和 SDWG005 等对高温耐/感性能具有明显差异的典型品种，通过调整播种时间和分期播种的方式，确保 4 个品种在田间保持大致一致的发育速度，并在抽穗开花期遭遇江汉平原水稻抽穗开花期典型高温天气情景——常温、短期高温（2 d）、连续高温（不间断

3~5 d）等，探讨这些品种在不同天气情景下的热害反应特征。试验系统检测各品种在不同天气情景条件下，在 1 d 内抽穗扬花授粉时段（10：00 时）、最高温度时段（14：00 时）和晚间时段（20：00 时）的受精率、叶/穗温度、气孔导度和叶绿素荧光参数。采用红外线测温仪拍摄记录典型品种关键时段的群体表面温度特征。

1. 不同天气情景下品种的颖花授粉萌发率与受精率

品种绵恢 101 和 IR64 在经历连续高温和短期高温后，萌发率都极显著地下降；品种全两优 681 在连续高温情景下的萌发率受到了显著的影响，短期高温情景下的萌发率虽有下降但受影响不明显；而品种 SDWG005 的萌发率在连续高温和短期高温情景下萌发率受影响并不显著。总体上，全两优 681 在不同天气情景下的萌发率显著高于同情景下的其他三个品种，显示该品种花药发育可能存在一定优异性（表4-12）。

表 4-12　各品种在经历不同天气情景下的颖花授粉萌发率

品种	萌发率 /%		
	连续高温	短期高温	常温
绵恢 101	36.7±5.0b**	38.1±1.7b**	42.1±5.4c
IR64	37.2±5.0b**	39.9±3.1b**	50.0±6.9b
全两优 681	51.4±7.5a*	52.6±10.1a	57.0±4.1a
SDWG005	37.5±4.9b	39.9±5.2b	41.8±15.2c

** 表示该品种该时刻在此种天气条件下与常温在 0.01 水平存在极显著差异，* 表示该品种该时刻在此种天气条件下与常温在 0.05 水平存在显著差异。样本数 n=20。字母表示该天气条件下该时刻 4 个品种之间萌发率存在差异（$p<0.05$）。

所有品种在常温下受精率较高，经历了短期高温后的受精率次之，经历连续高温的受精率最低。品种绵恢 101 的受精率变化情况与 IR64 相似，遭遇连续高温和短期高温后出现下降，且下降幅度极显著；品种 SDWG005 虽然有小幅度的变化，但是与对照常温相比，没有显著的差异。品种全两优 681，在经历了连续高温后，受精率显著低于对照，但是其经历了短期高温后，其受精率下降不明显。在经历连续高温后，全两优 681 的受精率最高，显著高于其他 3 个品种，经历短期高温也是如此。以上说明，短期高温对敏感性品种有极显著的影响，但对耐性品种的影响并不显著，连续高温对敏感性品种的影响大于短期高温，对部分耐性品种有明显的影响（表4–13）。

表4–13 不同品种经历不同天气情景下的受精率

品种	受精率 /%		
	连续高温	短期高温	常温
绵恢101	65.4±5.1c**	67.2±11.2c**	80.9±10.4b
IR64	66.3±10.1c**	68.5±12.1c**	85.9±3.7a
全两优681	80.9±7.4a*	85.7±6.9a	88.8±2.9a
SDWG005	74.3±9.8b	74.5±5.8b	77.7±8.9c

** 表示该品种该时刻在此种天气条件下与常温在0.01水平存在极显著差异，* 表示该品种该时刻在此种天气条件下与常温在0.05水平存在显著差异。样本数 $n=20$。字母表示该天气条件下该时刻4个品种之间的受精率存在差异（ $p<0.05$ ）。

2. 叶/穗表面温度特征

（1）三类典型天气情景下叶/穗温度比较

连续高温情景下品种的反应，我们选取花期最后一天的数据作为其代表；同理，在连续2 d短期高温情景下，我们选第二天的数据作为代表；常温情景下，我们选取第三天的数据作为代表。

白天（10：00时和14：00时），4个品种在高温时期的穗部的温度都极显著地高于叶片温度。连续高温和短期高温情景下，耐性品种的叶片温度和穗部温度都明显地低于敏感性品种的叶片温度和穗部温度。常温情景下10：00穗部温度极显著地高于叶片温度，到了14：00穗部温度虽高于叶片温度但达不到显著水平，且品种之间的叶片温度和穗部温度没有明显的差异。

夜间（20：00时），连续高温情景下穗温与叶温无显著差异，且品种之间也没有明显的差异；短期高温和常温情景下品种间叶/穗温虽没有明显的差异，但敏感性品种穗部的温度极显著地高于该品种叶片的温度。

叶穗温差（叶表面温度 – 穗表面温度），连续高温情景下白天叶/穗温度因品种不同而有明显差异，短期高温情景下白天10：00有明显差异，而常温情景下无明显差异（表4-14）。

表4-14 不同天气情景下关键时段叶/穗表面温度

天气情景	时段	品种	温度/℃		
			叶部	穗部	叶部－穗部
连续高温	10：00	绵恢101	31.54±0.78a	32.39±0.72a**	−0.81a
		IR64	31.34±0.56a	32.22±0.64a**	−0.72a
		全两优681	30.83±0.88b	31.35±0.57b**	−0.51b
		SDWG005	30.85±0.44b	31.64±0.59b**	−0.64b
	14：00	绵恢101	33.54±0.43a	33.74±0.44a**	−0.18c
		IR64	32.64±0.31b	33.14±0.55b**	−0.48b
		全两优681	31.64±0.44c	32.75±0.55c**	−1.09a
		SDWG005	31.83±0.78c	32.89±0.45c**	−1.07a
	20：00	绵恢101	25.71±0.32a	25.64±0.24a	0.14a
		IR64	25.54±0.24a	25.43±0.19a	0.13a
		全两优681	25.79±0.14a	25.64±0.23a	0.19a
		SDWG005	25.54±0.33a	25.44±0.32a	0.15a
短期高温	10：00	绵恢101	29.34±0.72a	30.04±0.38a**	−0.71b
		IR64	29.41±0.56a	30.32±0.45a**	−0.91a
		全两优681	28.52±0.13b	28.93±0.62b**	−0.39c
		SDWG005	28.67±0.44b	29.20±0.43b**	−0.48c
	14：00	绵恢101	30.54±0.21a	31.44±0.42a**	−0.91a
		IR64	30.40±0.53a	31.22±0.14a**	−0.81a
		全两优681	29.37±0.28c	30.11±0.56b**	−0.74a
		SDWG005	29.93±0.51b	30.43±0.72b**	−0.48b
	20：00	绵恢101	25.56±0.22a	25.14±0.54a**	0.48a
		IR64	25.43±0.33a	25.04±0.43a**	0.39b
		全两优681	25.09±0.45a	24.85±0.50a	0.24c
		SDWG005	25.48±0.13a	25.10±0.18a	0.33c
常温	10：00	绵恢101	26.12±0.57a	26.89±0.67a**	−0.84a
		IR64	25.85±0.52a	26.78±0.31a**	−0.92a
		全两优681	25.72±0.63a	26.54±0.71a**	−0.83a
		SDWG005	26.11±0.43a	26.75±0.49a**	−0.69a

续表

天气情景	时段	品种	温度 /℃		
			叶部	穗部	叶部－穗部
常温	14:00	绵恢 101	26.89±0.75a	27.12±0.33a	−0.23a
		IR64	26.72±0.89a	27.14±0.19a	−0.44a
		全两优 681	26.68±0.49a	26.85±0.71a	−0.22a
		SDWG005	26.64±0.32a	27.04±0.54a	−0.43a
	20:00	绵恢 101	25.72±0.84a	24.49±0.69a**	1.22a
		IR64	25.44±0.64a	24.56±0.13a**	0.79b
		全两优 681	25.69±0.18a	24.62±0.54a**	1.13a
		SDWG005	25.54±0.54a	24.48±0.72a**	1.04a

选取 8 月 9 日数据作为连续高温情景代表，8 月 16 日数据作为短期高温情景代表，8 月 26 日数据作为常温情景代表。** 表示该品种该时刻叶部温度与穗部温度存在极显著差异（$p<0.01$），样本数 $n=15$。不同字母表示该时段 4 个品种叶部、穗部和叶部－穗部之间温度的差异（$p<0.05$）。

（2）连续高温情景下品种的叶/穗温度的监测结果

敏感性品种绵恢 101 和 IR64 在花期前两天的 14:00，叶/穗表面温度差值明显高于耐性品种的叶/穗表面温度差值，但在花期最后一天，8 月 9 日 14:00，反而耐性品种的叶/穗表面温度差值明显高于敏感性品种的叶/穗表面温度差值。在 8 月 5 日与 8 月 6 日 10:00，敏感性品种绵恢 101 和 IR64 的叶部表面温度与耐性品种 SDWG005 和全两优 681 的叶部表面温度无明显差异，到了 8 月 9 日 10:00，敏感品种叶部表面温度明显高于耐性品种的表面温度（表 4-15）。

表 4-15　连续高温情景下关键时段叶/穗温度的多日监测

日期	时段	品种	温度 /℃		
			叶部	穗部	叶部－穗部
8 月 5 日	10:00	绵恢 101	30.72±0.65a	31.82±0.43a**	−1.14a
		IR64	30.51±0.82a	31.31±0.45a**	−0.78b
		全两优 681	30.33±0.56a	30.61±0.82b**	−0.43c
		SDWG005	30.42±0.45a	30.91±0.14b**	−0.54c
	14:00	绵恢 101	32.44±0.78a	33.14±0.89a**	−0.71a
		IR64	32.31±0.24a	33.04±0.39a**	−0.67a
		全两优 681	31.47±0.14b	32.04±0.23b**	−0.54b
		SDWG005	31.88±0.69b	32.27±0.38b**	−0.43b

续表

日期	时段	品种	温度 Temperature/℃		
			叶部	穗部	叶部－穗部
8月5日	20：00	绵恢101	28.01±0.78a	27.67±0.14a	0.32a
		IR64	27.75±0.52a	27.63±0.14a	0.22b
		全两优681	28.04±0.65a	27.64±0.33a	0.38a
		SDWG005	27.89±0.44a	27.54±0.24a	0.41a
8月6日	10：00	绵恢101	31.54±0.89a	32.78±0.54a**	−1.32a
		IR64	31.43±0.32a	32.45±0.11a**	−1.11a
		全两优681	31.33±0.44a	32.04±0.38b**	−0.73b
		SDWG005	31.19±0.91a	31.93±0.83b**	−0.78b
	14：00	绵恢101	31.78±0.11a	33.22±0.54a**	−1.64a
		IR64	31.67±0.21a	32.84±0.43a**	−1.11b
		全两优681	31.32±0.67b	32.14±0.54b**	−0.78c
		SDWG005	31.22±0.14b	32.14±0.72b**	−0.89c
	20：00	绵恢101	28.18±0.42a	27.94±0.78a	0.32a
		IR64	27.81±0.12a	27.71±0.32a	0.11b
		全两优681	28.31±0.41a	27.89±0.39a	0.41a
		SDWG005	27.81±0.74a	27.55±0.89a	0.21a
8月9日	10：00	绵恢101	31.54±0.78a	32.39±0.72a**	−0.81a
		IR64	31.34±0.56a	32.22±0.64a**	−0.72a
		全两优681	30.83±0.88b	31.35±0.57b**	−0.51b
		SDWG005	30.85±0.44b	31.64±0.59b**	−0.64b
	14：00	绵恢101	33.54±0.43a	33.74±0.44a**	−0.18c
		IR64	32.64±0.31b	33.14±0.55b**	−0.48b
		全两优681	31.64±0.44c	32.75±0.55c**	−1.09a
		SDWG005	31.83±0.78c	32.89±0.45c**	−1.07a
	20：00	绵恢101	25.71±0.32a	25.64±0.24a	0.14a
		IR64	25.54±0.24a	25.43±0.19a	0.13a
		全两优681	25.79±0.14a	25.64±0.23a	0.19a
		SDWG005	25.54±0.33a	25.44±0.32a	0.15a

** 表示该品种该时刻叶部温度与穗部温度在0.01水平存在极显著差异，样本数 $n=15$，字母表示该时段4个品种叶部、穗部和叶部－穗部之间的差异（$p<0.05$）。

（3）连续高温情景下典型品种不同时段的大田红外辐射图

同样我们选取 8 月 9 日大田的红外辐射图作为连续高温情景下的代表，如图 4-35、图 4-36 和图 4-37，在 10∶00，可以看出敏感品种绵恢 101 的红色高温面积最大，在 14∶00，敏感品种 IR64 和绵恢 101 有大量的红色高温区，在 20∶00，基本看不出差异。

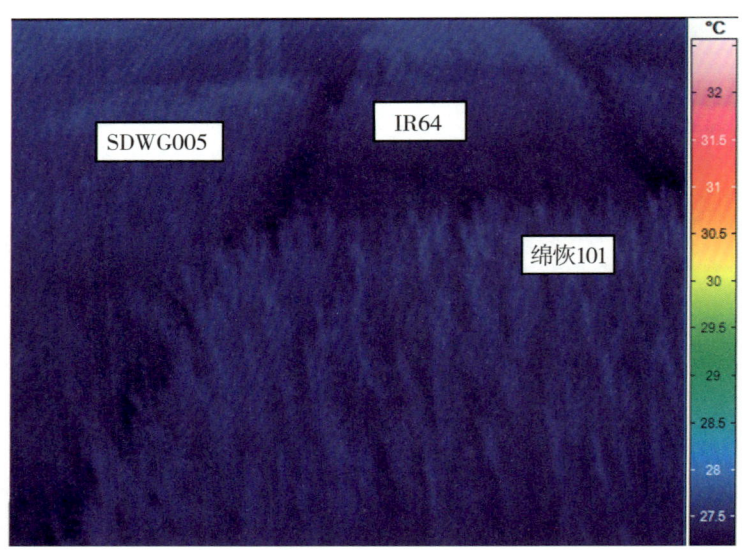

图 4-35　连续高温情景下 1 d（8 月 9 日）典型品种 20∶00 的大田红外辐射图

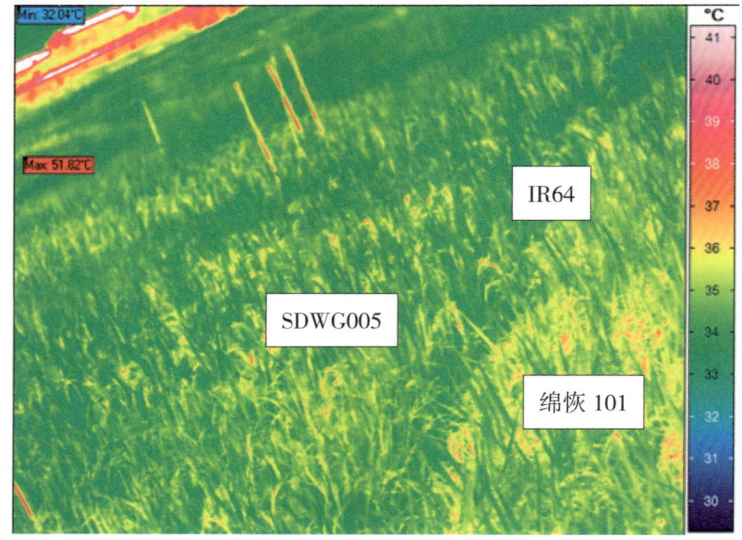

图 4-36　连续高温情景下 1 d（8 月 9 日）典型品种 10∶00 的大田红外辐射图

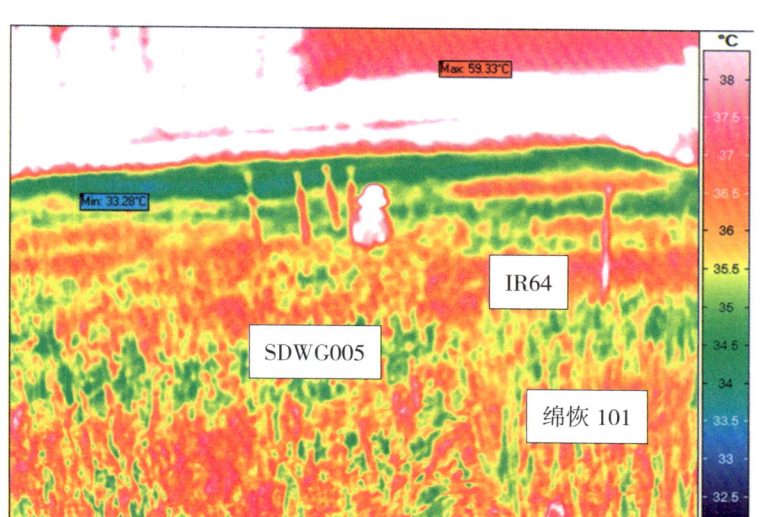

图 4-37 连续高温情景下 1 d（8月9日）典型品种 14：00 的大田红外辐射图

（4）短期高温情景下品种的叶/穗温度的多日监测结果

8月15日10：00时，敏感品种的穗部表面温度极显著高于叶部表面温度，但耐性品种没有显著差异，且品种间叶部的温度没有明显差异；而到8月16日，耐性品种也表现出叶部和穗部温度的极显著差异，并且耐性品种的叶部温度明显低于敏感性品种的温度。8月15日夜间，品种叶/穗部表面温度并无显著性差异，在8月16日夜间，敏感性品种穗部表面温度极显著高于叶部表面温度（表4-16）。

表 4-16 短期高温情景下关键时段叶/穗温度的多日监测

日期	时段	品种	温度 /℃		
			叶部	穗部	叶部－穗部
8月15日	10：00	绵恢 101	30.54±0.72a	31.11±0.14a**	−0.64a
		IR64	30.90±0.67a	31.41±0.1a**	−0.54a
		全两优 681	30.56±0.72a	30.82±0.24b	−0.21b
		SDWG005	30.48±0.73a	30.62±0.61b	−0.13b
	14：00	绵恢 101	31.14±0.45a	31.88±0.14a**	−0.78b
		IR64	31.79±0.40a	32.85±0.63a**	−1.14a
		全两优 681	30.41±0.11b	31.24±0.67b**	−0.79b
		SDWG005	30.56±0.22b	31.34±0.22b**	−0.65b

续表

日期	时段	品种	温度 /℃		叶部－穗部
			叶部	穗部	
8月15日	20:00	绵恢101	29.04±0.14a	28.68±0.32a	0.31a
		IR64	28.64±0.67a	28.33±0.78a	0.30a
		全两优681	28.54±0.11a	28.34±0.38a	0.22a
		SDWG005	28.64±0.56a	28.47±0.88a	0.24a
8月16日	10:00	绵恢101	29.34±0.72a	30.04±0.38a**	−0.71b
		IR64	29.41±0.56a	30.32±0.45a**	−0.91a
		全两优681	28.52±0.13b	28.93±0.62b**	−0.39c
		SDWG005	28.67±0.44b	29.20±0.43b**	−0.48c
	14:00	绵恢101	30.54±0.21a	31.44±0.42a**	−0.91a
		IR64	30.40±0.53a	31.22±0.14a**	−0.81a
		全两优681	29.37±0.28c	30.11±0.56b**	−0.74a
		SDWG005	29.93±0.51b	30.43±0.72b**	−0.48b
	20:00	绵恢101	25.56±0.22a	25.14±0.54a**	0.48a
		IR64	25.43±0.33a	25.04±0.43a**	0.39b
		全两优681	25.09±0.45a	24.85±0.50a	0.24c
		SDWG005	25.48±0.13a	25.10±0.18a	0.33c

** 表示该品种该时刻叶部温度与穗部温度在 0.01 水平存在极显著差异，样本数 $n=15$，字母表示该时段 4 个品种叶部、穗部和叶部－穗部之间的差异（$p<0.05$）。

（5）常温情景下品种的叶/穗温度监测

常温情景下，在绝大多数情况下，白天的穗温显著高于叶温，晚间相反，且品种之间无差异（表 4-17）。

表 4-17 常温情景下关键时段叶/穗温度的多日监测

日期	时段	品种	温度 /℃		叶部－穗部
			叶部	穗部	
8月24日	10:00	绵恢101	26.89±0.71a	27.62±0.67a**	−0.73b
		IR64	27.33±0.72a	28.41±0.13a**	−1.12a
		全两优681	27.22±0.32a	27.87±0.85a**	−0.73b
		SDWG005	27.51±0.42a	28.10±0.44a**	−0.61b
	14:00	绵恢101	29.08±0.62a	29.51±0.83a**	−0.44a
		IR64	28.74±0.63a	29.14±0.19a**	−0.44a
		全两优681	28.84±0.56a	29.14±0.86a	−0.32a
		SDWG005	28.85±0.64a	29.21±0.76a	−0.31a

续表

日期	时段	品种	温度 /℃		叶部 − 穗部
			叶部	穗部	
8月24日	20：00	绵恢101	25.28±0.56a	24.13±0.11a**	1.18a
		IR64	25.27±0.57a	24.22±0.31a**	1.09a
		全两优681	25.34±0.62a	24.32±0.21a**	1.04a
		SDWG005	25.17±0.57a	24.10±0.24a**	1.10a
	10：00	绵恢101	26.12±0.57a	26.89±0.67a**	−0.84a
		IR64	25.85±0.52a	26.78±0.31a**	−0.92a
		全两优681	25.72±0.63a	26.54±0.71a**	−0.83a
		SDWG005	26.11±0.43a	26.75±0.49a**	−0.69a
8月26日	14：00	绵恢101	26.89±0.75a	27.12±0.33a	−0.23a
		IR64	26.72±0.89a	27.14±0.19a	−0.44a
		全两优681	26.68±0.49a	26.85±0.71a	−0.22a
		SDWG005	26.64±0.32a	27.04±0.54a	−0.43a
	20：00	绵恢101	25.72±0.84a	24.49±0.69a**	1.22a
		IR64	25.44±0.64a	24.56±0.13a**	0.79b
		全两优681	25.69±0.18a	24.62±0.54a**	1.13a
		SDWG005	25.54±0.54a	24.48±0.72a**	1.04a
	10：00	绵恢101	28.41±0.14a	28.78±0.14a**	−0.42a
		IR64	28.27±0.11a	28.91±0.73a**	−0.56a
		全两优681	28.44±0.5a	29.02±0.12a**	−0.56a
		SDWG005	28.23±0.33a	28.72±0.89a**	−0.47a
8月28日	14：00	绵恢101	32.37±0.31a	32.88±0.14a**	−0.51a
		IR64	31.57±0.49b	32.03±0.62b**	−0.43a
		全两优681	31.41±0.21b	31.77±0.29b	−0.42a
		SDWG005	31.25±0.09b	31.62±0.88b	−0.32a
	20：00	绵恢101	26.43±0.21a	25.84±0.67a**	0.48a
		IR64	26.45±0.67a	26.02±0.78a**	0.49a
		全两优681	26.63±0.81a	26.04±0.84a**	0.62a
		SDWG005	26.12±0.51b	25.54±0.87b**	0.62a

** 表示该品种该时刻叶部温度与穗部温度在0.01水平存在极显著差异，样本数 $n=15$，字母表示该时段4个品种叶部、穗部和叶部 − 穗部之间的差异（$p<0.05$）。

3. 冠层温度/湿度监测

（1）连续高温情景下典型品种的冠层温度

连续高温情景下，冠层内部温度相较于空旷地和冠层外会提前2小时达到最大值（图4-38）。整个花期，冠层内在12：00—13：00会达到温度最大值，冠层外会在14：00—16：00达到温度最大值。品种绵恢101冠层内温度一直显著高于品种全两优681，品种绵恢101的最大冠层温度在35℃～36℃，而品种全两优681在33℃～35℃。夜间，品种全两优681的冠层温度会降低到26.3℃左右，而品种绵恢101的冠层温度仍然会保持在27.5℃左右。当2个品种达到冠层温度最大值时，其温度排序为，品种绵恢101冠层温度＞冠层外温度＞品种全两优681冠层温度＞空旷地温度（图4-39）；然后随着时间的推移，冠层外和空旷地温度继续升高。在1天中的温度下降阶段，冠层温度的下降幅度最快，冠层外的其次，空旷地温度下降相对缓慢，会出现空旷地温度高于其他两个点的温度。

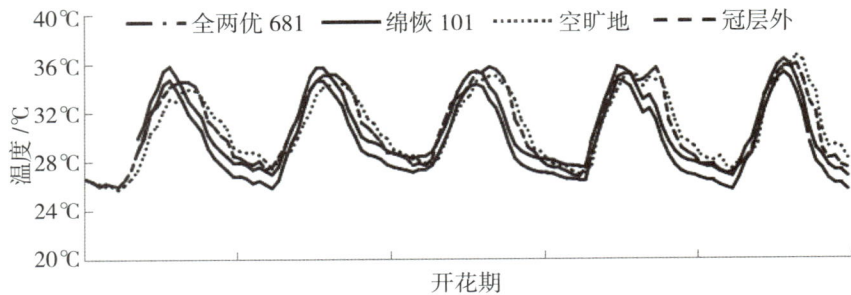

图为8月5日至8月9日品种的冠层内外温度变化。空旷地和冠层外温度记录从8月5日0：00至8月9日24：00，两个品种记录从8月5日8：00至8月9日24：00。

图4-38 连续高温情景下品种的冠层温度与冠层上以及空旷地温度监测结果

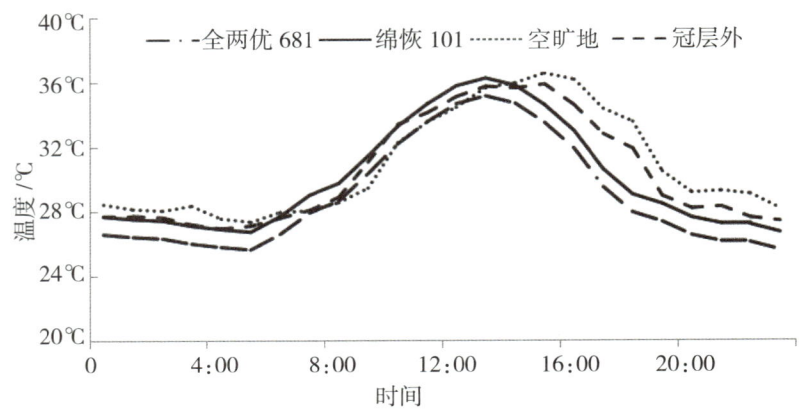

图4-39 连续高温情景下1d（8月9日）内典型品种的冠层温度监测概况

（2）连续高温情景下典型品种冠层相对湿度监测

两品种之间的变化趋势相对一致，而冠层外与空旷地的相对湿度变化趋势相对一致，品种冠层内的相对湿度大部分时间高于空旷地和冠层外；品种冠层内的相对湿度变化范围较小，且耐性品种全两优681的冠层内湿度一直低于敏感性品种绵恢101；品种冠层相对湿度从8：00至13：00持续下降，而空旷地和冠层外的相对湿度会在8：00—15：00时间段下降，且品种的冠层内相对湿度会在冠层外达到最小值，而冠层外的相对湿度小于冠层内的相对湿度，且空旷地的相对湿度最小值会小于冠层外；冠层外的相对湿度一般会在3：00—6：00达到最大值，冠层内的相对湿度也大致在这个时间段达到最大值，从图4-40可以看出，当达到最大值时，空旷地的相对湿度最大且会保持一段时间，品种冠层内的相对湿度会高于空旷地，但冠层内和冠层外的相对湿度处于不稳定状态，会持续变化。

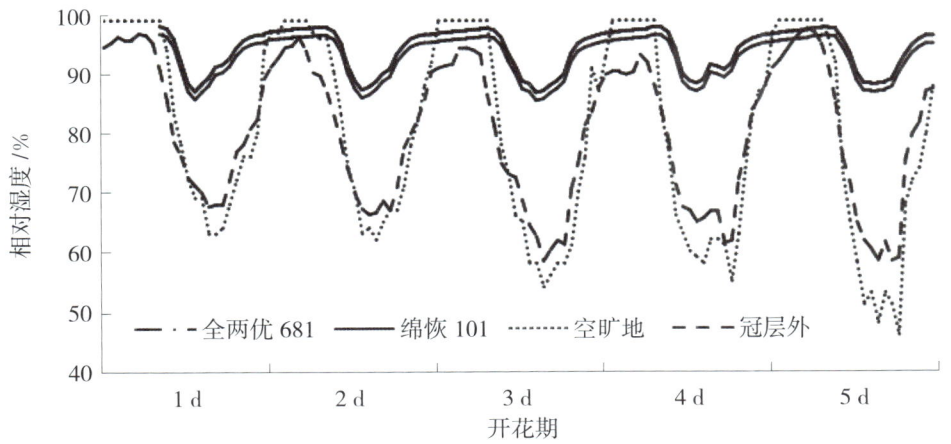

此为8月5日至8月9日品种的冠层内外湿度变化。空旷地和冠层外相对湿度记录从8月5日8：00至8月9日24：00，两个品种记录从8月5日8：00至8月9日24：00。

图4-40 连续高温情境下不同品种的冠层相对湿度与冠层上以及空旷地相对湿度监测结果

4. 气孔导度及叶绿素荧光特征

（1）不同天气情景下品种的气孔导度

如表4-18所示，品种常温下的10：00与16：00时刻的气孔导度在500~620 Mmol/（$m^2 \cdot s$），耐性品种SDWG005和全两优681的气孔导度显著大于敏感性品种

IR64 和绵恢 101；在遭遇高温情景的 10：00，品种的气孔导度都有极显著的增大，且耐性品种增大幅度显著大于敏感性品种；到了 16：00，各品种的气孔导度都变小，短期高温下各品种与常温相较有明显减小，耐性品种的减小幅度小于敏感性品种。连续高温情景下，耐性品种的气孔导度有显著的降低，敏感性品种有极显著的降低。

表 4-18 不同品种在不同天气情景下的气孔导度

时段	品种	气孔导度 / [Mmol/($m^2 \cdot s$)]		
		连续高温	短期高温	常温
10：00	绵恢 101	$981.4 \pm 71.6b^{**}$	$770.1 \pm 38.5b^{**}$	$563.8 \pm 57.4b$
	IR64	$1\,003.8 \pm 119.8b^{**}$	$775.3 \pm 110.9b^{**}$	$540.3 \pm 48.0b$
	全两优 681	$1\,137.5 \pm 42.2a^{**}$	$862.7 \pm 59.7a^{**}$	$612.3 \pm 31.5a$
	SDWG005	$1\,136.5 \pm 101.7a^{**}$	$890.7 \pm 74.8a^{**}$	$599.3 \pm 85.4a$
16：00	绵恢 101	$335.3 \pm 76.8c^{**}$	$512.2 \pm 92.2b^{*}$	$533.4 \pm 20.7b$
	IR64	$400.8 \pm 34.2b^{**}$	$511.7 \pm 55.1b^{*}$	$523.4 \pm 54.4b$
	全两优 681	$503.1 \pm 75.1a^{*}$	$541.6 \pm 108.4a^{*}$	$571.1 \pm 19.9a$
	SDWG005	$500.1 \pm 86.5a^{*}$	$529.4 \pm 33.8a^{*}$	$574.6 \pm 57.1a$

** 表示该品种该时段该天气情景与常温在 0.01 水平上存在极显著差异，* 表示该品种该时段该天气情景与常温在 0.01 水平上存在显著差异，样本数 $n=15$，字母表示该时段 4 个品种之间的气孔导度差异（$p < 0.05$）。

（2）不同天气情景下品种的叶绿素荧光

连续高温情景下，各个品种的光系统Ⅱ的最大光合效率都在 0.8 以上，品种间并没有明显的差异，短期高温和常温情景下的光系统Ⅱ的最大光合效率也是如此，都在 0.8 以上，且品种间并没有明显的差异（数据略）。在连续高温情景下，各个品种的光系统Ⅱ的实际光合效率的差异也不显著，其中品种 IR64 和品种全两优 681 相对高于其他两个品种；在短期高温情景下，品种 SDWG005 的光系统Ⅱ的实际光合效率明显低于其他 3 个品种；常温情景下，4 个品种的光系统Ⅱ的实际光合效率并无明显的差异。从连续高温情景下到短期高温情景下再到常温情景下，品种 IR64、全两优 681 和绵恢 101 的光系统Ⅱ的实际光合效率变化差异并不大，品种 SDWG005 的光系统Ⅱ的实际光合效率则先降低再上升（图 4-41）。

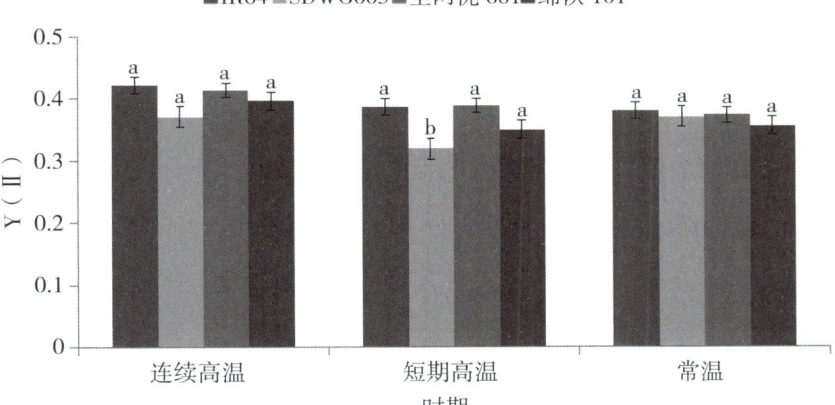

图 4-41　不同品种在不同天气情景下光系统Ⅱ的实际光合效率（YⅡ）

综上所述，在大田三类天气情景下，不同品种的授粉及其受精率结果迥异。连续高温情景下，大部分品种的授粉萌发和受精率受到了显著的影响（包括耐性品种）；而短期高温下只有敏感性品种受到了极显著的影响；适温情景下则所有品种均不受影响。出现这种情况，可以通过追溯到不同天气情景下，不同耐性品种在一天中关键时段（开花时刻、温度峰值时刻和晚间时刻）的穗/叶表面温度、冠层温度/湿度、气孔导度等的显著不同，从而找到田间条件下不同耐性品种遭遇热害后其受害产生差异的基本原因。

连续或短期高温情景下，敏感性品种和中间耐性品种在早上开花时间段和下午外界温度最高时间段气孔导度小，散热慢，叶部温度高，且穗部温度特异性升高，明显高于耐性品种。与穗部所在部位大体重叠的冠层，其关键时刻的温度（气温）也呈现出与穗温相似的特征。这些情况导致了敏感性品种和中间耐性品种在连续和短期高温受到的损害程度高于耐性品种。但值得注意的是，无论遭遇何种高温情景，各类品种剑叶的光系统Ⅱ几乎没有受到损害。

第四节 水稻品种耐热性鉴定及热害防御技术

水稻对热害反应较敏感的时期，传统上认为主要有 2 个，即抽穗开花当时和水稻小孢子分化期稍前（花粉母细胞减数分裂期）。研究揭示了第 3 个敏感时期，即灌浆期。前面 2 个时期的水稻受害后，产生的直接后果是花药（花粉）发育受阻或异常，并导致授粉失败，最后引起结实率的大幅度降低。水稻在第 3 个敏感期受害后，产生的直接后果是灌浆物质不足和灌浆生化过程紊乱，会直接导致水稻产量（千粒重）和品质的双双下降。

热害属于一种典型的气象灾害。作物气象灾害的发生，一个基本的要素是灾害的发生时期与作物的特定生育时期的匹配。我国的水稻热害也遵循这一规律。如前面的章节所述，我国长江流域是世界级水稻热害高发地区，该地区部分早稻、中稻和部分早熟晚稻的上述 3 个敏感生育期与每年该地区热害的发生在时间上高度重叠。

针对这一特点，水稻热害的防御总体上可归结为热害预测预警、品种耐热、栽培季节调整避热、田间即时农艺技术抗热等方面的技术。首先，热害的发生总体上愈来愈严重，但对每年是否发生或发生的程度、具体发生时段等的预测、预警，尚无成熟的理论和方法；此外，热害发生时，田间可行的即时防御技术，虽有一些积累，但总体上费工费时且效果有限。与之相反，人们早就发现，水稻种质资源中蕴藏了较大的"耐热"潜力，培育耐热品种可能是水稻热害防御的重要途径。通过一定时间的实践后，这一认识似已成为业界的"共识"。其次，我们在优质稻抗热保优栽培技术的研究中，鉴于大多数优质稻品种产量潜力中等或较低，但品质优异、市场潜力大等特点，适当"延迟"栽培，在优化时段灌浆，可以达到避热的目的，并获得产量和品质的双提高。

因此，本节仅就这两个方面的技术进行简要介绍。其中，利用品种耐热特性部分，重点介绍其中的三方面品种耐热性鉴定技术，即水稻热害调查及品种（资源）的耐热性田间鉴定技术，水稻品种耐热性的梯级温度鉴定法和水稻高温逼熟耐性鉴定技术。栽培季节调整避热部分，重点介绍我们在湖北省推行的优质稻优化栽培期的栽培技术。

一、水稻热害调查及品种（资源）的耐热性田间鉴定技术

随着全球气候变暖的加剧，水稻热害发生的频率在大幅度提高。农业生产行政管理部门、种业、农业保险等单位和行业常常需要对田间发生的热害展开调查，包括受害与否的确认、受害程度的评估以及受害原因的认定等。在此基础上，鉴于当地热害发生现象渐趋于稳定的有利条件，可以有效开展品种和资源耐热性的田间鉴定。现将相关技术的要点介绍如下。

1. 方法技术可行性与优点

在典型热害多发地区，每年在特定季节（水稻抽穗开花前后）发生热害的概率已经上升到≥80%，利用这一条件，可以在田间条件下对品种和资源进行耐热性鉴定工作。

利用自然发生的水稻热害，在大田条件下开展品种耐热性鉴定，具有多方面的优点。首先，因为田间的空间大，一次性鉴定的对象材料的容纳量可以足够大；其次，该方法采用的温度及其他气象条件的处理，与自然发生的热害条件完全一致，是其他鉴定方法无法企及的。

此外，虽田间热害发生时的气象条件总体上不可控，但鉴于多年热害发生特点，此段时间在长江中游地区，其气候主要受副热带高压控制，天气总体特征是十分稳定的晴日高温。其主要气象因子，如温度，多表现为日平均气温稳定在约30℃，日最高气温稳定在35℃~36℃。

2. 田间热害的定义

我们将水稻在田间自然条件下的热害（针对药和花粉、时间为减数分裂期至开花期）定义为水稻孕穗期和抽穗开花期连续发生 3 d 以上日平均气温≥30℃或最高气温≥35℃的天气，造成水稻授粉和结实异常，并形成明显的结实障碍和减产的一种气象灾害。

注意这里的温度指标"3 d 以上日平均气温 ≥ 30℃"。要求 3 d 以上，很大程度上是一个经验值，因为现实生产上，经常观察到 1~2 d 的热害天气下，水稻品种实际发生受害的概率较小，3 d 以上是一个时间阈值；日平均气温 30℃受害，这也是通过多次田间试验得到的数据显示的结果，在此温度下，较敏感品种会与中等耐性品种以及抗性品种很清楚地区分开来。

3. 受害程度评估指标的确立

确立受害程度的指标是一个唯一的指标，即受精率（十分近似于结实率）。对热害的评判采用如下 4 级标准，即受精率 ≥ 75%，未明显受害（0 级）；60% ≤ 受精率 < 75%，明显受害（1 级）；45% ≤ 受精率 < 60%，较严重受害（2 级）；受精率 < 45%，严重受害（3 级）。将热害受害的起点定在受精率 75%，是一个大范围多年调查的结果。通过对典型水稻热害年份多年大范围调查，对可以肉眼判断水稻因热害受害（沿穗轴出现空粒的"跳籽"或"片段式"分布现象）的水稻取样调查，可能得到受害植株的起点受精率稳定在约 75%。在此基础上，以受精率每 15% 为梯度，对水稻在田间热害下受害区分出如上 4 个级别。

4. 品种耐热性差异的评估

除可以按照上述方法得到区域或田块在热害发生年份整体受害程度外，还可以依照分品种调查得到的数据，对品种的耐热性差异进行粗略评估。即受精率 ≥ 85%，为结实正常，对应品种耐热（1 级）；75% ≤ 受精率 ≤ 85%，为结实偏低，对应品种中等耐热（2 级）；60% ≤ 受精率 < 75%，为结实严重偏低，对应品种感热（3 级）；受精率 < 60%，为结实极低，对应品种敏热（4 级）。

在此基础上，我们编制了湖北省地方标准《水稻热害田间调查及耐高温性大田鉴定规程（DB42/T 1411—2018）》，见附 1。

二、水稻品种耐热性的梯级温度鉴定法

上述热害的田间鉴定技术，虽具有多方面的优点，但其有一个明显的局限性，即处理温度的不可控性。事实上，在田间不同年份发生的热害，并不是所有的品种

均出现稳定的热害反应。如不同年份下，湖北省主推品种黄华占就表现出较大的受害差异，从基本不受害与严重受害均有出现。后来发现，这一结果与每年发生热害的温度高低是有关联的。因此，更为严谨的鉴定应该在能严格控制环境的设施内进行。其次，一般的鉴定，仅有一个鉴定温度阈值，且仅将品种区分为耐和感两个级别，这也可能是有问题的。实际上国际水稻研究所早期研究已发现水稻结实性对温度的敏感性在品种间存在 4℃以上的差距，在 4℃这么宽的范围内，简单地将品种区分成两个档次，无法反映品种间的实际差异，也无法对品种的真实差异进行比较，显然不利于品种耐热性的准确评价和合理利用。

水稻品种耐热性的梯级温度鉴定法的建立，可以有效克服上述各方面问题。该方法主要技术要点包括器材设备选择，材料培育及其生育期调整，温度设置与耐性指数计算等。现将该鉴定方法的要点介绍如下（详见附2）。

1. 器材设备选择

由于水稻开花期的耐热性鉴定在水稻生长的中后期，植株高大，因此须采用可以有效控温、控湿和面积与空间较大的人工气候室开展这一鉴定工作。其中央控制系统最好能具有对控制指标的自动小时步长调控功能。

2. 参评品种（材料）确定及其生育期调整

根据人工气候室的数量、有效使用空间及盆栽材料的盆钵面积等计算出一次性可能鉴定品种（材料）数量的上限。通过对其生育期的调整，使供试品种发育进度大体一致，即在同一时期开花，以便于同时处理。

3. 梯级温度的设置

鉴于不同品种的结实对温度的敏感性，需合理设定处理时长，温度、湿度规格等参数。温度处理为开花期全程高温处理，周期一般为 4~6 d。温度设 3 级，分别为日最高气温 33℃、35℃、37℃，其对应的日平均气温为 29.8℃、31.8℃、33.8℃。每天温度处理模拟当地典型高温天气，采用每 2 小时变化一次的方式进行具体温、湿度设置。

4. 梯级温度设置的依据

本方法采用适温与 3 级梯级高温构成温度处理体系。3 级高温分别为日最高温度33℃、35℃和37℃，其对应的大致日平均温度分别为30℃、32℃和34℃。多年、多品种试验表明，这一温度规格，可以很好地测出绝大部分品种的高温综合耐性指数（表4-19）。但也有可能极少数品种和材料的高温反应特性超出这一规格范围，在这种情况下，就有必要对梯级温度做出相应的平滑式延伸，达到准确鉴定的目的。

表4-19 采用梯级温度法对部分水稻品种（材料）的耐热性评价结果

品种	耐性综合指数	耐性阈值
N22	≥ 5.0	日均温33.8℃，连续4~6 d
其他品种	2.0~4.9	日均温31.8℃，连续4~6 d
绵恢101	≤ 1.9	日均温29.8℃，连续4~6 d

5. 受害标准和耐性指数的计算

采用受精与非受精衡量品种经历高温后的受害差异。受害采用品种在特定高温下的高温"耐性指数"和在3个梯级温度下的高温"综合耐性指数"表征品种的高温耐受特性，后者可以用来比较不同品种整体的高温耐受性即耐热性。其中，耐性指数（%）= 品种在特定高温下的受精率/品种在适温下的受精率×100；综合耐性指数 = 33℃时耐性指数 ×1 + 35℃时耐性指数 ×2 + 37℃时耐性指数 ×4。根据品种获得的不同耐性及其级别划分成相应的耐热等级（表4-20）。

表4-20 采用梯级温度法对品种耐热性等级的划分

级别	耐热性	综合指数值（IHTI）
1	极强	IHTI ≥ 4.5
2	强	3.5 ≤ IHTI < 4.5
3	较耐	2.5 ≤ IHTI < 3.5
4	中间型	2.0 ≤ IHTI < 2.5
5	不耐	1.0 ≤ IHTI < 2.0
6	极不耐	IHTI < 1.0

三、水稻高温逼熟耐性鉴定技术

水稻灌浆期也是一个对温度十分敏感的时期。进入新千年，我国水稻生产逐渐进入优质化时代。而优质稻的灌浆期，实际同时关联其产量和品质的形成，因此，从敏感性来看，其受害的起点温度更低。

未来的超级杂交稻，其生产目标必然包含产量和品质双目标，随着全球气候变化的加剧，其灌浆期高温的问题将越来越严重。事实上，由于灌浆期热害的阈值温度相比开花期热害阈值低2℃以上（日平均气温28℃），长江中游地区现有籼型中稻的灌浆期几乎100%遭遇高温逼熟。

灌浆期高温虽不像开花期高温那样会带来明显的结实障碍，但它引起的灾害后果却并不比前者低。它同时使水稻的千粒重、整精米率和垩白度等指标严重降低。可以说，水稻育种和栽培上已经到了对这类热害必须高度重视的时代。同样，对这类热害的防御技术首推品种耐性的应用。水稻高温逼熟耐性鉴定技术是应用这一技术的基础（详见附3）。

1. 耐性阈值温度

采用大量材料和品种（主要为早、中稻类型），在大田条件下经多年分期播种试验，得到对水稻主要产量和品质指标影响较大的阈值温度大致为28℃（日平均气温，数据略）。

2. 品种耐性表征指标

灌浆期高温对水稻产量和品质均有较大影响。产量指标中，主要涉及籽粒产量、千粒重和结实率等；品质指标中，主要涉及外观品质、碾米加工品质、食味品质和营养品质等，且其可能表征的指标十分繁多。最后，我们从众多指标中，以对产量、品质影响的重要程度，受高温影响的普遍性和稳定性以及检测的难易等三方面标准，对品种耐性的表征指标进行了选定，从众多指标中选出千粒重、整精米率和垩白度等3个核心指标（数据略）。

3. 分期播种方案

实际进行水稻品种灌浆期高温逼熟鉴定时，基本的工作方案是要进行品种的分期播种，以便让品种在灌浆期的前15 d在同年经历高温和适温等两种天气条件完成灌浆过程。两种天气条件基本指标：高温天气经历高温（日平均气温≥28℃）和适温天气（日平均气温<28℃，介于24℃~27℃）。

4. 评价指标体系

评价的基本目标：要对每一品种的耐性做出数量化评价，并可以相互比较。为做到这一点，评价分为两步，首先是依单一指标分别做出评价；其次是采用一个统一的公式，完成品种的"综合耐性分级"（附件3）。

四、优质杂交稻栽培期优化调整技术

进入新千年，我国水稻产业逐渐步入优质化时代，超级杂交稻也不例外。2021年，作为湖北省政府的重大决策，在农业上提出了重点发展"十大产业链"的决策，而"优质稻米"就是其头链。同时期不少省份也将优质稻作为区域产业开发的首要项目。在湖北特有的地理和气候环境以及全球气候变暖背景下，优质稻的热害即"高温逼熟"问题却日益严重。高温直接严重降低了优质稻产业开发的价值潜力和微观效益，间接降低了品牌形象。但目前的现实是，合作社和农民大范围沿袭固有习惯，多将水稻抽穗灌浆期安排在一年中的高温季节。热害已成为制约优质稻产业化生产的瓶颈问题。

因此，在目前绝大多数优质稻品种耐热性能较低的现实下，通过调整栽培期优化水稻灌浆期气象条件，有可能成为优质稻克服高温这一瓶颈问题的重要出路。另外，虾稻等稻田高效优化栽培模式的出现，使大面积调整中稻栽培期获得了千载难逢的条件。如下以我们在湖北省通过系列的优质稻分期播种试验得到的结果对此问题进行深入探讨。

1. 灌浆期气象条件影响水稻产量、品质关键参数

我们于2018—2019年选取48份水稻材料，在大田条件下分4期播种，使各品种在灌浆期经历不同气象条件，探讨其主要产量、品质性状表现及其与气象因子的关系，得到了如下结果。

水稻灌浆期间，气象条件影响其产量和品质的关键时间段为灌浆期的前15 d（即齐穗后1～15 d）；气象因子中，主要因子为日平均气温、日照时数和相对湿度；表征水稻对灌浆期高温逼熟的主要植物学性状和农学性状有千粒重、整精米率和垩白度等3个指标；区分品种耐性的高温阈值指标为日平均气温28℃（数据略）。结合

国内外相关研究，我们认为气象因子中，日平均气温是一个主导因子。

2. 灌浆期温度与产量和品质指标相关性

本研究在2018—2020年进行。研究挑选了我国南方地区近年培育的24份代表性优质稻品种（含杂交稻，多数来源于农业部组织的食味品尝金奖得主品种），利用江汉平原特定时段发生高温逼熟的特点，对优质稻品种进行多期分期播种，人为地造成不同的栽培期处理（高温栽培期、缓温栽培期和适温栽培期），使其在灌浆期遭遇不同的天气条件。在此条件下，测定这些品种的产量和品质指标变化，探讨大田环境下主要气象因子与产量和品质指标间的相关性。

齐穗后的前15 d日平均温度与各指标呈显著相关关系，各指标与温度呈抛物线形式，产量和千粒重最佳温度均在27℃左右，在28℃左右开始明显下降；整精米率和垩白度最佳温度在26℃左右（图4-42）。另一方面，灌浆期全周期平均温度与各指标也同样呈抛物线形式，各指标最佳温度均在24℃左右，高于或者低于24℃各指标呈劣化趋势（图4-43）。

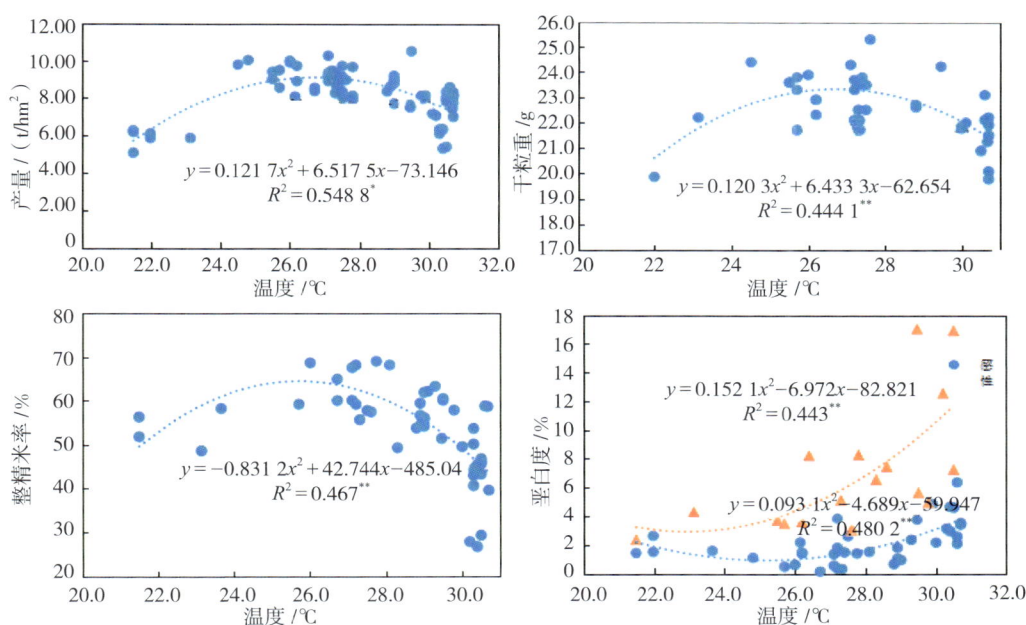

2018年、2019年和2020年3年感性品种产量和品质指标与温度相关性分析。*表示温度与指标间的相关程度。*表示显著相关，$p<0.05$，**表示极显著相关，$p<0.01$。下图同。

图4-42　齐穗后的前15 d平均温度与各指标相关性分析

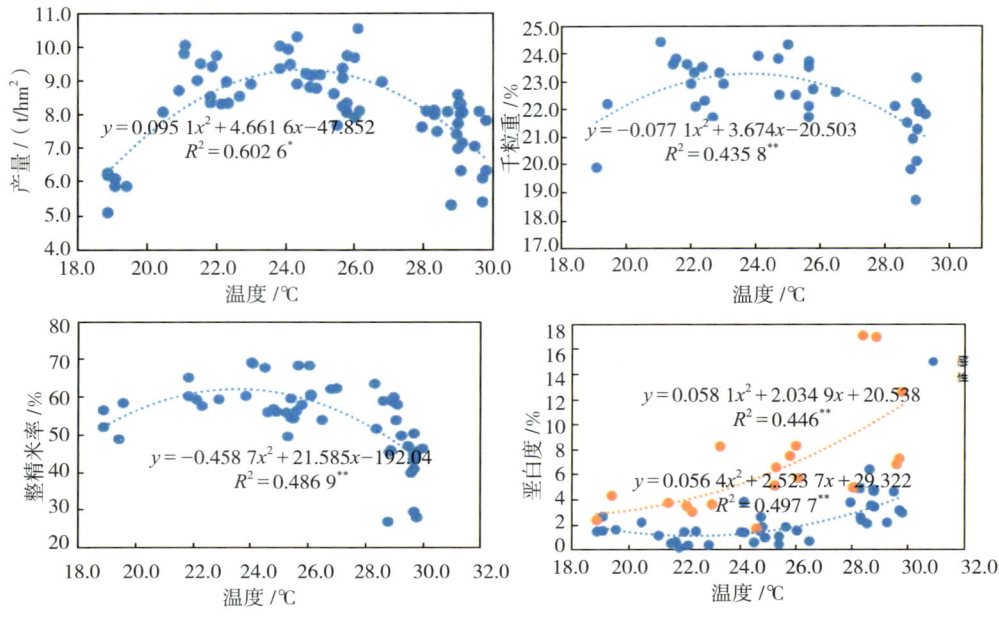

图 4-43　灌浆期全周期平均温度与各指标相关性分析

通过上述田间试验，我们发现湖北优质稻栽培中存在的一个十分突出和严重的问题，即普遍过早的栽培期问题。将水稻抽穗期放在 8 月初或 8 月上旬，这是湖北省水稻栽培的一个十分普遍的现象，对于普通水稻栽培，它可以利用 7—8 月十分稳定且全年最好的温光资源，后面的天气又有利于收获与干燥。但对优质稻的产量和品质的危害严重，已如前述。鉴于目前绝大部分优质稻品种在本地对高温十分敏感，根据我们得到的主要品质指标与主要气象指标的相关关系，我们综合得到了"优化栽培期"的水稻抗热保优栽培法。

① 依据优质稻灌浆的温度指标对中稻栽培期的定义

品种灌浆期前 15 d，80% 时间落入哪一季节具有的温度区间，就定义该品种遭遇哪一类型的灌浆期。少于 80% 时，可以定义为跨越类型。

② 优质稻灌浆期类型划分及其指标

根据上述优质稻各关键指标与灌浆期的前 15 d 期间核心气象因子日平均气温间的关系，将优质稻灌浆期类型划分及其指标集于表 4-21。

表 4-21　中稻（籼型）依据灌浆期经历的温度对栽培期类型的划分

栽培期类型	温度指标 /℃
高温栽培期	≥ 28
缓温栽培期	26～28
常温栽培期	24～26

③优质稻栽培期类型与季节的匹配关系

如下以湖北荆州为例，制订了优质稻灌浆类型与季节的匹配关系（表 4-22）。

表 4-22　湖北省优质稻灌浆类型与季节的匹配关系（以荆州为例）

类型及分布	高温栽培期	缓温栽培期	常温栽培期
界限温度值，籼型（日均温,℃）	28～31	26～28	22～26
季节分布（月/日）	8/1—8/20	8/20—9/10	9/10—9/30
界限温度值，粳型（日均温,℃）	26～31	24～26	20～24
季节分布（月/日）	8/20—9/10	9/10—9/30	9/30—10/20

④品种耐性与栽培期匹配的原则

根据品种对灌浆期高温的反应特征，尽量将品种的抽穗期安排在缓温期以后；对部分品质优异，但对灌浆期温度特别敏感的品种，宜将品种的抽穗期安排在缓温期后期或常温期；提倡在结合虾稻等模式下，自然避开高温开发优质稻。

总之，鉴于湖北省等长江中游地区日益严重的水稻灌浆期高温问题，选择合理的栽培季节以避灾，是优质型超级杂交稻栽培可以选择的一项重点技术。在规划栽培期时，应尽量避开高温栽培期，选择缓温、适温栽培期栽培，对部分品种受栽培制度等限制，确需利用高温栽培期灌浆，也应尽量利用较少的高温栽培期。此外，还应结合品种耐热性，将不同耐热性的品种规划到相应合适的栽培期。

第五章 超级杂交稻超高产抗倒伏理论与技术

20世纪90年代,我国启动了"超级稻育种"计划。经过近30年的努力,中国超级稻育种研究取得重大突破,分别于2000年、2004年、2011年和2014年实现超级稻第一期亩产700 kg、第二期亩产800 kg、第三期亩产900 kg和第四期亩产1 000 kg的攻关目标。2011年9月经农业农村部组织专家验收,Y两优2号在湖南隆回百亩示范片平均亩产926.6 kg,展示了超级杂交稻巨大的增产潜力,是我国超级稻育种取得的标志性重大突破。

近年来,超高产育种特别强调株型的优化,育种家们先后提出了"高冠层、矮穗层、中大穗"、"重穗型"和"直立穗型"等超高产株型模式育种理论,为我国成功育成系列超级稻品种奠定了理论基础。这些超高产株型育种模式的一个共同特点,就是借提高株高,实现高生物学产量,以高生物学产量奠定超高产的物质基础。半个世纪来,我国水稻单产总是伴随着株型(株高)的改良而提高的,经历了"高秆变矮秆、矮秆变半矮秆"的过程。进而,袁隆平院士提出,要获得更高产,株型改良需要"从半矮秆变向半高秆",即株高从100 cm左右的半矮秆向120~130 cm的半高秆发展。但是,现实生产上由"半矮秆变向半高秆"是一个两难的选择。一方面,不实行这个转变,难以实现高生物学产量为基础的超高产;另一方面,半高秆面临的倒伏风险显著增加,为了增加抗倒伏能力就必须强化茎秆性状的选择,甚至以减少生育后期茎秆的物质转移为代价,如两优1128,株高137 cm左右,高度抗倒,但因后期茎秆干物质撤退慢且比例低,难以实现900 kg的产量目标。正是由于缺少超高产抗倒伏可供选择的关键指标指导超高产育种,育种家在新品种选育时,自觉或不自觉地将具高生物产量的半高秆水稻组合放弃,使超高产育种难有重大突破。

与水稻超高产育种相比,超级杂交稻超高产栽培技术研究相对滞后。在湖南

900 kg 验收现场，农业农村部专家就曾明确表示，"超级杂交稻全国推广还有相当难度"。因此，大面积实现超级杂交稻的超高产潜力需要"良种与良法"的配套，加强超级杂交稻的高产栽培理论研究，特别是超高产抗倒伏理论与技术的研究具有重要的生产实践意义。

本章基于对超级杂交稻超高产抗倒伏栽培的研究结果，试图解析超级杂交稻抗倒伏的形态与生理协同机制，为超级杂交水稻超高产育种和大面积推广应用提供理论依据。

第一节　株型变化与抗倒伏关系

一、水稻株型育种与抗倒伏特性的变化

中国水稻育种处于世界领先水平的两大突破是矮化育种和杂交水稻的应用，每一次突破都使水稻产量在原来的基础上提高了 20% 以上。其中矮化育种主要是"矮子禾"解决了倒伏难题。但是从进一步高产角度看，矮秆以牺牲生物产量为代价，而研究表明高产必须以提高生物总产量和经济系数为基础。之后水稻育种策略由矮秆化向理想株型发展，除矮秆抗倒外，还要求根系发达、叶片直、叶角小等高产理想株型性状。如黄耀祥为提高穗重，提出在营养生长前期即能迅速提高生物学产量的"早长育种"（如"特青"等）；杨守仁设计的直立株型模式为中等分蘖力，株高 95~105 cm，每穗 150 粒左右，直穗型，收获指数 0.55~0.60。四川周开达院士"重穗型"超级稻模式力求穗重 5 g 以上。袁隆平则把杂种优势的利用与水稻理想株型结合起来，提出了"高冠层、矮穗层、中大穗"的超级杂交稻形态模式，即冠层叶片长、直、窄、凹、厚，株型适度紧凑，分蘖中等，秆长 70 cm 左右，每穗重 5 g 左右，收获指数 0.55 以上等。这种株型模式，既充分扩大了有效光合面积，提高了群体光合能力，又增强了抗倒伏能力。同时，国际水稻研究所提出的新株型育种在

国际上影响较大，具有穗大、无效分蘖少、茎秆粗、叶片挺直等特点，但在大田试验中发现，部分新株型水稻虽表现出了较高的产量潜力，同时也存在生物产量低、结实率低等问题，而生物产量低主要是过度强调通过降低株高实现高度抗倒所致。然而，无论以怎样的路线（模式）来实现超高产目标，在育种上其选育策略均是以提高生物产量和经济系数为基础，挖掘半矮秆或半高秆的高产潜力。而且在实践更高产的超级稻育种过程中，除了必要的分子技术外，适当再增加株高，即半高秆，以进一步提高其生物产量已明显是一条重要的技术途径。但提高生物产量必须适当增加秆高成为超高产抗倒栽培的一个"连锁"的问题，研究其高生物产量、高抗倒能力的协同发展是水稻超高产育种与超高栽培的关键所在。

我国水稻株型育种与抗倒伏变化大体可分为 4 个阶段（图 5-1）。

第一阶段在 1950 年代后。当时生产上推广应用的品种主要以高秆、大穗、株叶型披散为特点，因此生产上容易倒伏，其产量潜力仅 3~4 t/hm^2。代表品种如广场 13 号等。

第二阶段在 1960—1980 年代。1959 年我国农民育种家洪春利从南特 16 号中系选育成矮脚南特品种，株高仅 70~80 cm，节间短、分蘖多。随后，推动了我国水稻矮化育种进程。这类品种以矮秆、多穗、株型紧凑为特点，产量潜力 4~6 t/hm^2。代表品种如矮脚南特、广场矮、桂花黄等。

第三阶段在 1980 年代至 2000 年。袁隆平院士创造发明了杂交水稻，于 1973 年成功培育第一个杂交水稻品种南优 2 号，在 1980 年代杂交水稻因株叶形态好、中秆粗壮、大穗高产而开始大面积推广应用，其产量潜力达 7~9 t/hm^2，代表品种有汕优 63、威优 6 号等。

第四阶段在 2000 年之后。受国际水稻研究所超级稻计划的影响，中国于 1996 年启动了超级稻培育计划，并在 21 世纪初超级杂交水稻研究取得了重大突破，其主要特点是株型更加优化，上三叶直立，株高由半矮秆向半高秆发展，穗大，茎秆粗壮，抗倒力较强，产量潜力 10~12 t/hm^2。其代表品种如两优培九、Y 两优 1 号等。

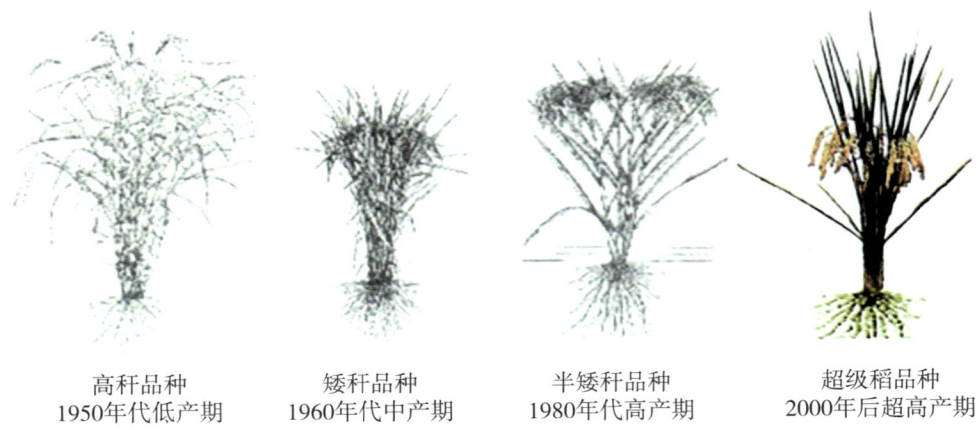

图 5-1　不同年代水稻株型变化模式图

二、不同年代代表品种株型与库容变化趋势

通过选取 1950 年代至 2000 年的一季稻代表品种，即广场 13 号、桂花黄、汕优 63、两优培九和 Y 两优 1 号，比较其主要特点，代表了上述 4 个阶段的主要特征特性。

广场 13 号是 1950 年代传统高秆品种胜利籼与南特号杂交育成，属早籼迟熟或中籼高秆品种，株高 143 cm 左右。

桂花黄，苏粳 1 号原名"桂花黄"，1960 年代初从意大利的"巴利拉"中选出的变异单株培育而成，株高 90~100 cm。1963 年作单季晚稻开始推广，从 1967 年起代替晚粳作双季晚稻栽培。据不完全统计，在南方稻区推广达 1 000 万亩。

汕优 63 于 1980 年育成，是我国推广面积最大的三系杂交水稻品种，株高 100~110 cm。汕优 63 是迄今为止我国种植面积最大的杂交水稻品种。据不完全统计，到 2010 年累计推广 9.46 亿亩。

两优培九于 2001 年育成，是我国第一个两系超级杂交稻品种，其株型紧凑，株高 110~120 cm。上三叶直立、剑叶高出穗层，形成"高冠层、矮穗层"的良好株型。据不完全统计，南方稻区累计种植面积接近 1 亿亩。

Y 两优 1 号于 2006 年育成。株叶形态较好，株高 120 cm 左右。据不完全统计，南方稻区累计种植面积 6 000 万亩左右。

进一步比较株高、秆高、每穗颖花数和总颖花量（总库容）呈现如下特点（图 5-2）：

①株高由高秆到矮秆、半矮秆，再转变向半高秆发展，如广场 13 号株高约 143 cm，但桂花黄仅 106 cm，而两优培九株高则反弹升高至 136 cm。

②秆高的趋势与株高的趋势不一致，即：高秆时期，其秆高也高，如广场 13 号秆高为 120 cm。显然，这一秆高在生产实践中是容易发生倒伏的。而从矮秆、半矮秆至半高秆的发展过程中，其秆高都维持在相对较低的水平，如桂花黄、汕优 63、两优培九和 Y 两优 1 号秆高分别为 85 cm、92 cm、94 cm 和 84 cm。从而为抗倒伏提供了低重心的基础。

③由于株型不断优化，其总库容也相应得到了大幅度提高，两优培九和 Y 两优 1 号总库容分别较早期的广场 13 号增加了 2.21 倍和 2.32 倍，为实现高产或超高产潜力提供了库容基础。

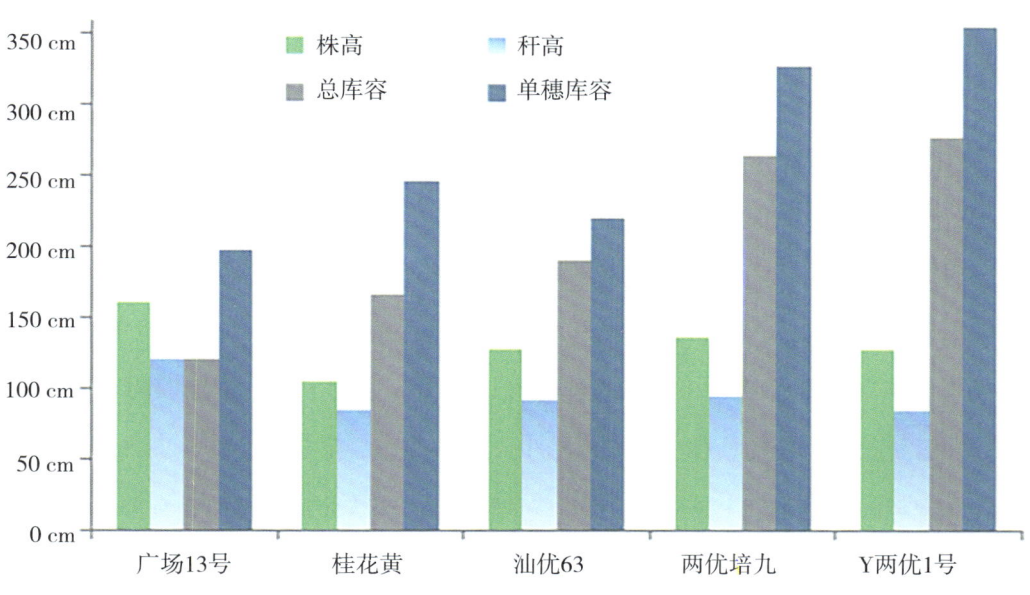

图 5-2　不同年代代表品种株高、秆高及库容变化

三、超级杂交稻超高产株型模式特点

袁隆平院士把杂种优势利用和株叶形态改良相结合，根据江苏农业科学院选育的两系杂交稻超高产先锋组合培两优 E32 的株型（图 5-3 左图），提出了超级杂交稻理想株型选育的技术路线，其中，"高冠层、矮穗层、中大穗"是该技术路线培育超级杂交稻株型模式的核心特点。

与松岛省山提出的传统理想模式及国际水稻研究所提出的新株型相比，袁隆平院士提出的超级杂交稻株型具有以下特点（表 5-1、图 5-3 右图）：

①上部叶片呈现"长、直、窄、凹、厚"。"窄、凹"确保上三叶能直立而不披散，叶片"长"能有效扩大叶面积指数，"厚"则能有效提高叶片的光合质量。

②株高较矮、重心低。株高一般 110 cm 左右，但秆高在 70 cm 左右。株高较高，有利于提高其生物产量。近年来株高有所提高，达到 120 cm 左右，甚至更高一点。但要求秆高相对较矮，这有利于降低重心以达到抗倒之目的。

③冠层高、穗层矮。株型适度紧凑、叶下禾，冠层只见叶片，灌浆后不见稻穗，形成"高冠层、矮穗层"，这有利于提高群体光合能力和建立高效质量群体，显示强化的形态功能优势与生理优势。

④中大穗、足群体。分蘖中等和较大的叶面积指数有利于形成大穗、扩大库容，达到每穗 250 粒左右，库容可达到 5.5 万~6 万粒 /m^2。

而松岛省山等提出的传统水稻理想模式及国际水稻研究所提出的新株型要求上三叶短宽，以求上三叶直立，但这样难以获得较大的叶面积指数，增加光合群体；通过降低株高以求抗倒伏，但株高降低难以获得高生物产量，更难获得超高产潜力；国际水稻研究所的新株型还要求减少无效分蘖，追求等蘖，其结果难以构建高库容实现超高产；由于上三叶短、宽，冠层矮小，其结果是灌浆期光合群体小，难以满足大库容，产量潜力受到限制。

表 5-1　主要水稻形态模式特点比较

模式	超级杂交稻株型模式	松岛省山、IRRI 等株型模式
不同模式主要特点差异	1. 上三叶长、厚、窄以扩大叶面积指数 2. 叶片凹、窄以求直立 3. 叶面积指数大有利于形成大穗 4. 秆高较矮重心降低以求抗倒 5. 株高适中、生物产量高 6. 分蘖中等有利于扩库 7. 大冠层，窝型叶群体光合强 8. 利用水稻的杂种优势	1. 上三叶短宽难以扩大叶面积指数 2. 缩短叶片以求直立 3. 叶面积指数小难于扩库 4. 降低株高以求抗倒 5. 株高较矮、生物产量低 6. 追求等（少）蘖难于扩大库容 7. 矮冠层不利于构建高光效群体 8. 遗传上仅利用水稻的加性作用

依据这一技术路线，已成功地选育出了超级杂交稻组合，如两优培九（图 5-3 右图）、Y 两优 1 号和湘两优 900 等株型优、产量高的超级杂交稻品种。

图 5-3　培两优 E32（左）和两优培九（右）理想株型实物图

第二节　超级杂交稻抗倒伏形态特征与节间配置理论

有关水稻抗倒伏形态差异的研究前人做了大量的工作。一般认为，稻秆近似于一根空心圆管，而空心管的承压能力与其长度的平方成反比。据实际测量表明，秆高 100 cm 的相对抗倒伏能力仅为秆高 70 cm 的一半。但稻秆还存在节间长度和节间充实度、叶鞘包茎度等差异，而且秆壁的厚度、弹性和其韧性对水稻的抗倒伏能力也有着不可忽视的作用。

我们曾研究过早期具不同抗倒伏能力杂交稻的茎秆形态及生理特性与抗倒性的关系，发现具有"中秆、圆秆、基部节间短、倒2节间短、穗下节间长"等株型特点有利于提高其抗倒性。并且还比较了株高不同的杂交稻品种准两优527、Y两优1号和两优1128，在较高肥力水平下3个品种的株高分别为137 cm、126 cm 和139 cm，但由于后者地上2节间长度分别较前者短31.8%和98.1%，因而表现高度抗倒，表明基部节间短对提高半高秆水稻抗倒伏能力极为重要。张忠旭研究偏高秆、偏大穗杂交粳稻屉优418、辽优5218组合地上部第一、第二伸长节间长度很短，基部茎秆截面椭圆长轴、短轴长和面积大，壁厚宽和茎壁截面积大，植株表现出高度抗倒伏能力。有的研究也认识到茎基抗折力反映了茎秆的弹性（坚韧性），茎基外径大的不一定具有强的茎基抗折力而反映出脆的特征，施以外力更易折断。梁康迳等对水稻茎秆抗倒性的遗传互作效应的研究表明，茎秆抗倒性以显性效应及其与环境互作效应为主，除了茎粗的普通狭义遗传率达40.6%外，其他性状的普通狭义遗传率较低，这意味着环境条件对水稻倒伏的影响较大。Ookawa 分析了抗倒性的遗传，认为可通过个体选择的方法增强高秆品种的抗倒性，Takayuki 的研究也证明了这一点。水稻的育种栽培实践表明，当环境和肥水条件较优时，伴随着秆长和穗重的增加，这时应通过栽培措施加以调控，以提高茎基抗折力、促进根系发达。

一、超级杂交稻茎秆物理承载强度的研究及超高产潜力

茎秆粗壮抗倒，是承受超高产籽实产量的生物学基础。为了测定超级杂交稻茎秆物理承载强度与超高产潜力，我们自行设计制作了一个可以活体固定稻株样品的工作台，并申请实用新型专利，专利号 ZL201620536768.5。该工作台的一端为一根直杆并与底座垂直，在直杆旁的底座有一环形孔，环形孔与直杆的距离是可以调节的。其测定方法为：将稻株连同稻蔸取回，保持活体。将基部（齐泥）固定在工作台上，呈田间生长模拟状态，用微量砝码悬挂在稻穗中部、逐渐加重直到茎秆弯曲而不折断，此时所承载的砝码及穗重质量可视为稻秆的最大承载量（M_{max}），而所测定的穗（秆）弯曲顶端与底座的高度（H）为稻秆的重心。同时，测定稻穗载重时

与直秆的夹角（α）、稻穗（秆）弯曲顶点与茎秆弯曲点的距离（L），并同时测量直秆与稻穗弯曲顶点的垂直距离（S），其抗倒伏指数和物理强度为：

水稻抗倒伏指数（CLR）= M_{max}/H；

秆的物理强度（PL）= $M_{max}L\cos\alpha$。

通过比较研究，对超级杂交稻先锋组合培两优 E32 与三系杂交稻汕优 63 茎秆物理强度的测定结果表明（表 5-2）：

①同一生育期比较，培两优 E32 株高均比汕优 63 矮；而培两优 E32 稻穗（秆）弯曲顶点与茎秆弯曲点的距离（L）相对较长，稻穗载重时与直秆的夹角（α）较小，此时穗（秆）弯曲顶端与地面的高度 H（实为稻穗的重心）在齐穗期、乳熟期、成熟期分别比汕优 63 小 2.87%、8.37% 和 23.90%，表明培两优 E32 的重心低。从物理学角度分析，重心低则植株相对稳，不易发生倒伏。

②稻穗模拟载重试验表明，超级杂交稻茎秆的物理强度具有绝对的优势，齐穗期、乳熟期、成熟期分别比汕优 63 同时期大 97.7%、69.5%、103.7%。成熟期超级杂交稻稻穗仍可载重较汕优 63 大 1 倍以上强度，稻穗最大载量可达 25 g，表明超级杂交稻完全具有承载超高产目标产量籽实的生物学基础。基于此基础，按成熟期平均最大承载量 13.2 g 的 70% 计算，每穗可承载 9.24 g，如果每亩有效穗达 150 000，理论上可以承载 1 386 kg 稻谷。因此袁隆平院士攻关亩产 1 000 kg 和 1 100 kg 具有其生物学抗倒伏理论依据。就目前超级稻的育种进程，从抗倒伏的角度而言，其产量潜力目标仍有很大的增产空间。

表 5-2 培两优 E32 与汕优 63 植株物理强度与抗倒伏指数的差异

组合	生育期	夹角 α/°	重量 M_{max}	高度 H/cm	折断高度 /cm	W/H 值 /（g/cm）	L/cm	S/cm	物理强度 /（g/cm）	株高 /cm
培两优 E32	齐穗期	81.0	18.1	35.50	28.23	0.56	30.75	25.88	52.85	108.35
	乳熟期	81.5	18.1	33.68	25.75	0.55	36.88	27.93	61.43	111.62
	成熟期	78.5	13.2	32.90	23.83	0.46	32.93	27.15	59.90	105.83
汕优 63	齐穗期	83.1	10.9	35.52	30.18	0.33	29.55	25.98	26.73	110.73
	乳熟期	83.2	11.3	31.08	18.98	0.38	35.82	29.45	36.25	115.55
	成熟期	79.1	7.7	43.23	12.6	0.29	37.77	28.30	29.40	108.97

③培两优 E32 的抗倒伏指数（CLR 值）分别比汕优 63 大 70%、45%、59%，均明显大于汕优 63，说明培两优 E32 比汕优 63 具有更强的抗倒力。

④灌浆期物理强度的动态变化结果（图 5-4）表明，两组合在乳熟期的物理强度均大于其他时期的物理强度，以成熟期物理强度最低，说明水稻在乳熟期的抗倒力强，而成熟期抗倒力弱。因此，在水稻栽培中，更要注意采取有效措施增强成熟期抗倒力。

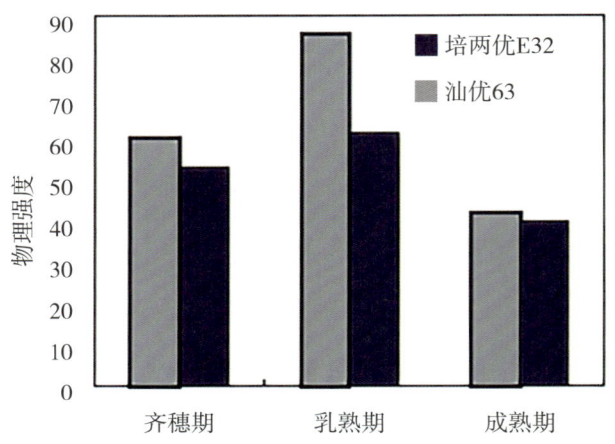

图 5-4 不同时期汕优 63、培两优 E32 物理强度变化

二、超级杂交稻基部节间性状与抗倒伏性的关系

1. 不同基因型杂交稻基部节间长度的差异

我们选取了 21 个不同熟期，且具有高产潜力的杂交水稻品种，其中包括 10 个被农业农村部认定为"超级稻"的超级杂交稻品种。对这些不同基因型的杂交水稻形态结构，如节间长度、株高等，比较研究结果表明（5-3）：

①杂交早稻组合中，陆两优 996、株两优 90、准两优 49、株两优 02、株两优 819 的基部 1~3 节节间的长度均大于其他品种，其倒伏危险也随之增加。

②供试的中稻品种中，准两优 527 和 D 优 527 基部 1~3 节节间的长度远较其他品种长，所以出现了严重倒伏。

③晚稻品种中，天优 998、准两优 893 的基部 1~2 节节间长度均较长，也出现

了倒伏现象。

单从基部节间长度分析，上述结果表明，杂交水稻植株的基部节间过长是倒伏的主要因素之一。在高产栽培实践中，要尽可能地采取较适宜的肥水措施和适宜的密度，使基部节间长度得到适当控制，以防止倒伏。

表 5-3　不同基因型杂交水稻节间长度差异　　　　　　　　　　单位：cm

类型	品种	倒6节间	倒5节间	倒4节间	倒3节间	倒2节间	倒1节间	株高
杂交早稻	陆两优 996*	—	3.58	9.24	15.49	18.55	28.42	92.97
	株两优 02	—	—	6.33	13.63	18.47	30.23	88.31
	株两优 819**	—	—	7.73	14.42	20.12	29.65	89.43
	T 优 167	—	2.59	5.44	15.02	16.92	30.95	90.35
	准两优 49	—	1.88	6.43	15.54	19.09	28.58	88.89
	株两优 90	—	4.07	9.3	15.41	18.35	27.48	90.57
	准两优 143	—	—	5.77	12.77	16.83	27.04	81.16
	T 优 705	—	—	4.39	13.42	17.84	30.43	85.05
杂交中稻	Y 优 1 号**	1.77	5.28	12.97	20.88	22.34	36.52	129.87
	准两优 527**	2.82	7.78	13.45	19.57	22.07	36.32	137.48
	D 优 527**	2.71	8.36	12.69	18.94	22.31	36.61	128.52
	两优培九**	1.62	5.20	11.64	19.74	21.67	36.43	130.41
	两优 0293	1.77	4.51	10.67	18.76	22.37	35.28	129.28
	培两优 E32	1.65	4.14	9.43	16.69	21.37	38.34	131.60
	两优 1128	1.29	4.06	10.79	19.27	23.99	35.28	138.47
杂交晚稻	天优华占**	—	2.99	7.36	13.95	20.21	34.11	98.61
	天优 998**	—	3.01	7.69	14.92	20.66	33.01	103.66
	里优 6602	—	2.10	6.55	14.04	22.61	33.34	105.95
	天优 290	—	2.89	8.27	16.28	21.19	31.12	107.22
	华两优 114	—	2.63	8.10	15.25	21.57	34.31	105.08
	准两优 893	—	3.78	10.31	17.84	20.24	36.07	110.15

注：** 为农业农村部认定的超级稻品种；* 为湖南省农业农村厅认定的超级稻品种。

2. 节间配置对杂交水稻抗倒伏性的影响

以审定的 12 个高产杂交水稻品种（包括农业农村部认定的 3 个超级稻品种）为研究材料，比较这些品种的节间配置的差异及其抗倒伏性的相关指标，结果表明（表 5-4，表 5-5，表 5-6，表 5-7）：

①从倒伏指数来看，大多数审定的超高产杂交稻品种抗倒力强。12个品种仅准两优527出现全面倒伏，其倒伏指数达到820，而株高比准两优527还高的品种，如广两优1128、全两优228、全两优1号、全两优8号、新两优343，倒伏指数仅240~373，相差低，表明抗倒伏能力强。与其他2个超级杂交稻Y两优900和Y两优2号比较，倒伏系数也分别高2.87倍和2.58倍。

②从株高来看，株高较高的并不一定抗倒伏力弱。12个具高产潜力的杂交水稻品种中，湘两优2号和Y两优900品种株高低于120 cm，占16.7%；大部分品种株高介于120~130 cm，共有8个品种，占66.7%；仅广两优1128和全两优8号株高超过130 cm。但大田倒伏的只有准两优527，且株高也只有126.8 cm。因此，株高不是倒伏的唯一因素。

表5-4 高产和超高产杂交水稻品种植株抗倒伏特征

品种	株高/cm	挫折力/N	挫折力矩/(g/cm)	弯曲力矩/(g/cm)	倒伏指数	成熟期植株状态
湘两优2号	113.9	7.66	15 625	31 018	202	直立
深两优1813	120.7	9.45	19 292	39 487	212	直立
广两优1128	132.1	7.66	15 625	36 725	240	直立
Y两优900**	108.6	6.21	12 667	35 602	286	直立
Y两优412	124.7	5.25	10 708	33 083	315	直立
Y两优2号**	120.0	5.92	12 083	38 053	318	直立
全两优228	129.3	6.01	12 261	40 737	335	直立
全两优1号	128.7	4.79	9 771	33 777	347	直立
盐两优2208	122.9	5.65	11 537	37 434	348	直立
全两优8号	131.6	5.76	11 750	41 846	359	直立
新两优343	128.3	6.09	12 438	45 634	373	直立
准两优527**	126.8	2.10	4 292	34 323	820	95%倒伏

③容易倒伏的品种（准两优527）主要是由于节间的配置不合理所致。将基部2个节间（D5+D6）总长、基部3个节间（D4+D5+D6）总长以及基部向上共4个节间（D3+D4+D5+D6）总长占株高的比例进行分析，结果发现准两优527这3类基部节间总长所占株高比率均高于其他品种。与株高最高的广两优1128相比，准两优527这3类节间总长占比百分率分别高出1.1%、2%和2.4%；而与株高基本相

当的超级杂交稻Y两优2号相比，这3类节间总长占比百分率分别高2.2%、4.8%和4.7%。说明节间配置，特别是基部节间相对较短更有利于提高抗倒伏能力。

④由于节间的配置差异，其茎秆的挫折力、挫折力矩和弯曲力矩有显著差异。12个品种中，准两优527的茎秆挫折力、挫折力矩和弯曲力矩为最小，其挫折力和挫折力矩仅为其他品种的20%~44%。

⑤节间的配置与抗倒伏能力的关系表明，就单个节间性状而言，具高产潜力的半高秆杂交稻的节间长度与倒伏指数均呈正相关性；基部D4节间长度与倒伏指数相关性显著；基部D6节间长度与倒伏指数相关性极显著。节间配置相关分析表明，半高秆杂交稻基部D5、D6两个节间以及D4~D6三个节间长度之和所占株高的比例与倒伏指数均呈显著性正相关关系（$r1=0.61^*$，$r2=0.63^*$）。培育基部D4、D6节间较短、基部D5~D6与D4~D6节间长度之和的比例较低的半高秆杂交稻品种，能显著增强水稻植株的抗倒伏能力。

表5-5 基部节间长度之和所占株高的百分比

品种	D5+D6/%	D4+D5+D6/%	D3+D4+D5+D6/%	株高/cm
湘两优2号	5.0	11.7	22	113.9
深两优1813	3.8	9.9	22.4	120.7
广两优1128	5.4	13.2	26.1	132.1
Y两优900**	5.3	12.7	26	108.6
Y两优412	4.1	11.2	26.5	124.7
Y两优2号**	4.3	10.4	23.8	120.0
全两优228	4.9	11.8	24	129.3
全两优1号	5.1	12.5	26.8	128.7
盐两优2208	5.3	12.9	29	122.9
全两优8号	5.0	12.2	24.3	131.6
新两优343	3.8	9.8	22.8	128.3
准两优527**	6.5	15.2	28.5	126.8

表5-6 节间配置的各节间长度与倒伏指数的相关性分析

相关系数	$x1$	$x2$	$x3$	$x4$	$x5$	$x6$	$x7$
$x1$ 倒伏指数	1						
$x2$ D1节间长度	0.08	1					
$x3$ D2节间长度	0.13	0.76**	1				

续表

相关系数	x1	x2	x3	x4	x5	x6	x7
x4D3 节间长度	0.31	0.24	0.54	1			
x5D4 节间长度	0.56*	0.29	0.29	0.49	1		
x6D5 节间长度	0.53	0.16	0.09	0.28	0.95**	1	
x7D6 节间长度	0.71**	0.2	0.11	0.02	0.78**	0.85**	1

表 5-7　节间配置的基部部分节间长度之和的比例与倒伏指数的相关性

相关系数	x1	x2	x3	x4
x1 倒伏指数	1			
x2D5+D6	0.61*	1		
x3D4+D5+D6	0.63*	0.98**	1	
x4D3+D4+D5+D6	0.54	0.66*	0.76**	1

3. 超级杂交稻植株茎粗、茎秆厚度及秆型指数的差异

前面已讨论了植株高度和节间的长短对具超高产潜力的水稻品种抗倒伏能力的影响，特别是基部节间的长度对抗倒伏能力的影响至关重要。

为了较好地评价植株茎粗、茎秆厚度对抗倒伏的影响大小，我们引入秆型指数这个概念。秆型指数将茎的外径与秆长相联系，是评价抗倒性的形态综合指标。

秆型指数 = 秆基部的外径［长短轴的平均值（mm）］/ 秆长（cm）×100

乳熟期用解剖刀和游标卡尺测定基部第 2 个节间（N2）伸长节间中部的长、短轴直径及壁厚；并按照下面公式计算茎椭圆截面积和茎壁截面积：

$S=1/4\pi AB$；$S_\triangle = \pi D[(A+B)/2-D]$

其中 S 为基部茎秆椭圆截面积，单位 mm^2，$S_\triangle$ 为基部茎秆茎壁截面积，单位 mm^2，A、B 分别为椭圆长轴和短轴长，单位 mm，D 为茎壁厚，单位 mm。

为此，我们选择 5 个杂交稻组合，即：准两优 527、Y 两优 1 号、两优 1128、6303S/R292 和广占 63S//R527/0293，其中准两优 527 和 Y 两优 1 号为农业农村部确认的超级稻品种，两优 1128 是农业农村部制定的超级稻第三期 900 kg 先锋组合，6303S/R292 与广占 63S//R527/0293 为源大库足的具有高生物产量的组合。

水稻茎秆截面近似于椭圆形，测量基部茎秆截面椭圆长轴、短轴及椭圆截面积

以此来表示基部茎秆的粗度，一般认为基部节间粗度越大，其抗倒伏能力越强。根据茎基部 N2 伸长节间中部剖面测定结果可知（表 5-8、表 5-9）：

① 5 个组合基部茎秆截面椭圆长轴、短轴和椭圆截面积显著性差异大小顺序为 6303S/R292（B4） > 广占 63S//R527/0293（B5） > 两优 1128（B2） > Y 两优 1 号（B3），准两优 527（B1）小于 Y 两优 1 号（B3），但两者没有达到显著性差异。

表 5-8 不同组合的茎粗、茎秆厚度及秆型指数

品种	截面长轴 /mm	截面短轴 /mm	截面壁厚 /mm	椭圆截面积 /mm^2	茎壁截面积 /mm^2	秆型指数
B1	8.41d	7.22d	1.43d	47.70d	28.76d	7.92c
B2	10.68c	9.47c	2.17b	79.39c	53.92b	10.40b
B3	8.57d	7.34d	1.61c	49.40d	32.11c	8.19c
B4	12.65a	10.75a	2.66a	106.78a	75.48a	11.07a
B5	11.16b	9.85b	2.23b	86.33b	57.93b	10.54b

B1、B2、B3、B4、B5 分别代表准两优 527、两优 1128、Y 两优 1 号、6303S/R292 和广占 63S//R527/0293。

② 基部茎秆壁厚和茎壁的截面积用来表示基部茎秆的厚度。一般而言，基部茎秆厚度越大，抗倒伏能力则越强。5 个组合基部茎秆壁厚和茎壁截面积显著性差异大小排序为 6303S/R292（B4） > 广占 63S//R527/0293（B5） > 两优 1128（B2） > Y 两优 1 号（B3） > 准两优 527（B1），其中两优 1128（B2）小于广占 63S//R527/0293（B5），但两者没有达到显著性差异。

③ 秆型指数因为是将茎粗与秆长联系起来以此来描述茎秆外部的形态特征，因此是表示抗倒性形态的综合指标。秆型指数越大，茎秆越趋向于"粗短型"，反之茎秆越趋向于"细长型"，且粗短型茎秆的抗倒伏性优于细长型茎秆。5 个组合秆型指数的大小排序为 6303S/R292（B4） > 广占 63S//R527/0293（B5） > 两优 1128（B2） > Y 两优 1 号（B3） > 准两优 527（B1），方差分析表明 6303S/R292（B4）显著大于广占 63S//R527/0293（B5）和两优 1128（B2），而广占 63S//R527/0293（B5）和两优 1128（B2）又显著大于 Y 两优 1 号（B3）和准两优 527（B1）。

④ 从水稻株高考虑，Y 两优 1 号（B3）的株高为 123.02 cm，准两优 527（B1）的株高为 127.45cm，远低于 6303S/R292（B4）的株高 132.24 cm，但 6303S/R292

（B4）的抗折力远大于准两优527（B1）和Y两优1号（B3），说明矮秆不一定抗倒，高秆不一定就发生倒伏，所以株高并不是影响倒伏的唯一因素，6303S/R292（B4）虽然植株偏高，但基部节间粗度和厚度较大，所以具有较好的抗倒性；而准两优527（B1）和Y两优1号（B3）则由于基部节间粗度和厚度较小，抗倒性较差，所以发生了倒伏，说明基部茎秆的粗度和厚度是影响倒伏的重要因素。

表5-9 生育后期不同组合的茎秆抗折力的动态变化　　单位：g

品种	N2				N3			
	HS	MS	WS	RS	HS	MS	WS	RS
B1	1 214.93e	1 090.17d	914.73d	—	1 132.83d	949.40d	812.20d	—
B2	2 060.45c	2 212.81ab	1 783.20b	1 496.15b	1 842.50b	1 743.56b	1 556.95b	1 308.65b
B3	1 427.65d	1 714.18c	1 450.23c	1 100.58d	1 283.03c	1 219.09c	1 076.60c	915.95d
B4	2 468.24a	2 260.83a	2 097.93a	1 831.17a	2 173.95a	1 912.19a	1 759.58a	1 521.25a
B5	2 382.64b	2 146.14b	1 785.91b	1 360.18c	2 221.47a	1 858.24a	1 713.96a	1 278.88c

B1、B2、B3、B4、B5分别代表准两优527、两优1128、Y两优1号、6303S/R292和广占63S//R527/0293；N2、N3分别代表基部第2节间和第3节间；HS、MS、WS、RS分别代表抽穗期、灌浆期、蜡熟期和成熟期。

三、超级杂交稻抗倒伏指数的差异与评价

对水稻倒伏直观评价是在田间评价其倒伏率，即植株倾斜度大于45°的植株数占小区总株数的百分率。田间的倒伏面积和倒伏程度是抗倒性的直接体现，这种评价结果直观、比较真实，但把倒伏性这一数量性状作质量性状对待存在很大的局限性，比如同一品种在不同栽培措施下难以评价其田间倒伏率的差异。

为了更科学地评价抗倒伏性能，在抗倒伏研究中多采用倒伏指数进行评价。倒伏指数有不同的计算方法，如日本小野（1951年）、濑古（1959年）等提出的倒伏指数，均以地上部重量、茎秆的强度或茎秆挫折荷重为主要因子。

本文所采用的倒伏指数是参照Ookawa（1992年）和郭玉华（2003年）等的方法计算。水稻茎秆节间的倒伏指数与茎秆的抗折力成反比，与弯曲力矩成正比，基部节间的倒伏指数越小，植株抗倒伏能力越强。其相关因子的计算方法如下：

弯曲力矩：$WP = SL \times FW$，即弯曲力矩 = 被测节间基部至穗顶长度（cm）×

被测节间基部至穗顶鲜重（g）；

折断弯矩：$M=F×L/4$，（L：抗折力；F：两支点距离）；

倒伏指数：$BI=WP/M×100$，即倒伏指数 = 弯曲力矩 / 折断弯矩 ×100。

倒伏指数越大，则水稻茎秆越易倒伏。

1. 生育后期田间表观倒伏率动态变化的差异

我们以 5 个杂交稻组合（准两优 527、Y 两优 1 号、两优 1128、6303S/R292 和广占 63S//R527/0293，其中准两优 527、Y 两优 1 号为农业农村部认定的超级稻品种）为研究材料。5 个品种田间表观倒伏率田间调查结果表明（表 5-10）：

准两优 527（B1）田间表观倒伏率在蜡熟期就达到 90%，成熟期更是达到 100%，Y 两优 1 号（B3）在成熟期倒伏指数较高，超过了抗倒伏的临界值，其田间表观倒伏率为 35%，其余各组合在整个生育后期都没有出现倒伏现象。总体来看本试验中倒伏指数与田间表观倒伏率基本一致，即倒伏指数高的组合田间表观倒伏率也高，将倒伏指数作为组合抗倒能力的评价标准在育种和栽培实践中是可行的。

表 5-10　生育后期田间表观倒伏率的动态变化　　　　单位：%

品种	HS	MS	WS	RS
B1	0	0	90	100
B2	0	0	0	0
B3	0	0	0	35
B4	0	0	0	0
B5	0	0	0	0

注：B1、B2、B3、B4、B5 分别代表准两优 527、两优 1128、Y 两优 1 号、6303S/R292 和广占 63S//R527/0293；HS、MS、WS、RS 分别代表齐穗期、乳熟期、蜡熟期和成熟期。

2. 生育后期倒伏指数动态变化的差异

前述 5 个供试品种为超级杂交稻或具高产潜力的杂交水稻品种 / 组合，它们有一个共同的特点就是具有高生物产量，这类品种（组合）由于单株生物量和株高的增加，弯曲力矩较一般普通水稻组合要大，虽然茎秆的抗折力明显提高，但生育后期倒伏指数也有明显差异（表 5-11）。

①准两优 527（B1）基部 N2 节间在蜡熟期的倒伏指数达 220.66，Y 两优 1 号

（B3）基部 N3 节间在成熟期的倒伏指数为 208.41。一般来说，200 是倒伏指数的临界值。因此，准两优 527（B1）在蜡熟期就发生了大面积倒伏，而 Y 两优 1 号（B3）在成熟期也有部分倒伏，说明倒伏指数高的组合表观倒伏率也高，故将倒伏指数作为水稻抗倒能力的评价指标是可行的。

②在生育后期，随生育进程的推进，5 个组合的基部 N2 节间的倒伏指数从齐穗期到成熟期是先高、后低，到成熟时再升高，而基部 N3 节间的倒伏指数从齐穗期到成熟期基本上呈持续上升趋势。说明这两个节间对抗倒伏至关重要。

③各组合基部 N2 和 N3 节间在每个相同时期的倒伏指数表现不尽一致。值得注意的是成熟期基部 N2 节间的倒伏指数普遍低于 N3 节间，再次表明基部第 2 节间对抗倒伏的重要性。

④在整个生育后期倒伏指数一直较高的组合是准两优 527（B1），抗折力较强的组合 6303S/R292（B4）、广占 63S//R527/0293（B5）和两优 1128（B2）从齐穗期到乳熟期倒伏指数并不高，但在成熟期倒伏指数较高，这可能是成熟期干物质积累最高，导致弯曲力矩也较高。

表 5-11　生育后期不同组合的茎秆倒伏指数的动态变化

品种	N2				N3			
	HS	MS	WS	RS	HS	MS	WS	RS
B1	133.29a	130.10a	220.66a	—	124.94a	168.93a	189.47a	—
B2	95.73c	82.24c	132.53b	164.41c	98.70c	111.90d	117.61b	166.40c
B3	112.67b	84.86c	134.87b	187.06a	113.49b	129.74c	116.98b	208.41a
B4	110.89b	109.87b	145.21b	172.73bc	114.20b	141.77b	134.33b	196.37a
B5	88.81d	85.31c	131.99b	181.38ab	82.40d	104.57d	118.72b	180.66b

注：B1、B2、B3、B4、B5 分别代表准两优 527、两优 1128、Y 两优 1 号、6303S/R292 和广占 63S//R527/0293；N2、N3 分别代表基部第 2 节间和第 3 节间；HS、MS、WS、RS 分别代表齐穗期、乳熟期、蜡熟期和成熟期。

四、氮素水平及氮钾硅肥对超级杂交稻茎秆抗倒伏特性的影响

1. 不同氮素水平对植株茎秆节间长度和株高的影响

水稻超高产栽培实践表明，当施肥量较大、水分较多时，一般会促进节间伸长

而存在倒伏风险。因此，应通过栽培措施加以调控，适度降低水稻茎秆基部第一、第二伸长节间长度，有利于实现抗倒高产的目标。

为此，我们采用 3 品种 ×3 氮素水平试验，即每公顷施用纯氮 180 kg（S1）、90 kg（S2）和 0 kg（S3），同时配施 P_2O_5 90 kg/hm^2、K_2O 150 kg/hm^2。采用裂区设计，主区为施肥水平，副区为品种（组合），供试组合为准两优 527（B1）、两优 1128（B2）、Y 两优 1 号（B3）、6303S/R292（B4）、广占 63S//R527/0293（B5）。

施氮水平对水稻的株高、节间长度、穗长具有很大的影响，增施氮肥可以增加株高、穗长和节间长度。本试验结果表明（表 5-12）：

① 5 个杂交水稻品种/组合随施氮水平的增加，其株高、穗长和 6 个伸长节间的长度都呈增加趋势。

表 5-12 施氮水平对株高、穗长及节间长度的影响

品种	处理	穗长 /cm	节间长度 /cm						株高 /cm
			N1	N2	N3	N4	N5	N6	
B1	S1	28.73a	2.64a	4.69a	10.65a	18.46a	23.70a	38.58a	127.45a
	S2	25.78b	2.26a	4.39a	10.32b	18.16b	22.15b	37.27b	120.33b
	S3	25.37c	2.16b	3.91b	9.62c	17.47c	21.08b	35.42c	115.02c
B2	S1	24.62a	1.55a	4.65a	9.53a	17.80a	24.60a	38.73a	121.48a
	S2	22.69b	1.32a	3.42b	7.32b	15.77b	23.74b	36.98b	111.24b
	S3	22.35c	1.16b	2.33b	6.52c	14.66c	23.50b	35.71c	106.23c
B3	S1	25.93a	1.80a	4.32a	11.04a	19.61a	23.29a	37.03a	123.02a
	S2	25.50b	1.78a	4.24a	9.81b	18.55b	22.74b	35.65b	118.27b
	S3	24.95c	1.37b	3.40b	8.71c	18.94c	21.99c	35.19c	114.55c
B4	S1	26.58a	2.25a	5.28a	11.46a	17.64a	23.75a	45.29a	132.24a
	S2	24.13b	2.14a	4.90a	11.35a	15.35b	22.80b	43.85b	124.51b
	S3	23.20c	1.90b	4.51b	10.15b	14.13c	21.52c	42.72b	118.13c
B5	S1	27.40a	2.12a	5.22a	11.60a	17.54a	22.52a	40.72a	127.11a
	S2	26.33b	2.05a	4.74a	10.50a	15.81a	21.41b	39.53b	120.38b
	S3	25.67c	1.87b	4.31b	9.93c	13.39c	20.31c	38.52c	114.00c

① B1、B2、B3、B4、B5 分别代表准两优 527、两优 1128、Y 两优 1 号、6303S/R292 和广占 63S//R527/0293；② S1、S2、S3 分别代表每公顷施用纯氮 180 kg、90 kg 和 0 kg；③ N1~N6 代表从基部向上各节间（后同）。

②施氮水平对穗长和株高的影响最大,5个杂交水稻品种/组合的穗长和株高均表现出施用纯氮 180 kg/hm^2(S1)显著高于 90 kg/hm^2(S2),且施用纯氮 90 kg/hm^2(S2)又显著高于 0 kg/hm^2(S3)。

③施氮水平对5个杂交水稻品种/组合不同节间长度的影响趋势不尽相同,N1、N2节间长度在 180 kg/hm^2(S1)的高氮水平和 90 kg/hm^2(S2)的中氮水平下没有达到显著性差异,但都显著高于 0 kg/hm^2(S3)的低氮水平。N3、N4、N5、N6节间对施氮水平的响应较敏感,3个施氮水平之间达到了显著性差异。说明在一定施氮水平范围内不但有利于增加株高,获得高生物产量,而且可以较好地保持基部节间形态,有利于保持基部节间的抗倒性,但施氮水平不是越高越好。

2. 不同氮素水平对植株茎节粗度及秆型指数的影响

进一步分析前述5个高生物产量的杂交水稻品种(组合),在3个不同施氮水平条件下,对水稻茎秆基部N2伸长节间的茎粗、茎秆厚度及秆型指数有不同程度影响,茎秆测量结果表明(表5-13):

①随着施氮水平的增加,茎粗和茎秆厚度都有不同程度增加,而秆型指数差异性不尽相同。

②基部茎秆截面长轴、短轴和椭圆截面积准两优527(B1)在 180 kg/hm^2(S1)的高氮水平和 90 kg/hm^2(S2)的中氮水平下没有达到显著性差异,但都显著高于 0 kg/hm^2(S3)的低氮水平。其余4个组合3个施氮水平之间达到了显著性差异。

表5-13 施氮水平对茎粗、茎秆厚度及秆型指数的影响

品种	处理	截面长轴/mm	截面短轴/mm	截面壁厚/mm	椭圆截面积/mm^2	茎壁截面积/mm^2	秆型指数
B1	S1	8.41a	7.22a	1.43a	47.70a	28.73a	7.92a
	S2	8.22a	7.02a	1.23b	45.36a	24.70b	8.06a
	S3	7.80b	6.75b	1.10c	41.30b	21.24c	8.11a
B2	S1	10.68a	9.47a	2.17a	79.43a	53.93a	10.40b
	S2	10.37b	9.04b	1.87b	73.61b	46.04b	10.96a
	S3	9.25c	8.43c	1.75c	61.25c	38.93c	10.54b

续表

品种	处理	截面长轴/mm	截面短轴/mm	截面壁厚/mm	椭圆截面积/mm^2	茎壁截面积/mm^2	秆型指数
B3	S1	8.57a	7.34a	1.61a	49.41a	32.12a	8.19a
	S2	8.02b	7.07b	1.56ab	44.51b	29.24ab	8.13a
	S3	7.76c	6.72c	1.45b	41.00c	26.36b	8.08a
B4	S1	12.65a	10.75a	2.66a	106.78a	75.49a	11.07a
	S2	11.69b	9.81b	2.31b	90.08b	61.16b	10.77b
	S3	10.93c	9.44c	1.92c	81.05c	49.82c	10.73b
B5	S1	11.16a	9.85a	2.23a	86.34a	57.94a	10.54c
	S2	10.84b	9.55b	1.84b	81.28b	48.27b	10.84b
	S3	10.49c	9.17c	1.61c	75.57c	41.61c	11.13a

③基部茎秆壁厚和茎壁的截面积 Y 两优 1 号（B3）只在 180 kg/hm^2（S1）的高氮水平和 0 kg/hm^2（S2）的低氮水平下达到显著性差异，而其余 4 个组合 3 个施氮水平之间均达到了显著性差异。

④施氮水平对秆型指数影响规律不尽相同，广占 63S//R527/0293（B5）和准两优 527（B1）随施氮水平的增加呈现递减趋势，6303S/R292（B4）和 Y 两优 1 号（B3）呈递增趋势，两优 1128（B2）随施氮水平的增加呈现先递增再递减的趋势。这可能是因为秆型指数是将茎粗与秆长联系起来的指标，株高受施氮水平影响很大，所以不同施氮水平下秆型指数表现较不规律。

3. 不同氮素水平对植株茎秆倒伏指数的影响

施氮水平对水稻基部节间的抗折力、弯曲力矩和倒伏指数影响较大。在 3 个不同施氮水平条件下，5 个高生物产量的杂交水稻品种（组合）倒伏指数研究结果表明（表 5-14）：

①随施氮水平的递增，不同组合基部 N2、N3 节间的抗折力呈递减趋势，而弯曲力矩和倒伏指数呈递增趋势。

②基部节间的抗折力准两优 527（B1）、6303S/R292（B4）和广占 63S//R527/0293（B5）受施氮水平的影响较大，3 种施氮水平之间均达到了显著性差异，两优 1128（B2）高氮和中氮处理水平之间没有达到显著性差异，都显著小于低氮处

理水平，Y两优1号（B3）高氮处理水平显著小于低氮处理水平。

③施氮水平对茎秆弯曲力矩影响效果明显，3种施氮水平之间达到了显著性差异，由于株高和生物产量随施氮水平的增加而增加，因而显著提高了茎秆的弯曲力矩。

④倒伏指数5个组合3种施氮水平之间差异达到了显著性水平，其中准两优527（B1）和Y两优1号（B3）在高氮处理水平下超过了抗倒伏的临界值。

⑤准两优527（B1）在高氮处理水平、中氮处理水平下表观倒伏率分别为100%和30%，Y两优1号（B3）在高氮处理水平下表观倒伏率为35%，而其他组合没有出现倒伏现象，说明该品种对氮肥的反应较敏感。

表 5-14 施氮水平对基部节间材料学及表观倒伏率的影响

品种	处理	N2 抗折力/g	N2 弯曲力矩/(cm/g)	N2 倒伏指数	N3 抗折力/g	N3 弯曲力矩/(cm/g)	N3 倒伏指数	表观倒伏率/%
B1	S1	—	—	—	—	—	—	100
	S2	1 118.28b	1 998.71a	143.16a	890.04b	1 623.66a	145.94a	30
	S3	1 312.98a	1 810.07b	110.37b	1 027.94a	1 488.73b	115.86b	0
B2	S1	1 496.15b	3 070.69a	164.41a	1 308.65b	2 719.79a	166.40a	0
	S2	1 553.28b	2 320.39b	119.70b	1 380.18b	1 945.34b	112.76b	0
	S3	1 731.09a	1 825.69c	84.47c	1 463.12a	1 577.45c	86.25c	0
B3	S1	1 100.58b	2 571.52a	187.06a	915.95b	2 381.21a	208.41a	35
	S2	1 150.61ab	2 218.46b	154.38b	1 036.80a	1 938.51b	149.58b	0
	S3	1 257.23a	1 854.55c	118.09c	1 124.83a	1 535.64c	109.22c	0
B4	S1	1 831.17c	3 952.53a	172.73a	1 521.25c	3 731.85a	196.37a	0
	S2	1 948.25b	3 502.37b	144.01b	1 717.06b	3 174.99b	147.93b	0
	S3	2 289.84a	3 064.57c	107.15c	1 885.07a	2 723.97c	115.60c	0
B5	S1	1 360.18c	3 081.73a	181.38a	1 278.88c	2 887.65a	180.66a	0
	S2	1 492.53b	2 644.52b	141.80b	1 412.76b	2 287.33b	129.52b	0
	S3	1 706.42a	2 345.01c	110.51c	1 569.54a	2 061.64c	105.08c	0

4. 氮、钾、硅养分大田运筹对植株倒伏指数的影响

在栽培调控技术上采用适当的水肥管理措施，特别是增施硅、钾肥有利于水稻高产并提高其抗倒伏能力。

为此，我们选择 4 个具高产潜力的杂交稻品种/组合作为供试水稻品种（准两优 527、两优 293、培两优 E32、GD-1S/RB207，其中，准两优 527 为农业农村部认定的超级稻品种，两优 293 为湖南省认定的地方超级稻品种），采用三元二次正交旋转组合试验设计，研究了 N（x_1）、K_2O（x_2）、SiO_2（x_3）三个肥料因子对超级杂交稻抗倒性的交互影响。

三元二次回归正交旋转组合设计方法的数学模型为 $y = b_0 + \sum b_i x_i + \sum b_{ij} x_i x_j + \sum b_i x_i^2$，$i, j = 1, 2, 3$；$i \neq j$，$P$ 为试验因子数。

本试验倒伏指数的数学模型为：

$$y = 172.5431 + 23.5765x_1 - 6.3887x_2 - 32.6104x_3 + 2.5908x_1^2 + 0.0452x_2^2 + 13.8691x_3^2 - 19.8750x_1x_2 - 16.4500x_1x_3 + 18.500x_2x_3$$

对该模型方差分析，得出失拟项的 $F_1 = 6.332$，小于 $F_{0.01}(5, 8) = 6.63$，回归方程的 $F_2 = 3.013$，而 $F_{0.01}(9, 13) = 4.19$，$F_{0.05}(9, 13) = 2.72$，即 $F_{0.05}(9, 13) = 2.72 < F_2 < F_{0.01}(9, 13)$。

方差分析结果表明试验资料与采用的模型吻合度好，非试验因素引起的误差对实验结果无显著影响，回归模型有效，可达到较好的预测效果。

5. 氮硅钾肥料因子对倒伏指数的主效应

模型中各回归系数经过无量纲线性编码代换后已经标准化，回归系数间彼此独立，故可直接用回归系数的绝对值大小比较各因素对目标变量的影响程度，各因素对倒伏指数的影响程度大小为施硅量＞施氮量＞施钾量（图 5-5）。施硅量、施氮量经 F 值检验分别达到极显著和显著水平，而施钾量没有达到显著水平，对倒伏指数的主效应相对较小。

采用降维法固定其他因素的取值水平为 0，可以导出偏回归解析子模式分别为：

施氮量：$y_1 = 172.54312 + 23.57654x_1 + 2.5908x_1^2$；

施钾量：$y_2 = 172.54312 - 6.38866x_2 + 0.04522x_2^2$；

施硅量：$y_3 = 172.54312 - 32.61044x_3 + 13.86911x_3^2$。

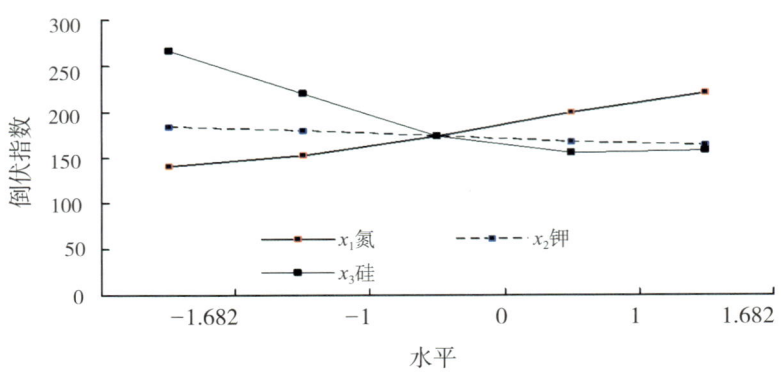

图 5-5　不同因子及水平的倒伏指数曲线图

将各因素不同水平值代入相应子模型求出倒伏指数值。施氮量以 -1.682 水平即纯 N0 kg/亩、施钾量以 +1.682 水平即 K$_2$O 20 kg/亩、施硅量以 +1 水平即 SiO$_2$ 15.945 kg/亩较好。

从图 5-5 曲线还可以看出，单因子效应以施硅量、施氮量在 -1.682～+1.682 水平内对倒伏指数影响最大，施钾量次之，且只有施硅量在本次试验中出现最小峰值。施氮量在 -1.682～+1.682 水平内主效应呈递增趋势，说明施氮增加倒伏指数，其抗倒性变弱；施钾量在 -1.682～+1.682 水平内主效应呈递减趋势，说明施钾降低倒伏指数，增强抗倒性；施硅量在从 -1.682 至 +1.176 内主效应呈递减趋势，说明施硅有利于增强抗倒性，且土壤硅含量越低施硅效果越好。

6. 氮硅钾肥料因素对倒伏指数的互作效应

倒伏指数的最终表现是各因素共同作用的结果，只有进行因素间交互作用的分析，才能客观地揭示其内在联系。对影响倒伏指数较大的互作效应采用降维法导出其回归子模型，其相当于在特定条件下做的一组双因子试验。回归子模型分别为：

$y_{1,2} = 172.543\ 12 + 23.576\ 54x_1 - 6.388\ 66x_2 + 2.590\ 8x_1^2 + 0.045\ 22x_2^2 - 19.875x_1x_2$；

$y_{1,3} = 172.543\ 12 + 23.576\ 54x_1 - 32.610\ 44x_3 + 2.590\ 8x_1^2 + 13.869\ 11x_3^2 - 16.45x_1x_3$；

$y_{2,3} = 172.543\ 12 - 6.388\ 66x_2 - 32.610\ 44x_3 + 0.045\ 22x_2^2 + 13.869\ 11x_3^2 + 18.5x_2x_3$；

结果表明，施氮量与施钾量互作时倒伏指数最低为 94.9，且在高氮水平下

（$0 < x_1 < 1.682$）增施钾肥倒伏指数明显降低，而在低氮水平下（$-1.682 < x_1 < 0$）增施钾肥倒伏指数降低不明显；施氮量与施硅量的互作以施氮量处在负星号臂（−1.682）而施硅量处在 0 水平时倒伏指数最低为 140.2，且随施氮量的增加施硅量也必须增加才能使倒伏指数在互作中处于最低水平；施钾量与施硅量的互作以施钾量处在负星号臂（−1.682）而施硅量处在正星号臂（＋1.682）时倒伏指数最低为 125.5。

第三节　超级杂交稻生理弹性抗倒伏研究

水稻抗倒伏要有较好的茎秆性状，如适宜的株高、较矮的茎秆、较短的基部节间长度、较厚的基节间壁、直立的上三叶株和较紧凑的株型等。然而，所有的这些结构性抗倒伏都必须有其生理基础，特别是纤维素、木质素、硅、钾、钙等在植株体内的含量，以及植株茎、鞘可溶性糖的积累与转运速率等决定了其生理抗倒伏弹性。

纤维素是植物细胞壁的重要组成部分，木质素是木质化细胞壁中沉积的物质。纤维素和木质素含量与植物机械强度关系紧密。相关研究发现，水稻茎秆强度与单位体积的纤维素、木质素含量呈显著正相关。其中，木质素含量对茎秆抗倒贡献大于纤维素。较高的氮素用量，会导致植株纤维素、木质素含量下降，导致茎秆抗倒伏能力降低。而施用多效唑，能显著提高茎秆木质素含量，增强茎秆抗倒伏能力。有研究认为增施硅肥能促使植物厚壁细胞木质化和硅质化，厚角组织细胞加厚，角质发育以及纤维含量增加。

硅、钾和可溶性糖含量与茎秆机械强度有着密切关系。研究发现，施钾可以提高水稻基部节间的可溶性糖、淀粉、纤维素、木质素含量及植株 C/N，缩短基部节间长度，增加茎秆的机械强度，降低倒伏指数。硅对水稻茎秆厚壁组织细胞壁和表皮硅质层厚度具有促进增加的作用，有利于茎秆机械强度的增强，提高水稻抗倒伏能力。马国辉的研究还认为，从抽穗至成熟期植株体内硅、钾含量节间呈沉淀现象，叶鞘钾呈输出现象，表明钾和硅有利于细胞的木质化和硅质化，从而增强茎秆强度和弹性，在生育后期呈现弹性抗倒伏能力，如图 5-6 超级

图 5-6 Y 两优 2 号成熟期田间表相（隆回，2013 年）

杂交稻 Y 两优 2 号在成熟期仍表现出茎秆稍斜而不倒，这种现象在育种家的育种实践中屡见不鲜。从抗倒生理研究这种现象发现：除了株高、茎节间的长短外，茎秆和叶鞘对钾、硅的沉积作用使茎秆自身具有弹性而提高其抗倒伏能力。

一、植株茎鞘全钾、全硅含量的品种间差异及生育后期的动态变化

生育后期茎鞘中所含的钾、硅、纤维素含量对维持茎秆强度有重要的作用。提高水稻植株体内的全钾、全硅的含量有利于防止倒伏，且单位体积纤维素含量越多，机械组织则越发达，抗倒性越好。对准两优 527、两优 1128、Y 两优 1 号、6303S/R292 和广占 63S//R527/0293 等 5 个具高产潜力的超级杂交稻和杂交稻组合植株体内钾、硅和纤维素测定的结果表明（表 5-15）：

①各供试品种植株全钾含量多少依次为：6303S/R292（B4）＞两优 1128（B2）＞广占 63S//R527/0293（B5）＞Y 两优 1 号（B3）＞准两优 527（B1），这与品种的抗倒伏能力一致，表明钾含量越高抗倒伏能力也越强。6303S/R292（B4）从抽穗至成熟一直保持较高的钾含量，而准两优 527（B1）则一直较低，显著低于其余 4 个组合。但 Y 两优 1 号（B3）在齐穗期和乳熟期全钾含量相对较低，显著低于高钾组合，而在蜡熟期和成熟期含量则较高，与高钾组合差异不显著，在生育后期呈现先低后高的钾淀积现象，这有利于保持茎秆的弹性，提高其抗倒伏能力。

②植株全硅含量 Y 两优 1 号（B3）从齐穗期到蜡熟期高于两优 1128（B2），而在成熟期则相反。广占 63S//R527/0293（B5）全硅含量在整个生育后期都是最高的，

具有很强的吸硅特性，准两优 527（B1）在整个生育后期都是最低的，显著低于其他组合。蜡熟期和成熟期的方差分析表明，广占 63S//R527/0293（B5）显著高于 6303S/R292（B4）、两优 1128（B2）和 Y 两优 1 号（B3），而准两优 527（B1）则显著低于其余 4 个组合，呈现出准两优 527 抗倒性差的生理特性。

表 5-15　生育后期不同组合的茎鞘全钾、全硅、纤维素含量的动态变化

品种	全钾含量 /%				全硅含量 /%			
	HS	MS	WS	RS	HS	MS	WS	RS
B1	2.14b	2.32b	2.49b	2.62b	1.66c	2.05b	2.27c	2.48c
B2	2.34a	2.61a	2.76a	2.99a	1.98b	2.12b	2.45b	2.80b
B3	1.99b	2.37b	2.73a	2.88b	2.13b	2.42ab	2.68b	2.75b
B4	2.33a	2.63a	2.87a	3.04a	2.33ab	2.55a	2.67b	2.82b
B5	2.22ab	2.52a	2.77a	2.93a	2.53a	2.72a	3.29a	3.47a

B1、B2、B3、B4、B5 分别代表准两优 527、两优 1128、Y 两优 1 号、6303S/R292 和广占 63S//R527/0293。HS、MS、WS、RS 分别代表齐穗期、乳熟期、蜡熟期和成熟期。

二、植株茎秆和叶鞘中纤维素、木质素的品种间差异及生育后期的动态变化

1. 植株茎秆和叶鞘中的纤维素品种间差异及生育后期的动态变化

以 3 个超级杂交稻、3 个高产杂交稻品种为研究材料，比较研究了 6 个杂交水稻品种从齐穗期到成熟期茎秆、叶鞘中纤维素含量变化，结果表明（图 5-7、图 5-8，表 5-16）：

①随着生育进程推进，6 个杂交稻品种茎秆中纤维素含量呈现逐渐增加的趋势，同一品种各时期间差异显著。

②齐穗期茎秆纤维素含量，各品种间存在显著差异，其中准两优 527 含量最低，其他 5 个品种均高于准两优 527，且差异达到显著水平。超级杂交稻 Y 两优 2 号含量最高，其次是湘两优 2 号和深两优 1813，但这 3 个品种间差异不显著，且这 3 个品种的纤维素含量又高于 Y 两优 900，且差异达显著水平。

③齐穗 15d 后茎秆纤维素含量，以深两优 1813 最高，显著高于其他品种。湘两优 2 号、Y 两优 2 号品种间差异不显著，纤维素含量显著低于深两优 1813，但显

著高于剩余 3 个品种。准两优 527、广两优 1128 和 Y 两优 900 纤维素含量相对较低，三者间差异不显著。

④成熟期茎秆纤维素含量，各品种差异不大，深两优 1813 含量最低，显著低于湘两优 2 号和 Y 两优 900，其他品种间差异不显著。

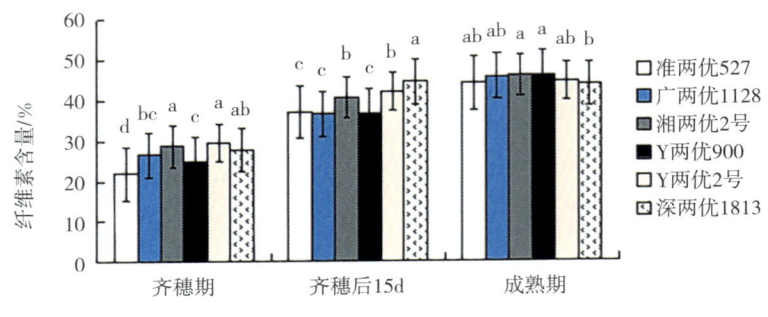

图 5-7　生育后期茎秆纤维素含量变化

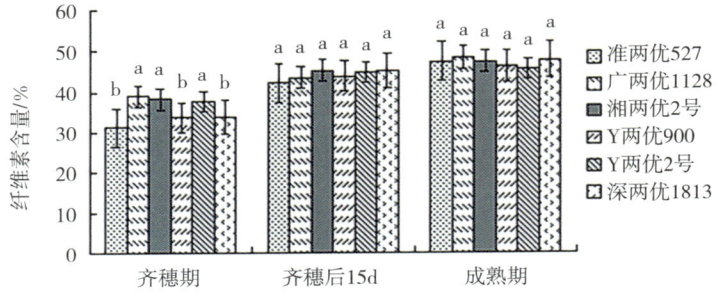

图 5-8　生育后期鞘中纤维素含量变化

茎、鞘纤维素总量 = 茎、鞘纤维素含量 × 茎秆或鞘干物质重；茎、鞘木质素总量 = 茎、鞘木质素含量 × 茎秆或鞘干物质重，茎、鞘可溶性糖总量 = 茎、鞘可溶性糖含量 × 茎秆或鞘干物质重

⑤茎秆纤维素总量表现趋势与含量不同，随生育期进程推进，广两优 1128 呈降低趋势，其他品种呈先降低后升高趋势，但是齐穗期纤维素总量最高。组合中广两优 1128 各时期纤维素总量最高，准两优 527 最低，表明茎秆纤维素总量越高，茎秆抗倒伏能力也越高。

⑥叶鞘与茎秆的纤维素含量均随着生育进程呈上升趋势，但在各生育时期，品种间差异没有茎秆差异大。齐穗期，广两优 1128 叶鞘纤维素含量最高，且与湘两优 2 号、Y 两优 2 号差异不显著，但显著高于其他供试品种。准两优 527 含量最低，

且与 Y 两优 900、深两优 1813 差异不显著。齐穗后 15d 和成熟期，各品种间差异都不显著。鞘中纤维素总量随生育进程变化趋势与茎秆纤维素总量变化趋势一致，其中准两优 527 鞘中纤维素总量各时期均最低，显著低于其他品种。

表 5-16　半高秆杂交稻生育后期茎、鞘部分生理指标总量变化

生育时期	品种	茎秆 /g			叶鞘 /g		
		可溶性糖	纤维素	木质素	可溶性糖	纤维素	木质素
齐穗期	准两优 527	4.671 2b	3.232 2d	0.597 6d	3.584 4a	6.469 3c	1.020 0b
	广两优 1128	6.346 8a	6.419 3b	1.217 8a	1.895 3c	9.585 8b	2.025 4a
	湘两优 2 号	3.249 9c	5.701 8b	0.903 5bc	2.486 4b	8.884 8b	1.236 3b
	Y 两优 900	3.115 7c	4.592 8c	0.774 7c	2.215 8bc	8.798 0b	1.064 6b
	Y 两优 2 号	3.141 2c	6.191 1b	0.898 9bc	2.217 1bc	9.316 0b	1.084 5b
	深两优 1813	3.827 7c	7.460 3a	1.035 0b	3.235 6a	11.664 7a	1.354 3b
齐穗后 15d	准两优 527	1.247 8b	2.020 9d	0.328 4c	0.485 1a	3.238 8d	0.334 9c
	广两优 1128	3.826 4a	6.329 3a	1.183 5a	0.736 0a	7.839 7a	1.457 2a
	湘两优 2 号	0.887 0bc	3.169 6c	0.557 2b	0.400 2a	4.212 8cd	0.549 4bc
	Y 两优 900	1.167 7b	3.892 9bc	0.585 9b	0.622 1a	5.031 6bc	0.756 8bc
	Y 两优 2 号	0.513 3bc	4.248 0b	0.624 1b	0.263 7a	5.464 7b	0.594 4bc
	深两优 1813	0.295 4c	4.225 6b	0.599 8b	0.290 3a	5.857 1b	0.791 0b
成熟期	准两优 527	0.235 1a	2.533 3b	0.392 8c	0.081 3a	3.658 8b	0.517 0a
	广两优 1128	0.430 7a	4.749 5a	0.995 5a	0.251 5a	5.483 2a	0.859 2a
	湘两优 2 号	0.399 2a	4.747 9a	0.738 8b	0.151 8a	4.851 9a	0.651 4a
	Y 两优 900	0.150 7a	4.195a	0.571 0b	0.258 2a	5.182 5a	0.776 0a
	Y 两优 2 号	0.157 1a	4.875 1a	0.728 2b	0.122 7a	5.496 5a	0.608 5a
	深两优 1813	0.155 4a	4.347 7a	0.662 4b	0.320 9a	5.588 3a	0.639 2a

2. 植株茎秆和叶鞘中木质素品种间差异及生育后期的动态变化

在对 3 个超级杂交稻、3 个高产杂交稻品种茎秆、叶鞘中纤维素含量变化趋势研究的基础上，我们又对这 6 个杂交水稻齐穗期到成熟期的茎秆、叶鞘中木质素总量与木质素含量变化及其差异进行研究，其结果表明（图 5-9、图 5-10，表 5-16）：

①茎秆木质素总量总体随生育进程而降低，以齐穗期最高，齐穗后 15d、成熟期总量相差较小。齐穗期、齐穗后 15d、成熟期 3 个时期均以准两优 527 最低，以广两优 1128 最高，这种差距一直保持到成熟期。成熟期各品种茎秆木质素总量差异大小依次为：广两优 1128 ＞ 湘两优 2 号 ＞Y 两优 2 号 ＞ 深两优 1813 ＞Y 两优

900＞准两优527。准两优527在各时期茎秆木质素总量与其他5个供试品种差异均达显著水平。成熟期其他4个品种间差异不显著。

②在生育后期茎秆木质素含量呈递增趋势，齐穗期木质素含量明显低于后两个时期。齐穗期，不抗倒伏的超级杂交稻品种准两优527茎秆木质素含量最低，且与超级杂交稻Y两优2号和半高秆高产品种深两优1813差异达显著水平。而各供试品种齐穗后15d与成熟期两个时期的茎秆木质素含量差异不显著，表明齐穗后15d左右茎秆的木质化程度已定型。

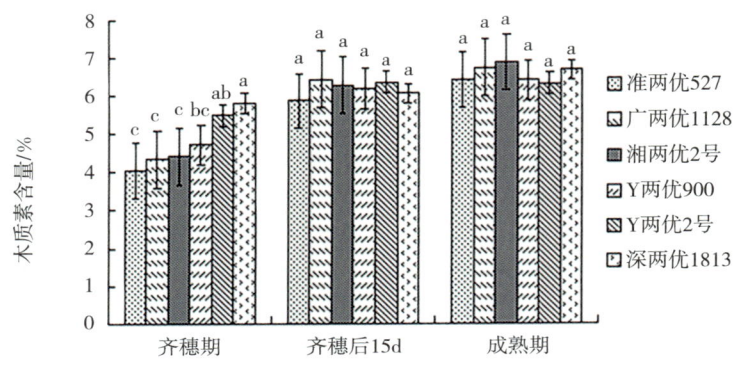

图5-9 生育后期茎秆木质素含量变化

③叶鞘中木质素总量随生育期变化动态与茎秆一致，仍以齐穗期最高，齐穗后至成熟期相差不大。与茎秆木质素总量不同的是，齐穗期叶鞘中的木质素总量品种间差异不明显，广两优1128鞘中木质素总量最高，较其他5个品种差异达显著水平。而成熟期各品种鞘中木质素总量差异最少，品种间差异不显著。虽然成熟期准两优527鞘中的木质素总量仍然最低，但其他品种相差较小。从抗倒伏材料学角度来看，叶鞘明显具有机械支撑作用，这从另一个侧面可以解释准两优527为何基部节间长，通过叶鞘的支撑作用缓解倒伏的矛盾，而获得高产。

④叶鞘中木质素含量在生育后期保持相对稳定，相同品种在不同时期差异不显著。相同时期不同品种，仅在齐穗期差异显著。齐穗期，Y两优900木质素含量最高，Y两优2号次之，这两个品种显著高于准两优527和广两优1128。广两优1128含量最低，与准两优527、湘两优2号、深两优1813差异不显著。

综合分析茎秆木质素的总量与含量，抗倒性弱的品种无论是总量还是含量均明显低于抗倒性强的品种，尤其以木质素的总量差异最为明显。因此，适当培育木质素的总量相对较高的品种有利于高产抗倒伏。然而，事物总有它的两面性，茎秆木质素的多少与植株分蘖的多少关系密切，我们的研究还表明，木质素总量高的广两优1128有效穗数最少，显著低于其他品种，而木质素总量最低的准两优527有效穗最多，且显著高于其他品种，这也是第一期超级杂交稻准两优527能获得较高产量的重要因素之一。

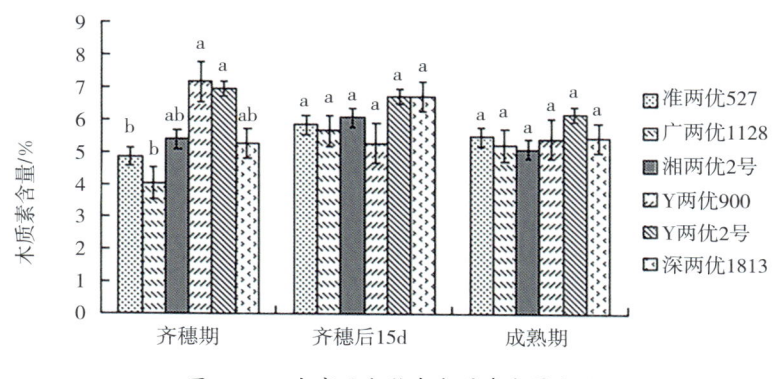

图5-10 生育后期鞘中木质素含量变化

3. 植株茎秆可溶性糖品种间差异及生育后期的动态变化

在对3个超级杂交稻、3个高产杂交稻品种茎秆、叶鞘中纤维素、木质素含量变化及其差异研究的基础上，我们进一步对6个杂交水稻品种茎秆、叶鞘中可溶性糖的变化趋势进行测定，结果表明（图5-11，图5-12，表5-16）：

①茎秆、叶鞘的可溶性糖总量各品种均随生育进程推进呈现减少趋势。抗倒性强的品种广两优1128，在各时期其茎秆可溶性糖总量均为最高，在齐穗期和齐穗15d显著高于其他品种；抗倒性较差的品种准两优527，茎秆可溶性糖总量在齐穗期和齐穗后15d均较高。成熟期各品种茎秆、叶鞘可溶性糖总量差异不明显。成熟期所有的品种茎秆可溶性糖总量较齐穗期均减少了95%左右，而叶鞘品种间存在差异，以抗倒性弱的品种准两优527减少最多，达97.7%，而抗倒性强的品种广两优1128减得最少，减少了86.8%。

②茎秆可溶性糖含量随着生育进程推进逐渐降低，由齐穗期25%左右降至成熟期5%左右。表明可溶性糖作为灌浆期物质快速转运至籽粒。在齐穗期，准两优527可溶性糖含量最高，达到31.7%，显著高于其他品种，其他品种间差异不显著；齐穗后15d，品种间茎秆可溶性糖含量差异显著，表明在灌浆期物质转运至籽粒的速度品种间存在明显差异。广两优1128含量最高，其次是准两优527次之，但两者差异不显著。而Y两优2号和深两优1813含量下降速度最快，其含量最低，且显著低于其他4个品种。成熟期，各品种可溶性糖含量降至最低，且品种间差异不显著。易倒伏品种准两优527降幅最大，降幅率高于其他抗倒性较好的品种。显然，灌浆中、后期物质撇通转运至籽粒中的速度过快不利于提高茎秆的抗倒伏能力。

研究表明保持茎秆较高的可溶性糖有利于实现高产，而可溶性糖与茎秆，特别是叶鞘的充实，对植株的抗倒伏能力密切相关，茎、鞘充实越好，抗倒伏能力越强。我们的研究发现抗倒性较差的品种，成熟期叶鞘可溶性糖转运相对较多，可能不利于发挥成熟期叶鞘对茎秆的机械支撑作用。因此，鞘中维持较高的可溶性糖含量可以提高茎秆的抗倒伏能力。

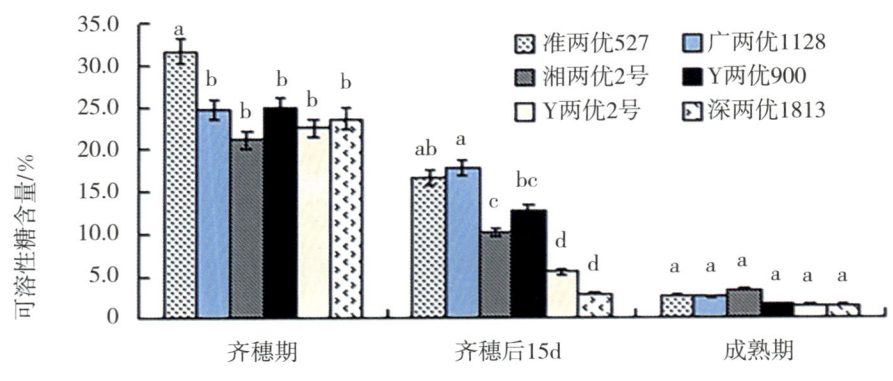

图 5-11 生育后期茎秆可溶性糖含量变化

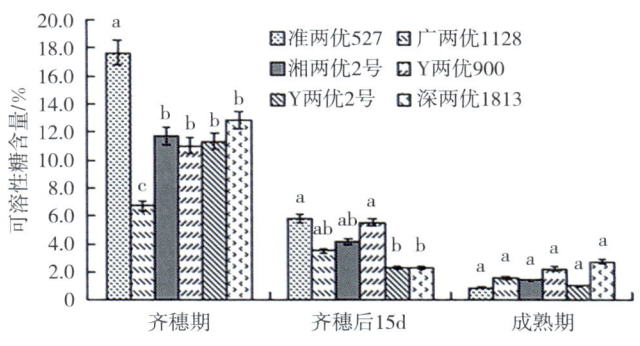

图 5-12 生育后期鞘中可溶性糖含量变化

三、不同氮素水平对半高秆杂交稻抗倒伏生理特性的影响

大田氮素营养管理水平对超级杂交稻抗倒伏能力的影响至关重要。施氮量的增加会引起基部茎秆节间变细长，上部节间伸长且茎壁变薄，碳氮代谢失衡，物质积累少，抗倒伏能力变弱。

为此，我们以准两优 527、广两优 1128、Y 两优 1 号、6303S/R292 和广占 63S//R527/0293 等 5 个具超高产潜力的杂交水稻为研究材料（其中，准两优 527、Y 两优 1 号为超级稻品种），以大面积推荐应用的适宜施氮量（纯氮 180 kg/hm²）为基础，同时设置低氮（90 kg/hm²）和无氮处理（0 kg/hm²，磷钾等量施），研究超级杂交稻和半高秆杂交水稻干物质积累及茎鞘钾、硅和纤维素含量的差异，以此评价其与抗倒伏能力的关系。结果表明：

①推荐的适氮施肥量（180 kg/hm²，S1），其茎干重、叶鞘干重、穗干重、单株生物量和单位茎秆干重显著高于低氮处理和无氮处理，且呈递减趋势（表 5-17）。方差分析结果表明施用纯氮 180 kg/hm²（S1）处理显著高于 90 kg/hm²（S2）处理，且施用纯氮 90 kg/hm²（S2）处理又显著高于 0 kg/hm²（S3）处理，显然，在推荐施氮水平下，水稻各器官物质积累多，单位茎秆干重也重，既有利于穗部获得更多物质来源，又有利于增强茎秆充实度，提高茎秆的抗倒性。

②茎鞘中所含的全钾、全硅、纤维素在 5 个杂交水稻品种、3 种施氮水平条件

下，均以抗倒能力弱的品种准两优 527 含量最低（表 5-18），其他 4 个抗倒性较强的品种相对较高。茎鞘中全钾含量适氮和低氮处理间，各品种差异不显著，说明在一定的施氮水平下，茎鞘全钾含量受施氮水平影响较小。与之相反的是，无氮处理条件下，茎鞘中全钾含量反而显著高于施氮处理，这种现象可能是由于无氮条件下生物产量低所致。茎鞘中全硅和纤维素含量受施氮水平影响较大，施氮水平越高，全硅与纤维素的含量越低，表明施氮量的提高可能影响植株对硅和纤维素的积累。硅和纤维素含量的降低不利于茎秆的抗折强度。

表 5-17 施氮水平对单株生物量、各器官干重及单位茎秆干重的影响

品种	处理	叶鞘干重 /g	茎干重 /g	穗干重 /g	单株生物量 /g	单位茎秆干重 /（mg/cm）
B1	S1	2.21a	1.14a	5.32a	8.67a	11.56a
	S2	1.82b	0.91b	4.36b	7.09b	9.60b
	S3	1.44c	0.73c	3.93c	6.10c	8.15c
B2	S1	3.46a	1.75a	5.67a	10.89a	18.11a
	S2	2.79b	1.34b	5.17b	9.31b	15.18b
	S3	2.31c	1.16c	4.81c	8.28c	13.80c
B3	S1	2.32a	1.15a	5.09a	8.57a	11.89a
	S2	1.97b	0.93b	4.33b	7.23b	10.03b
	S3	1.42c	0.73c	3.80c	5.95c	8.12c
B4	S1	3.69a	1.85a	7.06a	12.60a	17.46a
	S2	3.18b	1.59b	6.50b	11.28b	15.84b
	S3	2.70c	1.37c	5.02c	9.08c	14.41c
B5	S1	3.67a	1.82a	5.75a	11.24a	18.18a
	S2	3.24b	1.60b	5.35b	10.19b	17.03b
	S3	2.60c	1.31c	5.21c	9.12c	14.83c

注：① B1、B2、B3、B4、B5 分别代表准两优 527、广两优 1128、Y 两优 1 号、6303S/R292 和广占 63S//R527/0293；② S1、S2、S3 分别代表每公顷施用纯氮 180 kg、90 kg 和 0 kg（后同）。

表 5-18 施氮水平对茎鞘全钾、全硅、纤维素含量的影响

品种	处理	全钾含量 /%	全硅含量 /%	纤维素含量 /%
B1	S1	2.62a	2.48c	45.14c
	S2	2.74a	3.07b	48.85b
	S3	2.87a	3.64a	51.47a

续表

品种	处理	全钾含量 /%	全硅含量 /%	纤维素含量 /%
B2	S1	2.99ab	2.80c	52.15c
	S2	2.87b	3.25b	53.10b
	S3	3.34a	3.82a	53.72a
B3	S1	2.88b	2.75c	49.26c
	S2	3.09ab	3.28b	52.02b
	S3	3.30a	3.95a	53.98a
B4	S1	3.04a	2.82c	51.02c
	S2	3.18a	3.27b	52.53b
	S3	3.42a	3.88a	55.03a
B5	S1	2.93b	3.47b	50.64c
	S2	3.16ab	3.56ab	52.09b
	S3	3.36a	3.91a	54.02a

施氮水平对水稻基部节间的抗折力、弯曲力矩和倒伏指数影响较大，其基部节间抗倒力学及静观倒伏率的测定结果表明（表5-19）：

①抗倒性较差的准两优527在较高施氮水平下已倒伏，未能测出其抗倒力学指标；即使在低氮水平下（90 kg/hm^2），其抗折力也低于其他品种。

②随施氮水平的递增，不同组合基部N2、N3节间的抗折力呈递减趋势，而弯曲力矩和倒伏指数则呈递增趋势。适氮和低氮处理，除广两优1128外，其他各品种N2、N3节间的抗折力差异总体达显著水平。

③施氮水平对茎秆弯曲力矩影响效果明显，3种施氮水平之间达到了显著性差异，由于株高和生物产量随施氮水平的增加而增加，因而显著提高了茎秆的弯曲力矩。

④5个组合的倒伏指数在3种施氮水平之间达到了显著性差异，其中准两优527（B1）和Y两优1号（B3）在高氮水平下超过了抗倒伏的临界值；准两优527（B1）在高氮水平、中氮水平处理下表观倒伏率分别为100%和30%，Y两优1号（B3）在高氮水平处理下表观倒伏率为35%，说明对氮肥的反应较敏感，其他组合没有出现倒伏现象。

表 5-19 施氮水平对基部节间抗倒力学及表观倒伏率的影响

品种	处理	N2 抗折力/g	N2 弯曲力矩/(cm/g)	N2 倒伏指数	N3 抗折力/g	N3 弯曲力矩/(cm/g)	N3 倒伏指数	表观倒伏率/%
B1	S1	—	—	—	—	—	—	100
B1	S2	1 118.28b	1 998.71a	143.16a	890.04b	1 623.66a	145.94a	30
B1	S3	1 312.98a	1 810.07b	110.37b	1 027.94a	1 488.73b	115.86b	0
B2	S1	1 496.15b	3 070.69a	164.41a	1 308.65b	2 719.79a	166.40a	0
B2	S2	1 553.28b	2 320.39b	119.70b	1 380.18b	1 945.34b	112.76b	0
B2	S3	1 731.09a	1 825.69c	84.47c	1 463.12a	1 577.45c	86.25c	0
B3	S1	1 100.58b	2 571.52a	187.06a	915.95b	2 381.21a	208.41a	35
B3	S2	1 150.61ab	2 218.46b	154.38b	1 036.80a	1 938.51b	149.58b	0
B3	S3	1 257.23a	1 854.55c	118.09c	1 124.83a	1 535.64c	109.22c	0
B4	S1	1 831.17c	3 952.53a	172.73a	1 521.25c	3 731.85a	196.37a	0
B4	S2	1 948.25b	3 502.37b	144.01b	1 717.06b	3 174.99b	147.93b	0
B4	S3	2 289.84a	3 064.57c	107.15c	1 885.07a	2 723.97c	115.60c	0
B5	S1	1 360.18c	3 081.73a	181.38a	1 278.88c	2 887.65a	180.66a	0
B5	S2	1 492.53b	2 644.52b	141.80b	1 412.76b	2 287.33b	129.52b	0
B5	S3	1 706.42a	2 345.01c	110.51c	1 569.54a	2 061.64c	105.08c	0

第四节 超级杂交稻叶鞘对抗倒伏能力的影响研究

前人对水稻抗倒伏进行了大量研究，一般认为株高越高、基部节间长度越长，抗倒伏能力越差。在高产栽培调控上强调通过缩短茎秆节间、降低株高等方式提高抗倒伏能力，以挖掘水稻的高产潜力。

袁隆平在水稻株型发展模式中指出，在保持收获指数为 0.5 左右的前提下，要提高水稻产量上限应进一步提高生物量，而增加株高是提高生物量的一项有效且可行的方法。因此，为突破对株高的限制，须采用其他技术路线来解决半高秆、高秆水稻品种的倒伏风险。过去对水稻抗倒伏的研究多以茎秆为对象，鲜有研究叶鞘的抗倒伏功能。在生产实践中，我们观察到水稻叶鞘包裹着茎秆，叶鞘对茎秆的支撑作用应该有助于提高抗倒伏能力。因此，我们开展了叶鞘对杂交水稻茎秆抗倒伏性及产量影响的研究，基本明确了叶鞘对提高茎秆抗倒伏力的形态机制。

一、基部节间包鞘与去鞘的抗折力差异

我们选择准两优527、Y两优1号、Y两优900号和湘两优900为试验材料，其中3个品种为农业农村部认定的超级稻品种，湘两优900为中国超级稻第4期攻关（15 t/hm²）的代表品种。分别在齐穗期及成熟期每小区选择生长一致的12蔸水稻连根挖取后快速带回实验室，保持茎秆不失水。其中6蔸测定主茎基部第2节间（N2）和基部第3节间（N3）包鞘茎秆的抗折力（g），另外6蔸测定主茎基部第2节间（N2）和基部第3节间（N3）剥离叶鞘后茎秆的抗折力（g）。茎秆抗折力测定参考濑古秀生的方法进行。试验结果表明（表5-20）：

①从齐穗期到成熟期，4个品种基部第2、第3节间包鞘、去鞘的抗折力均呈下降趋势，这是着叶鞘物质撤退向籽粒转运走向衰老的现象。我们在试验中，将湘两优900和Y两优900在齐穗期和成熟期2个时期进行节间包鞘与去鞘的处理，发现包鞘与去鞘抗折力均极显著大于Y两优1号和准两优527，表明湘两优900和Y两优900的茎秆抗倒伏能力更强。

②在叶鞘对节间抗倒能力的影响上，4个品种基部第2、第3节间包鞘的抗折力在齐穗期、成熟期均极显著大于去鞘的，节间包鞘抗折力是去鞘抗折力的1.4~1.9倍，去鞘后的抗折力较包鞘抗折力降低24.3%~46.8%，表明叶鞘能够极显著提高水稻节间的抗折力。

③不同品种的叶鞘在不同时期对其抗倒性影响大小具有差异。在齐穗期，节间抗倒性较弱的Y两优1号、准两优527，其去鞘后的抗折力较包鞘的降幅均大于抗倒性强的品种湘两优900、Y两优900，表明齐穗期叶鞘对抗倒性弱的品种影响更大。而在成熟期，抗倒性较强的湘两优900、Y两优900，其去鞘后的抗折力较包鞘的降幅均大于抗倒性弱的品种Y两优1号、准两优527，表明成熟期叶鞘对抗倒性强的品种影响更大。这是由于成熟期抗倒性弱的品种基部节间叶鞘衰老，叶鞘失去

功能,去鞘对节间抗倒性影响较小;而抗倒性强的品种,成熟期叶鞘仍具有生理功能,去鞘对节间抗倒性影响较大。

④在不同节间位置上,在齐穗期及成熟期,4个品种去鞘对基部第3节间的影响均大于第2节间。

表5-20 杂交水稻基部第2、第3节间包鞘与去鞘的抗折力 单位:g

基部节间	品种	处理	齐穗期	成熟期
N2	湘两优900	包鞘	4 571.4aA	3 741.8aA
		去鞘	3 112.2bB	2 172.4bB
		较包鞘降幅/%	31.9	41.9
	Y两优900	包鞘	4 234.7aA	3 514.3aA
		去鞘	2 836.7bB	1 998.0bB
		较包鞘降幅/%	33.0	43.1
	Y两优1号	包鞘	2 848.0aA	1 807.1aA
		去鞘	1 764.3bB	1 367.3bB
		较包鞘降幅/%	38.1	24.3
	准两优527	包鞘	2 606.1aA	1 564.3aA
		去鞘	1 453.9bB	1 155.1bB
		较包鞘降幅/%	44.2	26.2
N3	湘两优900	包鞘	3 846.9aA	2 873.5aA
		去鞘	2 555.1bB	1 536.7bB
		较包鞘降幅/%	33.6	46.5
	Y两优900	包鞘	3 762.2aA	2 790.8aA
		去鞘	2 481.6bB	1 483.7bB
		较包鞘降幅/%	34.0	46.8
	Y两优1号	包鞘	2 255.1aA	1 700.0aA
		去鞘	1 279.6bB	974.5bB
		较包鞘降幅/%	43.3	42.7
	准两优527	包鞘	2 019.4aA	1 519.4aA
		去鞘	1 076.5bB	966.3bB
		较包鞘降幅/%	46.7	36.4

注:相同大、小写字母分别在0.01和0.05水平上差异不显著。N2、N3分别代表基部第2、第3节间。

二、基部各节间叶鞘包茎层数

为了进一步明确叶鞘对节间抗倒伏所起的作用,对叶鞘相关的形态指标进行分析。水稻每个节间都着生对应叶鞘,节间上的叶鞘除包裹其节间外,还会向上延伸包裹到上一或更高节间上，使某一节间有多层叶鞘包裹，即叶鞘包茎层数。本研究以叶鞘包裹节间长度的 2/3 及以上为标准，包括已经失去活性的叶鞘。在上述测定项目完成后，分别统计基部第 1 节间（N1）、基部第 2 节间（N2）及基部第 3 节间（N3）叶鞘包茎层数。

① 4 个品种基部 3 个节间叶鞘包茎层数从齐穗期到成熟期均呈下降趋势，除湘两优 900 和 Y 两优 900 的 N2 节间外，齐穗期与成熟期的包茎层数达到显著或极显著差异（表 5-21），这与其基部节间抗折力下降趋势一致。

② 从齐穗期到成熟期，抗倒性强的品种湘两优 900、Y 两优 900 基部 3 个节间叶鞘包茎层数均大于抗倒性较弱的 Y 两优 1 号、准两优 527。而基部 3 个节间包茎层数下降幅度则表现为抗倒性弱的品种大于抗倒性强的品种，尤其是准两优 527 及 Y 两优 1 号基部第 1 节间下降幅度分别高达 79% 和 56%。

③ 相关分析表明（表 5-22），在齐穗及成熟期，基部 3 个节间的叶鞘包茎层数与包鞘的抗折力均呈极显著正相关，表明增加基部节间包茎层数有利于提高节间的抗折力。

表 5-21　杂交水稻基部第 1 至第 3 节间叶鞘包茎层数

品种	时期	N1	N2	N3
湘两优 900	齐穗期	1.55aA	2.35aA	3.36aA
	成熟期	1.23bA	2.12aA	2.53bB
Y 两优 900	齐穗期	1.43aA	2.24aA	3.12aA
	成熟期	1.08bB	2.08aA	2.32bB
Y 两优 1 号	齐穗期	1.12aA	2.01aA	2.53aA
	成熟期	0.49bB	1.29bB	1.72bB
准两优 527	齐穗期	1.04aA	1.83aA	2.36aA
	成熟期	0.22bB	1.17bB	1.39bB

同一品种的同列数据后含相同大、小写字母者分别在 0.01 和 0.05 水平上差异不显著，N1、N2、N3 分别代表基部第 1、第 2 和第 3 节间。下同。

表 5-22　杂交水稻叶鞘性状与其基部节间包鞘抗折力的相关性

叶鞘包茎层数	相关系数	叶鞘包茎厚度	相关系数	叶鞘存活数量	相关系数
齐穗期 N1	0.85**	齐穗期 N1	0.84**	齐穗期 N1	0.82**

续表

叶鞘包茎层数	相关系数	叶鞘包茎厚度	相关系数	叶鞘存活数量	相关系数
齐穗期 N2	0.71**	齐穗期 N2	0.62*	齐穗期 N2	0.76**
齐穗期 N3	0.71**	齐穗期 N3	0.72**	齐穗期 N3	0.74**
成熟期 N1	0.91**	成熟期 N1	0.89**	成熟期 N1	0.92**
成熟期 N2	0.89**	成熟期 N2	0.87**	成熟期 N2	0.88**
成熟期 N3	0.83**	成熟期 N3	0.79**	成熟期 N3	0.80**

*、** 分别表示相关性在 0.05 和 0.01 水平上达到显著。

三、基部各节间叶鞘包茎厚度

用解剖刀及游标卡尺先测定基部第 1 节间（N1）、基部第 2 节间（N2）及基部第 3 节间（N3）中部包鞘茎秆的壁厚，再测量剥离叶鞘后茎秆壁厚，包鞘茎秆壁厚减去剥离叶鞘后茎秆壁厚的差值即为包茎叶鞘厚度。

①4 个品种基部第 1 至第 3 节间叶鞘厚度从齐穗期到成熟期均呈下降趋势，且齐穗期与成熟期在叶鞘包茎厚度上均达到显著或极显著差异（表 5-23），这与其基部节间抗折力下降趋势一致。

②从齐穗期到成熟期，抗倒性强的品种湘两优 900、Y 两优 900 基部 3 个节间叶鞘包茎厚度均大于抗倒性较弱的 Y 两优 1 号、准两优 527。

③相关分析表明，在齐穗及成熟期，基部 3 个节间的叶鞘包茎厚度与包鞘抗折力均呈显著或极显著正相关，表明增加基部节间叶鞘包茎厚度有利于显著提高节间的抗折力。

表 5-23　杂交水稻基部第 1 至第 3 节间叶鞘包茎厚度　　　　单位：mm

品种	时期	N1	N2	N3
湘两优 900	齐穗期	0.76aA	1.34aA	1.47aA
	成熟期	0.67bA	1.02bA	1.05bB
Y 两优 900	齐穗期	0.68aA	1.30aA	1.43aA
	成熟期	0.56bA	0.88bB	0.96bB
Y 两优 1 号	齐穗期	0.53aA	1.21aA	1.28aA
	成熟期	0.42bA	0.67bB	0.79bB
准两优 527	齐穗期	0.45aA	0.95aA	1.23aA
	成熟期	0.25bA	0.60bA	0.65bB

四、基部各节间叶鞘存活数量变化

叶鞘会因衰老而失去生理活性，具体表现为叶鞘干枯、腐烂。本试验叶鞘存活数量是指叶鞘包裹节间长度的 2/3 以上仍具有叶绿素等生理指标活性为标准，如果某一节间有多层存活叶鞘包裹，则统计之和。在上述测定项目完成后，分别统计基部第 1 节间（N1）、基部第 2 节间（N2）及基部第 3 节间（N3）的叶鞘存活数量。

① 4 个品种基部不同节间的叶鞘存活数量从齐穗期到成熟期差异极显著下降，呈降低趋势（表 5-24），这与其基部节间抗折力下降趋势一致。

② 从齐穗期到成熟期，抗倒性强的品种湘两优 900、Y 两优 900 基部 3 个节间叶鞘存活数量大于抗倒性较弱的 Y 两优 1 号、准两优 527。抗倒性弱的品种，基部第 1 节间的叶鞘衰老最早，准两优 527 和 Y 两优 1 号下降幅度分别高达 95.1% 和 90.6%；基部第 2 节间次之，准两优 527 和 Y 两优 1 号下降幅度仍分别高达 89.2% 和 73.2%。

③ 相关分析表明，在齐穗及成熟期，基部 3 个节间的叶鞘存活数量与包鞘抗折力均呈极显著正相关，表明延迟基部节间叶鞘的衰老能够降低基部节间发生倒伏的风险。

表 5-24 杂交水稻基部第 1 至第 3 节间叶鞘存活数量

品种	时期	N1	N2	N3
湘两优 900	齐穗期	1.80aA	2.57aA	2.50aA
	成熟期	0.75bB	1.00bB	1.00bB
Y 两优 900	齐穗期	1.63aA	2.53aA	2.37aA
	成熟期	0.72bB	1.00bB	1.00bB
Y 两优 1 号	齐穗期	1.17aA	2.20aA	2.27aA
	成熟期	0.11bB	0.59bB	0.95bB
准两优 527	齐穗期	1.03aA	2.13aA	2.10aA
	成熟期	0.05bB	0.23bB	0.84bB

五、叶鞘在超级杂交稻抗倒伏上的应用

本研究表明在超级杂交稻的生育后期提高叶鞘存活数量、延长叶鞘功能期有利

于维持高生物量下的强抗倒伏能力，因此通过发挥叶鞘的功能，能够为通过增加株高进一步提高生物量且保持抗倒伏的育种策略提供一种新思路。

对叶鞘在水稻抗倒伏的具体应用上，在育种上除了关注丰产、抗病性等主要指标外，应该重视把叶鞘耐衰性等形态生理参数作为鉴定抗倒伏的一个重要指标。我们发明了一种筛选水稻叶鞘耐衰品种的方法，获得了国家发明专利，专利号ZL201610890363.6。核心技术为在大田栽培条件下，在低、中、高不同氮肥施用量下进行充分筛选工作；裂区设计，主区为氮肥施用量，副区为不同的水稻品种，随机区组设计，2次及以上重复，每小区≥5m^2；在成熟期以水稻叶鞘作为对象进行筛选，每小区选取5~15蔸，每蔸选取2~5个茎秆；分别统计各小区每个茎秆基部三个节间叶鞘存活数量，并计算该小区样本的平均值；再计算2次及以上重复小区的叶鞘总平均存活数量，叶鞘总平均存活数量在低、中、高不同氮肥施用量下均较高的品种判断为水稻叶鞘耐衰品种。可以快速、便捷、高效率地筛选出水稻品种中叶鞘较为耐衰的植株。

在抗倒栽培上，我们发明了一种利用叶鞘提高水稻抗倒伏能力的方法，获得了国家发明专利，专利号ZL201610890377.8。核心技术为选用叶鞘耐衰性品种，成熟期基部第一及以上节间的叶鞘仍具有活性；采用宽窄行栽插模式，通风及透光，植株封行晚，亩插秧不超过1.40万蔸，东西行向栽插；水稻乳熟期至成熟期前7d，采用田间一次灌水2~3cm，自然落干后再复水的干湿交替灌溉方式；底肥施用抗倒伏相关的钙肥、硅肥或者集硅钙肥、钾镁肥于一体的矿质肥料硅钙镁肥，于大田耕整时第2次犁田撒施；叶面及叶鞘施用水稻延衰抗倒剂，施用时期为水稻拔节期至成熟期，施用2~3次；并针对性做好叶鞘病虫防治工作。

基于叶鞘对提高水稻茎秆抗倒的显著作用，创新研发出以"不降低株高"为基础的超级杂交稻高生物量活鞘延衰叶鞘抗倒技术新模式，其技术核心为"叶鞘耐衰型超级杂交稻、基施强鞘抗倒肥、前氮后移、速效肥和缓释肥相结合、齐穗后灌浅水（1~3cm）促灌浆、齐穗期及乳熟期喷施叶鞘延衰剂"。应用该技术，Y两优900成熟期基部及上部伸长节间的叶鞘仍具有活性，对应节间的叶鞘叶绿素含量平均为 0.42 mg/g。超优千号成熟期基部及上部伸长节间的叶鞘仍具有活性，叶鞘叶绿素含量平均为 0.43 mg/g。因此，Y 两优 900 成熟期基部及上部伸长节间平均抗折力为 2 624.8 g，而去鞘的抗折力平均仅为 1 620.5 g，降幅 61.97%；超优千号成熟期基部及上部伸长节间平均抗折力为 3 532.0 g，去鞘的抗折力平均为 1 915.1 g，降幅 84.43%。表明活鞘延衰抗倒伏力显著增强，成熟期田间表观倒伏率为 0。2019 年该技术在长沙进行了示范，经第三方专家现场评议，认为该技术模式能够减缓灌浆期叶片叶绿素含量的下降，强化叶片叶鞘"源"的功能，达到活鞘延衰抗倒的效果。降低超高产栽培中的倒伏风险，较对照增产 22.9%。同时，该技术模式通过发挥叶鞘的功能，突破了传统秆高限制，为通过增加株高进一步提高生物量且保持抗倒伏的策略提供一种新思路和技术支撑。

第五节　超级杂交稻抗倒伏抑制性调控与促进性调控研究

为了解决高产栽培过程中抗倒伏问题，通过化学调控降低株高是最有效的办法之一。生产实践中大量使用多效唑、烯效唑等植物生长调节剂。这类调节剂称之为抑制性调节剂，它主要是通过降低株高防止倒伏。但在实践应用中，降低株高的同时也降低了生物产量而难获高产。同时还会随株高降低，导致每穗颖花量也随之减少，虽然它使有效穗适当增加，但难以因单穗颖花量的减少而弥补总库容的减少。在生产中常采用另一种栽培方式，或者可称之为促进性调控。即通过晒田控苗，控氮防徒长、防倒伏，或施用硅钾等肥料（包括叶面肥），实现壮秆、保功能叶等，达到高产抗倒的目的。本节将重点讨论抑制性调控与促进性调控对超级杂交稻倒伏能力的影响。

一、抑制性调控理论与技术

1. 不同调节剂对株高、基部节间、单穗颖花数及结实率的影响

在筛选抑制性调控剂，研究其倒伏形态特征与生理特性的基础上，试图找到一种既能有效缩短植株基部节间，又不会大幅度降低株高和恶化穗粒结构的物化技术产品。经过多年的试验研究，筛选出了以"调环酸钙"为基础的"立丰灵"抗倒伏的物化技术产品。试验以超级杂交早稻株两优 819 为供试材料，结果表明（图 5-13、图 5-14）：

①以"调环酸钙"为基础的"立丰灵"基部两个节间长度较对照缩短了 22.5%，而株高仅缩短 0.3%；其他的调节剂，如多效唑、二甲四氯、多效唑 + 多效唑等在缩短基部节间长度的同时，也大幅度缩短了株高。

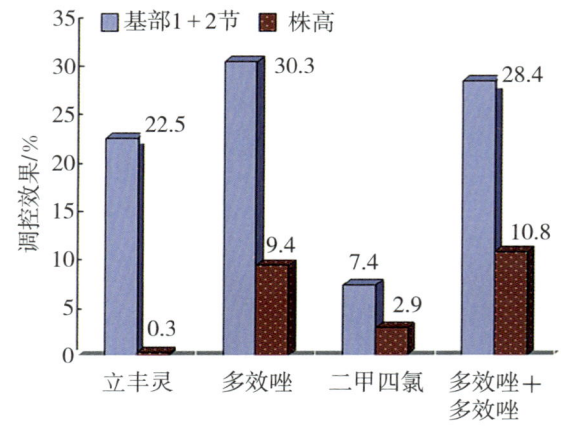

图 5-13 株高及基部节间长度的调控效果

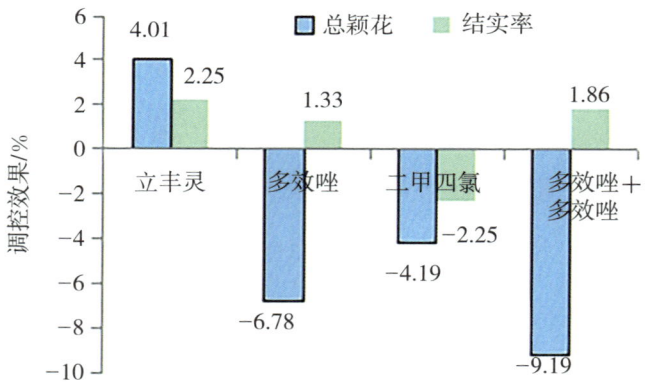

图 5-14 颖花数和结实率的调控效果

②"立丰灵"还能增加每穗颖花数和提高结实率，而其他 3 个处理均减少了每穗颖花数。

适当增加株高是进一步提高超级杂交稻超高产潜力最有效的捷径之一。显然，以"调环酸钙"为基础的"立丰灵"较好抑制了基部节间长度，又不减少总体株高且不恶化穗粒结构。

2. 节间配置的调控及其抗倒伏效果分析

多效唑、烯效唑能显著降低株高，一般株高能降低15%左右。这种对株高的抑制调控显然不利于超级杂产稻发挥超高产潜力。我们前述研究已筛选到既可降低基部节间，又不大幅度降低株高的物化技术产品，即基于"调环酸钙"的"立丰灵"生长调节剂。这种新型调控剂对水稻节间配置的调控在不同基因型杂交水稻影响如何？为此我们开展了系列的研究，试图研究剖析对水稻节间配置的调控与抗倒伏机制。

（1）新型调控剂对杂交中稻节间配置与抗倒伏效果

选择Y两优1号、两优0293、准两优527、培两优E32、两优培九、D优527、P88S/1128等7个高产杂交中稻品种为研究材料。其中，两优培九、D优527、准两优527和Y两优1号为农业农村部确认的超级杂交稻品种，两优0293为湖南省认定的超级杂交稻品种。在水稻拔节前7~10 d（7月20日）喷施立丰灵（5%调环酸钙·赤霉素）600 g/hm^2，以研究分析新型调控剂对超级杂交稻节间配置的调控效应与抗倒伏效果，试验结果表明（表5-25，表5-26）：

①从节间配置的调控效果来看，喷施立丰灵缩短了基部第1、第2、第3节间和第4节间，而倒1节间、倒2节间反而伸长了。其中，基部第2、第3节间长度，倒1节间长度较对照差异达显著水平。因此，植株高度总体上保持一致，7个品种施用立丰灵处理的平均株高为118.19 cm，仅较对照矮了1.74 cm，缩短了1.45%。方差分析7个品种株高处理与对照没有达到显著水平，表明立丰灵是通过节间的配置来调节株高。

②从基部节间长度差异来看，喷施立丰灵能够显著缩短杂交中稻品种基部第2、第3节间的长度，且对7个品种的基部第2、第3均值方差分析其差异达到显著水平，基部节间的缩短能有效地提高抗倒伏能力。

③立丰灵对各性状的调控效果存在品种间差异。各品种喷施立丰灵后株高均呈降低趋势，株高平均降幅 1.45%。其中，Y 两优 1 号、培两优 E32 和两优培九的株高与对照差异达到显著水平。这可能是用药时期统一设计拔节前 7d 喷施，实际时间在 7 月 20 日，而各品种所处的拔节时间略有差异所导致。因此，生产应用实践中应结合品种生育期（特别是拔节期）确定用药日期，以便能在拔节期发挥控制基部节间长度。

表 5-25　立丰灵对株高及节间长度的影响　　　　　　单位：cm

品种	处理	株高	节间长度						穗长
			1	2	3	4	5	6	
Y 两优 1 号	立丰灵	118.98b	1.76a	4.02b	11.23b	20.66a	21.01a	36.28a	24.02a
	CK	121.37a	1.77a	5.27a	13.89a	20.87a	20.33a	34.15b	25.09a
D 优 527	立丰灵	121.50a	2.52b	5.33b	11.02a	17.81a	22.06a	37.15a	25.61a
	CK	123.77a	2.73a	8.33a	12.77a	18.94a	20.31b	35.61b	25.08a
培两优 E32	立丰灵	113.68b	1.63a	3.82a	6.47b	15.72a	23.28a	39.85a	22.91a
	CK	116.74a	1.64a	4.14a	9.43a	16.68a	22.63a	38.34a	23.88a
准两优 527	立丰灵	123.11a	2.57a	5.52a	10.65b	18.25a	21.18a	38.41a	26.53a
	CK	123.15a	2.81a	7.78a	13.44a	19.56a	20.07a	34.32b	25.17a
两优 0293	立丰灵	116.77a	1.72a	3.57b	9.52b	17.88a	26.16a	36.86a	21.06a
	CK	118.06a	1.76a	4.82a	11.48a	18.75a	24.36b	34.28b	22.61a
P88S/1128	立丰灵	116.75a	1.24a	3.41a	9.12b	19.67a	23.94a	36.43a	22.94a
	CK	117.67a	1.29a	4.06a	11.54a	19.27a	23.78a	35.28a	22.45a
两优培九	立丰灵	116.55b	1.61a	3.21b	10.07b	20.11a	22.14a	36.55a	22.46a
	CK	118.77a	1.62a	4.51a	11.63a	19.73a	21.66a	36.43a	23.19a
平均值	立丰灵	118.19a	1.86a	4.17b	9.78b	18.59a	22.82a	37.36a	23.65a
	CK	119.93a	1.95a	5.66a	12.03a	19.11a	21.88a	35.49b	23.92a
	比 CK±/%	-1.45	-4.19	-26.33	-18.65	-2.77	4.33	5.28	-1.16

注：同品种不同处理的同列数据后带不同小写字母表示差异达 5% 显著水平。

表 5-26　立丰灵对不同品种抗倒性的影响

品种	处理	抗折力/g	倒伏指数	表观倒伏率/%
Y 两优 1 号	立丰灵	13.17aA	62.76bA	0
	CK	10.43bA	77.75aA	23.2
D 优 527	立丰灵	11.69aA	88.65bB	0
	CK	2.00bA	200.00aA	88.1

续表

品种	处理	抗折力/g	倒伏指数	表观倒伏率/%
培两优 E32	立丰灵	16.47a	34.88bA	0
	CK	16.54a	47.32aA	0
准两优 527	立丰灵	7.01a	98.01bA	11.2
	CK	2.00a	200.00aA	97.3
两优 0293	立丰灵	16.33aA	63.68bB	0
	CK	11.58bA	91.04aA	0
两优培九	立丰灵	13.38a	38.52bB	0
	CK	15.13a	76.28aA	0
P88S/1128	立丰灵	20.23a	47.31a	0
	CK	18.67a	54.74a	0
平均值	立丰灵	14.0aA	59.9bB	1.6
	CK	10.9bB	105.7aA	29.8
	比 CK ± /%	28.7	−43.3	−94.6

注：同品种不同处理的同列数据后不同字母表示差异达 5%（小写）或 1%（大写）显著水平。

④喷施立丰灵后倒伏指数大幅降低，7 个品种的均值方差分析表明处理较对照差异达极显著水平。其中，比较容易倒伏的品种 D 优 527 和准两优 527 的倒伏指数与对照的差异最大，分别较对照降低了 55.7% 和 51.0%，D 优 527 倒伏指数的差异达极显著水平。有研究表明，抗折力与倒伏指数密切相关，喷施立丰灵大部分品种的抗折力较对照有所增加，虽有抗倒力强的个别品种（如两优培九、培两优 E32）的抗折力没有增加，反而略有降低，但差异不显著，总体上看，施用立丰灵后 7 个品种的抗折力均值方差分析达极显著水平。田间的表观倒伏率印证了这一趋势，即超级杂交中稻 D 优 527、准两优 527 没有施用立丰灵的处理（对照）其倒伏率分别高达 88.1% 和 97.3%，而喷施了立丰灵的处理，则分别为 0% 和 11.2%。此外，Y 两优 1 号对照也有 23.2% 的倒伏率。试验结果表明立丰灵对易倒品种具有明显的抗倒效果。

（2）新型调控剂对杂交早、晚稻节间配置与抗倒伏效果

我们选择杂交早稻、杂交晚稻共 14 个品种为供试水稻品种，其中株两优 819、株两优 02 为农业农村部认定的超级稻品种。以 5% 调环酸钙·赤霉素植物生长调节

剂（由湖北移栽灵农业科技股份有限公司研制和提供，商品名为"立丰灵"）于水稻拔节前 7~10 d 喷施，药剂喷施浓度为 600 g/hm^2，以喷清水作对照。试验采用随机区组设计，三次重复，每个小区面积 30 m^2。

新型调控剂对杂交水稻早、晚稻不同品种试验结果表明（表 5-27）：

①施用新型抗倒调控剂后，能够有效地缩短早稻品种基部节间的长度，尤其以基部第 1~3 节的长度缩短程度最为明显，倒 5、倒 4、倒 3 节间分别缩短 18.71%、8.37% 和 5.9%。经对早稻节间差异的均值方差分析，与对照相比，基部倒 5、倒 4、倒 3 节间长度（缩短）差异均达到显著水平。而上部节间长度和穗颈节长度略有增加，但差异不显著。

表 5-27 新型调控剂对不同品种各节间及穗长的影响　　　　　　　　单位：cm

季别	品种	处理	倒 5	倒 4	倒 3	倒 2	倒 1	穗长	株高
杂交早稻	T 优 167	处理	1.95b	4.74b	13.79b	18.78a	32.28a	19.57a	90.03a
		CK	2.58a	5.44a	15.02a	16.92b	30.95a	20.06a	90.34a
	陆两优 996	处理	2.83a	8.23a	15.17a	19.11a	29.91a	17.60b	92.00a
		CK	3.58a	9.24a	15.49a	18.54b	28.42b	18.04a	92.97a
	准两优 49	处理	1.70a	6.04a	14.33a	18.35a	22.11a	18.79b	86.80a
		CK	1.88a	6.42a	15.54a	19.08a	28.58a	19.29a	88.89a
	株两优 90	处理	3.72a	9.31a	15.77a	19.85a	28.14a	16.94a	92.11a
		CK	4.07a	9.30a	15.41a	18.35b	27.48a	17.49b	90.57b
	株两优 02	处理	—	6.21a	12.41b	18.42a	34.65a	16.96b	85.70a
		CK	—	6.32a	13.63a	18.47a	30.22a	17.78a	88.31a
	株两优 819	处理	—	6.53b	14.11a	21.56a	29.32a	18.25a	88.31a
		CK	—	7.72a	14.41a	20.12a	29.65a	17.59a	89.43a
	准两优 143	处理	—	5.64a	12.31a	17.21a	27.16a	16.86b	79.68a
		CK	—	5.76a	12.77a	16.82a	27.03a	17.82a	81.15a
	T 优 705	处理	—	3.68b	11.34b	17.28a	30.02a	18.72b	81.61a
		CK	—	4.39a	13.42a	17.83a	30.43a	18.88a	85.05a
	平均值	处理	1.52a	6.83a	14.46a	18.27a	29.10a	17.97a	88.34a
		CK	1.28b	6.30b	13.66b	18.82a	29.20a	18.37a	87.03b
		± %	-18.71	-8.37	-5.90	2.92	0.35	2.22	-1.50

续表

季别	品种	处理	倒5	倒4	倒3	倒2	倒1	穗长	株高
杂交晚稻	天优华占	处理	1.72b	7.35a	13.95a	17.31b	32.70a	21.30a	87.92b
		CK	2.99a	5.42a	10.31b	20.21a	34.11a	22.20a	98.60a
	天优998	处理	2.09a	6.55a	14.03a	17.77b	34.34a	21.30a	94.60a
		CK	2.15a	5.13a	10.02b	21.69a	33.27a	22.20a	101.64a
	里优6602	处理	2.15a	5.13a	10.02b	19.02b	32.61a	22.30b	89.51b
		CK	2.09a	6.55a	14.03a	22.60a	33.33a	23.18a	105.95a
	天优290	处理	2.51a	6.63b	13.05a	18.17b	29.76a	21.22b	90.71b
		CK	2.89a	8.27a	16.28a	21.19a	31.12a	22.46a	107.22a
	华两优114	处理	2.99a	6.09b	13.21b	19.07b	31.87b	23.63b	94.87b
		CK	2.63a	8.10a	15.24a	21.56a	34.30a	25.08a	105.08a
	准两优893	处理	4.04a	7.04b	14.82a	15.88b	35.27a	24.03a	99.28b
		CK	3.77a	10.30a	17.84a	20.23a	36.06a	23.29a	110.14a
	平均值	处理	2.87a	6.20b	12.02b	18.05b	32.81a	22.43a	92.49b
		CK	2.90a	8.05a	15.38a	21.08a	33.66a	22.98a	105.11a
		±%	−1.21	−22.95	−21.86	−14.39	−2.52	−2.37	−12.01

②与早稻不同的是，晚稻施用新型抗倒调控剂后，品种均值各伸长节间长度均缩短，其中以基部第2~4节的长度缩短程度最为明显，倒4、倒3、倒2节间分别缩短22.95%、21.86%和14.39%。经对晚稻节间差异的均值方差分析，与对照相比，基部倒4、倒3、倒2节间长度（缩短）差异均达到显著水平。

③从株高来看，杂交早、晚稻株高均值均有所降低，但其差异没有达到显著水平。杂交晚稻株高降低（均值）较早稻明显，说明喷施新型调控剂只是改变了节间的配置比例，而没有显著降低株高，为保证品种自身的生物产量潜力提供了保障。

④从品种应用效果的差异性来看，杂交早稻抗倒性较弱的品种，如株两优819、T优705、T优167等品种基部节间缩短，且与对照差异达显著水平。杂交晚稻品种天优华占的基部第1节间（倒5）、天优290基部第2节间（倒4）、华两优114和准两优893的基部第2（倒4）、第3（倒3）节间长度均明显缩短，且其差异达到了显著水平。

植物生长新型调节剂"调环酸钙•赤霉素"的应用效果存在品种间的差异可能与两个方面有关，一是由于本试验所有品种在同一时期播种，且喷施时间按正常拔节时期来判定施用时间，但各品种间生育期可能有 3 d 左右的差异，因此喷施时间对拔节的调节不在同一时间点；二是品种对植物生长调节剂反应本身存在品种差异，我们在杂交水稻种子生产中（一般称"制种"）"920"（赤霉素）使用量因品种不同而用量差距较大便是例证。

二、促进性调控理论与技术

研究认为，增施硅肥能促使植物厚壁细胞木质化和硅质化，厚角组织细胞加厚，角质发育以及纤维含量增加。因此，充足的硅会使植株茎秆粗壮，强度增大，机械性能改善，抗倒伏能力提高。水稻体内硅的作用类似于木质素，可起到提高细胞壁抵抗外力的作用。施用硅肥后，稻株高度有微弱提高，基部第 1、第 2 节间缩短，茎明显增粗，单茎抗折力明显提高，第 2 节间普遍增加承受载重 50 g 以上。但是以往施用的硅肥一般为枸溶性五水偏硅酸钠（$Na_2SiO_3 \cdot 5H_2O$）肥料，可溶性硅（SiO_2）含量低（一般含 SiO_2 量为 27.3％），且肥料中的养分不直接溶于水，有效性低，但施用量大，因而在生产实践中难以推广应用。我们通过大量的筛选研究，筛选出一种易溶于水、有效性高，易于被作物吸收利用的液体硅钾肥，用量少且具有明显的抗倒伏效果。

1. 外源液态硅钾对植株茎、鞘硅、钾含量的影响

硅肥常作基肥施用，通过水稻根系吸收而影响植株的抗倒伏性。作为外源的液体硅钾肥，直接喷施能不能为植物直接吸收？试验表明，外源的液体硅钾肥通过喷施完全可为植株所吸收。

我们以杂交晚稻 Y 两优 51 为供试品种，从倒 4 叶期到剑叶全展期，研究液态硅钾不同喷施时期、不同喷施次数的影响，液体硅钾试验用量为 1 500 mL/hm²，以期验证外源硅钾能否通过叶面喷施直接进入植株体内，提高植株的抗倒伏能力。

不同时期喷施液态硅钾肥的结果表明（表 5-28），在倒 4 叶、倒 3 叶期喷施均可增加杂交水稻植株茎秆与稻穗中全硅的含量，其中茎秆中全硅含量得到显著增加；而叶和叶鞘中全硅量增加不明显。倒 4 叶期喷施还可显著增加茎秆、叶片和叶

鞘中的钾含量。

由于这一试验采用的用量仅为 1 500 mL/hm²，虽然显著增加了茎中硅、钾含量，但有些处理没有明显的差距。为此，我们进一步设置了不同用量的试验。供试品种为晚稻品种 C 两优 396，试验设 4 个处理，液态硅钾肥施用量分别为 0 mL/hm²、1 500 mL/hm²、3 000 mL/hm² 和 4 500 mL/hm²（分别记为 T0、T1、T2、T3），于晚稻倒 4 叶时期喷施。

表 5-28　不同时期液态硅钾肥处理对杂交水稻 Y 两优 51 植株硅、钾含量的影响

处理	全硅（Si）/%			全钾（K）/%		
	叶+鞘	茎	穗	叶+鞘	茎	穗
倒 4 叶喷施	2.11a	0.77a	—	3.17a	3.64a	—
倒 3 叶喷施	2.41a	0.81a	0.98a	2.72b	2.74b	1.02a
倒 4、倒 3 叶喷施	2.17a	0.71ab	1.06a	2.90b	2.93b	0.92a
对照	2.16a	0.56b	0.84a	2.89b	2.94b	0.91a

结果表明（图 5-15），生育后期（倒 4 叶期）喷施外源硅钾肥，植株茎、鞘硅含量较对照明显提高，硅钾肥处理茎硅含量均值在乳熟期、蜡熟期、成熟期分别比对照增加 15.24%、12.36%、14.09%，鞘硅含量均值分别比对照增加 15.33%、10.31%、7.96%。其中茎硅含量在乳熟期 T2（3 000 mL/hm²）、T3（4 500 mL/hm²）与 T0（0 mL/hm²）间的差异分别达显著水平和极显著水平，鞘硅含量在乳熟期和蜡熟期 T1（1 500 mL/hm²）、T2（3 000 mL/hm²）、T3（4 500 mL/hm²）与 T0（0 mL/hm²）间的差异均显著。

杂交晚稻茎钾含量乳熟期至蜡熟期略有增加，蜡熟期至成熟期逐渐降低（图 5-16）。与乳熟期相比，成熟期 T0（0 mL/hm²）、T1（1 500 mL/hm²）、T2（3 000 mL/hm²）与 T3（4 500 mL/hm²）茎钾含量分别降低了 0.77%、1.39%、3.16%、0.12%，说明硅钾肥用量的增加可影响茎钾含量的变化。生育后期各处理鞘钾含量呈下降态势，与乳熟期相比，成熟期 T0（0 mL/hm²）、T1（1 500 mL/hm²）、T2（3 000 mL/hm²）与 T3（4 500 mL/hm²）茎钾含量分别降低了 22.69%、22.83%、21.63%、20.77%，下降主要表现在乳熟期至蜡熟期。

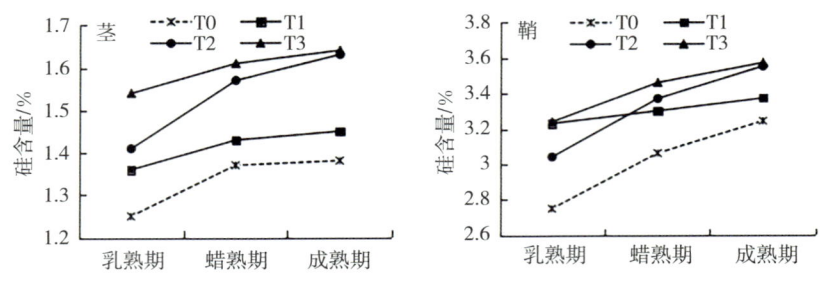

图 5-15 杂交晚稻植株硅含量的动态变化

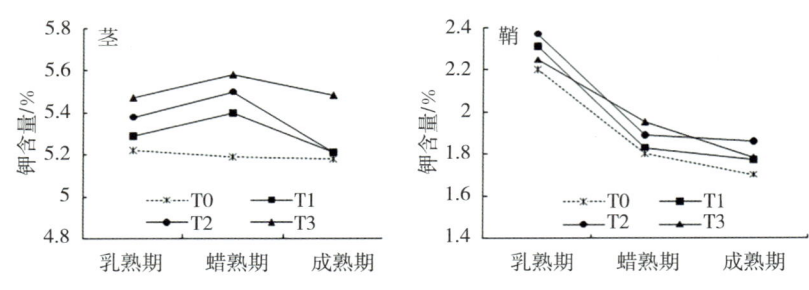

图 5-16 杂交晚稻植株钾含量的动态变化

2. 液体硅钾肥对植株节间性状和抗倒伏性的影响

液体硅钾肥不同用量下超级杂交晚稻节间长度比较表明（表 5-29）：

（1）施用不同用量的液体硅钾肥株高差异变幅较小（0.07~2.49 cm）。液体硅钾肥用量较低时，株高有升高的趋势，但差异不明显；而在用量较高的情况下，株高反而下降且达到显著水平，即在每公顷 3 000 mL（S2）、和每公顷 4 500 mL（S3）处理株高较对照 S0（清水）、S1（每公顷 1 500 mL）分别缩短 1.83 cm 和 1.90 cm。

（2）施用液体硅钾肥明显缩短基部节间，而促进上部节间适当伸长，从而促进节间的合理配置，既提高了茎秆的抗倒伏性能，又不会因为株高缩短而降低生物产量。表中可以看出：上部两个节间（N1、N2）较对照节间更长（增加 0.68~2.27 cm），其中 S1（每公顷 1 500 mL）处理的穗下节间长度较对照显著伸长。与之相反，施用液体硅钾肥处理，其基部节间显著缩短，S1、S2、S3 较对照 S0 分别缩短 14.1%、20.8% 和 26.4%。

（3）液体硅钾肥处理显著提高成熟期植株的抗折力、降低倒伏指数。液体硅钾肥各处理抗折力大小依次为 S2＞S3＞S1，以 S0 为最小，S0 与其他各处理间差异达到显著水平，尤其是与 S2 处理节间与对照差异达极显著水平。从倒伏指数来看，倒伏指数越大，抗倒伏能力越弱，植株越易倒伏，试验中对照 S0 的倒伏指数为 10.64，显著高于硅钾肥处理，说明液体硅钾肥可降低水稻的倒伏指数，提高抗倒伏能力。液体硅钾肥处理倒伏指数依次为 S1＞S3＞S2，说明 S2 的抗倒伏能力最强，即硅钾肥用量为 3 000 mL/hm² 时，水稻抗倒伏效果最好。这些试验结果再次验证了我们提出的"节间合理配置"的植株抗倒伏形态结构理论，即基部第 1、第 2 节间较短、穗颈节间相对较长，这样既可保持株高或适当增加株高，又可提高植株的抗倒伏性。单株抗折力的提高和倒伏指数的降低证明了其理论的现实意义。

表 5-29　液体硅钾肥对杂交稻株高、节间长度及成熟期抗折力的比较

处理	株高/cm	N1/cm	N2/cm	N3/cm	N4/cm	N5/cm	抗折力/（N/穴）	倒伏指数
S0	111.95a	29.97b	19.52a	14.60a	7.81a	2.12a	24.39Bb	10.64Aa
S1	112.61a	31.55a	20.21a	14.74a	7.58a	1.82ab	31.03Ba	7.42ABb
S2	110.12b	30.60ab	19.57a	14.81a	7.75a	1.68b	38.03Aa	5.33Bb
S3	110.05b	30.71ab	20.09a	14.29a	7.26a	1.56b	35.88ABa	5.48Bb

注：1）S0、S1、S2、S3 分别代表每公顷喷液体硅钾肥 0 mL、1 500 mL、3 000 mL 和 4 500 mL。
　　2）小写字母表示 5% 的显著水平，大写字母表示 1% 的显著水平。
　　3）供试品种为 C 两优 396（两系杂交晚稻品种）。

3. 液体硅钾肥对超级杂交稻水稻冠层结构、光合特性的影响

液体硅钾肥可以优化水稻冠层结构而提高产量。我们以超级杂交稻 Y 两优 1 号为供试材料，通过不同时期施用液体硅钾肥，结果表明（表 5-30）：施用液体硅钾肥处理冠层得到优化，上三叶叶片相对变宽，剑叶变窄，上三叶叶倾角变小。特别是倒二叶的叶倾角更小，较对照分别减少 16.5% 和 22.6%。从而改变叶片受光形态，有利于提高光合能力，同时提高茎秆的抗倒伏能力。

表 5-30　不同处理植株上 3 叶长、宽和叶倾角

处理	叶倾角/°			长/cm			宽/cm		
	剑叶	倒 2 叶	倒 3 叶	剑叶	倒 2 叶	倒 3 叶	剑叶	倒 2 叶	倒 3 叶
倒 4 叶	19.80	21.20	21.40	33.56	41.49	54.22	2.12	2.00	1.52

续表

处理	叶倾角 /°			长 /cm			宽 /cm		
	剑叶	倒 2 叶	倒 3 叶	剑叶	倒 2 叶	倒 3 叶	剑叶	倒 2 叶	倒 3 叶
倒 3 叶	19.00	19.60	20.60	32.98	43.00	56.28	2.14	2.04	1.52
对照	20.80	25.40	21.60	34.36	42.86	48.24	2.08	1.96	1.44

喷施剂量为 3 000 mL/hm^2。

喷施液体硅钾肥后胞间 CO_2 浓度也有所增加（表 5-31），说明喷施液体硅钾肥可增加气孔向叶绿体输送 CO_2 的能力，维持叶片较高的净光合速率，有利于籽粒灌浆，最终为经济产量的提高奠定基础。与倒 4 叶喷施（A 处理）相比，倒 3 叶喷施时（B 处理）可能有利于直接提高叶片的净光合速率，这一点值得深入研究。

表 5-31 不同喷施时期对剑叶光合参数的影响

处理	蒸腾速率			净光合速率			气孔导度			胞间 CO_2 浓度		
	0 d	15 d	30 d	0 d	15 d	30 d	0 d	15 d	30 d	0 d	15 d	30 d
倒 4 叶	5.39	4.24	3.52	24.73	20.96	17.03a	0.83	0.58b	0.39	341.14	322.35	255.89
倒 3 叶	5.30	4.16	3.43	25.72	21.84	18.70a	0.84	0.66a	0.39	343.20	327.13	262.26
对照	5.58	4.36	3.58	23.94	19.74	14.57b	0.84	0.51c	0.36	338.86	314.04	244.85

0 d、15 d 和 30 d 表示齐穗后天数，喷施剂量为 3 000 mL/hm^2。

三、抑制性调控与促进性调控对水稻产量的影响

在超级杂交稻超高产栽培实践中，人们常通过施用外源调控剂来防止倒伏，但因为受品种响应差异、施用时期和施用量等因素影响，虽然能够有效防止倒伏，但对于是否能增产却多有疑惑。主要是因为调节剂存在不同施用量、施用时期以及水稻不同基因型的响应差异，我们的研究也对此有所印证。在前述研究结果中就已提及多效唑、烯效唑类在降低株高、防止倒伏的同时，对产量结构产生了不同程度的不利影响。

一般来说，一季稻多为生育期较长、株高较高，同时也具有高产或超高产潜力，因此一季稻高产栽培中多需要进行调控以防止倒伏。但随着机械化程度的提高，杂交早、晚稻高产栽培中也需要加强抗倒伏的调控。为了进一步评价抑制性调

控与促进性调控对杂交水稻，特别是具超高产潜力的超级杂交稻品种（组合）产量的影响，我们在不同生态区域，对不同品种进行了比较试验研究，本节将重点阐述应用外源调节剂对产量的影响。

1. 抑制性调控在杂交稻上应用的产量效应

（1）抑制性调控对杂交早稻产量及产量结构的影响

目前生产上推广应用的高产杂交早、晚稻品种株高普遍较一季杂交稻品种矮，在适宜的氮素水平下，倒伏的风险相对较小。但生产实践中也常有倒伏发生，特别在成熟前遇大风大雨更容易倒伏，不仅造成减产，更不利于机械收割，增加了收割成本。因此，抑制性抗倒伏栽培在杂交早、晚稻生产中也常被采用。

一般来说，杂交早、晚稻生育期相对较短，水稻拔节常与幼穗分化初期交错。因此，抑制性调控在提高抗倒伏能力的基础上，对产量（主要是对颖花分化）是否产生不利影响？这也是生产实践中应用抑制性栽培调控技术必须回答的问题。为此，我们选择了8个杂交早稻高产品种和6个杂交晚稻高产品种，其中，3个为被农业农村部认定的"超级稻"品种、1个为被湖南省认定的"超级稻"品种。采用随机区组设计，三次重复，每个小区面积30 m²。供试生长调节剂："立丰灵"（5%调环酸钙·赤霉素），由湖北移栽灵农业科技股份有限公司研制和提供。试验田杂交早、晚稻采用较低的氮肥水平施肥方案：杂交早稻每公顷施纯N 135 kg，纯P_2O_5 120 kg，纯K_2O 150 kg；杂交晚稻每公顷施纯N 150 kg，纯P_2O_5 120 kg，纯K_2O 150 kg。通过试验研究试图回答新型抑制性调控剂对杂交早、晚稻产量及产量结构的影响。

新型调控剂对杂交早稻产量及产量结构的试验结果表明（表5-32）：

①从产量差异来看，T优167、陆两优996、株两优90、株两优02、准两优143和T优705等杂交早稻品种施用新型调控剂均较对照略有增产，其中，准两优143、T优705和株两优02分别增产3.3%、3.1%和2.8%；而准两优49和株两优819则略有减产，分别减产2.0%和2.6%。但无论是增产或减产，其处理和对照产量差异均没有达到显著水平，表明这种调控剂可以调节植株茎秆以提高其抗倒伏性，而对产量并没有产生不利影响。

②从新型调控剂杂交早稻产量性状差异的影响来看，呈现以下特点：

第一，施用新型调控剂后大多组合的有效穗得以增加，株两优02、陆两优996、T优167和准两优49有效穗分别增加了13.50%、10.49%、5.70%和4.27%。仅准两优143和株两优819略有降低。

第二，每穗总粒数的变化表现不尽一致，株两优02、T优167和准两优49分别增加了11.87%、8.49%和4.05%，而且这3个品种在有效穗同时增加的情况下，每穗总粒数还能增加，表明这种调控剂既能缩短基部节间，通过促进分蘖增加有效穗，同时不会影响幼穗的正常分化。但株两优819和株两优90每穗总粒数却下降较多，分别较对照降低了14.87%和7.22%，这可能与各试验品种生育期相对较短有关。由于该试验设计时为了各品种能一次喷施好调控剂而设定为同一日期，忽略了生育期长短差异的变化而错过了用药最佳时期。

表5-32 新型调控剂对杂交早稻产量及产量构成的影响

品种	处理	有效穗数/(万穗/hm²)	每穗总粒数/(粒/穗)	千粒重/g	结实率/%	实际产量/(t/hm²)	生育期/d
T优167	处理	273.35	119.56	30.66	72.36	7.44a	113.0
	CK	258.60	110.20	27.60	69.90	7.31a	
陆两优996*	处理	226.00	137.49	28.10	84.74	6.97a	109.7
	CK	204.55	136.21	27.46	75.02	6.95a	
准两优49	处理	226.05	161.87	28.33	82.94	6.87a	108.0
	CK	216.80	155.57	28.10	81.00	7.01a	
株两优90	处理	246.29	133.92	26.56	74.56	6.72a	107.0
	CK	251.90	144.34	26.03	75.47	6.67a	
株两优02	处理	253.10	199.52	27.10	70.45	7.01a	112.0
	CK	223.00	179.37	27.30	63.74	6.82a	
株两优819**	处理	267.85	133.97	24.70	60.13	6.69a	105.4
	CK	268.44	157.37	23.96	51.95	6.87a	
准两优143	处理	215.60	145.55	27.13	71.55	6.27a	106.0
	CK	228.50	151.33	26.60	59.99	6.07a	
T优705	处理	262.90	151.30	24.06	47.13	6.64a	108.0
	CK	256.75	165.83	23.50	42.41	6.44a	

①**为农业农村部认定的超级稻品种；*为湖南省农业农村厅认定的超级稻品种；②字母a表示差异不显著；③生育期为该品种审定公告的平均生育期。

第三，施用新型调控剂后8个品种均能提高结实率（2.4%~19.27%），其中陆两优996、株两优02、株两优819、准两优143和T优705等5个品种的结实率均较对照提高了10%以上。

③新型调控剂对产量及产量结构影响的验证性试验研究结果表明，确定最佳用药时间在提高抗倒伏能力的基础上，可以有效地优化产量结构，实现增产的目的。鉴于本研究发现株两优819在喷施新型调控剂后每穗总粒数下降较多，达到14.87%，考虑到株两优819的生育期在供试品种中是属于最短的品种，全生育期仅105 d。为此，我们验证性地研究了不同用药时期对株两优819产量及产量结构的影响。结果表明（表5-33）：株两优819最佳用药时期为5月7日（根据幼穗分化观察结果，实际时间为拔节前10 d），这个时期用药可显著增产（增产11.06%），而且能显著增加有效穗（增加12.97%）和总颖花量（增加11.01%）；而其他两个时期用药均会因总颖花量的减少而减产。因此，新型调控剂宜针对品种特性寻找和建立最佳用药时期，以达到最佳调控效果。

表5-33 "立丰灵"不同用药时期对产量及产量结构的调控

施药时间 月/日	有效穗/（万穗/亩）	每穗总粒数/（粒/穗）	总颖花数/（万个/亩）	结实率/%	产量/（kg/亩）
5月7日	20.9a	119.2a	2 491a	85.8a	527.2a
5月12日	16.2c	94.4b	1 529d	86.6a	330.7d
5月17日	18.7b	92.0b	1 720c	86.5a	366.7c
CK	18.5b	121.3a	2 244b	86.7a	474.7b

注：供试品种为株两优819。

（2）抑制性调控对杂交晚稻产量及产量结构的影响

新型调控剂对杂交晚稻产量及产量结构的影响与杂交早稻的结果趋势一致。其试验结果如下（表5-34）：

①从产量差异来看，天优华占、华两优114、准两优893的产量较对照略有增产，而天优998、里优6602、天优290与对照相比则略有减产，但无论是增产或减产都没有达到显著水平，表明这种新型调控剂不会对产量造成不利影响。

②从产量结构差异来看,各供试品种的有效穗都有增加,天优华占、天优998、里优6602、天优290、华两优114、准两优893的有效穗分别较对照提高了3.31%、8.97%、3.62%、4.35%、3.94%、2.50%,但是没有表现出显著性差异。

表5-34 新型调控剂施用后晚稻产量及产量构成的表现

品种	处理	有效穗数/ (万穗/hm²)	每穗总粒数/ (粒/穗)	千粒重/g	结实率/%	实际产量/ (t/hm²)
天优华占**	处理	256.20a	156.92a	25.00a	0.86a	8.05a
	CK	245.70a	161.06a	24.16a	0.82b	8.00a
天优998**	处理	304.50a	139.83a	25.35a	0.86a	8.40a
	CK	275.10a	141.24a	25.38a	0.83a	8.53a
里优6602	处理	287.70a	129.84a	19.94a	0.87a	7.96a
	CK	285.60a	144.34a	20.48a	0.83b	8.12a
天优290	处理	291.90a	151.92a	25.04a	0.85a	8.30a
	CK	277.20a	136.63a	24.81a	0.83a	8.39a
华两优114	处理	268.80a	131.01a	26.65a	0.87a	8.50a
	CK	256.20a	131.29a	26.25a	0.83a	8.08a
准两优893	处理	258.30a	128.89a	27.33a	0.84a	8.03a
	CK	252.00a	135.32a	26.77b	0.85a	7.97a

1.** 为农业农村部认定的超级稻品种;* 为湖南省农业农村厅认定的超级稻品种;2.字母a表示差异不显著。

另一方面,新型调控剂对供试品种每穗粒数有减少的趋势,而结实率有所增加,但这种减少和增加均没有达到差异显著水平。表明该调节剂对产量的构成关键因素不会产生明显的不利影响。

(3)抑制性调控在杂交中稻上应用的产量效应

相对杂交早稻和杂交晚稻,杂交中稻的生育期相对较长,且株高近年来有增加的趋势,在生产中推广应用的品种株高均在120 cm左右,甚至在肥力水平比较高的高产稻区株高达到130 cm。因此,具高产或超高产潜力的杂交中稻倒伏的风险较大,需要加强抑制性调控以促进抗倒高产。为此,国家杂交水稻工程技术研究中心研究团队联合长江大学,于2009—2013年,开展了抑制性抗倒伏调控对超级杂交稻产量及产量结构影响的示范性研究。

试验研究分别选择超级杂交稻Y两优1号、Y两优2号、准两优527等被农业农村部认定的超级稻品种,以及具超高产潜力、株高较高的高产杂交稻组合广两优

1128 和广占 63S//R527/0293 作为供试材料，在湖南一季稻区和江汉平原一季稻区开展了抗倒伏试验的比较研究，以在拔节前 7~10 d 喷施"立丰灵"（5% 调环酸钙·赤霉素）600 g/hm² 处理，每个试验单独设计比较，3 次重复，以清水为对照，试验结果表明（表 5-35）：

①抗倒力相对较弱的超级稻品种施用"立丰灵"表现出增产效果。如湖南杂交水稻研究中心 2009 年的 Y 两优 1 号和长江大学 2012 年的准两优 527 均较对照增产，且增产达显著水平。但准两优 527 在 2013 年湖南杂交水稻研究中心的比较试验中，产量差异不明显，这可能与当时施用的氮肥水平有关（为中氮水平，即纯氮 180 kg/hm²、P_2O_{52} 90 kg/hm²、K_2O 150 kg/hm²），对照没有倒伏，因此产量差异不明显。

②抗倒力比较强的品种，施用"立丰灵"增产效果不明显，如广两优 1128 和广占 63S//R527/0293 两个品种处理与对照间产量相差无几，表明根据品种特性调整氮肥用量也是常规抗倒栽培措施之一。

表 5-35 "立丰灵"对超级杂交稻品种（组合）产量及产量结构影响的比较试验

年份	品种	处理	有效穗数/（万穗/hm²）	每穗总粒数/（粒/穗）	结实率/%	千粒重/g	产量/（t/hm²）	试验实施单位
2009 年	Y 两优 1 号	处理	272.79a	159.0a	90.0a	28.9a	12.83a	湖南杂交水稻研究中心
		CK	265.22a	144.1a	91.0a	29.2a	9.75b	
2010 年	Y 两优 2 号	处理	244.8a	205.9a	81.1a	27.0a	10.62a	湖南桃源县农业局
		CK	247.5a	196.2a	80.6a	27.1a	10.13a	
2012 年	准两优 527	处理	251.1a	154.0a	90.9a	31.4a	9.98a	长江大学
		CK	244.4a	152.0a	89.7a	30.7b	9.52b	
	广两优 1128	处理	180.0a	236.0a	83.8a	28.0a	9.65a	
		CK	182.2a	239.0a	82.7a	28.0a	9.79a	
2013 年	准两优 527	处理	214.38a	135.9a	90.93a	30.13a	7.98a	湖南杂交水稻研究中心
		CK	213.22a	143.7a	86.51b	29.90a	7.92a	
	广占 63S//R527/0293	处理	201.88a	194.2a	92.35a	28.25a	10.14a	
		CK	201.10a	203.2a	89.10a	27.97a	10.18a	
2011 年	Y 两优 1 号（直播稻）		335.47a	163.5a	82.56a	29.03a	12.80a	长江大学
			331.47a	155.5b	77.91b	28.36b	11.80b	

采用 Tukey 法进行多重比较，同一列小写字母表示 $P < 0.05$ 显著水平。

③Y两优1号在江汉平原作为直播稻种植，施用"立丰灵"能显著增产，较对照增产8.47%，达到显著水平。直播稻一般是无序生长，而"立丰灵"的施用在降低基部节间、提高抗倒伏能力的基础上，还能有效地塑造株型，如使叶角变小、更直立，有利于提高群体光合能力。对上三叶长宽及叶片夹角的测定结果表明（表5-36）：Y两优1号经调控剂"立丰灵"处理后，剑叶、倒2叶和倒3叶的叶片夹角分别较对照缩小9.2°、10.64°和1.43°，这极有利于调整直播稻群体内部的光分布。另一方面，上三叶的长、宽也同时得到调整，长度适当缩短，而宽度增加，其上三叶总面积处理的叶面积为203.29 cm²，反而较对照增加了3.66%。

表5-36 "立丰灵"对超级杂交稻上三叶叶姿调整效果

项目	株高/cm	剑叶			倒2叶			倒3叶		
		叶长/cm	叶宽/cm	夹角/°	叶长/cm	叶宽/cm	夹角/°	叶长/cm	叶宽/cm	夹角/°
处理	137.0	26.79	1.87	14.8	38.72	1.77	12.6	52.91	1.6	13.8
对照	130.4	29.76	1.83	16.3	40.89	1.67	14.1	50.6	1.45	14.0
	5.06	−9.98	2.19	−9.20	−5.31	5.99	−10.64	4.57	10.34	−1.43

注：品种为Y两优1号。

在全国农业技术推广中心的支持下，基于"立丰灵"的抑制性调控技术在南方稻区开展了示范推广应用。在湖南、湖北、江西、安徽和重庆等省（市）的示范结果表明（表5-37），施用"立丰灵"后可实现抗倒增产的目的，其增产幅度在3.9%~18.6%，展现了抑制性栽培技术较好的应用前景。

表5-37 "立丰灵"（调环酸钙+赤霉素）在南方稻区抗倒栽培应用效果

年份	地点	品种	药剂用量/(g/hm²)	产量/(kg/hm²)	较对照/%	实施单位
2008年	重庆秀山清溪场镇	T优300	600	9 486	8.5	
2008年	安徽桐城市青草镇	扬两优六号	600	10 449	8.5	
2008年	江西贵溪市志光镇	赣晚籼30号	600	6 924	18.6	
2009年	湖北武穴市大金镇	扬两优6号	450	10 299	17.3	全国农业技术推广服务中心
2009年	江苏姜堰区沈高镇	南粳44	450	9 683	11.3	
2009年	江西上饶市万年县	岳优华4号	630	8 013	8.0	
2009年	广西桂林全州县才湾镇	陆两优105	315	7 464	6.6	
2009年	广西兴业县城隍镇	Y两优1号	450	8 468	10.1	

续表

年份	地点	品种	药剂用量/(g/hm²)	产量/(kg/hm²)	较对照/%	实施单位
2010 年	湖南醴陵市泗汾镇	陆两优 996	600	7 365	5.0	国家杂交水稻工程技术研究中心
2010 年	湖南赫山区泉交河镇	五优 308	600	7 389	3.9	
2010 年	湖南临澧县九里乡	双 8s/109	600	11 346	5.5	
2010 年	湖南桃源县漆河镇	Y 两优 2 号	600	10 620	4.9	

2. 促进性调控在杂交稻上应用的产量效应

水稻高产稻田抗倒伏栽培实践表明，主要栽培措施均是以有利于根系发育、有利于植株茎秆和叶鞘健壮，实现高产为目的。因此，浅水间歇灌溉、好氧栽培、促根壮秆、配方施肥、节氮栽培、增施硅肥等都是促进性调控，可有效地防止水稻倒伏。过去在高产和超高产栽培实践中，常用固体硅肥来提高高产稻田的抗倒伏能力。但这种固体硅肥含量低且有效性差，在生产实践中难以推广应用。我们通过大量的筛选研究，成功筛选出了一种液态硅钾肥，在较低用量（1 500~3 000 mL/hm²）下，可以实现以前固体硅肥 1 000 kg/hm² 左右的同等功效。因此，促进性调控，主要是基于液态硅钾肥在杂交水稻上的应用效果，鉴于本章已讨论对茎秆、叶鞘抗倒性状的研究结果，本节主要讨论液态硅钾肥对杂交水稻的产量效应。

（1）促进性调控对杂交晚稻产量及产量结构的影响

以超级杂交早稻陆两优 996 为供试品种，液态硅钾肥施用量设 4 个梯度，分别为 0 mL/hm²、1 500 mL/hm²、3 000 mL/hm² 和 4 500 mL/hm²（分别记为 S0、S1、S2、S3），兑水 30 kg，均于倒 4 叶时期均匀喷施。各处理 3 次重复，采用随机区组排列，每小区面积 20 m²。液态硅钾肥中 SiO_2、K_2O 的含量分别为 5.00%、10.00%。栽培管理同当地超级杂交早稻高产田。试验于 2009 年在国家粮食丰产科技工程试验基地浏阳市永安镇进行。

试验结果表明（表 5-38）：施用外源的液态硅钾肥可增加杂交早稻的实际产量，且产量随着用量的增加而增加，处理 S3（4 500 mL/hm²）产量最高，较对照增产 5.8%；S2（3 000 mL/hm²）处理较对照增产 5.0%，但 S3 与 S2 之间的产量差异不显著，S3 与 S1、S2 与 S1 之间的产量差异达到显著水平，S3、S2 与 S0 之间的产量差异分别达极显著水平。因此，可以认为早稻 S2 处理（液态硅钾肥用量 3 000 mL/hm²）可作为杂交早稻最佳的推荐施用量。

喷施液态硅钾肥可增加每穗实粒数和提高结实率。处理 S1（4 500 mL/hm²）、S2（3 000 mL/hm²）、S3（4 500 mL/hm²）的结实率比对照分别增加 6.1%、8.3%、8.0%，其每穗实粒数分别增加 27.8%、4.7%、11.2%。可见在早稻生长中后期喷施液态硅钾肥是通过提高结实率、增加实粒数而促进水稻增产。

表 5-38 液态硅钾肥不同施用量对超级杂交早稻的产量及构成因素的影响

处理	有效穗 /（万穗/hm²）	每穗总粒数 /（粒/穗）	每穗实粒数 /（粒/穗）	结实率 /%	千粒重 /g	实际产量 /（t/hm²）
S0	285.15b	112.6b	81.4b	72.5Bb	29.62a	6.20Bb
S1	283.65b	135.6a	104.0a	76.9ABa	29.26a	6.29ABb
S2	301.65a	108.6b	85.2b	78.5Aa	29.81a	6.51Aa
S3	303.30a	115.6b	90.5ab	78.3Aa	30.10a	6.56Aa

小写字母表示 5% 的显著水平，大写字母表示 1% 的显著水平。

（2）促进性调控对杂交晚稻产量及产量结构的影响

以两系高产杂交晚稻品种 C 两优 396 为供试品种，液态硅钾肥施用量设 4 个梯度，分别为 0 mL/hm²、1 500 mL/hm²、3 000 mL/hm² 和 4 500 mL/hm²（分别记为 T0、T1、T2、T3），兑水 30 kg，均于倒 4 叶时期均匀喷施。各处理 3 次重复，采用随机区组排列，每小区面积 30 m²。液态硅钾肥中 SiO_2、K_2O 的含量分别为 5.00%、10.00%。栽培管理同当地超级杂交晚稻高产田。试验于 2010 年在长沙县春华镇国家杂交水稻工程技术研究中心试验基地进行。

试验结果表明（表 5-39）：液态硅钾肥施用量为 0~3 000 mL/hm² 时，C 两优 396 的产量均随施用量的增加而增加，产量最高的液态硅钾肥施用量为 T2（3 000 mL/hm²），较对照增产 6.12%，且增产达显著水平。与杂交早稻施用量不同的是，液态硅钾肥施用量为 3 000~4 500 mL/hm² 时，产量出现拐点，即 T3 的产量并没有随着硅钾肥用量的增加而同步提高，但仍较对照显著增产。表明本试验中液态硅钾肥 3 000 mL/hm² 为最佳施用量。

液态硅钾肥施用量在 4 500 mL/hm² 时，产量出现拐点，这一现象值得深入研究。或许晚季灌浆期正是气温由高到低的过程，相对较多的硅钾用量没有发挥其作用。而且，我们还同时发现，早季或一季稻灌浆期遇高温时，施用液体硅钾肥能有效降低高温对水稻灌浆带来的不利影响。

表 5-39　液态硅钾肥不同用量对超级杂交晚稻产量及构成因素的影响

处理	有效穗/（万穗/hm²）	穗长/cm	每穗总粒数/（粒/穗）	每穗实粒数/（粒/穗）	结实率/%	千粒重/g	理论产量/（t/hm²）	实际产量/（t/hm²）
T0	289.05bc	22.06a	111.0b	89.1b	80.24b	29.29a	7.54b	7.19b
T1	283.95c	22.57a	121.7a	103.3a	84.85ab	28.99a	8.50ab	7.28ab
T2	312.75a	22.62a	119.8a	105.8a	88.32a	29.26a	9.68a	7.63a
T3	297.15b	22.52a	119.7a	101.3a	84.65ab	29.13a	8.77ab	7.45a

进一步分析其产量构成因素，施用液态硅钾肥的有效穗、每穗粒数、结实率都有增加，但用量不同对各因素的影响也不尽相同。有效穗、每穗实粒数和结实率的变化与产量变化基本一致，随硅钾肥用量的增加而增加，至施用量为 3 000 mL/hm² 时达最大值，超过这一用量反而有所降低。其中施用液态硅钾肥的 T2（3 000 mL/hm²）处理的有效穗、结实率及液态硅钾肥处理的每穗粒数均显著高于对照。其中 T2（3 000 mL/hm²）处理在每穗总粒数增加的同时，结实率还较对照增加 10%，且两者均达到显著水平。这一特点值得深入研究。但硅钾肥处理的千粒重均比对照略有降低，各处理间差异不明显。从产量构成因素看，T2（3 000 mL/hm²）处理的有效穗、每穗粒数、结实率显著高于 T0，是其实现高产的主要因素。

（3）促进性调控对杂交中稻产量及产量结构的影响

为了更好地研究液态硅钾肥在杂交中稻上应用的效果，我们同时研究了施用的最佳时期和不同生态区一季稻的示范比较。

最佳施用时期试验以超级杂交中稻 Y 两优 1 号为供试品种，液态硅钾肥设 3 个时期/处理，即：B0 为空白对照（不喷施液态硅钾肥）、B1 为倒 4 叶期喷施液态硅钾肥、B2 为倒 3 叶期喷施液态硅钾肥，试验施用浓度为 3 000 mL/hm²，兑水 30 kg。各试验处理 3 次重复，采用随机区组排列，每小区面积 20 m²。液态硅钾肥中 SiO_2、

K_2O 的含量分别为 5.00%、10.00%。栽培管理同当地超级杂交中稻高产田。试验于 2010 年在长江大学试验基地荆州太湖农场进行。

试验结果表明（表 5-40），倒 3 叶和倒 4 叶喷施硅钾肥后，理论产量和实际产量均有不同程度的提高，与对照相比达显著差异。实际产量分别增加 0.74 t/hm²、0.84 t/hm²，增产幅度分别为 9.6% 和 10.9%。倒 4 叶期喷施硅钾肥和倒 3 叶期喷施硅钾肥两个处理间，除理论产量外，实际产量差异不显著。比较对照，两个处理产量构成因子互有增减，倒 4 叶期喷施硅钾肥可提高水稻的成穗数、每穗粒数、结实率和千粒重，倒 3 叶期喷施的成穗数、结实率也有提高，而每穗粒数、千粒重稍有降低，但差异均不明显。总言之，无论是倒 3 叶期还是倒 4 叶期，喷施液态硅钾肥对水稻增产效果有明显差异，能提高水稻的有效穗数和结实率，从而提高水稻的经济产量。而相比之下，倒 4 叶期喷施产量结构更能得到优化和增产，因此，在生产实践中推荐最佳喷施时期为倒 4 叶期。

表 5-40 液态硅钾肥不同施用时期对 Y 两优 1 号产量及构成因素的影响

处理	有效穗 /（万穗 /hm²）	每穗粒数 /（粒 /穗）	结实率 /%	千粒重 /g	理论产量 /（万穗 /hm²）	实际产量 /（t/hm²）
倒 4 叶期喷施	228.00a	214.68a	81.98a	23.44a	9.40aA	8.56aA
倒 3 叶期喷施	234.00a	200.11a	84.43a	23.04a	9.09bAB	8.46aA
对照	220.03a	211.87a	80.06a	23.29a	8.69cB	7.72bB

注：小写字母表示 5% 的显著水平，大写字母表示 1% 的显著水平。

基于前面的研究，我们结合国家科技支撑计划项目，于 2010 年在湖南"粮食丰产科技工程"试验基地溆浦县、临澧县、龙山县、桃源县和澧县等地进行比较试验。将所选择的稻田一分为二，其中一半田块于晒田复水后立即喷施液态硅钾肥，喷施浓度为 3 000 mL/hm²，兑水 30 kg，另一半为空白对照（喷施清水）。其他农事安排及田间管理均按当地正常的田间管理措施进行。

示范测产结果表明（表 5-41）：溆浦县 Y 两优 2 号、临澧县双 8s/109、龙山县两优 1128、桃源县 Y 两优 3399 和澧县皖稻 153 施用液态硅钾肥后增产率在 3%~10%，均表现出增产效果。叶面喷施硅钾肥后，均表现为穗实粒数的增加；硅钾肥处理的结实率也均有提高。可见叶片喷施硅钾肥可通过提高每穗实粒数来增加超级杂交中稻的产量。

表 5-41　液态硅钾肥对中稻的产量及构成因素的影响

品种	处理	有效穗/（万穗/hm²）	每穗总粒数/（粒/穗）	每穗实粒数/（粒/穗）	结实率/%	千粒重/g	理论产量/（t/hm²）	实际产量/（t/hm²）
溆浦县 Y两优2号	硅钾肥	222.00	215.9	193.8	89.8	25.5	10.97	10.01
	对照	220.50	216.4	192.3	88.8	25.5	10.81	9.64
临澧县 双8s/109	硅钾肥	253.50	—	199.6	—	27.3	13.79	11.72
	对照	250.50	—	196.2	—	27.3	13.40	11.39
龙山县 两优1128	硅钾肥	235.50	212.1	195.3	92.0	28.6	13.17	12.69
	对照	237.00	210.9	189.1	89.6	28.6	12.79	12.24
桃源县 Y两优3399	硅钾肥	229.50	249.7	204.2	81.8	27.0	12.63	12.29
	对照	235.50	229.3	181.7	79.2	27.0	11.54	11.17
澧县 皖稻153	硅钾肥	224.25	203.1	188.1	92.59	28.5	12.02	9.75
	对照	226.35	196.8	169.0	86.00	28.5	10.90	9.00

第六章　高产稻田微生物特征及其调控

土壤微生物既是土壤有机物与难溶于水的无机物转化而成,又是植物营养元素的活性库,水稻土壤微生物的种群数量直接关系到水稻土壤中有机质的分解和矿质元素的转化,影响水稻对营养元素的吸收和利用。微生物活性高低可以代表土壤中物质代谢的旺盛程度,在一定程度上反映作物对营养物质的吸收利用和生长发育状况等,是土壤肥力的一个重要指标;提高土壤有益微生物活性能够促进植物生长、防治和减轻病虫危害,增加作物产量。近年来,许多学者对不同作物的土壤微生物的数量和组成进行了研究。

微生物肥料是指一类含有活性微生物的特殊制剂,应用于农业生产中能获得特定的肥料效应。在这种效应的产生过程中,只有集中的活性微生物发挥着关键作用。微生物肥料施入土壤以后,利用微生物的生命活动将空气中的惰性氮素转化为作物可直接吸收的离子态氮素,将土壤中难溶的无机物变成可溶性的无机物,增加土壤中的肥效。微生物肥料不仅增加土壤中的大量有效 N、P、K 的含量,而且还增加植物需要的各种微量元素,将作物不能从土壤中直接利用的物质转化为可被吸收利用的物质,协助农作物吸收营养,改善作物营养条件,抑制减少病原菌等有害微生物的生长,增强作物抗病、抗旱能力;土壤中大量有益微生物的活动使土壤有机质更快地增加和形成腐殖质,加速土壤团粒结构的形成,提高土壤肥力,改善土壤理化性状,增强土壤保肥保水能力,同时,某些微生物具有降解有毒物质的能力,从而提高作物的产量和品质。微生物分解有机质形成腐殖质并释放养分,且同化土壤碳素和固定无机营养形成微生物量,由于微生物体自身含有碳、氮、磷、硫等各种元素,是土壤有效养分的贮备库。土壤微生物参与土壤 C、N、P、S 等元素的循环过程和土壤矿物的矿化过程。在微生物作用下,有机养分不断分解转化成植物可吸收利用的有效养分,同时释放出被土壤固定的养分。微生物在旺盛生命活动过程中降解生物能源物质而产生各种酸类物质，具有保护土壤有效磷，转化难溶性磷的作用，可提高各类土壤有效磷含量，增强土壤供磷能力。土壤有效磷含量随微生物的增加而增加，难溶性无机磷转化强度随磷细菌增加而增加。微生物还能固定土壤中已流失的养分。微生物量能反映土壤中能量循环、养分转移和运输速率以及有机物质转化所对应的微生物数量，在区别长期和短期土壤处理方面非常敏感，不受无机氮直接影响，常被用于土壤生物学性状。土壤生态系统功能主要由土壤微生物机制所控制，土壤微生物能帮助植物适应养分胁迫环境，改善土壤养分的吸收利用；土壤微小变动均引起土壤微生物多样性变化，并与土壤生态稳定性密切相关，在能够精确测定土壤有机质变化之前，微生物群体动态是土壤微妙变化的最好证明。土壤是具有生物活性的类生物体，具有复杂的生命现象和特殊的代谢过程，其新陈代谢过程由生化反应实现。微生物生命活动是推动土壤中各种生化反应的动力。有机质是微生物营养和能量的主要来源，土壤微生物活性严格受土壤营养有效性限制，土壤中不同类群微生物利用不同有机质作营养及能量来源，其有机、无机产物可供其他微生物利用，故土壤微生物能较早预测土壤有机质的变化过程，被作为土壤质量的灵敏指标。微生物在农业生产中的重要作用是不言而喻的。

　　施用化肥使土壤结构恶化、肥力下降、农产品品质低、农业生产成本上升，对生态环境造成威胁，建立合理的施肥制度，为促进土壤良性生态循环提供科学依据。无机N、P、K和FYM（有机肥）、CON（对照，不施肥）处理相比，FYM（有机肥）处理的有机碳和总氮吸收远远比另两种要高。实验进一步发现，用FYM施肥处理过的土壤中，微生物的碳和酶活性大大提高。表明有机肥有利于土壤有益微生物的生长形成，无机N、P、K在一定条件下抑制微生物的生长。近年来，世界农业出现的土地资源退化和农业生态环境恶化等问题使人们更加关注生态系统变化的研究，其中土壤微生物因其在养分持续供给、肥料有效利用、有害生物综合防治及土壤保持方面起着重要作用，已越来越受到人们的关注。近年来已日益关注用土壤微生物参数来估计土壤的健全性和质量。通过对稻田中土壤微生物和施肥的效果来探讨不同施肥条件下土壤微生物的数量变化及与土壤肥力和产量的关系，为获得作物稳产高产的土壤生态环境提供指导。由于微生物活性、土壤中可被微生物利用而不能被植物利用，在试验过程中，通过加入不同组成的无机肥进行对比试验，将微生物肥料当作一种辅助肥料，试图通过试验揭示微生物肥料的最大肥效、微生物肥料与无机肥料的最适量比关系，主要是通过它们与产量的对应关系来显示。

第一节 高产稻田微生物群落分布

近来，随着生产条件的改善、品种生产力的演进以及增施氮肥栽培技术等，水稻单产不断提高，对减缓粮食压力起了重要作用。前面章节已分别介绍了栽植方式和施肥水平对超级杂交中稻产量及某些生理特性的影响，本章重点介绍栽植方式（移栽密度）和施肥水平对超级杂交水稻的综合影响。本试验在不同栽插密度（行距）条件下，研究不同施肥量对产量形成和生理特性的影响，为水稻优质高产高效施肥技术提供理论和实践依据。

试验于 2006 年和 2007 年在湖南杂交水稻研究中心试验田进行。试验品种为两优 0293。本研究设 3 个施肥水平：N1（不施肥）为对照；N2（低氮，135 kg/hm²）；N3（中氮，270hm²）；N4（高氮，405hm²）；基蘖肥：穗粒肥 =6：4；N、P、K 配比如下：N：P：K 为 1：0.5：0.8；密度也设 3 个水平：M1（33.3 cm×33.3 cm）；M2（26.6 cm×26.6 cm）；M3（26.6 cm×20 cm）。试验采用裂区试验，以肥料为主区，以密度为副区，小区均随机排列。4 次重复。小区拉线划行作埂，埂面覆盖塑料薄膜，面积 32 m²，单灌单排。5 月 21 日播种，湿润育秧。6 月 11 日移栽，每穴 2 苗，秧苗带茎蘖数、叶龄基本一致，田间管理同大田栽培（表 6-1）。全生育期采用无污染浅水灌溉，不晒田。全程进行病虫防治。田间试验排列见表 6-2。

表 6-1 每小区（32 m²）的施肥量

处理	肥料类别	基蘖肥/（kg/32m²）	穗粒肥/（kg/32m²）
N1	NPK	0	0

续表

处理	肥料类别	基蘖肥/（kg/32m²）	穗粒肥/（kg/32m²）
N2	N肥 P肥、K肥	复合肥 1.5 kg 尿素 0.1 kg	尿素 0.4 kg 钾肥 0.24 kg
N3	N肥 P肥 K肥	复合肥 3 kg 尿素 0.2 kg	尿素 0.8 kg 钾肥 0.48 kg
N4	N肥 P肥 K肥	复合肥 4.5 kg 尿素 0.3 kg	尿素 1.2 kg 钾肥 0.72 kg

表 6-2 田间试验排列如下

重复 Ⅰ

| N2
M1M2M3 | N4
M2M1M3 | N3
M2M3M1 | N1
M2M3M1 |

重复 Ⅱ

| N3
M3M1M2 | N4
M1M3M2 | N2
M2M1M3 | N1
M1M3M2 |

重复 Ⅲ

| N2
M1M2M3 | N3
M3M1M2 | N1
M1M2M3 | N4
M2M1M3 |

重复 Ⅳ

| N1
M2M3M1 | N3
M3M2M1 | N4
M3M2M1 | N2
M2M1M3 |

一、不同处理对产量与产量构成因素的影响

分析试验结果表明，各施肥处理间的产量差异达极显著水平，不同施氮处理的每公顷产量分别在 7 t、8 t、9 t、10 t 4 个台阶，说明两优 0293 的产量潜力较大，氮肥运筹对超级杂交稻产量的影响显著，总体上为施氮量越低，产量较低（表 6-3）。如施氮水平低于 N2（135 kg/hm²），产量低于 9 t/hm²。唐启源等（2002）得出施氮水平在 0~130 kg/hm²，产量在 9 t/hm² 以下。施氮水平等于 N2（135 kg/hm²），产量大于 9 t/hm²，但小于 10 t/hm²，施氮水平 N3 处理（270 kg/hm²）的平均产量达 10.07 t/hm²，个别小区达 12 t/hm²。施氮量与产量的关系呈单峰曲线，以

270 kg/hm² 施氮量处理产量最高。在施氮量 135~270 kg/hm² 的范围内增产效应明显。密度理论产量都是 M1 < M2 < M3，实际产量，不施氮时，以中等密度（M2，26.6 cm×26.6 cm）产量最高。低氮水平 N2 下，以低密度（M1，33.3 cm×33.3 cm）最高。中氮水平 N3 下，以高密度（M3，20 cm×26.6 cm）产量最高。高氮水平 N4 下，以中等密度（M2，26.6 cm×26.6 cm）产量最高。综合来看，以 N3M3 处理产量最高，实际产量达 10.9 t/hm²。各施氮处理的株高没有明显差异，株高随着施氮水平提高而有所升高，超过一定水平后，随施氮水平进一步提高，株高反而有所回落，但升高降低都不显著。穗长也呈同样的趋势，随施氮水平增加而增加，超过一定限度后，不升反降。

从产量结构看，各施肥处理间的千粒重差异显著，不施肥处理（N1）千粒重最大，随着施氮水平提高，千粒重下降；但同一施肥处理不同密度之间差异极小。有效穗数随施氮水平的提高而增加，但超过一定限度，不升反而有所下降，但幅度不大，如果只从施氮量来进一步分析，施氮量 135 kg/hm² 以上和以下的处理间，有效穗数存在较大差异，但施氮量 135 kg/hm² 以上的处理间基本差异很小。同一施氮水平下，都是稀密度（M1）有效穗数远小于中密度（M2）和高密度（M3）。但中密度（M2）和高密度（M3）之间差异很小。其中以 N3M3 处理有效穗数最多，达 283.1 万穗/hm²。每穗粒数与施氮水平存在显著正相关，从 N1 到 N2，随施氮水平上升每穗粒数增加，到了一定水平，再增加施氮水平，从 N3 到 N4，每穗粒数反而下降。中期施穗粒肥，说明施氮水平对超级杂交稻产量形成的影响，在较低施氮水平下表现为对穗数的影响，但在较高施氮水平下主要表现为对每穗粒数的影响。在同一施氮水平内，都是 M1 显著大于 M2、M3，而 M2、M3 间基本没差异。结实率除高氮处理（N4）外，其余相差较小。同一施氮水平内，不同密度间差异不显著。

表 6-3 两优 0293 不同处理的产量及产量构成

处理	株高/cm	穗长/cm	有效穗/（万穗/hm²）	每穗总粒数/（粒/穗）	结实率/%	千粒重/g	理论产量/（t/hm²）	实际产量/（t/hm²）	收获指数
N1M1	102.6	25.4	189.5	212.9	82.1	24.0	7.95	7.31d	0.541 4
N1M2	99.9	23.4	221.2	182.6	87.8	24.2	8.58	7.90d	0.526 1

续表

处理	株高/cm	穗长/cm	有效穗/（万穗/hm²）	每穗总粒数/（粒/穗）	结实率/%	千粒重/g	理论产量/（t/hm²）	实际产量/（t/hm²）	收获指数
N1M3	105.4	24.4	229.7	184.4	84.9	24.4	8.77	7.65d	0.508 1
平均值	102.6	24.4	213.5	193.3	84.9	24.2	8.43	7.65d	0.525 2
N2M1	112.4	26.2	216	231.3	82.9	23.6	9.77	9.7b	0.504 5
N2M2	111.6	25.9	250.6	197.8	83.1	23.9	9.84	9.4b	0.506 2
N2M3	107.4	25.0	270	196.3	83.0	23.9	10.5	9.3b	0.488 7
平均值	110.5	25.7	245.5	208.5	83.0	23.8	10.04	9.5b	0.599 8
N3M1	111.9	24.4	222.3	222.3	83.6	23.1	9.5	9.0b	0.5481
N3M2	115.0	25.4	273	201.5	83.5	24.0	11.02	10.3a	0.588 7
N3M3	114	24.0	283.1	184.8	86.7	24.3	11.02	10.9a	0.584 2
平均值	113.6	24.4	259.5	202.9	84.6	23.8	10.51	10.07a	0.573 7
N4M1	108.5	23.4	221.4	196.5	82.1	23.1	8.25	8.1c	0.387 6
N4M2	107.4	24.7	264.6	183.3	83.3	23.4	9.45	9.1b	0.441 4
N4M3	113.9	23.5	270	182.6	81.2	23.7	9.49	8.8c	0.445 9
平均值	109.9	23.9	252	187.5	82.2	23.4	9.06	8.8c	0.425 0

二、不同处理的群体结构特点

1. 不同处理对分蘖发生动态的影响

不同时期不同施氮处理的茎蘖动态图表明，各施氮处理的茎蘖动态差异，从分蘖中期后没有太大的变化，说明两优0293的茎蘖数较为稳定。不同处理的分蘖高峰期发生在移栽后35～40 d，高峰期苗数均随施氮水平上升而增加，随密度增加而增加。不同密度的分蘖动态都是稀的（M1）小于密的（M2、M3），不施氮时，M2与M3基本没差异，施氮水平提升后，M2与M3差异也较小，但都与M1有显著差异，分蘖数远大于M1（表6-4）。本试验条件下，不适宜超级稻高产栽植，不能保证高产所需足够的分蘖数和有效穗数。以有效穗数最多、中等、最少三种处理为代表，作综合影响分蘖动态图（图6-1），进一步分析发现，在135 kg/hm²及其以上，M3（20 cm×26.6 cm）的栽植密度时，有效分蘖数均能达到270万/hm²以上，而且处理间差异极小。其中以N3M3处理有效分蘖数最多，达283.1万/hm²。

表 6-4　不同处理对分蘖发生动态的影响　　　　单位：苗/m²

处理	移栽后天数/d											
	15	20	25	30	35	40	45	50	55	60	65	90
N1M1	61.2	80.1	139.5	200.7	224.6	256.9	221.4	203.9	203.0	198.0	195.0	189.5
N1M2	84.7	124.6	198.8	305.2	343.7	326.2	266.0	250.2	246.4	238.0	231.0	221.2
N1M3	138.8	172.5	285.9	403.1	458.4	412.5	285.9	268.1	265.0	261.6	257.8	229.7
平均值	94.9	125.7	208.1	303.0	342.2	331.9	257.8	240.9	238.1	232.5	227.9	213.5
N2M1	54.5	79.2	147.6	220.5	246.2	257.9	234.9	223.7	220.0	217.0	216.7	216.0
N2M2	95.2	141.4	231.0	363.3	408.8	394.8	310.1	287.0	282.0	276.0	273.0	250.6
N2M3	107.8	165.0	273.8	409.7	490.3	489.4	323.4	299.1	290.1	281.2	277.5	270.0
平均值	85.8	128.5	217.5	331.2	381.8	380.7	289.5	269.9	264.0	258.1	255.7	245.5
N3M1	65.3	99.0	184.5	298.4	354.6	344.3	294.3	275.5	271.2	269.1	268.7	222.3
N3M2	126.0	198.1	323.4	466.9	527.8	493.5	355.6	306.6	300.1	290.2	286.3	273.0
N3M3	121.9	189.4	309.4	468.8	531.6	534.4	373.1	319.7	312.1	302.9	301.9	283.1
平均值	104.4	162.2	272.4	411.4	471.3	457.4	341.0	300.6	294.5	287.4	285.6	259.5
N4M1	67.5	114.3	190.4	279.5	351.9	353.7	275.4	272.3	272.0	271.8	271.2	221.4
N4M2	114.1	178.5	291.2	456.4	540.4	518.7	351.4	328.3	318.2	308.3	304.5	264.6
N4M3	135.9	227.8	394.7	574.7	646.9	682.5	411.6	366.6	346.1	331.2	329.1	270.0
平均值	105.8	173.5	292.1	436.9	513.1	518.3	346.1	322.4	312.1	303.8	301.6	252.0

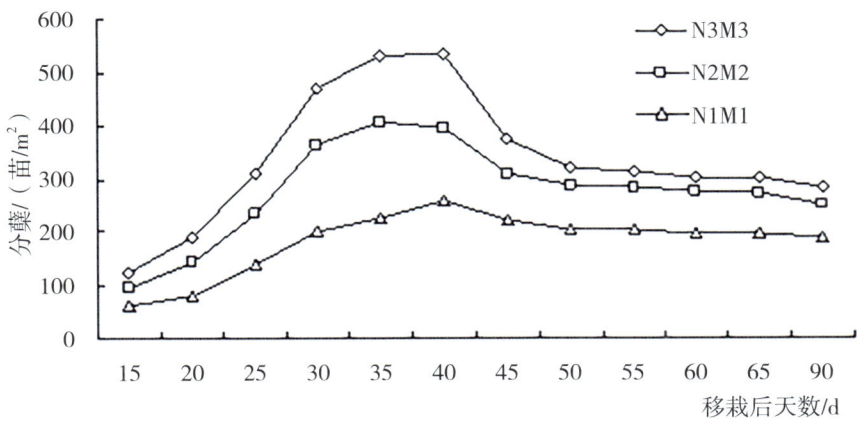

图 6-1　不同施肥与密度综合影响分蘖动态

2. 不同处理条件下的干物质积累与分配特点以及叶面积指数

植株干物质积累量是水稻产量形成的重要基础。不同施肥处理间的地上部干物质积累差异，随生育进程的推进而逐渐加大，施氮处理对光合产物累积的影响主要表现在中后期（图 6-2）。

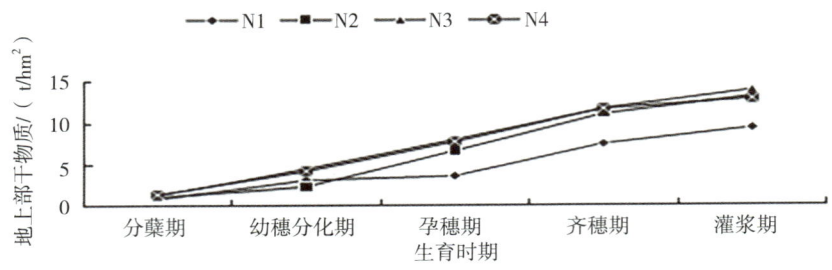

图 6-2 不同施肥处理的干物质积累动态

不同时期不同处理下的干物质分配比例在抽穗以前没有明显不同，但在抽穗以后存在规律性的差异（表 6-5）。各生育期特别是孕穗期、齐穗期叶片的干物质比例，以施氮量较少、产量较低的处理较小，以 N3M3 处理产量最高，叶片的干物质比例最大。说明孕穗期、齐穗期叶片维持一定水平的光合产物比例，对于超级稻防止早衰和夺取高产是有利而必要的。成熟期残存于秸秆中的干物质比例，与抽穗期相反，以产量较低的处理较高，表明这些施氮处理的光合产物转运不完全，可能与其早衰、导致运输不畅有关。

表 6-5 两优 0293 不同时期不同处理下的干物质分配比例　　　　单位：%

处理	孕穗期		抽穗期			成熟期		
	叶	茎鞘	叶	茎鞘	穗	叶	茎鞘	穗
N1M1	33.3	66.7	22.3	46.2	31.5	31.8	29.9	38.3
N1M2	35.2	64.8	23.6	40.6	35.8	34.2	32.2	33.6
N1M3	32.6	67.4	19.7	40.9	39.4	33.2	31.1	35.7
平均值	33.7	66.3	21.9	42.6	35.6	33.1	31.1	35.8
N2M1	37.1	62.9	28.2	47.4	24.4	32.1	26.8	41.1
N2M2	34.8	65.2	24.5	45.2	30.3	38.4	24.9	36.7
N2M3	36.5	63.5	26.8	45.8	27.4	31.7	26.6	41.7
平均值	36.1	63.9	26.5	46.1	27.4	34.1	26.1	39.8
N3M1	42.2	57.8	34.4	48.1	17.5	39.1	28.2	32.7
N3M2	36.9	63.1	29.8	49.6	20.6	39.5	37.2	23.3
N3M3	42.0	58.0	36.2	49.0	14.8	34.2	30.6	35.2
平均值	40.4	59.6	33.5	48.9	17.6	37.6	32.0	30.4
N4M1	45.4	54.6	32.9	52.6	14.5	32.6	30.2	37.2
N4M2	44.3	55.7	35.0	47.0	18.0	32.8	29.3	37.9
N4M3	40.3	59.7	30.5	45.2	24.3	33.6	31.5	34.9
平均值	43.3	56.7	32.8	48.3	18.9	33.1	30.3	36.6

叶面积指数是反映群体生长快慢的一个重要指标。由表 6-6 可知，叶面积指数的趋势表现为，随施氮量增加，叶面积指数逐渐增大（$r=0.9783^{**}$）；随生育期推进，叶面积指数增大，除 N1（不施肥，对照）以孕穗期的叶面积指数最大外，其余处理 N2、N3、N4 均以齐穗期的叶面积指数最大，齐穗期后逐渐下降。同一施肥水平下，随密度增加，叶面积指数增加，但齐穗期，N3、N4 施肥处理有波动。

表 6-6 不同时期两优 0293 不同处理下的叶面积指数

处理	分蘖期	幼穗分化后期	孕穗期	齐穗期
N1M1	0.74	2.03	4.33	4.01
N1M2	1.05	2.84	5.41	5.05
N1M3	1.01	3.19	6.02	5.12
平均值	0.93	2.69	5.25	4.73
N2M1	0.92	2.48	6.33	6.67
N2M2	1.48	3.99	5.90	6.30
N2M3	1.40	4.09	6.08	8.70
平均值	1.27	3.52	6.10	7.22
N3M1	1.04	2.55	5.41	8.40
N3M2	1.88	4.98	6.51	8.01
N3M3	1.99	5.56	8.40	9.37
平均值	1.64	4.36	6.77	8.59
N4M1	1.01	2.68	6.95	8.99
N4M2	1.42	3.91	7.26	9.49
N4M3	2.41	5.10	6.83	8.23
平均值	1.61	3.90	7.01	8.90

3. 不同处理对群体结构的影响

不同处理的基本苗随密度增加而增加，随施氮水平上升而增加。最高苗数也是随施氮水平上升而增加，随密度增加而增加。有效穗随着施氮水平的上升而增加，N3 后稍有下降。在同一施氮水平下，随密度增加而增加，M2、M3 比 M1 有显著增加。成穗率随氮水平上升而减少，但差异不显著。在同一施氮水平下，随密度增加，成穗率减少，差异显著。但 N3M2 稍有特例，可能是误差所致。抽穗期叶面积指数随氮水平上升而升高，但跟密度无显著相关性。凌启鸿等认为抽穗期单茎茎鞘重对群体质量具有较大意义，在本试验中，随施氮水平上升，抽穗期单茎茎鞘重稍有下降，差异不显著，不施氮最低。单茎叶片重随施氮水平上升而增重，但 N3 后稍有下降（表6-7）。产量在 8 t/hm² 以下的 N1，其单茎叶重相应较低（<1.0 g），这可能与两优0293极好的株叶型有关，同时也表明超级杂交稻超高产对源器官的要求与一般杂交稻组合不同，其抽穗期单茎叶片重应达到一定水平（1.1~1.6 g）。

表6-7 不同处理的植株群体结构及抽穗期干物重、粒叶比

处理	基本苗/ (万穗/hm²)	最高苗/ (万穗/hm²)	有效穗/ (万穗/hm²)	成穗率/%	抽穗期			粒叶比/ (粒/cm²)
					叶面积指数	单茎叶片干重/g	单茎茎鞘干重/g	
N1M1	61.2	256.9	189.5	73.8	4.01	0.910	1.887	1.004
N1M2	84.7	343.7	221.2	64.4	5.05	0.967	1.664	0.810
N1M3	138.8	458.4	229.7	50.1	5.12	0.902	1.874	0.878
平均值	94.9	353.0	213.5	52.7	4.73	0.926	1.808	0.897
N2M1	54.5	257.9	216.0	83.7	6.67	1.324	2.229	0.750
N2M2	95.2	408.8	250.6	61.3	6.30	1.073	1.981	0.791
N2M3	107.8	490.3	270.0	55.1	8.70	1.422	2.433	0.592
平均值	85.8	385.7	245.5	66.7	7.22	1.273	2.214	0.711
N3M1	65.3	354.6	222.3	62.7	8.40	1.628	2.272	0.586
N3M2	126.0	527.8	273.0	51.7	8.01	1.259	2.094	0.687
N3M3	121.9	534.4	283.1	53.0	9.37	1.419	1.919	1.107
平均值	104.4	472.3	259.5	55.8	8.59	1.435	2.095	0.660
N4M1	67.5	353.7	221.4	62.6	8.99	1.714	2.742	0.492
N4M2	114.1	540.4	264.6	49.0	9.49	1.531	2.053	0.514
N4M3	135.9	682.5	270.0	39.6	8.23	0.708	1.050	0.559
平均值	105.8	525.5	252.0	50.4	8.90	1.318	1.948	0.522

叶面积指数和粒叶比的趋势表现为随施氮量增加而逐渐增大，虽颖花数也相应增加，但粒叶比呈减少趋势，说明施氮对叶面积的增加作用超过了对颖花的促进作用。其中施氮量最高的 N4 处理叶面积指数最高，而粒叶比最低，表现为群体结构开始失调。因此，如何协调叶面积指数和粒叶比的关系，是超级杂交稻施肥需要探讨的重要问题。

4. 不同处理对株叶型的影响

不同处理施氮水平对株高有显著影响，N1、N2、N3、N4 水平下的株高差异显著。随着施氮水平上升，株高增高。在同一施氮水平下，移栽密度不同，株高也有差异。

但不同的施氮水平下,密度影响株高的显著性不同。N1 水平下,不同密度下的株高差异不显著。N2 水平下,稀植(M1,33.3 cm×33.3 cm)和密植(M3,20 cm×26.6 cm)差异显著,但都与中等密度(M2,26.6 cm×26.6 cm)差异不显著。N3 水平下,M1 株高显著高于 M2、M3 的株高,N4 水平下,M1 株高高于 M2,显著高于 M3 的株高。综合来看,施氮水平最高移栽密度最稀的 N4M1 处理的株高最高(表 6-8)。

表 6-8 不同处理成熟期的株高以及顶部三片叶与垂直穗轴夹角

处理	株高 /cm	倒 3 叶与穗轴夹角 /°	倒 2 叶与穗轴夹角 /°	倒 1 叶(剑叶)与穗轴夹角 /°
N1M1	120.6a	46.25a	31.75a	28.75a
N1M2	119.2a	39.00a	27.25b	29.75a
N1M3	116.9a	40.25a	28.00ab	34.25a
N1	118.9d	41.83a	29.00a	30.92b
N2M1	135.7a	37.25a	26.25b	34.50b
N2M2	131.9ab	39.75a	27.50b	45.25a
N2M3	131.1b	34.75a	34.75a	37.25ab
N2	132.9c	37.25bc	29.50a	39.00a
N3M1	141.5a	40.25a	28.25b	27.50b
N3M2	137.2b	37.25a	28.25b	34.50b
N3M3	137.2b	38.50a	33.00a	46.00a
N3	138.6b	38.67ab	29.83a	36.00ab
N4M1	143.6a	36.00a	28.75a	36.75a
N4M2	142.1ab	32.75a	30.25a	43.40a
N4M3	138.9b	34.25a	32.50a	43.25a
N4	141.5a	34.33c	30.50a	41.13a

数字后字母标示,LSD 显著性为 5% 显著水平。

由上可见,倒 3 叶与垂直穗轴的夹角,不同施氮水平间有显著差异,但同一施氮水平不同密度处理间,无显著差异。N1 水平下倒 3 叶夹角显著大于 N2、N4 处理下的夹角,不显著大于 N3 处理下的夹角。说明倒 3 叶夹角与密度无关,而与施氮水平有关。倒 2 叶与垂直穗轴的夹角,不同施氮水平间无显著差异,但同一施氮水平不同密度处理间,有的有显著差异。N1 水平下,M1 与 M2 有显著差异;N2、N3 水平下,M3 与 M1、M2 有显著差异;N4 水平下,不同密度间无显著差异。不同密度间,M3 与 M1、M2 有显著差异,M1 与 M2 间无显著差异。倒 1 叶与垂直穗轴的夹角，不同施氮水平间 N1 与 N2、N3、N4 处理间有显著差异，同一施氮 N1、N4 水平下不同密度处理间，也无显著差异。

三、不同处理对叶片及光合特性的影响

1. 不同处理对 SPAD 值的影响

叶片 SPAD 值（相对叶绿素含量）在分蘖期，通过测叶龄为 8.5 时的 8 叶，随着施氮水平的上升，SPAD 值随之上升。到了齐穗期，剑叶已完全长出，通过测剑叶的 SPAD 值，随施氮量水平上升，SPAD 值反而减少。SPAD 值 N1（不施氮）小于 N2、N3，但略大于 N4。不同时期，叶片均表现为 SPAD 值叶前段最小，叶后段最大，叶中段中等。密度与 SPAD 值没有明显规律性（表 6-9）。

表 6-9 不同处理不同生育时期叶绿素 SPAD 值

处理	分蘖期（测 8.5 叶龄的 8 叶）				齐穗期（测剑叶）			
	叶前	叶中	叶后	平均值	叶前	叶中	叶后	平均值
N1M1	41.2	44.8	46.4	44.1	45.0	46.4	47.4	46.3
N1M2	39.6	43.9	45.6	42.3	42.9	46.2	44.9	44.7
N1M3	39.2	44.7	47.1	43.7	42.7	42.9	44.1	43.2
平均值	40.0	44.5	46.4	43.4	43.5	45.2	45.5	44.7
N2M1	42.3	46.3	48.7	45.7	46.8	49.1	50.0	48.6
N2M2	41.1	45.2	46.6	44.3	43.7	44.4	44.2	44.1
N2M3	42.8	45.8	47.2	45.3	43.9	46.1	45.1	45.0
平均值	42.1	45.8	47.5	45.1	44.8	46.5	46.4	45.9
N3M1	42.0	48.1	50.6	46.9	45.6	44.5	45.5	45.1
N3M2	41.5	46.4	48.3	45.4	43.0	45.0	44.8	44.3
N3M3	42.2	46.3	49.0	45.8	43.9	46.1	45.6	45.2
平均值	41.9	46.9	49.3	46.0	44.2	45.1	45.3	44.9
N4M1	43.5	46.6	48.6	46.2	44.5	42.9	45.9	44.4
N4M2	42.8	46.8	48.7	46.1	44.1	46.3	46.2	45.5
N4M3	42.6	46.7	48.5	45.9	42.7	45.1	44.3	44.0
平均值	43.0	46.7	48.6	46.1	43.8	44.8	45.5	44.6

2. 不同处理对光合作用的影响

随着施氮水平的提高，光合速率显著增加，施氮量与光合速率呈显著正相关，光合速率与密度无显著相关性。气孔导度随施氮水平的提高而增加，N3 后到 N4，

气孔导度下降，但都不显著。同一施氮量下，气孔导度密度密的（M3）大于密度稀的（M1）、密度中等的（M2）。M1 与 M2 没什么差异。胞间 CO_2 浓度随施氮量提高而下降，差异显著。在同一施氮量下，胞间 CO_2 浓度随密度变密而增加，差异不明显。蒸腾速率随施氮量的提高而增加，N1、N2、N3 之间差异显著，N3 之后，N3 与 N4 差异不显著。空气与叶室温差反映了叶片的降温能力，随施氮量的增加，空气与叶室温差增大，说明随施氮量增加，叶片的降温能力增强，说明增施氮肥有助于增强叶片抗高温的能力。在同一施氮量水平下，密度增加，温差增大，但都不显著，说明密度对叶片抗高温有一定作用（表6-10）。

表 6-10　不同处理齐穗期后 15d 剑叶光合特性测量值

处理	光合速率/ [μmol/(m·s)]	气孔导度/ [μmol/(m·s)]	胞间 CO_2 浓度/ (μmol/mol)	蒸腾速率/ [μmol/(m·s)]	空气温度/℃	叶室温度/℃	空气与叶室温/℃
N1M1	7.5	0.15	262.8	3.93	29.60	28.66	0.94
N1M2	6.9	0.16	275.4	4.13	29.75	28.81	0.94
N1M3	6.6	0.15	274	3.87	29.79	28.74	1.05
平均值	7.0	0.15	270.7	3.98			0.98
N2M1	10.7	0.16	231.1	3.89	29.10	28.24	0.86
N2M2	9.4	0.16	248.6	3.80	28.86	27.94	0.92
N2M3	9.4	0.19	262.3	4.62	29.74	28.53	1.21
平均值	9.83	0.17	247.3	4.10			1.0
N3M1	11.1	0.16	226.6	4.04	29.64	28.62	1.02
N3M2	11.8	0.18	233.7	4.31	29.41	28.32	1.09
N3M3	11.2	0.19	245.7	4.69	29.77	28.58	1.19
平均值	11.37	0.18	235.3	4.35			1.10
N4M1	12.1	0.16	209.5	4.08	29.84	28.78	1.06
N4M2	13.2	0.16	200.8	4.12	29.78	28.75	1.03
N4M3	14.3	0.20	220.2	4.91	30.23	28.78	1.45
平均值	13.2	0.17	210.0	4.37			1.18

四、不同处理对根系生长特性的影响

1. 不同处理对根系还原力的影响

随施氮量的增加，不同生育时期 TTC 法测出的根系还原力的变化规律不明显，对于同一施氮量处理，水稻根系活力随着水稻的生长发育有降低的趋势；除在水稻分蘖期（最高），随施氮量的增加，根系还原力有增加的趋势外，其他生育期根系还原力随施氮量的增加的变化规律不明显。同一施氮量处理，不同密度对根系活力的影响没有明显规律性（表 6–11）。

表 6–11　不同处理不同生育时期的根系活力比较　　　　　　　　单位：μg/（g·h）

处理	分蘖期	幼穗分化期	孕穗期根系活力
N1M1	163.7	148.5	79.3
N1M2	192.1	68.8	54.5
N1M3	281	83.4	42
N1	212.27	100.23	58.6
N2M1	234.5	80.7	92
N2M2	267.1	94.6	22.9
N2M3	138.9	156.9	16.3
N2	213.5	110.7	43.7
N3M1	159.5	72.4	39.6
N3M2	217.4	54.4	38.3
N3M3	226.8	42.2	36.8
N3	201.2	56.3	38.2
N4M1	208.7	41.9	55.1
N4M2	235.2	65.4	65
N4M3	272.4	41.4	71.5
N4	238.8	49.6	63.9

2. 不同处理对根系伤流量的影响

对于同一施氮量处理，水稻根系伤流强度随生育期进程先上升后下降，在本试验条件下测量的 3 个生育时期，以齐穗期的水稻根系伤流最强，间接反映齐穗期根系活力最强，这与前人抽穗期根系活力最高的结论相一致，不同时期，施氮量增加，根系伤流强度反而下降。密度与根系伤流强度没有明显规律性（表 6–12）。

表 6–12　不同处理不同生育时期的根系伤流量比较　　　　　　　　单位：mg/h

处理	孕穗期	齐穗期	灌浆期
N1M1	57.7	54.1	33.0
N1M2	44.3	72.5	28.6
N1M3	65.8	115.2	44.4

续表

处理	孕穗期	齐穗期	灌浆期
N1	55.9	80.6	35.3
N2M1	27.0	54.3	22.2
N2M2	31.7	67.2	35.8
N2M3	44.4	107.2	32.0
N2	34.4	76.2	30.0
N3M1	33.3	90.9	22.3
N3M2	39.0	72.7	17.8
N3M3	25.2	68.0	28.9
N3	32.5	77.2	23.0
N4M1	26.5	64.5	16.8
N4M2	16.8	70.7	17.7
N4M3	26.6	69.7	33.0
N4	23.3	68.3	22.5

3. 不同处理对根系分布的影响

不同处理在不同生育时期，各层根重所占比重有变化。不同施肥量水平下（N1、N2、N3），从幼穗分化期到孕穗期，上层（0～5 cm）根重所占比重上升，中层（5～10 cm）根重所占比重下降，下层（10～15 cm）根重所占比重上升；从孕穗期到齐穗期，上层根重所占比重下降，中下层根重所占比重都上升；从齐穗期到灌浆结实期，上层根重所占比重上升，中下层根重所占比重都下降。但高施肥量（N4）水平下，从幼穗分化期到孕穗期，上层根重所占比重上升，中下层根重所占比重都有下降；从孕穗期到齐穗期，中上层根重所占比重略有上升，下层根重所占比重略有下降；从齐穗期到灌浆结实期，上层根重所占比重上升，中下层根重所占比重都下降。在同一生育时期，随施肥量的增加，各层根重所占比重也有变化。在幼穗分化期，随施肥量增加，上层根重所占比重下降，中下层根重所占比重上升；对照不施肥（N1）上层根重所占比重小于N2、N3，大于N4；中下层根重所占比重大于N2、N3，小于N4。孕穗期，随施肥量增加，上层根重所占比重基本呈下降态势，中层根重所占比重呈上升趋势，下层根重所占比重呈下降趋势。齐穗期，随施肥量增加（N2N3N4），上层根重所占比重下降，但从不施肥（N1）到施肥（N2）上层根重所占比重是上升的，中层根重所占比重下降然后高肥（N4）水平下上升，下层根重所占比重呈波浪式的变化，但起伏很小。灌浆结实期，上、中层根重所占比重上升，下层根重所占比重下降，但从不施肥（N1）到施肥（N2），上层根重所占比重下降，中、下层根重所占比重上升。不同根层重所占比重与不同密度没有明显关系（表6-13）。

表6-13 不同处理不同生育时期的根系分布分层重量比例

处理	幼穗分化期 /%			孕穗期 /%			齐穗期 /%			灌浆期 /%		
	1※	2※※	3※※※	1	2	3	1	2	3	1	2	3
N1M1	52.2	36.2	11.6	62.3	23.0	11.7	57.1	33.4	9.5	63.8	26.1	10.1
N1M2	51.0	33.3	15.7	64.4	25.4	10.2	65.2	21.7	13.1	68.9	23.0	8.1
N1M3	50.0	36.8	13.2	69.6	21.7	8.7	58.6	31.0	10.4	64.3	23.8	11.9
N1	51.1	35.4	13.5	65.4	23.4	10.2	60.3	28.7	11.0	65.7	24.3	10.0
N2M1	57.9	29.8	12.3	54.8	31.5	13.7	60.0	30.8	9.2	65.6	25.0	9.4
N2M2	54.2	35.4	10.4	57.1	31.7	11.2	62.7	25.4	11.9	64.0	26.0	10.0
N2M3	55.3	31.6	13.1	77.6	16.3	6.1	66.0	26.0	8.0	56.9	31.4	11.7
N2	55.8	32.3	11.9	63.2	26.5	10.3	62.9	27.4	9.7	62.2	27.5	10.3
N3M1	42.9	41.1	16.0	58.9	31.5	9.6	57.6	30.5	11.9	62.5	26.8	10.7
N3M2	61.5	28.8	9.7	69.1	22.1	8.8	61.8	25.5	12.7	64.0	26.0	10.0
N3M3	58.5	31.7	9.8	66.0	25.5	8.5	66.0	21.8	9.1	56.9	31.4	11.7
N3	54.3	33.9	11.8	64.7	26.4	8.9	61.8	25.9	11.3	61.1	28.1	10.8
N4M1	44.9	34.7	20.4	58.1	32.4	9.5	54.5	36.4	9.1	60.5	30.2	9.3
N4M2	48.8	37.2	14.0	58.7	30.4	10.9	59.3	33.3	7.4	61.5	25.5	10.9
N4M3	52.5	37.5	10.0	61.2	30.6	8.2	56.2	26.3	17.	62.2	27.0	10.8
N4	48.7	36.5	14.8	59.3	31.1	9.6	56.7	32.0	11.3	61.4	27.6	11.0

注：※、※※、※※※分别表示根层，1为0~5 cm根系；2为5~10 cm根系；3为10~15 cm根系。

不同处理在不同生育时期，各层根体积所占比重也有变化。不同施肥量水平下（N1、N2、N3、N4），从幼穗分化期到孕穗期，上层（0~5 cm）根体积所占比重上升，中层（5~10 cm）根体积所占比重下降，但N2稍上升，下层（10~15 cm）根体积所占比重 N1、N3 上升，N2、N4 下降；从孕穗期到齐穗期，上层根体积所占比重下降，N4 例外稍上升，中下层根体积所占比重都上升，但 N3 中层根体积所占比重稍下降，N4 下层根体积所占比重稍下降；从齐穗期到灌浆结实期，上层根体积所占比重上升，中下层根体积所占比重都下降。不同根层体积所占比重与不同密度没有明显关系，除不施肥 N1 以 M3 各层根系分布较均衡，变化较小外，大体上以 M2 的各根层体积比变化较为平稳（表 6-14）。

表 6-14　不同处理不同生育时期的根系分布分层体积比例　　　　单位：%

处理	幼穗分化期			孕穗期			齐穗期			灌浆期		
	1※	2※※	3※※※	1	2	3	1	2	3	1	2	3
N1M1	40.1	41.0	18.8	54.3	28.3	17.4	42.2	38.7	19.1	59.9	30.0	10.1
N1M2	56.0	33.3	10.7	53.6	30.1	16.3	49.9	33.1	17.0	65.3	26.4	8.3
N1M3	50.2	35.6	14.2	51.5	36.6	11.9	47.5	37.5	15.0	61.2	26.5	12.3
N1	48.8	36.6	14.6	53.1	31.7	15.2	46.5	36.4	17.1	62.1	27.6	10.3
N2M1	51.9	30.4	17.7	45.0	34.7	20.3	43.5	36.4	20.1	66.7	19.4	13.9
N2M2	44.9	36.1	19.0	48.1	34.8	17.1	49.4	33.0	17.6	54.6	29.1	16.3
N2M3	53.6	30.0	16.4	61.8	28.5	9.7	56.4	32.8	10.8	50.7	32.3	17.0
N2	50.1	32.2	17.7	51.6	32.7	15.7	49.8	34.0	16.2	57.3	26.9	15.8
N3M1	39.9	41.0	19.1	49.4	33.6	17.0	51.8	29.7	18.4	55.6	29.2	15.2
N3M2	52.3	32.7	15.0	54.3	31.8	13.9	50.4	32.0	17.6	65.9	25.1	9.0
N3M3	50.2	40.5	9.3	52.7	33.3	14.0	51.2	34.3	14.5	69.6	26.1	4.3
N3	47.5	38.1	14.4	52.1	32.9	15.0	51.1	32.0	16.8	63.7	26.8	9.5
N4M1	41.4	35.5	23.1	45.4	34.4	20.2	48.0	39.5	12.5	63.9	30.1	6.0
N4M2	47.4	34.6	18.0	51.1	32.6	16.3	51.9	30.7	17.4	54.4	29.4	16.2
N4M3	43.7	37.3	19.0	47.7	33.3	19.0	45.4	33.6	21.0	71.1	23.8	5.1
N4	44.2	35.8	20.0	48.1	33.4	18.5	48.4	34.6	17.0	63.1	27.8	9.1

注：※、※※、※※※ 分别表示根层，1 为 0～5 cm 根系；2 为 5～10 cm 根系；3 为 10～15 cm 根系。

4. 不同处理对根系分泌激素的影响

在不同施肥处理下，幼穗分化期水稻根系分泌生长素 IAA 的量随施肥量的提高而减少，但从不施肥（N1）到施肥（N2），根系分泌生长素 IAA 的量是大幅上升的。分泌脱落酸 ABA 的量也是随施肥量的提高而减少，但从不施肥（N1）到施肥（N2），根系分泌脱落酸 ABA 的量是大幅上升的。水稻根系分泌玉米素 Z 的量随施肥量的提高而减少，不施肥（N1）条件下水稻根系分泌玉米素 Z 的量最多。水稻根系激素分泌量与密度没有明显关系，大体上在低、中施肥量（N1、N2）水平下，以密度大的处理（M2、M3）的分泌量较高（表 6-15）。

表 6-15　不同处理幼穗分化期根系分泌激素的测量值　　　　　　　　单位：ng/g

处理	生长素 IAA	脱落酸 ABA	玉米素 Z
N1M1	55.5	932.7	25.0
N1M2	70.9	1 410.2	28.1
N1M3	53.9	1 722.2	34.5
N1	60.1	1 355.0	29.2
N2M1	97.6	1 513.7	26.1
N2M2	133.1	1 799.3	28.6
N2M3	100.5	2 207.3	27.0
N2	110.4	1 840.1	27.2
N3M1	31.4	673.6	30.4
N3M2	57.6	1 624.8	26.8
N3M3	51.9	1 345.6	24.1
N3	47.0	1 214.7	27.1
N4M1	53.6	1 145.7	17.4
N4M2	29.0	960.2	20.2
N4M3	33.3	551.4	22.9
N4	38.6	885.8	20.2

五、不同处理不同时期植株 N、P、K 的含量

在不同生育时期，随施氮量的增加，水稻植株吸入体内所含氮量也增多，不同施氮量水平下，随生育进程，水稻植株含氮量减少，且到后期，水稻成熟，大部分氮从植株茎秆叶鞘转移到谷粒里。植株含氮量与密度的关系不明显，但大多以低、中密度处理的较高（表 6-16）。

不同生育时期，随施氮量的增加，水稻植株吸入体内所含磷量也增多，这与"以磷增氮"类似，说明 N、P 之间互相有一定促进作用。不同施氮量水平下，随生育进程，水稻植株含磷量减少，且到后期，水稻成熟，大部分磷从植株茎秆叶鞘转

移到谷粒里。植株含磷量与密度没有明显的关系（表6-17）。

不同生育时期，随施氮量的增加，水稻植株吸入体内所含钾量也增多，这与"以钾增氮"类似，说明 N、K 之间互相有一定促进作用。但分蘖期、幼穗分化期，N4 减少。不同施肥量水平下，随生育进程，水稻植株含钾量减少，但到后期，水稻植株含钾量又增多。抽穗后至成熟，小部分钾从植株茎秆叶鞘转移到谷粒里。植株含钾量与密度的关系不很明显，在低 N（N1、N2）下，多以密度为 M1、M2 的高；在中、高 N 处理（N3、N4）中，在分蘖期以密度为 M3 的含量较高，M1 的含量最低；在孕穗期后，多以密度为 M1、M2 的含量较高（表6-18）。

表 6-16　不同处理不同生育时期植株全 N 的含量　　　　　单位：%

处理	分蘖期植株	幼穗分化期植株	孕穗期植株	齐穗期植株	齐穗期谷粒	成熟期植株	成熟期谷粒
N1M1	2.76	2.12	1.70	1.22	1.13	0.78	1.53
N1M2	2.80	2.21	1.81	1.42	1.37	0.73	1.61
N1M3	2.81	2.41	1.44	1.06	1.15	0.70	1.46
N1	2.79	2.25	1.65	1.23	1.22	0.74	1.53
N2M1	3.30	2.68	2.09	2.10	1.31	0.98	1.97
N2M2	3.00	2.29	1.78	1.45	1.28	1.00	1.93
N2M3	3.27	2.30	1.29	1.54	1.36	0.86	1.79
N2	3.19	2.42	1.72	1.70	1.32	0.95	1.70
N3M1	3.65	3.09	2.81	2.10	1.40	1.07	2.16
N3M2	3.69	2.81	1.96	1.83	1.40	1.07	2.04
N3M3	3.79	2.96	2.19	2.10	1.37	1.30	2.11
N3	3.71	2.95	2.32	2.01	1.39	1.15	2.10
N4M1	3.46	3.25	2.95	2.08	1.68	1.31	2.23
N4M2	3.83	2.91	2.51	2.20	1.56	1.46	2.18
N4M3	4.06	2.79	2.12	1.57	1.32	1.10	2.02
N4	3.78	2.98	2.53	1.95	1.52	1.29	2.14

注：齐穗期、成熟期分叶茎鞘和谷粒；其他时期整个植株，叶茎鞘等混匀。下同。

表 6-17　不同处理不同生育时期植株全 P 的含量　　　　　单位：%

处理	分蘖期植株	幼穗分化期植株	孕穗期植株	齐穗期植株	齐穗期谷粒	成熟期植株	成熟期谷粒
N1M1	0.35	0.30	0.28	0.33	0.24	0.15	0.33
N1M2	0.35	0.32	0.27	0.31	0.25	0.14	0.33
N1M3	0.35	0.31	0.30	0.28	0.22	0.12	0.32

续表

处理	分蘖期植株	幼穗分化期植株	孕穗期植株	齐穗期植株	齐穗期谷粒	成熟期植株	成熟期谷粒
N1	0.35	0.31	0.28	0.31	0.24	0.14	0.33
N2M1	0.35	0.30	0.28	0.35	0.25	0.19	0.34
N2M2	0.37	0.32	0.29	0.30	0.25	0.17	0.35
N2M3	0.37	0.32	0.32	0.33	0.24	0.15	0.35
N2	0.36	0.31	0.30	0.33	0.25	0.17	0.35
N3M1	0.35	0.34	0.31	0.32	0.26	0.21	0.37
N3M2	0.40	0.36	0.32	0.35	0.26	0.19	0.35
N3M3	0.41	0.34	0.35	0.36	0.26	0.24	0.35
N3	0.39	0.35	0.33	0.34	0.26	0.21	0.36
N4M1	0.35	0.31	0.35	0.34	0.27	0.22	0.36
N4M2	0.39	0.36	0.39	0.36	0.25	0.29	0.35
N4M3	0.44	0.35	0.35	0.33	0.25	0.21	0.34
N4	0.39	0.34	1.44	0.33	0.26	0.24	0.35

表 6-18　不同处理不同生育时期植株全 K 的含量　　　单位：%

处理	分蘖期植株	幼穗分化期植株	孕穗期植株	齐穗期植株	齐穗期谷粒	成熟期植株	成熟期谷粒
N1M1	3.10	3.07	2.60	2.89	0.71	3.01	0.27
N1M2	3.01	3.11	2.20	2.57	0.61	2.88	0.28
N1M3	3.08	3.16	2.30	2.42	0.61	2.82	0.30
N1	3.06	3.11	2.37	2.47	0.64	2.90	0.28
N2M1	3.03	3.21	2.23	2.67	0.86	3.49	0.34
N2M2	3.25	3.22	2.62	2.54	0.74	3.35	0.30
N2M3	3.00	3.29	2.49	2.59	0.76	3.10	0.38
N2	3.09	3.24	2.45	2.6	0.79	3.31	0.34
N3M1	3.20	3.56	2.72	2.52	0.95	3.54	0.34
N3M2	3.41	3.45	2.53	2.75	0.86	3.31	0.32
N3M3	3.48	3.22	2.70	2.60	0.94	3.31	0.32
N3	3.36	3.41	2.65	2.62	0.92	3.39	0.33
N4M1	2.99	3.20	3.23	2.80	0.94	3.38	0.35
N4M2	3.11	3.22	2.98	2.62	0.92	3.51	0.30
N4M3	3.57	3.36	2.83	2.68	0.81	3.45	0.31
N4	3.22	3.26	3.01	2.7	0.89	3.45	0.32

六、不同处理不同时期植株根际微生物的含量

各处理根际微生物好氧自生固氮菌的含量，一般在分蘖期到齐穗期呈现增大趋势，齐穗后迅速下降，而在乳熟期后又有较大幅度上升（表6-19）。

表6-19　不同生育时期植株根际微生物好氧自生固氮菌的含量　单位：10^3cfu

处理	分蘖期	幼穗分化期	孕穗期	齐穗期	乳熟期	黄熟期
N1M1	1.54	7.76	8.18	19.48	3.70	9.60
N1M2	2.43	4.37	11.11	17.47	1.54	9.21
N1M3	1.12	5.49	9.46	17.04	4.57	9.13
N1	1.70	5.87	9.58	18.00	3.27	9.31
N2M1	1.14	3.88	0.94	7.09	2.26	9.39
N2M2	2.77	1.12	2.70	9.56	3.43	7.53
N2M3	2.33	3.89	2.11	10.13	2.63	7.07
N2	2.08	2.96	1.92	8.93	2.77	8.00
N3M1	4.30	8.15	2.72	12.26	2.28	9.73
N3M2	2.79	0.70	0.70	12.20	1.48	6.08
N3M3	1.64	4.29	0.95	14.79	0.65	5.75
N3	2.91	4.38	1.46	13.08	1.47	7.19
N4M1	3.70	2.74	3.66	9.07	0.93	6.18
N4M2	9.14	1.54	1.09	4.28	1.30	9.64
N4M3	4.12	1.52	4.24	10.00	2.57	4.66
N4	5.65	1.93	3.00	7.78	1.60	6.83

从上表还看出，不同施氮处理、不同密度处理之间有一定差异。齐穗期根际微生物好氧自生固氮菌的含量，表现为 N1 > N3 > N2 > N4 趋势，N1 条件下表现 M1 > M2 > M3，而 N2、N3、N4 条件下一般以 M3 最大。至黄熟期，不同施氮水平间表现 N1 > N2 > N3 > N4 趋势，而不同密度处理间，在 N1、N2、N3 条件下均表现 M1 最大，N4 条件下以 M2 最大。可见，水稻根际微生物好氧自生固氮菌的含量在整个生育期内是呈现固有规律的，即先升后降再升的变化趋势，而施氮量与密度对根际微生物好氧自生固氮菌的含量存在较明显的影响。

分蘖期各处理根际微生物厌氧自生固氮菌的含量一般在 5×10^5cfu 以下，之后

迅速上升，N1 处理至乳熟期达到最高点，乳熟后略有下降，黄熟期根际微生物厌氧自生固氮菌的含量是分蘖期的 10 倍以上；N2 处理分蘖至幼穗分化期上升，之后下降，孕穗至齐穗期上升，齐穗至乳熟期下降，乳熟期之后又略有上升；N3 处理分蘖期至幼穗分化期上升，之后一直下降，直至乳熟期后方有较大幅度上升；N4 处理分蘖期至孕穗期上升，孕穗至齐穗期下降，之后回升。可见，不同施氮处理间根际微生物厌氧自生固氮菌的含量的变化趋势差异显著（表 6-20）。

表 6-20　不同生育时期植株根际微生物厌氧自生固氮菌的含量　单位：10^5cfu

处理	分蘖期	幼穗分化期	孕穗期	齐穗期	乳熟期	黄熟期
N1M1	1.57	19.3	35.58	38.20	19.15	40.98
N1M2	3.46	11.2	65.70	42.05	97.15	68.05
N1M3	5.15	15.4	13.78	69.65	37.20	23.46
N1	3.39	15.3	38.35	50.00	51.2	44.16
N2M1	9.73	105.95	17.55	55.10	13.10	14.25
N2M2	0.97	22.10	22.37	27.65	15.72	13.20
N2M3	1.85	12.55	19.32	35.65	30.70	57.25
N2	4.18	46.87	19.75	39.47	19.84	28.23
N3M1	1.83	78.05	71.25	86.70	22.95	91.60
N3M2	1.20	70.00	50.70	55.60	11.40	33.16
N3M3	1.00	81.45	51.90	22.85	42.65	34.33
N3	1.34	76.5	57.95	55.05	25.67	53.03
N4M1	5.83	43.5	37.76	13.22	32.10	59.85
N4M2	8.84	47.5	75.40	25.12	27.20	33.52
N4M3	2.02	16.79	20.65	35.70	18.35	28.86
N4	5.56	35.93	44.60	24.68	25.88	40.74

由表还可看出，同一施氮条件下，不同密度处理间根际微生物厌氧自生固氮菌的含量变化趋势亦存在差异。根际微生物厌氧自生固氮菌的最高含量，N1 条件下，M1 和 M3 处理出现在齐穗期，而 M2 出现在乳熟期，且 M2 远大于 M3 和 M1；N2 条件下，M1 处理出现在幼穗分化期，M2 和 M3 处理出现在齐穗期，M1 远大于 M2 和 M3；N3 条件下，M1 出现在齐穗期，而 M2 和 M3 出现在幼穗分化期；N4 条件下，M1 出现在黄熟期，M2 出现在孕穗期，M3 出现在齐穗期。可见，密度对水稻

根际微生物厌氧自生固氮菌的含量存在明显影响。

相对而言，水稻根际微生物解磷细菌的含量在不同时期间的起伏变化幅度较根际微生物厌氧自生固氮菌的变化幅度小。不同施氮水平、不同密度处理之间变化趋势存在差异。综合来看，N1 与 N3 条件下呈现先降后升再降趋势，而 N2 和 N4 条件下呈现先降后升再降再升趋势。从平均来看，各施氮条件下，黄熟期根际微生物解磷细菌的含量一般较分蘖期低。水稻根际微生物解磷细菌的最高含量，N1 条件下出现在孕穗期，而 N2、N3 和 N4 条件下均出现在分蘖期（表 6-21）。

表 6-21 不同生育时期植株根际微生物解磷细菌的含量　　　　单位：10^5cfu

处理	分蘖期	幼穗分化期	孕穗期	齐穗期	乳熟期	黄熟期
N1M1	1.49	1.45	1.34	1.60	2.58	0.25
N1M2	2.02	1.02	1.59	1.45	0.55	1.02
N1M3	0.57	0.39	6.79	2.44	0.33	1.39
N1	1.36	0.95	3.24	1.83	1.15	0.89
N2M1	1.72	1.90	2.18	1.34	0.88	2.39
N2M2	9.20	0.77	4.20	9.01	2.37	2.40
N2M3	3.40	0.42	1.03	2.62	0.52	0.81
N2	4.77	1.03	2.47	4.32	1.26	1.87
N3M1	2.82	1.01	1.53	3.85	1.85	0.64
N3M2	6.50	1.50	2.97	2.87	0.38	1.06
N3M3	0.30	0.80	2.20	2.48	2.47	1.60
N3	3.21	1.10	2.23	3.07	1.57	1.10
N4M1	0.76	1.19	4.94	1.70	0.79	1.36
N4M2	7.27	1.46	2.02	3.04	1.05	1.50
N4M3	2.79	0.40	1.13	1.41	0.87	0.50
N4	3.61	1.02	2.70	2.05	0.90	1.12

不同时期水稻根际微生物解钾细菌的含量列于表 6-22。由表可见，所有处理在分蘖期至乳熟期表现上升趋势，而在乳熟期至黄熟期，部分组合呈下降趋势，如 N1M1、N2M1、N2M3、N3M3、N4M1 和 N4M3 等，而其他处理呈持续上升趋势。综合来看，N1 处理整个生育期呈持续上升趋势，而 N2、N3 和 N4 处理以乳熟期为界前升后降。

表 6-22　不同生育时期植株根际微生物解钾细菌的含量　　单位：10^3cfu

处理	分蘖期	幼穗分化期	孕穗期	齐穗期	乳熟期	黄熟期
N1M1	6.31	7.30	15.75	20.23	27.73	21.22
N1M2	6.89	11.42	17.24	18.05	25.18	35.76
N1M3	7.58	9.53	12.75	16.03	23.85	29.92
N1	6.93	9.42	15.25	18.10	25.59	28.97
N2M1	5.46	5.94	15.56	21.91	31.96	31.60
N2M2	5.59	7.60	19.53	21.26	23.26	23.93
N2M3	5.54	8.78	15.44	17.53	30.97	26.70
N2	5.53	7.44	16.84	20.23	28.73	27.41
N3M1	6.09	10.97	16.60	16.26	28.67	29.63
N3M2	3.35	8.38	17.90	17.95	27.17	30.79
N3M3	5.02	9.33	14.94	17.93	35.02	29.45
N3	4.82	9.56	16.48	17.38	30.29	29.96
N4M1	4.25	8.86	20.44	17.06	32.83	26.28
N4M2	7.47	9.10	10.94	17.90	29.27	33.39
N4M3	4.91	9.60	11.07	17.67	32.53	24.60
N4	5.54	9.19	14.15	17.54	31.54	28.09

　　种植作物可提高土壤微生物活性，从处理前和水稻成熟收获时的结果对比可以说明这一点。与返青期相比，成熟期根际解钾细菌和厌氧自生固氮菌活性明显提高，好氧自生固氮菌活性略有增大，而解磷细菌活性显著下降。不同施氮量处理与不同密度处理间，微生物活性差异明显。处理间差异表现最大的是厌氧自生固氮菌活性，其在 N1 和 N2 条件下以 M1 处理最高，而在 N3 和 N4 条件下又以 M1 处理最低；硝化细菌活性在处理间的差异亦相当明显：N1 条件下，M3 处理硝化细菌活性是 M2 和 M1 的 3 倍左右；N2 条件下，M2 处理硝化细菌活性为 M1 和 M3 处理的 48～72 倍；N3 条件下，M3 处理硝化细菌活性是 M2 的近 3 倍，是 M1 处理的 146 倍；在 N4 条件下，以 M3 最高，分别是 M2 和 M1 处理的 2.5～6.3 倍。但根际土壤总微生物活性似随着施氮量的增多而下降，在不同密度处理间则无规律性变化（表 6-23）。

表 6-23　处理前与各处理成熟收割时的根际土壤微生物活性

处理	解钾细菌/10^3cfu	解磷细菌/10^5cfu	好氧自生固氮菌/10^3cfu	厌氧自生固氮菌/10^5cfu	硝化细菌/10^5cfu	总微生物活性/[mg/(d·g)]
处理前						
土壤	1.76	1.49	2.95	0.65	11.35	
秧苗根际	6.29	9.98	9.57	62.60	8.63	
成熟收割时水稻根际微生物						
N1M1	21.22	0.25	9.60	409.75	10.86	6.03
N1M2	35.76	1.02	9.21	68.05	12.6	6.06
N1M3	29.92	1.39	9.13	234.55	34.86	9.36
N1	28.97	0.89	9.31	237.45	19.44	7.15
N2M1	31.60	2.39	9.39	142.48	0.66	7.08
N2M2	23.93	2.40	7.53	13.20	31.69	4.95
N2M3	26.70	0.81	17.07	57.25	0.44	5.37
N2	27.41	1.87	11.33	70.98	10.93	5.80
N3M1	29.63	0.64	19.73	91.60	0.152	5.53
N3M2	30.79	1.06	6.08	331.60	8.73	4.61
N3M3	29.45	1.60	5.75	343.25	22.23	6.47
N3	29.96	1.10	10.52	255.48	10.37	5.54
N4M1	26.28	1.36	16.18	59.85	2.28	5.08
N4M2	33.39	1.50	9.64	335.20	5.82	5.95
N4M3	24.60	0.50	4.66	288.60	14.27	5.56
N4	28.09	1.12	10.16	227.88	7.46	5.53

至于在种植作物后各土壤微生物活性的改变表现不尽一致，有明显提高的（解钾细菌和厌氧自生固氮菌），有略有提高的（好氧自生固氮菌），也有下降的（解磷细菌）。和乳熟期比较，黄熟期总微生物活性均显著下降，不同施氮处理间、不同密度处理间表现一致。而总微生物活性的下降幅度与施氮量和密度有关：不同施氮量间一般以 N3 处理下降幅度最大，其次是 N4，N1 处理下降幅度最小；不同密度间一般下降幅度表现 M1 > M2 > M3 趋势（表 6-24）。

表 6-24　不同处理乳熟期和黄熟期根际总微生物活性比较

生育时期	处理	总微生物活性/[mg/(d·g)]	处理	总微生物活性/[mg/(d·g)]	处理	总微生物活性/[mg/(d·g)]	处理	总微生物活性/[mg/(d·g)]
乳熟期	N1M1	18.26	N2M1	19.51	N3M1	20.37	N4M1	18.26
	N1M2	18.78	N2M2	13.87	N3M2	16.17	N4M2	16.35
	N1M3	12.01	N2M3	14.07	N3M3	16.94	N4M3	15.76
	N1	16.35	N2	15.82	N3	17.83	N4	16.79
黄熟期	N1M1	6.03	N2M1	7.08	N3M1	5.53	N4M1	5.08
	N1M2	6.06	N2M2	4.95	N3M2	4.61	N4M2	5.95
	N1M3	9.36	N2M3	5.37	N3M3	6.47	N4M3	5.56
	N1	7.15	N2	5.8	N3	5.54	N4	5.53

第二节　高产稻田微生物调控途径

2012 年攻关片位于溆浦县横板桥乡兴隆村祥元田垅，面积为 106.68 亩。该示范区域海拔在 510～520 m，属亚热带季风气候，全年平均气温 16.2 ℃，无霜期 254 d 左右，全年 ≥ 10 ℃ 活动积温达 5 220 ℃左右，全年 ≥ 10 ℃ 始日到 ≥ 20 ℃ 终日间隔天数为 172 d 左右，年太阳辐射总量为 104.4 kcal/m²左右，年日照时数 1 445 h 左右。示范区域呈南北走向，土壤以花岗岩成土母质发育的麻沙泥为主，耕作层较深，土壤有机质较丰富。地势平缓、开阔，水利方便，属稻—油两熟制。所种油菜全部杀青作绿肥。通过采取土地流转方式把土地集中，由吴伟传等 9 户种田能手承包种植管理。

攻关组合为 Y 两优 8188，不仅产量高，而且病虫害得到有效预防和控制，前期早生快发低位分蘖多，中期植株稳健生长成穗率高，后期落色好结实率高。有效穗数 312.30 万～343.35 万/hm²，每穗总粒数 167.1～185.6 粒，每穗实粒数 162.8～176.9 粒，结实率 94.2%～97.4%，千粒重 28.6 g，株高 125.92 cm，穗长 27.28 cm。2012 年 9 月 20 日经农业厅组织武汉大学、湖南省水稻研究所、湖南师范大学、湖南农业大学、湖南省农业厅粮油局等单位的专家现场实收测产，随机抽取三丘田，加权平均单产达 13.77 t/hm²。

一、土壤微生物分析

水稻产量及构成因素见表6-25，土壤检测见表6-26。

表6-25　水稻产量及构成因素

检测丘块	每亩有效穗/（万穗/hm²）	每穗总粒数/（粒/穗）	结实率/%	千粒重/g	理论产量/（kg/亩）	实际产量/（kg/亩）
一号	19.9	178.36	99.4	28.0	987.9	916.01
二号	20.8	179.74	97.5	28.05	1 022.5	942.2
三号	19.8	185.23	92.1	28.2	952.5	894.96

表6-26　土壤检测

检测丘块	pH值	全氮/（g/kg）	全磷/（g/kg）	全钾/（g/kg）
一号	5.8	2.46	1.04	29.2
二号	5.3	2.88	0.61	24.0
三号	5.5	2.20	0.70	25.7

1.细菌的变化规律

根据检测数据发现，稻谷长势较好的稻田通常细菌数量较多，长势差的稻田细菌有所减少；随着禾苗的生长，分蘖中后期开始，细菌群落数量有所减少，而细菌总量有所增加，这些细菌主要是厌氧和兼性厌氧细菌，它们的数量对稻田的整个生态系统也有一定的影响；从这个时期开始，有益细菌为优势群落，主要是它们中的一部分菌群分泌代谢产物，对水稻、其他微生物和稻田微生态系统中的动物产生影响；一部分菌群通过拮抗作用影响其他微生物。因此，同一块田，随着水稻的生长，细菌特别是有益细菌增加（灌浆后期细菌数量、种类基本又会慢慢恢复到栽种前期，前提是条件基本相同，因为条件不同，微生物的种类数量会有很大变化），同时，它抑制真菌和某些放线菌的发展变化（表6-27）。

表6-27　根际土壤微生物

检测丘块	细菌/（×10⁴cfu/g）	真菌/（×10²cfu/g）	放线菌/（×10³cfu/g）	硝化细菌/（×10⁴cfu/g）	反硝化细菌/（×10⁵cfu/g）	甲烷细菌/（×10³cfu/g）	厌氧纤维素分解菌/（×10³cfu/g）	自生固氮菌/（×10²cfu/g）	磷细菌/（×10⁴cfu/g）
一号	125.7	38.07	190.17	9.33	36.79	22.35	11.42	1.12	1.25

续表

检测丘块	细菌/($\times 10^4$cfu/g)	真菌/($\times 10^2$cfu/g)	放线菌/($\times 10^3$cfu/g)	硝化细菌/($\times 10^4$cfu/g)	反硝化细菌/($\times 10^5$cfu/g)	甲烷细菌/($\times 10^3$cfu/g)	厌氧纤维素分解菌/($\times 10^3$cfu/g)	自生固氮菌/($\times 10^2$cfu/g)	磷细菌/($\times 10^4$cfu/g)
二号	154.25	37.39	191.65	13.59	36.55	34.74	7.43	0.15	2.13
三号收割期	181.27	38.63	251.1	18.68	27.87	41.77	17.17	0.14	2.42
三号幼穗分化期	75.19	19.06	263.96	39.71	68.31	15.56	40.11	44.21	9.55

2. 真菌的变化规律

禾苗长势较好的稻田通常真菌数量稍少，长势较差的稻田真菌数量反而有所增加，与细菌的变化趋势相反，这与真菌的微生态环境和营养环境有一定的相关性；同一块田里不同时期，真菌随着禾苗的生长，数量上有所增加，随之又有所减少，这与整个微生态的变化有一定关联，开始，由于稻田刚刚耕作，各种有机营养的存在，给真菌的生长繁殖带来了物质条件，从而导致真菌在数量上有所增加。它们的存在在某种意义上给作物提供了一定的营养，随着有机物的减少，细菌的增加，及其他条件的影响，真菌的数量群落有所下降，同样，灌浆后期真菌数量、种类又会慢慢得以恢复（只要条件相同，其数量基本可以得到恢复）。

3. 放线菌的变化规律

放线菌在长势较好和长势较差稻田的变化与细菌相类似，这可能与放线菌的生理生化特点有一定的关系；同一块田里不同时期，放线菌的变化规律与真菌有些类似，初始时数量有增加的趋势，后又有所减少，最后慢慢得以恢复。以上可以看出，放线菌的变化与真菌、细菌的变化有相似和不同的地方，其实这与放线菌的功能特点是有关的。在有机物质较多的条件下，放线菌和真菌一样可以通过降解有机物获得营养，快速进行代谢和繁殖，这时放线菌种群数量将增加；同时，部分放线菌通过代谢作用，释放一些代谢产物，刺激水稻生长、发育、繁殖和营养吸收，可有效提高作物产量。

4. 硝化细菌的变化规律

从检测的数据来看，对不同处理水平的稻田来说，通常长势较好的区块，氨氮水平高，硝化细菌数量也相对要高一些。从同一块田的变化来看，先是升高，然后降低，再慢慢恢复到原来的水平。随着土壤营养条件的变化，硝化细菌也跟着发生数量上的改变，来适应土壤中营养转变的需求。硝化细菌在土壤营养循环中具有重要作用，对保持土壤中氮营养具有重要意义。

5. 反硝化细菌的变化规律

从检测的数据来看，反硝化细菌的变化规律与硝化细菌的变化相反，从本质上来说，它们也确实是一个相反的代谢过程。在种植上，反硝化细菌从对氮循环的结果来考虑的话，我们通常认为它是一种有害微生物，它在氮的流失上具有重要影响。

6. 甲烷细菌的变化规律

甲烷细菌是一种严格的厌氧细菌，从检测的结果来看：①不同处理水平的稻田，通常长势好的稻田甲烷细菌数量要大，长势较差的稻田，甲烷细菌数量要低。分析：是由于不同处理的稻田含有的有机质的量不同，长势好的田里有机质含量高，甲烷细菌在利用有机质营养的同时，释放出大量供水稻利用的营养，加快水稻生长；另一方面，部分甲烷细菌还能通过代谢产物产生大量刺激水稻生长的生长激素，更有利于加快水稻生长、繁殖。②同一块稻田，不同时期的甲烷细菌的变化规律，通常是少—多—少这样一个变化。分析：这与甲烷细菌的生长环境有较大的相关性，随着水田的翻耕与施肥，土壤中有机营养成分增加，同时，由于甲烷细菌的厌氧微生物，随着水田中水的保持，更加适宜甲烷细菌的生长、发育、繁殖，因此，甲烷细菌数量不断增加；在水稻吸收营养、生长繁育的同时，其不断排出代谢有机废物，土壤表层沉积，内部土壤氧含量更低，更有助于甲烷细菌的发育、代谢，一些代谢产物具有营养和激素作用，加快水稻生长、发育，提高水稻产量。

7. 厌氧纤维分解菌的变化规律

厌氧纤维分解菌也是一种厌氧型细菌，主要是用来表明稻田中厌氧纤维素分解菌的分解能力，检测结果表明：①不同处理：它与土壤中纤维素含量有一定关系，通常土壤中纤维素含量越高，该菌也较多；它的代谢产物与水稻的生长特性具有一定的关联，该菌越多水稻长势通常也越好，水稻更强壮、产量更高。②同一处理不同时期：随着水稻的生长，其菌量将有所下降，它的数量的大小一定程度反映水稻长势。在氮磷钾处理一定的条件下，一般纤维素分解菌数量越高，长势越好。

8. 自生固氮菌的变化规律

我们检测的是好氧自生固氮菌，该菌数量的多少受多种因素的影响，如土壤中氮素水平、整体的土壤菌群结构、氧化还原电位等。①不同处理：一般土壤中水稻长势好、氮素含量高，可能好氧自生固氮菌要低一点，水稻长势先期较好，后期土壤含氮水平低而自生固氮菌也可能高。分析：速效氮含量对固氮菌有影响。②同一处理不同时期：随着土壤氮素水平趋于稳定，一般自生固氮菌呈先上升后下降的趋势。分析：与①相似。

9. 磷细菌的变化规律

该菌也与土壤中待分解有机质含量、磷水平高低有一定关系。检测结果表明：①不同处理：一般水稻长势较好的处理，磷细菌数量较高。分析：这可能与土壤中有效磷的含量有关。②同一处理不同时期：磷细菌数量先是较稳定，后有不断下降的趋势。分析：这可能与速效磷含量、水稻需求量减少及土壤条件有关。

从微生物检测数据来看，土壤微生物的量与土壤无机环境、有机质含量、pH值、微生物组成等因子有较大的相关性，从微生物组成成分分离上看，整体趋势是长势较好的稻田，微生物群落数量有减少趋势，有益微生物数量有上升趋势；另外，要说明的是相同土壤含水量不同，微生物量也有很大的不同。

二、栽培管理措施

在攻关过程中，我们的栽培管理主要围绕"培育好壮秧、精准施好'四肥'、规范化移栽、湿润好气灌溉、科学防治病虫害"等措施来争取实现足苗、多穗、大穗与较大粒重的攻关目标。

1. 培育好壮秧

采取两段育秧方式来培育壮秧，于 4 月 11 日播种旱育小苗。4 月 23—24 日寄插小苗，每蔸寄插 2~3 粒谷。每亩秧田施袁氏超级稻专用肥 40 kg，土壤酶修复剂 100 kg，土壤胶体修复剂 300 kg。寄插后 3~4 d，每亩追施尿素 4~6 kg。在秧田期主要重点防治稻蓟马、稻秆潜蝇、稻飞虱、二化螟、稻瘟病。移栽时，秧苗粗壮，白根多，无病虫害。

2. 精准施好"四肥"

根据亩产 900 kg 稻谷的需肥量，除了土壤中可利用的养分，每亩需要施足 N 20~25 kg，P_2O_5 10~12 kg，K_2O 25~30 kg，N：P_2O_5：K_2O = 1：0.5：1.2。按照这个用肥量合理施好底肥、促蘖攻苗肥、壮秆促花肥、壮胎保花壮籽肥。

①底肥：每亩施猪牛粪 500~750 kg，或腐熟菜枯 50 kg，袁氏超级稻专用肥 75 kg，土壤酶修复剂 30 kg，土壤胶体修复剂 130 kg。其中 60% 的袁氏超级稻专用肥，50 kg 腐熟菜枯和猪牛粪，土壤胶体修复剂结合翻犁全层深施；土壤酶修复剂和 40% 的袁氏超级稻专用肥耙田时作面肥。

②促蘖攻苗肥，于 5 月 25—26 日，每亩追尿素 5~8 kg、40% 氯化钾 10 kg。

③壮秆促花肥，晒田复水后，于 7 月 2—4 日，每亩追氯化钾 10 kg，促茎秆长壮，形成大穗并提高成穗率。

④壮胎保花壮籽肥，于 7 月 12—14 日（幼穗分化四期中），每亩追施 51% 的三元复合肥 6~10 kg，防止枝梗退化，攻大穗多粒。

3. 规范化移栽

①做好田间布局，在稻田邻坎内侧留足 80 cm 不插秧，用作开围沟，在稻田外侧邻田埂处留足 33.33 cm 不插秧，充分发挥大田边际优势。

②统一行向、宽窄行密植。专人划行，统一顺东西向行向，栽插密度采取宽窄行，每亩插足 1.02 万蔸。移栽叶龄为 6.1~6.7 叶，秧苗不洗不捆，原蔸移栽，每亩插足 9 万以上基本苗，于 5 月 15 日开始栽田，5 月 18 日移栽完。

4. 湿润好气灌溉

攻关片的水浆管理，除了在孕穗期保持深水层和施肥、打药时田间灌水层外，其余时间采取湿润灌溉的管水方法，即灌一次水，让其自然落干后再灌一层水，保持田间湿润即可。为了方便管水，对攻关片内的排灌渠道进行清淤疏通，插秧前围好排水渠，开好丰产沟，做到自立门户，防止串灌，减少肥水流失。采取"花花水"插秧，浅水分蘖发蔸，于6月5日，开始清沟落水露泥，从6月12日开始全面晒田控苗，直到6月底复水。达到了促进弱小分蘖生长、控制无效分蘖产生的目的。

5. 科学防治病虫害

病虫防治是高产攻关田间管理工作的重中之重。秧田期主要病虫害有稻蓟马、稻秆潜蝇、稻飞虱、二化螟。大田期主要病虫害有稻飞虱、二化螟、稻纵卷叶螟、纹枯病、稻瘟病、稻曲病。在防治策略上采取统防统治。由驻村的农技人员与县植保站站长蹲点把关，搞好病虫害预报和防治技术指导。抓住各防治适期，使用阿维菌素、硕丰481、噻嗪酮、吡蚜酮·烯啶虫胺（金级高位）、爱苗、己唑醇、枯草芽胞杆菌、三环唑、富士一号、吡唑·醚菌酯（凯润）等高效长效低毒农药进行防治，取得了很好的防治效果。确保了整个示范片在稻飞虱、稻纵卷叶螟暴发及稻瘟病、纹枯病大流行的严峻形势下没有遭受到病虫危害。

三、超级稻不同生育期土壤细菌和古菌群落动态变化

我国水稻土分布广泛，面积约占世界水稻土面积的1/4，占我国耕地面积的25%左右。水稻作为最重要的粮食作物，一直被放在优先发展地位。在水稻与土壤系统中，土壤微生物是维系此系统健康与稳定的重要成员。水稻在不同生育期内对养分的需求不同，其生长过程实质是一个土壤—微生物—水稻相互作用的过程。水稻及其根系生长代谢活动改变土壤理化性质，土壤性质又影响水稻及其根系的生长代谢，且两者相互作用调控土壤微生物群落结构和丰度的变化；土壤微生物通过分解非根际土中几丁质和肽聚糖，再经菌根真菌供给作物吸收利用，从而影响作物生长。同时，水稻根系分泌的氧气可以扩散到根际周围，促进微生物的氧化过程；水

稻根系分泌的有机物可以为异养菌的繁衍提供充足的有机碳源。水稻生长旺盛时期由于根系分泌物增加，促进微生物繁衍；同时水稻植株与微生物对养分产生竞争，促使土壤微生物增强胞外酶的分泌，加速对土壤有机质的水解作用，从而为水稻和微生物提供更多的养分和能量。因此，水稻—土壤—微生物相互作用维系着水稻土环境生物生长的营养元素计量学需求。以上研究多通过酶学等方法对水稻根系与土壤微生物关系进行探讨，而土壤胞外酶的状况与水稻土微生物的种类及其生长状况有着密切关系，所以对水稻土微生物群落组成状况的研究具有重要意义。吴朝晖和袁隆平通过培养法对不同施氮水平根际土中微生物数量变化研究显示，超级稻根际微生物数量及活性在不同施肥处理间差异显著。Zhu 等通过磷脂脂肪酸法对 7 个品种超级稻根际微生物群落结构研究表明，超级稻根际土壤微生物群落结构和活性与水稻品种的遗传背景有关。张振兴等通过末端限制性片段长度多态性分子生物技术对水稻分蘖期根际土壤中细菌组成研究发现，水稻根系活动和稻田土壤水分状况是影响细菌生态功能的重要因素。近年来高通量测序技术，以耗时少，通量高，能够较准确全面反映土壤微生物群落分布特征等优势，逐渐被用在环境样品分析中。目前对于超级稻不同生育期土壤微生物群落组成状况的研究报道较少。

我国水稻育种和栽培技术在国际上取得了很有影响力的成果。半高秆超级杂交稻是袁隆平院士 2012 年提出来的新概念，其特点是产量优势明显，生物量大，具有强大的根系。因此研究高产和低产生态区半高秆超级稻不同生育期土壤微生物的群落组成和丰度特征及微生物变化的主要影响因子，对阐明超级稻高产的适宜土壤环境条件，揭示其高产机制有重要科学意义。本研究以大田条件下半高秆超级杂交稻稻田土壤为研究材料，运用高通量测序技术，分析高产生态区和低产生态区高产条件下超级稻不同生育期对土壤微生物群落结构、多样性与丰度的影响，揭示半高秆超级杂交稻不同生育期土壤微生物动态变化及其影响因素，为探究超级稻高产机制提供数据支持。

试验区位于湖南水稻高产区（HLW）隆回王化永村（110°56′E，27°27′N）和低产区（LNX）宁乡（112°16′E，28°08′N），土壤类型为潮土，栽种前土壤耕作层 0~20 cm。供试水稻品种为超级稻"Y 两优 900",由湖南杂交水稻研究中心提供。2014 年 5 月移栽,10 月收获,水肥等栽培条件和管理措施按常规进行。其中隆回试验区于 5 月 1 日施基肥鲜鸡粪 6 000 kg/hm^2,复合肥 750 kg/hm^2;5 月 14 日追施尿素 135 kg/hm^2,复合肥 112.5 kg/hm^2;5 月 22 日追施尿素 75 kg/hm^2,氯化钾 112.5 kg/hm^2;7 月 5 日追施尿素 60 kg/hm^2,氯化钾 150 kg/hm^2,分别于 8 月 8 日和 16 日喷施 0.5% 氨基酸叶面肥 1 800 L/hm^2。宁乡试验区于 5 月 25 日施基肥过磷酸钙 600 kg/hm^2,氯化钾 90 kg/hm^2,复合肥 450 kg/hm^2,6 月 5 日追施尿素 120 kg/hm^2,6 月 15 日追施尿素 90 kg/hm^2,氯化钾 150 kg/hm^2,复合肥 225 kg/hm^2,7 月 20 日追施尿素 60 kg/hm^2,氯化钾 135 kg/hm^2,复合肥 75 kg/hm^2,分别于 8 月 8 日和 16 日喷施 0.5% 氨基酸叶面肥 1 800 L/hm^2。

四、土壤基本理化性质

从超级稻栽种前土壤理化性质分析看,高产区(隆回)土壤偏碱性(7.23),低产区(宁乡)土壤偏酸性(5.50);高产区养分全量均大于低产区,其中有机质和全氮的差异均达到显著水平($P<0.05$),全磷、全钾无显著差异($P>0.05$)(表 6–28)。土壤速效养分含量在两个产区均随着超级稻生育期的变化有下降的趋势,其中碱解氮下降最明显,速效钾在两个产区均没有显著变化,速效磷只在高产区有显著变化趋势。

表 6–28 土壤速效养分随超级稻生育期的变化

生态区	生育期	碱解氮/(mg/kg)	速效磷/(mg/kg)	速效钾/(mg/kg)
高产生态区	移栽前	234.33 ± 18.50aA	30.77 ± 2.77aA	262.33 ± 12.58aA
	分蘖期	195.00 ± 13.11bA	19.27 ± 11.71bA	217.67 ± 52.01aA
	抽穗期	171.33 ± 18.56bcA	22.60 ± 6.22abA	228.33 ± 58.38aA
	成熟期	156.33 ± 10.26cA	17.23 ± 9.72bA	223.67 ± 31.88aA

续表

生态区	生育期	碱解氮/（mg/kg）	速效磷/（mg/kg）	速效钾/（mg/kg）
低产生态区	移栽前	150.00 ± 10.69abB	5.03 ± 4.74aB	47.33 ± 10.26aB
	分蘖期	149.33 ± 27.61abB	5.35 ± 4.77aB	42.67 ± 8.02aB
	抽穗期	135.67 ± 32.39abB	5.18 ± 4.34aB	42.67 ± 8.50aB
	成熟期	131.67 ± 25.16bB	4.94 ± 4.91aB	36.33 ± 6.66aB

同列小写字母表示同一生态区不同生育期的差异性，大写字母表示不同生态区同一生育期间的差异性，$P<0.05$，下同。

五、超级稻不同生育期土壤细菌和古菌群落高通量文库分析

通过对微生物 16SrRNA 的 V4 区进行高通量测序，本研究中高产生态区和低产生态区 24 个样品共获得 383 286 条有效序列，其中细菌序列占 91.7%~98.9%，古菌占 1.1%~8.3%。以 97% 相似水平为划分依据，高产和低产生态区各时期获得 3 243~4 154 个 OTU，高产区水稻移栽前 OTU 数量显著低于生育期（$P<0.05$），而低产区水稻移栽前和生育期微生物 OTU 数量没有显著变化（$P>0.05$）；高产生态区微生物 OTU 数量大于低产区，在分蘖期和抽穗期达到显著水平（$P<0.05$）（表 6-29）。

表 6-29　土壤细菌和古菌群落高通量测序文库质量分析

生态区	生育期	有效序列数	OTU 数量
高产生态区	移栽前	15 988 ± 8	3 609 ± 178bA
	分蘖期	15 995 ± 2	4 005 ± 172aA
	抽穗期	15 992 ± 6	4 154 ± 130aA
	成熟期	15 972 ± 13	4 115 ± 246aA
低产生态区	移栽前	15 971 ± 3	3 421 ± 191aA
	分蘖期	15 965 ± 6	3 243 ± 336aB
	抽穗期	15 941 ± 6	3 651 ± 192aB
	成熟期	15 934 ± 22	3 731 ± 462aA

三种多样性指数分析显示，生育期土壤中微生物多样性大于移栽前，其中低产

田各时期微生物多样性差异不显著，Chao 指数显示高产区微生物多样性在生育期显著大于移栽前期（$P < 0.05$）。

高产区微生物多样性大于低产区，其中 Chao 指数分析显示在分蘖期和抽穗期达到显著水平（$P < 0.05$），Shannon 指数显示在分蘖期、抽穗期和成熟期均达到显著水平（$P < 0.05$），Simpson 指数在 4 个时期均达显著水平（$P < 0.05$）（表 6-30）。

表 6-30　超级稻不同生育期土壤细菌和真菌群落多样性

生态区	生育期	Chao 指数	Simpson 指数	Shannon 指数
高产生态区	移栽前	5 381 ± 475bA	488 ± 131aA	7.053 ± 0.125bA
	分蘖期	6 039 ± 95aA	583 ± 62aA	7.277 ± 0.058aA
	抽穗期	6 474 ± 213aA	548 ± 21aA	7.190 ± 0.061abA
	成熟期	6 166 ± 294aA	551 ± 16aA	7.167 ± 0.006abA
低产生态区	移栽前	5 058 ± 317aA	277 ± 73aB	6.867 ± 0.115aA
	分蘖期	5 039 ± 233aB	363 ± 92aB	6.937 ± 0.101aB
	抽穗期	5 439 ± 258aB	264 ± 101aB	6.897 ± 0.110aB
	成熟期	5 490 ± 457aA	257 ± 56aB	6.833 ± 0.040aB

六、超级稻不同生育期土壤细菌和古菌群落结构动态分析

本研究获得的微生物序列可分为 28~32 个门，73~81 个纲，101~120 个目，160~211 个科，251~399 个属。

1. 超级稻不同生育期细菌群落结构与丰度分析

根据相对丰度在 0.1% 以下的为稀有微生物的划分标准，将各样品中相对丰度均小于 0.1% 的菌门舍去。所有样品中，变形菌门（Proteobacteria，16.65%~38.92%）、酸杆菌门（Acidobacteria，12.61%~19.77%）、绿弯菌门（Chloroflexi，4.98%~28.26%）、疣微菌门（Verrucomicrobia，2.90%~8.84%）所占比例最多，为 2 种生态区表层（0~20 cm）水稻土中主要细菌类群；拟杆菌门（Bacteroidetes，4.98%~9.45%）只是高产区的优势细菌类群。样品中检测到的细菌还有浮霉菌门（Planctomycetes）、厚壁菌门（Firmicutes）、放线菌门（Actinobacteria）、芽单胞菌门（Gemmatimonadetes）、蓝菌门（Cyanobacteria）、装甲

菌门（Armatimonadetes）、硝化螺旋菌门（Nitrospira）、绿菌门（Chlorobi）等。

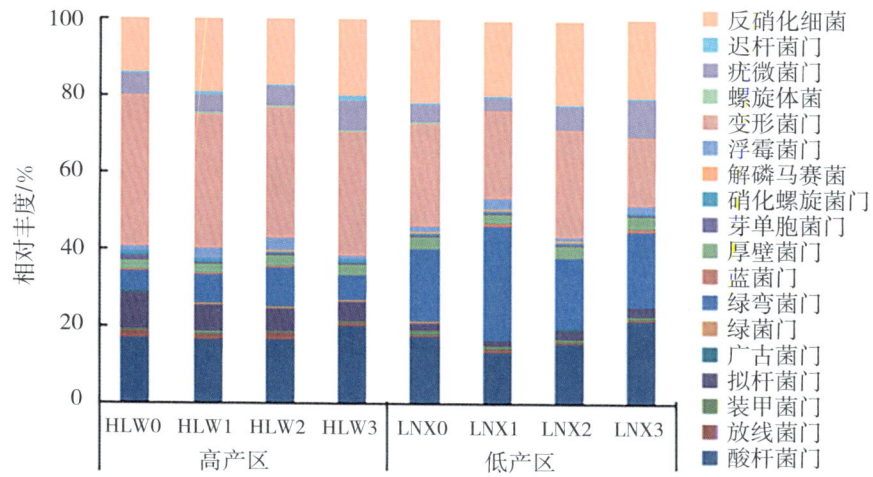

HLW0 表示高产区移栽前；HLW1 表示高产区分蘖期；HLW2 表示高产区抽穗期；HLW3 表示高产区成熟期。LNX0 表示低产区移栽前；LNX1 表示低产区分蘖期；LNX2 表示低产区抽穗期；LNX3 表示低产区成熟期。下同。

图 6-3 超级稻不同生育期门分类水平上土壤细菌群落结构

优势菌群中，绿弯菌门在低产区相对丰度显著大于高产区（$P<0.05$），拟杆菌门和变形菌门的相对丰度则是在高产区显著大于低产区（$P<0.05$），酸杆菌门和疣微菌门的相对丰度在两种生产区差异不显著（$P>0.05$）（图 6-3、图 6-4）。其他菌群中，浮霉菌门、放线菌门和硝化螺旋菌门在高产区相对丰度大于低产区，厚壁菌门的相对丰度在高产区和低产区差异不显著（$P>0.05$）。

酸杆菌门和疣微菌门的相对丰度在两种生产区随生育期的变化呈先减小后增大的趋势，在收获期相对丰度最大，并且在低产区变化更明显。拟杆菌门和变形菌门的相对丰度在高产区随超级稻生育期的变化呈现下降趋势，在低产区总体上也呈下降趋势，只在抽穗期有一定升高。绿弯菌门的相对丰度在两种生产区均呈现先上升后降低的趋势。另外，放线菌门和浮霉菌门的相对丰度在两种生产区也呈现先上升后降低的趋势。

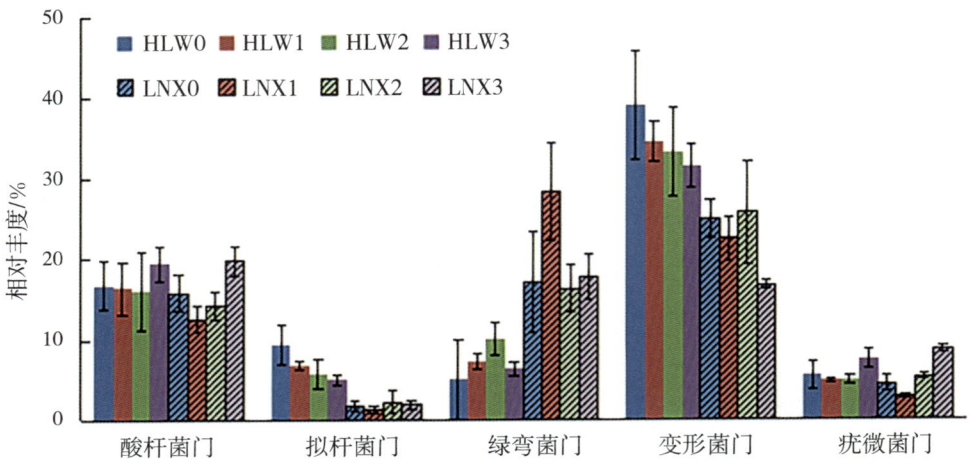

图 6-4 不同生育期门分类水平上各优势细菌群落丰度变化

2. 超级稻不同生育期土壤古菌群落结构与丰度分析

土壤古菌在门分类水平上的群落结构表明,高产区稻田表层土壤中(0~20 cm)的主要优势菌群是广古菌门(Euryarchaeota),占该区古菌总量的 70.1%~84.2%;而低产区稻田表层土壤中的优势菌群是泉古菌门(Crenarchaeota),占该区古菌总量的 38.0%~62.7%,其次是广古菌门,占 30.7%~56.2%(图 6-5)。

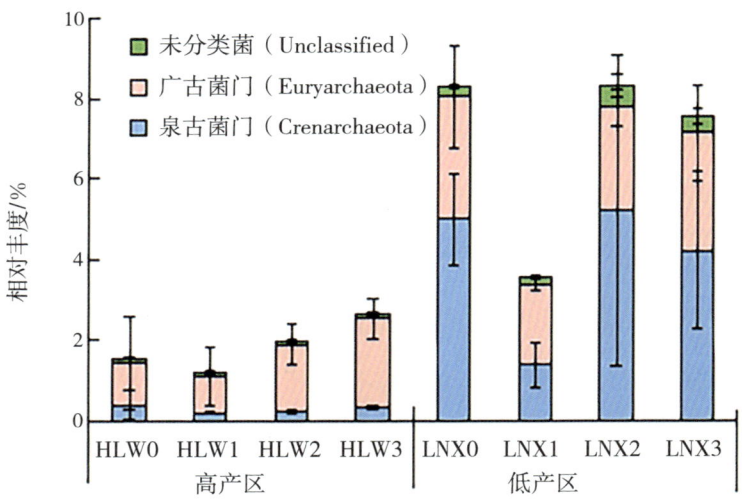

图 6-5 不同生育期门分类水平上古菌群落组成

低产区古菌数量显著大于高产区，是高产区的 2.8~5.5 倍；并且低产区泉古菌门丰度显著大于高产区，是高产区的 7.1~23.0 倍。总体上，各优势古菌门丰度在超级稻生长期呈现先减少后增加的趋势。泉古菌门（Crenarchaeota）丰度在高产区整个生育期无显著变化（$P > 0.05$）；在低产区，分蘖期丰度显著降低（$P < 0.05$），抽穗期急剧增加（$P < 0.01$），收获期略有下降，但不显著（$P > 0.05$）。广古菌门（Euryarchaeota）在高产区和低产区的变化趋势比较一致，均是分蘖期丰度下降，之后呈现增长趋势（图 6-6）。

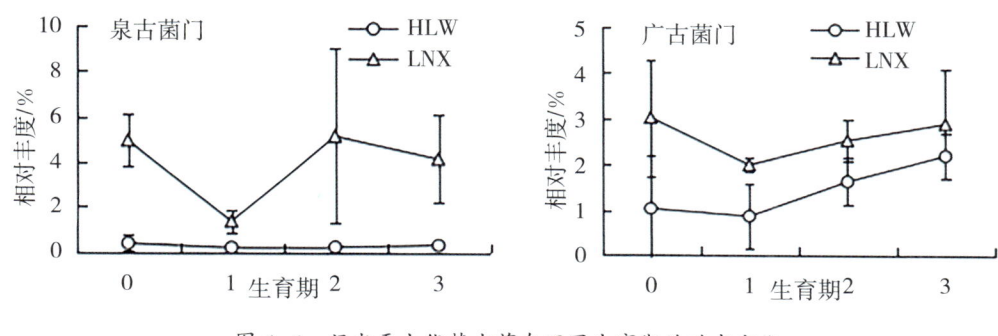

图 6-6 门水平上优势古菌在不同生育期的动态变化

七、超级稻不同生育期土壤微生物群落组成的影响因素

通过方差分析显示，超级稻耕作土壤中微生物多样性与不同生产区和不同超级稻生育时期均存在显著相关性（表 6-31）。

表 6-31 不同产区和生育期土壤微生物群落结构差异性分析（双尾方差分析）

二因素方差（变异）分析	香农-威纳指数	辛普森多样性指数	皮奥兰均匀性指数
产区效应	< 0.001	0.001	< 0.001
生育期效应	< 0.001	0.034	< 0.001
交互作用	0.026	0.182	0.082

通过冗余分析法（RDA）对不同产区超级稻不同生育期土壤理化性质与微生物在门水平上的关系进行分析（图 6-7）。基于这个模型，两个排序轴共解释了细菌和

古菌菌群的 94.3% 的变异,其中第一排序轴解释了 80.7% 的变异,而第二排序轴解释了 13.6% 的变异。第一轴排序轴主要与速效钾、全氮、速效磷、pH、全磷、有机质、速效氮高度相关,相关系数分别为 −0.951, −0.946 8, −0.942, −0.931, −0.871, −0.828 和 −0.804。拟杆菌、变形杆菌和硝化螺旋菌与速效钾、全氮、速效磷、pH、全磷、有机质及速效氮呈正相关。对拟杆菌种群影响最大的因素是速效磷,对变形杆菌影响最大的因素是有机质。优势菌酸杆菌门与全钾含量有一定正相关性,而受其他土壤理化性质影响较小,优势菌疣微菌门与土壤理化性质相关性也较小。泉古菌、钾烷细菌、蓝细菌和优势菌绿弯菌与速效钾、全氮、速效磷、pH 等理化性状呈负相关关系。

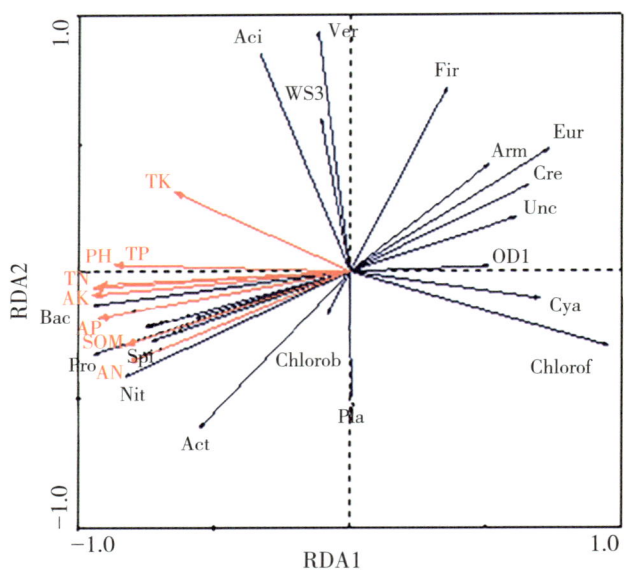

注:TK—全钾,TP—全磷,TN—全氮,AK—速效钾,AP—速效磷,SOM—有机质,AN—速效氮。Bac—拟杆菌,Gem—芽单胞菌,Pro—变形杆菌,Spi—螺旋体菌,Nit—硝化螺旋菌,Act—放线菌,Chlorob—绿菌,Pla—酸杆菌门,Chlorof—绿弯菌,Cya—蓝细菌,Unc—反硝化细菌,Cre—泉古菌,Eur—钾烷细菌,Arm—装甲菌门,Fir—细菌门,Ver—疣微菌门,Aci—酸杆菌门。下同。

图 6-7 不同生育期土壤性质与细菌和古菌群落的 RDA 分析

通过 RDA 分别对两个不同产区微生物群落影响因素分析表明,高产区微生物群落组成的主要影响因子是速效氮(0.980),其次是速效磷(0.945),然后是速效钾(0.894)。而低产区的主要影响因子是速效磷(0.896)(图 6-8)。

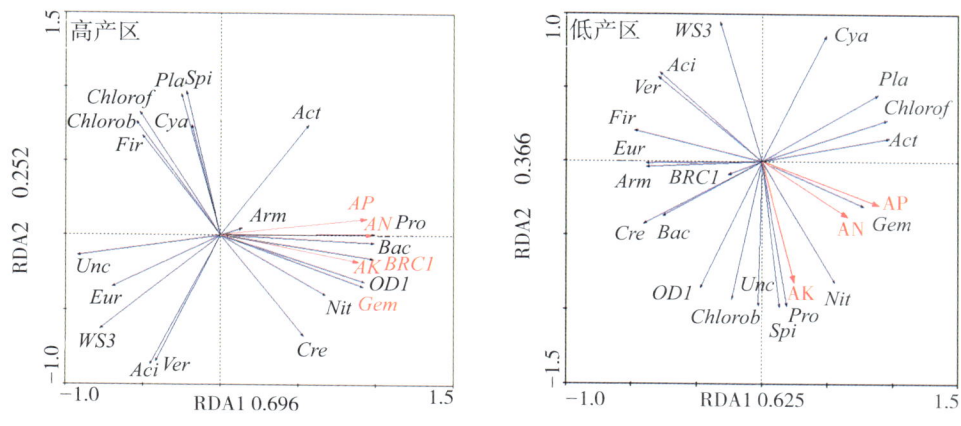

图 6-8 高产区和低产区土壤速效养分与细菌和古菌群落的 RDA 分析

高通量测序技术以其数据产出通量高的特点在土壤微生物物种多样性方面得到广泛应用，本研究利用此技术获得较好的微生物数量。多样性指数分析显示高产区微生物多样性大于低产区，这可能是高产区养分含量有机质、全氮等显著高于低产区所致。秦杰等研究发现，有机质含量高的 NPK 处理土壤细菌和古菌的多样性显著高于有机质含量低的 CK 和 PK 处理，原因可能是有机质含量低的土壤中细菌和古菌可利用的有机碳源减少。本研究也发现，超级稻生育期土壤微生物多样性大于移栽前，可能是生育期存在水稻根系分泌的有机物促进了微生物繁衍；Henriksen 和 Breland、Meidute 等发现碳氮底物的可获得性和种类是微生物繁殖的重要控制因素，在水稻根系比较发达的分蘖期和抽穗期，高产区与低产区微生物多样性差异已达到显著水平，也间接说明可利用碳氮源对微生物多样性有影响（高产区速效氮含量显著大于低产区）。Singh 等和张振兴等研究结果显示土壤理化性质影响水稻根系的生理代谢，水稻根系的生长代谢活动改变土壤理化性状，两者相互作用共同影响微生物的群落组成及多样性。本研究方差分析显示土壤中微生物多样性与不同产区（理化性状不同）和不同生育期（根系生长代谢差异）均存在显著相关性，也印证了土壤-植物-微生物间的关系。

有研究表明，土壤养分含量不同，使土壤优势细菌各门、纲的相对丰度不同，土壤营养元素含量的变化导致土壤微生物组成及群落结构发生变化。本研究显示优势细菌在两个产区的分布存在差异，拟杆菌和变形杆菌的相对丰度在高产区显著大于低产区，而绿弯菌在低产区相对丰度显著大于高产区。从 RDA 分析可见，土壤速效磷含量是影响拟杆菌丰度的最主要因子，变形杆菌也与土壤有机质和速效氮呈高度正相关，而绿弯菌与土壤养分呈负相关，这可能是这 3 类优势菌在两个产区形成差异的主要原因。其他常见菌群中，浮霉菌、放线菌和硝化螺旋菌在高产区相对丰度大于低产区，可能受土壤碱解氮和有机质的影响；其中参与硝化作用的硝化螺旋菌门硝化螺旋菌受土壤速效氮素影响最大。如已有研究报道，古菌耐受性较强，适宜在养分含量较低的环境中生长，本研究得出类似结论，低产区古菌数量显著大于高产区，RDA 分析发现古菌与土壤养分含量，特别是速效氮和有机质呈负相关关系。通过分析微生物组成与土壤养分含量关系，可以得出拟杆菌、变形杆菌、浮霉菌、放线菌和硝化螺旋菌喜好营养丰富的土壤环境，绿弯菌、泉古菌和产甲烷细菌在较低营养环境中生长更好。

大量研究表明土壤微生物群落组成与土壤 pH 密切相关。陈孟立等和 Liu 等研究报道变形杆菌为碱性土壤中的主要优势菌群，本研究虽显示在碱性水稻土中其丰度显著大于偏酸性水稻土，但最大影响因素是土壤有机质和速效氮含量，差异存在原因可能是前者研究对象是旱地土壤环境，本研究是水稻土环境。有研究发现酸杆菌门的数量与组成受 pH 的影响较大，而本研究显示 pH 对酸杆菌门的影响不大，并且与土壤养分含量的关系也不大，这与袁红朝等和 Pankratov 等研究结果不一致。

在门分类水平上，高产区和低产区在超级稻不同生育期微生物组成存在差异。酸杆菌门和疣微菌门的相对丰度在两种生产区随生育期的变化呈先减小后增大的趋势，其变化趋势与超级稻根系生长趋势相反。绿弯菌、放线菌和浮霉菌的相对丰度在两种生产区均呈现先上升后降低的趋势，与超级稻根系生长趋势相近，其可能受水稻根系影响更大。变形杆菌和拟杆菌的相对丰度呈现下降趋势，与土壤速效养分氮磷钾含量变化趋势一致，且具有极显著相关性（表6-32）；从相关系数大小来看，速效磷是影响此两种菌门的首要肥力因子，其次是速效钾。

表 6-32　超级稻不同生育期变形杆菌和拟杆菌

与土壤速效养分的相关性分析（$n=8$）

细菌门	速效氮	速效磷	速效钾
变形杆菌	0.873**	0.954**	0.875**
拟杆菌	0.763**	0.848**	0.846**

**表示 $P<0.01$。

通过 RDA 分别对两个不同产区微生物群落影响因素分析表明，高产区微生物群落组成的主要影响因子是速效氮，而低产区的主要影响因子是速效磷。这可能因高产区土壤碳氮含量较高，速效氮和速效钾均处于极丰富状态，速效磷含量也较丰富，说明在土壤肥力较高水稻土中，速效氮是影响微生物群落的首要限制因子。低产区虽然速效氮处于较丰富状态，但是速效磷和速效钾处于较缺乏状态，所以在养分含量较贫乏水稻土中，速效磷是影响微生物群落组成的主要因子。

第三节　有益微生物的应用及对产量的影响

试验于湖南杂交水稻研究中心试验基地进行。微生物处理设 2 个水平：W1（加），W2（不加）；密度设 3 个水平：M1（33.3 cm×33.3 cm）；M2（26.6 cm×26.6 cm）；M3（26.6 cm×20 cm）；肥料设 4 个水平：N1（0），N2（低 N，135 kg/hm²）；N3（中 N，270 kg/hm²）；N4（高 N，405 kg/hm²）；基蘖肥：穗粒肥 =6∶4；N、P、K 施肥如下：按 N∶P∶K 为 1∶0.5∶0.8 计。副处理为超级稻组合 A（两优 293）、B（双 8s/0293）。小区面积：16 m²（表 6-33）。

表 6-33　田间试验排列如下

微生物处理重复 I		
N3M1	N2M1	N1M1
N4M1	N1M2	N2M2
N1M3	N4M2	N3M2
N2M3	N3M3	N4M3

续表

无微生物处理重复 Ⅱ		
N3M1	N2M1	N1M1
N4M1	N1M2	N2M2
N1M3	N4M2	N3M2
N2M3	N3M3	N4M3
微生物处理重复 Ⅱ		
N3M1	N2M1	N1M1
N4M1	N1M2	N2M2
N1M3	N4M2	N3M2
N2M3	N3M3	N4M3
无微生物处理重复 Ⅱ		
N3M1	N2M1	N1M1
N4M1	N1M2	N2M2
N1M3	N4M2	N3M2
N2M3	N3M3	N4M3

一、不同生长时期乳熟期和黄熟期对微生物总活性的影响

从表 6-34 可以看出，无论氮、磷、钾的量如何变化，乳熟期和黄熟期的微生物总活性的变化趋势是相似的，由于在乳熟期内，新陈代谢旺盛，需要合成大量营养物质，因此水稻必须从土壤中吸收大量氮、磷、钾等，这样，根部周围的 N、P、K 含量减少，从而促使微生物恢复活性，甚至增加微生物数量，以形成更多能被水稻吸收利用的 N、P、K，因此，微生物活性普遍较大。进入黄熟期，随着水稻所需营养成分的减少，土壤中 N、P、K 处于相对饱和平衡状态，微生物活性逐渐减少。因此，乳熟期的平均微生物活性比黄熟期要大得多。同时，从表中可以看出，不管是乳熟期还是黄熟期，其总的变化趋势基本上是随着 N、P、K 施用量的增加，微生物活性反而减小，这与 Livia Bohme 等的试验结果相符。

表 6-34 不同处理对水稻乳熟期和黄熟期微生物总活性的影响　　单位：mg/（d/g）

菌肥、密度处理	乳熟期 N 肥处理				黄熟期 N 肥处理			
	N1	N2	N3	N4	N1	N2	N3	N4
W1M1	18.25	21.64	21.30	18.80	7.49	7.19	5.62	4.82
W1M2	17.70	10.36	14.45	14.01	5.35	3.58	4.27	5.94

续表

菌肥、密度处理	乳熟期 N 肥处理				黄熟期 N 肥处理			
	N1	N2	N3	N4	N1	N2	N3	N4
W1M3	17.85	13.49	15.49	14.81	6.05	4.49	4.77	4.77
W2M1	18.26	17.37	19.43	17.71	4.56	6.97	5.44	5.33
W2M2	19.85	17.37	17.88	18.68	6.76	6.31	4.95	5.96
W2M3	16.16	14.64	18.38	16.71	12.67	6.24	8.21	6.45

二、好氧自生固氮菌在不同施氮量条件下的变化

从表 6-35 可以看出，在 W1M1N1 情况下，不同时期的好氧自生固氮菌呈现出一定的变化规律，即由小变大，再变小，再由小变大，其原因应该是：水稻从分蘖期开始，经圆秆拔节期和孕穗期，随着生物量的增加，需氮量也不断增加，由于土壤中可被水稻利用的氮量有限，从而刺激固氮菌通过固氮来加以补充；随着所施氮含量的增加，其变化规律呈现小大、小大再小大，分析可能是随着土壤中氮含量的增加，导致土壤中可利用的氮增加，某种条件下，好氧自生固氮菌和可利用的氮存在一种动态平衡，可利用的氮一旦减少到某种程度，好氧自生固氮菌即可加以补充。不过值得补充的是：黄熟期的菌量，可能受到土壤中水分的影响，因为黄熟期时，田里含水量减少了。我们还通过对比试验发现，在其他条件不变的情况下，相同土壤，在表面上还有 1 cm 深的水的稀泥中的好氧自生固氮菌的量比含水量为 25% 左右的土壤要少些，甚至一两个数量级。因此，黄熟期的微生物量较乳熟期大幅增加是土壤水分条件的变化所致。

表 6-35　不同生育时期水稻根际土壤中好氧自生固氮菌的变化　单位：$\times 10^3$cfu

生育时期	N 肥处理			
	N1	N2	N3	N4
分蘖期	1.53	0.74	7.06	7.15
圆秆拔节期	14.78	7.36	14.82	3.96
孕穗期	14.85	1.17	3.92	6.9
齐穗期	1.81	7.11	17.29	16.73
乳熟期	7.01	3.81	3.86	1.48
黄熟期	13.12	12.43	33.34	19.32

氮磷钾不断增加而 W1M1 不变。

三、厌氧自生固氮菌在不同施氮量条件下的变化

随着氮磷钾施量的不同，不同时期厌氧自生固氮菌数量也呈现出一定的变化规律，这也是土壤中水稻可用氮磷钾量和不同时期水稻吸收氮磷钾量的综合作用而形成的，从而我们可以看出在不同时期追施或不施氮磷钾肥有其重要意义（表6-36）。（注：表中数据有的奇高，有的奇低，其原因待进一步研究，可能系测定误差）

表6-36　W1M2处理不同生育时期不同施氮量根际土壤中厌氧自生固氮菌的变化　　　　　单位：$\times 10^5$cfu

生育时期	N肥处理			
	N1	N2	N3	N4
分蘖期	0.41	0.48	0.72	15.64
圆秆拔节期	0.4	1.18	0.39	0.69
孕穗期	39.87	37.67	7.05	3.83
齐穗期	7.07	2.32	4.56	46.27
乳熟期	15.47	16.18	15.01	1.44
黄熟期	0.34	0.56	60.18	60.79

四、分蘖期解磷细菌量在不同施肥水平和密度条件下的比较

从表6-37可以看出，在其他条件一样的情况下，水稻分蘖期解磷细菌量因菌肥的使用而明显增加，说明施用菌肥有利于使土壤有益微生物增加，有害微生物减少；这样更有利于保证水稻吸收更多的营养，同时也有利于稻田生态系统的良性发展，以保证后续各期的水稻获得更丰富的营养，为作物的稳产高产创造条件。

表6-37　不同处理对分蘖期土壤中解磷细菌量的影响　　　单位：$\times 10^5$cfu

菌肥、密度处理	N肥处理			
	N1	N2	N3	N4
W1M1	2.65	2.14	5.49	1.27
W1M2	2.73	18.30	12.77	13.17
W1M3	0.88	5.53	0.27	5.00
W2M1	0.32	1.29	0.15	0.26
W2M2	1.30	0.10	0.33	1.36
W2M3	0.25	1.26	0.33	0.57

五、施菌与不施菌条件下解钾细菌在水稻不同生育时期的变化

解钾细菌不论是在何期，在施菌和不施菌的情况下，它们的表观数量基本一样；并且，一般情况下，施用无机肥后解钾细菌数量最少，随着无机钾肥的数量减少，菌体数量也在一定程度上增加，但变化量不大；一般情况下，解钾细菌数量随生育时期的推进而增多，乳熟期与黄熟期，解钾细菌数量基本相等（表6-38）。表明稻田中施用了钾肥后，施菌不能获得相应的效果。其原因还有待进一步分析。

表6-38 不同处理不同生育时期土壤中解钾细菌的变化　　　　单位：×10³cfu

菌肥、密度处理	生育时期	N肥处理			
		N1	N2	N3	N4
W1M1	分蘖期	9.22	5.11	8.21	4.98
	圆秆拔节期	4.45	2.49	13.26	7.13
	孕穗期	17.97	9.36	18.81	25.31
	齐穗期	22.39	23.39	18.07	20.53
	乳熟期	25.7	32.79	30.85	38.48
	黄熟期	25.55	30.11	30.01	25.12
W2M1	分蘖期	3.40	5.81	3.96	3.51
	圆秆拔节期	10.15	9.38	8.68	9.59
	孕穗期	13.52	21.75	14.39	15.56
	齐穗期	18.08	20.42	14.45	13.58
	乳熟期	29.76	31.12	26.49	27.17
	黄熟期	16.88	33.08	29.25	27.43

六、施菌与不施菌条件下水稻产量的变化

不施肥条件下，施菌处理的产量比不施菌处理的产量明显要高，说明施菌能有效利用土壤地力和微生物资源，进行整合，促进产量提高。在低肥下，施菌效果不是很明显，似与前者有矛盾；中肥条件下，施菌效果明显；高肥条件下，施菌的增产效果也不明显。整个来看，施菌的增产效果一般（表6-39）。

表 6-39 不同处理对水稻产量的影响　　　　　　　　　　单位：t/hm^2

菌肥、密度处理	N 肥处理			
	N1	N2	N3	N4
W1M1	8.22	10.08	10.30	8.52
W1M2	8.55	9.42	10.60	9.10
W1M3	8.52	9.80	10.90	8.80
W2M1	7.31	9.76	9.80	8.10
W2M2	7.90	9.30	9.96	8.79
W2M3	7.65	9.46	10.09	8.22

第四节　耕作强度对超级杂交稻产量影响的微生物学机制

为了满足持续增长的人口数量以及随之而来的巨大粮食需求，中国从 20 世纪末开展了以两优培九（LYP9），Y 两优一号（YLY1），Y 两优二号（YLY2），Y 两优 900（YLY900）以及湘两优 900（XLY900）五期超级杂交稻为代表的"超级杂交稻育种工程"，为解决我国粮食自主以及安全做出了巨大的贡献。超级杂交稻高产的获得，除了良种的保障外还依赖于环境因素以及栽培措施。现代水稻高产栽培技术主要包括耕作、水分管理和氮肥施用相较于传统的减耕或者免耕方式，在适当的水肥管理条件下，通过一定深度的土壤翻耕，能够改善水稻土壤黏性从而促进水稻根系向下生长。土壤耕作强度能够通过影响土壤微生物群落组成从而改变养分有效性来提高土壤质量。土壤微生物通过参与各种复杂的生物化学过程，将养分转化为植物可利用的状态，并在维持地下生态结构稳定方面具有重要作用。Wu 等人研究发现大约有 17 种门水平的土壤细菌能够影响水稻产量和土壤肥力。这些土壤细菌一般都影响土壤氮代谢过程并且影响植物根系氮素吸收效率。有报道指出，耕作强度能够改变土壤微生物群落的丰度模式，如酸杆菌门中的某些类群。此外微生物通过参与根－土之间的生物过程从而在植物生长过程中发挥重要作用。

耕作强度和施氮量在栽培管理过程中通常是相结合的。然而，传统的耕作深度一般小于 15 cm。这种做法，再加上水稻生长的大多数阶段存在的淹水条件，导致土壤黏稠，透水性差，最终导致化肥利用效率低。土壤微生物群落的变化也是影响水稻产量的一个重要因素。尽管有研究表明，耕作强度和施氮量的变化能够影响旱地土壤微生物群落结构变化，但耕作强度对水稻土微生物群落特别是我国中部淮河流域传统水稻产区的水稻土微生物群落与产量之间关系的影响研究较少。人们对土壤微生物的哪种生物机制以及在多大程度上限制了传统耕作强度下的水稻产量知之甚少。基于此，我们通过 5 个超级稻优良品种比较两种耕作强度，即常规耕作强度（SP）和深耕强度（DP），以及不同氮肥施用量的大田栽培试验的水稻土。探究不同耕作强度对淮河流域高产超级稻水稻土细菌群落结构和功能在超级稻产量上的影响。

试验于 2017 年在河南农业大学教学试验基地（河南省信阳市）进行，试验采用裂区田间试验，小区面积为 8 m×5 m，设置 2 个耕作方式主区：浅耕（SP，耕作深度 15 cm），深耕（DP，耕作深度 25 cm）。5 个超级稻品种为副区：两优培九（LYP9），Y 两优 1 号（YLY1），Y 两优 2 号（YLY2），Y 两优 900（YLY900）以及湘两优 900（XLY900）；6 个氮肥施量为副区：N0 为 0 kg/（hm²/a），N150 为 150 kg/（hm²/a），N210 为 210 kg/（hm²/a），N300 为 300 kg/（hm²/a），N390 为 390 kg/（hm²/a），N450 为 450 kg/（hm²/a）。每个处理重复 3 次。基肥根据两种耕作深度要求耕作时施入土壤中，并在水稻移栽 3 d 前进行灌水和土地平整。25 d 苗龄秧苗于 5 月 21 日移栽。氮磷钾施肥比例为 N：P_2O_5：K_2O＝2：1：2，其中氮肥采用尿素并分为 3 次施用，其施用时期和比例为基肥：拔节期：孕穗期 ＝40%：20%：40%。磷肥（过磷酸钙）和钾肥（氯化钾）作为基肥一次性施入。其他大田管理措施按照高产水稻栽培管理措施进行。

一、不同处理下土壤细菌群落 alpha 多样性以及物种组成

经过 Illumina 测序平台，我们从 180 个样本中共获得了 8 266 268 条高质量的双端测序（pair-end）序列（平均 43 150；每个样本 36 729～52 064 个 tag），并且获

得了 22 627 个 OTU（图 6-9）。将获得的 OUT 矩阵表进行抽平过滤后，进行微生物 alpha 多样性分析以及物种组成分析，分析结果如图 6-10 所示。深耕和浅耕处理的香农指数（Shannon index）随着五期超级杂交稻品种呈现下降趋势，并且湘两优 900（XLY900）品种下的香农指数在两个耕作处理下均要显著低于其他品种（$P < 0.05$）。Alpha 多样性进行多元置换方差分析结果表明，超级稻品种和耕作强度均能极显著地影响 alpha 多样性（$P < 0.001$）。超级稻品种的方差解释率最大达到 49.26%，其次为耕作强度，其方差解释率为 4.26%，品种和耕作强度的交互作用也对 alpha 多样性具有显著影响（$P < 0.001$）（表 6-40）。而氮肥对 alpha 多样性的影响不显著。这表明，细菌群落的 alpha 多样性主要受到超级稻品种以及耕作强度这两者的影响。

对不同处理下细菌群落物种组成分析结果所示，细菌的优势菌门主要有变形菌门（Proteobacteria）中的德尔塔变形菌纲（delta-proteobacteria）、贝塔变形菌纲（beta-proteobacteria）、阿尔法变形菌纲（alpha-proteobacteria）以及伽马变形菌纲（gamma-proteobacteria），酸杆菌门（Acidobacteria）、绿弯菌门（Chloroflexi）、拟杆菌门（Bacteroidetes）、厚壁菌门（Firmicutes）、硝化螺旋菌门（Nitrospirae）、疣微菌门（Verrucomicrobia）。不同菌门丰度在不同的耕作强度下存在差异。深耕处理能够提高某些菌门的相对丰度。浅耕处理土壤中的硝螺旋菌的相对丰度比浅耕土壤高 10.5%。土壤厚壁菌门和酸杆菌门在深耕土壤中的相对丰度分别比浅耕土壤提高了 8.69% 和 12.02%。

表 6-40 细菌 alpha 多样性多元置换方差分析（PERMANOVA）

因素	均方和	方差解释度/%	P 值
品种	0.043 382	49.26	0.001***
耕作	0.003 752	4.26	0.001***
氮	0.000 548	0.62	0.776
品种 × 耕作	0.007 261	8.24	0.001***
品种 × 氮	0.003 333	3.78	0.764
耕作 × 氮	0.000 669	0.76	0.688
品种 × 耕作 × 氮	0.002 737	3.11	0.88
残差	0.026 384	29.96	

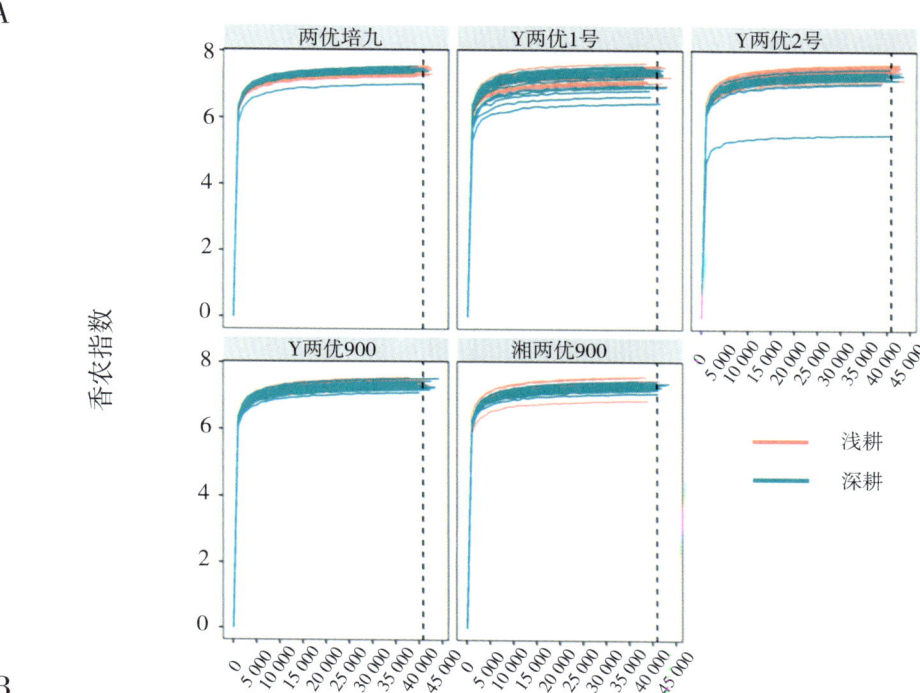
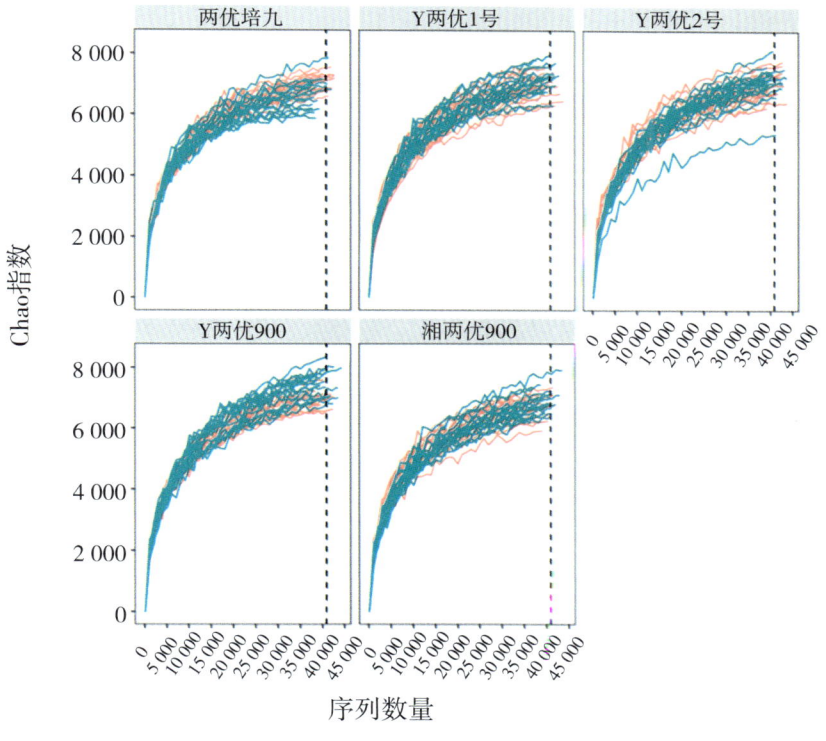

图 6-9 各样品不同耕作处理下的稀释曲线

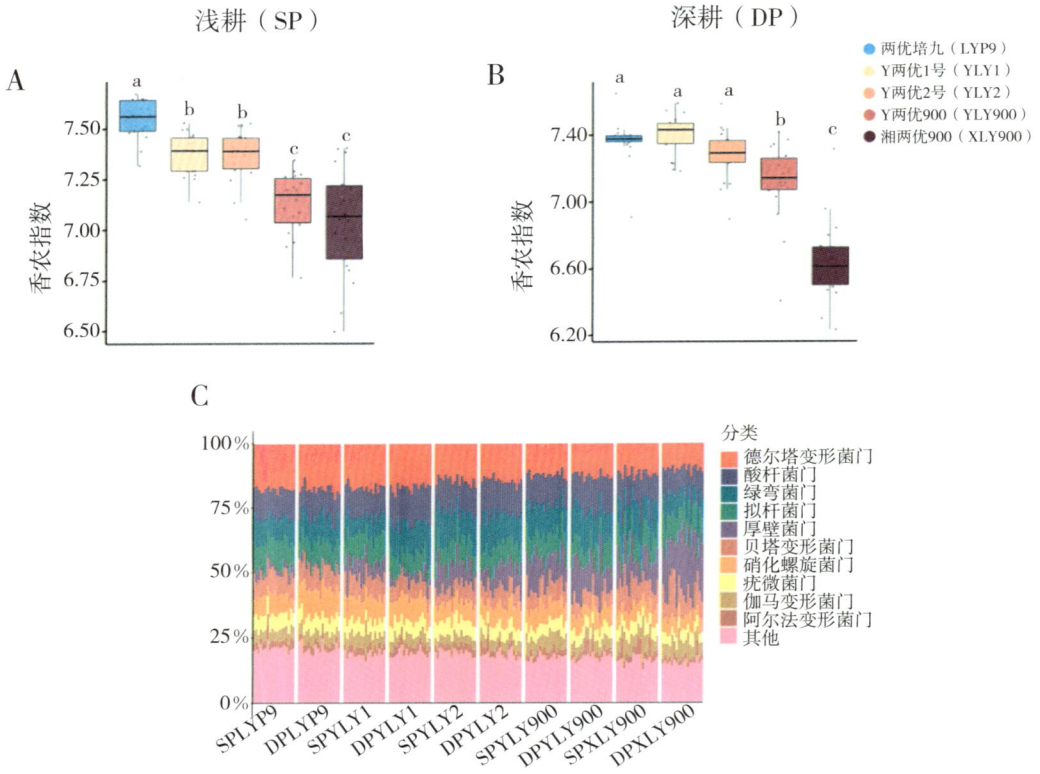

A：浅耕（SP）处理下不同品种超级稻土壤细菌群落 alpha 多样性；B：深耕（DP）处理下不同品种超级稻土壤细菌群落 alpha 多样性；C：门/纲水平微生物优势物种（top10）组成。注：不同小写字母代表 0.05 水平下的 T 检验显著性（$P < 0.05$，Turky-HSD Test）。

图 6-10　不同处理下的细菌群落 alpha 多样性及物种组成

二、不同处理下细菌群落 beta 多样性

各处理下的细菌群落分离模式采用基于 OUT 表达矩阵的加权 Unifrac 距离（WUF）对细菌群落进行约束性主坐标（CAP）分析（图 6-11）。同时对各个处理进行多元置换方差分析（PERMANOVA）来探究不同栽培措施对微生物群落分布的影响以及重要性（表 6-41）。CAP 分析结果表明，不论是浅耕还是深耕处理，超级稻品种均按照第一轴分开（图 6-11），并且方差分析结果显示，品种的方差解释度最高，达到了 28.1%。这表明不同超级稻品种能够显著影响稻田微生物群落结构（$P < 0.001$）。从 CAP 分析结果可知，CAP1 轴和 CAP2 轴均能够解释不同耕作处理下至少 80% 的变异，浅耕处理下两轴的变异解释度分别为 58.60% 和 23.56%，深耕

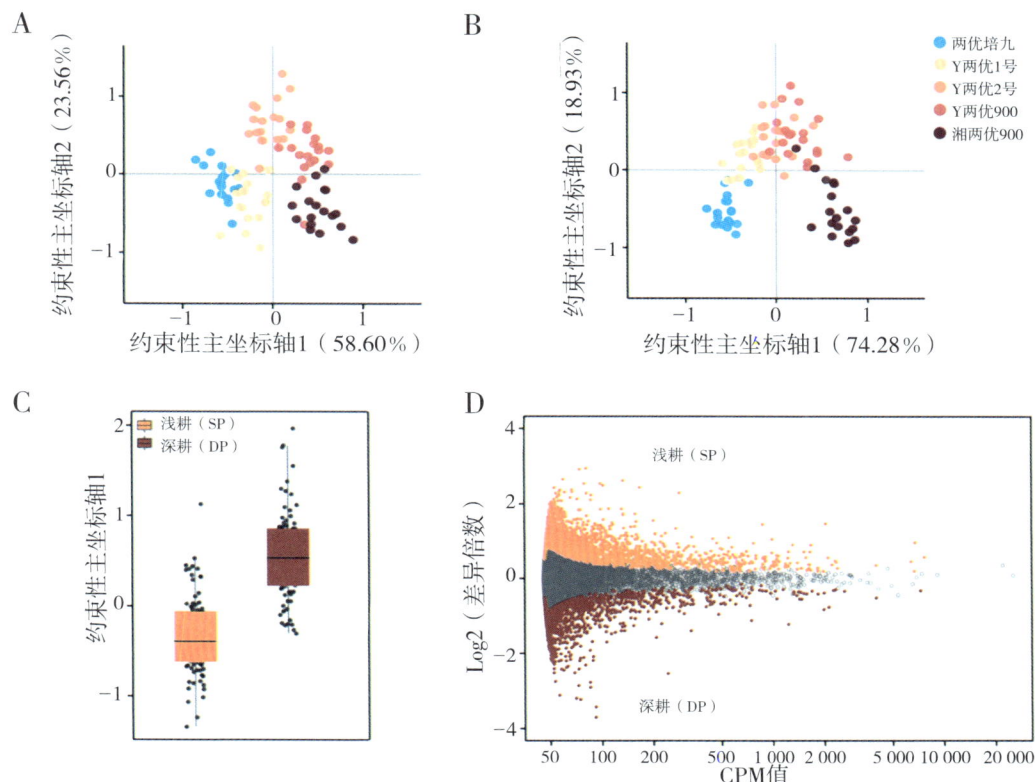

A：浅耕（SP）处理下不同品种的微生物 beta 多样性；B：深耕（DP）处理下不同品种超级稻土壤微生物 beta 多样性；C：不同耕作强度下微生物 beta 多样性；D：不同耕作处理下细菌丰度差异分布。

图 6-11 不同处理下的细菌群落 beta 多样性

处理下两轴的解释度分别为 74.28% 和 18.93%。深耕处理下的一轴解释率要高于浅耕处理，两种耕作方式下两轴总的解释率分别为 82.16% 和 93.21%。多元置换方差分析结果也表明，耕作方式能够显著影响微生物群落多样性（$P < 0.001$）。当约束其他条件，单独对耕作方式进行 CAP 分析后发现深耕处理的 CAP1 要大于浅耕处理的 CAP1，这表明深耕处理对微生物群落的影响要大于浅耕处理。通过对不同耕作处理下的差异 OTU 进行分析发现，不同耕作强度能够显著富集不同的 OTU。浅耕富集了 876 个差异 OTU，而深耕则富集了 579 个差异 OTU。这表明，不同的耕作强度能够显著影响微生物群落的结构和丰度。

表 6-41 细菌 beta 多样性多元置换方差分析（PERMANOVA）

因子	均方和	方差解释度	P 值
品种	1.135 5	28.01	<0.001
耕作强度	0.104 6	2.58	<0.001
氮肥	0.081 2	2.00	>0.05
品种 × 耕作强度	0.316 6	7.81	<0.001
品种 × 氮肥	0.321 5	7.93	>0.05
耕作强度 × 氮肥	0.058 6	1.45	>0.05
品种 × 耕作强度 × 氮肥	0.323 5	7.98	>0.05
残差	1.712 5	42.24	>0.05

三、耕作强度对细菌与土壤理化性质的冗余分析

为了进一步探究不同耕作强度对微生物群落中优势物种分布的影响以及与土壤理化因子之间的关系，将土壤微生物优势物种与环境因子进行冗余分析（RDA）（图 6-12）。RDA 分析结果显示，RDA1 轴和 RDA2 轴分别解释了浅耕处理样品中土壤细菌群落的 56.66% 和 17.15%，总解释率为 73.81%。在深耕处理下，RDA1 轴和 RDA2 轴的解释率分别为 65.66% 和 20.65%，其总解释率要高于浅耕处理，达到了 86.31%。浅耕处理中影响 RDA1 的主要环境因子是硝态氮（NO_3^--N）、硝化作用强度（Nitri）、氨氧化潜势（AOP）、总氮（TN）、硝酸还原酶（SNR）和有机质（SOC），其中，硝态氮、氨氧化潜势以及硝化作用强度对德尔塔变形菌纲（Delta-proteobacteria）以及硝化螺旋菌门（Nitrospirae）影响最大。而总氮、硝酸还原酶以及有机质主要对厚壁菌门（Firmicutes）以及伽马变形菌纲（Gamma-proteobacteria）影响最大。而深耕处理中的影响 RDA1 的主要环境因子是硝化作用强度、硝酸还原酶以及脲酶（Urea）。这些环境因子主要对拟杆菌门（Bacteroidetes）、贝塔变形菌纲（Beta-proteobacteria）、伽马变形菌纲以及硝化螺旋菌门影响最大。这些结果表明，不同的耕作处理对微生物优势物种与环境因子之间的关系的影响具有显著差异。

为了探究环境因子在不同耕作处理下对微生物优势物种群落的个体效应，通过

对 RDA 分析进行层次分割的方法计算各环境因子的效应值（R^2）。由图 6-12 可知，在浅耕处理中，硝态氮和硝化作用强度的个体效应 R^2 最大，其次为速效钾、氨氧化潜势和有机质。而在深耕处理下，个体效应 R^2 最大的两个环境因子为硝化作用强度和铵态氮（NH_4^+-N），其次为脲酶、硝酸还原酶和蔗糖酶（Suc）。根据结果还发现，浅耕处理下个体效应较高的环境因子主要是土壤理化性质，而深耕处理下的环境因子主要为土壤生化物质如相关酶类，且深耕处理下的主要环境因子个体效应值均要高于浅耕处理。这些结果表明，与浅耕处理相比，深耕处理促进了土壤氮素循环相关酶以及过程的活性，并且深耕处理下，提高了环境因子对微生物群落影响的重要性。

为了进一步探究不同耕作强度下土壤微生物优势物种与环境之间的相关性，将微生物的优势物种与环境因子之间进行斯皮尔曼相关性检验。不同耕作处理下，微生物与环境因子之间的相关性具有显著差异。浅耕处理下，德尔塔变形菌纲和硝态氮（NO_3^--N）、硝化作用强度（Nitri）、氨氧化潜势（AOP）、总氮（TN）、硝酸还原酶（SNR）和有机质（SOC）呈现显著相关性（$P<0.05$），而厚壁菌门则与有机质、硝态氮、硝化作用强度以及蔗糖酶具有显著相关性（$P<0.05$）。硝化螺旋菌则与有机质、氨氧化潜势、硝化作用强度等显著相关（$P<0.05$）。而在深耕处理中，德尔塔变形菌纲与土壤 pH、有机质、硝化作用强度以及土壤脲酶活性呈现显著相关性（$P<0.05$）。厚壁菌门则主要与土壤 pH、硝化作用强度、土壤脲酶以及土壤蔗糖酶活性呈极显著相关（$P<0.01$）。硝化螺旋菌与硝化作用强度、土壤脲酶以及土壤蔗糖酶活性呈现显著相关。总的来看，与浅耕处理相比，深耕处理条件下的微生物优势物种与土壤中的相关酶类的相关性要强于浅耕处理，而浅耕处理中则多与土壤理化性质相关。例如深耕处理中的脲酶活性、蔗糖酶活性以及硝酸还原酶活性与优势物种的相关性均大于浅耕处理。综上所述，不同耕作强度通过影响土壤中相关理化性质以及酶的活性，从而影响了微生物群落的组成和分布。

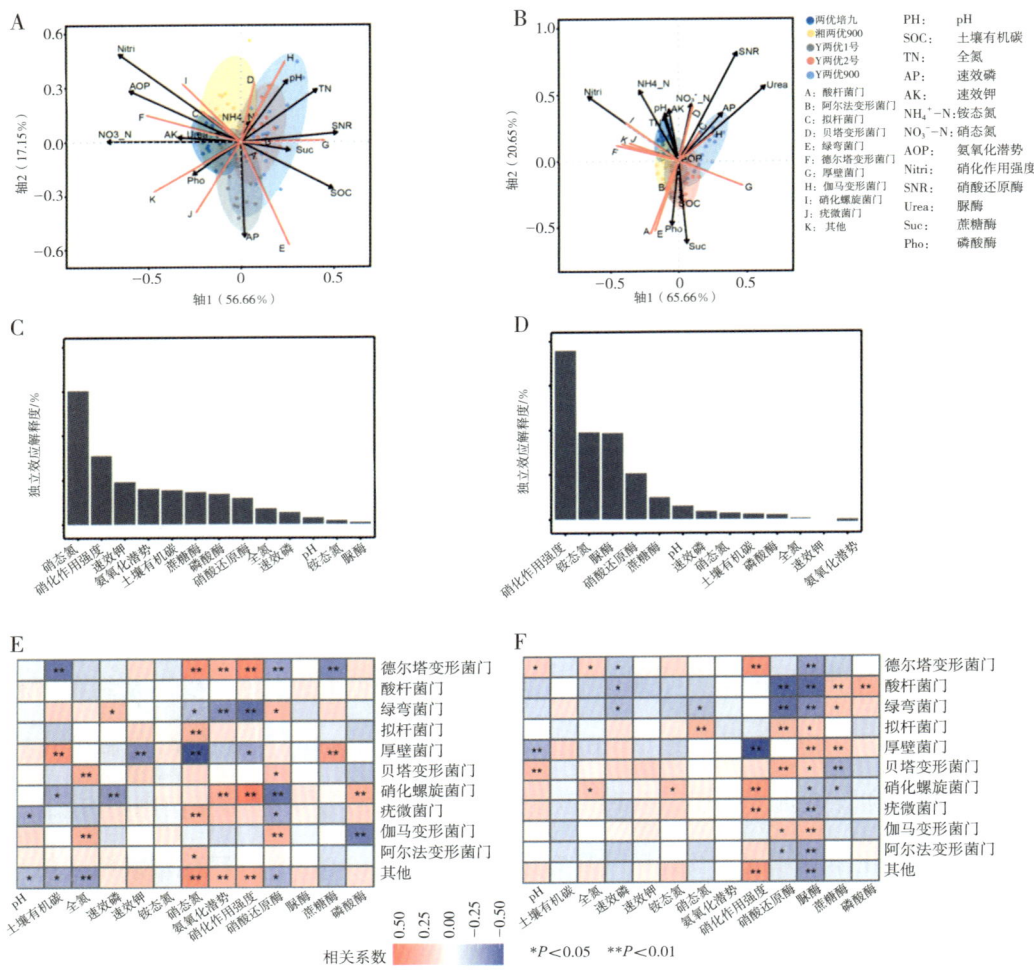

A：浅耕（SP）处理下优势物种与土壤理化因子的冗余分析；B：深耕（DP）处理下优势物种与土壤理化因子的冗余分析；C：浅耕（SP）处理下理化因子的效应值；D：深耕（DP）处理下理化因子的效应值；E：浅耕（SP）处理下优势物种与土壤理化因子的相关性（斯皮尔曼）；F：深耕（DP）处理下优势物种与土壤理化因子的相关性（斯皮尔曼）。注：* 表示 $P < 0.05$；** 表示 $P < 0.01$。

图 6-12　不同耕作强度下优势物种与环境因子之间的相关性

四、耕作强度对细菌共线性网络以及功能的影响

　　为了探究不同耕作强度下微生物间的相互作用。通过对两种耕作强度下的 OTU 矩阵构建微生物共发生网络，并对两种网络模式下的相关拓扑性质进行统计和评估，其结果如图 6-13 所示。从网络拓扑结构来说，不同耕作强度下微生物共发生网络复杂度具有显著差异。浅耕强度处理下，其网络共有 183 个节点（node），303

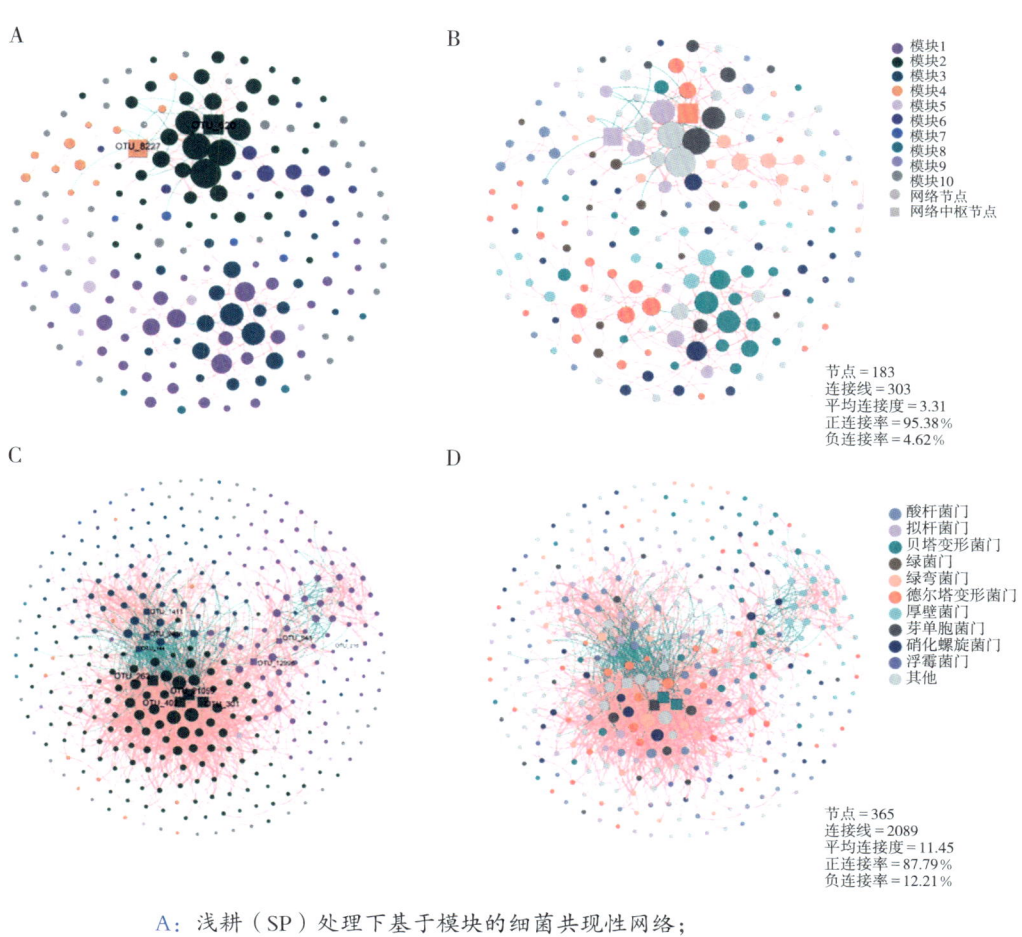

A：浅耕（SP）处理下基于模块的细菌共现性网络；
B：深耕（DP）处理下基于模块的细菌共现性网络；
C：浅耕（SP）处理下基于物种的细菌共现性网络；
D：深耕（DP）处理下基于物种的细菌共现性网络。

图 6-13 不同耕作强度下细菌共现性网络

条边（edge）。而深耕处理下的网络则分别为 365 个节点和 2 089 条边，分别比浅耕处理多出了 99.45% 和 590%。而平均连接度（Ave.Degree）方面，浅耕处理下的网络平均连接度（Ave.Degree=3.31）仅为深耕处理（Ave.Degree=11.45）的 28.9%，深耕处理显著提高了其土壤微生物的网络连接度。在微生物共发生网络中，不同耕作强度下网络边的属性具有较大差异并且微生物网络中负连接的数量比例影响着网络的复杂性。浅耕处理下的网络中，其正负连接的比例分别为 95.38% 和 4.62%。而深耕处理的网络中其负连接的比例为 12.21%，是浅耕处理下的 2.64 倍。从网络拓扑结构来看，与浅耕处理相比，深耕处理显著地提高了微生物共发生网络的复杂性，从而提高网络的稳定性。

根据网络节点的 Zi 和 Pi 值的范围，将这些节点分为四种不同的网络生态类型：模块枢纽（Module hubs）、网络枢纽（Network hubs）、连接器（Connectors）、外围节点（Peripherals）。由图 6-13 可以看出，两种耕作处理下，其网络中 OTU 大多数为 Peripherals，只有少数 OTU 属于其他类型。浅耕处理下，属于模块枢纽的节点有 2 个（OTU_620、OUT_8227），分别位于模块 1（Module 1）和模块 4（Module 4），其所属物种分别为变形菌门（Proteobacteria）以及拟杆菌门（Bacteroidetes）。而在深耕处理中，属于模块枢纽的节点有 9 个（OTU_1411、OTU_144、OTU_9636、OTU_21059、OTU_301、OTU_402、OTU_262、OTU_12996、OTU_543），其物种分别为 TM6 菌门、绿弯菌门（Chloroflexi）、拟杆菌门（Bacteroidetes）、变形菌门（Proteobacteria）、芽单胞菌门（Gemmatimonadetes）和绿菌门（Chlorobi）。属于连接器的节点有 2 个，分别为 OTU_1125 和 OTU_1411，其物种为 TM6 菌门和芽单胞菌门，分别位于模块 3（Module 3）和模块 2（Module 2）。综上所述，深耕强度能够提高微生物网络中的关键节点数量，从而促进微生物间不同物种和功能模块之间的相互作用。

对不同耕作强度下的细菌共生网络的主要模块（前 5 个）子网络（sub network）进行分析结果如图 6-14 所示，深耕和浅耕处理下的主要模块子网络具有显著差异。浅耕处理下的主要模块网络为 Module2、Module10、Module1、Module3、Module6，其网络节点和边分别为 14-42 和 22-100。深耕处理的主要模块网络为 Module2、Module1、Module3、Module10、Module4，其网络节点和边分别为 11-128 和 10-981。与浅耕处理相比，深耕处理的主要网络节点数和复杂度均要高于浅耕处理，并且模块内网络负连接均位于前 3 个模块，其数量也要大于浅耕处理。深耕处理下的关键节点 OTU 都处于前 3 个模块，而浅耕处理下的负连接数量和关键节点 OTU 位置则分处于其他模块中。

网络模块是微生物网络功能的重要执行部分之一，为了探究不同耕作处理下的

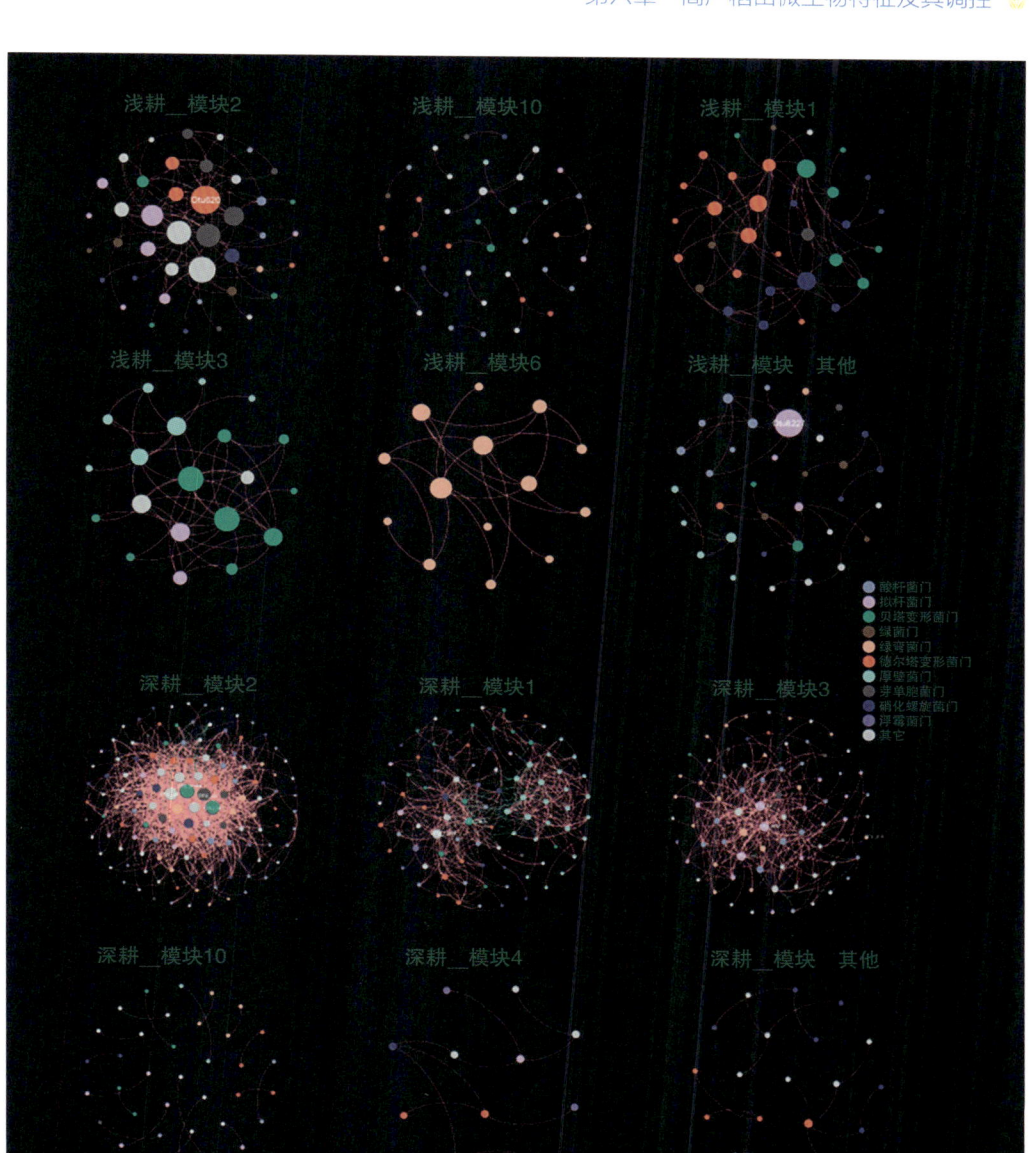

红色线代表正相关连接;绿色线代表负相关连接。
图 6-14　不同耕作强度下细菌群落共生模式主要模块子网络(前 5)

各个网络模块与环境因子的关系,将不同耕作处理下的网络模型与环境因子进行冗余分析(RDA)并结算各个环境因子的个体效应,其结果如图 6-15 所示。RDA 结果表明,土壤化学性质和酶活性都影响土壤微生物网络(模块特征值)。浅耕处理下,RDA1 和 RDA2 的解释率分别为 54.33% 和 30.83%,其总解释率为 85.16%。土

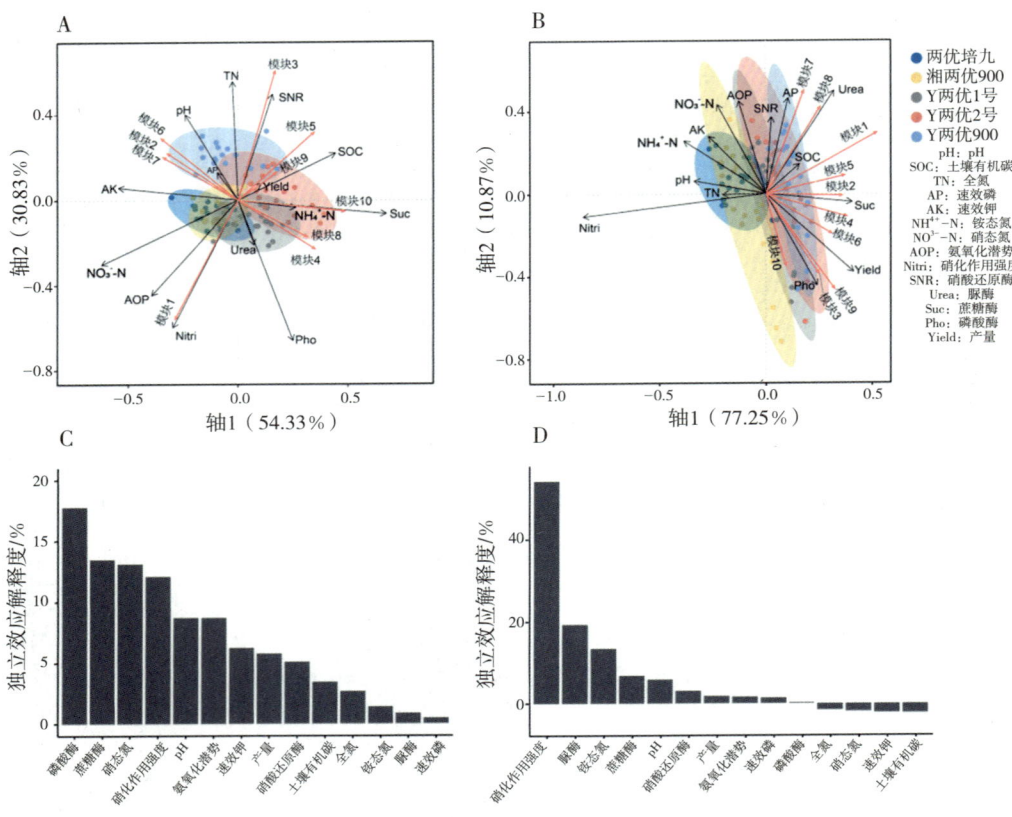

A：浅耕（SP）处理下共现性网络模块与理化因子的冗余分析；B：深耕（DP）处理下共现性网络模块与理化因子的冗余分析；C：浅耕（SP）处理下理化因子的效应值；D：深耕（DP）处理下理化因子的效应值。

图 6-15　不同处理下细菌共现性网络模块与理化因子的冗余分析

壤磷酸酶活性（PhO）、蔗糖酶和 NO_3^--N、硝化作用强度和土壤 pH 是影响土壤中网络的前 4 个环境因素。而在深耕处理下，RDA1 和 RDA2 的解释率分别为 77.25% 和 10.87%，总解释率为 88.12%。其个体效应最大的前 5 个环境因子为硝化作用强度、脲酶活性、铵态氮、蔗糖酶活性和土壤 pH。对主要网络模块特征值和土壤理化指标进行相关分析后发现，深耕处理下的共发生网络主要模块（Module1~6）与土壤硝化作用强度（Nitri）显著相关（$P<0.01$），而浅耕处理的则主要与土壤硝态氮含量相关。这表明与浅耕处理相比，深耕处理增强了微生物网络与土壤硝化作用过程之间的相互联系。

五、不同耕作强度下细菌功能差异分析

通过 FAPROTAX 软件对不同耕作处理下的土壤样品中的 OTUs 进行功能注释，来探究不同耕作强度下，土壤微生物功能之间的差异。将预测后的功能利用 edgeR 软件进行两个耕作强度下的差异分析，保留差异显著的功能，并分析其丰度表达模式，其结果如图 6-16 所示。

通过功能预测，共预测出 81 个功能通路，通过过滤以及差异分析，在两种耕作强度下表达显著差异的微生物功能共有 17 个。由图可知，约有 30% 的功能

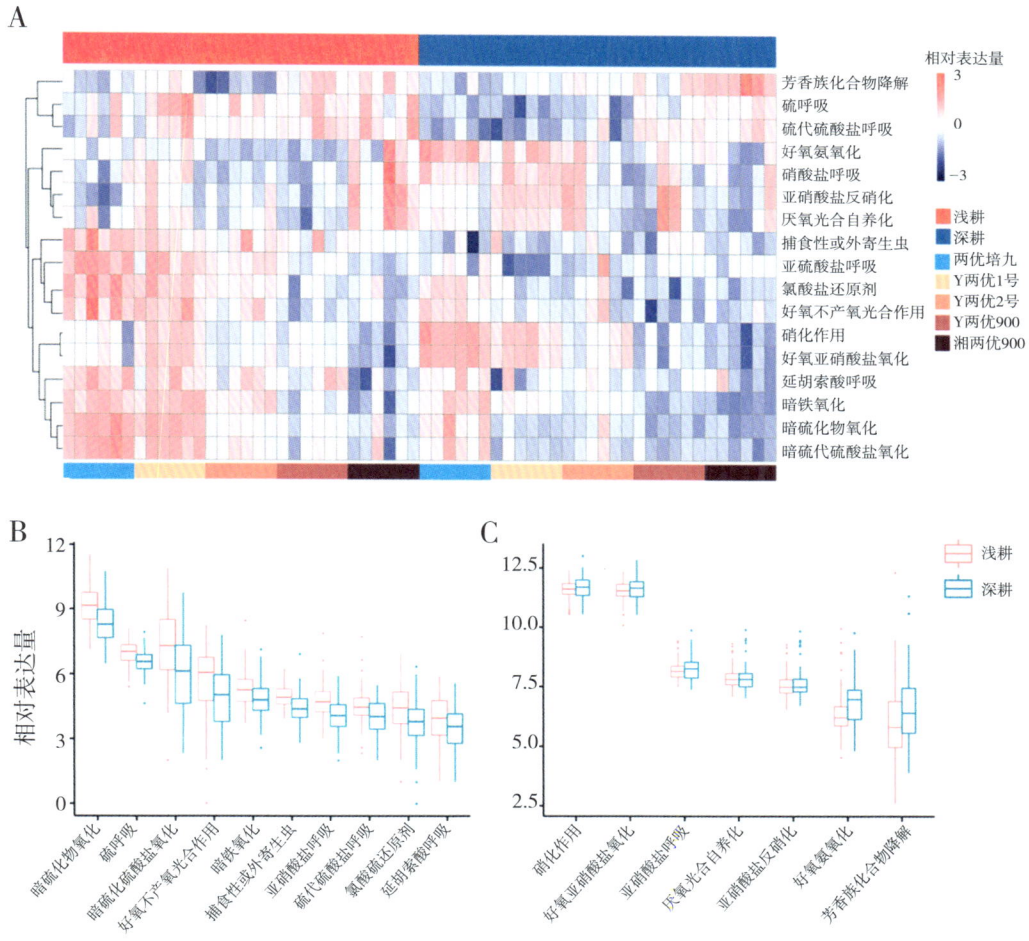

A：不同耕作强度下土壤细菌功能相对丰度；B：浅耕（SP）处理富集的细菌代谢和生态功能的相对丰度；C：深耕（DP）处理富集的细菌代谢和生态功能的相对丰度。

图 6-16 不同耕作强度对土壤细菌功能丰度差异的影响

（5/17）与氮循环有关，硫循环相关功能占到35%，其他功能约占30%。之后，经过比较这些差异功能在不同耕作强度下的相对丰度发现，不同的耕作强度能够显著影响相关土壤功能的表达。在浅耕处理下，所有与硫循环相关的微生物功能丰度均要显著高于深耕处理。而与之相对的是，深耕处理显著提高了所有氮循环相关的微生物功能的丰度，如硝酸盐还原、亚硝酸盐反硝化作用以及硝化作用等过程。综合以上分析表明，与浅耕处理相比，深耕处理能够提高土壤微生物中与氮循环相关功能，从而促进氮素的周转和利用。

利用RDA分析来进一步探究不同耕作强度对土壤功能与环境因子之间关系的影响，其结果如图6-17所示。由冗余分析结果可知，耕作强度能够影响土壤功能与环境因子之间的相关性。浅耕处理下，RDA1与RDA2的解释率分别为62.91%和14.5%，其总解释率为77.41%。从各环境因子对微生物功能的个体效应来看，硝态氮、硝化作用强度、磷酸酶活性、铵态氮以及氨氧化潜势是影响浅耕土壤微生物功能的主要环境因素。而在深耕处理下的RDA1和RDA2的解释率分别为54.39%和23.68%，其总解释率为78.07%，要高于浅耕处理下的总解释率。深耕处理下的环境因子对微生物功能的影响也与浅耕处理不同，深耕处理下的主要环境因子为硝化作用强度、铵态氮、脲酶活性、硝酸还原酶活性以及土壤总氮。

对土壤功能和各环境因子进行相关分析发现，浅耕处理下除了硝化作用过程（nitrification）和有氧亚硝酸盐氧化过程（aerobic nitrite oxidation）与氨氧化潜势、硝化作用强度以及硝酸还原酶活性显著相关外，其他与这三个环境相关的土壤功能均为非氮循环相关功能，且所有土壤功能均和脲酶活性没有显著相关。与浅耕处理不同的是，深耕处理下的氮循环相关的功能除了亚硝酸盐反硝化过程（nitrite denitrification）外，均与土壤硝化作用强度显著相关（$P<0.01$）。深耕处理下的亚硝酸盐反硝化过程（nitrite denitrification）、硝化作用过程（nitrification）以及有氧亚硝酸盐氧化过程（aerobic nitrite oxidation）均与土壤脲酶呈极显著相关（$P<0.01$）。硝酸盐呼吸（nitrate respiration）、硝化作用过程（nitrification）以及有氧亚硝酸盐氧化过程（aerobic nitrite oxidation）则与土壤后蔗糖酶活性显著相关（$P<0.05$）。

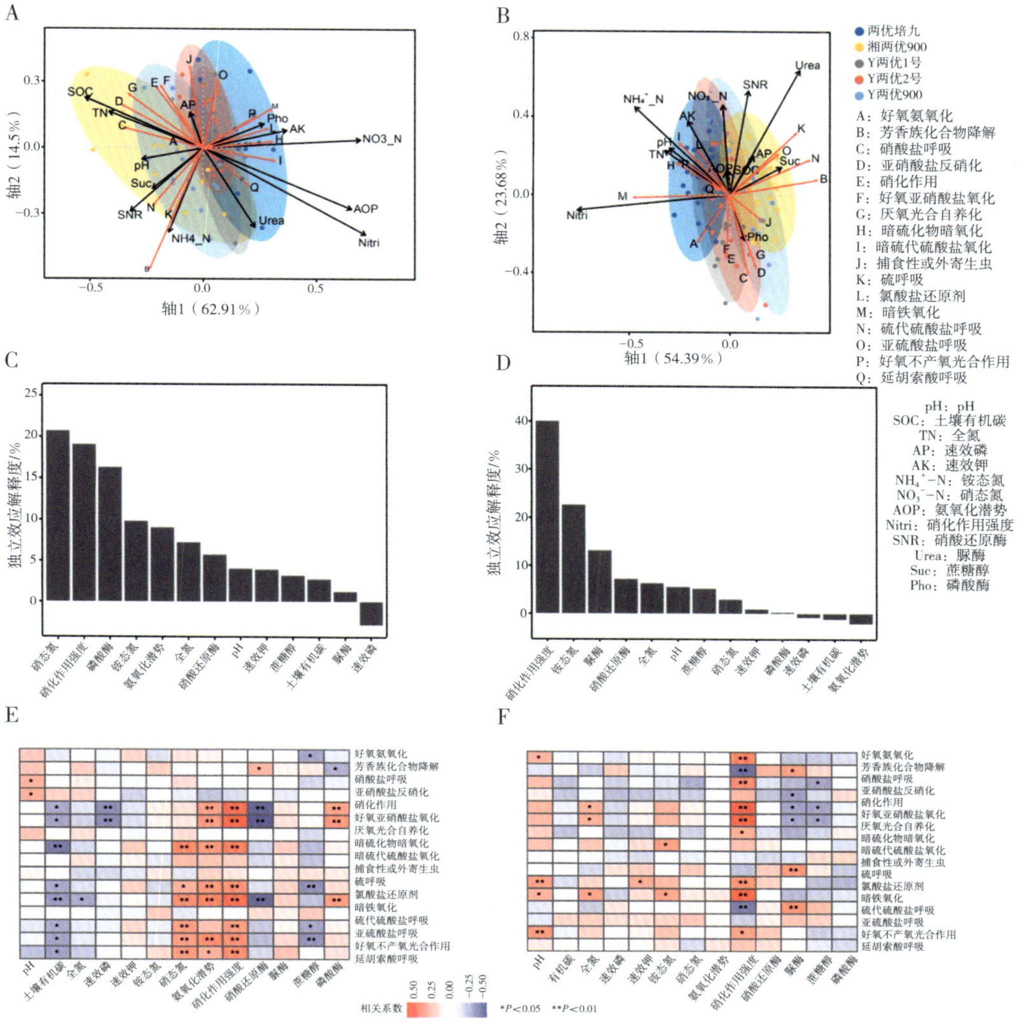

A：浅耕（SP）处理下土壤细菌功能与土壤理化因子的冗余分析；B：深耕（DP）处理下土壤细菌功能与土壤理化因子的冗余分析；C：浅耕（SP）处理下理化因子的效应值；D：深耕（DP）处理下理化因子的效应值；E：浅耕（SP）处理下土壤细菌功能与土壤理化因子的相关性（斯皮尔曼）；F：深耕（DP）处理下土壤细菌功能与土壤理化因子的相关性（斯皮尔曼）。注：* 表示 $P < 0.05$；** 表示 $P < 0.01$。

图 6-17 不同耕作强度处理下土壤细菌功能与环境因子之间的相关性

综合以上分析结果表明，与浅耕处理相比，深耕能够显著富集与氮素循环相关的微生物功能以及影响相关土壤生化过程从而影响氮素循环。

六、耕作强度对水稻生长以及土壤氮素循环的影响

不同耕作强度对水稻根体积以及产量的影响结果表明（图6-18），与浅耕处理相比，深耕处理显著提高了水稻抽穗开花期的根体积（$P<0.001$），对不同品种进行分析后发现，深耕处理下的各品种根体积均要高于浅耕处理，其中深耕处理下的YLY2以及YLY900品种的根体积显著高于浅耕处理（$P<0.05$）。产量方面，深耕处理下的水稻产量要高于浅耕处理，平均增产1.4%。从各品种表现上来看，除XLY900外，深耕提高了其他各品种的产量，其中YLY1的产量增幅最大达到3.7%。

通过对比氮素循环过程中的关键基因表达量以及氧化亚氮气体排放来进一步探

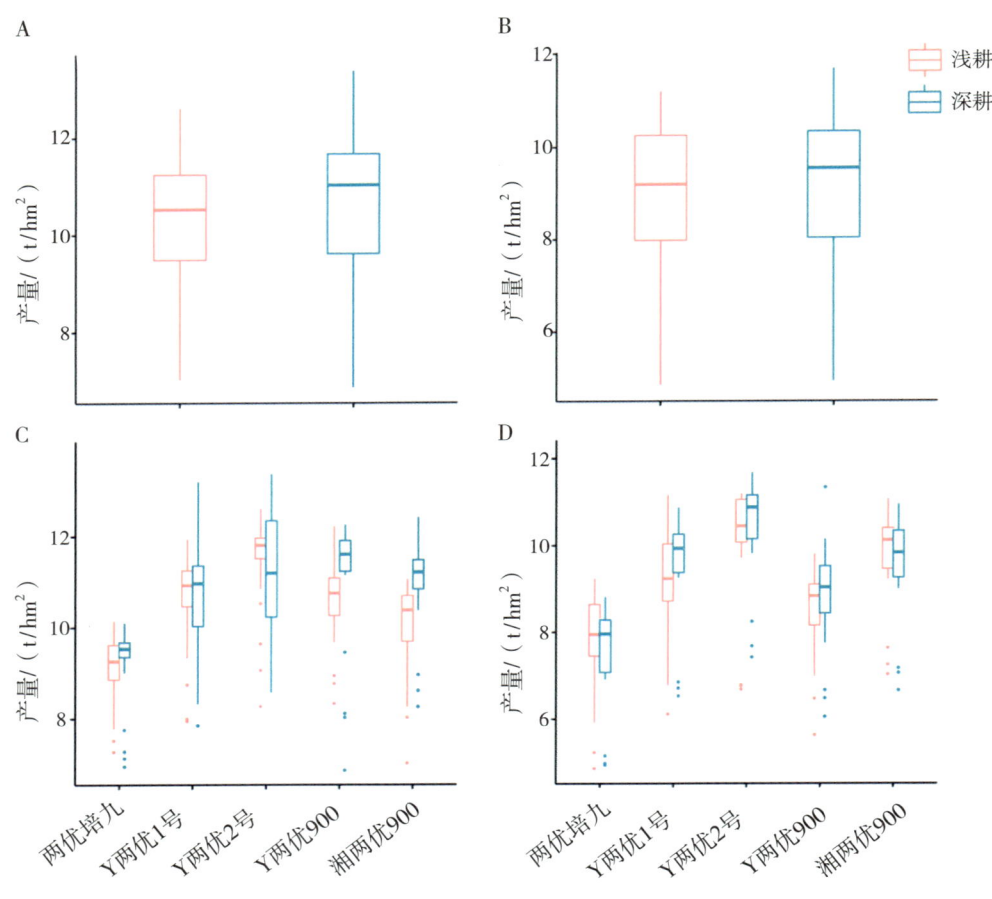

图6-18 不同处理条件下的水稻根体积和产量

究不同耕作强度对氮循环相关过程的影响，其结果如图 6-19 所示。不同耕作强度显著影响了土壤硝化作用潜势以及硝酸还原酶的活性。与浅耕处理相比，深耕处理

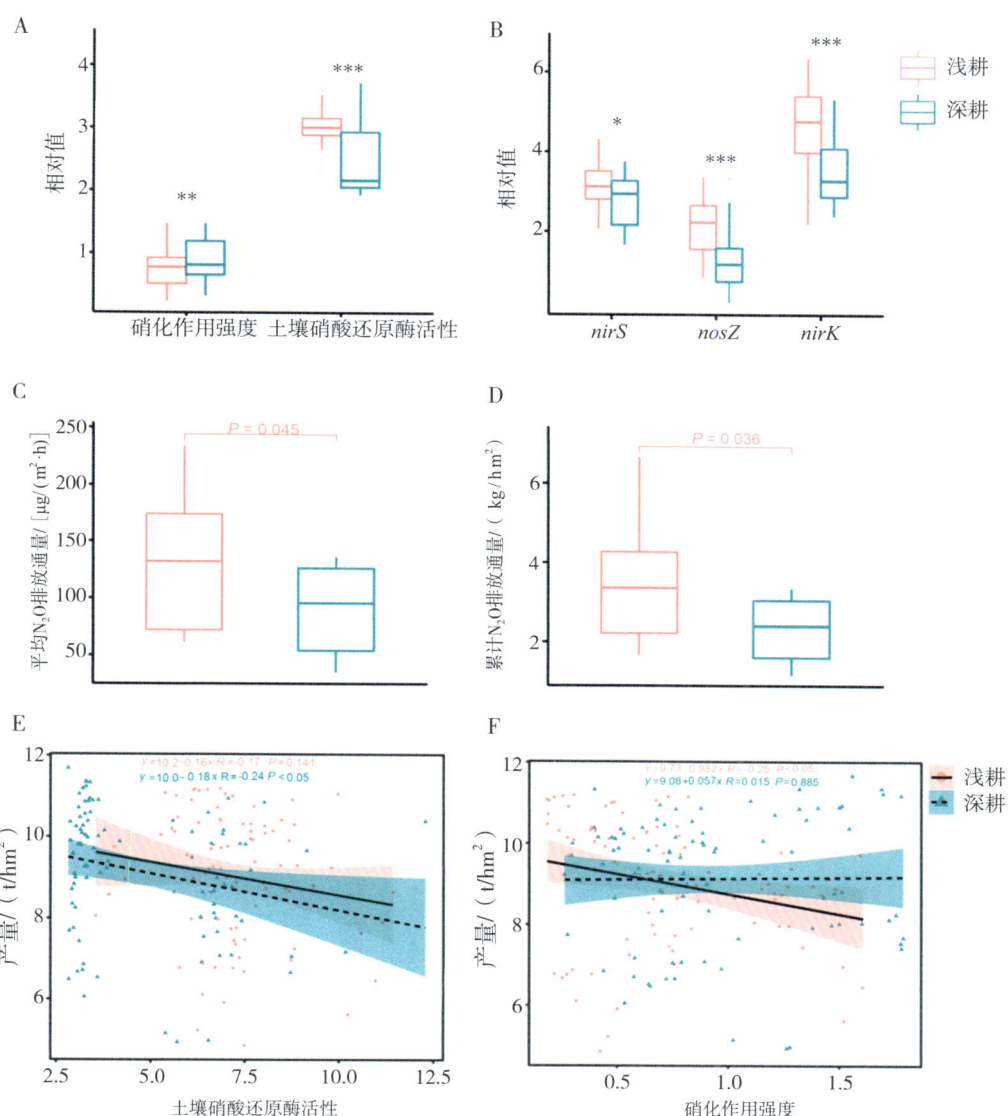

A：浅耕（SP）处理下土壤细菌功能与土壤理化因子的冗余分析；B：深耕（DP）处理下土壤细菌功能与土壤理化因子的冗余分析；C：浅耕（SP）处理下理化因子的效应值；D：深耕（DP）处理下理化因子的效应值；E：浅耕（SP）处理下土壤细菌功能与土壤理化因子的相关性（斯皮尔曼）；F：深耕（DP）处理下土壤细菌功能与土壤理化因子的相关性（斯皮尔曼）。注：* 表示 $P < 0.05$；** 表示 $P < 0.01$；*** 表示 $P < 0.001$。

图 6-19　不同耕作强度处理下土壤氮循环

显著提高了土壤硝化作用潜势（$P < 0.05$），而硝酸还原酶活性则显著低于浅耕处理（$P < 0.001$）。通过对反硝化作用过程相关基因表达量进行比较后发现，浅耕处理下的反硝化过程相关基因（NirS、NirK 和 nosZ）的拷贝数均要显著高于深耕处理。这表明，与深耕处理相比，浅耕处理下的土壤中反硝化作用较高。通过对水稻移栽到成熟期的平均 N_2O 排放通量以及累计排放量分析发现，深耕处理下的土壤 N_2O 的平均排放通量以及累计排放通量均要显著低于浅耕处理。并且深耕处理的土壤硝态氮含量要显著小于（$P < 0.001$）浅耕处理土壤。通过将不同耕作强度下的土壤硝化作用潜势和土壤硝酸还原酶活性与产量之间进行相关分析后发现，深耕处理中，硝酸还原酶活性与产量之间存在显著的负相关（$P < 0.05$）。而在浅耕处理中，硝化作用潜势则显著正相关于产量（$P < 0.05$）。

综合以上分析发现，与浅耕处理相比，深耕处理增加了超级稻根体积，促进了对土壤养分的吸收，特别是硝态氮的吸收和利用。土壤硝化潜势，降低了硝酸还原酶活性以及 NirS、NirK 和 nosZ 的基因表达量来抑制反硝化作用强度，从而减少 N_2O 的排放，提高产量。

水稻种植前耕作是我国水稻高产栽培的重要措施，但由于稻田土壤长期淹水，其耕作层薄，土壤养分容量较低，这些因素限制了土壤自然肥力的发挥。通过适当增加耕作深度，改善土壤养分状况从而提高土壤养分有效性，促进水稻对养分的吸收利用效率。微生物是土壤养分循环转化的重要驱动，对水稻产量提升具有重要影响。本试验通过探究不同栽培措施对稻田土壤微生物群落以及功能影响结果表明，栽培措施解释了微生物群落总变异的 57.76%，其中耕作强度和品种对土壤细菌多样性和群落结构组成具有显著影响。Schmidt 等人也报道了相似的结论，他发现土壤耕作深度对土壤环境因子和微生物群落具有显著影响并且要大于耕作系统管理。在微生物物种分布影响方面，本研究中的深耕处理土壤中的硝化螺旋菌门（Nitrospirae）、厚壁菌门（Firmicutes）和酸杆菌门（Acidobacteria）等好氧菌的相对丰度分别比浅耕处理高了 10.5%、8.69% 和 12.02%。深耕处理是下层土壤与表层土壤混合后，提高了部分微生物的数量。梁金凤等人研究表明，深耕土壤不但促进了好氧微生物的数量和活性，还提高了土壤细菌的总数量。沈晓琳和郭婷等人的研究也得到了相似的结论。有研究表明，长期施用氮肥能够显著影响微生物群落结构。而在本研究中，氮肥的施用对微生物群落结构的影响较小，造成这一现象可能是由于本研究中短期施用氮肥还不足以引起土壤微生物群落的显著改变。

不同耕作强度下的微生物群落多样性的显著差异导致其微生物共发生网络也随着耕作强度的变化表现出较大差异。为了更好地揭示不同耕作强度下的土壤细菌之间的相互作用，本研究采用分子生态网络的方法来探究不同耕作强度下土壤微生物群落和功能，并且评估了其在不同耕作强度下土壤生态系统功能之间的差异。微生物以复杂的网络和稳定性对其所在的生态系统功能的稳定性具有重要影响。深耕处理下的微生物网络节点、边和平均连接度分别比浅耕处理提高了99.45%、590%和73%。这表明，深耕土壤为微生物之间的相互作用提供了一个更加复杂和稳定的互作网络，而网络模块中高度连接的微生物可能具有相似的生态功能特征。微生物网络中不同物种间的相互作用关系可以用正负相关表示。正相关表示物种具有相同的生态位或共生关系，而负相关则表示不同微生物物种在不同生态位之间的竞争或者捕食关系。本研究中，深耕处理下的微生物共生网络不论是正相关或负连接数量均要高于浅耕处理，深耕土壤不仅提高了相同生态位下微生物之间的合作共生，也促进了不同生态位的微生物之间的竞争或者拮抗作用。Wagg等人研究认为，当微生物网络中的复杂性以及不同生态位之间的相互作用增加时，其微生物群落抵御环境扰动时的能力越强。由此可推测，当环境变化出现扰动时，深耕处理下的微生物网络可以减少扰动的传递，保持其网络结构的稳定，而稳定的微生物互作网络能够改善参与土壤养分循环相关过程的微生物的多样性，从而促进物质和能量的传输代谢。根据不同微生物在网络节点中的作用，处于微生物网络中关键节点的微生物称之为"通才"。本研究发现，不同耕作强度处理下的土壤微生物网络起关键作用的OTU（模块枢纽OTU、网络枢纽OTU以及连接器OTU）的种类和数量均具有较大差异。浅耕处理中，只有2个模块枢纽OTU，分属于变形菌门以及拟杆菌门。而在深耕处理下，有9个模块枢纽OTU，分别属于6个菌门；连接器OTU有2个，分别属于 TM6 菌门和芽单胞菌门。这些通才 OTU 可以在模块内或者模块间连接不同的网络节点以更好地促进微生物之间的相互作用,从而在不同的耕作强度下塑造土壤微生物群落。网络模块与环境因子的 RDA 及层次分割分析结果表明,不同耕作强度下的网络模块与环境因子的相关性不同。浅耕处理下影响微生物网络模块的主要环境因素为土壤磷酸酶活性(PhO)、蔗糖酶和 NO_3^--N、硝化作用强度和土壤 pH,而深耕处理下则为硝化作用强度、脲酶活性、铵态氮、蔗糖酶活性和土壤 pH。这可能是由于微生物网络模块之间相互作用的差异影响了其生态功能。微生物群落之间的相互联系和作用是生态系统中的能量、物质和信息传递的基础。生态功能的实现并非靠某一微生物类群"单打独斗",而是通过不同微生物功能模块之间相互作用、协同驱动的结果。例如纤维素的降解依赖于绿弯菌门(Chloroflexi)、疣微菌门(Planctomycetes)以及浮霉菌门(Planctomycetes)等微生物之间的协同作用。异养细菌群落之间的相互作用可以促进氮素矿化和有机质分解。土壤硝化作用多依赖于变形菌门(Proteobacteria)以及硝化螺旋菌门(Nitrospirae)等微生物之间的协同作用。

在对微生物功能进行预测分析后发现,深耕强度下的氮素循环主要的微生物功能均要显著高于浅耕处理。与浅耕处理相比,深耕处理下的土壤细菌功能主要是促进土壤硝化作用、好氧亚硝酸盐氧化以及好氧氨氧化过程。RDA 的分析结果也表明,硝化作用强度(Nitri)是影响浅耕和深耕土壤中细菌群落的主要因素。硝化作用是氮素循环中的主要途径之一。研究表明,在硝化过程中,好氧氨氧化细菌将羟胺氧化为亚硝酸盐。深耕处理土壤中与好氧亚硝酸盐氧化和好氧氨氧化相关 OTU 相对丰度高于浅耕处理。对比不同耕作强度下硝化作用强度发现,深耕处理下的土壤硝化作用强度要显著高于浅耕处理。这与钟杨等人的研究结果相一致。在对不同耕作强度下土壤硝酸还原酶(SNR)活性比较后发现,深耕处理下的 SNR 活性则显著低于浅耕处理。硝酸还原酶主要作用在反硝化过程,其主要将 NO_3^- 离子还原成 NO_2^- 离子,是硝酸盐还原途径中的限速因子。由此可推断,深耕处理降低了土壤反硝化作用强度。深耕强度下的土壤硝态氮含量显著小于($P < 0.001$)浅耕处理,这也进

一步证实了深耕处理下的反硝化作用强度要低于浅耕处理。反硝化过程主要是将 NO_3^- 通过硝酸盐还原酶、亚硝酸盐还原酶（NIR）、一氧化氮还原酶和一氧化二氮还原酶依次还原为亚硝酸盐、一氧化氮、N_2O，最后成为 N_2。*nirS*、*nirK* 和 *nosZ* 基因编码 NIR 和 NOS，它们分别催化 NO_2^- 还原为 NO，N_2O 还原为 N_2，SNR 活性越高，其 *nirS*、*nirK* 和 *nosZ* 基因表达量也就越高。本研究中，深耕处理下的 *nirS*、*nirK* 和 *nosZ* 基因的相对表达量以及 N_2O 的平均和累计排放通量均显著低于浅耕处理。综上所述，深耕处理能够通过降低反硝化过程中关键基因 *nirS*、*nirK* 和 *nosZ* 的表达量、降低土壤 SNR 活性，从而降低土壤反硝化作用强度，减少 N_2O 的排放，从而提高水稻对氮肥的利用率，提高超级稻产量。

第七章 超级杂交稻节氮高产施肥技术

"庄稼一枝花，全靠肥当家。"所有农作物的生长都离不开光照、温度、水分、肥料这四大因素，前三个自然因素，农民几乎是无法改变的，虽然有时候可以利用灌溉来改变农作物的水分，但是没有充足的肥料供给仍然是无济于事，肥料是唯一可以改变的增产增收因素。作物所吸收的养分来源于两个部分：一部分由土壤本身提供，另一部分是当季施入的肥料。施肥除能供作物生理需要、满足其生长发育外，还能补充土壤养分消耗，改变其生长环境，明显影响作物产量和品质。同时，作物单产越高，从土壤中取走的养分就越多，如不补充，或只补充一两种，则土壤养分将逐渐减少，或失去平衡，影响作物产量的提高。20世纪90年代以前，由于农村劳动力充足，南方水稻生产通过冬种绿肥、秋制土杂肥、平日收集家肥，尤其重视发展养猪，精、粗饲料过腹转化还田；辅以化肥，基本能满足水稻高产的需要。但随着农村人口不断向非农转移，有机肥的产量不断减少，水稻生产上出现了偏施化肥、超量施肥的问题，不仅造成了粮食生产效益下降，而且还造成大量营养元素的浪费，降低了肥料利用效率，更带来了严重的环境污染。因此如何在不减少产量的前提下，减少化肥施用量，成为水稻栽培学者们的研究主题。

一般而言，水稻随产量的提高需肥量也不断增加。杂交稻较常规水稻产量提高20%左右，因此其需肥量较常规稻高，超级杂交稻产量较普通杂交稻提高20%左右，相比普通杂交水稻其需肥量更大。据研究资料，超级杂交稻要实现$9.0 \sim 10.5 \ t/hm^2$的产量水平，需氮量为$228.0 \sim 267.0 \ kg/hm^2$；$10.5 \sim 12.0 \ t/hm^2$产量水平，需氮量为$271.5 \sim 298.5 \ kg/hm^2$。我们的研究表明，超级杂交稻品种要求"前期长得好、中期稳得住、后期保得牢"，其产量对土壤的依赖性（地力贡献）达60%以上，特别是中后期生长主要依靠土壤的持续供肥能力，只有土层深厚，以土壤作肥库，才能使根系深扎，活力旺盛，不早衰，有后劲，地上部与地下部生长协调，能承载超高产负荷，并经得起各种逆境的考验（如高温干旱、骤冷骤热、疾风暴雨等），即所谓"根深叶茂、本固枝荣"。强大的物质生产必须建立在一个地上部持续高效的光合作用系统和地下部持续高活力的根系系统上，传统的施氮方法以底肥为主，强调追施分蘖肥，可能极大地提高抽穗前的物质生产，促进分蘖发生生长，但会恶化后期光合群体，总体根系活力衰退等问题。另外，还可能导致施肥量越来越大，肥料损失、流失加重，环境负面影响加剧。如何改善超级杂交稻高产栽培中生育后期冠层结构和增加深层根系比例、提高根系活力，克服传统施肥带来的一系列问题？2000年以来，我们开展了超级杂交稻节氮高产栽培技术研究，经过多年的研究，基本实现了在节氮10%～20%条件下，超级杂交稻稳产或略有增产的技术体系，本章重点介绍超级杂交稻节氮高产栽培的相关原理及技术，以期为超级杂交稻节氮高产栽培提供技术和理论支撑。

第一节　超级杂交稻高产土壤肥力要求及其需肥规律

一、超级杂交稻高产土壤肥力要求

土壤肥力是土壤的基本属性和本质特征，是土壤为植物生长供应和协调养分、水分、空气和热量的能力，是土壤物理、化学和生物学性质的综合反应。土壤肥力主要包括四个因素，即养分、水分、空气、热量。高产土壤应该具有较强的提供和协调水、肥、气、热的能力。土壤养分的供肥能力即地力，主要取决于贮蓄量与有效状态。种植超级杂交稻实现超高产目标，应当选取具有超高产潜力的稻田，具体而言，稻田土壤要达到如下四个方面的要求水平：一是较深厚的耕作层，耕层深度20～25 cm，经冬耕回旱后有蚕沙状团粒结构，呈暗棕色；以及土壤养分丰富且平衡，土质中壤，泥沙比适中，干不板结湿不黏；二是土壤孔隙度适宜，保持在63%～67%，土壤通气孔隙度为12%～15%，淹水期地下水位70 cm以下；三是不存在因矿毒、冷浸、硫化氢、亚铁危害或缺素（如锌、镁）等明显障碍因子（水、肥、气、热协调）；四是土壤中有益微生物活动旺盛。以湖南省为例，山区谷地、丘陵区盆地、江河流域之滨及湖区平原的肥沃中壤质稻田种植超级杂交稻最佳。稻田土壤养分与环境具体参数如下：土壤中养分含量充足而协调，高产水稻的土壤多为微酸性到中性，有机质含量 $25\sim45$ g/kg，全氮 $1.5\sim4.1$ g/kg，全磷（P_2O_5）$0.5\sim1.5$ g/kg，全钾（K_2O）$15\sim30$ g/kg，速效氮 $\geqslant100$ mg/kg、速效磷 $\geqslant15$ mg/kg、速效钾 $\geqslant100$ mg/kg；以及较高的阳离子代换量（每 100 g 土不低于 20 mg 当量）和较高的盐基饱和度（$60\%\sim80\%$），主要营养元素充足，又不缺微量元素。既有较多的活性有效养分，还有大量的非活性有效养分，能保证在整个生长期间源源不断地供应养分，不缺肥，也不过量而产生赘吸臃肿，从而使稻株顺利而健壮地生长发育。同时要求土壤氧化还原电位（Eh）值介于 $200\sim400$ mV 之间。

对于不具备超高产稻田条件的稻田，需要不断培肥土壤，改变施肥结构，主要是通过大量施用有机肥，改善土壤的理化特性和生物特性。施肥时不仅要注意补充土壤中相对缺乏的营养元素，同时还需采取以下措施，切实建设高标准农田：一是搞好沟、渠、田、林、路的配套，防止水土流失，防污染，确保排灌畅通、土地平整、旱涝保收；二是通过秋（或冬）耕烤坯晒垡，逐年加深耕作层，客土掺沙，改良质地等；三是用地养地相结合，通过水旱轮作、种植豆科绿肥、秸秆还田，以及大量施用有机肥等措施，不断培肥土壤，改善土壤的理化特性和生物特性，使土壤孔隙度达 $63\%\sim67\%$，土壤通气孔隙度达 $12\%\sim15\%$，淹水期地下水位 70 cm 以下；四是不断开展矿毒、冷浸、硫化氢、亚铁危害或缺素（如锌、镁）等明显障碍因子控制治理；五是通过施用生物菌肥，提高土壤中有益微生物量，同时，保障微生物旺盛活动，发挥其创造和调节土壤肥力的重要作用。尽管不同类型的水稻土微生物类群不完全一样，作用机制也完全不同，但是高产稻田中的有益微生物数量很多，施用生物菌肥从而将中低产田改造成为高产良田，使其产量潜力增至 13 500 kg/hm^2 左右。

在具体衡量某一地区土壤肥力状况时，要根据当地土壤性质、施肥水平与产量的关系，还要进行必要的土壤分析与试验，从而比较确切地掌握土壤肥力水平；施肥量则主要根据计划产量需要吸收的肥料计算，一般可按生产 50 kg 稻谷需纯氮 1 kg 折算，土壤供给的肥料和当季肥料利用率，按下面的例子进行估算。如，一块稻田计划生产 550 kg 稻谷，地力产量（即不施肥的产量）为 350 kg（地力贡献率 63.6%），扣除地力产量，施肥需要生产 200 kg，就需要施 4 kg 纯氮（按上述指标折算），按氮肥的利用率 35% 计算，需要施 11.4 kg 纯氮（注：未能利用的肥料为 65%，与地力贡献率相当）。然后再根据各种氮肥的含氮量进行折算，确定各种氮肥的施用数量。磷肥（P_2O_5）的施用量早稻约为纯氮的一半，晚稻约为纯氮的 40%，钾肥（K_2O）的数量则与纯氮相当。

二、超级杂交稻高产需肥规律

水稻吸收的必需养分有几十种，仅从提高产量和土壤供给情况看，主要是氮、磷、钾三大营养元素。氮素又被称为生命元素，是水稻细胞原生质、叶绿素、植物激素、维生素等主要物质的组成部分，同时，氮素还能影响水稻植株对其他矿质元素的吸收，所以增施氮肥能显著促进水稻的新陈代谢与生长；磷素存在于核酸与磷脂之中，直接关系到细胞分裂与原生质膜透性，影响到水稻光合作用与呼吸作用，水稻生育期以幼苗期与分蘖期为最重要；钾素可以增强水稻的光合作用，促进碳水化合物的合成、运转和积累，增强水稻根系吸收能力。同时，能提高水稻抗逆能力，提高粒重等。研究表明，不同水稻品种对肥料的需求量有差异，不同生育期对营养养分的吸收也不同，各时期对氮、磷、钾的需求量也不相同。一般水稻自返青至拔节期各种养分都迅速吸收，各达吸收总量的 50% 左右，拔节后对各种养分的吸收速度则有所不同。氮素以返青后至分蘖期和拔节至孕穗期这两个阶段的吸收强度为最大，磷酸则以孕穗至抽穗阶段吸收最多，其次是返青至分蘖和分蘖至拔节阶段；钾素在返青至分蘖、分蘖至拔节、拔节至孕穗的各阶段吸收量大致均匀；抽穗以后氮、磷、钾的积累达总量的 90% 以上。

我们的研究表明，超级杂交稻对氮素的吸收随产量提高而增加，以分蘖期至拔节期的速度最快，吸收量最大，齐穗至黄熟期，仍然表现出较强的氮素吸收能力，这可能与其两段灌浆特性及穗型有关；对磷素的吸收也随产量增加而增加，拔节至抽穗期对磷素吸收量显著上升，抽穗至成熟期，仍表现有较高的吸磷量；钾素吸收量也与产量呈显著正相关，特别是中后期对钾素需求量最大。

我们长期的试验研究结果表明，长江中下游地区，单季超级杂交稻以每公顷产 12~13.5 t 稻谷为目标，以田定产，以产定肥，按高产水稻对氮（N）、磷（P_2O_5）、钾（K_2O）的吸收比例为 1∶0.5∶1.1，按每 100 kg 稻谷平均需吸收纯氮 2.0 kg 计算，则需要施氮、磷、钾量分别为 240~270 kg/hm^2、108~122 kg/hm^2 和 288~324 kg/hm^2。在掌握土壤供肥率（地力贡献）与当季肥料未被利用率可相抵消条件下的经验公式，不同生态条件下的具体施肥量应视土壤供肥力差异而适当调整，如果地力贡献率大于肥料未被吸收率，则施肥量可减少，反之则应增加。特别强调的是，超高产栽培应以重施腐熟或半腐熟有机肥为主，以化学肥料为辅。基肥与追肥用量之比，一般有 5∶5、4∶6 和（或）6∶4 等，视品种生育特性、土壤肥力及肥料特性等而定；追肥又分茎蘖（分蘖）肥与穗粒肥，二者之比有 5.5∶4.5、6∶4 和（或）7∶3 等，因品种、土肥和生态特性等制宜。以氮肥为主导，长效性有机肥、缓效磷肥全部作基肥，钾肥与氮肥（含复合肥）配合分次施。

2016 年，我们以 5 个超级杂交稻典型品种为材料，研究超级杂交稻高产条件下对氮素的需求规律，结果表明，每产 100 kg 籽粒需氮量在 1.85~2.2 kg，氮、磷、钾三大营养元素的比例为 1∶0.6∶（0.9~1.2）。单产 7 500 kg/hm^2 时，每产 100 kg 稻谷的吸氮量大约为 1.85 kg，当产量上升至 12 000 kg/hm^2 以上时，每生产 100 kg 稻谷的吸氮量提高到 2.18 kg 左右（表 7-1）。

表 7-1　超级杂交稻不同产量水平每 100 kg 稻谷需氮量比较

品种	产量/（kg/hm^2）	100 kg 稻谷需氮量/kg	品种	产量/（kg/hm^2）	100 kg 稻谷需氮量/kg
两优培九	7 432.5	1.85	两优培九	10 624.5	1.98
Y 两优 1 号	8 346.0	1.84	Y 两优 1 号	11 598.0	2.01
Y 两优 2 号	8 448.0	1.86	Y 两优 2 号	12 136.5	2.17

续表

品种	产量/(kg/hm²)	100 kg 稻谷需氮量/kg	品种	产量/(kg/hm²)	100 kg 稻谷需氮量/kg
Y 两优 900	8 572.5	1.88	Y 两优 900	12 409.5	2.18
湘两优 900	8 634.0	1.89	超优 1000	12 805.5	2.19

（2016 年，湖南隆回）

第二节　超级杂交稻氮素需求基因型差异及其吸收积累特性

一、超级杂交稻对氮素需求的基因型差异

水稻上氮肥的大量施用不仅增加了生产成本，降低了氮肥利用率，还对生态环境有不良影响，已经引起了世界性广泛关注。大量研究表明，水稻对氮肥的利用存在显著的基因型差异，并认为选用高氮利用效率的品种也是减少氮肥总用量，提高氮肥利用率最方便、最有效、最快捷的途径之一。

为了探讨水稻高效利用氮素的基因型潜力，国际水稻所从 20 世纪 80 年代起连续多年研究水稻氮素利用效率的基因型差异，我国也相继开展了这方面的研究，并取得了一些有益的进展。单玉华等利用水培的方法，测定了 95 个水稻材料（分常规粳稻、常规籼稻、广亲和品种、杂交粳稻、杂交籼稻及两系杂交稻）抽穗期及成熟期植株的含氮率及干物质积累量的差异。朴钟泽等在施氮和不施氮两种条件下，比较了 9 个不同生态区的水稻品种的产量、氮素吸收总量、氮素利用效率、转移效率等方面的差异及其相关性状间的相关关系。我们于 2005—2007 年，广泛收集南方新近育成的不同基因型超级杂交中稻新品种 60 个，以这些品种为研究材料，连续 3 年采取逐年淘汰筛选法，在 2 种不同氮水平下比较了不同基因型水稻分蘖发生、产量结构构成、对氮吸收积累量、氮素吸收利用效率及实际产量等指标的差异，2006 年选取 13 个代表性较强的品种、2007 年选取 6 个品种进行比较，结果发现超级杂交中籼稻各种氮利用效率指标均存在显著的基因型差异，且差异随施氮水平的提高

而增大（表 7-2）。

表 7-2 不同氮水平下各基因型超级杂交中稻组合产量

年份	基因型	实际产量/（t/hm²）		N1 较 N2（±%）	显著性		类型
		N1	N2		0.05	0.01	
2006 年	准 S/1243	10.472	10.268	0.04	不显著		Ⅰ
	58S/2469	9.600	9.343	0.61	不显著		
	C 两优 343	9.503	10.147	-9.07	不显著		
	科超 3218	9.370	10.287	-10.97	不显著		
	隆两优 1 号	9.244	9.687	-7.11	不显著		
	Y 优 1 号	9.212*	10.376*	-15.14	显著	不显著	Ⅱ
	培矮 64S/1243	8.695*	9.777*	-15.09	显著	不显著	
	安隆 3S/安选 6 号	8.792*	9.726*	-13.20	显著	不显著	
	1161S/2469	8.447*	9.177*	-8.64	显著	不显著	
	C 两优 87	9.438**	11.046**	-19.57	显著	极显著	Ⅲ
	两优培九	8.337**	10.140**	-23.10	显著	极显著	
	58S/747	8.340**	11.135**	-36.79	显著	极显著	
	科优 21	7.823**	9.483**	-24.40	显著	极显著	
2007 年	准 S/1243	11.299	10.937	3.20	不显著		
	C 两优 343	10.855	11.070	-1.98	不显著		
	科超 3218	10.472	10.766	-2.81	不显著		
	58S/2469	10.277*	11.290*	-9.86	显著	不显著	
	隆两优 1 号	10.486*	11.069*	-5.56	显著	不显著	
	两优培九	9.182*	10.388*	-13.13	显著	不显著	

（2006—2007 年，长沙）

综合 2006 年、2007 年两年不同基因型对氮素反应和吸收利用效率状况，我们将超级杂交稻分为 3 种不同类型的氮响应。第 1 类，表现为低氮处理较适氮处理增产，但增产不显著，或表现为低氮处理减产，但减产不显著，该类品种可能在较低氮素水平下仍可获得高产，或者说该类品种并不因高氮水平而实现高产，是一种具有广适型的高产组合；第 2 类，组合仍表现为低氮处理减产，且减产显著，这类组合需要确保适当的氮素水平才能获得高产；第 3 类，表现为低氮处理极显著减产，该类品种只有施用高氮才能发挥其超高产潜力。从广适性角度来看，应鼓励育种家多选育一些在低氮水平下仍具有超高产潜力的品种；从生产实践来看，低氮处理不减产或减产不显著，说明超级杂交稻节氮栽培，通过挖掘基因潜力，可以实现节氮高产、高效和环境友好的协调统一。

为明确不同基因型品种氮响应率，我们以2007年选取的6个代表性品种为对象比较其氮响应度（不施氮记为N0，施氮90 kg/hm^{2}记为N1，施氮180 kg/hm^{2}记为N2），其中以准S/1243、C两优343和科超3218响应最快，但当氮水平从90 kg/hm^{2}增加到180 kg/hm^{2}时，其响应度会不断变小，即氮水平再增加时反而会减产（图7-1）。

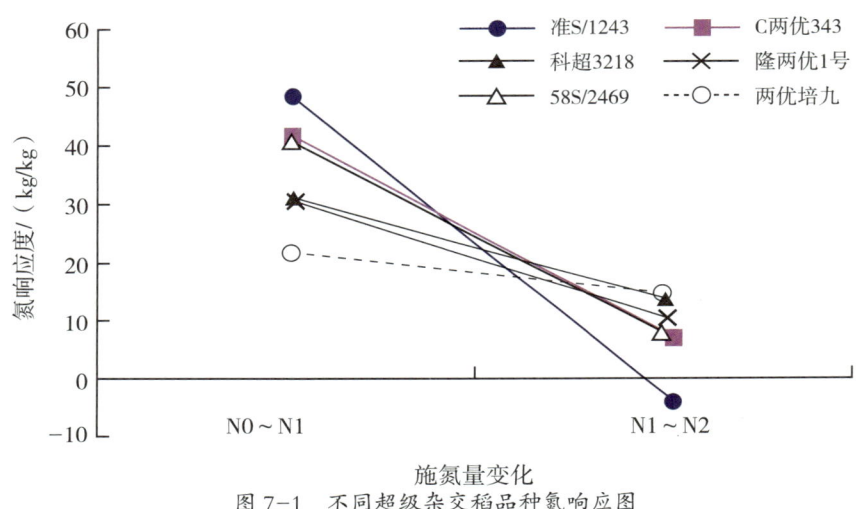

图7-1 不同超级杂交稻品种氮响应图

二、超级杂交稻的氮素吸收积累特性

2015年，我们以两优培九、Y两优1号、湘两优900三个典型超级杂交稻品种为材料，分析研究了超级杂交稻不同生长发育时期对氮素的吸收利用规律，结果表明（图7-2），超级杂交稻对氮素吸收高峰主要在移栽后11~50 d（大约处于分蘖期至拔节期之间），以移栽21~30 d的日均吸氮达到最高峰，3个品种10 d的日均吸氮量分别达到5.13 kg/hm^2、5.21 kg/hm^2、5.34 kg/hm^2，分别占到各自全生育期总吸氮量的29.8%、29.4%、29.3%，其后随生育期推进，氮吸收速率呈下降趋势，但在移栽后91~100 d（齐穗期至乳熟期）又出现一次吸收高峰期，3个品种10 d的日均吸氮量分别达到 1.21 kg/hm²、1.29 kg/hm²、1.32 kg/hm²（吸收氮量较移栽后 31~40 d 略高），分别占各自总吸氮量的 7.1%、7.3%、7.3%，出现氮素吸收的第二次高峰（第一次高峰在分蘖至拔节期），这就是超级杂交稻氮素吸收的"次峰"现象，这是超级杂交稻氮素吸收的一大特点，也可能是超级杂交稻灌浆结实期较一般杂交稻品种长的重要原因之一。

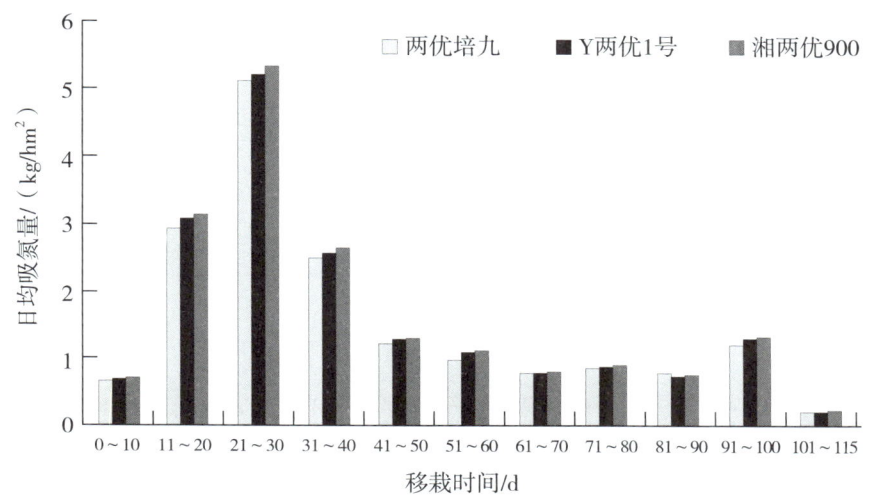

图 7-2 不同品种不同生育时期日均氮吸收量（湖南宁乡 2015 年）

比较上述试验不同类型超级杂交稻品种氮吸收总量差异可知，随潜力产量的提高，品种氮素总吸收量也呈增加趋势。试验的 3 个品种中以湘两优 900 潜力产量最高，其氮素总吸收量也最多，达到 182.0 kg/hm²，Y 两优 1 号潜力产量介于两者之间，其氮素吸收量居中，为 177.4 kg/hm²，两优培九潜力产量最低，氮素总吸收量也最低，为 171.6 kg/hm²。

分析不同类型超级稻产量与后期叶片氮含量关系（表 7-3）可知，产量与齐穗期和乳熟期叶片含氮量呈极显著正相关，可见高产水稻后期叶片含氮量要保持较适当水平，这可能与超级杂交稻抽穗直至成熟期植株的含氮率随产量提高而提高，后期植株叶片含氮率保持适当高度水平，有利于提高植株叶片光合生产力，因此高产栽培应着力提高群体拔节至抽穗期和抽穗至成熟期的氮素吸收能力，保持叶片含氮量在适当水平范围。

表 7-3　超级杂交稻生育后期叶片氮含量与产量关系

品种	叶片氮含量 /%		产量 / (t/hm²)
	齐穗期	乳熟期	
两优培九	1.78	0.82	8.4
	1.92	0.93	10.1
Y 两优 1 号	1.83	0.73	9.2
	1.93	0.84	10.4
Y 两优 2 号	1.86	0.72	9.6
	1.95	0.88	10.3
Y 两优 900	1.72	0.79	9.3
	1.80	0.69	10.5
湘两优 900	2.14	0.82	9.4
	2.22	0.94	11.0

第三节　超级杂交稻节氮栽培技术策略及实践

我国农业已进入一个作物生产、农产品品质和环境保护并重的多目标时期。因此，水稻节氮栽培技术研究既是实现水稻生产由资源消耗型向资源高效型方向转变，高效利用资源和可持续发展的内在要求，也是超级杂交稻产业进一步发展的迫切需要。

一、超级杂交稻节氮栽培技术策略

水稻大面积生产上，特别是高产栽培氮肥用量居高不下，其症结主要在于以下三个方面：其一，施肥观念及技术普及的"以氮促苗"。经典的水稻栽培经验均强调分蘖早生快发，构建高产苗架，结果是苗"好"谷少，氮肥浪费多，利用率低下；其二，水稻品种选育"重产量轻广适性"。近几十年来，育种家们大多重视产量、品质等方面的育种，对耐低养分（重点是氮）的良种选育重视不够；其三，水稻栽培研究均以大幅度提高单产、品质为目标，施肥成为单一的手段，而没有从环境友好、效益最大化和高产有机结合等方面研究配套技术。因此，在超级杂交稻节氮高产栽培策略上，我们认为，应聚焦在基因挖潜、先进的施肥技术和技术物化提高氮肥利用率等3个方面（图7-3）。一是利用具耐低氮基因型的水稻品种降低氮肥施用量，即"基因挖潜"。主要是选育水稻品种时，将以产量、氮肥农学生产效率作为双向选择的目标，从而筛选出产量高、生态适应性较广而氮肥农学生产效率较高，或耐低氮能力较强的优良品种。二是利用先进的施肥技术提高氮肥农学生产力，即"先进的施肥技术节氮"。主要是采用不同的施肥技术，如平衡施肥，氮磷钾养分齐全，达到以磷促氮、以钾促氮基础上的节氮目的。氮肥后移或实时实地氮肥管理技术能较大限度地减少氮肥的浪费。而精确施肥技术更是将水稻品种特性、产量目标和生态环境相一致的一种设计栽培，是水稻施肥技术的重要发展方向之一。三是提高氮肥利用率，有效控制或降低单位面积氮肥施用量，即"技术物化"。主要是将诸如平衡施肥技术、提高氮肥利用率等技术以物化产品的形式出现，如我们研究形成的"低氮高磷钾专用肥"、各类水稻缓/控释肥料等，将技术融于产品中，是超级杂交稻节氮高效栽培技术的重要基础。

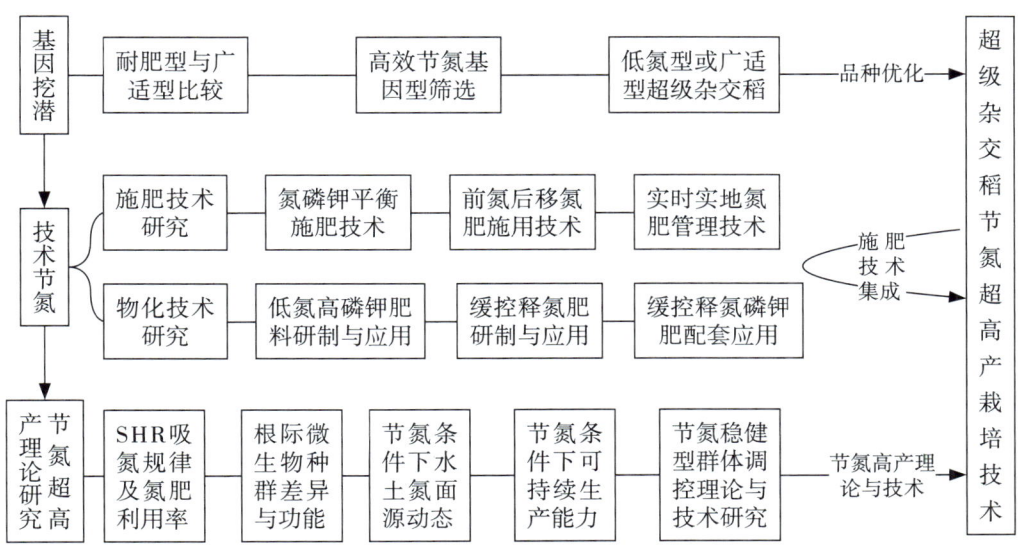

图7-3 超级杂交稻节氮超高产栽培技术路线图

二、杂交水稻节氮高产栽培实践

1. 腐殖酸类有机肥节氮栽培效果

2003—2004 年，我们以超级杂交晚稻丰优 299 和优质杂交稻 T 优 207 为研究材料，设置 6 个处理，即：不施黑肥 + 节氮 25%、施黑肥 + 节氮 25%、不施黑肥 + 节氮 15%、施黑肥 + 节氮 15%、不施黑肥 + 不节氮和施黑肥 + 不节氮，结果表明（表 7-4）：供试的两个杂交组合表现出一致的趋势，即节氮条件下（节氮 15%~25%）施用黑肥较不施黑肥显著增产，方差分析结果表明其差异达极显著水平。节氮 15% 时施用黑肥，较仅施纯氮 180 kg/hm² 的处理产量持平甚至略有增加，而在纯氮 180 kg/hm² 较高氮素水平下，施用"黑肥"与不施"黑肥"产量差异不明显。进一步分析表明：相对中、低氮水平（即施纯氮 153 kg/hm²、135 kg/hm²）下，施用"黑肥"有效穗增加了 2.9%~6.3%、总粒数增加了 2%~9.3%、结实率上升 0.5%~2.9%。

表 7-4 "黑肥"在优质杂交稻上的节氮栽培效果

组合	处理								
丰优 299	不施黑肥 + 节氮 25%	135	204.4	122.4	109.5	89.4	29.5	6.60	6.61c
	施黑肥 + 节氮 25%	135	212.8	133.8	123.9	92.6	29.8	7.86	6.95b
	不施黑肥 + 节氮 15%	153	214.0	139.4	121.7	87.3	29.3	7.63	6.92b
	施黑肥 + 节氮 15%	153	227.5	136.9	126.0	92.0	28.8	8.26	7.30a
	不施黑肥 + 不节氮	180	230.4	128.8	116.6	90.5	29.2	7.84	7.25a
	施黑肥 + 不节氮	180	225.9	125.4	112.1	89.4	28.8	7.29	7.24a
T 优 207	不施黑肥 + 节氮 25%	135	233.6	124.1	113.8	91.7	26.7	7.11	6.76c
	施黑肥 + 节氮 25%	135	240.6	128.2	121.3	94.6	26.5	7.73	7.08b
	不施黑肥 + 节氮 15%	153	242.2	131.8	126.1	95.7	25.8	7.88	7.11b
	施黑肥 + 节氮 15%	153	254.4	134.5	128.4	95.5	26.7	8.73	7.47a
	不施黑肥 + 不节氮	180	250.5	135.2	128.6	95.1	25.4	8.18	7.45a
	施黑肥 + 不节氮	180	244.6	130.0	125.3	96.2	25.9	7.91	7.41a

节氮是以施纯氮 180 kg/hm² 为基础，分别减少 15% 和 25% 的纯氮量；黑肥处理措施为黑肥 60 kg/hm²。

2. "低氮适磷钾专用肥"平衡施肥节氮栽培效果

基于水稻超高产栽培的需肥特性和高产栽培的节氮理念,我们与肥料企业合作研制了"低氮适磷钾——西洋牌专复肥"(氮12%、磷14%、钾14%)物化技术新产品,并经多年多点试验表明:超级杂交稻应用该专用肥能在较低氮素水平(187.5 kg/hm^2)下实现稳产高产,一般较常规习惯施肥法增产9.9%~14.8%,而氮肥用量相对降低15%左右。

2004年,我们以超级杂交稻两优293为研究材料,设置5个施氮水平和5种相对应的N、P、K配比3次重复的试验(表7-5),在湖南省醴陵、湘乡、湘潭及郴州同时进行,结果表明:在高产稻区(湖南醴陵),高氮水平下(A5,总氮206.25 kg/hm^2,氮磷钾总量497.25 kg/hm^2)虽可获得最高产量10.41 t/hm^2,但产量效益最低,其投产比仅1:9.02;当氮减少9.1%时(A5)产量仅减少0.6%;进一步将总氮量降低30.1%时(A3),虽然减产,但产量仅下降7.2%;只有将总氮用量减少40%时(A1),单产才会大幅度下降(减少19.3%)。表明即使高产稻区以攻高产为目标,通过"低氮适磷钾专用肥"平衡施肥,可以达到降低氮肥总用量,实现节氮高产高效的目的。

表7-5 低氮适磷钾专复肥平衡施肥效果 单位:kg/hm^2

地点	处理代号	A0	A1	A2	A3	A4	A5
	总N量	0	106.50	124.50	142.50	187.50	206.25
	NPK总量		274.5	334.5	394.5	440.1	497.25
	N:P:K		1:0.79:0.79	1:0.84:0.84	1:0.88:0.88	1:0.66:0.66	1:0.55:0.86
醴陵	产量	5.85	8.40c	9.15b	9.66b	10.35a	10.41a
	投产比		10.21	13.60	9.92	9.68	9.02
湘潭	产量	6.18	8.36b	8.51ab	8.95a	8.99a	8.78ab
	投产比		12.41	10.33	9.20	8.47	8.92
郴州	产量	5.00	7.75c	9.33b	9.58ab	8.42ab	10.25a
	投产比		11.52	11.34	9.84	7.87	11.52
湘乡	产量	7.85	9.11	9.57	9.83	9.64	9.18
	投产比		13.54	11.63	10.10	9.01	7.96

湖南湘潭、郴州、湘乡的试验结果表明，这 3 个试验区属中高产稻区，相对高产稻区土壤条件较差，在较高的氮素水平下两优 293 并没有如期获得高产，A2、A3、A4、A5 处理间产量没有显著性差异，反而以中氮水平 A3 处理产量相对最高，其总氮量仅 142.5 kg/hm²，较 A5 减少 30.9%；将总氮量由 A5 减至 A1，其总氮量减少 48.4% 时，湘潭和湘乡点产量仅分别减少 0.8% 和 5.0%。表明在中高产稻区需要依据其产量潜力以稳产高产为目标确定总施氮量，其总氮用量宜适当降低至 150 kg/hm² 左右。实际上，在这种情况下过多的氮用量不仅不能实现高产，而且是一种浪费，并且加剧了氮面源污染，恶化了农田环境。这些生产实践均表明，超级杂交稻节氮栽培技术的可行性和必要性，并充分展示了超级杂交中稻节氮高效栽培技术的潜力。

3. 缓/控释肥料节氮栽培效果

2006—2007 年，连续 2 年在大田试验条件下，定位研究了缓/控释肥料（SCU）不同用量（0 kg/hm²，90 kg/hm²，135 kg/hm²，180 kg/hm²，225 kg/hm²，270 kg/hm²）对超级杂交中稻 Y 两优 1 号生长发育、产量及其氮肥利用率的影响。2 年结果表现出一致趋势：缓/控释肥料（SCU）用量在 0~270 kg/hm²（纯氮）范围内，随施氮量的增加，最高苗数、有效穗数、穗平总粒数和生物产量均增加，结实率却呈下降趋势；其用量达到 180 kg/hm² 时产量最高（2 年分别为 11.98 t/hm² 和 12.03 t/hm²），氮肥农学利用率最大，分别为 21.16 kg/kg 和 21.25 kg/kg，其他各项指标也均以此时为最佳（表 7-6）。

表 7-6 缓释尿素节氮不同用量的氮素利用效率

年份	处理	氮肥吸收利用率 /%	氮肥农学利用率 /(kg/kg)	氮肥生理利用率 /(kg/kg)	氮肥偏生产力 /(kg/kg)	氮收获指数	100 kg 籽粒需氮量 /kg
	N0	—	—	—	—	69.3	1.53
	N90	49.76	19.26	38.70	110.10	67.2	1.72
2006 年	N135	46.49	20.62	44.35	81.18	67.8	1.72
	N180	46.75	21.16	45.26	66.58	67.1	1.75
	N225	46.40	13.93	30.01	50.26	62.2	2.03
	N270	42.56	11.27	26.47	41.55	59.7	2.14

续表

年份	处理	氮肥吸收利用率/%	氮肥农学利用率/(kg/kg)	氮肥生理利用率/(kg/kg)	氮肥偏生产力/(kg/kg)	氮收获指数	100 kg 籽粒需氮量/kg
2007 年	N0	—	—	—	—	71.6	1.56
	N90	57.00	24.54	43.06	115.70	68.5	1.72
	N135	55.76	23.40	41.97	84.17	68.3	1.79
	N180	52.27	21.25	40.65	66.83	67.3	1.84
	N225	50.31	15.52	30.86	51.99	59.6	2.06
	N270	46.93	12.58	26.80	42.96	58.5	2.19
处理间		7.56*	25.23*	19.46**	71.77*	9.32**	6.43*
年际间		0.84^{NS}	2.04^{NS}	1.92^{NS}	2.65^{NS}	0.98^{NS}	0.56^{NS}
处理 × 年际		0.51^{NS}	1.23^{NS}	1.17^{NS}	1.43^{NS}	0.67^{NS}	0.24^{NS}

与此同时，连续定位研究了 5 种肥料（缓/控释肥料 SCU、缓/控释肥料 CCF、LPK、低氮适磷钾和普通尿素）2 种施氮水平（等氮处理氮水平 187.5 kg/hm^2、节氮 30% 处理氮水平 135.0 kg/hm^2）下对超级杂交中稻生长发育、干物质积累与分配及氮肥利用效率的影响（表 7-7），结果表明：节氮栽培能显著提高氮肥利用率；缓/控释肥料 SCU、缓/控释肥料 CCF、LPK 和低氮适磷钾的氮素利用率均显著高于普通尿素，缓/控释肥料 SCU 优势最为显著。缓/控释肥料 SCU 的物质生产优势表现在生育中后期，其生育中后期群体生长率显著高于其他处理。同等氮水平下，缓/控释肥料 SCU 处理的氮肥利用率较其他肥料高。缓/控释肥料 SCU 较其他肥料有更好的节氮效果。

表 7-7 不同处理氮肥利用效率比较

处理		氮肥生理利用率/(kg/kg)	氮肥农学利用率/(kg/kg)	氮肥偏生产力/(kg/kg)	氮素收获指数	氮素籽粒生产率/(kg/kg)
SCU	节氮	29.82	17.89	67.10	0.67	49.60
	等氮	11.57	12.94	48.38	0.63	47.06
CCF	节氮	10.15	12.12	61.33	0.57	47.51
	等氮	8.85	8.25	43.68	0.56	45.59
LPK	节氮	10.06	12.13	61.34	0.59	47.92
	等氮	8.57	9.00	44.43	0.57	44.58
低氮适磷钾		12.58	10.84	46.27	0.56	46.76

续表

处理		氮肥生理利用率/（kg/kg）	氮肥农学利用率/（kg/kg）	氮肥偏生产力/（kg/kg）	氮素收获指数	氮素籽粒生产率/（kg/kg）
普通尿素	节氮	8.87	10.80	60.01	0.56	46.47
	等氮	9.03	8.95	44.38	0.55	44.79

第四节 超级杂交稻节氮高产栽培的生理效应

一、超级杂交稻节氮高产的生长发育和干物质积累

超级杂交稻品种具有干物质积累优势和巨大的高产潜力，在优良生态区的超高产攻关试验示范中通过增加化学肥料施用量和科学制定施肥方案等措施优化群体主要性状来实现高产。然而，在大面积生产中由于受到生态气候等因子限制，品种的高产潜力并不能充分发挥。如何达到节氮高产？优化施肥是保障超级杂交稻高产的关键措施。为探明节氮高产的生理生态原理，把握其关键环节，2015 年，我们在湖南省郴州市桂东县大塘乡基地，以两优培九、Y 两优 1 号、Y 两优 2 号、Y 两优 900、湘两优 900 五个典型超级杂交稻品种为材料，氮肥总施用量（纯氮）设定为 4 个处理，即 N1 处理 0 kg/hm^2、N2 处理 210 kg/hm^2、N3 处理 270 kg/hm^2、N4 处理 330 kg/hm^2，从不同超级杂交稻品种在不同氮肥水平下物质生产、产量结构、产量等的变化趋势进行研究，以期明确超级杂交稻节氮高产施肥的相关原理与调控技术。

1. 施氮量对超级杂交稻品种分蘖发生的影响

如图 7-4 所示，在 N1 处理下，分蘖高峰期在移栽后第 29 天，平均分蘖数为 9.88 蘖/蔸；N2 处理下，分蘖高峰在移栽后第 39 天，平均分蘖数为 14.36 蘖/蔸，比 N1 处理多 45.34%；N3 处理下，分蘖高峰在移栽后第 39 天，平均分蘖数为 16.16 蘖/蔸，比 N1 处理多 63.56%；N4 处理下，分蘖高峰在移栽后第 39 天，平均分蘖数为 18.04 蘖/蔸，比 N1 处理多 82.59%。此外，不同超级杂交稻品种的分蘖动态的差异较大，5 个品种的分蘖高峰期都在移栽后第 39 天，最高分蘖数以两优培九和

Y两优1号最多，分别为17.53蘖/蔸和16.60蘖/蔸；而Y两优2号、Y两优900和湘两优900较少，分别为13.97蘖/蔸、13.25蘖/蔸和13.02蘖/蔸。

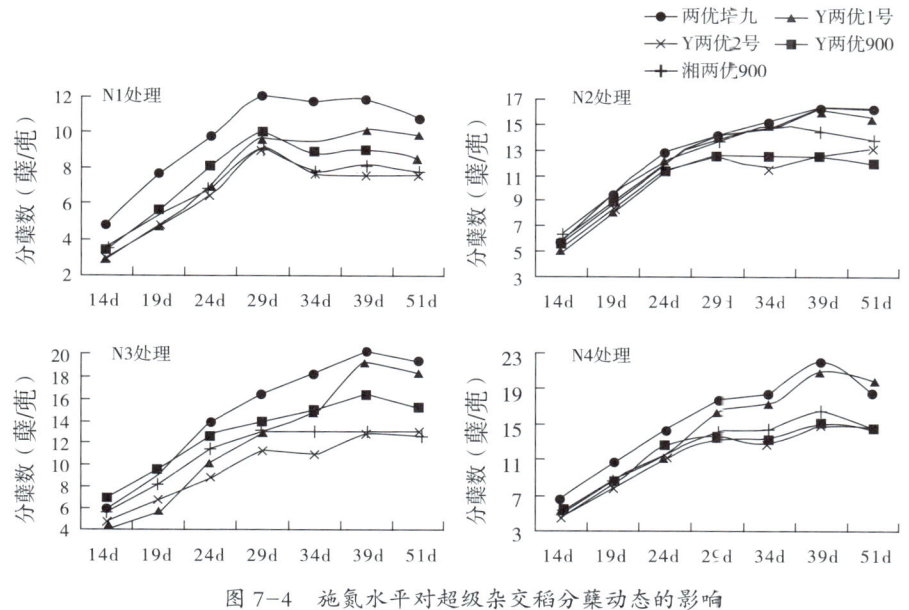

图7-4 施氮水平对超级杂交稻分蘖动态的影响

2. 施氮量对叶面积指数（LAI）的影响

超级杂交稻叶面积指数表现为随施肥量的增加而增大，无氮处理的各品种在同一生育期超级杂交稻叶面积指数都明显低于施氮处理（表7-8）。各品种之间，超级杂交水稻叶面积指数在生育前期的差异较小，随着生育进程推进，品种间的差异逐渐增大。在无氮处理下，各品种在幼穗分化期超级杂交水稻叶面积指数最大，为4.0~4.5；齐穗后，Y两优2号一直保持较其他品种略高的超级杂交水稻叶面积指数优势；在成熟期，叶面积指数为1.75，显著高于其他4个品种。在210 kg/hm² 施氮处理下，超级杂交水稻叶面积指数动态变化表现为生育前期快速增长，齐穗后快速降低，增长幅度与下降幅度都较大；超级杂交水稻叶面积指数在齐穗期达到最大，此时湘两优900的叶面积指数最高，达9.2，明显高于其他4个品种；齐穗后30 d，湘两优900的叶面积指数仍显著高于两优培九、Y两优1号、Y两优2号3个品种，为6.21。除湘两优900外，其他品种的最大叶面积指数相对于210 kg/hm²施氮处理均有所上升；施氮量从270 kg/hm²增加到330 kg/hm²，5个品种的最大叶面积指数并没有表现出明显的增长。综合 5 个品种在不同施氮水平的叶面积指数动态分析发现，氮素对叶面积大小影响作用明显，无氮和施氮处理之间差异显著，施氮量对叶面积增长的促进作用有一定的限度，获得最大叶面指数的最适施氮量在 $210\sim270$ kg/hm^2；品种间比较来看，湘两优 900 在叶面积上具有较大优势，生育前期叶面积增长快且最大叶面积指数高，有利于高产群体的早期建立，但在生育后期的下降幅度较大，影响后期光合物质合成与积累，对产量潜力的发挥有一定的限制作用。

表 7-8 不同施氮水平对超级杂交稻叶面积指数的影响

处理	品种	分蘖盛期	幼穗分化期	齐穗期	齐穗后30 d	成熟期	齐穗期高效叶面积率/%
N1	两优培九	2.78a	4.55a	3.08c	1.72 d	0.93c	59.8b
	Y 两优 1 号	2.47b	4.05b	3.54b	1.95c	0.88 d	62.1b
	Y 两优 2 号	2.47b	4.51a	4.12a	2.83a	1.75a	69.1a
	Y 两优 900	2.16c	4.25ab	3.44b	2.18b	1.19b	60.1b
	湘两优 900	2.38b	4.06b	3.80ab	2.13b	0.98c	63.5b
N2	两优培九	4.05b	7.34a	6.98 d	5.83b	3.62a	59.9b
	Y 两优 1 号	3.89b	6.71bc	7.16 d	4.95 d	2.73c	57.9b
	Y 两优 2 号	4.11ab	6.96b	7.77c	5.38c	3.39ab	59.1b
	Y 两优 900	4.05b	7.11ab	8.04b	6.01ab	3.36ab	59.4a
	湘两优 900	4.21a	6.64c	9.20a	6.21a	3.31b	56.7b
N3	两优培九	4.29ab	7.59a	8.04c	5.36c	5.75a	57.3a
	Y 两优 1 号	4.36a	8.22a	9.03a	6.64a	5.55a	56.5a
	Y 两优 2 号	3.50c	6.57c	7.92c	5.73c	5.00b	58.8a
	Y 两优 900	4.24ab	7.13bc	8.61b	5.66c	5.01b	56.8a
	湘两优 900	4.22b	6.96c	8.60b	6.14ab	3.81c	56.7b
N4	两优培九	5.06a	8.72a	8.21c	5.86c	6.06a	63.2a
	Y 两优 1 号	5.10a	7.77b	8.89b	6.13b	5.01b	61.2ab
	Y 两优 2 号	4.44b	7.85b	8.67bc	6.30b	5.26b	62.4ab
	Y 两优 900	3.95c	8.67a	8.80b	6.86a	5.22b	63.5a
	湘两优 900	4.39b	7.67b	9.40a	6.90a	4.40c	59.6b

3. 施氮量对超级杂交稻植株单茎干重的影响

穗分化始期施氮水平对超级杂交稻植株单茎的干物质积累量影响不显著（表

7-9），不同施氮处理的单茎干重均保持在 1.80 g/根左右；齐穗期和齐穗后 30 d，3 个施肥处理的单茎干物质积累量低于无肥处理，其中齐穗期，N2、N3 和 N4 处理的单茎干物质量分别比 N1 处理少 10.58%、15.53% 和 19.50%，齐穗后 30 d 分别少 0.70%、6.89% 和 17.02%，这主要由于施肥越多群体的分蘖总数就越多，群体干物质积累总量分配至单个茎蘖中的物质就越少。成熟期与齐穗期和齐穗后 30 d 相反，即 3 个施肥处理的单茎干物质积累量高于无肥处理，N2、N3 和 N4 处理的单茎干物质量分别比 N1 处理多 9.19%、6.11% 和 10.14%。结果表明，施氮处理下群体总茎蘖数多而使得齐穗期至齐穗后 30 d 这段时间的单茎干物质量低于无肥处理 1.20 g/根左右；然而在齐穗后 30 d 至成熟期这段时间 N1 处理的单茎干物质积累量几乎没有增加（增加量仅为 0.09 g/根），但此时 3 个施氮处理的单茎干物质积累优势明显，N2、N3 和 N4 处理的单茎干物质积累增量分别为 0.63 g/根、1.02 g/根和 2.03 g/根，即施肥量越多，齐穗后 30 d 至成熟期的单茎干物质积累量越多。此外，N1 处理下，Y 两优 900 和湘两优 900 的单茎干物质量在齐穗后 30 d 至成熟期没有增加反而减少，这可能与无肥条件下灌浆结实末期土壤营养供应不足有关。各品种在不同施肥处理下的单茎干重差异性表现不同。无氮处理下两优培九与 Y 两优 1 号的全生育期单茎干重最低，Y 两优 2 号略高，Y 两优 900 与湘两优 900 最高，表现为三个不同水平的差异。N2 施氮处理下，Y 两优 900 与湘两优 900 全生育期的单茎干重高于其他品种，两者的差异不大；两优培九、Y 两优 1 号和 Y 两优 2 号全生育期单茎干重没有差异，且在齐穗后的单茎干重明显低于 Y 两优 900 与湘两优 900，表现为两个不同水平的差异；N3 处理相比 N2 处理，单茎干重的两个不同水平间差异减小；在 N4 处理下，湘两优 900 在齐穗后 30 d 的单茎干重明显高于其他品种，而其他品种的差异不大。各品种的单茎干重对施氮量的响应也不一致。两优培九与 Y 两优 1 号的单茎干重在不同施氮处理下的差异不大；Y 两优 2 号的单茎干重在无氮处理下较大，N2 和 N3 处理下次之且两者相近，N4 处理下最大；Y 两优 900 全生育期单茎干重随施氮量的增加差异明显，在 N2 处理下成熟期就能达到较高水平，为 8.62 g/根；湘两优 900 在 N4 处理下单茎干重最大，为 9.15 g/根（表 7-9）。

表 7-9　不同施氮水平下超级杂交稻单茎干重动态　　　单位：g/根

处理	时期	两优培九	Y两优1号	Y两优2号	Y两优900	湘两优900	平均值
N1	穗分化始期	1.47	1.52	2.04	1.96	2.12	1.82
	齐穗期	5.27	4.98	6.07	6.95	6.96	6.05
	齐穗后30 d	6.03	5.81	7.27	8.15	8.28	7.11
	成熟期	6.39	6.35	7.43	7.97	7.85	7.20
N2	穗分化始期	1.55	1.61	1.74	1.89	2.06	1.77
	齐穗期	4.91	4.87	5.45	6.05	5.79	5.41
	齐穗后30 d	6.55	6.38	6.39	7.75	8.22	7.06
	成熟期	7.14	7.16	7.17	8.62	8.84	7.79
N3	穗分化始期	1.56	1.53	1.67	2.06	1.91	1.75
	齐穗期	4.63	4.86	4.95	5.63	5.50	5.11
	齐穗后30 d	6.01	6.41	6.34	6.94	7.39	6.62
	成熟期	6.98	7.43	6.85	8.66	8.29	7.64
N4	穗分化始期	1.71	1.67	1.62	1.87	2.23	1.82
	齐穗期	4.54	4.55	4.63	5.11	5.50	4.87
	齐穗后30 d	5.57	5.38	5.50	5.81	7.26	5.90
	成熟期	7.53	7.14	7.54	8.29	9.15	7.93

4. 施氮量对超级杂交稻群体生物量的影响

施氮量对超级杂交稻群体生长有显著影响（表7-10），在各生育时期无氮处理下的各品种整体的群体干物质量都明显低于施氮处理，而3个施氮处理间的差异不大；不同品种在不同施氮水平下的干物质动态表现不同，两优培九在无氮处理下全生育期干物质量都显著低于施氮处理，3个施氮处理之间在任何一个生育期都没有明显差异，表明两优培九在210 kg/hm² 的低氮水平下就能充分发挥物质积累潜能，增加氮素并不能提高其干物质积累量；Y两优1号的群体生物量随着施氮量的增加表现为先增后减，在齐穗期和齐穗后30 d，270 kg/hm² 施氮处理下的生物量分别为14.52 t/hm² 和17.43 t/hm²，显著高于210 kg/hm² 和330 kg/hm² 施氮处理，但在成熟期，3个氮肥施用量处理之间的差异不显著；Y两优2号成熟期以210 kg/hm² 施氮处理的生物量最大，为19.36 t/hm²，270 kg/hm² 和330 kg/hm² 施氮处理的生物量显著下降，分别为17.20 t/hm² 和16.63 t/hm²；Y两优900在3个施氮量处理下成熟期的生物量在 21.00 t/hm² 左右，处理间的差异不明显；湘两优 900 在齐穗期和齐穗后 30 d 的生物量都以 210 kg/hm² 施氮处理的生物量最大，成熟期以 270 kg/hm² 施氮处理的生物量最大，为 24.62 t/hm²，显著高于其他施氮量处理。

表 7-10 不同施氮水平下超级杂交稻群体干物质积累差异

施氮量	品种	群体干物质 / (t/hm²)				
		分蘖期	幼穗分化期	齐穗期	齐穗后 30 d	成熟期
N1	两优培九	2.69a	5.17c	9.48c	11.34b	12.35b
	Y 两优 1 号	2.64a	5.44bc	10.55b	11.30b	14.40ab
	Y 两优 2 号	2.57a	6.06a	11.18a	13.62a	15.44a
	Y 两优 900	2.57a	5.80ab	10.65b	12.10b	13.61b
	湘两优 900	2.61a	5.52b	10.12bc	12.42ab	15.32a
N2	两优培九	3.01c	6.91a	12.00b	16.86b	20.79ab
	Y 两优 1 号	3.23b	6.86ab	12.65b	15.98b	20.01ab
	Y 两优 2 号	3.61a	7.03a	12.42b	15.51b	19.36b
	Y 两优 900	3.39b	6.96a	13.12ab	16.40b	21.67a
	湘两优 900	3.79a	6.33b	14.14a	18.84a	19.31b
N3	两优培九	3.30a	6.25b	12.57b	16.06ab	21.58b
	Y 两优 1 号	3.53a	7.23a	14.52a	17.43a	20.47b
	Y 两优 2 号	3.11a	6.62a	12.54b	15.86b	17.20c
	Y 两优 900	3.58a	7.55a	14.02a	15.70b	20.85b
	湘两优 900	3.49a	6.56b	13.20ab	16.78ab	24.62a
N4	两优培九	4.08a	7.45a	11.95b	14.54bc	21.52a
	Y 两优 1 号	3.95a	7.23ab	12.61ab	14.72bc	15.53b
	Y 两优 2 号	3.95a	6.85b	12.40ab	13.56c	16.63b
	Y 两优 900	3.47b	7.49a	13.35a	15.25b	21.51a
	湘两优 900	3.75ab	7.17ab	13.46a	17.48a	21.45a

通过对不同施氮处理下的群体干物质量动态分析发现，与不施肥相比，施氮 210 kg/hm² 处理下成熟期生物量平均提升 43.59%，施氮 270 kg/hm² 处理下平均提升 48.43%，当施肥量升高到 330 kg/hm² 时平均提升仅 37.57%，由此可见，施肥量在 270 kg/hm² 左右时 5 个品种的平均生物量最高。两优培九、Y 两优 1 号、Y 两优 2 号和 Y 两优 900 在 210 kg/hm² 施肥量下，成熟期生物量就能达到最大值，而湘两

优 900 成熟期生物量达到最大需要 270 kg/hm² 的施肥量。施肥量过高（330 kg/hm²）对 Y 两优 1 号和 Y 两优 2 号的生长有一定的抑制作用，成熟期生物量比低施肥量（210 kg/hm²）分别下降 22.39% 和 14.10%。此外，随着施氮量的增加，各品种成熟期生物量增加，但收获指数呈下降趋势。

二、超级杂交稻节氮高产光合生理

1. 施氮量对超级杂交稻冠层形态的影响

施氮量对超级杂交稻冠层形态有显著影响，由表 7-11 可以看出，随着施氮量增加，5 个超级杂交稻品种的平均剑叶长度和宽度都不断增加，N2、N3 和 N4 处理的叶片长度分别比 N1 处理高出 4.09%、7.18% 和 14.21%，叶片宽度受肥料水平的影响更大，N2、N3 和 N4 处理分别比 N1 处理高出 24.84%、29.81% 和 37.88%。在倒 2 叶方面，叶片长度从 N1 处理的 39.69 cm 增加至 N4 处理的 44.50 cm，增幅为 12.11%；叶片宽度从 N1 处理的 1.39 cm 增加至 N4 处理的 1.82 cm，增幅为 30.94%。在倒 3 叶方面，叶片长度从 N1 处理的 41.21 cm 增加至 N4 处理的 52.34 cm，增幅为 27.01%；叶片宽度从 N1 处理的 1.28 cm 增加至 N4 处理的 1.71 cm，增幅为 33.59%。由此可见，施肥水平对叶片形态具有显著影响，对冠层叶片宽度的影响效应大于对叶片长度的影响，增施肥料对冠层叶片形态最主要的正向作用是显著提高了剑叶宽度；施肥水平对冠层叶片长度的影响效应表现为：倒 3 叶＞剑叶＞倒 2 叶，对冠层叶片长度的影响效应表现为：剑叶＞倒 3 叶＞倒 2 叶，倒 2 叶的叶片形态受肥力水平的影响最小。

品种间比较来看，不同年代培育的超级杂交稻品种的叶片越来越宽，表现为湘两优 900＞Y 两优 900＞Y 两优 2 号＞Y 两优 1 号＞两优培九，而在叶片长度方面在不同年代品种中的变化规律不明显，Y 两优 2 号的叶片长度最长。

表 7-11　不同施氮水平对超级杂交稻叶型的影响　　　　单位：cm

处理	品种	剑叶长	剑叶宽	倒 2 叶长	倒 2 叶宽	倒 3 叶长	倒 3 叶宽
N1	两优培九	29.41b	1.32b	38.13b	1.19b	40.80b	1.22b
	Y 两优 1 号	28.90b	1.38b	36.10b	1.18b	35.86c	1.13b
	Y 两优 2 号	35.29a	1.69ab	43.21a	1.50a	45.93a	1.42a
	Y 两优 900	33.32a	1.84a	39.44ab	1.51a	40.52b	1.31ab
	湘两优 900	33.05a	2.03a	41.01a	1.68a	43.11a	1.47a
	平均值	32.03	1.61	39.69	1.39	41.21	1.28
N2	两优培九	31.10bc	1.67b	42.67a	1.47b	48.77a	1.49b
	Y 两优 1 号	28.46c	1.68b	36.31b	1.48b	43.13b	1.38b
	Y 两优 2 号	38.33a	2.02ab	43.83a	1.62ab	47.56a	1.47b
	Y 两优 900	33.86b	2.20a	43.31a	1.80a	43.73b	1.60ab
	湘两优 900	35.02ab	2.28a	42.91a	1.93a	43.81b	1.75a
	平均值	33.34	2.01	41.83	1.70	45.40	1.57
N3	两优培九	33.45b	1.88b	44.55a	1.70b	51.88a	1.63b
	Y 两优 1 号	29.73c	1.90b	40.85b	1.83b	48.73b	1.60b
	Y 两优 2 号	37.86a	2.12b	45.41a	1.74b	50.65a	1.61b
	Y 两优 900	35.21ab	2.24ab	43.49a	1.83b	49.11a	1.72ab
	湘两优 900	35.40ab	2.56a	42.50ab	2.81a	48.20a	1.86a
	平均值	34.33	2.09	43.41	2.00	49.73	1.68
N4	两优培九	35.32b	1.90b	45.51b	1.69b	54.31ab	1.60b
	Y 两优 1 号	33.37b	1.90b	40.89c	1.71b	58.45a	1.59b
	Y 两优 2 号	42.36a	2.25ab	47.33ab	1.71b	50.84b	1.60b
	Y 两优 900	35.43b	2.42ab	51.67a	1.89ab	47.52b	1.81ab
	湘两优 900	36.27b	2.63a	44.50b	2.19a	50.35b	2.00a
	平均值	36.58	2.22	46.00	1.82	52.34	1.71

2. 施氮量对超级杂交稻剑叶 SPAD 值的影响

分析不同施肥水平对不同类型品种光合作用的影响可知（图 7-5），不同施肥量对超级杂交稻品种剑叶的 SPAD 值有显著影响。N1 处理在分蘖盛期、幼穗分化期和齐穗期的剑叶 SPAD 值都是最低的，其中在分蘖盛期为 40.20，分别比 N2、N3 和 N4 处理低 7.54%、8.13% 和 15.90%；N1 处理幼穗分化期为 37.96，分别比 N2、N3 和 N4 处理低 6.13%、11.43% 和 12.25%；N1 处理齐穗期为 39.46，分别比 N2、N3

和 N4 处理低 8.74%、12.03% 和 11.64%。此外，5 个超级杂交稻品种剑叶 SPAD 值的差异较大，其中以 Y 两优 900 和湘两优 900 的值最高，最高值均超过 45.00 以上；而 Y 两优 1 号、Y 两 2 号和两优培九相对较低。

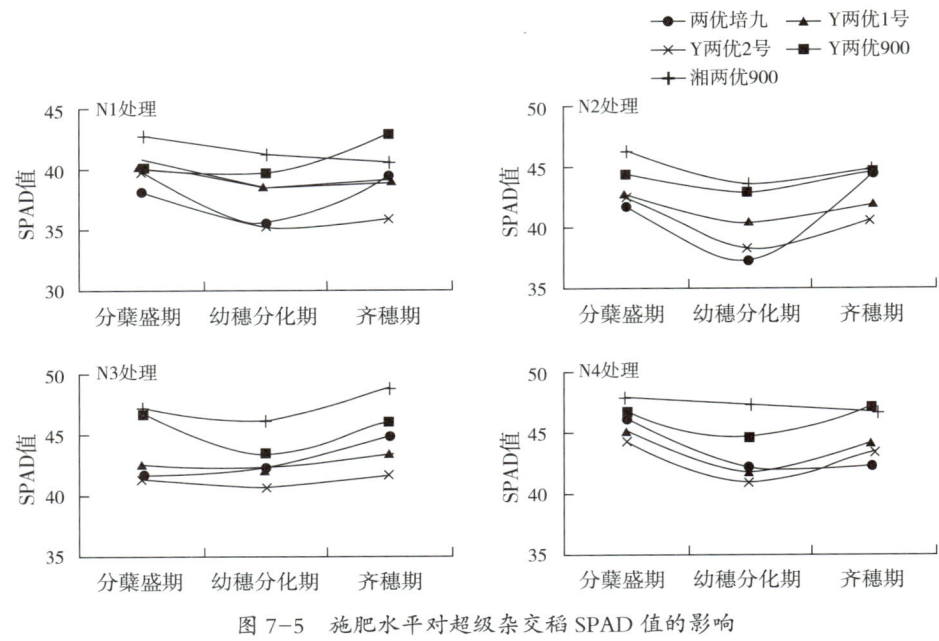

图 7-5 施肥水平对超级杂交稻 SPAD 值的影响

三、超级杂交稻节氮高产的产量形成

1. 施氮量对超级杂交稻产量的影响

在 4 种施氮水平下不同品种稻谷产量差异显著（图 7-6），总体上看，随着肥料用量的增加，稻谷产量表现为先增加后降低的趋势。两优培九在 N2 处理下稻谷产量最高，为 9.76 t/hm^2，比不施肥 N1 处理高出 31.99%，随着肥料用量增加，稻谷产量不增加反而降低，N3 处理比 N2 处理降低 6.80%，N4 处理比 N2 处理显著下降，降幅为 10.48%。Y 两优 1 号在 N2 处理下稻谷产量为 10.08 t/hm^2，比不施肥 N1 处理高出 29.35%，进一步增施氮肥仍然能够显著提高稻谷产量，N3 处理比 N2 处理显著提高 9.15%，达到 11.00 t/hm^2，N4 处理比 N3 处理略有下降；Y 两优 2 号在 N2 处理下稻谷产量为 11.38 t/hm^2，比不施肥 N1 处理高出 32.72%，进一步增施氮肥稻谷产量提高不明显，N2、N3、N4 处理间差异不显著；Y 两优 900 在 N2 处理下稻谷产量为 12.10 t/hm², 比不施肥 N1 处理高出 32.11%，进一步增施氮肥仍然能够显著提高稻谷产量，N3 处理比 N2 处理显著提高 7.02%，达到 12.95 t/hm²，N4 处理比 N3 处理显著下降；湘两优 900 在 N2 处理下稻谷产量为 12.37 t/hm²，比不施肥 N1 处理高出 27.13%，增施氮肥还能够显著提高稻谷产量，N3 处理比 N2 处理显著提高 6.31%，达到 13.15 t/hm²，N4 处理比 N3 处理略有下降。

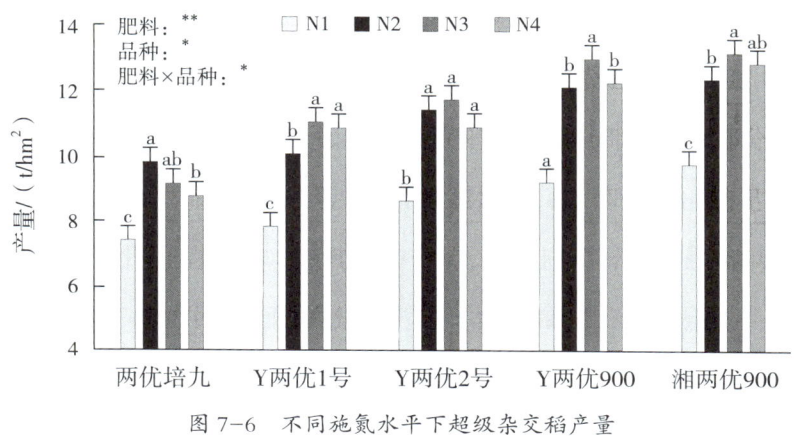

图 7-6 不同施氮水平下超级杂交稻产量

在同等肥力水平下，超级杂交稻品种之间的稻谷产量差异显著，在 N1 和 N2 处理下各品种稻谷产量极差约 2.50 t/hm²，变异系数均为 0.11；在 N3 和 N4 处理下各品种稻谷产量极差超过 4.00 t/hm²，变异系数均为 0.14。结果表明，施肥在显著提升超级杂交稻稻谷产量的同时还拉大了品种之间的产量差异，即肥料施用量越大，品种间的稻谷产量差异越大，这主要由于在高肥条件下，产量潜力大的品种能进一步发挥高产潜力，而产量潜力相对较小的品种却因高肥而导致产量降低，从而导致品种之间的产量差异随着肥料用量的增加而变得越来越大。

2. 群体穗粒结构对施氮量的影响

分析不同氮肥水平对不同超级杂交稻品种的增产原因（图 7-7），从无肥 N1 处理到低肥 N2 处理，5 个品种的产量平均增加 2.50 t/hm²，有效穗数平均增加了 40.77 万 /hm²，每穗粒数平均增加了 2.89 粒，对产量增加量分别与有效穗数增加量和每穗粒数增加量进行相关性分析，结果表明从无肥 N1 处理到低肥 N2 处理的产量增加量与有效穗数的增加量呈正相关，但未达到显著水平（$r = 0.326\ 3^{ns}$），与每穗粒数的增加量的相关性也不明显（$r=-0.072\,8^{ns}$）。

从 N2 处理到 N3 处理，5 个品种的产量平均增加量在 $-0.68\sim0.93\;t/hm^2$，有效穗数平均增加量的变化范围在 $-15.00\sim15.00$ 万 $/hm^2$，每穗粒数平均增加量的变化范围在 $-29.41\sim19.30$ 粒，对该施氮水平下产量增加量分别与有效穗数增加量和每穗粒数增加量进行相关性分析，表明从 N2 处理到 N3 处理的产量增加量与有效穗数的增加量呈极显著正相关（$r=0.769\,0^{**}$），与每穗粒数的增加量也呈正相关，但相关性不显著（$r=0.393\,9^{ns}$）。

从 N3 处理到 N4 处理，5 个品种的产量都表现为下降趋势，产量的平均增加量在 $-0.82\sim0.08\;t/hm^2$，有效穗数平均增加量的变化范围在 $-8.60\sim15.00$ 万 $/hm^2$，每穗粒数平均增加量的变化范围在 $-26.09\sim5.12$ 粒，对该施氮水平下产量增加量分别与有效穗数增加量和每穗粒数增加量进行相关性分析，表明从 N3 处理到 N4 处理的产量增加量与有效穗数增加量的相关性不显著（$r=0.370\,0^{ns}$），但与每穗粒数的增加量呈显著正相关（$r=0.664\,4^*$）。

施肥能显著提高超级杂交稻的稻谷产量主要是通过改变其群体穗粒结构而得以实现。我们的研究结果表明，从不施氮肥到施氮 $210\;kg/hm^2$，5 个超级杂交稻品种产量增加量与有效穗数和每穗粒数的增加量的相关性都不显著，其主要原因是：在施氮量 $210\;kg/hm^2$ 肥力水平下，5 个超级杂交稻品种的有效穗数和每穗粒数都较无肥处理的增加量有高有低，但是该肥力水平下 5 个品种产量的增加量基本一致（$2.50\;t/hm^2$ 左右）；施氮量 $270\;kg/hm^2$ 能在施氮量 $210\;kg/hm^2$ 基础上继续提高产量，其主要原因是有效穗数的提高，而施氮量 $330\;kg/hm^2$ 能在施氮量 $270\;kg/hm^2$ 基础上继续增产则是由于每穗粒数的增多。从而得知，在本试验中施氮量 $330\;kg/hm^2$ 施肥水平下，5 个超级杂交稻品种的产量都表现出下降趋势，其主要与每穗粒数的减少有关。由此可见，在大面积生产中，主攻大穗是高肥水平下进一步挖掘超级杂交稻的高产潜力的主要措施。

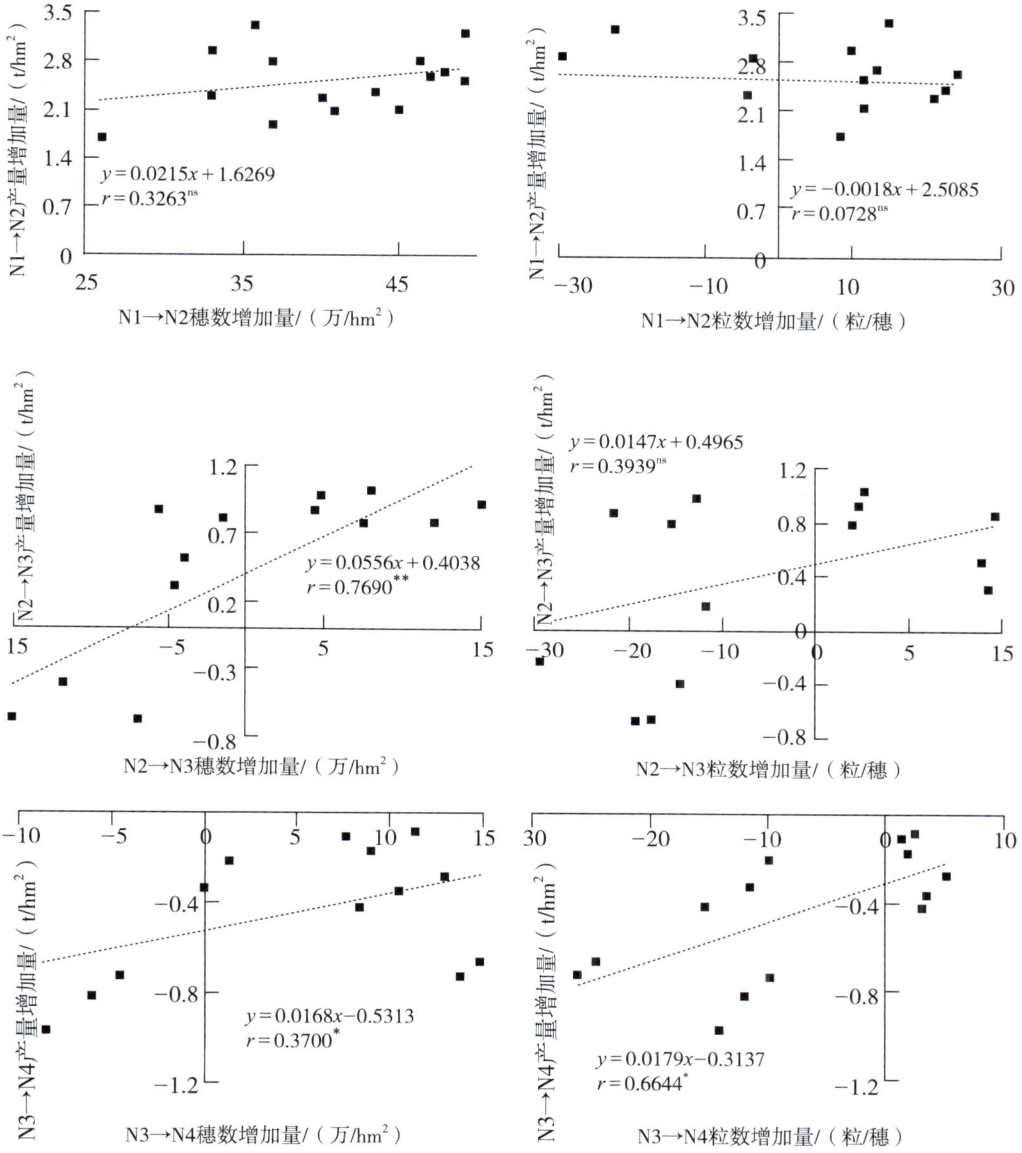

图 7-7 施氮增产与穗粒结构变化的相关性

3. 群体颖花数、干物质量和叶面积指数对施氮量的响应

齐穗期水稻群体干物质积累量和叶面积指数等指标是衡量高产群体的重要指标。本研究的相关分析结果表明，施肥增产与施肥增加的齐穗期单位面积茎鞘干物质积累量呈不显著负相关，相关系数 $r=0.0755$（图 7-8A）；施肥增产与施肥增加的齐穗期叶面积指数呈不显著正相关，相关系数 $r=0.1481$（图 7-8B）。由此可见，

齐穗期的干物质积累量和叶面积指数适宜即可，一味地增加基肥施用量会导致营养生长期生长过旺，往往不能实现更高的稻谷产量，反而导致肥料利用效率降低，因此，在超级杂交稻高产栽培过程中，应根据品种特性和产量潜力合理地设计施肥时期，科学地进行前肥后移，使得更多的肥料在穗分化期和灌浆结实期得到更高效的利用。

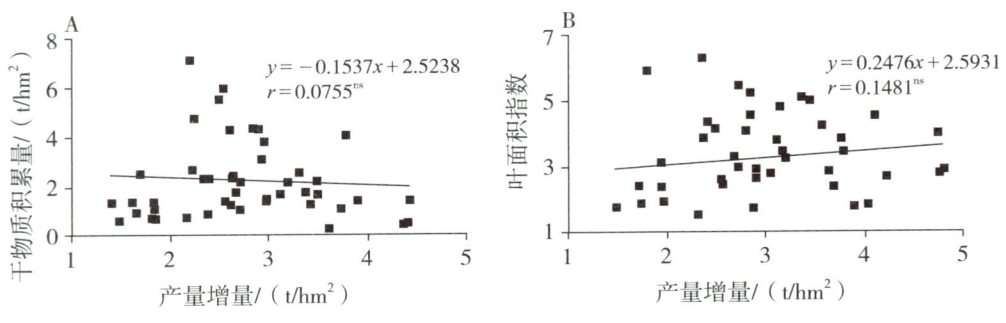

图 7-8 施肥增加的颖花数、干物质量和叶面积指数与施肥增产相关性

第五节　超级杂交稻节氮高产栽培技术

一、节氮施肥条件下超级杂交稻产量

2006 年和 2007 年，我们连续两年以超级杂交稻典型品种 Y 两优 1 号为材料，进行了不同节氮施肥水平对其产量影响的研究（表 7-12），结果表明，连续两年不同节氮处理实际产量结果表现出一致趋势：氮处理水平范围内（纯氮 0~270 kg/hm²），产量均呈单峰曲线变化，两年均以节氮幅度 20% 处理产量最高，均达到 12 t/hm² 的超高产水平，节氮幅度呈 20%~100% 提高，其产量不断下降，但当氮总用量超过 180 kg/hm² 后，产量不断下降。这表明一定节氮范围内节氮栽培反而有利于超级杂交中稻产量的提高。经方差分析，节氮 20% 处理（N3）产量与不节氮（N4）、增氮 20%（N5）处理间没有显著差异，但显著高于节氮 40%（N2）、60%（N1）及不施氮处理。同时，节氮 40%（N2）处理产量与不节氮（N4）、增氮 20%（N5）三者间也没有显著差异，但比 N0、N1 处理均呈极显著性增产。这

一方面说明了节氮栽培的可行性,另一方面,说明本研究条件下节氮幅度不宜超过40%,以节氮20%效果最佳。

表 7-12 不同节氮处理产量及构成性状比较

年份	处理	有效穗/(万穗/m²)	每穗总粒/(粒/穗)	每穗实粒/(粒/穗)	结实率/%	千粒重/g	实际产量/(t/hm²)
2006 年	N0	208.5 d	166.4c	153.2c	92.1a	26.7a	8.18 d
	N1	223.5c	182.8b	164.5b	90.0a	26.9a	9.91c
	N2	234.0bc	195.3a	171.7ab	87.9b	27.2a	10.96b
	N3	238.5ab	196.7a	173.2a	88.1ab	27.1a	11.98a
	N4	243.0ab	194.7a	168.8b	86.7b	27.0a	11.31ab
	N5	249.0a	197.1a	167.0b	84.7b	26.9a	11.22ab
2007 年	N0	213.7e	171.0c	154.3bc	90.2a	27.3b	8.20 d
	N1	226.2 d	191.0a	168.7a	88.3a	27.8a	10.41c
	N2	258.5c	172.8bc	156.3b	90.5a	27.9a	11.36b
	N3	294.7b	181.7b	163.1ab	89.8a	27.8a	12.03a
	N4	304.6ab	167.1cd	147.4cd	88.2a	27.6a	11.70ab
	N5	310.1a	158.2 d	141.6 d	89.5a	27.6a	11.60ab
处理间		27.56**	18.23*	14.54**	11.77*	7.35*	20.21**
年际间		2.04ns	2.64NS	1.92NS	0.65NS	4.89*	1.38NS
处理×年际间		2.45ns	1.78NS	1.38NS	0.72NS	2.37NS	1.03NS

将 2006 年和 2007 年不同节氮处理实际产量与施氮量进行回归分析并作图(图7-9),再以产量(Y)为因变量,施氮量(X)为自变量,建立两年间不同处理产量(Y)与氮用量(X)间的回归方程:

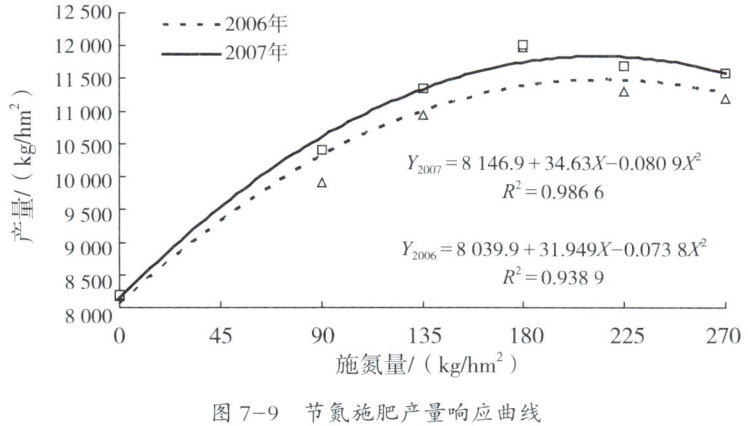

$$Y_{2007} = 8\ 146.9 + 34.63X - 0.080\ 9X^2$$
$$R^2 = 0.986\ 6$$

$$Y_{2006} = 8\ 039.9 + 31.949X - 0.073\ 8X^2$$
$$R^2 = 0.938\ 9$$

图 7-9 节氮施肥产量响应曲线

$$Y_{2006} = 8\ 039.9 + 31.949X - 0.073\ 8X^2 \tag{1}$$

$$Y_{2007} = 8\ 146.9 + 34.630X - 0.080\ 9X^2 \tag{2}$$

分别对方程（1）、（2）进行显著性测验，结果方程（1）的决定系数 $R^2 = 0.938\ 9$，F 值为 11.205 7，$P = 0.028\ 6$（< 0.05），方程（2）的相关系数 $R^2 = 0.986\ 6$，F 值为 12.938 9，$P = 0.022\ 8$（< 0.05）。说明两个方程拟合程度都较好，具有较大的实际意义。

利用农业技术经济学的边际收益分析原理：每当增加一个单位的肥料投入量所能增加的作物产量就称为边际产量。根据上述求得的回归方程（1）、（2），求取产量对施氮量的一阶偏导数，得到 2006 年和 2007 年不同节氮处理的边际产量函数，分别为：

$$Y_{2006} = 31.949 - 0.147\ 6X \tag{3}$$

$$Y_{2007} = 34.630 - 0.161\ 8X \tag{4}$$

由方程（3）、（4）可以分别求出 2006 年和 2007 年获得最高理论产量时的施氮量：$X_{\max 2006} = 217.3\ \text{kg/hm}^2$ 和 $X_{\max 2007} = 214.0\ \text{kg/hm}^2$，此时相应的最高理论产量分别为：$Y_{\max 2006} = 11\ 497.6\ \text{kg/hm}^2$，$Y_{\max 2007} = 11\ 852.8\ \text{kg/hm}^2$。

如果稻谷、氮肥的当年实际价格，即分别按 1.6 元 /kg，7.6 元 /kg（缓释尿素时价 2.8 元 /kg）计，其他成本保持不变，则边际成本函数和边际收益的函数分别为：

$$Y_c = 7.6 \tag{5}$$

$$Y_{2006} = 47.923\ 5 - 0.221\ 4X \tag{6}$$

$$Y_{2007} = 51.94\ 5 - 0.242\ 7X \tag{7}$$

式中：Y_c 为边际成本函数，等于氮肥的价格；Y_{2006}、Y_{2007} 分别为 2006 年、2007 年的边际收益函数，等于边际产量与稻谷价格的乘积；X 为施氮量。

由方程（5）、（6）、（7）可分别得到施氮量为 165.0 kg/hm²、167.1 kg/hm² 时，2006 年和 2007 年的经济效益最佳，相应的经济产量分别为 11 302.0 kg/hm²，11 674.3 kg/hm²。

比较计算的最高理论产量时的施氮水平和获得最佳经济产量时的施氮量可以看出，较大幅度地减少施氮总量时（215 kg/hm² 减少到 165 kg/hm²，减少幅度为 23.3%），产量减少幅度仅为 1.5%~1.7%，这充分表明超级杂交稻节氮高产高效栽培具有重要的经济学意义。

由表 7-12 中不同节氮处理产量性状可知，N3 处理产量之所以高，是因为有效穗、穗平实粒和千粒重诸因素得到同步优化，2006 年虽然 N2、N4 和 N5 处理有效穗数较 N3 处理多，但其他产量因素却不及 N3 处理。进一步分析可知，不同节氮下产量因素变化幅度各不相同，其中，有效穗数随节氮幅度降低而增加；穗平总粒数和穗平实粒数则因年际出现差异，结实率和千粒重则变化较小。

回归分析结果（表 7-13）表明，在诸个产量构成因素中，以单位面积有效穗数与稻谷产量的相关程度最高，达极显著水平（$r=0.9089$，$P<0.01$），对产量的直接通径系数为 1.194 7；其次为千粒重，但是其相关性不显著（$r=0.7548$，$P>0.05$），对产量的直接通径系数为 0.396 7；穗平总粒数和穗平实粒数与产量相关性均不显著，其相关系数分别为 0.727 3、0.431 1，说明穗平总粒数与产量的相关程度略高于穗平实粒数与产量相关性。结实率则与产量呈负相关，相关系数为 -0.807 3，对产量的直接通径系数为 0.483 6。可见，超级杂交中稻节氮栽培的主攻方向是有效穗，兼顾籽粒充实度。

表 7-13 节氮栽培条件下超级杂交中稻产量和产量结构的相关系数

产量构成	因素间相关系数					对产量贡献
	$x2$	$x3$	$x4$	$x5$	产量	
有效穗（$x1$）	0.460 8	0.081 1	-0.958 7**	0.448 2	0.908 9**	1.194 7
穗总粒（$x2$）		0.915 5**	-0.360 0	0.883 6*	0.727 3	
穗实粒（$x3$）			0.045 6	0.784 8	0.431 1	
结实率（$x4$）				-0.366 7	-0.807 3	0.483 6
千粒重（$x5$）					0.754 8	0.396 7

二、超级杂交稻最佳节氮量及氮、磷、钾配比

2007 年在湖南中方县花桥镇梅树冲村的超级杂交稻示范基地，以超级杂交稻典型品种 Y 两优 1 号为材料，进行了节氮条件下氮、磷、钾三元素的最佳配比研究（氮、磷、钾各水平如表 7-14 所示）。

表 7-14　N、P、K 各因素及水平设计表

因子	施肥水平编码值			
	0	1	2	3
纯 N	0（N0）	90（N1）	180（N2）	270（N3）
P_2O_5	0（P0）	45（K1）	90（P2）	135（P3）
K_2O	0（K0）	90（K1）	180（K2）	270（K3）

研究结果表明（表 7-15），氮磷钾三者必须配合施用才能达到高产，任何一种营养受到胁迫都不利于高产。在氮、磷、钾养分水平一致时，每两种化肥配施的情况下，以 N、K 配施的产量最高，N、P 配施次之，P、K 配施最低，但产量差异不显著。经方差分析结果表明：较低氮肥条件下（90 kg/hm²），不同磷钾配比的处理间产量没有显著差异；中等氮水平条件下（180 kg/hm²），当磷钾元素均不受到空白胁迫时，处理间产量仍然没有显著差异；高氮水平时（270 kg/hm²），水稻产量反而较中等施氮处理产量低，说明较低氮水平条件 Y 两优 1 号的产量主要限制因子是氮肥水平，与氮肥、磷钾肥配比关系不大，但氮用量不超过 180 kg/hm² 时，三者的配比对产量有显著影响，氮磷钾配比为 1∶0.5∶1 时达到最高产量，磷钾配比过高和过低都不利于高产。经边际效应分析，结果表明 Y 两优 1 号施氮水平不宜超过 210 kg/hm²。

表 7-15　不同处理产量及产量结构

处理	有效穗/（穗/m²）	穗平总粒数（粒/穗）	穗平实粒数（粒/穗）	结实率/%	千粒重/g	实际产量/（kg/hm²）
N0P0K0	172.5c	245.7 d	183.7bc	74.8	28.5	8 048.6 g
N0P2K2	174.0c	258.0c	184.0bc	71.3	28.6	8 653.1fg
N1P2K2	184.5b	262.7bc	191.3ab	72.8	28.7	8 999.6 defg
N2P0K2	193.5a	269.0b	182.6bc	67.9	28.8	9 437.5cde
N2P1K2	202.5a	260.6bc	179.0c	68.7	28.9	9 778.0abc
N2P2K2	196.5a	262.3bc	189.3b	72.2	29.0	10 216.0a
N2P3K2	184.5b	270.3b	199.3a	73.7	28.8	9 604.0bcd
N2P2K0	184.5b	272.3b	197.6a	72.6	28.7	9 164.5 def
N2P2K1	196.5a	245.6	178.3c	72.6	28.7	9 340.0cde
N2P2K3	193.5a	289.3a	191.3ab	66.1	28.9	10 145.5ab

续表

处理	有效穗/（穗/m²）	穗平总粒数（粒/穗）	穗平实粒数（粒/穗）	结实率/%	千粒重/g	实际产量/（kg/hm²）
N3P2K2	195.0a	244.6	180.3c	73.7	28.8	9 118.0def
N1P1K2	187.5ab	243.0 d	178.6c	73.5	28.7	9 236.5cdef
N1P2K1	177.0bc	277.6b	188.3b	67.8	28.7	8 861.6efg
N2P1K1	174.0c	281.3a	199.0a	70.7	28.8	9 451.0cde
CV/%	5.22	5.57	4.04	3.75	0.45	5.45

进一步分析不同处理产量结构差异可知，有效穗数和穗平总粒数的变化最大，其 CV 分别为 5.22% 和 5.57%，实粒数变幅相对较小，CV 为 4.04%，结实率变异幅度较小，CV 为 3.75%，千粒重变化最小，CV 仅 0.45%。这说明穗平总粒数和有效穗受施肥水平影响最大，实粒数受施肥影响大于株高、穗长，千粒重最不易受栽培条件的影响，所以最稳定。分析不同缓释氮用量对不同产量结构的影响，有效穗数和千粒重均表现为与施氮量呈显著正相关，其相关系数分别为 $r=0.887$（$P<0.01$）和 $r=0.734$（$P<0.05$），即随施氮水平的提高有效穗数极显著增加，千粒重随氮用量的增加也有所提高；穗平总粒数、穗平实粒数与施氮水平呈正相关，但相关关系均不显著；结实率则与施氮水平呈负相关，相关关系也不显著。

根据最后实际产量，按照"3414"试验设计通用统计分析方法，以水稻产量为因变量（Y），以氮磷钾三元素为自变量（X_i），X_1、X_2、X_3 分别代表 N、P、K 三种营养元素，用计算机模拟建立 N、P、K 肥料与水稻产量数学模型表达式为：

$$Y = 8\ 012.495 + 1\ 789.756X_1 - 29.148\ 1X_2 - 481.507X_3 - 329.669X_1^2 - 56.929X_2^2 + 86.071X_3^2 - 218.204X_1X_2 - 55.949X_1X_3 + 354.425X_2X_3 \tag{1}$$

式中 Y 表示水稻产量，X_1 为 N 素水平码值、X_2 为 P_2O_5 水平码值、X_3 为 K_2O 水平码值（方程决定系数 $R^2=0.729\ 662$）。

对上述数学模型进行 F 测验，$F=9.596\ 7$，查表 $F0.01$（9,32）$=3.02$，$F>F0.01$，结果表明：回归方程回归关系极显著，表示水稻产量与三元素间存在极显著的回归关系，说明方程具有实际意义。

为了确认各个肥料因子对水稻产量的作用大小，对各回归系数的显著性进行 t 测验。

由表 7-16 可知，在本试验的肥料用量水平下，回归方程一次项和二次项的显著性趋势相同，即都只有氮处理项达到极显著水平，磷钾项都没达到显著水平，说明氮是影响水稻产量的关键；交互项除磷钾交互作用接近 5% 的显著水平外，氮磷、氮钾交互作用均没达到显著水平，说明磷钾肥交互作用对水稻产量大于氮磷和氮钾的交互作用影响。

表 7-16 回归系数的显著性检验

变异因子	｜b_i｜	t 值	显著水平
X_1	1 789.756	4.258 464	**
X_2	29.148 1	0.069 35	
X_3	481.507	1.145 67	
X_1^2	329.669	3.929 51	**
X_2^2	56.928 5	0.678 56	
X_3^2	86.071 06	1.025 929	
X_1X_2	218.204	1.147 49	
X_1X_3	55.948 6	0.294 22	
X_2X_3	354.425 4	1.863 851	*

注：$t_{0.05}=2.021$，$t_{0.01}=2.704$，*表示接近 5% 显著水平，**表示 1% 显著水平。

根据经济学原理，每增加一个单位的肥料投入量所能增加的作物产量，就称边际产量。利用回归方程求导，即得到最高产量的施肥量。利用这一原理对上述回归方程分别求出 N、P、K 的最高施肥量。经计算（方法略），最后求得最高产时 N、P、K 施用量（均为折纯量）分别为 205.2 kg/hm^2、38.8 kg/hm^2、158.6 kg/hm^2，此时最高产量为 10 500.9 kg/hm^2。此一施氮水平与前面的最佳节氮量范围比较接近，这进一步验证了我们原来的最佳节氮量研究结果。

经济产量是根据边际成本（即每增加一个单位肥料投入所增加的生产成本）和其得到的边际效益之差（边际利润）确定。当边际利润为 0 时，即最后一个单位投入的肥料成本与收益相等时的产量称为最佳经济产量，此时的施肥量即为最佳经济施肥量。按照此方法，求得本试验条件下经济产量为 9 615.0 kg/ 亩，此时 N、P_2O_5、K_2O 施用量分别为 204.3 kg/hm^2、39.0 kg/hm^2、158.9 kg/hm^2。

由上述模型求得的最高产量可知，由方程计算的极值产量并不是试验中实际产量最大值，其实只是一个较优配比组合产量。为更好地指导生产实际，寻求最优施肥范围，我们采用随机数列的方法对本试验 N、P、K 肥料的施用量内，利用拟合的施肥量与产量的函数模型，分别取值进行组合，做施肥最优组合频率分析，即氮磷钾三因素分别从 0～3 水平间隔 1 取值（各得 4 个取值）；共得 64 套农艺方案的产量结果，用产量模型进行计算机模拟仿真选优，从中筛选产量在 10 500 kg/hm^2 以上的组合方案 12 套，占 18.8%，然后进行频率分析，以分别对应确定 N、P、K 的取值范围（表 7-17）。

表 7-17 产量 ≥ 10 500 kg/hm^2 的高产栽培技术方案

编码值	X_1（N）		X_2（P）		X_3（K）	
	次数	频数/%	次数	频数/%	次数	频数/%
0	1	8.3	4	32.4	2	16.7
1	2	16.6	1	8.3	2	16.7
2	5	41.7	3	24.9	0	0.0
3	4	32.4	4	32.4	8	66.6
加权平均数	2.0		1.58		2.17	
标准误	0.094 7		0.159 2		0.110 8	
95% 置信区间	1.814～2.186		1.271～1.892		1.950～2.384	
施肥推荐方案/（kg/hm^2）	163.29～196.74		57.21～85.29		175.46～214.54	

三、节氮水平与最佳栽插密度研究

2007 年在湖南汉寿县株木山乡株木村稻田以 Y 两优 1 号为材料，设 3 种施氮水平，即施纯氮 135 kg/hm^2、180 kg/hm^2、225 kg/hm^2，各处理均施等量 P$_2$O$_5$ 90 kg/hm^2、K$_2$O 80 kg/hm^2，分别以 N1、N2、N3 表示，设 3 种移栽密度，13.5 万穴/hm^2、18.0 万穴/hm^2 和 22.5 万穴/hm^2，分别用 D1、D2、D3 表示。研究结果表明，氮肥用量和移栽密度对产量有较大的影响，并且两者组合方式不同产量差异也较大（表 7-18）。其产量顺序依次为：N2D2＞N2D3＞N3D2＞N3D3＞N1D3＞N3D1＞N2D1＞N1D2＞N1D1。从相同种植密度条件下不同施氮量处理间产量表现看，中氮处理（180 kg/hm^2）在密度条件为 18.0 万～22.5 万穴/hm^2 时，产量最高且较易获得高产，高氮（225 kg/hm²）或低氮（135 kg/hm²）时产量和高产概率都较低。表明氮肥量 180 kg/hm² 为 Y 两优 1 号最高产量的施氮技术拐点。同等施氮水平下，不同种植密度间产量有相似规律，即中等及较高氮水平时均以中等移栽密度（18.0 万穴 /hm²）的产量最高，这与李熙英等的研究结果相似。氮肥与密度两者搭配时以 N2D2 处理产量最高，N1D1 处理产量最低，说明 N2D2 处理是氮肥与密度最佳搭配。结合产量结构分析可知，N2D2 处理的产量三要素尽管都不是最高水平，但三者均较平衡协调，因此最后产量也高，而 N1D1 处理主要是有效穗数和实粒数不足。方差分析结果表明，氮肥用量、移栽密度及氮肥与密度互作间的产量效应均达到极显著水平。

表 7-18 不同处理产量及产量结构比较

处理	有效穗 /（穗/m²）	穗平总粒数 /（粒/穗）	穗平实粒数 /（粒/穗）	结实率 /%	千粒重 /g	实际产量 /（kg/hm²）
N1D1	183.0 d	186.2c	149.9c	80.5b	24.8b	7 038.0f
N1D2	201.0c	195.3ab	166.8b	85.4a	25.1ab	8 076.6e
N1D3	220.0b	199.3a	175.0a	87.8a	25.3a	9 423.0c
N2D1	205.0c	194.0b	168.0ab	86.6ab	25.2ab	8 242.8e
N2D2	211.0bc	198.2a	178.4a	90.0a	25.4a	10 576.2a
N2D3	247.0a	199.9a	179.9a	90.0a	25.6a	10 476.0a
N3D1	199.0c	201.4a	157.9b	78.4b	25.4a	8 424.0 d
N3D2	223.0b	197.2ab	162.5b	82.4ab	25.8a	10 104.6b
N3D3	238.0a	196.5ab	162.5b	82.7ab	25.8a	9 590.4c
氮肥	*	*	*	NS	NS	**
密度	**	NS	**	**	NS	**
氮肥 × 密度	**	NS	**	*	NS	**

注：NS 表示未达到 5% 的不显著，不同字母和 * 表示达到 5% 的显著水平，** 表示 1% 显著水平。

进一步分析氮肥、密度及氮肥与密度的互作对 Y 两优 1 号产量结构的影响，结果表明（表 7-19），在本试验氮水平内（135～225 kg/hm²），氮肥用量主要显著影响有效穗、穗平总粒数和穗平实粒数，对千粒重和结实率没有显著影响；移栽密度对有效穗数、穗平实粒数及结实率有极显著的影响，但对穗平总粒数和千粒重没有明显的影响；氮肥与密度互作则对有效穗数和穗平实粒数有极显著的影响，对结实率也有显著影响，但对穗平总粒数和千粒重没有显著影响。综合来看，栽培条件对产量的影响主要是通过对水稻有效穗数及穗平实粒数的影响来实现。有效穗数和穗平实粒数则以 N2D3 处理最多，因此最后产量尽管不是最高，但与最高产量没有显著差异。同时，不同处理千粒重变化趋势表明，除 N1D1 处理外，其他处理间均没有显著差异，说明千粒重最稳定，最不易受栽培条件的影响。

根据最后不同处理实际产量，将氮用量与密度处理经过无量纲化处理，转换为线性编码值 [−1、0、1]，然后以水稻产量为因变量（Y），以氮肥和密度为自变量（X_i），X_1、X_2 分别代表氮肥和密度进行回归分析。用计算机模拟建立氮肥与移栽密度对产量影响的回归方程：$Y = 10\,245.07 + 596.9X_1 + 964.1X_2 - 304.65X_1X_2 - 988.9X_1^2 - 720.1X_2^2$

式中 X_1[−1、0、1] 水平对应代表施氮（纯量）135 kg、180 kg、225 kg；X_2[−1、0、1] 水平对应代表密度为 13.5 万穴 /hm²、15.0 万穴 /hm²、22.5 万穴 /hm²。

对上述方程进行 F 测验，$F = 51.635\,9$（$R^2 = 0.924\,8$），查表 $F0.01$（5,21）= 4.04，$F > F0.01$，同时，对方程预测值与实际产量的相关性分析结果 $r = 0.962$（$P < 0.01$），表明氮肥和密度对产量之间的回归关系极显著。另外，对数学模型的各项回归系数进行显著性测验，结果表明均达到 1% 的极显著水平，进一步说明氮用量、密度及氮用量与密度间对产量均有极显著的影响作用。

表 7−19 回归系数显著性测验表

回归因子	|b_i|	标准误	t 值	显著水平
X_1	596.9	84.568 96	7.058 145	**
X_2	964.1	84.568 96	11.400 16	**
$X_1^*X_2$	304.65	146.477 7	6.751 2	**
X_1^2	988.9	146.477 7	4.916 11	**
X_2^2	720.1	103.575 4	2.941 34	**

注：** 表示 1% 的显著水平。

根据边际产量原理，利用求偏导数法，由上述氮肥、密度对产量影响的回归方程（1）计算出最高产量为 10 608.1 kg/hm²，最高产量的氮用量和密度分别为 189.5 kg/hm² 和 20.8 万穴 /hm²。

四、不同生育时期氮肥合理运筹技术

2015—2016 年以 Y 两优 2 号为材料，在湖南杂交水稻研究中心试验基地进行不同时期氮静观运筹技术研究。各处理的 N 分配分别为（表 7-20 和表 7-21）：处理 1（N1）：全程不施 N；处理 2（N2）：SSNM 的 N 肥分配（总 N110～140 kg/hm^2），后面根据 SPAD 值再分为 N3，N4，N5 和 N6，均采用施用 N 50 kg/hm^2 作底肥。于移栽后 14 d 开始每周 1 次测定 SPAD 值，根据 4 个重复小区测定值的总平均值决定是否施肥和追肥用量。

处理 N3：SPAD 平均值小于 36，追施氮肥 30 kg/hm^2；

处理 N4：如 SPAD 小于 38，追施氮肥 35 kg/hm^2；

处理 N5：如 SPAD 小于 40，追施氮肥 40 kg/hm^2；

处理 N6：如 SPAD 小于 42，追施氮肥 45 kg/hm^2。

处理 N7：FFP 的 N 肥分配（总 N 量 210 kg/hm^2）。

表 7-20　不同处理施氮量及时间安排

生育期	比例/%	纯 N 量/（kg/hm^2）	IF SPAD	施纯 N/（kg/hm^2）	折合尿素/（kg/hm^2）
基肥	35	50	—	50	108.7
分蘖中期	20	30+10	>38	20	43.5
			<36	40	87.0
			36～38	30	65.2
幼穗分化期	30	40+10	>38	30	65.2
			<36	50	108.7
			36～38	40	87.0
抽穗期	15	20	<38，且天气晴好	20	43.5
			否则	0	0

表 7-21　各个氮肥处理的施肥时期、施肥量和总施肥量

氮肥处理	基肥 -1 d	移栽后天数/d							总施氮量/（kg/hm^2）
		14 d	21 d	28 d	35 d	42 d	49 d	56 d	63 d	
0	0									0
SSNM	50		30			40		20		140
SPAD36	50					30				80

续表

氮肥处理	基肥 −1 d	移栽后天数 /d							总施氮量 / (kg/hm²)
		14 d	21 d	28 d	35 d	42 d	49 d	56 d	63 d	
SPAD38	50				35			35		120
SPAD40	50	40		40			40			170
SPAD42	50	45		45		45		45		230
FFP	140		70							210

从总施肥量上来看，7 种氮肥施用方式的施氮量分别为 0 kg/hm²、140 kg/hm²、80 kg/hm²、120 kg/hm²、170 kg/hm²、230 kg/hm² 和 210 kg/hm²，氮肥处理之间产量影响显著，随着氮肥施用量的增加，产量也呈递增趋势，但当施肥量达到 170 kg/hm² 时，产量出现下降趋势（表 7-22）。从不同的管理方式处理看，以 SSNM 处理效果最好，该处理能显著提高产量，而一次施肥方法和氮肥施用量大量前、后移均会出现产量下降现象。

从产量构成因子来看，不同处理影响不同，SSNM 能够提高产量主要在于其每穗粒数和结实率的提高，而对有效穗数影响不大。而 S40 处理则能大幅度提高有效穗数，且能同步提高结实率和千粒重，因此产量较高。可见，该模式也是一种较好的氮素管理模式。

表 7-22　实施实地氮肥管理技术的产量和产量构成因子

氮肥处理	产量 / (t/hm²)	每平方穗数 / (粒 /m²)	每穗粒数 / (粒 /m²)	结实率 /%	千粒重 /g
N0	6.56 d	181.3 b	188.1 ab	88.0 a	22.5 c
SSNM	8.90 a	199.9 ab	208.8 a	84.7 ab	23.5 b
S36	7.74 c	193.1 ab	190.9 ab	82.4 b	23.4 b
S38	8.15 b	183.7 b	194.3 ab	82.7 ab	23.8 ab
S40	8.76 a	210.3 a	198.2 ab	83.9 ab	24.1 a
S42	7.92 b	208.0 a	173.5 b	78.7 c	23.7 ab
FFP	7.95 b	201.5 a	165.3 b	74.4 d	23.2 b

五、超级杂交稻节氮高产施肥技术规程

1. 因地制宜,选择抗倒伏、氮高效良种

早稻可选用:株两优 819、株两优 35 等。

晚稻可搭配:丰源优 358、爽两优 138 等。

一季稻可选用:Y 两优 900、卓两优 1126、展两优 8022 等。

2. 适时播种,培育壮秧

根据不同生态区的高产栽培经验,选用合适的播种时间和方式。早稻宜采用旱育秧,保证苗齐、苗匀、苗壮,并用薄膜覆盖以防早春低温;晚稻(包括一季稻)适用湿润秧田培育多蘖壮秧。

3. 减氮增苗,合理密植

为弥补前期因氮总量减少,分蘖发生量的不足,保证高产所需苗数,节氮处理移栽时,要注意较对照增大基本苗 10% 左右。早稻保证每亩插 2.2 万蔸以上,晚稻每亩保证在 1.6 万蔸以上,一季稻每亩保证 1.3 万蔸左右,早稻每蔸插 2~3 粒谷秧,晚稻和一季稻每蔸插 2 粒谷秧。

4. 速缓搭配,减量施肥

总施氮量应根据不同季别、不同产量目标而定。

早稻:亩产 450~500 kg,施氮(折合纯氮)8.0~9.0 kg/亩,N:P:K ≈ 1:0.6:1。

晚稻:亩产 500~550 kg,施氮(折合纯氮)9.6~10.5 kg/亩,N:P:K ≈ 1:0.5:1。

一季稻:亩产 750~850 kg,施氮(折合纯氮)11.2~13.0 kg/亩,N:P:K ≈ 1:0.5:1。

基肥采用一次性施用缓/控释复合肥(速效和缓效结合型),总施氮量较常规减少 10%~15%,不同季别的氮肥用量参见表 7-23。

早稻氮肥的施用基追肥比例按 6:4 施用。

晚稻和一季稻氮肥施用基追肥比例按4∶6施用。

由于一般为大穗型品种，特别是一季稻品种，前期苗少，应增大穗粒肥比重，减少前期大田氮肥损失量。

表7-23 不同季别水稻节氮栽培氮肥施用推荐量

季别	节氮栽培施肥推荐/（kg/亩）			常规施肥推荐/（kg/亩）		
	纯氮	P_2O_5	K_2O	纯氮	P_2O_5	K_2O
早稻	8.0~8.8	4.8	8.0	10.0~11.0	6.0	8.0
晚稻	9.6~10.5	4.8	9.0	12.0~13.2	6.0	10.0
一季稻	11.2~13.0	5.6	12.0	14.0~16.0	7.0	12.0

5. 科学管水，以水调肥

缓/控释肥料养分释放较慢，移栽到分蘖前期坚持浅水勤灌，达到以水调肥、以水促肥，中期灌露结合，以浅灌为主；每亩苗数达到有效穗苗数的90%时可落水晒田；有水抽穗，后期干湿壮籽，成熟前7d断水，不要断水过早。

6. 化学调控，促抑结合

为了控制水稻基部节间长度，在水稻拔节前，采用喷施调控剂"立丰灵"。方法：于水稻拔节前5~7d，每亩喷施"立丰灵"40g+"液体硅、钾"200mL兑水35~40kg，均匀喷施，既增加超级杂交稻后期的抗倒伏能力，又不改变株型和穗粒结构，实现超级杂交稻的抗倒高产。同时，为了调节水稻上部节间长，确保生物产量不下降，从而保证增产增收，还叶面补施"液体硅、钾"1~2次。方法：水稻剑叶露尖时及齐穗期，每次每亩喷施200mL，晚稻和一季稻每次每亩可以增加到300mL。

7. 综防病虫，节本高效

根据本地的病虫情测报部门要求，及时施用对口农药杀灭病虫害。

第八章　超级杂交稻好氧栽培理论与水分管理

氧是保障植物进行正常生理代谢、维持根际环境健康的重要营养及调控因子，能否及如何通过栽培措施提高水稻根际氧含量以提升稻田可持续生产能力和实现水稻高产高效，既是一个重大的科学问题，也是一个重大的生产问题。传统稻作中，采用水旱轮作、中耕耘田、排水搁（晒）田、冬垡晒田、间歇灌溉等农艺措施提高稻田土壤的通透性，实现稻田养分循环利用和水稻生产可持续发展。章秀福等在总结和提炼水稻传统稻作精髓中发现，根际氧含量对水稻生长发育、产量形成、肥水利用以及土壤理化性状等均有重要的影响。鉴于此，首次提出了水稻"氧营养"的概念，创建了以改善稻田土壤氧环境为核心，通过干湿交替或物化技术协调稻田"土－水－气"三界面，调节稻田土壤氧化还原状态和通气状况，从而促进水稻生长的"好氧栽培"理论。

本章将通过介绍超级杂交稻需氧规律与好氧栽培的发展，分析好氧栽培对超级杂交稻形态学、解剖学特征的影响及其相应的生理、生态机制，总结超级杂交稻好氧灌溉及水分管理，为超级稻高产栽培技术提供理论依据。

第一节 水稻好氧栽培的发展

一、水稻需氧特性

氧参与了植物的氧化磷酸化，而这一过程是需氧细胞生命活动的主要能量来源，是生物产生 ATP 的主要途径，也是将生物氧化过程中释放的自由能用以使 ADP 和无机磷酸生成高能 ATP 的过程。这一过程主要在线粒体中完成，而植物在无氧或缺氧的情况下，线粒体功能会受到阻碍、能量代谢紊乱，进而导致一系列的生理问题。作为高等植物，水稻在缺氧和无氧的情况下生长均会受到极大的影响，品种生产潜力的正常发挥也会受到限制。且水稻田由于间歇性或长期淹水导致土壤缺氧，并引发土壤一系列的化学变化，如脱 N 作用，铁、锰和硫的还原，土壤 pH 值和氧化还原电位（Eh）的变化，大量还原性物质如 NO_2^-、Mn^{2+}、Fe^{2+}、S^{2-} 或 HS^- 积累等。这些还原性物质大量积累会对水稻根系产生毒害作用。可见，氧是保障水稻进行正常生理代谢、维持稻田根际环境健康的重要营养因子。

水稻利用通气组织从地上部转运一部分氧到根部以满足根系对氧的需求。但在淹、涝等环境胁迫下水稻会出现缺氧的现象；且由于不同生育时期水稻对氧的需求量不同，正常栽培措施下也可能会出现缺氧的情况。20 世纪 80 年代，日本学者森田茂纪率先对水稻氧需求量进行定量研究，并确定了水培条件下水稻不同生育期需氧量：分蘖期为 $0.20\sim0.80$ mg/（g·h），孕穗抽穗期 $0.80\sim1.10$ mg/（g·h），灌浆期 $0.50\sim0.70$ mg/（g·h）。为真实反映水稻生长状况下的氧营养状况，Ponnamperuma 等在田间条件下对土壤氧浓度进行了监测，结果表明，稻田土壤中氧浓度相对空气含氧量至少保持在 3%～5% 时才能保证水稻根系对氧的正常吸收。

水稻根系中的氧，一部分来自地上部分，包括叶片和叶鞘从空气中吸收的氧气和光合作用产生的氧气；另一部分是根系从土壤中吸收的氧气。水稻地上部吸收的氧气有相当一部分通过叶鞘和茎秆的通气组织输送到根系。据 Bai 等测定，水稻幼苗中氧气下运量占地上部总吸氧量的 50% 左右，其范围为 30%～70%。日本学者佐佐木乔研究指出，水稻"席根"吸收的氧有 40%～48% 下运到浸在水中的根系。但 Ying 等研究表明，湿培条件下水稻幼苗植株内的氧下运量仅能满足根呼吸需氧量的 30%～60%，因此，仅由地上部经过通气组织提供的氧气是不足以满足水稻根系生长需要的。在水稻对氧和水需求量最大的孕穗至抽穗期，此时也正是需水量最大的时期，水稻根系的缺氧情况尤为严重。因此，现有的栽培措施下，水稻易发生缺氧胁迫。

二、好氧栽培理论的提出

水稻是需水量极大的作物，有研究表明，按常规方法栽培水稻，水稻的用水量占农业用水量的65%，占总用水量的45%以上。而我国的人均年占有水量、耕地年均占有水量分别为世界平均值的1/4和1/2，排在世界第109名，属于13个贫水国之一。因此，水稻的节水栽培研究也就格外受到重视。水稻旱种亦是研究比较多的一种水稻节水栽培方法，它主要利用地膜覆盖来达到省水的目的，在缺水稻区或灌溉条件较差的旱地、丘陵山区具有一定的应用前景，但同时，地膜的使用势必增加稻农的经济成本并造成一定的环境污染，特别是在南方雨水较多的地区并不适宜，而垄畦栽培却没有这方面的困扰。垄畦栽培法作为中国农业耕作上的两大体系之一，早在战国时期就成为当时世界上最先进的耕作方法之一。西汉农业科学家赵过总结前人经验加以改进推广的又一新的耕作技术"代田法"，使垄畦栽培得以发展，并一直延续至今。近年来，国内外垄畦栽培技术已实现了从半干旱地区到热带草原地区，由中耕作物到麦类作物，由旱地农业到灌溉农业的扩展。垄畦栽培技术因不同地形、不同作物生长要求，不同气候条件而不同。王同朝等通过调查研究，将垄畦栽培作了五类划分，并指出水稻垄畦一般属于西南稻区半旱式垄畦增产类型和南方丘陵地区垄畦畦聚土类型。水稻垄畦栽培是将稻田起垄作畦，将水稻种在畦面上的一种水稻种植方式，其水分管理采用调亏灌溉，即在返青期和孕穗抽穗期保持畦面有水，其他时期保持在控水状态，以不出现水分亏缺为度，灌水时仅沟内有水，少灌或不灌水。

随着我国经济的快速发展，传统的精耕细作模式难以为继，提高稻田土壤氧含量，协调土壤-水-气平衡成为构建水稻理想根系和健康稻田环境的关键因素。章秀福等在对垄畦栽培下水稻的产量、品质效应进行了系统的研究，并进行生态、生理分析后，发现土壤的氧营养状况是影响水稻根系生长发育和构建和谐稻田生态环境的关键性因素，并在此基础上开展了水稻氧胁迫和增氧试验，首次提出了"氧营养"的概念。

根据灌溉条件下的水稻长势与产量,提出水气协调的水稻好氧灌溉指标,研究适合不同稻作模式的水稻好氧栽培关键技术与措施,筛选适合稻田施用的氧肥及其施用方法,研制出相应的物化技术产量如逸氧型种子包衣剂、水稻生态专用肥等,建立了水稻"好氧栽培技术"体系。

三、好氧栽培的生理效应

在水稻栽培过程中,人们已经认识到了氧对水稻生长的重要性,但是从生理代谢上的理解却经历了漫长的阶段。20世纪70年代,在对植物氧胁迫代谢机制的研究中,Crawford提出,能够在淹水状态下生存的植物与旱地作物对缺氧状况的反应是受自身细胞的生物化学和分子特征决定的。前者在缺氧时乙醇酸脱氢酶(ADH)活性下降,糖酵解速率减小,有毒物质积累较少;而后者是由于ADH活性增大,糖酵解过程加速,过多的有毒物质在细胞中积累,最终导致植株的死亡。因此,Crawford认为水稻能够生活在淹水环境下,其耐氧胁迫的机制也应该符合这一规律。20世纪80年代后,随着极谱法、化学发光技术、生物化学以及电子显微镜等技术手段在植物生理上的应用,人们逐渐认识到水稻是通过茎、根中的通气组织从地上部分将氧输送到满足其与氧有关的代谢活动,并非真正的耐缺氧。俄罗斯植物学家们否定了Crawford的观点,他们通过去除地上部分并将根系置于厌氧状态时,发现水稻和其他不耐缺氧作物的根系ADH迅速增多,糖酵解加速,因此,从生理代谢上水稻应该也是一种不耐缺氧的植物。此时,水稻对缺氧环境中的应对机制还没有得到圆满的解释。Perata和Alpi从亚细胞水平发现,为满足线粒体等细胞系的代谢功能,水稻需要利用根系从介质中吸收一部分氧,弥补转运氧的不足,但长期生长在缺氧的环境中,同样会导致一些细胞器膜细胞的损坏。

长期对缺氧环境的适应性调节,使水稻从生理代谢上形成了一些应对机制。Maslova等利用电泳技术对缺氧和无氧生境中的水稻根系蛋白质进行研究发现,水稻胚芽鞘能合成7种厌氧逆境蛋白(其中包括ADH),但是当打破缺氧状态后,这些蛋白质会自动消失。而Garthwaite等的研究发现,玉米和水稻等作物在氧胁迫时可能会产生20种以上的逆境蛋白质。由于缺氧蛋白是在氧胁迫下产生的过渡性蛋白质，所以对逆境蛋白的研究对耐氧胁迫水稻育种具有重要的参考价值。

植物的能量代谢主要在线粒体中完成，在能量代谢过程中需要外界向线粒体提供氧化底物和电子受体（一般为氧），线粒体利用这些物质进一步生产出能量物质（如ATP）。Costes和Vartapetian发现，摘除胚芽鞘后的水稻种子在厌氧环境中代谢很快终止，而在环境中添加葡萄糖时，其代谢功能又恢复正常。Jacob和Otte测出完全淹水的水稻植株中单位干物质中可溶性糖含量随淹水时间显著降低。由此可见，在厌氧能量代谢过程中氧化底物消耗较大，但是在此过程中的电子受体仍不明确。最近的研究证实，水稻根系中的线粒体在缺氧的情况下能够利用亚硝酸盐代替氧气作为电子受体，氧化线粒体中NADH/NADPH产生能量物质ATP。另外，水稻在厌氧状态下，也可能存在不同代谢形式。Angenlida和Gerd发现，水稻苗即使生长在厌氧基质溶液（连续充入氮气）中，依然能够保持相当于通气状况良好时ATP水平的1/4，他们认为水稻通过厌氧淀粉酶活动和地上部分的光合作用在厌氧状态时提供能量物质。可见，氧胁迫代谢背后均隐藏着一个能荷机制在维持植物的生理代谢活动。

四、好氧栽培的生态效应

1. 对水稻泌氧功能的影响

在氧营养状况良好的情况下，水稻通过通气组织径向泌氧，除了满足根部的有氧呼吸之外，其中的一部分在运输过程中会通过根轴径向释放到根际土壤中。Colmer等利用圆筒状铂电极测定，发现水稻在厌氧水体中根系基本上不向水体分泌氧，而在有氧水体中泌氧增加。Revsbech等人认为泌氧主要与根系活力有关，水稻营养生长期根系活力大，而泌氧也较多，并能在土壤中形成氧化层；开花后的根系活力减弱，水稻泌氧虽然不能形成氧化层，但是侧根附着很多微生物说明依然存在少量泌氧。Colmer使用微型感应器探测到水稻根表面含氧量在移栽3周后已相当于空气饱和浓度的20%，但由于根系消耗较大，其分泌到土壤中的氧仅渗透到0.4 mm

处，而侧根仅为 0.15 mm；如果在周围充氮气，12 min 后，根系周围氧浓度下降 10%~60%。由此可见，水稻根系泌氧受到介质中氧营养状况的影响，同时随生育期根系活力的下降，泌氧逐渐减少，因此，水稻生长后期更容易受到氧胁迫。

2. 对营养元素和有毒化学行为的影响

在正常条件下，水稻根系会分泌活性氧，即通气组织将地上部分和合成的氧转运到根尖部位并分泌到土壤中，在水稻根际形成氧化层。泌氧对于水稻根际环境具有重要的生态效应，一方面在根际还原态介质中形成氧化态的微环境，为好氧微生物提供适宜的小生境，有利于污染物的吸收降解；另一方面使根际环境中的还原性物质得到氧化，促进在根表形成铁锰氧化物膜，从而影响养分、还原性元素和其他一些重金属元素的存在形态及其生物有效性。当水稻田处于间歇性或长期淹水条件下，土壤 pH 值和氧化还原电位（Eh）的变化导致土壤中存在大量的还原性物质，Liesack 等发现，水稻在正常供氧充足的情况下根系会分泌一部分氧到周围的环境中，在根际把铵氧化成硝酸、甲烷氧化成二氧化碳、硫化氢氧化成硫酸；相反，在厌氧环境里，根系泌氧减少，则出现硝酸被反硝化，铁、硫被还原，甲烷大量产生的现象。Weis、Armstrong 等发现，稻田氧环境较好时，水稻根系泌氧相应增加，从而有利于氧化一些低价离子，改变一些重金属元素的形态，减少有毒物质的吸收和转运。

3. 对根际微生物群落和温室气体排放的影响

稻田微生物种类很多，通常按照其需氧性将这些微生物分为好氧、微好氧、厌氧及兼性厌氧。稻田氧环境影响土壤微生物的组分和代谢，稻田中存在大量的厌氧和好氧微生物，由于淹水后土层中氧很快被耗尽，稻田微生物以酵母菌和产甲烷古生菌厌氧菌群为主，而甲烷是有机物最终分解产物，因此产生温室气体（包括甲烷、氮氧化合物以及二氧化碳等）的微生物受到田间氧环境的影响。由于甲烷氧化菌与一些厌氧菌群对土壤氧化状况的要求不同，导致其分布及代谢过程的高度异质性。可见，土壤中的氧化还原状况对微生物的群落布局有显著影响。甲烷是造成全球"温室效应"的主要气体，大气中由生物产生的甲烷主要来源于淹水稻田。稻田土壤中产生的甲烷 36%~80% 甚至更多在根区微氧区域被甲烷氧化细菌消耗，生物氧化在稻田温室气体排放过程中具有非常重要的作用。甲烷氧化菌是一种严格的好氧菌，产甲烷菌是厌氧菌。因此，改善根际氧环境，应提高土壤的氧化还原状态，减少产甲烷菌数量，增加甲烷氧化菌数量，进而减少稻田温室气体的生产和排放。

稻田甲烷的排放途径有三种：水层扩散作用，冒泡方式和水稻植株通气组织的传输，其中植株对甲烷的传输是稻田甲烷排放的主要途径，占稻田排放甲烷的90%以上，而水稻通气组织受根际氧环境的调节。另外，水稻根系也会分泌一些低分子的有机物（如氨基酸、有机酸和糖类等）、高分子有机物（多糖、多聚半乳糖醛等）及脱落物（如根冠细胞及其内含物），这些都是形成温室气体的前体。因此，李维新等认为，植物甲烷的排放通量是由植物根系泌氧的能力、传输甲烷的能力及分泌分泌物的能力综合决定的。综上可见，改善稻田氧营养状况，增加水稻泌氧能力、调节其解剖学结构，对减少稻田甲烷等还原性温室气体的排放具有一定的作用。

五、好氧栽培的调控措施

近年来，针对水稻生长过程中根际氧环境与水稻生长关系进行了一系列研究。结果表明，改善根际氧环境显著增加水稻产量，主要表现为促进水稻生长发育和根系形态建成，同时延缓水稻叶片的后期衰老等。根际增氧时，水稻根系硝态氮含量、游离氨基酸和可溶性糖含量均增加，且一些与水稻氮代谢相关的关键酶活性均增强。赵霞等和赵锋等通过研究根际氧浓度与氮素形态对水稻生长的互作效应发现，铵态氮和硝态氮混用比使用单一态氮素更利于减少低氧对水稻的损害。这些研究成果为生产中改善低氧胁迫危害提供了重要的科学依据。目前稻田增氧技术包括物理增氧和化学增氧两种。物理增氧主要包括田间采用干湿交替灌溉、薄露灌溉、垄畦栽培以及微气泡水灌溉等，其中前三者在生产中已被证实能够显著改善根际环境，提高根系吸收功能，并取得了一定的增产效果，在超高产栽培中也被应用得较广泛；微气泡灌溉采用超微气泡发生系统，也能够起到延缓水稻叶片和根系衰老的效果。化学增氧主要是施用过氧化钙、过氧化尿素、过氧化镁等能够释放氧的物质，同时也包括一些能够提高土壤氧化还原电位的物质，如氧化钙。

第二节　好氧栽培对超级杂交稻源库及产量的影响

水稻产量的形成是水稻生长发育、器官建成、物质生产积累等的最终结果，其实质就是光合产物的制造、积累、转运与分配。物质生产是产量形成的基础，较高的物质生产量是水稻高产或超高产的重要特征之一。水稻籽粒灌浆最终决定了粒重和稻米产量。水稻籽粒灌浆物质来源于抽穗前茎鞘贮藏物质和抽穗后的光合产物。高产水稻不同生长阶段的干物质生产的比例协调。大量研究和生产实践证实，干湿交替灌溉利于水稻籽粒的灌浆，提高稻米产量和品质。而有关化学物质增氧对水稻籽粒灌浆特征方面的研究还鲜见报道。因此，本节主要研究不同增氧模式（包括化学增氧）对水稻干物质积累、茎秆和穗颈部维管束性状的影响；籽粒灌浆特征和产量构成特征研究结果可为水稻高产栽培和抗逆栽培的研究提供理论依据。

一、对叶面积和干物质积累的影响

为探明不同增氧模式对水稻叶面积和干物质积累的影响，设置了3种增氧处理，对照（CK）常规栽培（3~5 cm 水层），干干湿湿（灌水 5 cm 后自然落干后再灌），长淹增氧（3~5 cm 水层，同时用充氧泵向土表充气增氧，每隔 2 h 充 20 min）。水稻移栽返青后开始处理直至收获。每个处理种植 12 框，3 个重复。

结果表明（表 8-1）：长淹增氧处理显著增加 2 种水稻品种单丛叶面积。与长淹处理相比，秀水 09 分蘖期和齐穗期单丛叶面积分别增加 22.50% 和 6.71%，处理间差异达极显著水平。春优 84 分蘖期单丛叶面积比长淹增加 5.41%，齐穗期比长淹减少 4.63%。不同氧处理对 2 种水稻品种分蘖期干物质积累量影响不大。与长淹处理相比，秀水 09 干湿处理增加其干物质积累量，且增加幅度不大；春优 84 干物质积累量最多的是长淹充氧处理，最小的是干湿处理。齐穗期，干湿处理后 2 种水稻品种干物质积累量较长淹处理明显增加，秀水 09 增加的幅度为 22.60%，春优 84 增加的幅度为 18.90%；2 种水稻品种长淹充氧处理后干物质积累量较长淹处理也有所增加，但增加的幅度不大。秀水 09 成熟期各处理间干物质积累量变化趋势与齐穗期相同，干湿和长淹处理后干物质积累量显著高于长淹处理，分别较长淹处理增加 33.56% 和 16.23%。春优 84 不同氧处理对干物质积累量变化趋势与秀水 09 不同，干湿处理后干物质积累量最低，比长淹处理减少 2.54%；长淹增氧处理后干物质积累量比长淹处理增加 2.49%。

表 8-1 中不同增氧模式对水稻叶面积和干物质积累的影响

处理	分蘖期		齐穗期		成熟期
	单丛叶面积 /(cm²/苗)	总干物质积累量 /(g/苗)	单丛叶面积 /(cm²/苗)	总干物质积累量 /(g/苗)	总干物质重 /(g/苗)
秀水 09					
干湿	397.40±11.70 b	4.53±0.33 a	804.36±12.98 b	22.13±1.50 a	36.61±0.74 a
长淹	355.62±6.20 c	4.42±0.15 a	831.56±26.10 b	18.05±0.92 b	27.41±0.15 c
长淹充氧	435.62±10.81 a	4.05±0.30 a	887.38±18.31 a	18.74±0.99 a	31.86±0.52 b
春优 84					
干湿	746.96±11.89 c	8.43±0.84 a	2 316.09±63.67 c	56.12±0.97 a	78.56±1.00 c
长淹	910.52±17.98 b	9.44±0.38 a	2 790.18±36.96 a	47.20±1.33 b	80.61±0.80 b
长淹充氧	959.77±10.78 a	9.59±0.82 a	2 661.08±46.47 b	55.09±1.87 a	82.62±0.93 a

二、对茎秆和穗颈维管束性状的影响

维管束是初生木质部和韧皮部共同组成的束状结构，是植物体输导水分、无机盐及有机物质的通道。茎秆维管束是水分、矿物质和有机养分的运输通道，在"源库流"中行使"流"的功能。穗颈维管束是光合产物、矿质营养及水分向穗部运输的必需通道，其数目、大小及功能直接影响光合产物向籽粒的转移，是库大流畅的解剖学基础。

表 8-2 是不同氧处理对 2 种水稻品种（秀水 09 和春优 84）齐穗期茎秆基部和穗颈维管束性状的影响。结果表明：不同氧处理对 2 种供试水稻品种茎基部维管束个数影响不大，处理间差异不明显。秀水 09 干湿处理后单个维管束面积最大，长淹增氧处理最小；春优 84 单个维管束面积最大的是长淹增氧处理，显著高于长

淹和干湿处理。秀水 09 穗颈单个维管束面积最大的是干湿处理，比长淹处理增加 32.80%；春优 84 穗颈单个维管束面积最大的是长淹增氧处理，比长淹处理增加 55.20%。处理间差异均达显著水平。

表 8-2 不同增氧模式对齐穗期水稻茎基部和穗颈维管束性状的影响

处理	茎基部		穗颈	
	大维管束束数	单个维管束面积 /mm^2	大维管束束数	单个维管束面积 /mm^2
秀水 09				
干湿	25±2 a	0.040±0.003 a	16±1 a	0.030±0.001 a
长淹	26±1 a	0.030±0.001 b	13±2 a	0.020±0.001 b
长淹增氧	25±1 a	0.028±0.001 b	13±1 b	0.022±0.000 b
春优 84				
干湿	30±1 a	0.038±0.004 b	17±1 a	0.028±0.001 a
长淹	28±2 a	0.034±0.002 b	16±1 a	0.024±0.001 b
长淹增氧	29±1 a	0.052±0.002 a	15±2 a	0.028±0.001 a

三、对籽粒灌浆动态的影响

1. 灌浆动态方程的拟合度和最大生长量对增氧模式的响应

籽粒灌浆不仅取决于品种的遗传特性，还受到土壤理化性质和肥料供给等因素的影响。采用过氧化尿素和过氧化钙进行稻田增氧，其增氧特点与干湿交替灌溉增氧有本质的区别：两者与水反应方可释放出氧气，且氧气在水体中保持的时间因材料不同而异（在理论相同增氧量下，过氧化钙增氧处理的稻田水中溶解氧保持的时间较长），反应可产生除氧气外的其他产物，如过氧化氢、氢氧根离子和钙离子等；干湿交替增氧是物理过程，主要通过地上氧气的扩散增氧。可见，3 种增氧模式对根际实际的增氧效果存在差异。因此，设置三种不同增氧模式（T1：过氧化尿素增氧；T2：过氧化钙增氧；T3：干湿交替灌溉以及 CK（对照）。T1、T2 和 CK 除搁田期和灌浆中后期外，田间均保持 5~10 cm 的灌溉水层，T3 采用干湿交替灌溉，即一次灌水后自然落干至稻田表面形成细小裂口后再复水，如此反复，但在灌浆后期，各处理均保持田间湿润直至收获。

籽粒质量依照花后天数用 Richards 方程拟合，得到不同粒位的籽粒灌浆动态（图 8-1）、参数估计及拟合度（表 8-3）。从表 8-3 中的籽粒最大生长量（A）、千粒重可见，国稻 1 号在增氧模式下的强势粒和弱势粒粒重均高于 CK，T2（追施过氧化尿素）和 T3（干湿交替）全穗粒重较 CK 高，而 T1（追施过氧化钙）低于 CK；增氧模式下秀水 09，全穗和强势粒粒重均高于 CK，弱势粒除 T1 处理外，均高于 CK。国稻 1 号 CK、T1、T2 和 T3 处理的强势粒与弱势粒间最大生长量相差分别为 2.23、0.57、0.16 和 0.60，而秀水 09 分别为 5.58、2.71、4.41 和 1.89。可见，与 CK 相比，各增氧模式处理强势粒与弱势粒粒重差异明显减小。

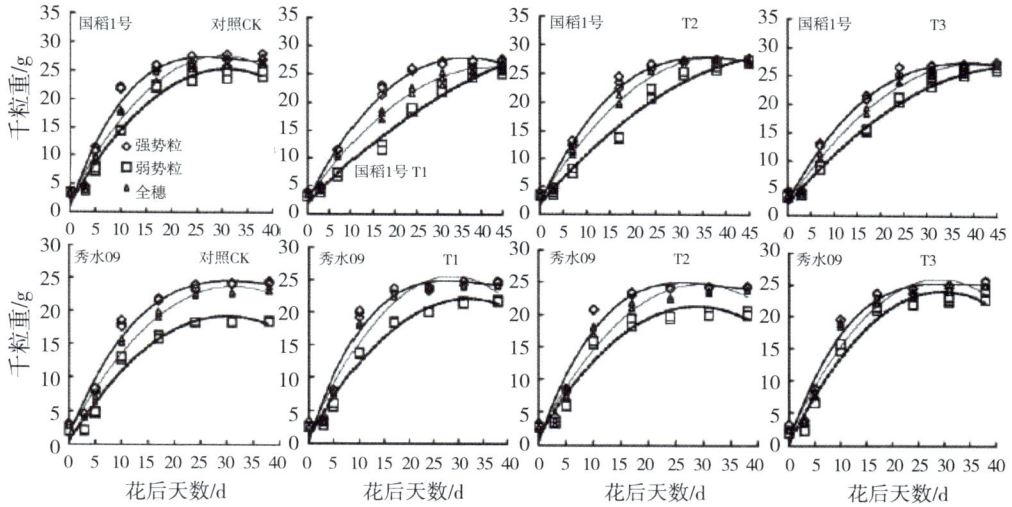

T1—过氧化尿素增氧模式；T2—过氧化钙增氧模式；T3—干湿交替灌溉。T1、T2 和 CK 除搁田期和灌浆中后期外，田间均保持 5～10 cm 的灌溉水层。T3 和 CK 均只追施尿素。

图 8-1　不同增氧模式强势粒、弱势粒和全穗平均的灌浆动态

表 8-3　不同增氧模式籽粒灌浆过程的 Richards 方程参数估计

基因型与处理	粒位	A/（mg/粒）	b	c	m	千粒重/g	拟合度 R^2
国稻 1 号							
对照 CK	强势粒	26.62	20.29	0.43	1.24	26.99	0.995
	弱势粒	24.39	28.22	0.31	1.58	24.49	0.997
	全穗	26.33	5.31	0.27	0.80	26.77	0.995
T1	强势粒	27.03	22.42	0.43	1.36	27.46	0.996
	弱势粒	26.46	0.90	0.13	0.28	25.83	0.998

续表

基因型与处理	粒位	A/(mg/粒)	b	c	m	千粒重/g	拟合度 R^2
T2	全穗	25.78	0.23	0.19	0.09	26.52	0.992
	强势粒	27.20	14.15	0.45	1.08	27.69	0.994
	弱势粒	27.04	2.20	0.17	0.51	27.13	0.997
T3	全穗	27.03	5.75	0.31	0.82	27.30	0.995
	强势粒	26.74	4.85	0.33	0.77	27.38	0.990
	弱势粒	26.14	0.23	0.15	0.09	26.37	0.995
秀水09 对照CK	全穗	26.49	1.93	0.24	0.46	26.99	0.993
	强势粒	23.76	9.87	0.33	1.00	24.34	0.997
	弱势粒	18.18	4.95	0.29	0.60	18.41	0.996
T1	全穗	22.92	2.51	0.22	0.53	23.24	0.996
	强势粒	24.08	—	0.68	2.71	24.63	0.998
	弱势粒	21.37	2.29	0.22	0.45	21.81	0.996
T2	全穗	23.77	28.22	0.42	1.28	24.16	0.998
	强势粒	24.11	—	0.80	3.17	24.46	0.998
	弱势粒	19.70	—	0.15	75.98	20.25	0.997
T3	全穗	23.05	23.10	0.40	1.25	23.87	0.996
	强势粒	24.61	47.47	0.47	1.57	25.52	0.997
	弱势粒	22.72	5.70	0.30	0.63	23.23	0.997
	全穗	24.07	15.64	0.40	1.03	24.99	0.989

注：A、b、c、m 分别代表籽粒最大生长量、初值参数、生长速率参数、形状参数；CK—对照；T1—过氧化尿素增氧；T2—过氧化钙增氧；T3—干湿交替灌溉。

2. 籽粒灌浆速率对稻田增氧模式的响应

由表8-3中的 c 值可知，国稻1号和秀水09强势粒生长速率参数均较弱势粒大。其中，T1和T2处理下国稻1号强势粒和弱势粒生长速率差值较大，T3次之，而CK粒位间生长速率差异相对较小。秀水09也表现出相似的趋势，其中T2强势粒 c 值是弱势粒的5倍以上。从 c 值上看，水稻全穗的生长速率一般介于强势粒和弱势粒之间。国稻1号全穗 m 值均小于1，说明该品种灌浆的初始值均较大，后期平稳增长，这可能是由品种特性决定的。秀水09全穗的 m 值除CK小于1外，各增氧模式均大于1，说明CK的初始值较大，后期的补偿能力不足，而不同增氧模式下，灌浆初始值虽较小，但前中期补偿能力较强。由表中值可见，秀水 09 增氧模式下全穗籽粒灌浆的平均速率均大于 CK，而国稻 1 号除 T2 处理外全低于 CK；国稻 1 号强势粒 V_a 值在 T1 和 T2 处理下稍大于 CK，而 T3 处理明显较小；秀水 09 增氧处理强势粒 V_a 值均大于 CK。可见，籽粒灌浆速率受水稻基因型和增氧模式的双重影响。

3. 籽粒灌浆特征参数对稻田增氧模式的响应

不同增氧模式下水稻籽粒灌浆过程均不相同，品种间差异较明显（表 8-4）。国稻 1 号增氧处理强势粒和弱势粒灌浆起始势（GR_0）均大于 CK，但全穗相对起始势均小于 CK。秀水 09 强势粒的 GR_0 在增氧的模式下较小，但弱势粒的 GR_0 均大于 CK。国稻 1 号 T1 全穗拐点时间提前、拐点重量低，但灌浆持续时间较长，其中弱势粒实灌时间较 CK 延长 21 d；T2 全穗拐点时间也提前、实灌时间也较 CK 少，但是最大灌浆速率较高、弱势粒实际灌溉时间较长；T3 全穗拐点时间提前，灌浆速率和拐点时的粒重与 CK 接近，但实际灌溉时间延长 1 d，其中弱势粒灌浆时间在 13 d 左右。秀水 09 T1 和 T2 全穗灌浆拐点时间延后，拐点粒重提高，但实际灌浆时间缩短，其中 T2 弱势粒实灌时间明显缩短；T3 全穗拐点时间提前，拐点粒重提高，但实灌时间也减少。秀水 09 增氧模式全穗整体灌浆较为迅速，灌浆速率较大；而国稻 1 号增氧处理灌浆较缓慢，主要是弱势粒灌浆时间增加，但总的灌浆速率也较 CK 明显提高。

从强弱势粒拐点时间上看，T1、T2 和 CK 均表现为弱势粒灌浆拐点时间明显延后，而 T3 处理下强弱势粒灌浆拐点时间接近。说明采用干湿交替增氧条件下强、弱粒灌浆同步性更好。

表 8-4 不同根际增氧模式下水稻籽粒灌浆过程的 Richard 方程特征参数

基因型与处理		位置	GR_0	GR_0/W_0	GR_m	T_{poi}	W_{poi}	T_{99}	V_a
国稻 1 号									
	对照 CK	强势粒	0.76	0.33	2.69	6.44	13.90	17.03	1.56
		弱势粒	0.54	0.19	1.60	9.36	13.39	24.25	1.01
		全穗	0.74	0.28	1.87	7.09	12.63	24.33	1.08
	T1	强势粒	0.81	0.08	2.65	6.46	14.37	17.02	1.59

续表

基因型与处理	位置	GR_0	GR_0/W_0	GR_m	T_{poi}	W_{poi}	T_{99}	V_a
	弱势粒	0.58	0.00	1.09	9.16	10.95	45.19	0.59
	全穗	0.95	0.03	1.69	5.25	9.89	29.92	0.86
T2	强势粒	0.86	0.09	2.99	5.69	13.81	15.88	1.71
	弱势粒	0.62	0.10	1.35	8.73	12.04	35.92	0.75
	全穗	0.84	0.09	2.18	6.38	13.03	21.45	1.26
T3	强势粒	0.95	0.11	2.36	5.61	12.75	19.64	1.36
	弱势粒	0.78	0.03	1.37	6.49	10.03	37.47	0.70
	全穗	0.88	0.17	1.90	6.00	11.65	25.26	1.05
秀水09 对照CK	强势粒	0.66	0.08	1.96	6.94	11.89	20.87	1.14
	弱势粒	0.37	0.06	1.49	7.34	8.31	23.31	0.78
	全穗	0.63	0.11	1.47	7.14	10.26	28.21	0.81
T1	强势粒	0.56	0.06	2.73	8.01	14.85	14.72	1.64
	弱势粒	0.52	0.10	1.41	7.42	9.37	28.44	0.75
	全穗	0.54	0.06	2.29	7.37	12.49	18.33	1.30
T2	强势粒	0.57	0.06	2.94	7.93	15.36	13.67	1.76
	弱势粒	0.43	0.06	3.66	10.86	18.61	11.13	1.77
	全穗	0.55	0.07	2.14	7.30	12.05	18.80	1.23
T3	强势粒	0.61	0.07	2.46	7.28	13.49	17.09	1.44
	弱势粒	0.45	0.06	1.93	7.35	10.45	22.64	1.00
	全穗	0.56	0.06	2.36	6.90	12.10	18.53	1.30

注：GR_0—灌浆起始势；GR_0/W_0—相对起始势；GR_m—最大灌浆速率；T_{poi}–最大灌浆速率时间；W_{poi}—最大灌浆速率时粒重；T_{99}—籽粒灌浆程度达99%的时间；V_a—平均灌浆速率。

四、对水稻产量及其构成的影响

1. 对产量的影响

不同增氧模式对水稻产量的影响见表8-5。2008年和2009年，国稻1号产量依次为T3＞T1＞T2＞CK；秀水09产量依次为T3＞T2＞T1＞CK。两年间增氧模式下产量均较CK显著提高，增氧处理间差异不显著。2008年，国稻1号T1、T2和T3分别比CK增产11.6%、8.5%和13.6%，秀水09分别增产6.6%、9.2%和

9.4%。2009 年，T1、T2 和 T3 处理下国稻 1 号分别比 CK 增产 16.8%、14.4% 和 23.0%，秀水 09 分别增产 14.6%、17.2% 和 17.4%。

2. 产量构成

表 8-5 是不同增氧模式对水稻产量构成的影响。结果表明，T3 处理下供试水稻的有效穗较多，其次为 T1 和 T2 处理，其中 T3 与 CK 的差异均达显著水平。2008 年，国稻 1 号 T1、T2 处理每穗粒数显著高于其余处理，但秀水 09 不显著。2009 年 T1、T2 处理下供试水稻每穗粒数均显著高于 T3 和 CK 处理，后两者间差异不显著。增氧处理结实率均有高于 CK 的趋势，其中秀水 09 两年的增氧处理结实率均显著高于 CK。2008 年，国稻 1 号 T3 处理千粒重显著高于 CK，而秀水 09 增氧处理与 CK 的差异未达显著水平。2009 年，T3 和 T2 处理下国稻 1 号结实率 T3 和 T2 显著高于 CK，秀水 09 增氧处理均显著高于 CK。两年数据结果表明，有效穗数和结实率与产量的相关系数分别达到极显著和显著水平（相关系数 $r=0.543^{**}$，$n=48$；$r=0.339^{*}$，$n=48$）。

表 8-5 不同增氧模式对水稻产量及其构成因子的影响

年份	基因型	处理	有效穗/（万穗/hm²）	每穗粒数/（粒/穗）	结实率/%	千粒重/g	产量/（kg/hm²）
2008 年	国稻 1 号	对照 CK	218.8b	194.8b	70.7b	26.7b	7 089.6b
		T1	220.4ab	203.6a	71.2ab	26.7b	7 909.4a
		T2	226.8ab	202.9a	73.0ab	26.0b	7 690.6a
		T3	244.3a	195.8b	77.0a	27.1a	8 050.6a
	秀水 09	对照 CK	236.3b	148.8a	87.1b	25.0a	7 492.1b
		T1	282.2a	147.5a	88.9a	24.9a	7 983.4a
		T2	285.8a	143.2a	88.6a	24.9a	8 181.4a
		T3	287.4a	144.2a	89.6a	24.7a	8 195.0a
2009 年	国稻 1 号	对照 CK	168.8b	194.8b	73.1b	26.9b	6 465.9b
		T1	174.4ab	203.6a	76.2ab	27.2a	7 552.7a
		T2	170.8b	202.9a	77.1a	27.7a	7 401.2a
		T3	189.3a	195.8b	79.2a	27.1a	7 955.3a
	秀水 09	对照 CK	226.3b	148.8b	80.1b	23.7b	6 415.1b
		T1	232.2a	160.5a	85.9a	24.0a	7 352.3a

续表

年份	基因型	处理	有效穗 /（万穗/hm²）	每穗粒数/ （粒/穗）	结实率/%	千粒重/g	产量 /（kg/hm²）
		T2	225.8b	163.2a	88.6a	24.1a	7 520.1a
		T3	237.4a	150.2b	89.6a	24.6a	7 528.4a

第三节 好氧栽培对超级杂交稻根系形态的影响

水稻根系是固定植株，吸收水分、养分和合成多种氨基酸及某些重要激素的器官，同地上部的生长发育息息相关。培育发达、活力强而持久的根系是保障高产稳产的基础。根发育受物理、化学和生物学因素调控。水稻根系是由不定根以及定根（包括初生根和各级分枝根）构成。冠根和侧根组成了根系形态，冠根指的是一次不定根，即从主茎基部生长出来的根，侧根包括各级分枝的侧根，这些根在空间的分布和构成决定了根系形态分布。根系形态影响根系功能，同时地上部分的生长也需要良好的根系形态来支撑。根系形态的差异主要由粗根（根系直径＞0.2 mm，即不定根）和细根（根系直径＜0.2 mm，即侧根）的生长发育角度、数量、程度等决定，它们对根域环境、营养条件等因素非常敏感。分蘖期构建良好的根型能够增强水稻生育后期根系功能，延缓叶片衰老，从而利于籽粒灌浆结实，提高水稻产量。

一、不同增氧模式对水稻根系形态的影响

不同增氧模式的设置同第二节，T1 为过氧化尿素增氧；T2 为过氧化钙增氧；T3 为干湿交替灌溉以及 CK（对照）。于水稻分蘖期、齐穗期，利用地面半径为 10 cm 的圆柱形不锈钢取样器（两半圆弧面相扣构成），以水稻根基部为中心，打入土面以下 40 cm，移出取样器，取出含根土柱，装入塑料网袋，用自来水冲洗干净，考察根数、根体积等。

增氧模式对水稻根数、根体积以及根冠比有不同程度的影响，且在水稻不同生育期存在一定差异（表 8-6）。与对照 CK 相比，2 个供试品种 T1（追施过氧化尿

素）和 T2（追施过氧化钙）处理后水稻根数均有所减少，其中齐穗期尤其明显。分蘖期，秀水 09 T1、T2 处理后根数显著低于 CK；国稻 1 号与 CK 间差异未达显著水平。齐穗期，T1 和 T2 处理后国稻 1 号根数下降得比较明显，分别较 CK 减少 20.0% 和 14.0%，差异均达显著水平。T3 处理分蘖期根数均高于其他处理，而在齐穗后，国稻 1 号根数显著低于 CK，秀水 09 根数略低于 CK，处理间差异未达显著水平。

水稻最长根长，分蘖期增氧处理间差异不显著；齐穗期 T3 处理显著高于其他处理，T1 处理在分蘖期和齐穗期均略低于 CK，差异未达显著水平。

根体积，分蘖期国稻 1 号增氧处理均显著高于 CK，而秀水 09 仅 T3 处理显著高于 CK，T1 和 T2 处理与 CK 间差异不明显；齐穗期，国稻 1 号各增氧模式均大于 CK，其中 T1、T3 分别较 CK 提高 25.0% 和 62.5%；秀水 09 T1 和 T3 处理分别比 CK 提高 11.5% 和 12.8%；而 T2 处理后，国稻 1 号较 CK 高 43.8%，秀水 09 与 CK 间差异不显著。

根冠比，分蘖期国稻 1 号处理间差异未达显著水平，秀水 09 T2 处理显著高于 CK。齐穗期，国稻 1 号 T1 和 T2 处理显著高于 CK；T3 与 CK 差异不明显；秀水 09 T1 和 T2 处理显著高于 T3 和 CK，其中 T2 分别较 CK 和 T3 提高 15%、40% 以上。

表 8-6 不同根际增氧模式下水稻的根系特征

生长时期	品种	处理	根数 / 根	最长根长 /cm	根体积 /（cm³/ 苗）	根重 /（g/ 苗）	根冠比 /%
分蘖期	国稻 1 号	CK	334.33 b	26.75 a	16.00 c	2.09 a	13.44 a
		T1	306.00 c	26.16 a	19.50 b	1.94 a	12.41 a
		T2	326.00 b	26.13 a	23.65 a	1.95 a	13.59 a
		T3	364.50 a	25.58 a	23.50 a	1.82 a	11.37 a
	秀水 09	CK	417.00 b	24.17 a	19.25 b	1.92 b	12.76 b
		T1	353.50 c	24.00 a	22.17 b	1.86 b	12.96 b
		T2	389.50 c	26.08 a	20.50 b	2.24 ab	17.99 a
		T3	500.50 a	25.58 a	25.50 a	2.91 a	13.75 b
齐穗期	国稻 1 号	CK	544.00 a	30.36 b	16.00 b	3.21 a	4.54 b
		T1	476.50 b	29.25 b	20.00 b	3.01 a	5.42 a
		T2	461.00 b	29.58 b	23.00 b	2.78 a	5.64 a
		T3	452.50 b	36.13 a	26.00 a	2.90 a	5.21 ab

续表

生长时期	品种	处理	根数/根	最长根长/cm	根体积/(cm^3/苗)	根重/(g/苗)	根冠比/%
齐穗期	秀水09	CK	744.50 a	31.00 b	26.00 b	3.41 b	5.58 b
		T1	711.50 b	30.64 b	29.00 a	3.61 ab	6.23 a
		T2	651.00 b	30.14 b	26.01 b	3.63 a	6.61 a
		T3	741.00 a	39.03 a	29.33 a	3.68 a	4.58 c

注：表中不同处理间采用 Duncan 比较，不同字母表示同一品种不同处理间在 $P=0.05$ 水平上差异显著。

CK—对照；T1—追施过氧化尿素；T2—追施过氧化钙；T3—干湿交替，下同。

二、根际氧浓度对水稻分蘖期根系形态的影响

1. 根系生物量的变化

水稻根际氧浓度影响分蘖期生长和干物质积累，增加根际氧浓度可显著提高水稻根长和生物量，为此，我们采用水培试验，利用在线溶氧仪线溶氧仪（氮气、氧气调节）设定低氧：0~1.0 mg/L，中氧：2.5~3.5 mg/L，高氧：>6.0 mg/L（饱和溶解氧处理，在水稻生长过程中用充气泵连续向水体中充入空气）和常规水培（CK，不进行氧调节，水稻移栽一周后水中氧含量为 0.3~2.5 mg/L）4 个氧处理，3 次重复。溶液中溶解氧值用美国生产的 YSI550A 型便携式溶解氧测定仪进行测定。处理时间为 4 周。处理结束后取水稻样品用于相关指标测定。

结果表明：低氧处理抑制分蘖的发生，中氧和高氧处理促进分蘖的发生（表 8-7）。和对照相比，中氧处理后 2 个水稻品种（秀水 09 和春优 84）分蘖数分别增加 20.31% 和 17.71%，低氧处理后分蘖数分别减少 7.54% 和 17.71%。中氧处理也促进其生物量的增加，高氧处理抑制生物量的增加。秀水 09 中氧处理后根、茎叶和总生物量分别比对照增加 30.30%、32.96% 和 32.46%；高氧处理后根、茎叶和总生物量分别比对照减少 35.35%、15.62% 和 17.76%，与对照处理间差异显著。春优 84 中氧处理后根、茎叶和总生物量分别比对照增加 7.01%、1.77% 和 9.17%；高氧处理后根、茎叶和总生物量分别比对照减少 43.95%、18.92% 和 21.34%，和对照处理间差异显著。低氧处理增加分蘖期水稻根冠比，分别比对照增加 25.00% 和 9.09%，

秀水 09 处理间差异达显著水平，春优 84 处理间差异不显著。高氧处理减少其根冠比，分别较对照减少 16.67% 和 27.27%，处理间差异达显著水平。

表 8-7 水稻根际氧浓度对分蘖期生物量的影响

处理	分蘖数 /%	根系干质量 /（g/簇）	茎叶干质量 /（g/簇）	根冠比	总生物量 /（g/株）
秀水 09					
对照（0.3~2.5 mg/L）	5.17±0.24 c	0.99±0.09 b	8.13±0.11 b	0.12±0.001 b	9.12±0.07 b
低氧（0~1.0 mg/L）	4.78±0.51 c	1.27±0.02 a	8.55±0.35 b	0.15±0.002 a	9.68±0.14 b
中氧（2.5~3.5 mg/L）	6.22±0.19 a	1.29±0.07 a	10.81±1.27 a	0.12±0.014 b	12.08±1.27 a
高氧（>6.0 mg/L）	6.00±0.03 b	0.64±0.07 c	6.86±0.35 c	0.10±0.014 c	7.50±0.40 c
春优 84					
对照（0.3~2.5 mg/L）	6.89±0.69 b	1.57±0.13 a	14.69±0.65 a	0.11±0.013 a	16.26±0.55 b
低氧（0~1.0 mg/L）	5.67±0.58 c	1.68±0.10 a	13.91±1.39 a	0.12±0.014 a	15.59±1.40 b
中氧（2.5~3.5 mg/L）	8.11±1.64 a	1.68±0.16 a	14.95±0.05 a	0.11±0.010 a	16.63±0.19 a
高氧（>6.0 mg/L）	7.33±1.15 ab	0.88±0.18 b	11.91±0.69 b	0.08±0.009 b	12.79±0.69 c

2. 根系形态的变化

水稻不同类型根系发生位置、数量、分布特征和功能是根系对外界环境适应的重要表现。根系形态直接影响植物对土壤中水分、矿质元素以及重金属元素的吸收。不同氧处理 4 周后每个样品每个处理取 6 株，进行根系扫描。将剪下的根系样品放入盛有去离子水的无色透明的水槽中，用镊子调整根的位置避免交叉重叠，再通过数字化扫描仪（Epson perfection V800，印度尼西亚）将完整的根系图像扫描存入计算机，之后用与扫描仪配套的 WinRhizo PRO 216 根系分析系统软件（Regent Instruments Quebec，加拿大）分析根长、根表面积、体积等根系指标。

结果表明，中氧处理增加供试水稻品种（秀水 09 和春优 84）的根系总表面积和体积，降低平均根粗。其他氧处理对 2 个水稻品种根系形态影响不同（表 8-8）。秀水 09 各处理根系总长度的变化规律为中氧＞低氧＞高氧＞对照，中氧、低氧、高氧处理分别较对照增加 76.82%、51.52% 和 20.31%；根系总表面积和根体积变化规律相同：中氧＞低氧＞对照＞高氧。和对照相比，中氧、低氧处理后根系总表面积分别增加 55.06% 和 37.52%，根系体积分别增加 36.19% 和 27.62%；高氧处理后根系总表面积和体积分别降低 7.02% 和 28.57%。对照平均根粗最大，高氧处理最细，仅为对照的 78.79%，且处理间差异达显著水平；低氧、中氧处理间差异不显著。不同氧处理均增加秀水 09 总根尖数，对照总根尖数仅为中氧处理的 41.67%，处理间差异达显著水平。

表 8-8 水稻根际氧浓度对分蘖期根系形态的影响

处理	总根长 /cm	根系总表面积 /cm²	根体积 /cm³	平均根粗 /mm	总根尖数 /根
秀水 09					
对照（0.3~2.5 mg/L）	1 193.8±90.0 d	124.95±14.46 c	1.05±0.18 b	0.33±0.02 a	11 751.0±310.0 c
低氧（0~1.0 mg/L）	1 808.9±140.8 b	171.83±6.27 b	1.34±0.07 a	0.30±0.02 a	17 155.7±411.9 b
中氧（2.5~3.5 mg/L）	2 110.9±69.07 a	193.75±3.77 a	1.43±0.02 a	0.29±0.01 b	28 201.3±844.1 a
高氧（>6.0 mg/L）	1 436.3±25.85 c	116.18±2.10 c	0.75±0.04 c	0.26±0.02 c	16 854.3±874.6 b
春优 84					
对照（0.3~2.5 mg/L）	3 613.5±24.69 b	333.48±15.32 b	2.48±0.33 b	0.30±0.02 b	52 293.0±646.7 b
低氧（0~1.0 mg/L）	3 094.6±134.94 c	270.73±12.39 c	1.89±0.10 c	0.28±0.02 b	37 148.7±345.8 c
中氧（2.5~3.5 mg/L）	4 055.0±20.91 a	374.51±9.89 a	2.79±0.02 a	0.30±0.06 b	64 777.0±332.0 a
高氧（>6.0 mg/L）	1 412.8±60.18 d	146.60±13.32 d	1.15±0.11 d	0.33±0.01 a	21 825.0±302.2 d

春优 84 根系形态不同氧处理间除平均根系直径为高氧＞中氧＞对照＞低氧外，其余各形态指标均为中氧＞对照＞低氧＞高氧。中氧处理总根长、根系总表面积、根体积、总根尖数分别比对照增加 12.22%、12.30%、12.50% 和 23.87%；高氧处理最低，分别比对照减少 60.90%、56.04%、53.63% 和 58.26%，且不同处理间达显著差异。高氧处理平均根粗比对照增加 10.00%，处理间差异达显著水平；其他处理间差异不显著。

3. 不同径级根长、表面积和体积的变化

根际氧浓度影响根长、表面积和体积，为了弄清楚是哪部分根系发生了变化，在进行根系形态扫描时，对根系按直径分级。表 8-9 是氧处理对不同直径（d1：

0 mm＜直径≤0.5 mm；d2：0.5 mm＜直径≤1.0 mm；d3：1 mm＜直径≤1.5；d4：1.5 mm＜直径≤2.0；d5：2.0 mm＜直径≤2.5 mm）根长的影响，结果表明：低氧处理后，2个供试品种直径为d1和d2的根长均降低，与对照相比，春优84分别降低0.69%和7.11%；秀水09分别降低41.62%和1.28%，且直径为d1的根长与对照间差异达显著水平。中氧处理对2个供试品种直径为d1的根长影响存在差异，春优84直径为d1的根长降低了1.46%，而秀水09增加了4.60%；但均增加了2个供试品种直径为d2的根长，降低了d4和d5的根长，秀水09直径为d2的根长与对照间差异未达显著水平。

表8-9 不同氧处理对水稻幼苗根系长度的影响

品种	处理	不同直径根长/cm				
		d1	d2	d3	d4	d5
春优84	对照（0.3~2.5 mg/L）	2 091.56 a	1 121.01 b	335.62 b	13.66 a	8.44 a
	低氧（0~1.0 mg/L）	2 077.17 a	1 041.31 b	434.81 a	12.56 ab	9.54 a
	中氧（2.5~3.5 mg/L）	2 061.05 a	1 403.56 a	344.33 b	7.57 b	0.24 b
	高氧（＞6.0 mg/L）	2 225.89 a	1 152.14 b	368.87 b	11.35 ab	0.57 b
秀水09	对照（0.3~2.5 mg/L）	1 284.53 a	998.64 b	112.95 b	7.91 a	7.05 a
	低氧（0~1.0 mg/L）	749.97 c	985.88 b	112.73 a	0.23 c	7.22 a
	中氧（2.5~3.5 mg/L）	1 343.62 a	1 066.98 b	157.33 a	5.00 b	1.71 b
	高氧（＞6.0 mg/L）	1 150.37 b	1 200.66 a	136.05 a	8.61 a	0.65 b
平均值						
	品种（V）	240.74**	5.83*	268.94**	17.31**	0.50 ns
	处理（T）	5.21*	4.60*	2.44 ns	2.82 ns	18.12**
	V×T	5.02*	3.26 ns	3.18 ns	2.66 ns	0.95 ns

注：同一列同一品种各平均数之后不同小写字母表示差异达5%显著水平，** 表示$P＜0.01$；* 表示$0.01≤P＜0.05$；ns 表示$P≥0.05$。下同。

氧处理对不同直径根系表面积的影响的结果见表8-10。与对照相比，低氧处理降低2个供试品种直径为d1的根系表面积，春优84和秀水09分别降低4.18%和40.91%。中氧显著增加2个品种直径为d1、d2根系表面积（与对照相比，春优84分别增加44.07%和23.17%；秀水09分别增加12.72%和24.74%），降低直径为d4和d5的根系表面积，且中氧处理后直径为d1、d2、d4和d5的根系表面积与对照间差异达显著水平；高氧处理后 2 个品种直径为 d1、d2 的根系表面积增加，与对照间差异不显著，直径为 d4 和 d5 的根系表面积显著低于对照。直径为 d3 的根系表面积对中氧处理和高氧处理响应不同，中氧处理表现为降低，高氧处理表现为增加。2 个供试品种不同氧处理后均是根系直径为 d2 的根系表面积占比最大。

表 8-10　不同氧处理对水稻幼苗根系表面积的影响

品种	处理	不同直径根表面积 /cm²				
		d1	d2	d3	d4	d5
春优 84	对照（0.3~2.5 mg/L）	113.35 c	248.56 b	125.79 bc	16.41 a	13.74 b
	低氧（0~1.0 mg/L）	108.61 c	239.19 b	148.45 a	19.18 a	17.67 a
	中氧（2.5~3.5 mg/L）	163.31 a	306.14 a	116.67 c	1.09 b	0.17 c
	高氧（>6.0 mg/L）	137.79 b	270.36 a	136.77 ab	1.39 b	0.39 c
秀水 09	对照（0.3~2.5 mg/L）	88.93 b	212.73 b	46.77 ab	11.04 a	10.52 b
	低氧（0~1.0 mg/L）	52.55 c	215.13 b	37.57 b	0.12 c	17.23 a
	中氧（2.5~3.5 mg/L）	100.24 a	265.35 a	42.84 b	0.75 c	0.46 c
	高氧（>6.0 mg/L）	96.93 ab	242.66 a	61.12 a	2.67 b	1.19 c
平均值	品种（V）	116.49**	10.38*	297.33**	48.86**	1.43 ns
	处理（T）	26.77**	7.62*	3.17 ns	53.25**	185.68**
	V×T	4.10 ns	0.22 ns	2.52 ns	30.29**	2.08 ns

低氧处理降低 2 个供试品种直径为 d1，d3 的根系体积（表 8-11）。与对照相比，春优 84 分别降低 11.17% 和 8.08%；秀水 09 分别降低 39.98% 和 13.23%，且直径为 d1 的根系表面积与对照间差异达显著水平。从不同直径根系在总根系体积的占比来看，除秀水 09 低氧处理为 d2 > d3 > d1 > d5 > d4 外，其余各氧处理后 2 个供试品种不同直径根长的变化趋势均为 d2 > d3 > d1 > d4 > d5。

表 8-11　不同氧处理对水稻幼苗根体积的影响

品种	处理	不同直径根体积 /cm³				
		d1	d2	d3	d4	d5
春优 84	对照（0.3~2.5 mg/L）	0.68 b	4.73 b	3.38 b	0.06 a	0.02 a
	低氧（0~1.0 mg/L）	0.60 bc	4.55 b	3.10 b	0.14 a	0.03 a
	中氧（2.5~3.5 mg/L）	0.77 a	5.54 a	3.17 b	0.05 a	0.01 a
	高氧（>6.0 mg/L）	0.55 c	4.52 b	4.06 a	0.07 a	0.01 a

续表

品种	处理	不同直径根体积 /cm³				
		d1	d2	d3	d4	d5
秀水 09	对照（0.3~2.5 mg/L）	0.60 ab	3.78 c	1.00 ab	0.05 b	0.04 b
	低氧（0~1.0 mg/L）	0.36 c	3.87 bc	0.87 b	0.01 c	0.13 a
	中氧（2.5~3.5 mg/L）	0.55 b	4.21 ab	1.39 a	0.11 a	0.07 b
	高氧（>6.0 mg/L）	0.66 a	4.47 a	1.14 ab	0.03 bc	0.03 b
平均值						
	品种（V）	17.74**	19.60**	312.30**	0.94 ns	14.59**
	处理（T）	9.87**	3.21 ns	0.23 ns	0.21 ns	5.74*
	V×T	10.00**	2.68 ns	0.23 ns	2.10 ns	2.89 ns

三、根际氧浓度对水稻分蘖期根系解剖结构的影响

1. 对根系孔隙度的影响

水稻根系孔隙度（即空隙的体积占整个根体积的百分比）和品种特性有关，也受周围环境的影响，处于淹水环境或水培时营养液浓度较低时会诱导根系孔隙度的增加。低氧处理显著增加水稻根系孔隙度（图 8-2），中氧和高氧处理对根孔隙度没有明显影响。秀水 09 和春优 84 低氧处理后根系孔隙度分别较对照增加 36.50% 和 54.02%，处理间差异达显著水平。中氧和高氧处理对 2 个水稻品种根系孔隙度没有明显影响，与对照处理间差异不显著。

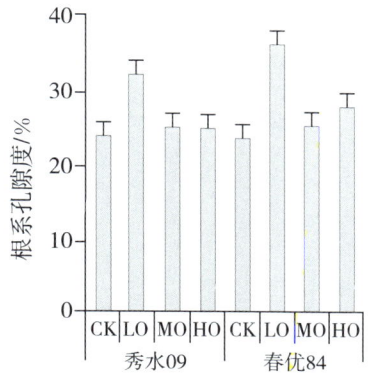

CK—对照；LO—低氧；MO—中氧；HO—高氧。

图 8-2 对根系孔隙度的影响

2. 对根系通气组织的影响

低氧诱导通气组织的形成。缺氧环境时，大部分氧气是通过通气组织进入根部然后扩散到根尖。扩散到根尖的氧气可以满足无氧状态下根际呼吸产生的能量维持其生长、营养元素的吸收以及根系生理活动。笔者通过扫描电镜结果发现只有低氧处理距离根尖 15 mm 处能观察到通气组织的出现，而其他处理未见明显的通气组织（距离根尖 0~20 mm 不同部位均未观察到）（图 8-3）。虽然水稻自身也会有通气组织，但在本研究氧气充足（中氧和高氧）时没有观察到水稻幼苗通气组织的形成也属于正常现象，因为中氧和高氧处理后根际氧浓度已经能够满足分蘖期水稻生长所需，可能会导致其内部结构发生一些改变，如通气组织的消失或者形成时间较晚。而在对照根系中也未见明显通气组织，笔者推理可能在本试验条件下，低氧诱导根系通气组织的形成提前了，因此在距离根尖 15 mm 处对照并未形成明显的通气组织。

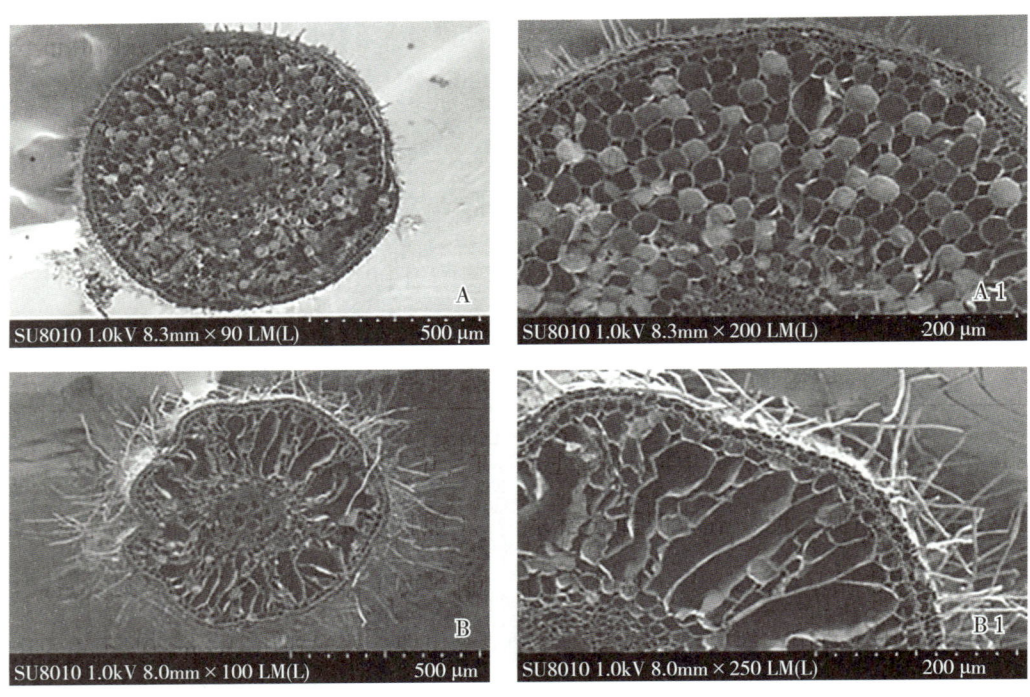

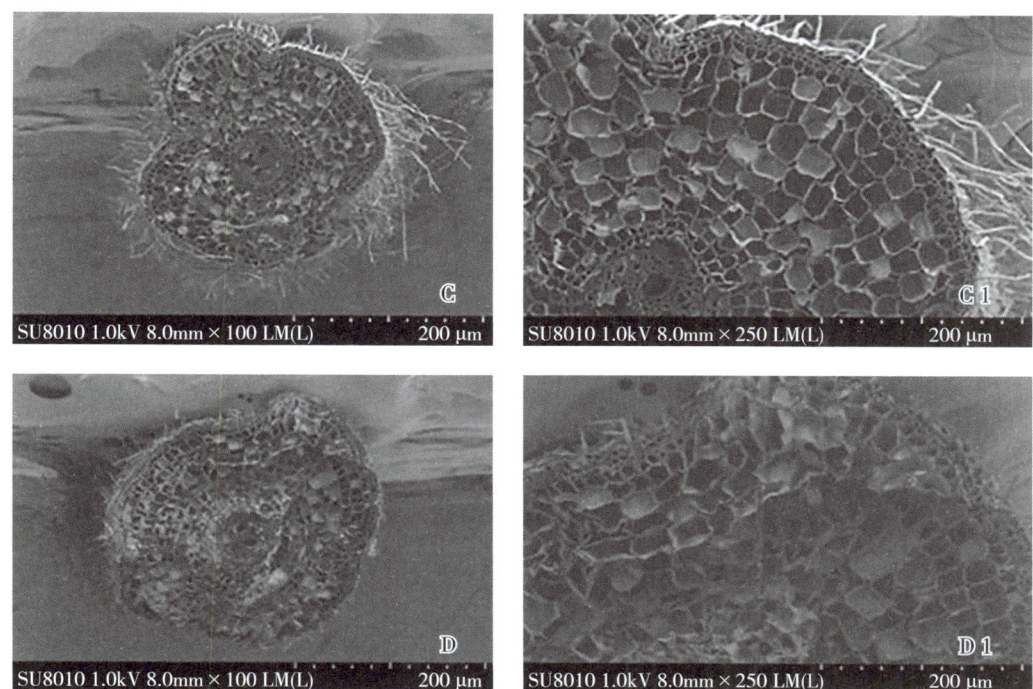

图示距离根尖 15 mm 处不定根横切面。
A，A1：对照；B，B1：低氧；C，C1：中氧；D，D1：高氧。

图 8-3 水稻根际氧浓度对分蘖期根系通气组织形成的影响

3. 对根尖细胞超微结构的影响

根尖细胞的内质网、线粒体、高尔基体、核糖体、液泡和质膜 ATPase 等对水稻根系功能的发挥起重要的作用。根尖细胞超微结构也受根际氧浓度的影响。逆境条件时，细胞器结构遭到破坏，并最终导致细胞相关生理功能的降低乃至丧失。正常条件下，线粒体为椭圆形，嵴突分布均匀，间质浓密，发生在根尖分生组织中的液泡，开始以很小的原液泡的形式存在，随着细胞的成熟，逐渐扩大并溶合在一起最终形成中央大液泡，出现在较老或老化的根组织里，细胞成熟且完全液泡化，呼吸速率变低。笔者通过研究发现：氧胁迫（低氧或高氧）时根尖细胞受到伤害，低氧时细胞壁结构变薄，高氧时细胞壁明显增厚；两种胁迫处理时细胞内含物明显减少；液泡个体大，甚至出现空液化的现象，说明氧胁迫（低氧或高氧）时会引起细胞过早衰老，最终影响其生理活性（图 8-4）。而高氧时细胞壁增厚可能是高氧改变了根尖细胞壁的成分或者是高氧处理后根际处于强氧化状态，是否引起一些元素附着在根尖细胞上有待我们进一步研究。

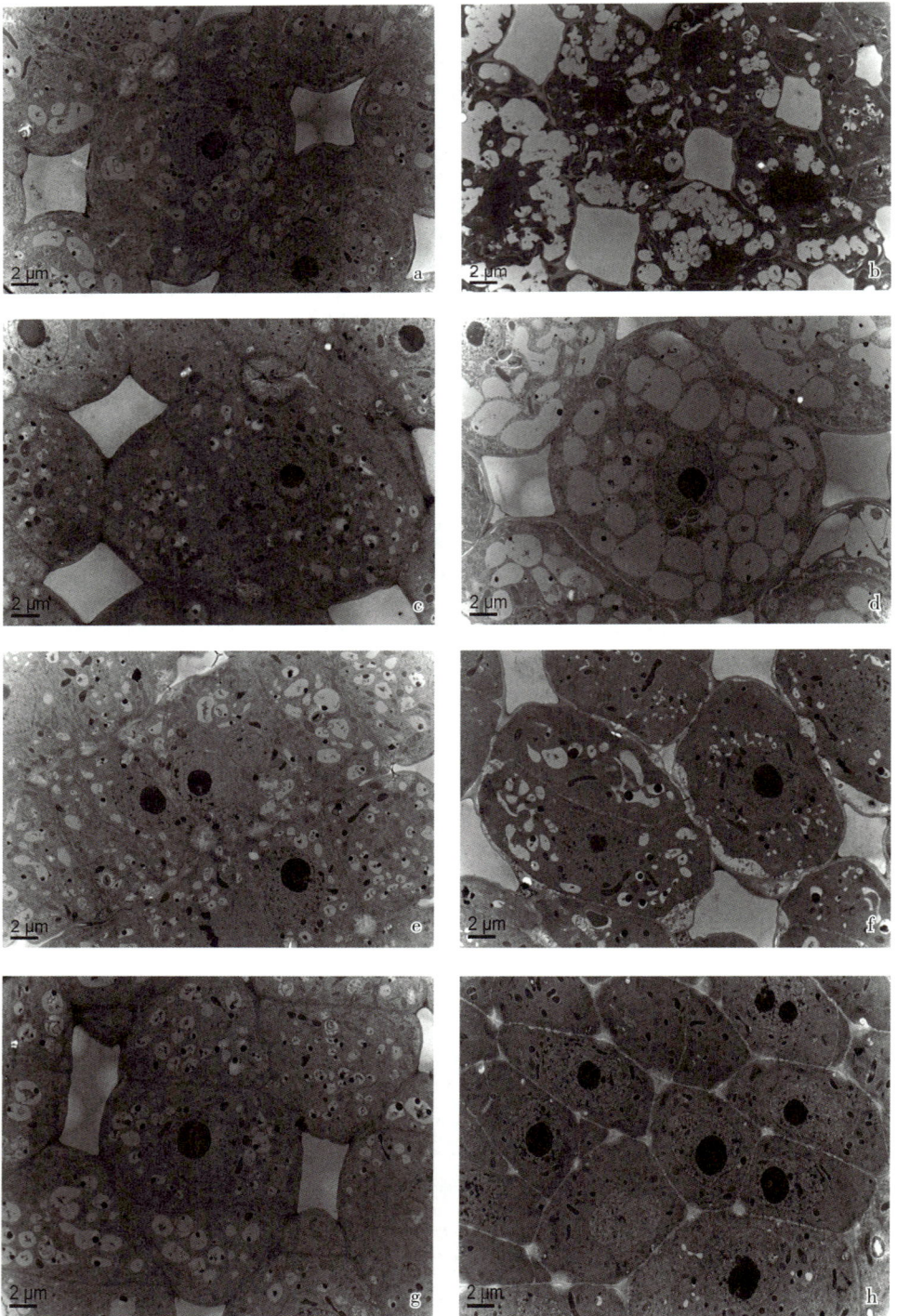

a~d分别是春优84对照、低氧、中氧和高氧处理；e~h分别是秀水09对照、低氧、中氧和高氧处理。

图8-4 水稻根际氧浓度对分蘖期根尖细胞超微结构的影响

第四节　好氧栽培对超级杂交稻生理的影响

我国是淹涝多发地区，存在大面积的渍水次生潜育化稻田，东南亚和南亚地区也存在大量的季节性淹涝田。土壤淹水或渍水降低了土壤氧含量，是上述生态区水稻产量提高的主要限制因素。分蘖期和孕穗期是水稻对氧比较敏感的时期，根际氧环境影响其代谢、吸收、同化等生理功能从而影响其生长发育。Pezeshki 等研究发现，孕穗期至抽穗期是水稻对氧和水需求量最大的阶段，灌水导致根际氧缺乏也是制约常规栽培条件下水稻产量提高的因素之一。水稻缺氧时，根系生理代谢将会发生一系列变化；受其影响，地上部分呈现叶绿素含量较低。增氧处理增加齐穗期根体积，齐穗后根系活力相对较强，减缓灌浆期叶片中叶绿素降解速率，相对增强了齐穗后叶片的保护酶活性，从而提高灌浆期植株群体的光合能效和干物质积累、提高结实率，最终形成较高的产量。

一、对叶片生理的影响

1. 不同增氧模式对水稻叶片叶绿素含量的影响

不同增氧模式下〔T1：追施过氧化钙；T2：追施过氧化尿素；T3：干湿交替以及 CK（对照）〕水稻顶叶（抽穗后为剑叶）的叶绿素含量在不同时期存在明显差异（图 8-5）。分蘖期，水稻顶叶叶绿素含量差异不明显。孕穗期，仅国稻 1 号顶叶叶绿素含量在 T2 处理下显著低于 T3，但与 CK、T1 处理间差异不显著；该时期，秀水 09 的叶绿素含量在各处理间差异不显著；齐穗后，对照 CK 剑叶叶绿素含量迅速降低；灌浆期保持较低水平；成熟期，增氧处理的 2 个供试水稻剑叶叶绿素含量均显著高于 CK（$P < 0.05$）。处理间差异在不同生育期表现不同，T3 处理后，2 个供试水稻品种顶叶的叶绿素含量不同生育期均较高，尤其是后期表现更为明显。T1 和 T2 处理水稻叶片叶绿素含量齐穗前未见显著差异，成熟期籼稻叶绿素 T2 大于 T1，在粳稻上表现则相反。

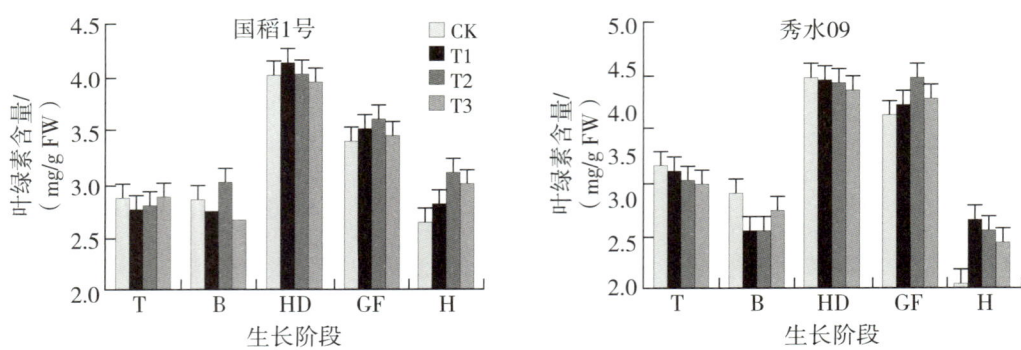

T、B、HD、GF、H 分别代表分蘖期、孕穗期、齐穗期、灌浆期、收获期。

图 8-5　不同根际增氧模式下水稻顶叶叶绿素含量变化

2. 不同增氧模式对叶片活性氧代谢的影响

水稻的衰老与植株体内活性氧数量的增加、活性氧清除系统能力的降低有关，SOD 是植物体内活性氧防御体系的重要组成成分，此外，脂质过氧化产物丙二醛（MDA）含量是反映脂质过氧化程度的重要指标，两者常被作为反映器官衰老程度的重要生理指标。由表 8-12 可见，国稻 1 号孕穗期叶片 SOD 活性不同处理间差异不显著，在不同增氧处理间孕穗期叶片 SOD 活性未见显著差异，而成熟期表现为 T3＞T2＞T1＞CK，其中 T3 与 CK 间差异达显著水平。孕穗期国稻 1 号各处理间 POD 含量差异也不显著；但成熟期表现为 T3＞T1＞T2＞CK，且增氧处理与 CK 差异均达到显著水平。孕穗期国稻 1 号各处理间 MDA 含量差异也不显著，收获期表现为 CK＞T2＞T1＞T3。

表 8-12　不同根际增氧模式下水稻叶片活性氧代谢

品种	处理	SOD/（U mg^{-1} Protein）		POD/（Δabsorb.mg Protein min^{-1}）		MDA/（nmol g^{-1} FW）	
		孕穗期	成熟期	孕穗期	成熟期	孕穗期	成熟期
国稻1号	CK	527.2 a	44.8 b	67.4 a	42.4 a	48.4 a	104.9 a
	T1	536.0 a	49.7 ab	78.1 a	57.5 a	41.7 a	89.5 ab
	T2	529.9 a	54.9 ab	78.8 a	66.1 a	48.0 a	90.5 ab
	T3	536.2 a	57.7 a	60.4 a	62.7 a	49.1 a	78.4 b
秀水09	CK	430.0 c	35.4 b	65.5 b	52.7 b	64.8 a	68.0 a
	T1	499.3 ab	57.0 a	106.2 ab	115.8 a	36.8 b	46.4 b
	T2	453.7 bc	56.1 a	87.6 ab	114.0 a	35.0 b	51.8 b
	T3	540.2 a	49.8 a	117.8 a	102.5 a	36.2 b	56.7 ab

注：表中不同处理间采用 Duncan 比较，不同字母表示同一品种不同处理间在 $P=0.05$ 水平上差异显著。

秀水 09 孕穗期叶片 SOD 活性表现为 T3 > T2 > T1 > CK，其中 T3 和 T1 与 CK 差异显著。而收获期 T1 > T2 > T3 > CK，与 CK 差异均达到显著水平。孕穗期叶片 POD 的变化趋势为 T3 > T1 > T2 > CK，其中以 T3 的 POD 活性显著高于 CK，氧肥处理与 CK 差异不显著，但成熟期增氧处理 POD 活性显著高于 CK，分别为 T1 > T2 > T3 > CK。孕穗期和成熟期增氧处理叶片 MDA 含量均显著低于 CK，其中成熟期 T1 叶片 MDA 积累量最少。粳稻灌浆期和田间水分落干时间较籼稻长，可能是在干湿交替灌溉模式下国稻 1 号成熟期 SOD 和 POD 活性相对施氧肥较高、MDA 含量较低，而在秀水 09 中则相反的原因。

综上可见，不同增氧模式均能增加叶片活性氧代谢能力，减少膜质过氧化产物 MDA 积累量，而不同增氧模式以及品种间由于水分和生长持续时间等因素不同，存在一定的差异。

3. 根际氧浓度对水稻分蘖期叶片氮代谢关键酶活性的影响

NR 是 NO_3^- 同化的关键酶，而谷氨酰胺合成酶（GS）在 NH_4^+ 同化过程中起关键作用。笔者研究发现秀水 134 和中嘉早 17 叶片硝酸还原酶（NR）活性均以 CK 最高，MO 处理次之，HO 处理最低，且处理间差异均达显著水平（图 8-6A）。2 个供试品种叶片 GS 活性均以 HO 处理最高，其次为 MO 处理和 CK，其中秀水 134 处理间差异均达显著水平，而中嘉早 17 处理间差异不显著（图 8-6B）。

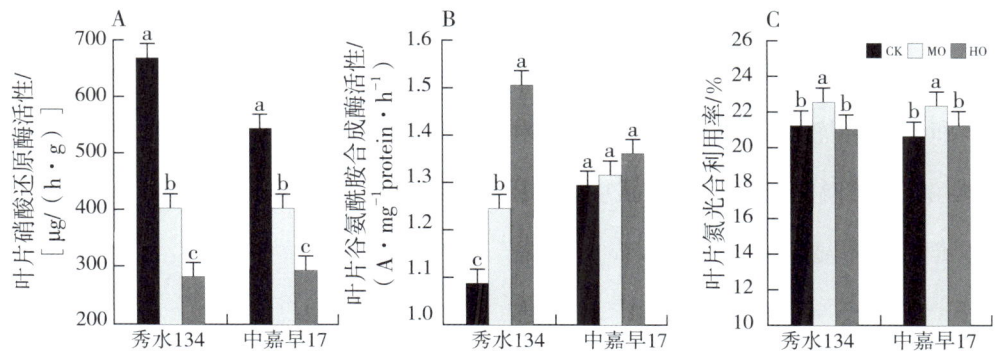

CK—对照（0.3 ~ 2.5 mg/L）；MO—中氧（2.5 ~ 3.5 mg/L）；HO—高氧（> 6.0 mg/L）。

图 8-6　不同增氧处理对水稻分蘖期叶片硝酸还原酶（NR）(A)、谷氨酰胺合成酶（GS）(B) 以及叶片氮光合利用率（C）的影响

4. 根际氧浓度对水稻分蘖期叶片氮光合利用效率的影响

Evans等认为叶片氮含量对光合作用及干物质积累的影响与叶片总氮分配与光合作用中关键酶及结构物质的比例密切相关。本研究发现2个品种均以MO处理叶片氮光合利用效率最高，分别比CK增加6.25%和8.05%，差异显著（图8-6C）。而在高氧处理条件下2个品种叶片光合氮利用效率和CK间差异均不明显，其中秀水134和HO处理稍低于CK，而中嘉早17稍高于CK。适当增氧可以增加水稻幼苗叶片光合利用效率。这也提示通过适量增加根际溶氧量而减少氮肥使用的可能性。

二、对根系生理的影响

1. 不同增氧模式对水稻根系活力的影响

水稻根系代谢与吸收、同化功能的强弱可以用根系活力来反映，活力越高，根系组织代谢就越旺盛，根系越健壮，越有利于植株的生长。根系活力即根系氧化力，是由根表面的酶促氧化以及分子氧释放到根际这两个明显不同的过程组成，且受根际氧浓度的影响，增加根际氧浓度可以增加根系氧化力，低氧胁迫降低根系氧化力。

由图8-7可知，2种基因型水稻根系氧化强度均随生育期呈现逐渐下降的趋势：①分蘖期，T3（干湿交替）处理后，国稻1号和秀水09的根系氧化强度分别比对照（CK）增加13.0%和12.6%，而施用氧肥处理的根系氧化力相对较低。②齐穗期，国稻1号和秀水09在各增氧模式下根系氧化强度明显高于CK，其中秀水09 T3较对照CK提高50%。③灌浆期，国稻1号T1（追施过氧化钙）、T2（追施过氧化尿素）和T3分别较对照（CK）提高19.2%、32.6%和31.0%，差异均达显著水平；秀水09灌浆期T2处理根系氧化强度显著降低，比CK低22.1%，而T1和T3略高于CK，但差异不显著。

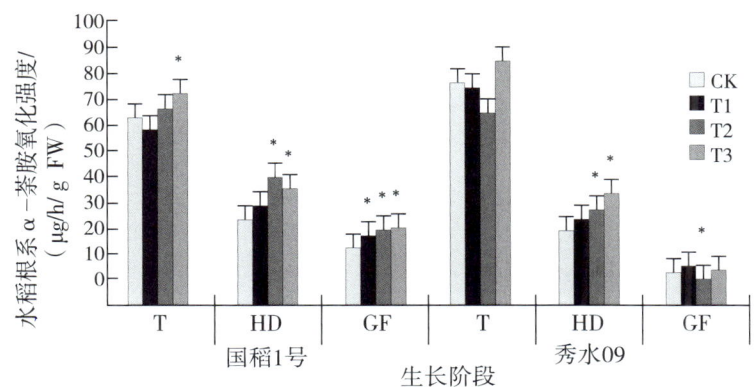

T、HD、GF 分别代表分蘖期、齐穗期、灌浆期。*显示同一品种 4 个处理间在 $P=0.05$ 水平上存在显著性差异，采用 LSD 多重比较。

图 8-7 不同根际增氧模式下水稻根系 α-萘胺氧化强度

2. 根际氧浓度对水稻分蘖期根系呼吸强度、可溶性糖、蛋白质含量以及细胞质膜稳定性的影响

根系呼吸作用是根系代谢的中心，对养分的吸收、根系更新以及植株生长发育具有重要意义。植物根际氧浓度不仅影响呼吸强度，也影响呼吸性质，根系呼吸强度降低是植物对缺氧的最早反应之一。图 8-8A 是不同处理对水稻幼苗根系呼吸强度的影响。结果表明：秀水 09 低氧胁迫处理后，根系呼吸强度比对照减少 12.54%，中氧和高氧处理后根系呼吸强度分别是对照的 1.08 倍和 1.10 倍。春优 84 低氧胁迫处理后根系呼吸强度仅为对照的 89.27%，中氧和高氧处理后根系呼吸强度分别是对照的 1.15 倍和 1.18 倍，处理间差异达显著水平。

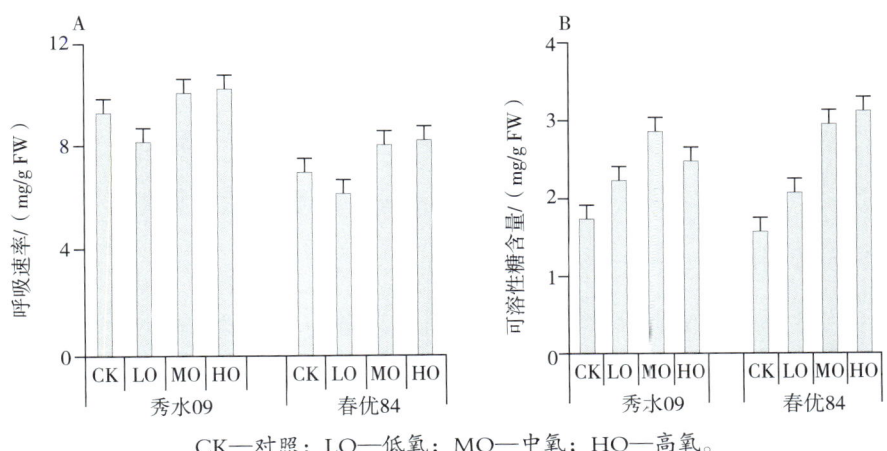

CK—对照；LO—低氧；MO—中氧；HO—高氧。

图 8-8 根际氧浓度对水稻分蘖期呼吸速率（A）和可溶性糖（B）含量的影响

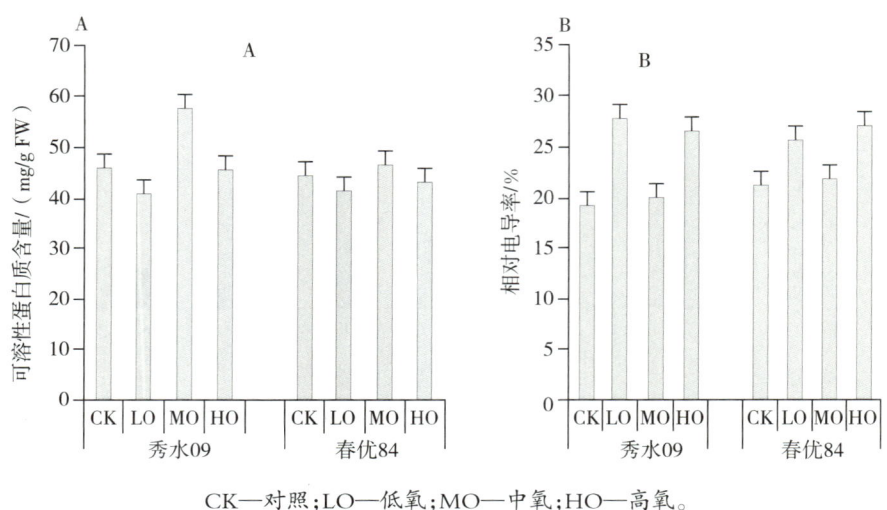

CK—对照；LO—低氧；MO—中氧；HO—高氧。

图 8-9 根际氧浓度对水稻分蘖期可溶性蛋白质含量（A）和对相对电导率（B）的影响

糖参与碳代谢，较高的糖含量有利于根部的呼吸代谢，为根系生理活动提供能量，促进根系发育。水稻根一般不积累淀粉，因此对糖的供应状况十分敏感。根系糖含量高则呼吸强度大，代谢旺盛。同时糖也是参与调节渗透胁迫的小分子物质，是增加渗透性物质的重要组成成分。由图 8-8B 可知，与对照相比，秀水 09 低氧和高氧处理后根系可溶性糖含量分别增加 28.49% 和 43.60%；春优 84 分别增加 30.77% 和 98.72%；2 个供试品种中氧处理后根系可溶性糖分别增加 64.53% 和 89.10%。因此推测不同氧处理后增加的可溶性糖起的作用可能不同。低氧胁迫后增加的可溶性糖主要起渗透调节作用，而中氧和高氧处理后增加的可溶性糖主要为新蛋白质的合成提供了碳架，从而增加其可溶性蛋白含量（图 8-9A）。秀水 09 和春优 84 中氧处理后根系可溶性蛋白质分别比对照增加 24.76% 和 4.78%。低氧和高氧对 2 个水稻品种根系可溶性蛋白质的影响不同，秀水 09 低氧和高氧处理后根系可溶性蛋白质分别比对照减少 11.38% 和 1.87%；春优 84 低氧和高氧处理后根系可溶性蛋白质分别比对照减少 6.67% 和 2.88%。

相对电导率是衡量质膜透性的指标之一，氧胁迫（低氧或高氧）后显著增加 2 个水稻品种的根系相对电导率（图 8-9B）。秀水 09 低氧和高氧处理后根系相对电导率分别比对照增加 45.62% 和 38.76%；春优 84 分别比对照增加 21.75% 和 28.18%，处理间差异达显著水平。中氧处理对 2 个水稻品种根系相对电导率没有明显影响，与对照间差异未达显著水平。说明氧胁迫破坏根系细胞质膜的透性，引起电解质外渗从而影响其生理活性。

3. 根际氧浓度对水稻分蘖期根系分泌的有机酸含量的影响

由图 8-10 可知，不同氧处理后根系分泌的有机酸总量均高于对照。春优 84 中氧处理后有机酸总量最高为 0.92 g/L，其次为低氧和高氧；秀水 09 中氧处理后有机酸总量最高为 1.42 g/L，其次为高氧和低氧。春优 84 低氧、中氧和高氧处理后根系有机酸总量分别比对照增加了 45.13%、82.30% 和 20.35%；秀水 09 分别较对照增加了 1.32 倍、4.56 倍和 3.11 倍。

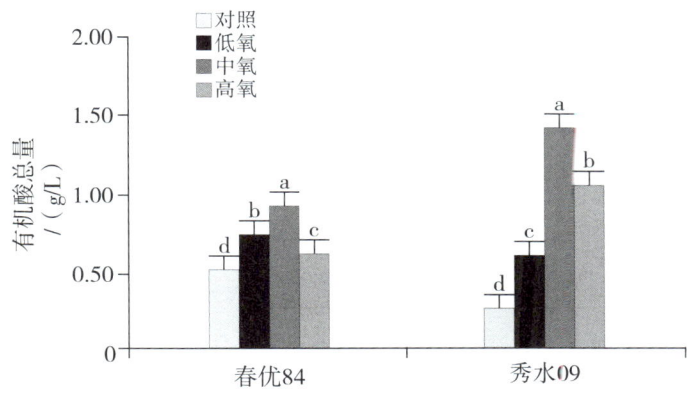

图 8-10 根际氧浓度对水稻分蘖期根系分泌有机酸总量的影响

4. 根际氧浓度对水稻分蘖期根系氮代谢酶活性的影响

氮代谢关键酶［硝酸还原酶（NR）、谷氨酰胺合成酶（GS）］活性影响植物对 N 素的吸收。不同根际氧浓度处理对秀水 09 和春优 84 根系 NR 和 GS 活性的影响见图 8-11。结果表明，2 个供试品种根系 NR 活性受低氧和中氧处理的诱导而增加。与对照相比，秀水 09 低氧和中氧处理后根系 NR 活性分别增加 10.05% 和 28.52%，处理间差异达显著水平；春优 84 低氧和中氧处理后根系 NR 活性分别增加 12.03% 和 37.97%。2 个水稻品种根系 GS 活性受低氧处理的抑制而减少，受中氧处理的诱导而增加。秀水 09 低氧处理后根系 GS 活性较对照显著减少，而中氧处理后则显著增加，减少和增加的幅度分别为 18.51% 和 12.18%，处理间差异达显著水平。春优 84

低氧处理后根系 GS 活性较对照减少 4.39%，中氧处理后其活性较对照增加 31.88%。

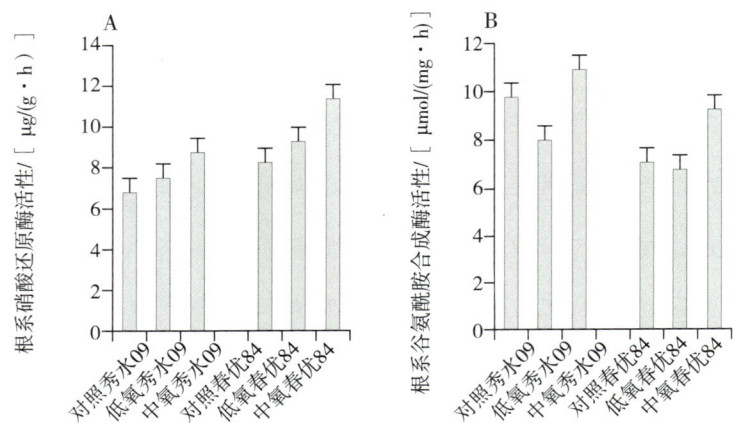

图 8-11 根际氧浓度对水稻分蘖期根系硝酸还原酶（A）和谷氨酰胺合成酶（B）活性的影响

5. 根际氧浓度对水稻分蘖期根系激素含量的影响

植物内源激素可以调节植物体内生命活动，受外界条件的影响，植物处于逆境时，植物体可以通过改变其种类和含量的变化来适应它。水稻幼苗根系玉米素（ZR）含量对根际氧浓度的响应因品种而异（表 8-13）。与对照相比，秀水 09 中氧处理后根系 ZR 增加 10.58%，低氧和高氧处理后分别减少 27.92% 和 7.01%；春优 84 低氧和高氧处理后分别增加 8.27% 和 20.2%。2 个供试品种水稻幼苗根系赤霉素（GA）含量对根际氧含量响应相同。低氧处理时，秀水 09 和春优 84 根系 GA 含量分别比对照减少 64.37% 和 46.75%。中氧处理后，2 个供试品种水稻幼苗根系 GA 含量分别是对照的 3.83 倍和 1.49 倍；高氧处理后分别是对照的 1.71 倍和 2.62 倍。不同氧处理均减少水稻幼苗生长素（IAA）含量，秀水 09 中氧和高氧处理后根系 IAA 含量分别比对照降低 16.33% 和 21.0%，春优 84 分别降低 9.96% 和 8.37%。低氧处理增加 2 个供试品种根系 ABA 含量，秀水 09 和春优 84 分别比对照增加 12.39% 和 5.71%；秀水 09 中氧和高氧处理后根系 ABA 含量分别减少 5.31% 和 7.08%，春优 84 处理间无明显差异。

表 8-13　根际氧浓度对水稻分蘖期根系激素含量的影响　　　单位：μg/g FW

品种	处理	玉米素	赤霉素	生长素	脱落酸
秀水 09	对照（0.3~2.5 mg/L）	8.13±0.30 b	0.87±0.06 c	3.00±0.09 a	1.13±0.01 a
	低氧（0~1.0 mg/L）	5.86±0.18 d	0.31±0.02 d	2.93±0.05 a	1.27±0.02 b
	中氧（2.5~3.5 mg/L）	8.99±0.29 a	3.33±0.32 a	2.51±0.07 b	1.07±0.01 c
	高氧（>6.0 mg/L）	7.56±0.08 c	1.49±0.09 b	2.37±0.02 c	1.05±0.01 d
春优 84	对照（0.3~2.5 mg/L）	6.65±0.15 c	0.77±0.06 c	2.51±0.07 a	1.05±0.00 c
	低氧（0~1.0 mg/L）	7.20±0.14 b	0.41±0.04 d	2.23±0.01 c	1.11±0.01 d
	中氧（2.5~3.5 mg/L）	6.21±0.10 d	1.15±0.10 b	2.26±0.00 b	1.08±0.02 c
	高氧（>6.0 mg/L）	7.98±0.16 a	2.02±0.16 a	2.30±0.02 b	1.06±0.03 c

三、根际氧浓度对水稻分蘖期营养元素的吸收和积累的影响

1. 对营养元素吸收的影响

根际周围环境中营养元素的种类、数量和根际氧浓度密切相关。水稻在供氧充足的情况下会分泌一些强氧化性物质到周围环境中，把根际一些还原性物质氧化为氧化态；相反，在厌氧环境里，根系泌氧减少，会出现反硝化、铁硫还原等现象，导致根系发育不良甚至腐烂，严重影响根系吸收功能。根际氧浓度影响分蘖期水稻对 N、P、K 等营养元素的吸收（表 8-14）。秀水 09 茎秆和叶片中 N、K 吸收量最大的均是中氧处理，分别比对照增加 0.88%、4.64%、2.74% 和 0.32%，处理间差异不显著；茎秆和叶片中 N 素吸收量最少的分别是高氧和低氧处理；K 素吸收量最少的分别是低氧和高氧处理，且与对照间差异未达显著水平；根系中 N 和 K 吸收量最大的均是对照，分别比最低的中氧和高氧处理增加 16.18% 和 39.09%，处理间差异显著。低氧处理后根系 P 元素吸收量最大，较对照增加 39.71%；高氧处理后茎秆和叶片对 P 元素吸收量最大，分别较对照增加 16.33% 和 32.84%，处理间差异达显著水平，其他氧处理间差异不显著。春优 84 茎秆和叶片中 N、P 元素吸收量最大的是中氧处理，分别比对照增加 1.67%、0.25%、3.85% 和 8.06%；根系中 N 素吸收量最多的是高氧处理，比对照增加 1.43%；不同氧处理抑制其根系对 P 元素的吸收，中氧处理抑制作用最大，较对照减少 20.00%；根系中 K 元素吸收量最多的是中氧处

理，比对照增加 0.35%，低氧和高氧处理分别比对照减少 5.24% 和 15.38%；茎秆中 K 元素吸收量最多的是中氧处理，比对照增加 3.08%，最少的是低氧处理，处理间差异不显著；叶片中 K 元素吸收量最多的是对照，略高于其他各处理，且处理间差异不显著。

由表 8-15 可知，中氧处理利于分蘖期秀水 09 根对 Ca 元素的吸收，较对照增加 20.54%，处理间差异显著；低氧和高氧抑制其吸收，分别较对照减少 16.44% 和 6.85%，处理间差异不显著。氧处理抑制其根系对 Mg 元素的吸收，低氧、中氧和高氧处理分别较对照减少 19.05%、2.86% 和 0.95%；茎秆和叶片对 Mg 元素吸收量最多的分别是低氧和中氧处理，分别较对照增加 2.89% 和 0.51%；最少的均是高氧处理，分别较对照减少 9.72% 和 9.97%。低氧利于秀水 09 对 Fe 元素的吸收，高氧抑制其吸收。春优 84 根系对 Ca 和 Mg 元素吸收量最多的是低氧处理，分别较对照增加 7.04% 和 5.43%；吸收量最少的分别是高氧处理和中氧处理，分别较对照减少 21.13% 和 3.88%；茎秆和叶片中 Ca 元素吸收量最多的是对照，和低氧、中氧处理间差异不显著，但高氧明显抑制其吸收，分别较对照降低 5.52% 和 25.00%，处理间差异达显著水平。低氧处理促进春优 84 根、茎和叶对 Fe 元素的吸收，分别较对照增加 43.33%、29.41% 和 6.25%，根系处理间差异不显著，茎秆和叶片处理间差异达显著水平；高氧处理抑制其吸收，分别较对照减少 30.67%、23.53% 和 6.25%，根系处理间差异显著，茎秆和叶片处理间差异不显著。

由表 8-16 可知，高氧处理后秀水 09 根、茎和叶对 Mn 元素吸收量最大，分别比对照增加 83.33%、40.91% 和 20.00%，处理间差异显著。不同氧处理抑制秀水 09 对 Zn 元素的吸收，根、茎和叶中 Zn 元素吸收量最少的分别是中氧、低氧和高氧处理，分别比对照减少 50.00%、43.33% 和 64.29%，处理间差异达显著水平；低氧处理促进根系对 Cu 元素的吸收，较对照增加 13.33%；中氧处理抑制其吸收，较对照减少 40.00%；高氧处理促进茎秆和叶片对 Cu 元素的吸收，分别较对照增加 57.14% 和 23.08%。

高氧处理促进春优 84 对 Mn 元素的吸收，根、茎和叶中 Mn 元素含量分别比对照增加 80.00%、33.33% 和 1.79%，处理间差异达显著水平；不同氧处理抑制春优 84 对 Zn 元素的吸收，根、茎和叶对 Zn 吸收量最少的均是中氧处理，分别比对照减少 44.44%、45.83% 和 64.29%；低氧、高氧处理促进春优 84 对 Cu 元素的吸收，和对照相比，根、茎和叶中 Cu 含量增加幅度最大的是高氧处理，增加幅度分别为 38.46%、58.33% 和 30.76%，且处理间差异达显著水平。

2. 对营养元素积累与分配的影响

中氧处理显著增加 2 个水稻品种 N、P、K 的吸收累积总量，高氧处理则抑制其 N、P、K 吸收累积（表 8-17）。和对照相比，中氧处理后秀水 09 N、P、K 的吸收累积总量分别增加 32.03%、52.72% 和 38.44%，春优 84 分别增加 2.87%、2.34% 和 2.57%；高氧处理后秀水 09 N、K 的吸收累积总量分别减少 21.87% 和 19.53%，春优 84 N、P、K 吸收总量分别减少 22.10%、18.87% 和 22.51%，与对照处理间差异均达显著水平。根际氧浓度也影响 N、P、K 在植株体内不同部位的分布。N 主要集中在叶，占总吸收量的 60% 以上；钾主要集中在茎秆，占总吸收量的 50% 以上；P 主要在茎秆和叶片中，且中氧处理利于这些元素吸收积累。

Ca 和 Mg 主要集中分配在叶片中，Fe 主要在根部（表 8-18），且均以高氧处理积累量最低。秀水 09 Ca 元素累积量以中氧处理最高。中氧处理后根、茎、叶片中 Ca 元素累积量分别比对照增加 56.16%、36.36% 和 18.52%，高氧处理后根、茎、叶 Ca 元素累积量分别比对照降低 41.10%、1.69% 和 31.46%，且根、叶和对照处理间达显著差异；Mg 元素在根、茎和叶中积累量最高的中氧处理分别比对照增加 26.92%、39.49% 和 20.48%，积累量最低的高氧处理分别比对照降低 36.54%、7.01% 和 36.25%。低氧处理后 Fe 在根和叶中积累量最大，分别比对照增加 63.92% 和 14.85%，高氧处理积累量最低，分别比对照减少 42.27% 和 38.61%。低氧、中氧处理对春优 84 Ca 和 Mg 积累和分配没有明显影响，但高氧处理会显著降低其积累和分配。高氧处理后 Ca 元素在根、茎和叶中积累量分别较对照降低 55.86%、28.99% 和 36.44%；Mg 在根、茎和叶中积累量分别比对照降低 43.50%、36.78% 和 35.72%，春优 84 低氧处理后根、茎和叶中 Fe 积累量最高，分别较对照增加

53.62%、27.59%和2.00%。

根际氧浓度对分蘖期水稻Mn、Zn、Cu积累与分配的影响见表8-19。秀水09高氧处理后根系Mn积累量最高，比对照增加16.67%；茎、叶中Mn积累量以中氧处理最高，分别比对照增加59.73%和30.29%，处理间差异达显著水平。Zn在秀水09根、茎秆和叶片中积累与分配受氧处理抑制，其中低氧处理抑制作用最大，分别较对照减少30.00%、45.63%和56.06%。低氧处理增加Cu在其根部的积累，较对照增加57.14%；高氧处理增加其在茎秆中的积累，较对照增加42.86%；中氧处理增加其在叶片中的积累，较对照增加21.54%。春优84低氧处理后根系和茎秆中Mn累积量最高，与对照相比，增幅分别为12.50%和10.40%。氧处理也抑制Zn在春优84植株体内积累和分配。高氧处理后根部Zn积累量最低，较对照减少42.86%；低氧处理后茎、叶片中Zn积累量最低，分别较对照减少50.75%和64.84%。不同氧处理增加Cu元素在春优84不同部位的积累与分配。根部积累量最多的是低氧处理，较对照增加57.89%，处理间差异达显著水平；茎和叶中Cu积累量最多的均是高氧处理，分别比对照增加17.14%和7.44%，处理间差异不显著。

第八章 超级杂交稻好氧栽培理论与水分管理

表 8-14 根际氧浓度对水稻分蘖期 N、P、K 元素含量的影响

处理	氮			磷			钾		
	根	茎	叶	根	茎	叶	根	茎	叶
秀水 09									
对照（0.3~2.5 mg/L）	2.37±0.173 a	2.28±0.017 ab	3.66±0.014 ab	0.68±0.05 c	0.98±0.01b	0.67±0.02 c	2.74±0.06 a	5.48±0.19 ab	3.08±0.03 a
低氧（0~1.0 mg/L）	2.17±0.20 b	2.27±0.001 ab	3.65±0.012 b	0.95±0.10 a	0.99±0.08 b	0.64±0.05 c	2.10±0.09 bc	5.11±0.13 b	2.82±0.03 b
中氧（2.5~3.5 mg/L）	2.04±0.18 c	2.30±0.022 a	3.83±0.005 a	0.80±0.07 bc	1.07±0.05 ab	0.78±0.01 b	2.59±0.43 ab	5.63±0.50 a	3.09±0.12 a
高氧（>6.0 mg/L）	2.13±0.10 bc	2.16±0.028 b	3.72±0.001b	0.79±0.08 bc	1.14±0.05 a	0.89±0.07 a	1.97±0.17 c	5.33±0.04 ab	2.67±0.01 b
春优 84									
对照（0.3~2.5 mg/L）	2.10±0.20 a	2.40±0.01 a	4.01±0.02 a	0.65±0.10 a	1.04±0.04 a	0.62±0.07 a	2.86±0.73 a	6.16±0.07 a	2.82±0.02 a
低氧（0~1.0 mg/L）	1.93±0.33 b	2.39±0.01 a	3.85±0.01 a	0.58±0.01 b	1.03±0.01 a	0.63±0.03 a	2.71±0.10 a	6.10±0.34 a	2.82±0.10 a
中氧（2.5~3.5 mg/L）	2.06±1.59 a	2.44±0.04 a	4.02±0.01 a	0.52±0.06 b	1.08±0.12 a	0.67±0.01 a	2.87±0.13 a	6.35±0.13 a	2.79±0.04 a
高氧（>6.0 mg/L）	2.13±1.13 a	2.34±0.01 a	3.86±0.01 a	0.58±0.02 b	1.06±0.02 a	0.65±0.06 a	2.42±0.08 a	6.30±0.03 a	2.78±0.17 a

表 8-15 根际氧浓度对水稻分蘖期 Ca、Mg、Fe 元素含量的影响

处理	钙			镁			铁		
	根	茎	叶	根	茎	叶	根	茎	叶
秀水 09									
对照（0.3~2.5 mg/L）	0.73±0.07 b	1.39±0.06 a	4.74±0.20 a	1.05±0.12 a	3.11±0.06 ab	3.91±0.22 a	1.96±0.17 bc	0.21±0.02 ab	0.20±0.01 a

续表

处理	钙			镁			铁		
	根	茎	叶	根	茎	叶	根	茎	叶
低氧 (0~1.0 mg/L)	0.61±0.09 b	1.40±0.03 a	4.69±0.18 a	0.85±0.06 b	3.20±0.13 a	3.91±0.12 a	2.51±0.20 a	0.24±0.01 a	0.22±0.01 a
中氧 (2.5~3.5 mg/L)	0.88±0.05 a	1.26±0.03 b	4.68±0.11 a	1.02±0.10 a	2.87±0.21 b	3.93±0.18 a	2.21±0.18 ab	0.19±0.02 ab	0.20±0.01 a
高氧 (>6.0 mg/L)	0.68±0.10 b	1.33±0.03 ab	4.59±0.11 a	1.04±0.06 a	2.80±0.05 b	3.53±0.11 b	1.74±0.10 c	0.17±0.03 b	0.18±0.01 b
春优84									
对照 (0.3~2.5 mg/L)	0.71±0.06 ab	1.45±0.06 a	5.52±0.27 a	1.29±0.11 a	3.57±0.14 a	4.71±0.43 a	1.50±0.20 b	0.17±0.01 bc	0.16±0.02 ab
低氧 (0~1.0 mg/L)	0.76±0.04 a	1.37±0.04 a	4.69±0.10 b	1.36±0.04 a	3.60±0.18 a	4.28±0.38 a	2.15±0.27 a	0.22±0.01 a	0.17±0.01 a
中氧 (2.5~3.5 mg/L)	0.66±0.03 bc	1.38±0.08 a	4.93±0.18 a	1.24±0.08 a	3.26±0.01 b	4.30±0.33 a	1.21±0.05 bc	0.17±0.04 bc	0.16±0.01 ab
高氧 (>6.0 mg/L)	0.56±0.09 c	1.37±0.03 a	4.14±0.21 c	1.28±0.02 a	3.00±0.07 c	3.58±0.39 b	1.04±0.06 a	0.13±0.01 c	0.15±0.01 c

表8–16 根际氧浓度对水稻分蘖期 Mn、Zn、Cu 元素含量的影响

处理	锰			锌			铜		
	根	茎	叶	根	茎	叶	根	茎	叶
秀水09									
对照 (0.3~2.5 mg/L)	0.06±0.001 c	0.44±0.02 c	0.65±0.05 b	0.10±0.005 a	0.30±0.019 a	0.14±0.017 a	0.015±0.002 b	0.014±0.0008 b	0.013±0.0006 b
低氧 (0~1.0 mg/L)	0.04±0.001 b	0.55±0.01 b	0.70±0.05 ab	0.06±0.001 b	0.17±0.009 b	0.05±0.001 d	0.017±0.002 a	0.017±0.003 a	0.014±0.0004 b
中氧 (2.5~3.5 mg/L)	0.04±0.001 b	0.46±0.01 c	0.70±0.05 ab	0.05±0.009 c	0.17±0.017 c	0.07±0.001 c	0.009±0.0002 b	0.015±0.002 b	0.014±0.0006 b

续表

处理	锰			锌			铜		
	根	茎	叶	根	茎	叶	根	茎	叶
高氧(>6.0 mg/L)	0.11±0.01 a	0.62±0.03 a	0.78±0.04 a	0.09±0.010 a	0.24±0.026 b	0.11±0.002 b	0.015±0.001 b	0.022±0.0008 a	0.016±0.0004 a
春优84									
对照(0.3~2.5 mg/L)	0.05±0.002 b	0.36±0.032 b	0.56±0.012 a	0.09±0.005 a	0.24±0.020 a	0.14±0.003 a	0.013±0.003 b	0.012±0.002 b	0.013±0.0004 b
低氧(0~1.0 mg/L)	0.05±0.004 b	0.44±0.014 a	0.56±0.011 a	0.06±0.008 b	0.13±0.001 c	0.05±0.004 c	0.017±0.003 a	0.016±0.001 a	0.014±0.0008 b
中氧(2.5~3.5 mg/L)	0.04±0.011 c	0.39±0.021 b	0.55±0.026 a	0.05±0.007 c	0.13±0.014 c	0.05±0.001 c	0.010±0.002 c	0.015±0.002 b	0.013±0.0003 b
高氧(>6.0 mg/L)	0.09±0.013 a	0.48±0.019 a	0.57±0.046 a	0.09±0.010 a	0.20±0.010 b	0.09±0.007 b	0.018±0.003 a	0.019±0.001 a	0.017±0.0011 a

表8-17 根际氧浓度对水稻分蘖期N、P、K积累与分配的影响

处理	氮			磷			钾		
	根	茎	叶	根	茎	叶	根	茎	叶
秀水09									
对照(0.3~2.5 mg/L)	23.41±1.96 c	77.53±2.38 b	173.1±4.0 c	6.76±0.78 cd	33.17±1.30 b	31.68±1.23 b	27.16±1.84 a	186.19±4.68 b	145.93±0.58 a
低氧(0~1.0 mg/L)	27.47±0.33 a	73.66±4.03 b	193.5±5.8 b	12.03±1.38 a	32.22±0.20 b	33.89±3.44 b	26.57±0.92 c	156.00±5.76 c	154.47±5.91 c
中氧(2.5~3.5 mg/L)	26.44±1.59 a	117.84±5.94 a	217.6±6.7 a	10.40±1.42 b	55.02±2.57 a	44.35±0.71 a	33.55±4.24 a	288.92±8.67 a	174.93±4.90 a
高氧(>6.0 mg/L)	13.63±1.13 b	75.99±3.71 b	124.5±5.1 d	5.06±0.18 d	40.09±3.22 b	29.80±0.93 b	12.63±0.80 c	187.16±4.03 bc	89.32±4.12 b

续表

处理	氮			磷			钾		
	根	茎	叶	根	茎	叶	根	茎	叶
春优 84									
对照 (0.3~2.5 mg/L)	32.95±2.76 a	135.66±7.20 a	362.6±6.96 a	10.20±0.81 a	58.79±1.31 a	55.99±2.28 ab	44.80±3.04 a	348.74±11.05 a	254.16±12.12 a
低氧 (0~1.0 mg/L)	32.44±1.64 a	119.93±6.19 b	341.6±2.60 b	9.90±0.61 b	53.98±2.84 a	56.11±3.05 ab	45.58±1.73 a	306.87±13.22 b	250.53±9.39 a
中氧 (2.5~3.5 mg/L)	34.67±3.21 a	136.05±2.39 a	375.7±7.95 a	8.74±1.87 a	61.27±0.36 a	61.2±3.94 a	48.51±2.03 a	354.59±3.80 a	261.26±14.16 a
高氧 (>6.0 mg/L)	18.64±1.28 b	99.72±6.57 c	295.5±5.88 c	5.07±1.06 b	51.29±3.61 b	51.29±3.22 b	21.18±1.95 b	268.03±7.67 b	212.72±9.92 b

表 8-18 根际氧浓度对水稻分蘖期 Ca、Mg、Fe 积累与分配的影响

处理	钙			镁			铁		
	根	茎	叶	根	茎	叶	根	茎	叶
秀水 09									
对照 (0.3~2.5 mg/L)	0.73±0.039 b	4.73±0.30 b	22.41±0.86 a	1.04±0.16 a	10.56±0.36 b	18.51±0.80 c	1.94±0.08 b	0.66±0.08 c	1.01±0.01 a
低氧 (0~1.0 mg/L)	0.77±0.12 b	4.55±0.28 a	24.90±0.48 a	1.07±0.09 a	10.39±0.61 b	20.75±0.58 b	3.18±0.27 a	0.73±0.05 bc	1.16±0.03 a
中氧 (2.5~3.5 mg/L)	1.14±0.073 a	6.45±0.53 a	26.56±0.81 a	1.32±0.20 a	14.73±0.52 a	22.30±1.33 a	2.86±0.08 a	0.98±0.14 a	1.11±0.04 a
高氧 (>6.0 mg/L)	0.43±0.047 c	4.65±0.36 b	15.36±0.92 b	0.66±0.07 b	9.82±0.46 b	11.80±0.78 d	1.12±0.12 c	0.60±0.12 c	0.62±0.03 b
春优 84									
对照 (0.3~2.5 mg/L)	1.11±0.05 a	8.21±0.82 a	49.83±2.90 a	2.00±0.24 a	20.23±1.83 a	42.53±2.49 a	2.35±0.48 b	0.87±0.06 b	1.50±0.23 a
低氧 (0~1.0 mg/L)	1.28±0.11 a	6.90±0.73 b	41.64±0.75 b	2.28±0.09 a	18.09±1.90 b	38.04±1.60 b	3.61±0.30 a	1.11±0.12 a	1.53±0.16 a
中氧 (2.5~3.5 mg/L)	1.11±0.06 a	7.68±0.79 a	46.15±3.20 ab	2.09±0.33 a	18.22±0.23 b	40.23±2.89 a	2.04±0.11 ab	0.94±0.21 ab	1.51±0.13 a
高氧 (>6.0 mg/L)	0.49±0.07 b	5.83±0.68 c	31.67±0.93 c	1.13±0.05 b	12.79±0.63 c	27.34±0.71 c	0.90±0.01 c	0.61±0.01 c	1.13±0.03 b

表8-19 根际氧浓度对水稻分蘖期 Mn、Zn、Cu 积累与分配的影响

处理	锰 根	锰 茎	锰 叶	锌 根	锌 茎	锌 叶	铜 根	铜 茎	铜 叶
秀水09									
对照（0.3~2.5 mg/L）	0.06±0.008 b	1.49±0.04 b	3.07±0.23 b	0.10±0.014 a	1.03±0.039 a	0.66±0.076 a	0.014±0.002 b	0.049±0.002 b	0.065±0.001 ab
低氧（0~1.0 mg/L）	0.06±0.002 b	1.78±0.16 b	3.73±0.47 b	0.07±0.001 bc	0.56±0.025 c	0.29±0.002 c	0.022±0.002 a	0.055±0.006 ab	0.075±0.001 a
中氧（2.5~3.5 mg/L）	0.05±0.005 b	2.38±0.20 a	4.00±0.24 a	0.07±0.016 bc	0.87±0.048 b	0.37±0.013 b	0.012±0.001 b	0.059±0.003 ab	0.079±0.005 a
高氧（>6.0 mg/L）	0.07±0.008 a	2.16±0.15 a	2.60±0.11 c	0.06±0.006 c	0.85±0.081 b	0.36±0.019 b	0.010±0.001 b	0.070±0.003 a	0.053±0.003 b
春优84									
对照（0.3~2.5 mg/L）	0.08±0.004 ab	2.02±0.23 a	5.08±0.31 ab	0.14±0.006 a	1.34±0.130 a	1.28±0.091 a	0.019±0.003 b	0.070±0.004 a	0.121±0.003 a
低氧（0~1.0 mg/L）	0.09±0.005 a	2.23±0.30 a	4.94±0.35 ab	0.10±0.009 b	0.66±0.081 c	0.45±0.034 c	0.030±0.004 a	0.080±0.010 a	0.121±0.006 a
中氧（2.5~3.5 mg/L）	0.07±0.005 b	2.19±0.09 a	5.18±0.73 a	0.08±0.008 b	0.74±0.073 bc	0.48±0.061 c	0.017±0.004 b	0.080±0.011 a	0.121±0.016 a
高氧（>6.0 mg/L）	0.08±0.008 ab	2.05±0.32 a	4.37±0.27 a	0.08±0.012 b	0.87±0.063 b	0.68±0.041 b	0.016±0.001 b	0.082±0.012 a	0.130±0.006 a

第五节 超级杂交稻好氧灌溉及水分管理

一、超级杂交稻的需水规律

水分状况是影响水稻根系生长、茎蘖动态及株高的重要因素，明确水稻品种需水特性是合理灌溉的基础。水稻需水包括生理需水和生态需水。生理需水是指供给水稻本身生长发育、进行正常生命活动所需的水分，包括水稻植株蒸腾和构成水稻植株体的水分。生态需水是指为水稻正常生长发育创造一个良好的生态环境所需的水分，包括棵间蒸发和稻田渗透的水分。

在水稻生长发育过程中，需水量的变化规律是由小到大，再由大到小。不同生育期需水量分别为：移栽返青期需水量占全生育期的5.7%~12.9%，分蘖期占25.1%~26.3%，拔节孕穗期占24.3%~35.1%，抽穗开花期占9.4%~17.9%，乳熟期占9.5%~13.5%，黄熟期占6.1%~9.9%。孕穗期是水稻需水临界期，此时若水分亏缺，容易造成穗小粒少，甚至会导致不抽穗或空壳秕粒。所以保证孕穗期水分供应是关键，有利于形成大穗，提高作物产量。

水稻整个生育期出现两次需水高峰。第一次是分蘖期，日需水强度是7.0 mm（峰值主要是由棵间蒸发形成的）；第二次是孕穗拔节期，日需水强度是8.6 mm（峰值主要是由叶面蒸腾形成的）。分蘖期出现棵间蒸发的峰值的原因是水稻前期植株少，叶面积小，阳光能够充分照射在水面上，所以棵间的蒸发量高。相反随着植株的增多和叶面积的增大，叶面蒸腾逐渐上升，到孕穗拔节期日平均需水量达到最高峰8.6 mm，以后逐渐呈下降趋势。

二、需水量和灌溉定额

水是水稻形成产量的基础，稻田的水分情况对水稻健康生长有较大影响。当土壤水分降到80%以下时，因水分不足，阻碍水稻对矿质元素的吸收和转运，使叶绿素含量减少，气孔关闭，妨碍叶片对二氧化碳的吸收，光合作用减弱，呼吸作用增强。保持土壤充足的水分，有利于水稻正常生理活动，利于分蘖、长穗、开花、结实，获得高产。水稻随耐涝力强，短期淹水对产量影响不大，但若长期淹水没顶则会影响生育及产量。不同生育期对淹水的反应不同。以返青和花粉母细胞减数分裂及开花、灌浆期对淹水最敏感。稻田需水量是水稻生育期间单位土地面积的总用水量，包括植株蒸腾、株间蒸发及土壤渗漏三部分。移栽稻田需水量应包括秧田和本田两部分，但秧田期需水量较少，占本田需水量的3%~4%。尤其是旱育秧需水更少，不到本田需水量的1%。因此，一般秧田需水量可忽略不计。稻田蒸发量，一般占总需水量的60%~80%，不同地区，不同类型品种之间蒸发量有一定差异。各生育期日均蒸发量随生育进程逐渐加大，至抽穗后达最大值，受气象因素影响较大，温度高，风力大，空气湿度小，蒸发量大，反之则小。

稻田的需水量，除一部分由水稻生长季节的降水直接供给外，还有一部分需要灌溉来补充，每公顷稻田需要灌溉补充的水量叫作稻田的灌溉定额，它是水稻生育期各次灌水定额之和。稻田灌溉定额大小因土质、前作、气候、耕作及土壤含水量等而异。土壤质地疏松较紧实的、含水量低较含水量高的、新开田较老稻田、坡地较低洼地、冬闲田较冬作田、旧法泡田较新法泡田用水量要多。灌水定额是依据土壤持水能力和灌溉水资源量确定的单次灌溉量。在灌溉水资源充足情形下的灌水定额取决于土壤持水能力，为最大灌水定额，计算公式为：

最大灌水定额 = 计划湿润深度 × （田间持水量－实际含水量）

式中，最大灌水定额、计划湿润深度的单位为"mm"，田间持水量、实际含水量为容积含水量。

灌溉量若小于最大灌水定额计算值，则灌溉深度不够，既不利于深层根系的生长发育，又将增加灌溉次数；灌溉量若大于此计算值，则将出现深层渗漏或地表径流损失。因此必须适量灌溉。

三、好氧灌溉指标及水分管理

随着经济发展,传统的精耕细作模式及稻田水旱轮作复种技术体系难以为继,由于土壤氧胁迫形成的大面积次生潜育化稻田和早衰低产稻田严重影响我国水稻产量的进一步提高。针对上述问题,我们以改善灌溉稻田土壤氧环境为关键,以协调稻田土壤-水-气三界为重点,通过比较分析不同灌溉条件下的水稻长势与产量,提出了水气协调的水稻好氧灌溉指标(表8-20)。

表8-20 水稻不同生育阶段好氧栽培灌溉指标

生育期	水层/cm	土壤水分吸力/hPa
返青与分蘖初期	2~4	0
分蘖中期	0~3	50~100
分蘖末期	0	250~350
孕穗抽穗开花期	0~4	50~100
乳熟期	0~3	100~200

1. 品种选择

选用抗虫、抗病性强的水稻品种(组合),并注意定期更换。合理稀植。直播稻播种量为1.3~1.8 kg/亩。提倡采用生物种衣剂包衣的种子,以防地下害虫危害。要求注意播种质量,确保全苗。播种出苗后应及时疏密补空。移栽稻,双季稻为每亩1.5万~2.0万穴,单季稻每亩1.2万~1.7万穴,每穴1~2本。

2. 平衡施肥

有机、无机结合,氮、磷、钾配合施用。每亩大田施肥总量为早、晚稻控制在纯氮(N)8~12 kg,磷(P_2O_5)4~5 kg,钾(K_2O)8~12 kg,单季稻控制在纯氮(N)12~15 kg、磷(P_2O_5)6~7 kg、钾(K_2O)12~15 kg。施足基面肥,适施分蘖肥和穗肥。一般氮肥用50%~70%作基面肥,20%~30%作分蘖肥,10%~20%作穗肥;磷肥全部作基肥施用;钾肥基、蘖肥各占50%。也可采用一次性全层施肥,将专用复配肥料在平田时一次性施入耕作层土壤,但在沙壤田不宜采用。

3. 好氧灌溉

根据水稻好氧灌溉指标，对水稻不同生育阶段采取不同的栽培管理措施，具体情况如下。插秧和返青期：保持浅水层，小于 3 cm。插秧时，田面保持 1~2 cm 浅水层为宜，利于秧苗插稳并防止漂秧；插秧后，早稻需灌水 2~3 cm；晚稻需灌 3~5 cm 返青水，并保持到返青结束，避免缺水干秧。分蘖前期：浅水与无水交替，灌 2~3 cm 浅水层，自然落干至土壤含水量达饱和含水率 70%~90% 时再灌水，反复此过程。分蘖后期：此期需搁田，根据苗情，一般晒至饱和含水率的 70%~80%，苗情好者取下限，否则取上限。孕穗期、抽穗开花期灌溉：深灌溉与无水交替，灌水 5 cm，自然落干至土表湿润，复水，如此往复。乳熟期、黄熟期：浅水（1~3 cm）与无水交替。在乳熟期间歇 2 d 以上，土壤水分控制在田间持水量的 80%~90%，到黄熟期的后期落干。黄熟期一般不需要灌溉。若遇降雨，应及时排出；若遇高温，土壤过于干旱时，可采取浅灌后马上排水的形式补充水分。收割前一周内需断水，以利于机械进田。

病虫草害采取综合防治策略。采用"抓两头（秧苗期、孕穗破口期）放中间（分蘖期）"和"治小田，保大田"，按照防治合理选用高效、低效农药的施用策略。具体做法是苗期集中用药，治秧田，保大田，这一时期主要是注意防治二化螟兼治稻蓟马；中期按病情和虫情适当用药；孕穗破口期是防治的主要时期，这一时期应防治三化螟、稻纵卷叶螟、稻飞虱等主要害虫和防治纹枯病、稻瘟病和白叶枯病、穗期综合征等病害。

第九章　超级杂交稻高产实践与案例

1996年我国启动了"中国超级稻育种计划",2000年在湖南龙山县两优培九"百亩攻关片"平均每亩产量达到700 kg,实现了第一期中国超级稻攻关产量目标。随后,国家杂交水稻工程技术研究中心在全国进行了多年、多点超高产攻关研究与示范。2015—2017年,袁隆平院士组织实施了超级杂交稻"百千万"高产攻关示范工程,即:在百亩攻关片实现亩产1 000 kg、千亩攻关片实现亩产900 kg、万亩攻关片实现亩产800 kg,以湖南宁乡、河南光山、安徽定远、江西南昌为核心攻关示范点,并在湖南、河南、安徽、湖北、四川、广东、广西、海南、重庆、江西、浙江、山东、河北等省(市、区)的80多个生态点开展高产攻关示范,在湖南、河南、安徽实施的万亩片和千亩片攻关达到了预期目标,不同生态点百亩攻关片创造了超高产的典型。

本章基于实施超级杂交稻"百千万"高产攻关示范工程,以及国家科技支撑计划项目实施结果,选取12个省26个生态点,以各生态点田间产量结构调查和实际测产数据为基础,介绍其超高产案例,并重点介绍了3个超高产点的栽培技术措施。

第一节 超级杂交稻超高产区域

一、超级杂交稻超高产示范

"百千万"项目实施是全国示范点实行统一的水稻品种,因地制宜主推栽培技术,最后形成超级杂交稻超高产技术。每个生态点具体安排:每个生态点建立百亩片 1 个、千亩片 3 个、万亩片 1 个，总面积 1.01 万亩。采用统一水稻品种——超优 1000，该品种由超级杂交和优质亲和融合而成，兼具两者的优点，即高产、优质、耐力强、抗倒、抗风性能好，能适应各种气候和土壤条件，不仅具有高产、优质、抗逆等特点，而且可机械化栽培，产量超过 1 000 kg 的苗头品种，在各生态点试种，均表现出了好于当地现有品种的优势，增产潜力突出；因地制宜地确立主推技术，确保良种良法配套，形成了一批超级杂交稻高产生产技术，体现了国家稻作技术体系的创新和区域特色的有机结合。

二、全国超级杂交稻超高产典型案例

按照《超级杂交稻"百千万"高产攻关示范工程测产验收方法》，对超级杂交稻千亩和万亩示范片进行了现场考察、测产和实打验收。全国超过 700 kg/亩生态点产量和产量结构见表 9-1。

1. 亩产超过 800 kg 生态点的区域分布

由表 9-1 可知，全国 2015—2017 年"百千万"高产攻关示范生态点有 30 多个，有 28 个生态点亩产 700 kg 以上，亩产 800 kg 以上的生态点 24 个，亩产 900 kg 以上的生态点 16 个，亩产 1 000 kg 以上的生态点 8 个，超高产率达 85.17%（产量 800 kg/亩）。

其中产量 1 000 kg/亩以上的 8 个生态点：云南个旧、广西灌阳、湖南祁东、湖南隆回、湖南龙山、湖北随州、山东莒南、河北永年，其中云南个旧、湖南祁东、山东莒南和河北永年于 2015 年、2016 年和 2017 年连续 3 年示范片平均产量分别为 1 076.23 kg/亩、1 011.5 kg/亩、1 003.8 kg/亩和 1 115.55 kg/亩，表明该组为稳定超高产生态点，该组生态点气候适宜发挥超级杂交稻超优 1 000 产量潜力；广西灌阳、湖南隆回、湖南龙山、湖北随州在 3 年示范过程中最高产量纪录分别为 1 009.5 kg/亩、1 007.3 kg/亩、1 008.4 kg/亩、1 026.1 kg/亩，该组为不稳定超高产生态点，产量不稳定主要受气候影响。

2. 超高产穗粒结构特征

表 9-1 是 2015—2017 年超级杂交稻超优 1000 全国高产百亩示范片生态点产量及产量结构，由表可知，典型超高产生态区云南个旧、广西灌阳、湖南祁东、湖南隆回实际产量超 1 000 kg/亩，分析产量结构发现 4 个特殊生态点的总颖花数范围 4 600 万～5 500 万/亩；海南三亚、湖南衡南实际产量 900～1 000 kg/亩，该产量段的总颖花数范围 3 900 万～5 000 万/亩；产量 700～800 kg/亩的生态点有贵州兴义、广西南丹，此生态点总颖花数 3 800 万～5 000 万/亩，与产量 900 kg/亩相比，差异不显著。

结果表明：超级杂交稻产量超 1 000 kg/亩，总颖花数量 4 600 万～5 500 万/亩，产量 700 kg/亩、800 kg/亩、900 kg/亩群体总颖花数差异不显著，这是因为超优 1000 超级杂交稻具有大穗遗传特性；主要差异来源于总颖花的结实率，很可能是高温导致结实率下降。高海拔地区气温较低海拔地区低，中海拔生态点为开花期避开了高温不结实，同时满足水稻生长发育所需温光条件，因此，超级杂交稻超高产需选用稳定遗传的大穗型品种，中海拔气候适宜其群体总颖花数结实，最大限度发挥产量潜力。

需要特别说明，广西南丹、广西乐昌和贵州兴义总颖花数 4 200 万～5 000 万/亩，总颖花数显示该生态区具有巨大产量潜力，但实际产量在 700 kg/亩。分析原因，该生态区特殊的气候，山区多湿寡照，超优 1000 号易感稻瘟病，导致减产，表明该品种不适宜种植在稻瘟病多发的区域。

表 9-1 "百千万工程"超高产攻关示范点产量与产量结构（单产≥800 kg/亩）

地点	海拔/m	GPS 纬度	GPS 经度	总颖花数/(万/亩)	亩有效穗/(万/亩)	颖花数/(粒/穗)	结实率/%	千粒重/g	产量/(kg/亩) 理论	产量/(kg/亩) 实际	年份
海南省三亚市海棠湾区林旺镇	15.8	N18°15′13.36″	E109°30′43.36″	4 053.8	16.3	248.7	92.1	27.3	1 019.3	941.8	2015
云南省个旧市大屯镇瓦房村	1 287	N23°25′52″	E103°17′8″	4 726.0	17.0	278.0	83.7	26.0	1 028.5	1 073.2	2017
云南省个旧市大屯镇新瓦房村	1 287	N23°25′52″	E103°17′8″	5 040.2	15.8	319.0	87.0	26.0	1 140.1	1 088.0	2016
云南省个旧市大屯镇新瓦房村	1 287	N23°25′52″	E103°17′8″	4 837.2	16.68	290	85.0	26.5	1 089.5	1 067.5	2015
贵州省兴义市万峰林街道	1 168	N25°01′01″	E104°55′06″	4 796.6	16.5	290.7	69.8	26.5	887.2	872.3	2015
贵州省兴义市万峰林街道	1 168	N25°01′01″	E104°55′06″	4 407.4	14.8	297.8	68.2	26.7	802.6	763.9	2015
广西省灌阳县黄关镇	350	N25°35′33″	E110°43′15″	4 625.0	18.5	250.0	95.0	26.0	1 142.4	1 009.5	2017
广西省灌阳县黄关镇	350	N25°35′33″	E110°43′15″	4 295.2	18.2	236.0	92.6	26.1	1 038.1	950.6	2016
广西省灌阳县黄关镇	350	N25°35′33″	E110°43′15″	4 164.2	18.8	221.5	91.8	25.8	986.3	935.6	2015
广西省南丹县芒场镇	851	N25°12′17″	E107°26′36″	5 046.8	14.8	341.0	62.6	26.2	827.7	745.5	2015
广东省乐昌市梅花镇	475	N25°10′48″	E113°4′12″	4 247.0	15.5	274.0	90.0	27.0	1 032.0	770.2	2015
湖南省桂东县大塘镇	670	N25°55′35″	E113°53′14″	4 268.3	14.8	288.4	88.6	27.3	1 032.4	872.2	2015
湖南省安仁县永乐江乡	95	N26°42′6.93″	E113°16′27.62″	3 626.1	15.3	237.0	90.5	25.3	830.2	818.1	2017
湖南省茶陵县严塘镇	140	N26°47′53″	E 113° 40′2″	4 541.2	17.9	253.7	80.8	25.6	939.3	802.4	2017

续表

地点	海拔/m	GPS 纬度	GPS 经度	总颖花数/(万/亩)	亩有效穗/(万/亩)	颖花数/(粒/穗)	结实率/%	千粒重/g	产量/(kg/亩) 理论	产量/(kg/亩) 实际	年份
湖南省衡南县岐山办事处	200	N26°51′58″	E112°09′16″	4 820.5	17.9	269.3	89.5	26.8	1 156.2	984.4	2017
湖南省祁东县马杜桥乡石门山村	560	N26°56′21″	E111°59′1″	4 749.9	14.2	334.5	91.9	26.5	1 156.8	1 023.6	2017
湖南省祁东县步云桥镇金龙岩村	288	N27°03′	E111°44′24″	4 836.3	14.7	329.0	92.0	26.5	1 179.1	1 013.5	2016
湖南省祁东县步云桥镇	298	N27°03′00″	E111°44′24″	4 564.0	15.3	298.3	91.1	26.9	1 118.4	997.4	2015
湖南省隆回县羊古坳镇	377	N27°29′52″	E110°55′42″	4 781.7	15.4	310.5	87.7	28.2	1 182.6	1 007.3	2017
湖南省溆浦县横板桥乡	530	N27°55′12″	E110°34′1″	3 902.8	14.8	263.7	90.3	26.5	933.9	933.8	2015
湖南省浏阳市北盛镇	70	N28°12′5″	E113°4′47″	4 214.8	13.2	319.3	79.5	25.8	864.5	812.4	2017
浙江省柯城区汤溪镇	60.2	N29°6′	E119°19′	4 080.0	12.0	340.0	85.2	25.0	869.0	855.3	2016
浙江省柯城区汤溪镇	60.2	N29°6′	E119°19′	3 956.5	11.8	335.3	86.0	23.8	809.8	789.6	2015
重庆市南川区东城街道	530	N29°10′36″	E107°07′44″	4 933.0	16.1	306.4	89.6	24.6	1 087.3	954.9	2016
重庆市南川区东城街道	544	N29°09′18″	E107°06′17″	3 945.2	16.5	239.1	96.4	26.0	988.8	950.5	2015
湖南省龙山县石羔街道	480	N29°15′	E109°46′	4 706.1	16.6	283.5	91.5	26.5	1 141.1	951.7	2016
湖南省桃源县马鬃岭镇木樨桥村	390	N29°15′53.68″	E111°27′29.40″	4 391.4	19.5	225.2	85.5	26.0	976.2	828.1	2016
湖南省桃源县双溪口乡	80	N29°16′6″	E111°23′36″	4 256.6	18.3	232.6	85.6	28.0	1 020.2	916.3	2016

续表

地点	海拔/m	GPS 纬度	GPS 经度	总颖花数/(万/亩)	亩有效穗/(万/亩)	颖花数/(粒/穗)	结实率/%	千粒重/g	产量/(kg/亩) 理论	产量/(kg/亩) 实际	年份
湖南省桃源县热市镇明月村	102.5	N29°19′56.3″	E111°17′29.4″	4 355.2	17.4	250.3	89.9	28.4	1 112.0	920.3	2015
湖南省永定区教字垭镇兴隆村	298	N29°19′27.23″	E110°20′55.50″	4 880.2	14.4	338.9	93.5	28.0	1 277.6	902.4	2015
湖南省永定区教字垭镇	298	N29°32′	E110°34′	4 515.8	16.8	268.8	92.8	26.6	1 114.7	907.8	2016
江西省德安县河东乡后田袁家山	249	N29°22′41.16″	E115°47′43.61″	3 890.8	16.3	238.7	25.6	91.2	908.4	891.0	2017
湖南省龙山县石羔街道	471	N29°30′	E109°25′	3 515.4	13.5	260.4	91.0	26.1	834.9	838.5	2017
湖南省龙山县石羔街道	486	N29°32′	E109°28′	4 227.1	14.3	295.6	89.5	26.8	1 013.9	1 008.4	2017
湖南省慈利县东岳观乡	190	N29°34′38.2″	E111°02′02.6″	5 004.8	13.6	368.0	80.0	27.0	1 081.0	897.9	2015
安徽省安庆市	28.0	N30°32′42.76″	E117°03′29.13″	4 288.3	14.4	297.8	90.8	25.5	992.9	945.7	2015
安徽省白湖农场	22.0	N31°50′27.19″	E117°23′13.67″	4 695.6	16.8	279.5	90.5	26.0	1 104.9	909.9	2015
湖北省随县均川乡	76	N31°36′	E113°7′	5 079.3	20.1	252.7	84.3	26.0	1 113.3	944.4	2017
湖北省随县均川乡	76	N31°36′	E113°4′47″	4 271.4	14.0	305.1	82.6	27.0	952.6	948.7	2016
湖北省随县均川乡	42.2	N31°51′21.29″	E113°17′37.87″	4 865.6	15.6	311.9	95.9	27.0	1 259.9	1 026.1	2015
安徽省定远县永康乡	65	N32°31′55.2″	E117°22′1.4″	4 144.3	14.4	287.8	82.2	26.3	895.9	807.4	2017
陕西省西乡县堰口乡	450	N32°58′17″	E107°49′54″	4 255.4	14.9	285.6	75.5	27.5	883.5	768.6	2017
陕西省西乡县堰口乡	450	N32°58′17″	E107°49′54″	4 000.7	14.9	268.5	76.1	27.5	837.2	803.3	2016
陕西省西乡县堰口乡	450	N32°58′17″	E107°49′54″	3 824.3	13.7	278.9	77.4	27.3	808.1	799.5	2015

续表

地点	海拔/m	GPS 纬度	GPS 经度	总颖花数/(万/亩)	亩有效穗/(万/亩)	颖花数/(粒/穗)	结实率/%	千粒重/g	产量/(kg/亩) 理论	产量/(kg/亩) 实际	年份
山东省郯城县花园乡	154	N34°31′10″	E118°11′19″	4 712.4	18.7	252.0	75.0	27.0	954.3	1 040.0	2017
山东省莒南县大店乡	85	N35°39′	E118°8′	4 839.9	22.7	213.4	81.3	27.0	1 062.4	1 027.2	2017
山东省莒县阎庄镇乡大路东村	22.8	N35°39′	E118°8′	4 615.7	16.1	286.0	90.0	25.9	1 073.8	980.4	2016
山东省莒县阎庄镇	22.8	N35°39′	E118°8′	4 922.2	15.4	319.8	90.0	25.9	1 145.1	971.7	2015
河北省永年区广府镇	40	N36°33′	E114°20′	5 496.4	18.2	302.0	90.0	25.6	1 265.4	1 149.0	2017
河北省永年区广府镇	40	N36°33′	E114°20′	5 337.5	17.5	305.0	90.0	26.5	1 273.0	1 082.1	2016

第二节　超级杂交稻超高产典型案例关键技术

一、湖南隆回超高产栽培关键技术

隆回县地处雪峰山脉东部，海拔 400 m 左右，是湖南丘陵水稻种植区域。该区域气候温和，光热充足，雨量充沛，年均气温 16.2℃～17.0℃，连续 5 d 平均气温 ≥ 10℃的初日为 4 月 2—6 日，年降雨量 1 330 mm 左右，无霜期 270 d 左右。攻关示范点位于隆回县羊古坳镇牛形村，地理位置 N27°29′52″，E110°55′42″，海拔 370 m。该基地土壤为沙质壤土、土层深厚、保水保肥能力较强，排灌设施齐全，生态条件较好。土壤有机质含量 35.2 g/kg，N、P_2O_5、K_2O 全量养分分别为 1.58 g/kg、0.50 g/kg、2.94 g/kg，碱解氮、有效磷、速效钾含量分别为 124 mg/kg、5.1 mg/kg、165 mg/kg，pH 值为 5.5。该基地从 20 世纪 90 年代末开始承担高产攻关任务，2011 年、2014 年和 2017 年百亩攻关片平均亩产分别达到了 926.6 kg、1 006.1 kg 和 1 007.3 kg。特别是 2011 年百亩片经农业部组织专家组测产，平均亩产达到 926.6 kg，打破了我国南方一般生态区超高产的纪录，首次实现了中国超级稻第三期攻关目标，研究形成了适于湖南一季中稻区超高产栽培技术规范。

1. 育秧移栽

采用水育秧方式培育壮秧。

于 4 月中旬开始浸种，浸种前种子进行晒种、选种、消毒处理。催好的芽谷采用秧田翻耕后，耙田时施好底肥，每公顷秧田基施 45%（15-15-15）复合肥 600 kg，每公顷秧田播种量 112.5 kg，每公顷大田用种量 15 kg 左右，均播稀播，培育壮秧。

2. 深耕稻田、宽窄行移栽

移栽前对大田进行精细耕整，用中型翻耕机将稻田深耕至 30 cm，再耙平，做到 3 cm 水层不现泥。根据产量指标设计和 Y 两优 900 的特征特性，插植规格采用宽窄行，宽行 40 cm，窄行 23.3 cm，株距 20 cm，即每公顷栽插 15.75 万蔸，宽行设置为东西行向，用专用划行器划行移栽，有利于中后期通风透光。

3. 依目标产量定产施肥

按设计的目标产量 15 t/hm²，每吨稻谷需氮量为 18 kg，则总需氮量为 270 kg/hm² 纯氮。通过测土，土壤可供纯氮 120 kg/hm²，则实需补充纯氮 150 kg/hm²。当地高产栽培时氮肥的实际利用率为 40%，按此计算则需要补施氮 375 kg/hm²。施肥的前后比例为基蘖肥：穗肥 =6：4，则基蘖肥需纯氮 225 kg/hm²，穗肥需纯氮 150 kg/hm²。除施好氮肥外，高产栽培还应该注重磷、钾肥的合理施用，做到平衡施肥，氮、磷、钾的比例一般为 1：0.6：1.1，肥料分基肥、分蘖肥和穗肥三类施用。

4. 好氧栽培、足苗控田

移栽后灌浅水，返青活棵到有效分蘖临界期间歇灌溉。达到预计苗数（每公顷 255 万）的 80% 时（每公顷 204 万），开始排水晒田，采取多次轻晒的方法，晒到叶色转淡。灌浆成熟期采用间歇灌溉，干湿交替，花期以湿为主，后期以干为主，以确保根系活力，防止早衰，提高结实率和充实度。

5. 综合防治病虫害

病虫害实行以防为主，防治结合的统防统治原则。重点是秧田期稻蓟马，大田期稻纵卷叶螟、钻心虫、稻飞虱、稻瘟病、纹枯病等。在高肥、高群体条件下，特别要注意防治中后期的纹枯病和稻飞虱。根据虫情预报进行统防统治，用氯虫苯甲酰胺（康宽）防治稻纵卷叶螟和钻心虫，用吡蚜酮防治稻飞虱，用春雷霉素防治稻瘟病，用爱苗防治纹枯病。

二、湖南龙山超高产栽培关键技术

龙山县隶属湖南省湘西土家族苗族自治州，位于湖南西北边陲、武陵山区腹地，地处中亚热带季风湿润气候区，多年平均气温 15.8℃。超级杂交稻百亩攻关示范片选择在龙山县石羔镇中南村 8 组，面积 109.6 亩。地理位置东经 109°46′，北纬

29°15′，海拔 480 m，境内地势开阔、阳光充足、雨量充沛、排灌方便，酉水河绕示范片而过。土地较肥沃，土壤保水保肥、供水供肥力强。百亩片由种田大户租赁流转，以便集中管理，使各项栽培技术措施落实到位。龙山县石羔镇从 20 世纪 90 年代末开始承担高产攻关任务，2000 年种植超级杂交稻两优培九，开展百亩攻关试验示范，经农业部组织专家测产，百亩片平均单产首次突破 700 kg，首次实现中国超级稻第一期亩产 700 kg 的攻关目标。2016 年百亩攻关片平均亩产达到了 951.7 kg。以此为基础，研究形成了适于武陵山区一季中稻区超高产栽培技术规范。

1. 适期播种，培育壮秧

百亩片于 4 月 4 日、6 日两期播种。采用集中旱育秧技术精心培育壮苗。每亩大田备足苗床 30 m²，于冬前深翻土壤，播种前 7~10 d 翻挖、整细、整平；每亩撒施腐熟鸡粪 50 kg，用薄膜覆盖，防止阴雨天气延误播种时间。播种前一天上午用"使百克"浸种防治恶苗病，具体方法是：用 5 mL "使百克" 兑水 2.5~5 kg，可浸泡 1.5~2.5 kg 种子，浸 12 h，晚上用清水冲洗晾干浸泡后的种谷，于播种当天每千克种谷用"旱育保姆"300 g 均匀拌种，然后盖细土 1~2 cm，并喷清水将盖种土湿润；用丁草胺 10 mg、一支地虫统杀兑水 10 kg 喷雾，化学除草和防治地下害虫，然后拱膜覆盖，拱高 30 cm，四周盖土压实，防止大风刮揭薄膜；出苗前不揭薄膜，出苗后至 2.5 叶前，晴天揭两头通风，防止烧苗，晚上盖好，2.5 叶以后，晴天日揭夜盖，阴雨天盖膜，并逐渐炼苗；2.5~2.7 叶时施"断奶肥"，每平方米苗床约施稀粪水 3 kg。3 叶以后，每长一片叶浇稀粪水一次，移栽前 5 d 施"送嫁肥"，每亩大田苗床（30 m²）施尿素 200 g 兑 200 kg 稀粪水泼浇。

2. 精细整地，适龄稀植

首先，大田消毒。百亩攻关片前作冬闲，为了有效控制病源，结合大田第一次耕整亩施生石灰 30 kg 进行大田消毒。4 月中旬机械第一次耕整，栽秧前 2~3 d 第二次耕整，做到田块平整，泥融而不烂。

其次，适龄移栽，合理稀植。一般于 5 月 10 日—11 日移栽，秧龄 34~36 d。移栽前苗情为苗高 22 cm，平均分蘖 1.78，叶龄 5.1 叶，宽窄行栽培，即：

（40 cm+20 cm）/2×20 cm，使用划行器和拉绳索做标记移栽，亩栽 1.1 万蔸，每蔸插 2 粒谷秧，亩插 6.12 万基本苗。

3. 测土配方施肥

根据土壤肥力状况，进行科学配方，总施纯氮 27.37 kg，N：P_2O_5：K_2O 配比为 1：0.6：1.2。

①施足底肥：结合大田两犁两耙分 2 次施入，第一次亩施腐熟鸡粪 300 kg。第二次亩施三元素复合肥（15-15-15）60 kg，氯化钾 10 kg，尿素 7.5 kg，锌肥 2 kg。

②适时追肥：5 月 18 日亩施尿素 7.5 kg，氯化钾 6.5 kg。

③看苗平衡施肥，6 月 12 日通过对示范片逐丘块秧苗长势情况的调查，对于丘块间和同丘块不同点的秧苗长势较弱的亩施复合肥 10～20 kg，结合施肥进行人工除草。

④施好穗肥，7 月 13 日亩施复合肥 15 kg，氯化钾 10 kg，尿素 4 kg。

⑤喷施壮籽肥：破口期和齐穗期亩用"六合酵素液" 300 mL 兑水 45 kg 叶面喷施。

4. 水分管理

①浅水插秧，插秧时田间水层 3.3 cm 左右，确保不浮苗、能活蔸、不伤蘖。插后 7 d 田间水层不超过 3.3 cm，促进分蘖。

②开好丰产沟，5 月 27 日至 6 月 1 日按照一亩以上丘块开好围沟、十字沟（沟深 30 cm，宽 20 cm 左右）。每 0.5 亩以上可开厢沟一条（宽 20 cm，深 20 cm）。做到全田水分排灌自如，便于及时排灌或晒田。

③晒田控苗：6 月 9 日田间调查，蔸平均苗 14.15，亩 15.57 万苗，6 月 10 日开始排水晒田。晒田标准：间有细裂，人踩不陷脚，叶色明显落黄，促进根系深扎，控制无效分蘖。

④抽穗开花后干干湿湿，以露为主，改善土壤通气能力，增强根系活力，确保后期不早衰，增加地上部绿叶数。收割前一周断水，以便机收。

5. 病虫综合防治

①认真搞好病虫害观察。安排（苏德润、周远均）两人（星期一，星期五）定期进行病虫害观察及苗情调查。

②及时防治病虫害。重点抓好苗期防治稻秆潜蝇、二化螟；分蘖期预防叶稻瘟，防治稻飞虱、稻纵卷叶螟、二化螟等；破口期和齐穗期预防穗颈瘟、稻粒黑粉病、稻曲病及防治纹枯病、卷叶螟、稻飞虱、二化螟等。确保示范片禾苗稳健生长至成熟。采用的化学药剂有：75%三环唑、枯草芽孢杆菌、吡虫啉、吡蚜酮、井冈·嘧苷素、戊唑醇、噻嗪酮、40%稻瘟灵、富士一号、环业一号、井冈·蜡芽菌等。

③安装杀虫灯。按每 25 亩一盏灯的密度在攻关示范片配杀虫灯。

6. 适时收获

当田间稻谷九成黄时收获，百亩片 9 月 23 日成熟，9 月 25 日测产验收，9 月底全部收获。

三、河南光山超级杂交稻万亩高产攻关片关键技术

1. 基本情况

光山县位于河南省东南部，鄂豫皖三省交界地带，北临淮河，南依大别山，全县东西长 60 km，南北宽 55 km，总面积 1 835 km^2，总人口 86 万人。全县水资源总量 20 亿立方米，森林覆盖率达 42.6%。全县现有耕地 137 万亩。国家杂交水稻工程技术研究中心选择河南光山县，于 2014—2016 年间，实施"超级杂交稻'百、千、万'高产攻关示范"项目，万亩级示范基地平均亩产突破 800 kg、千亩级示范基地平均亩产突破 900 kg、百亩攻关田平均亩产突破 1 000 kg，研究形成了万亩高产攻关片超级杂交水稻高产技术规范。

2. 栽培技术规范

（1）育秧

手插秧采用小拱棚湿润稀播壮秧或拱棚抛秧盘育秧方式。

①播期播量。播期根据腾茬早晚，在 4 月中旬播种，秧龄控制在 25 d 左右。每

亩苗床播量 10 kg，抛秧盘每盘播露胸芽谷 40~50 g，分盘过秤播种，每亩大田约需 40 盘。先播 70%，留 30% 补播，确保播种均匀。大田每亩用种量 1 kg。

②浸种催芽。浸种前选晴好天气晒种 2 d，进行淘洗漂去瘪粒，用富士一号或 75% 三环唑 500 倍液浸种 48 h，严格按照药剂操作规程使用，然后淘洗干净，结合三起三落法进行浸种催芽，待 80% 种子破胸后，室温下摊晾 6 h 即可播种。如不能及时播种可摊开晾芽，种子表面干燥时洒少量温水。

③选整苗床。苗床应选择靠近水源、排灌方便、背风向阳、便于管理、土壤耕层深厚的老秧底、菜园地、冬闲稻田等。秧底平整前亩施入腐熟农家肥 5~6 kg，40% 专用肥（或秧底专用肥）50 kg，氯化钾 8 kg，锌肥 1 kg，硅肥 6 kg。精细耕整，水整秧田待泥土沉实后做苗床，旱整秧田过 4~5 d 再整成苗床，苗床一般宽 1.5 m 左右（或根据秧盘、薄膜宽度来定）、长度不超过 15 m、床间距 0.7 m、床头距 1 m。

④播种覆膜。播种时要分床过秤，撒播均匀，轻轻镇压使种子与土层紧密接触或使种子三面入泥，再用备好的细土（掺入 20%~40% 腐熟农家肥的过筛细土）覆盖 0.8~1 cm 厚。盘育秧分盘过秤，盘土上到 2/3 后，均匀播种，然后覆土，再用木板将多余营养土刮去。每亩秧床用 3% 广枯灵 40 g 兑水 40 kg 喷雾，进行苗床消毒。

旱整秧床播种后要先湿透水，然后进行土壤处理，再插弓盖膜，四周压严。

⑤秧床管理。第一，注意温度。播种后到扎根扶针前，注意密封保温，促进扎根扶苗，适温 30℃~32℃，超过 38℃适当通风降温，以防烧种烧芽；秧苗 60% 现青后需小通风炼苗，使床内温度降至 25℃ 左右，不得超过 28℃，否则会引起烧苗；一叶一心后天气好可揭膜，揭膜后喷施一次敌克松等农药和 0.5% 的尿素液，防治病害，促进小苗健壮生长。根据病虫发生情况，在秧田喷 1~2 次锐劲特、富士一号等农药，防治稻蓟马、二化螟、稻象甲、疫霉病、稻瘟病等病虫害，确保秧苗健壮生长，无虫伤病斑。

第二，追肥。二叶一心时追施断奶肥，每 10 m^2 用尿素 25 g 兑水 5 kg 喷雾，在施肥后必须喷清水洗苗。移栽前 5~7 d 追施送嫁肥，每亩追施尿素 3~5 kg，促进返青活棵。同时注意二化螟等病虫害的发生与防治。

第三，水分。从播种到一叶一心前，尽量使秧苗处于接近旱田的条件下生长。注意把好苗床浇水指标，凡发现秧苗早晚无露珠、床土干燥、午间叶片打卷三种情况之一者，可在晴天上午浇一次透水。从一叶一心期到三叶期，沟中灌满水，保持厢面湿润，3叶期以后，每次灌0.5~1 cm水层自然落干后晾2~3 d，再灌水0.5~1 cm，如此周而复始。在施肥、除草、病虫防治、烈日曝晒等需水情况下应保持1 cm左右水层。

（2）移栽

移栽日期。稀播壮秧3~4叶期带土及时移栽，抛秧盘育秧2.5~3叶期带土移栽。

大田耕整。移栽前对大田进行精细耕整，用中型翻耕机，将稻田深耕至30 cm左右，再耙平，做到3 cm水层不现泥。根据产量指标设计，当地气候条件和品种的特征特性，采用宽窄行或宽行窄株栽培，宽行东西行向，行株距30 cm×16.7 cm，每亩插足1.33万穴。每穴2棵多蘖壮苗，移栽时一定要浅插（2~3 cm），因为浅插是早发、多发低位分蘖，保证足苗大穗的必要前提，同时做到带泥栽插，随拔随插，插直插稳，不插弱苗、带病苗，不多蔸，不漏蔸，栽插后3 d内及时查漏补缺，换掉返青不好的秧苗，确保苗全苗壮。

（3）施肥

底肥。结合大田耕整，每亩底施菜籽饼肥50 kg，40%水稻专用肥（硫基）40 kg，过磷酸钙40 kg，氯化钾12 kg，硫酸锌1 kg，硅肥6 kg，硼砂1 kg。

分蘖肥。在移栽5~7 d活棵后，每亩追施尿素8~10 kg，；移栽13 d后看苗情，每亩追施尿素3 kg，氯化钾6 kg，做到平衡施肥（不缺肥，不第二次追肥）。

穗肥。分两次施用，在晒田后群体叶色落黄后，第一次在幼穗分化2~3期时施用，每亩40%袁氏水稻专用肥16 kg，尿素7 kg，氯化钾13 kg；1期褪色，2期施用；2期褪色，3期施用；3期褪色，3期施用；褪色更早的缺肥田块，可将袁氏复合肥折算成尿素追施。第二次在幼穗分化4期时施用，每亩施用尿素3 kg，氯化钾6 kg。

粒肥。在齐穗期每亩用谷粒保一包（100 g）兑水 60 kg 叶面喷施；灌浆期叶面喷施微肥、磷酸二氢钾、尿素液 1~2 次。

（4）管水

薄水插秧，寸水返青。插秧时留薄水层，以保证插秧质量，防止深水浮蔸缺蔸，插后 5~6 d 内灌寸水以创造一个温、湿度比较稳定的环境条件，促进新根发生，迅速返青活棵。

浅水与湿润分蘖。从返青活棵到有效分蘖临界期实施间歇灌溉，做到干湿交替，以湿为主，结合中耕除草和追肥，灌入 0.5~1 cm 水层，自然落干 3~4 d 后，再灌入 0.5~1 cm 的水层自然落干，如此周而复始。天晴遮泥水，雨天无水层，促进根系生长，提早分蘖，降低分蘖节位。

轻晒健苗。当亩总苗数达到计划亩穗数的 80% 时，开始排水晒田，采取多次轻晒的方法，一般晒至田间开小裂，脚踏不下陷，泥面露白根，叶片直立，叶色褪淡为止。若达到规定施穗肥的时期而叶色未转淡，则应继续晒田，不能抢施穗肥。

用水培植幼穗。在稻田群体主茎进入幼穗分化 2~3 期恢复灌水，采取浅水勤灌自然落干，露泥 1~2 d 后及时复灌；在幼穗分化减数分裂期前后（幼穗分化 5~7 期）时，保持 1.7~3.4 cm 水层不断水。

足水抽穗。抽穗扬花期需水较多，要保持寸水不断水，创造田间相对湿度较高的环境，有利于正常抽穗和开花授粉。

干湿壮籽。在群体进入尾花期后至成熟期坚持干干湿湿、以湿为主，以提高根系活力，延缓根系衰老，达到以氧促根、养根保叶、以叶增粒的目的。

完熟断水。在收割前 5~7 d 群体进入完熟期排水晒田，切忌断水过早，影响籽粒充实和产量。

结合第二次施穗肥，起好大田围沟，沟深 30 cm，宽 20 cm 左右；大田开好十字沟，深、宽同围沟。另外，每 333 m² 以上开厢沟一条，宽 20 cm，深 20 cm 左右，便于排灌或晒田。

（5）病虫草害综合防治

在高肥、高群体条件下，病虫害发生严重，我们要认真贯彻"预防为主，综合防治"的植保方针，结合病虫情报，要特别注意稻蓟马、稻螟虫、稻纵卷叶螟、稻飞虱、稻瘟病、纹枯病、稻曲病等病虫害的统一防治，化学防治建议分别用以下农药：

①稻蓟马、钻心虫和卷叶螟：氯虫苯甲酰胺（康宽）、稻腾、丙溴磷、毒死蜱、阿维菌素、氟虫腈等。

②稻飞虱：噻嗪酮、吡蚜酮、氯虫苯甲酰胺（康宽）、扑虱灵、毒死蜱等。

③稻瘟病：第一，进行浸种消毒处理；第二，在关键环节和每次喷农药时加入适量的药剂预防；第三，发现有零星发病，要及时用富士一号、三环唑、春雷霉素等药物控制；第四，在不利条件下，病情发生较重的，要间隔 5~7 d 连续施药，直至根治。

第一，苗瘟。实行种子消毒，抓好三叶期的苗瘟防治，移栽前 3~5 d 一次。

第二，叶瘟。移栽后 15~20 d 综合防治用三环唑预防叶瘟；如发现叶瘟，要及时用药，根据病情轻重，需间隔 1 周连续用药 2~3 次，彻底防治。

第三，穗颈瘟。在破口后 1~3 d 用富士一号喷施预防；齐穗用乙蒜素喷施预防；如发现穗颈瘟症状，则每亩用 6% 春雷霉素 80 mL 根治。

④纹枯病：爱苗、戊唑醇、好力克、井冈霉素等。

⑤矮缩病：近年南方水稻黑条锈矮缩病的发生有所加重，造成大面积水稻失收，应高度重视，此病由飞虱传播，应加强秧田期及移栽前期飞虱防治，达到"治虱防治矮、治虫防病"的效果。

⑥稻曲病：井冈霉素、粉锈宁、多菌灵可湿性粉剂等。用药适期在水稻孕穗后期（即水稻破口前 5~7 d）。如需防治第二次，则在水稻破口期（水稻破口 50% 左右）施药，齐穗期防治效果较差。

（6）推广抗倒栽培技术

第一，优马液体硅钾抗倒技术。百千亩示范片，在杂交水稻倒 3 叶抽出时，每亩用15%的优马液体硅钾200 mL，兑水30~40 kg均匀喷雾。

第二，谷粒饱可提高结实率和粒重。在齐穗期每亩用谷粒饱一包（100 g）兑水60 kg进行叶面喷施，以降低空壳率，提高结实率和粒重。

第三节　山东莒县超级杂交稻超高产栽培关键技术

一、山东莒县超级杂交稻超高产栽培基本情况

山东莒县位于山东省东南、日照市西部，属于暖温带亚湿润季风气候，四季分明。超高产技术攻关选择在山东省莒南县大店乡，常年平均气温为12.1℃，年降水量750 mm左右，年日照时数2 450 h，年平均无霜期182 d。降水量多年平均为809 mm，年降水总量多年平均为15.93亿 m³，多年自产水平均年径流量6.20亿 m³。地下水总储量年平均为4.67亿 m³，多年平均可利用水资源量为4.61亿 m³。年平均可利用水资源量为4.61亿 m³，人均占有418.5 m³。

土壤类型为砂姜黑土，土壤有机质含量28.3%，速效氮、速效磷、速效钾含量分别为192.3 mg/kg，95.3 mg/kg，263 mg/kg，pH值为6.5，前茬玉米。

国家杂交水稻工程技术研究中心在山东省莒南县农业行政主管部门的大力支持下，与永年县开展合作，在2015—2017年间，进行了百千万高产攻关示范，平均亩产突破1 000 kg的良好攻关效果。现以攻关示范点为例，详细展述万亩高产攻关片超级杂交水稻高产技术规范。

二、栽培技术规范

1. 育秧

手插秧采用小拱棚湿润稀播壮秧或拱棚抛秧盘育秧方式。

①播期播量：播期根据腾茬早晚，在4月5日左右播种，秧龄控制在25 d左

右。每亩苗床播量10 kg，抛秧盘每盘播露胸芽谷40~50 g，分盘过秤播种，每亩大田约需40盘。先播70%，留30%补播，确保播种均匀。大田每亩用种量1 kg。

②浸种催芽：浸种前选晴好天气晒种2 d，进行淘洗漂去瘪粒，用富士一号或75%三环唑500倍液浸种48 h，严格按照药剂操作规程使用，然后淘洗干净，结合三起三落法进行浸种催芽，待80%种子破胸后，室温下摊晾6 h即可播种。如不能及时播种可摊开晾芽，种子表面干燥时洒少量温水。

③选整苗床：苗床应选择靠近水源、排灌方便、背风向阳、便于管理、土壤耕层深厚的老秧底、菜园地、冬闲稻田等。秧底平整前亩施入腐熟农家肥5~6 kg，40%专用肥（或秧底专用肥）50 kg，氯化钾8 kg，锌肥1 kg，硅肥6 kg。精细耕整，水整秧田待泥土沉实后做苗床，旱整秧田过4~5 d再整成苗床，苗床一般宽1.5 m左右（或根据秧盘、薄膜宽度定），长度不超过15 m，床间距0.7 m，床头距1 m。

④播种覆膜：播种时要分床过秤，撒播均匀，轻轻镇压使种子与土层紧密接触或使种子三面入泥，再用备好的细土（掺入20%~40%腐熟农家肥的过筛细土）覆盖0.8~1 cm厚。盘育秧分盘过秤，盘土上到2/3后，均匀播种，然后覆土，再用木板将多余营养土刮去。每亩秧床用3%广枯灵40 g兑水40 kg喷雾，进行苗床消毒。

旱整秧床播种后要先湿透水，然后进行土壤处理，再插弓盖膜，四周压严。

2. 秧床管理

①温度：播种后到扎根扶针前，注意密封保温，促进扎根扶苗，适温30℃~32℃，超过38℃适当通风降温，以防烧种烧芽；秧苗60%现青后需小通风炼苗，使床内温度降至25℃左右，不得超过28℃，否则烧苗；一叶一心后天气好可揭膜，揭膜后喷施一次敌克松等农药和0.5%的尿素液，防治病害，促进小苗健壮生长。根据病虫发生情况，在秧田喷1~2次锐劲特、富士一号等农药，防治稻蓟马、二化螟、稻象甲、疫霉病、稻瘟病等病虫害，确保秧苗健壮生长，无虫伤病斑。

②追肥：二叶一心时追施断奶肥，每10 m^2用尿素25 g兑水5 kg喷雾，在施肥后必须喷清水洗苗。移栽前5~7 d追施送嫁肥，每亩追施尿素3~5 kg，促进返青

活棵。同时注意二化螟等病虫害的发生与防治。

③水分：从播种到一叶一心前，尽量使秧苗处于接近旱田的条件下生长。注意把好苗床浇水指标，凡发现秧苗早晚无露珠、床土干燥、午间叶片打卷三种情况之一者可在晴天上午浇一次透水。从一叶一心期到三叶期，沟中灌满水，保持厢面湿润，3叶期以后，每次灌0.5～1 cm水层自然落干后晾2～3 d，再灌水0.5～1 cm，如此周而复始。在施肥、除草、病虫防治、烈日曝晒等需水情况下应保持1 cm左右水层。

3. 移栽

移栽日期：5月8日左右，稀播壮秧3～4叶期带土及时移栽，抛秧盘育秧2.5～3叶期带土移栽。

大田耕整：移栽前对大田进行精细耕整，用中型翻耕机，将稻田深耕至30 cm左右，再耙平，做到3 cm水层不现泥。根据产量指标设计，当地气候条件和品种的特征特性，采用宽窄行或宽行窄株栽培，宽行东西行向，行株距30 cm×16.7 cm，每亩插足1.33万穴。每穴2棵多蘖壮苗，移栽时一定要浅插（2～3 cm），因为浅插是早发、多发低位分蘖，保证足苗大穗的必要前提，同时做到带泥栽插，随拔随插，插直插稳，不插弱苗、带病苗，不多兜，不漏兜，栽插后3 d内及时查漏补缺，换掉返青不好的秧苗，确保苗全苗壮。

4. 施肥

①底肥：结合大田耕整，每亩底施菜籽饼肥50 kg，40%水稻专用肥（硫基）40 kg，过磷酸钙40 kg，氯化钾12 kg，硫酸锌1 kg，硅肥6 kg，硼砂1 kg。

②分蘖肥：在移栽5～7 d活棵后，每亩追施尿素8～10 kg，；移栽13 d后看苗情，每亩追施尿素3 kg，氯化钾6 kg，做到平衡施肥（不缺肥，不第二次追肥）。

③穗肥：分两次施用，在晒田后群体叶色落黄后，第一次在幼穗分化2～3期时施用，每亩40%袁氏水稻专用肥16 kg，尿素7 kg，氯化钾13 kg；1期褪色，2期施用；2期褪色，3期施用；3期褪色，3期施用；褪色更早的缺肥田块，可将袁氏复合肥折算成尿素追施。第二次在幼穗分化4期时施用，每亩施用尿素3 kg，氯

化钾 6 kg。

④粒肥：在齐穗期每亩用谷粒保一包（100 g）兑水 60 kg 叶面喷施；灌浆期叶面喷施微肥、磷酸二氢钾、尿素液 1~2 次。

5. 水分管理

①薄水插秧，寸水返青。插秧时留薄水层，以保证插秧质量，防止深水浮蔸缺蔸，插后 5~6 d 内灌寸水以创造一个温、湿度比较稳定的环境条件，促进新根发生，迅速返青活棵。

②浅水与湿润分蘖：从返青活棵到有效分蘖临界期实施间歇灌溉，做到干湿交替，以湿为主，结合中耕除草和追肥，灌入 0.5~1 cm 水层，自然落干 3~4 d 后，再灌入 0.5~1 cm 的水层自然落干，如此周而复始。天晴遮泥水，雨天无水层，促进根系生长，提早分蘖，降低分蘖节位。

③轻晒健苗：当亩总苗数达到计划亩穗数的 80% 时，开始排水晒田，采取多次轻晒的方法，一般晒至田间开小裂，脚踏不下陷，泥面露白根，叶片直立，叶色褪淡为止。若达到规定施穗肥的时期而叶色未转淡，则应继续晒田，不能抢施穗肥。

④有水养胎：在稻田群体主茎进入幼穗分化 2~3 期恢复灌水，采取浅水勤灌自然落干，露泥 1~2 d 后及时复灌；在幼穗分化减数分裂期前后（幼穗分化 5~7 期）时，保持 1.7~3.4 cm 水层不断水。

⑤足水抽穗：抽穗扬花期需水较多，要保持寸水不断水，创造田间相对湿度较高的环境，有利于正常抽穗和开花授粉。

⑥干湿壮籽：在群体进入尾花期后至成熟期坚持干干湿湿、以湿为主，以提高根系活力，延缓根系衰老，达到以氧促根、养根保叶、以叶增粒的目的。

⑦完熟断水：在收割前 5~7 d 群体进入完熟期排水晒田，切忌断水过早，影响籽粒充实和产量。结合第二次施穗肥，起好大田围沟，沟深 30 cm，宽 20 cm 左右；大田开好十字沟，深、宽同围沟。另外，每 333 m² 以上开厢沟一条，宽 20 cm，深 20 cm 左右，便于排灌或晒田。

5. 病虫草害综合防治

在高肥、高群体条件下,病虫害发生严重,我们要认真贯彻"预防为主,综合防治"的植保方针,结合病虫情报,要特别注意稻蓟马、稻螟虫、稻纵卷叶螟、稻飞虱、稻瘟病、纹枯病、稻曲病等病虫害的统防统治,化学防治建议分别用以下农药:

①稻蓟马、钻心虫和卷叶螟:氯虫苯甲酰胺(康宽)、稻腾、丙溴磷、毒死蜱、阿维菌素、氟虫腈等。

②稻飞虱:噻嗪酮、吡蚜酮、氯虫苯甲酰胺(康宽)、扑虱灵、毒死蜱等。

③稻瘟病:第一,进行浸种消毒处理;第二,是在关键环节和每次喷农药时加入适量的药剂预防;第三,发现有零星发病,要及时用富士一号、三环唑、春雷霉素等药物控制;第四,在不利条件下,病情发生较重时,要间隔5~7 d连续施药,直至根治。

第一,苗瘟。实行种子消毒,抓好三叶期的苗瘟防治,移栽前3~5 d普防一次。

第二,叶瘟。移栽后15~20 d综合防治用三环唑预防叶瘟;如发现叶瘟,要及时用药,根据病情轻重,需间隔1周连续用药2~3次,彻底防治。

第三,穗颈瘟。在破口后1~3 d用富士一号喷施预防;齐穗用乙蒜素喷施预防;如发现穗颈瘟症状,则每亩用6%春雷霉素80 mL彻底根治。

④纹枯病:爱苗、戊唑醇、好力克、井冈霉素等。

⑤矮缩病:近年南方水稻黑条锈矮缩病的发生有所加重,造成大面积水稻失收,应高度重视,此病由飞虱传播,应加强秧田期及移栽前期飞虱防治,达到"治虱防治矮、治虫防病"的效果。

⑥稻曲病:井冈霉素、粉锈宁、多菌灵可湿性粉剂等。用药适期在水稻孕穗后期(即水稻破口前5~7 d)。如需防治第二次,则在水稻破口期(水稻破口50%左右)施药,齐穗期防治效果较差。

⑦优马液体硅钾抗倒技术:百千亩示范片,在杂交水稻倒3叶抽出时,每亩用15%的优马液体硅钾200 mL,兑水30~40 kg均匀喷雾。

⑧谷粒饱：可提高结实率和粒重，在齐穗期每亩用谷粒饱一包（100 g）兑水 60 kg 进行叶面喷施，以降低空壳率，提高结实率和粒重。

第四节 云南个旧超高产栽培关键技术

云南地处云贵高原的南端，属于低纬度高海拔特殊稻作生态区域，自 20 世纪 80 年代以来，该区域多次创造了我国水稻高产的纪录。我们选择云南省红河州个旧市作为攻关示范基地。该地年平均气温 16.4℃，最冷月（1 月）为 10.1℃，最热月（7 月）为 20.5℃。攻关示范点位于云南个旧市大屯镇新瓦房村，地理位置 N23°25′52″，E103°17′8″，海拔 1 287 m。土壤类型为黄浮泥、沙泥田，土壤质量中等，pH 值 6.67，有机质含量为 22.34 g/kg，速效氮 116.1 mg/kg，速效磷 39.48 mg/kg，速效钾 100.57 mg/kg。该基地自 21 世纪初就开展超高产攻关示范，2015 年、2016 年、2017 年和 2018 年攻关片平均亩产分别达到了 1 067.5 kg、1 073.2 kg、1 088 kg 和 1 152.3 kg，创造了低纬度高海拔稻区超高产纪录，形成了具低纬度高海拔稻区特色的超高产栽培技术规范。

一、旱育壮秧

采用旱育秧方式，选择地势高，排灌方便，土壤肥、厚、松，呈弱酸性的田块做秧田。旱育秧追肥的效果差，应重视苗床培土，以腐熟的有机肥和农家肥为主，结合复合肥施用。于 3 月 25 日左右播种，每亩秧田播种量 8 kg 左右，尽量稀播，培育壮秧。低拱盖膜。播种后，在苗床上每隔 1 m 插一块竹片作拱，然后盖薄膜，四周用泥土将膜边压牢，密封保温，防止风雨吹开。扎根扶针前，注意密封保温，促进扎根出苗。扶针现青后，搞好通风炼苗，防止高温伤苗和缺水、发病死苗。二叶一心后，天气好揭膜，揭膜后喷施一次敌克松等农药和 0.5% 的尿素液，防治病害，促进小苗健壮生长。

二、精心浅栽、薄水护苗，促进返青

前茬免耕种植蚕豆，大田采用机耕耕作。4月20日左右移栽，叶龄为4.5叶。宽行窄株移栽，株行距13.3 cm×30 cm为宜。每穴一棵苗，拉线或划行移栽，要求浅插（2~3 cm），浅插是分蘖早生快发的重要因素。若栽插过深（>3 cm），会损失大量下端的有效分蘖，而促进产生二次分蘖，单株有效穗数大为减少，难以达到预期产量。移栽后可灌深水护苗3~5 d，水深以不没过心叶为宜，其他时期水分管理采用干干湿湿。注意开好丰产沟（8~10行开一条沟），围沟要宽且深，以利于排水，使晒田能够达到目标，全田一致。

三、合理施肥

①按目标产量确定总施肥量。纯N：24 kg/亩，P_2O_5：11 kg/亩；K_2O：22 kg/亩，氮肥基施与追施比例为47%∶53%。

②施好大田底肥。每亩施用有机肥500 kg，复合肥（15-15-15）57 kg于大田耕整时均匀旋入表土层中。

③及时施分蘖肥。移栽后7 d左右，每亩施尿素32.3 kg左右，钾肥5 kg。移栽后15 d左右看苗情每亩施用尿素3~5 kg，钾肥5 kg。

④促花保花用好穗肥。穗肥分两次施用，第一次促花，在倒数第3叶施用，每亩施用尿素5~7 kg，复合肥10 kg，钾肥10 kg，促进颖花良好发育；第二次保花，在倒数第2叶时施用，每亩施用尿素3~5 kg，钾肥7.5 kg，防止颖花退化，为大穗的形成打好基础。苗过旺时，减少氮肥（尿素）用量。

⑤粒肥。在齐穗期每亩用14%硅钙肥30 kg，以降低空壳率，提高结实率和粒重。

四、晒田控苗

根据田间调查苗数，达到每亩计划穗数（18万）的80%（15万）时开始排水晒田，若前期苗数较少，可在计划穗数的 90% 左右开始晒田，采用灌跑马水多次轻晒的方法（每次晒到田间站人不陷脚，红壤田块可适当增加每次晒田的时间）促使叶色落黄（顶 3 叶叶色比顶 4 叶深），一直可延续到幼穗分化初期，若达到规定叶龄而叶色未转淡，则应继续晒田，不能复水施肥。

五、水分管理

超级稻组合根系发达，生长势强，为了促进前期早发，分蘖末期控制无效分蘖，后期确保根系活力，在水分管理上以"增气、养根、保活力"为中心，具体方法是移栽立苗返青后保持浅水，分蘖期湿润灌溉促分蘖，苗数达到预定穗数的 80% 时开始晒田，采取多次轻晒，控制无效分蘖，促进根系生长和深扎。晒田过重，田间开坼大，根系断裂不易恢复，只宜轻晒，晒到叶色转淡为止（顶 3 叶叶色比顶 4 叶深），如没达到目标，一直可多次轻晒到主茎幼穗分化初期。幼穗分化后保持浅水至抽穗扬花期，灌浆成熟期采用间歇灌溉，干湿交替，花期以湿为主，后期以干为主，以确保根系活力，防止早衰，提高结实率和充实度。确保做到干干湿湿，保持清水硬板，以气养根，以根保叶，以叶增重，达到丰产要求的有效穗数，活熟到老，获取高产。

六、病虫害防治

秧田期治虫 1~2 次，主要防治稻蓟马和稻瘿蚊，移栽前一天秧田可喷施一次农药，使秧苗带药下田，减少大田前期病虫害。为了减轻农药残留及提倡低碳栽培，本田期施药以防为主，防治 2~3 次，主要防治三虫三病，即螟虫、稻纵卷叶虫、稻飞虱、稻瘟病、纹枯病和白叶枯病，施药时间依田间调查情况确定。

参考文献

[1] Hasegawa H. High-yielding rice cultivars perform best even at reduced nitrogen fertilizer rate (Crop Ecology, Management & Quality) [J]. Crop Science, 2003, 43(3): 921-926.

[2] Krishnan P, Swain D K, Chandra Bhaskar B, et al. Impact of elevated CO_2 and temperature on rice yield and methods of adaptation as evaluated by crop simulation studies[J].Agri Ecosyst Environ, 2007,122: 233-242.

[3] Lafarge T, Bueno C S. Higher crop performance of rice hybrids than of elite inbreds in the tropics: 2. Does sink regulation, rather than sink size, play a major role [J]. Field Crops Research, 2009, 112(2-3): 238-244.

[4] Lim J D, Cho J I, Park Y I, et al. Sucrose transport from source to sink seeds in rice [J]. Physiol Planta, 2006,126: 572-584.

[5] Peng S B, Huang J, Sheehy J E, et al. Rice yield decline with higher night temperature from global warming [J]. Proc Natl Acad Sci USA, 2004, 101: 9971-9975.

[6] Peng S B, Tang Q Y, Zou Y B. Current status and challenges of rice production in China [J].Plant Production Science, 2009, 12: 3-8.

[7] Yang W, Peng S B, Rebeccac L, et al. Yield gap analysis between dry and wet season rice crop grown under high-yielding management conditions [J]. Agronomy Journal, 2008, 100(5): 1390-1395.

[8] Ying J F, Peng S B, He Q R.Comparison of high-yield in tropical and subtropical environments: I. Determinants of grain and dry matter yields [J]. Field Crops Res,1998,57: 71-84.

[9] 袁隆平. 发展超级杂交水稻保障国家粮食安全[J]. 杂交水稻，2015,30(3): 1-2.

[10] 王志敏，王树安. 发展超高产技术，确保中国未来16亿人口的粮食安全[J]. 中国农业科技导报，2000,2(7): 8-11.

[11] 程式华. 中国超级稻育种技术创新与应用[J]. 中国农业科学，2016(2): 205-

206.

[12] 裴又良,熊绪让,马国辉.论湖南省超级稻超高产栽培的主要限制因素及其对策:超高产栽培的概念与湖南省超高产栽培现状[J].湖南农业科学,2005(3):25-26.

[13] 谢华安,王乌齐,杨惠杰,等.杂交水稻超高产特性研究[J].福建农业学报,2003,18(4):201-204.

[14] 凌启鸿,张洪程,蔡建中,等.水稻高产群体质量及其优化控制探讨[J].中国农业科学,1993,26(6):1-11.

[15] 吴桂成,张洪程,钱银飞,等.粳型超级稻产量构成因素协同规律及超高产特征的研究[J].中国农业科学,2010,43(2):266-276.

[16] 许德海,王晓燕,马荣荣,等.重穗型籼粳杂交稻甬优6号超高产生理特性[J].中国农业科学,2010,43(23):4796-4804.

[17] 袁隆平.超级杂交稻育种研究进展[J].中国稻米,2008(1):1-2.

[18] 龚金龙,张洪程,李杰,等.水稻超高产栽培模式及系统理论的研究进展[J].中国水稻科学,2010,24(4):417-424.

[19] 邹应斌,夏冰,蒋鹏,等.水稻生产目标产量确定的理论与方法探讨[J].中国农业科学,2015,48(20):4021-4032.

[20] 邹江石,吕川根.水稻超高产育种的实践与思考[J].作物学报,2005,31(2):254-258.

[21] 张洪程,吴桂成,李德剑,等.杂交粳稻13.5 t/hm^{2}超高产群体动态特征及形成机制的探讨[J].作物学报,2010,36(9):1547-1558.

[22] 向铎云,邓正书,袁陆,等.超级杂交稻超高产栽培技术[J].作物研究,2014,28(1):68-70.

[23] 徐伟霞,李霞.水稻三高一稳栽培技术[J].现代农业科技,2012,17(17):54.

[24] 邹应斌,黄见良,屠乃美,等."旺壮重"栽培对双季稻产量形成及生理特性的影响[J].作物学报,2001,27(3):343-350.

[25] 马均,陶诗顺.杂交中稻超多蘖壮秧超稀高产栽培技术的研究[J].中国农业科

学，2002(1)：42-48.

[26] 蒋彭炎. 高产水稻的若干生物学特性[J]. 中国稻米，1994,1(2)：43-45.

[27] 付景，杨建昌. 超级稻高产栽培生理研究进展[J]. 中国水稻科学，2011(4)：343-348.

[28] 杨建昌，杜永，吴长付，等. 超高产粳型水稻生长发育特性的研究[J]. 中国农业科学，2006,39(7)：1336-1345.

[29] 吴文革，张洪程，吴桂成，等. 超级稻群体籽粒库容特征的初步研究[J]. 中国农业科学，2007,40(2)：250-257.

[30] 蒋彭炎，洪晓富，徐志福. 超级稻的栽培特性与调控途径[J]. 浙江农业学报，2001(3)：117-124.

[31] 杨惠杰，李义珍，杨仁崔，等. 超高产水稻的干物质生产特性研究[J]. 中国水稻科学，2001,15(4)：265-270.

[32] 凌启鸿. 作物群体质量[M]. 上海：上海科学技术出版社，2001：44-107.

[33] 陈温福，徐正进. 水稻不同穗型对冠层特征及群体光分布和物质生产的影响[J]. 作物学报，1995,21(1)：83-89.

[34] 凌启鸿，杨建昌. 水稻群体"粒叶比"与高产栽培途径的研究[J]. 中国农业科学，1986,19(3)：1-8.

[35] 许轲，张军，花劲，等. 双季杂交晚粳稻超高产形成特征[J]. 作物学报，2014,40(4)：678-690.

[36] 许轲，郭保卫，张洪程，等. 有序摆抛栽对超级稻超高产与光合生产力的影响及水稻超高产模式探索[J]. 作物学报 2013,39(9)：1652-1667.

[37] 陈敏，马婷婷，丁艳萍，等. 配方施肥对水稻养分吸收动态及产量的影响[J]. 植物营养与肥料学报，2014,20(1)：237-246.

[38] 潘剑，冯跃华，何腾兵，等. 不同籼型杂交水稻的干物质积累、分配及产量形成特性[J]. 贵州农业科学，2011,39(8)：40-44.

[39] 潘圣刚，黄胜奇，张帆，等. 超高产栽培杂交中籼稻的生长发育特性[J]. 作物

学报,2011,37(3):537-544.

[40] 赵庆勇,朱镇,张亚东,等.播期密度和施氮量对南粳44产量及其构成因素的影响[J].西南农业学报,2013,25(6):1982-1987.

[41] 龙继锐,马国辉,万宜珍,等.施氮量对超级杂交中稻生育后期剑叶叶绿素荧光特性的影响[J].中国水稻科学,2011,25(5):501-507.

[42] 李刚华,王惠芝,王绍华,等.穗肥对水稻穗分化期碳氮代谢及颖花数的影响[J].南京农业大学学报,2010,33(1):1-5.

[43] 李建武,张玉烛,吴俊,等.超高产水稻新组合Y两优900百亩方15.40t/ha高产栽培技术研究[J].中国稻米,2014,20(6):1-4.

[44] 顾铭洪.水稻高产育种中一些问题的讨论[J].作物学报,2010,36(9):322-326.

[45] 朱德峰,张玉屏,陈惠哲,等.中国水稻高产栽培技术创新与实践[J].中国农业科学,2015,48(17):3404-3414.

[46] 秦俭.穗肥氮运筹对水稻产量形成、群体质量及若干生理特性的影响[D].成都:四川农业大学,2014.

[47] 朱从桦,代邹,严奉君,等.晒田强度和穗肥运筹对三角形强化栽培水稻光合生产力和氮素利用的影响[J].作物学报,2013,39(4):267-271.

[48] 戴平安,郑圣先,李学斌,等.穗肥氮施用比例对两系杂交水稻氮素吸收、籽粒氨基酸含量和产量的影响[J].中国水稻科学,2006,20(1):79-83.

[49] 徐福贤,熊洪.杂交水稻高产品种的源库结构与高产栽培[M].北京:中国农业科学技术出版社,2015.

[50] 李俊周,李磊,孙传范,等.水氮互作对水稻籽粒充实及产量的影响[J].中国农业大学学报,2011,16(3):42-47.

[51] 张静,张志,杜彦修,等.不同深耕及施穗肥方式对水稻根系活力、籽粒灌浆及产量的影响[J].中国农业科学,2012,45(19):4115-4122.

[52] 王夏雯,王绍华,李刚华,等.氮素穗肥对水稻幼穗细胞分裂素和生长素浓度的影响及其与颖花发育的关系[J].作物学报,2008,34(12):2184-2189.

[53] 陈惠哲. 水稻物质运转规律及其产量形成的研究 [D]. 北京：中国农业科学院，2007.

[54] 梁建生，曹显祖. 水稻籽粒灌浆期间茎鞘贮存物质含量变化及其影响因素研究 [J]. 中国水稻科学，1994, 8(3)：151–156.

[55] 赵步洪，张文杰，常二华，等. 水稻灌浆期籽粒中淀粉合成关键酶的活性变化及其与灌浆速率和蒸煮品质的关系 [J]. 中国农业科学，2004(8)：1123–1129.

[56] 吕川根，谷福林. 水稻理想株型品种的生产潜力及其相关特性研究 [J]. 中国农业科学，1991, 24(5)：15–22.

[57] 剧成欣，陶进，钱希旸，等. 不同年代中籼水稻品种的叶片光合性状 [J]. 作物学报，2016, 42(3)：415–426.

[58] 赵黎明，李明，郑殿峰，等. 水稻光合作用研究进展及其影响因素分析 [J]. 北方水稻，2014, 44(5)：66–71.

[59] 童平，杨世民，马均，等. 不同水稻品种在不同光照条件下的光合特性及干物质积累 [J]. 应用生态学报，2008, 19(3)：505–511.

[60] 周鸿凯，郭建夫，黎华寿，等. 光温因子与杂交水稻生态群体的产量和品质性状的典型相关分析 [J]. 应用生态学报，2006, 17(4)：663–667.

[61] 敖和军，方远祥，熊昌明，等. 株行距配置对超级杂交稻产量及群体光能利用的影响 [J]. 作物研究，2008(4)：263–269.

[62] 吴桂成，张洪程，戴其根，等. 南方粳型超级稻物质生产积累及超高产特征的研究 [J]. 作物学报，2010, 36(11)：1921–1930.

[63] 韦还和，姜元华，赵可，等. 甬优系列杂交稻品种的超高产群体特 [J]. 作物学报，2013, 39(12)：2201–2210.

[64] 闫川，丁艳锋，王强盛，等. 穗肥施量对水稻植株形态、群体生态及穗叶温度的影响 [J]. 作物学报，2008, 34(12)：2176–2183.

[65] 蒋琪，许国春，王强盛，等. 氮素穗肥对超级稻颖果发育及经济性状的影响 [J]. 南京农业大学学报，2016, 39(2)：191–197.

[66] 何小娥,刘洋,滕振宁,等.穗肥施用期对杂交稻叶片光合特性和干物质积累的影响[J].湖南农业科学,2017(5):10-13.

[67] 付景,陈露,黄钻华.超级稻叶片光合特性和根系生理性状与产量的关系[J].作物学报,2012,38(7):1264-1276.

[68] 赵全志,黄丕生,凌启鸿.水稻群体光合速率和茎鞘贮藏物质与产量关系的研究[J].中国农业科学,2001(3):304-310.

[69] 董明辉,陈培峰,顾俊荣.麦秸还田和氮肥运筹对超级杂交稻茎鞘物质运转与籽粒灌浆特性的影响[J].作物学报,2013(04):673-681.

[70] 彭少兵,Christian Witt,黄见良,等.提高中国稻田氮肥利用率的研究策略[J].中国农业科学,2002,35(9):9.

[71] 程式华,廖西元.中国超级稻研究:背景,目标和有关问题的思考[J].中国稻米,1998,4(1):3-5.

[72] PENG S, TANG Q, ZOU Y. Current status and challenges of rice production in China[J]. Plant Production Science, 2008, 12(1):3-8.

[73] 龚金龙,张洪程,李杰,等.水稻超高产栽培模式及系统理论的研究进展[J].中国水稻科学,2010,24(4):417-424.

[74] 顾铭洪.水稻高产育种中一些问题的讨论[J].作物学报,2010,36(9):1431-1439.

[75] 凌启鸿,张洪程,丁艳锋,等.水稻高产技术的新发展——精确定量栽培[J].中国稻米,2005,11(1):3-7.

[76] KATSURA K, MAEDA S, HORIE T, et al. Analysis of yield attributes and crop physiological traits of Liangyoupeijiu, a hybrid rice recently bred in China[J]. Field Crops Research, 2007, 103(3):170-177.

[77] 袁隆平.超级杂交稻研究进展[J].农学学报,2018(01):71-73.

[78] YUAN L. Progress in super-hybrid rice breeding[J]. Crop Journal, 2017, 5(2):100-102.

［79］周静,马国辉.超级杂交稻超高产栽培研究进展［J］.作物研究,2006(05):422–425.

［80］马均,朱庆森,马文波,等.重穗型水稻光合作用、物质积累与运转的研究［J］.中国农业科学,2003(04):375–381.

［81］翟虎渠,曹树青,万建民,等.超高产杂交稻灌浆期光合功能与产量的关系［J］.中国科学(C辑:生命科学),2002(03):211–217.

［82］陈炳松,张云华,李霞,等.超级杂交稻两优培九生育后期的光合特性和同化产物的分配［J］.作物学报,2002(06):777–782.

［83］李霞,焦德茂.超级杂交稻"两优培九"的光合生理特性［J］.江苏农业学报,2002(01):9–13.

［84］严进明,张荣铣,焦德茂,等.重穗型杂种稻光合和光合产物运转特性研究［J］.作物学报,2001(02):261–266.

［85］李霞,焦德茂,刘友良.不同水稻品种各层叶片光合能力的比较［J］.江苏农业学报,2004(04):213–219.

［86］杨建昌.水稻根系形态生理与产量、品质形成及养分吸收利用的关系［J］.中国农业科学,2011(01):36–46.

［87］袁隆平.超级杂交水稻育种研究的进展［J］.中国稻米,2008(01):1–3.

［88］Yuan Long-ping. Development of Super Hybrid Rice for Food Security in China[J]. Engineering, 2015, 1(1):13–14.

［89］Ma Guo-hui, Yuan Long-ping. Hybrid rice achievements, development and prospect in China[J]. Journal of Integrative Agriculture, 2015, 14(2):197–205.

［90］吴文革,张洪程,吴桂成,等.超级稻群体籽粒库容特征的初步研究[J].中国农业科学,2007(02):250–257.

［91］董桂春,王余龙,王坚刚,等.不同类型水稻品种间根系性状的差异[J].作物学报,2002(06):749–755.

［92］杨建昌.水稻弱势粒灌浆机理与调控途径[J].作物学报,2010(12):2011–2019.

[93] 付景,杨建昌. 超级稻高产栽培生理研究进展 [J]. 中国水稻科学,2011(04): 343-348.

[94] 褚光,刘洁,张耗,等. 超级稻根系形态生理特征及其与产量形成的关系 [J]. 作物学报,2014(05): 850-858.

[95] 梁永书,周军杰,南文斌,等. 水稻根系研究进展 [J]. 植物学报,2016,51(01): 98-106.

[96] 凌启鸿,凌励. 水稻不同层次根系的功能及对产量形成作用的研究 [J]. 中国农业科学,1984(05): 3-11.

[97] 蔡昆争,骆世明,段舜山. 水稻根系的空间分布及其与产量的关系 [J]. 华南农业大学学报,2003(03): 1-4.

[98] 朱德峰,林贤青,曹卫星. 超高产水稻品种的根系分布特点 [J]. 南京农业大学学报,2000(04): 5-8.

[99] 张玉,秦华东,黄敏,等. 水稻根系空间分布特性的数学模拟及应用 [J]. 华南农业大学学报,2013(03): 304-308.

[100] 张耗,黄钴华,王静超,等. 江苏中籼水稻品种演进过程中根系形态生理性状的变化及其与产量的关系 [J]. 作物学报,2011(06): 1020-1030.

[101] 刘桃菊,戚昌瀚,唐建军. 水稻根系建成与产量及其构成关系的研究 [J]. 中国农业科学,2002(11): 1416-1419.

[102] 吴伟明,宋祥甫,孙宗修,等. 不同类型水稻的根系分布特征比较 [J]. 中国水稻科学,2001(04): 37-41.

[103] 姜元华,许俊伟,赵可,等. 甬优系列籼粳杂交稻根系形态与生理特征 [J]. 作物学报,2015(01): 89-99.

[104] 梁建生,曹显祖. 杂交水稻叶片的若干生理指标与根系伤流强度关系 [J]. 江苏农学院学报,1993(04): 25-30.

[105] 赵全志,黄丕生,凌启鸿,等. 水稻颖花伤流量与群体质量的关系 [J]. 南京农业大学学报,2000(03): 9-12.

[106] 李奕松，黄丕生，黄仲青，等. 两系籼型杂交水稻根系生理特性的研究 [J]. 安徽农业大学学报，2001(01)：6-10.

[107] 沈波，王熹. 两个亚种间杂交稻组合的根系生理活性 [J]. 中国水稻科学，2002(02)：49-53.

[108] 林植芳，李双顺，林桂珠，等. 水稻叶片的衰老与超氧化物歧化酶活性及脂质过氧化作用的关系 [J]. Journal of Integrative Plant Biology, 1984(06)：605-615.

[109] Acreche M M, Briceño-Félix G, Martín Sanchez JA,et al. Radiation interception and use efficiency as affected by breeding in Mediterranean wheat [J]. Field Crops Res,2009,110：91–97.

[110] Chang S, Chang T, Song Q, et al. Photosynthetic and agronomic traits of an elite hybrid rice Y-Liang-You 900 with a record-high yield[J]. Field Crops Res,2016, 187：49–57.

[111] Cheng S H, Cao L Y, Chen S G, et al.Conception of late-stage vigor super hybrid rice and its biological significance[J]. Chin J Rice Sci,2005, 19：280–284.

[112] Deng F,Wang L,Ren W J,et al.Optimized nitrogen managements and polyaspartic acid urea improved dry matter production and yield of indica hybrid rice[J].Soil & Tillage Research,2015,145：1-9.

[113] Evans L T. Crop Evolution, Adaptation and Yield[M]. Cambridge：Cambridge University Press, UK, 1993.

[114] Fu Y L, Zhong X H, Zeng J H, et al. Improving grain yield, nitrogen use efficiency and radiation use efficiency by dense planting, with delayed and reduced nitrogen application, in double cropping rice in South China[J]. Journal of Intergrative Agriculture,2021, 20 (2)：565-580.

[115] Furbank R T, Jimenez-Berni J A, George-Jaeggli B, et al. Field crop phenomics：enabling breeding for radiation use efficiency and biomass in cereal crops[J]. New Phytologist, 2019, 223 (4)：1714-1727.

［116］Fageria N K. Yield physiology of rice[J]. Plant Nutr,2007, 30, 846–879.

［117］Haverkort A J, Rutayisire C. Utilization of chemical fertilizers under tropical conditions. 2. Effect of nitrogen, phosphorus and potassium on the relationship between intercepted radiation and yield in potato crops in Central Africa[J]. Potato Res,1986,29, 355–365.

［118］Hou W, Khan M R, Zhang J, et al. Nitrogen rate and plant density interaction enhances radiation interception, yield and nitrogen use efficiency of mechanically transplanted rice[J]. Agric Ecosyst Environ,2019, 269：183–192. https：//doi.org/10.1016/j.agee.2018.10.001

［119］Huang M, Chen J N, Cao F B, et al. Increased hill density can compensate for yield loss from reduced nitrogen input in machine-transplanted double-cropped rice[J]. Field Crops Res,2017, 221：333–338.

［120］Huang M, Shan S, Zhou X, et al. Leaf photosynthetic performance related to higher radiation use efficiency and grain yield in hybrid rice[J]. Field Crops Res,2016, 193, 87-93.

［121］Huang J, He F, Cui K, et al. Determination of optimal nitrogen rate for rice varieties using a chlorophyll meter[J]. Field Crops Res,2008, 105, 70-80.

［122］Katsura K, Maeda S, Horie T, et al. Analysis of yield attributes and crop physiological traits of Liangyoupeijiu, a hybrid rice recently bred in China[J]. Field Crops Research, 2007, 103：170-177.

［123］Katsura K, Maeda S, Lubis I, et al. The high yield of irrigated rice in Yunnan, China："A cross-location analysis"[J]. Field Crops Res,2008, 101：1-11.

［124］Kiniry R, McCauley G, Xie Y, et al. Rice parameters describing crop performance of four U.S. cultivars[J]. Agronomy Journal, 2001, 93：1354-1361.

［125］Li G, Zhang J, Yang C, et al. Yield and yield components of hybrid rice as influenced by nitrogen fertilization at different eco-sites[J]. Plant Nutri,2014, 37,

244‒258.

[126] Li P, Lu J, Wang Y, et al. Nitrogen losses, use efficiency, and productivity of early rice under controlled-release urea[J]. Agr Ecosyst Environ, 2018, 251, 78‒87.

[127] Li D Q, Tang Q Y, Zhang Y B, et al. Effect of nitrogen regimes on grain yield, nitrogen utilization, radiation use efficiency and sheath blight disease intensity in super hybrid rice[J]. Journal of Integrative Agriculture, 2012, 11(1)：134-143.

[128] Liu K, Yang R, Lu J，et al. Radiation use efficiency and source-sink changes of super hybrid rice under shade stress during grain-filling stage[J]. Agronomy Journal, 2019, 111 (4)：1788-1798.

[129] Liu K, Yang R, Deng J. et al. High radiation use efficiency improves yield in the recently developed elite hybrid rice Y-liangyou 900 [J]. Field Crops Research, 2020,105(5)：250-254.

[130] Lu J, Wang DY, Liu K, et al. Inbred varieties outperformed hybrid rice varieties under dense planting with reducing nitrogen[J]. Sci Rep, 2020, 10：8769.

[131] Mitchell P L, Sheehy J E. Supercharging rice photosynthesis to increase yield[J]. New Phytol, 2006,171：688‒693.

[132] Murata Y. Studies on photosynthesis in rice plants and its culturesignificance[J]. Bull Natl Inst Agric Sci, 1961, 9：1‒69.

[133] Monteith J L. Climate and the efficiency of crop production in Britain[J]. Philos TraNS R Soc London B,1977, 281：277-294.

[134] Normile D. Reinventing rice to feed the world[J]. Science, 2008, 321：330-333.

[135] Otegui M, Nicolini M, Ruiz R, et al. Sowing date effects on grain yield components for different maize genotypes[J]. Agronomy Journal,1995,87(1)：29-33.

[136] Peng S, Cassman K G, Virmani S S, et al. Yield potential trends of tropical rice since the release of IR8 and the challenge of increasing rice yield potential[J]. Crop Sci,1999, 39：1552-1559.

[137] Peng S, Huang J, Sheehy J E,et al. Rice yields decline with higher night temperature from global warming[J]. Proc Natl Acad Sci USA,2004, 101: 9971-9975.

[138] Peng S, Khush G S, Virk P, et al. Progress in ideotype breeding to increase rice yield potential[J]. Field Crops Res,2008, 108: 32-38.

[139] Shang C, Guo Z, Chong H T, et al. Higher radiation use efficiency and photosynthetic characteristics after flowering could alleviate the yield loss of Indica-Japonica hybrid rice under shading stress[J]. International Journal of Plant Production, 2022, 64: 1-13.

[140] Sinclair T R, Horie T. Leaf nitrogen, photosynthesis, and crop radiation use efficiency: A review[J]. Crop Sci,1989, 2990: 92-98.

[141] Sinclair T R, Muchow R C. Radiation use efficiency[J]. Adv Agron,1999, 65: 215-265.

[142] Sun J, Yang L, Wang Y. FACE-ing the global change: Opportunities for improvement in photosynthetic radiation use efficiency and crop yield[J]. Plant Science,2009, 177(6): 511-522.

[143] Tang L,Zhu X,Cao M,et al. Relationships of rice canopy PAR interception and light use efficiency to grain yield[J].Chinese Journal of Applied Ecology,2012,23 (5): 1269.

[144] Thangaraj M,Sivasubramanian V.Effects of low light intensity on growth and productivity of irrigated rice [J].Madras Agricultural Journal,1990,77 (5-6): 220-224.

[145] Ullah H, Santiago-Arenas R, Ferdous Z. Improving water use efficiency, nitrogen use efficiency, and radiation use efficiency in field crops under drought stress: A review[J]. Advances in Agronomy,2019, 156: 109-157.

[146] Xiao M,Li Y.Mechanism of photothermal energy on the growth and yield of rice under water level regulation[J].Phyton,2021,90(4): 1131-1146.

[147] Xie X B, Shan S L, Wang Y M, et al. Dense planting with reducing nitrogen rate increased grain yield and nitrogen use efficiency in two hybrid rice varieties across two light conditions[J]. Field Crops Res,2019, 236：24－32.

[148] Xu Y,Ookawa T,Ishihara K.Analysis of the dry matter production process and yield formation of the high-yielding rice cultivar takanari,from 1991 to 1994[J]. Japanese Journal of Crop Science,2008,66(1)：42-50.

[149] Yang J.Grain and dry matter yields and partitioning of assimilates in japonica/indica hybrid rice[J].Crop Science,2002,42(3)：766-772.

[150] Ying J, Peng S, He Q, et al. Comparison of high-yield rice in tropical and subtropical environments：I. Determinants of grain and dry matter yields[J]. Field Crops Res,1998, 5771：76－78.

[151] Yuan L P. Progress in super-hybrid rice breeding[J]. Crop J, 2017,5：100－102.

[152] Yu Y, Huang Y Zhang W. Changes in rice yield in China since 1980 associated with cultivar improvement：climate and crop management[J]. Field Crops Res,2012, 136：65－75.

[153] Yamamoto H, Iwaya K, Takasu Y. Comparisons of efficiency of solar energy utilization and efficiency of solar energy conversion in high-yielding rice canopies[J]. Journal of agricultural meteorology, 2003, 59 (1)：1-11.

[154] Yoshida S, Satake T, Mackill D. High temperature stress[J]. IRRI Res, 1981, 67：1-15.

[155] Zhang Y B, Tang Q Y, Zou Y B. Yield potential and radiation use efficiency of "super" hybrid rice grown under subtropical conditions[J]. Field Crops Research, 2009, 114 (1)：87-98.

[156] Zhang Q. Strategies for developing green super rice. Proc[J].Natl Acad Sci,2007, 104：16402－16409.

[157] Zhou Y, Li Y, Xu C. Land consolidation and rural revitalization in China：

Mechanisms and paths[J]. Land Use Policy,2020, 91：104379.

［158］Zhou W, Huang Y, Leng F Q, et al. Effects of postponing nitrogen applications on leaf senescence of indica hybrid rice[J]. Res on Crops,2013, 14：357–366.

［159］赵育民，牛树奎，王军邦．植被光能利用率研究进展［J］．生态学杂志，2007, 26(9)：1471-1477.

［160］杨安中，吴文革，李泽福，等．氮肥运筹对超级稻库源关系、干物质积累及产量的影响［J］．土壤，2016, 48 (2)：254-258.

［161］任万军．杂交稻高产高效施氮研究进展与展望［J］．植物营养与肥料，2017, 23(6)：1505-1513.

［162］吕川根，李霞，陈国祥．超级杂交稻两优培九高产的光合特性及其生理基础［J］．中国农业科学，2017, 50 (21)：4055-4071.

［163］韦还和，孟天瑶，李超，等．籼粳交超级稻甬优538的穗部特征及籽粒灌浆特性［J］．作物学报，2015, 41(12)：1858-1869.

［164］袁隆平，武小金．水稻广谱广亲和系的选育策略［J］．中国农业科学，1997,30(4)：1-8.

［165］黄英金，徐正进．对超级稻研究中几个问题的思考［J］．中国农业科技导报，2004,6(5)：1-5.

［166］姜元华，张洪程，韦还和，等．亚种间杂交稻不同冠层叶形组合产量差异及其形成机理［J］．中国农业科学，2014,47(2)：2312-2325.

［167］王成孜，高丽敏，孙玉明，等．弱光胁迫对分蘖期超级稻与常规稻叶片光合特性的影响［J］．南京农业大学学报，2019,42(1)：1-7.

［168］董明辉，惠锋，顾俊荣，等．灌浆期不同光强对水稻不同粒位籽粒品质的影响［J］．中国生态农业学报，2013,21(2)：1-7.

［169］IPCC. Climate Change 2021：The Physical Science Basis. Contribution of Working Group I to the Sixth Assessment Report of the Intergovernmental Panel on Climate Change [M]. Cambridge：Cambridge University Press,2021.

[170] 屠其璞，邓自旺，周晓兰. 中国近117年年平均气温变化的区域特征研究 [J]. 应用气象学报, 1999, 10(S1)：35-43.

[171] Ding Y, Ren G, Shi G. China's national assessment report on climate change(I)：Climate change in China and the future trend [J]. National Climate Commission of China, 2006, 3(1)：1-5.

[172] Tian X, Matsui T, Li S, et al. Heat-induced floret sterility of hybrid rice (*Oryza Sativa* L.) cultivars under humid and low wind conditionsin the field of Jianghan basin, China [J]. Plant Production Science, 2015, 13(3)：243-251.

[173] 杨晓光，刘志娟，陈阜. 全球气候变暖对中国种植制度可能影响Ⅰ：气候变暖对中国种植制度北界和粮食产量可能影响的分析 [J]. 中国农业科学, 2010,43(2)：329-336.

[174] 赵锦，杨晓光，刘志娟，等. 全球气候变暖对中国种植制度可能影响Ⅱ：南方地区气候要素变化特征及对种植制度界限可能影响 [J]. 中国农业科学 2010,43(9)：1860-1867.

[175] Gray J M, Frolking S, Kort E A, et al. Direct human influence on atmospheric CO_2 seasonality from increased cropland productivity[J].Nature,2014,515(7527)：398-401.

[176] Zeng N, Zhao F, Collatz G J, et al. Agricultural green revolution as a driver of increasing atmospheric CO_2 seasonal amplitude[J].Nature,2014,515(7527)：394-397.

[177] 周静. 超级杂交籼稻气候生态适应性与产量差异研究 [D]. 长沙：湖南农业大学，2018.

[178] Yan Z, Jones P D, Davies T D, et al. Trends of extreme temperatures in Europe and China based on daily observations[J]. Climatic Change, 2002,53(1-3)：355-392.

[179] Lobell D B, Burke M B, Tebaldi C, et al. Prioritizing climate change adaptation needs for food security in 2030[J]. Science, 2008,319：607-610.

[180] Matsui T, Kobayasi K, Yoshimoto M, et al. Dependence of pollination and fertilization in rice (*Oryza sativa* L.) on floret height within the canopy[J]. Field

Crops Research, 2020,249：107741.

［181］Matsui T, Kobayasi K, Yoshimoto M, et al. Factors determining the occurrence of floret sterility in rice in a hot and low-wind paddy field in Jianghan Basin, China[J]. Field Crops Research, 2021,267：108161.

［182］Yoshimoto M, Fukuoka M, Hasegawa T, et al. MINCERnet：A global research alliance to support the fight against heat stress in rice[J]. J Agric Meteorol, 2012,68：149－157.

［183］Yoshimoto M, Fukuoka M, Tsujimoto Y, et al. Monitoring canopy micrometeorology in diverse climates to improve the prediction of heat-induced spikelet sterility in rice under climate change[J]. Agric For Meteorol, 2022,316：108860.

［184］Satake T, Y Shouichi. High temperature-induced sterility in Indica rices at flowering [J]. Japanese Journal of Crop Science, 1978, 47(1)：6-17.

［185］Cai Z, He F, Feng X, et al. Transcriptomic analysis reveals important roles of lignin and flavonoid biosynthetic pathways in rice thermotolerance during reproductive stage[J]. Frontiers in Genetics, 2020, 11：562937.doi：10.3389/fgene.2020.562937.

［186］闫浩亮，王松，王雪艳，等.不同水稻品种在高温逼熟下的表现及其与气象因子的关系 [J].中国水稻科学，2021,35(06)：617-628.

［187］袁隆平.杂交水稻超高产育种 [J].杂交水稻，1997，12(6)：1-6.

［188］程式华，廖西元.中国超级稻研究：背景，目标和有关问题的思考 [J].中国稻米，1998，1：3-5.

［189］杨仁崔，杨惠杰.国际水稻研究所新株型稻研究进展 [J].杂交水稻，1998，13(5)：29-31.

［190］袁隆平.超级杂交稻研究 [M].上海：上海科学技术出版社，2006.

［191］袁隆平.选育超高产杂交水稻的进一步设想 [J].杂交水稻，2012,27(6)：1-2.

［192］袁隆平，马国辉.超级杂交稻强化栽培理论与实践 [M].长沙：湖南科学技术

出版社，2005.

[193] 袁隆平，马国辉. 超级杂交稻亩产800公斤关键技术 [M]. 北京：中国三峡出版社，2006.

[194] 马国辉，袁隆平. 超级杂交水稻亩产900千克栽培新技术 [M]. 长沙：湖南科学技术出版社，2021.

[195] 武小金. 提高水稻杂种优势水平的可能途径 [J]. 中国水稻科学，2000，14(1)：61-64.

[196] 胡文新. 国际水稻研究所新株型水稻的研究背景和现状 [J]. 江西农业大学学报，2001，13(4)：51-54.

[197] 成舸，李浩鸣. 超级稻第四期攻关战略构想提出 [N]. 中国科学报，2012-10-29 (A4).

[198] 袁隆平，武小金，廖伏明，等. Hybrid Rice Technology[M]. 北京：中国农业出版社，2003.

[199] 马均，马文波，田彦华，等. 重穗型水稻植株抗倒伏能力的研究 [J]. 作物学报，2004，30(2)：143-148.

[200] 杨惠杰，杨仁崔，李义珍，等. 水稻茎秆性状与抗倒性的关系 [J]. 福建农业学报，2000，15(2)：1-7.

[201] 邓启云，马国辉. 亚种间杂交水稻维管束性状及其与籽粒充实度关系的初步研究 [J]. 湖北农学院学报，1992，12(4)：7-11.

[202] 马国辉，邓启云，万宜珍，等. 超级杂交稻抗倒生理与形态机能研究Ⅰ. 培矮64S/E32与汕优63植株钾、硅和纤维素含量差异 [J]. 湖南农业大学学报，2000，26(5)：329-331.

[203] 万宜珍，马国辉. 超级杂交稻抗倒生理与形态机能研究Ⅱ. 培矮64S/E32与汕优63茎秆抗倒力学差异 [J]. 湖南农业大学学报，2003，29(2)：92-94.

[204] 马国辉. 超级杂交稻高产理论与实践初论 [J]. 中国农业科技导报，2005，4：3-8.

[205] 田小海,王晓玲,许凤英,等.植物生长调节剂立丰灵对超级杂交稻抗倒性和冠层结构的影响[J].杂交水稻,2010,03：64-67,73.

[206] 许凤英,王晓玲,田小海.立丰灵对2种氮肥用量下直播稻抗倒特性及产量的影响[J].长江大学学报,2014,11(11)：1-3,7.

[207] 魏中伟,马国辉.超高产杂交水稻超优1000的生物学特性及抗倒性研究[J].杂交水稻,2015,30(1)：58-63.

[208] 魏中伟,马国辉.超高产杂交水稻超优1000的根系特征研究[J].杂交水稻,2016,31(5)：51-55.

[209] 沈洪昌,马国辉,宋春芳.水稻茎秆形态结构与倒伏的研究进展[J].湖南农业科学,2009,08：41-44.

[210] 艾治勇,马国辉.水稻倒伏研究现状[J].作物研究,2004(5)：334-338.

[211] 许文燕,龙继锐,马国辉,等.液体硅钾肥对杂交晚稻抗倒伏性和物质生产的影响初探[J].中国农学通报,2011,27(18)：24-28.

[212] 王晓玲,许凤英,马国辉,等,不同用量缓释氮对超级稻节间长度和抗倒性的影响[J].湖北农业科学,2011,50(3)：472-475.

[213] 艾治勇,马国辉.超级杂交稻抗倒高产肥料运筹技术的数学模型研究[J],植物营养与肥料学报,2011,17(4)：803-808.

[214] 王晓玲,许凤英,马国辉,等.不同剂型和用量立丰灵对Y两优1号抗倒性和产量的影响[J].杂交水稻,2010,25(6)：44-47.

[215] 许凤英,邹华文,王晓玲,等.立丰灵与移栽灵对直播稻抗倒性能的影响[J].湖北农业科学,2011,50(5)：891-893.

[216] 龙继锐,马国辉,许文艳,等.植物生长延缓剂立丰灵对杂交中稻抗倒性与产量的影响[J].杂交水稻,2011,26(1)：56-60.

[217] 张友强,许凤英,王晓玲,等.移栽灵和立丰灵对直播稻抗倒特性及产量的影响[J].湖南农业科学,2011,40(3)：43-46.

[218] 许凤英,吴启侠,马国辉,等.植物生长调节剂在杂交中稻直播栽培中适宜

用量与时期初步研究[J].杂交水稻,2010,25(6):41-43.

[219] 陆福勇,江立庚,秦华东,等.不同氮、硅用量对水稻产量和品质的影响[J].植物营养与肥料学报,2005,11(6):846-850.

[220] 卢维盛,李华兴,刘远金.施硅对水稻产量和稻米品质的影响[J].华南农业大学学报,2002,23(1):921.

[221] 杨艳华,朱镇,张亚东,等.不同水稻品种(系)抗倒伏能力与茎秆形态性状的关系[J].江苏农业学报,2011,27(2):231-235.

[222] 李杰,张洪程,龚金龙,等.不同种植方式对超级稻植株抗倒伏能力的影响[J].中国农业科学,2011,44(11):2234-2243.

[223] 张俊,李刚华,宋云攀,等.超级稻Y两优2号在两生态区的抗倒性分析[J].作物学报,2013,39(4):682-692.

[224] 李国辉,钟旭华,田卡,等.施氮对水稻茎秆抗倒伏能力的影响及其形态和力学机理[J].中国农业科学,2013,46(7):1323-1334.

[225] 陆红飞,郭相平,甄博,等.旱涝交替胁迫下水稻茎节发育及其抗倒伏能力[J].灌溉排水学报,2016,35(8):47-52.

[226] 张倩,张海燕,谭伟明,等.30%矮壮素·烯效唑微乳剂对水稻抗倒伏性状及产量的影响[J].农药学报,2011,13(2):144-148.

[227] 陈桂华,邓化冰,张桂莲,等.水稻茎秆性状与抗倒性的关系及配合力分析[J].中国农业科学,2016,49(3):407-417.

[228] 雷小龙,刘利,苟文,等.种植方式对杂交籼稻植株抗倒伏特性的影响[J].作物学报,2013,39(10):1814-1825.

[229] 田文涛,邵平,王燚,等.超级杂交稻茎秆形态结构及其与抗倒性的关系研究[J].杂交水稻,2017,32(2):67-71.

[230] HITAKE N. Experimental studies on the mechanisms of lodging and of its effect on yield in rice plans [J].Journal of agricultural meteorology,1970,26(1):35-36.

[231] Ookawa T, Ishihara K. Genetic characteristics of the breaking strength of the basal

culm related to lodging resistance in a cross between Koshihikari and Chugoku 117 [J]. Japanese Journal of Crop Science, 1997，66(4)：603-609.

［232］ISHIMARU K, TOGAWA E, OOKAWA T, et al. New target for rice lodging resistance and its effect in a typhoon[J]. Planta, 2008,227(3)：601-609.

［233］TAKAYUKI K, NAOKI H, KAZUHIRO U, et al. Lodging resistance locus prl5 improves physical strength of the lower plant part under different conditions of fertilization in rice [J].Field crops research, 2010,115：107-115.

［234］ZHANG M, ZHANG B C, QIAN Q, et al. Brittle Culm 12，a dual-targeting kinesin-4 protein, controls cell-cycle progression and wall properties in rice [J].The plant journal, 2010,63(2)：312-328.

［235］艾治勇.超级杂交稻形态及生理特性与抗倒性关系的研究 [D].长沙：湖南农业大学，2006.

［236］许文燕.液态硅钾叶面肥对杂交水稻抗倒伏性状及其产量的影响 [D].长沙：中南大学，2011.

［237］沈洪昌.超级杂交水稻抗倒力差异及栽培调控技术研究 [D].长沙：湖南农业大学，2009.

［238］袁隆平.超级杂交稻研究进展 [J].农学学报，2018,8(01)：71-73.

［239］Yang J C, Zhang J H. Crop management techniques to enhance harvest index in rice[J]. Journal of Experimental Botany, 2010, 61(12)：3177-3189.

［240］Mader P, Fliessbach A, Dubois D, et al. Soil fertility and biodiversity in organic farming[J]. Science, 2002, 296(5573)：1694-1697.

［241］Bardgett R D, van der Putten W H. Belowground biodiversity and ecosystem functioning[J]. Nature, 2014, 515(7528)：505-511.

［242］Wu Z H, Liu Q S, Li Z Y, et al. Environmental factors shaping the diversity of bacterial communities that promote rice production[J]. Bmc Microbiology, 2018, 18(1)：51.

［243］Zhang J Y, Liu Y X, Zhang N, et al. NRT1.1B is associated with root microbiota composition and nitrogen use in field-grown rice[J]. Nature Biotechnology, 2019, 37(6)：676.

［244］Zhong Y, Hu J H, Xia Q M, et al. Soil microbial mechanisms promoting ultrahigh rice yield[J]. Soil Biology & Biochemistry, 2020, 143：107741.

［245］Yin C, Jones K L, Peterson D E, et al. Members of soil bacterial communities sensitive to tillage and crop rotation[J]. Soil Biology and Biochemistry, 2010, 42(12)：2111-2118.

［246］Liu J, Zhang J, Chen X D, et al. Effects of N top-dressing modes of panicle fertilization on soil enzymes activity and yield of rice (*Oryza sativa* L.)[J]. Journal of Agricultural Science, 2019, 157(2)：109-116.

［247］Zhu T B, Meng T Z, Zhang J B, et al. Nitrogen mineralization, immobilization turnover, heterotrophic nitrification, and microbial groups in acid forest soils of subtropical China[J]. Biology and Fertility of Soils, 2013, 49(3)：323-331.

［248］鲁如坤. 土壤农业化学分析方法[M]. 北京：中国农业科技出版社, 2000.

［249］关松荫. 土壤酶及其研究法[M]. 北京：农业出版社, 1986.

［250］Henry S, Bru D, Stres B, et al. Quantitative detection of the nosZ gene, encoding nitrous oxide reductase, and comparison of the abundances of 16S rRNA, narG, nirK, and nosZ genes in soils[J]. Applied and Environmental Microbiology, 2006, 72(8)：5181-5189.

［251］Ligi T, Truu M, Truu J, et al. Effects of soil chemical characteristics and water regime on denitrification genes (*nirS*, *nirK*, and *nosZ*) abundances in a created riverine wetland complex[J]. Ecological Engineering, 2014, 72：47-55.

［252］Hallin S, Lindgren P. PCR detection of genes encoding nitrite reductase in denitrifying bacteria[J]. Applied and Environmental Microbiology, 1999, 65(4)：1652-1657.

［253］Caporaso J G, Lauber C L, Walters W A, et al. Global patterns of 16S rRNA diversity at a depth of millions of sequences per sample[J]. Proceedings of the National Academy of Sciences of the United States of America, 2011, 108(11SUPPL.)：4516−4522.

［254］Edgar R C. UPARSE：Highly accurate OTU sequences from microbial amplicon reads[J]. Nature Methods, 2013, 10(10)：996.

［255］Cole J R, Wang Q, Fish J A, et al. Ribosomal Database Project：Data and tools for high throughput rRNA analysis[J]. Nucleic Acids Research, 2014, 42(D1)：633−642.

［256］Wang Q, Garrity G M, Tiedje J M, et al. Naive Bayesian classifier for rapid assignment of rRNA sequences into the new bacterial taxonomy[J]. Applied and Environmental Microbiology, 2007, 73(16)：5261−5267.

［257］Jiang Y, van Groenigen K J, Huang S, et al. Higher yields and lower methane emissions with new rice cultivars[J]. Global Change Biology, 2017, 23(11)：4728−4738.

［258］Louca S, Parfrey L W, Doebeli M. Decoupling function and taxonomy in the global ocean microbiome[J]. Science, 2016, 353(6305)：1272−1277.

［259］Schmidt D E, Dlott G, Cavigelli M, et al. Soil microbiomes in three farming systems more affected by depth than farming system[J]. Applied Soil Ecology,2022, 173：104396.

［260］梁金凤, 齐庆振, 贾小红, 等. 不同耕作方式对土壤性质与玉米生长的影响研究[J]. 生态环境学报, 2010, 19(04)：945−950.

［261］沈晓琳. 耕作方式对土壤有机碳、微生物及线虫群落的影响研究[D]. 北京：中国农业科学院, 2021.

［262］郭婷. 短期耕作和施肥对草甸黑土酶活性和细菌多样性的影响[D]. 哈尔滨：东北农业大学, 2018.

[263] Montesinos-Navarro A, Hiraldo F, Tella J L, et al. Network structure embracing mutualism-antagonism continuums increases community robustness[J]. Nature Ecology & Evolution, 2017, 1(11): 1661-1669.

[264] Ma B, Wang Y L, Ye S D, et al. Earth microbial co-occurrence network reveals interconnection pattern across microbiomes[J]. Microbiome, 2020, 8(1): 82.

[265] Layeghifard M, Hwang D M, Guttman D S. Disentangling interactions in the microbiome: A network perspective[J]. Trends in Microbiology, 2017, 25(3): 217-228.

[266] Jiao S, Lu Y H, Wei G H. Soil multitrophic network complexity enhances the link between biodiversity and multifunctionality in agricultural systems[J]. Global Change Biology, 2022, 28(1): 140-153.

[267] Jiang Y J, Sun B, Li H X, et al. Aggregate-related changes in network patterns of nematodes and ammonia oxidizers in an acidic soil[J]. Soil Biology & Biochemistry, 2015, 88: 101-109.

[268] de Vries F T, Wallenstein M D. Below-ground connections underlying above-ground food production: A framework for optimising ecological connections in the rhizosphere[J]. Journal of Ecology, 2017, 105(4): 913-920.

[269] Fierer N. Embracing the unknown: Disentangling the complexities of the soil microbiome[J]. Nature Reviews Microbiology, 2017, 15(10): 579-590.

[270] Kuypers M, Marchant H K, Kartal B. The microbial nitrogen-cycling network[J]. Nature Reviews Microbiology, 2018, 16(5): 263-276.

[271] Caranto J D, Lancaster K M. Nitric oxide is an obligate bacterial nitrification intermediate produced by hydroxylamine oxidoreductase (vol 114, pg 8217, 2017)[J]. Proceedings of the National Academy of Sciences of the United States of America, 2018, 115(35): B325.

[272] Zumft W G. Cell biology and molecular basis of denitrification[J]. Microbiology

and Molecular Biology Reviews, 1997, 61(4): 533-616.

[273] Azziz G, Monza J, Etchebehere C, et al. NirS- and nirK-type denitrifier communities are differentially affected by soil type, rice cultivar and water management[J]. European Journal of Soil Biology, 2017, 78: 20-28.

[274] Yang L Q, Zhang X J, Ju X T. Linkage between N_2O emission and functional gene abundance in an intensively managed calcareous fluvo-aquic soil[J]. Scientific Reports, 2017, 7-8.

[275] Cui P Y, Fan F L, Yin C, et al. Long-term organic and inorganic fertilization alters temperature sensitivity of potential N_2O emissions and associated microbes[J]. Soil Biology & Biochemistry, 2016, 93: 131-141.

[276] 凌启鸿. 作物群体质量[M]. 上海: 上海科学技术出版社, 2000.

[277] 汪定淮, 刘尚义, 沈烈, 等. 作物养分平衡与高产栽培: 兼论作物栽培科学现代化[M]. 北京: 北京大学出版社, 1994.

[278] 莫惠栋. 我国稻米品质的改良[J]. 中国农业科学, 1993, 26(4): 8-14.

[279] 吕川根. 栽培密度和施肥方法对稻米品质影响的研究[J]. 中国水稻科学, 1988, 2(3): 141-144.

[280] 贺浩华, 彭小松, 刘宜柏. 环境条件对稻米品质的影响[J]. 江西农业学报, 1997, 9(4): 66-72.

[281] 季军, 顾德法. 环境和栽培因子对稻米品质影响的研究进展[J]. 上海农业学报, 1997, 13(1): 94-97.

[282] 中国科学院南京土壤研究所. 土壤理化分析[M]. 上海: 上海科学技术出版社, 1978.

[283] 鲍士旦. 土壤农化分析[M]. 北京: 中国农业出版社, 2000.

[284] Chen L J, Wu Z J, Jiang Y, et al. Response of N transformation related soil enzyme Activities to inhibitor applications[J]. Chinese Journal of Applied Ecology, 2002, 13(9): 1099-1103.

[285] Wang S J, Hu J C, Zhang X W. Prospect of Chinese soil microbiology in the new century[J]. Journal of Microbiology, 2002, 22(1): 36 - 39.

[286] Pang X, Zhang F S, Wang J G. Effect of different nitrogen levels on SMBO - N and microbial activity[J]. Plant Nutrition and Fertilizer Science, 2000, 6(4): 476 - 480.

[287] Luo A C, Subedi T B, Zhang Y S, et al. Effect of organic manure on the numbers of microbes of microbes and enzyme activity in rice rhizosphere[J]. Plant Nutrition and Fertilizer Science, 1999, 5(4): 321 - 327.

[288] Chai Q, Huang G B, Huang P, et al. Effect of 3 - methy - phenol and phosphorous on soil microbes and enzyme activity in wheat faba - bean intereropping systems[J]. Acta Ecologica Sinica, 2006, 26(2): 383 - 394.

[289] Cai K Z, Luo S M, Fang X. Effects of file mulching of upland rice on root and leaf traits, soil nutrient content and soil microbial activity[J]. Acta Ecologica Sinica, 2006, 26(6): 1903 - 1911.

[290] 樊军, 郝明德. 长期轮作与施肥对土壤主要微生物类群的影响[J]. 水土保持研究, 2003, 10(1): 88 - 114.

[291] Luo An - cheng, Sun xi. Effect of organic manure on the biological activities associated with insoluble phosphorus release in a blue purple paddy soil[J]. Soil Sci Plant Anal, 1994, 25(13 - 14): 2513 - 2522.

[292] 吴少慧, 张成刚, 张忠泽. RAPD 技术在微生物生物多样性鉴定中的应用[J]. 微生物学杂志, 2002, 20(2): 44 - 47.

[293] 俞慎. 土壤微生物量作为红壤质量生物指标的探讨[J]. 土壤学报, 1999, 36(3): 387 - 394.

[294] Livia Bohme, Uwe Langer, Frank Bohme. Microbial biomass, enzyme activities and microbial community structure in two European long - term field experiments[J]. Agriculture, Ecosystems and Environment, 2005, 109: 141 - 152.

[295] 彭既明,廖伏明.超级杂交稻第 3 期单产 13.5 t/hm² 攻关获得重大突破[J].杂交水稻,2011,26(5):29.

[296] 宋春芳.隆回县超级杂交稻示范表现及高产栽培技术[J].杂交水稻,2011,26(4):46.

[297] 宋春芳,舒友林,彭既明,等.溆浦超级杂交稻"百亩示范"单产超 13.5 t/hm² 高产栽培技术[J].杂交水稻,2012,27(6):50-51.

[298] 龚子同,张效朴.我国水稻土资源特点及低产水稻土的增产潜力[J].农业现代化研究,1988(8):33-36.

[299] 曾路生,廖敏,黄昌勇,等.水稻不同生育期的土壤微生物量和酶活性的变化[J].中国水稻科学,2005,19(5):441-446.

[300] Sinsabaugh R L, Manzoni S, Moorhead D L, et al. Carbon use efficiency of microbial communities: Stoichiometry, methodology and modelling[J]. Ecology Letters, 2013, 16(7): 930-939.

[301] Singh B K, Dawson L A, Macdonald C A, et al. Impact of biotic and abiotic interaction on soil microbial communities and functions: A field study[J]. Applied Soil Ecology, 2009, 41(3): 239-248.

[302] Richardson A E, Barea J, McNeill A M, et al. Acquisition of phosphorus and nitrogen in the rhizosphere and plant growth promotion by microorganisms[J]. Plant and Soil, 2009, 321(1/2): 305-339.

[303] Anderson R C, Liberta A E. Influence of supplemental inorganic nutrients on growth, survivorship, and mycorrhizal relationships of Schizachyrium scoparium (Poaceae) grown in fumigated and unfumigated soil[J]. American Journal of Botany, 1992, 79(4): 406-414.

[304] Revsbech N P, Pedersen O, Reichardt W, et al. Microsensor analysis of oxygen and pH in the rice rhizosphere under field and laboratory conditions[J]. Biology and Fertility of Soils, 1999, 29(4): 379-385.

[305] Briones A M, Okabe S, Umemiya Y, et al. Influence of different cultivars on populations of ammonia‐oxidizing bacteria in the root environment of rice[J]. Applied and Environmental Microbiology, 2002, 68(6): 3067‐3075.

[306] Prashar P, Kapoor N, Sachdeva S. Rhizosphere: Its structure, bacterial diversity and significance[J]. Reviews in Environmental Science and Bio/Technology, 2014, 13(1): 63‐77.

[307] Kumar A, Kuzyakov Y, Pausch J. Maize rhizosphere priming: Field estimates using 13C natural abundance[J]. Plant and Soil, 2016, 409(1/2): 87‐97.

[308] 魏亮, 汤珍珠, 祝贞科, 等. 水稻不同生育期根际与非根际土壤胞外酶对施氮的响应[J]. 环境科学, 2017, 38(8): 3489‐3496.

[309] 吴金水, 葛体达, 祝贞科. 稻田土壤碳循环关键微生物过程的计量学调控机制探讨[J]. 地球科学进展, 2015, 30(9): 1006‐1017.

[310] Loeppmann S, Blagodatskaya E, Pausch J, et al. Substrate quality affects kinetics and catalytic efficiency of exo‐enzymes in rhizosphere and detritusphere[J]. Soil Biology and Biochemistry, 2016, 92: 111‐118.

[311] 吴朝晖, 袁隆平. 微生物量的变化与超级杂交稻产量的关系研究[J]. 湖南农业科学, 2011(13): 45‐47.

[312] Zhu Y J, Hu G P, Liu B, et al. Using phospholipid fatty acid technique to analysis the rhizosphere specific microbial community of seven hybrid rice cultivars[J]. Journal of Integrative Agriculture, 2012, 11(11): 1817‐1827.

[313] 张振兴, 张文钲, 杨会翠, 等. 水稻分蘖期根系对根际细菌丰度和群落结构的影响[J]. 浙江农业学报, 2015, 27(12): 2045‐2052.

[314] 楼骏, 柳勇, 李延. 高通量测序技术在土壤微生物多样性研究中的研究进展[J]. 中国农学通报, 2014, 30(15): 256‐260.

[315] Caporaso J G, Lauber C L, Waters W A, et al. Global patterns of 16S rRNA diversity at a depth of millions of sequences per sample[J]. Proceedings of the National

Academy of Sciences of the United States of America,2011,108：4516 - 4522.

[316] Lynch M D J,Neufeld J D. Ecology and exploration of the rare biosphere[J]. Nature Reviews Microbiology,2015,13(4)：217 - 229.

[317] 秦杰,姜昕,周晶,等. 长期不同施肥黑土细菌和古菌群落结构及主效影响因子分析 [J]. 植物营养与肥料学报,2015,21(6)：1590 - 1598.

[318] Henriksen T M,Breland T A. Nitrogen availability effects on carbon mineralization, fungal and bacterial growth,and enzyme activities during decomposition of wheat straw in soil[J]. Soil Biology and Biochemistry,1999,31(8)：1121 - 1134.

[319] Meidute S,Demoling F,Bååth E. Antagonistic and synergistic effects of fungal and bacterial growth in soil after adding different carbon and nitrogen sources[J]. Soil Biology and Biochemistry,2008,40(9)：2334 - 2343.

[320] Liu Z F,Fu B J,Zheng X X,et al. Plant biomass,soil water content and soil N：P ratio regulating soil microbial functional diversity in a temperate steppe：A regional scale study[J]. Soil Biology and Biochemistry,2010,42(3)：445 - 450.

[321] 尹娜. 中国北方主要草地类型土壤细菌群落结构和多样性变化 [M]. 长春：东北师范大学,2014.

[322] 沈菊培,张丽梅,贺纪正. 几种农田土壤中古菌、泉古菌和细菌的数量分布特征 [J]. 应用生态学报,2011,22(11)：2996 - 3002.

[323] Kemnitz D,Kolb S,Conrad R. High abundance of Crenarchaeota in a temperate acidic forest soil[J]. FEMS Microbiology Ecology,2007,60(3)：442 - 448.

[324] Lipp J S,Morono Y,Inagaki F,et al. Significant contribution of Archaea to extant biomass in marine subsurface sediments[J]. Nature,2008,454(7207)：991 - 994.

[325] Wu Y P,Ma B,Zhou L,et al. Changes in the soil microbial community structure with latitude in eastern China,based on phospholipid fatty acid analysis[J]. Applied Soil Ecology,2009,43(2)：234 - 240.

[326] Hackl E,Zechmeister B S,Bodrossy L,et al. Comparison of diversities and

compositions of bacterial populations inhabiting natural forest soils[J]. Applied Environmental Microbiology,2004,70(9): 5057-5065.

[327] Kuske C R,Ticknor L O,Miller M E,et al. Comparison of soil bacterial communities in rhizospheres of tree plant species and the interspaces in an arid grassland[J]. Applied Environmental Microbiology,2002,68(4): 1854-1863.

[328] Sessitsch A,Weilharter A,Gerzabek M H,et al. Microbial population structures in soil particle size fractions of a long-term fertilizer experiment[J]. Applied Environmental Microbiology,2001,67(9): 4215-4224.

[329] Campos S B,Lisboa B B,Camargo F A O,et al. Soil suppressiveness and its relations with the microbial community in a Brazilian subtropical agroecosystem under different management systems[J]. Soil Biology and Biochemistry,2016,96: 191-197.

[330] 刘洋,黄懿梅,曾全超. 黄土高原不同植被类型下土壤细菌群落特征研究[J]. 环境科学,2016,37(10): 3931-3938.

[331] Rehman K,Ying Z,Andleeb S,et al. Short term influence of organic and inorganic fertilizer on soil microbial biomass and DNA in summer and spring[J]. Journal of Northeast Agricultural University (English Edition),2016,23(1): 20-27.

[332] Jones R T,Robeson M S,Lauber C L,et al. A comprehensive survey of soil acidobacterial diversity using pyrosequencing and clone library analyses[J]. The ISME Journal,2009,3(4): 442-453.

[333] 袁红朝,吴昊,葛体达,等. 长期施肥对稻田土壤细菌、古菌多样性和群落结构的影响[J]. 应用生态学报,2015,26(6): 1807-1813.

[334] Pankratov T A,Ivanova A O,Dedysh S N,et al. Bacterial populations and environmental factors controlling cellulose degradation in an acidic sphagnum peat[J]. Environmental Microbiology,2011,13(7): 1800-1814.

[335] 徐庆国,杨知建,朱春生,等. 超级杂交稻的根系形态特征及其与地上部关系

的研究 [J]. 杂交水稻, 2010(S1): 378 - 384.

[336] 沈建凯, 贺治洲, 郑华斌, 等. 我国超级稻根系特性及根际生态研究现状与趋势 [J]. 热带农业科学, 2014, 34(7): 33 - 38, 50.

[337] 全国土壤普查办公室. 中国土壤普查技术 [M]. 北京: 农业出版社, 1992.

[338] 袁隆平. 杂交水稻超高产育种 [J]. 杂交水稻, 1997, 12(6): 1-6.

[339] 袁隆平, 王三良, 马国辉, 等. 杂交水稻学 [M]. 北京: 中国农业出版社, 2003.

[340] 袁隆平. 超级杂交稻亩产 800 公斤关键技术 [M]. 北京: 中国三峡出版社, 2006: 62-63.

[341] 唐启源, 邹应斌, 米湘成, 等. 不同施氮条件下超级杂交稻的产量形成特点与氮肥利用 [J]. 杂交水稻, 2003, 18(1): 44-48.

[342] Haefele S M, Jabbar S M A, Siopongco J D L C, et al. Nitrogen use efficiency in selected rice (*Oryza sativa* L.) genotypes under different water regimes and nitrogen levels[J]. Field Crops Research, 2008, 107(2): 137-146.

[343] 马国辉. 超级杂交稻高产理论与实践初论 [J]. 中国农业科技导报, 2005(4): 3-8.

[344] 冯涛, 杨京平, 施宏鑫, 等, 高肥力稻田不同施氮水平下的氮肥效应和几种氮肥利用率的研究 [J]. 浙江大学学报, 2006, 32(1): 60-64.

[345] 苏祖芳, 周培南, 许乃霞, 等. 密肥条件对水稻氮素吸收和产量形成的影响 [J]. 中国水稻科学, 2001, 15(4): 281-286.

[346] 江立庚, 曹卫星, 甘秀芹, 等. 不同施氮水平对南方早稻氮素吸收利用及其产量和品质的影响 .[J] 中国农业科学, 2004, 37(4): 490-496.

[347] 徐明岗, 孙小凤, 邹长明, 等. 稻田控释氮肥的施用效果与合理施用技术 [J]. 植物营养与肥料学报, 2005, 11(4): 487- 493.

[348] 张福锁. 对提高养分资源利用几点思考 [M]// 迈向 21 世纪的土壤科学. 北京: 中国农业出版社, 2000, 42-48.

[349] 严力蛟，杜建生，郑志明，等．作物生产动态模拟模型的研究与应用 [J]．作物研究，1996，10(2)：1-5.

[350] Novoa R, Loomis R S. Nitrogen and plant production[J].Plant Soil,1981,58：177-204.

[351] 陈友订．广东省超级稻育种研究进展与展望 [J]．广东农业科学，2005(1)：12-15.

[352] 龙继锐．超级杂交稻节氮高效栽培生理生化特性及关键技术研究 [D]．长沙：湖南农业大学，2008.

[353] 彭少兵，黄见良，钟旭华，等．提高中国稻田氮肥利用率的研究策略 [J]．中国农业科学，2002,35(9)：1095-1103.

[354] 张琴，张春华．缓／控释肥为何发展缓慢 [J]．中国农资，2004 (4-5)：44-47.

[355] 叶华斌，黄新平，姚铭，等．氮钾配比对水稻氮素利用率的影响 [J]．上海农业科技，2003(3)：38-39.

[356] 骆建军，吴文安，解平，等．水稻节氮栽培效果初析 [J]．上海农业科技，2005(3)：50.

[357] 阮新民，施伏芝，罗志祥，等．氮肥水平对不同基因型水稻品种农学利用率的影响 [J]．安徽农业科学，2005，33(6)：942-943，976.

[358] 刘立军，徐伟，唐成，等．土壤背景氮供应对水稻产量和氮肥利用率的影响 [J]．中国水稻科学，2005，19(4)：345-349.

[359] 张书华，余常水，王怀昕，等．水稻超高产栽培专家系统施肥量研究 [J]．耕作与栽培，2003(6)：4-6.

[360] Field C, Merino J, Mooney H A. Compremises between water use efficiency and nitrogen use efficiency in five species of California evergreens[J]. O ecologia, 1983, 60：384-389.

[361] 任祖淦，唐福钦．缓效氮肥的增产效应研究 [J]．土壤通报，1997，28(1)：22-24.

[362] 张春伦，米兴明，胡思农. 缓释尿素的肥效及氮素利用率研究 [J]. 土壤肥料，1998 (6)：17-20.

[363] 蒋永忠，刘海琴，张永春. 高效尿素提高氮利用的机理 [J]. 江苏农业学报，2000,16(3)：180-184.

[364] 李方敏，艾天成，周升波，等. 缓释氮肥对水稻的增产效果及其氮素利用率 [J]. 土壤通报，2004,35(3)：311-315.

[365] 龙继锐，马国辉，周静，等. 中国缓/控释肥料的研发现状及展望 [J]. 作物研究，2006 (5)：514-516.

[366] 王光火，张奇春，黄昌勇，等. 提高水稻氮肥利用率控制氮肥污染的新途径——SSNM[J]. 浙江大学学报（农业与生命科学版），2003, 29(1)：67-70.

[367] De Datta S K. Improving nitrogen fertilizer efficiency in lowland rice in tropical Asia[J]. Fertilizer Res，1986 (9)：171-186.

[368] 邹长明，秦道珠. 水稻的氮磷钾养分吸收特性及其与产量的关系 [J]. 南京农业大学学报，2002,25(2)：6-10.

[369] Geigenberger P. Response of plant metabolism to too little oxygen[J]. Curr Opin Plant Biol, 2003, 6：247-256.

[370] Colmer T D. Long-distance transport of gases in plants：A perspective on internal aeration and radial oxygen loss from roots[J]. Plant Cell Environ, 2003,26：17-36.

[371] Shigeru M G. Agriculture Encyclopedia：Root Formation[M]. Japan：Yangxin Hall, 1987.

[372] Ponnampernma F N.The chemistry of submerged soils[J]. Advan Agron，1972, 24：29-96.

[373] 唐建军，王永锐，傅家瑞. 水稻对渍水稻田土壤缺氧胁迫的反应 [J]. 中国稻米，1995, 1(1)：29-31.

[374] 韩勃. 增氧条件下水稻根系及地上部生长特性研究 [D]. 扬州：扬州大学，2007.

[375] Pezeshki S R, Delaune R D. Responses of spartina alterniflora and spartina patens to rhizosphere oxygen deficiency[J]. Acta Oecologica, 1996,17(5): 365-378.

[376] 程旺大, 赵国平, 王岳钧, 等. 浙江省发展水稻节水高效栽培技术的探讨 [J]. 农业现代化研究, 2000, 21(3): 197-200.

[377] 杨建昌, 王志琴, 刘立军, 等. 旱种水稻生育特性与产量形成的研究 [J]. 作物学报, 2002, 28(1): 11-17.

[378] 黄义德, 张自立, 魏凤珍, 等. 水稻覆盖旱作的生态生理效应 [J]. 应用生态学报, 1999, 10(3): 305-308.

[379] 沈昌蒲, 尹嘉峰. 国内外研究垄作区田的情况 [J]. 水土保持科技情报, 1995(2): 62-63.

[380] 郭文韬. 再论中国古代的垄作耕法 [J]. 中国农史, 1992(2): 77-80.

[381] 刘巽浩, 牟正国. 中国耕作制度 [M]. 北京: 农业出版社, 1993: 365-369.

[382] 刘先宁, 苏树声. 水稻半旱式垄作栽培及综合利用技术 [J]. 农技服务, 1991(2): 5-8.

[383] 章秀福, 王丹英, 屈衍艳, 等. 垄畦栽培水稻的植株形态与生理特性研究 [J]. 作物学报, 2005, 31(6): 742-748.

[384] 章秀福, 王丹英, 邵国胜. 垄畦栽培水稻的产量、品质效应及其生理生态基础 [J]. 中国水稻科学, 2003, 17(4): 343-348.

[385] Crawford R M M. Tolerance to anocia and ethanol metabolism in germinating seeds[J]. New Phytol, 1977,79: 511-517.

[386] Webb T, Armstrong W. The effects of anoxia and carbohydrates on the growth and viability of rice, pea and pumpkin roots[J]. J Exp Bot, 1983,34: 579-630.

[387] Vartapetian B B. Plant anaerobic stress as a novel trend in ecological physiology, biochemistry and molecular biology: 2. Further development of problem[J]. Russ J Plant Physiol, 2007,53(6): 711-738.

[388] Perata P, Alpi A. Plant responses to anaerobiosis [J]. Plant Science, 1993, 93: 1-17.

[389] Garthwaite A L, Armstrong W, et al. Physiology of the barrier to radial O_2 loss in adventitious roots of Hordeum marinum assessed using modellling and experiments to manipulated O_2 in the aerenchyma//Abstract od 8th Congress of International Society of Plant Anaerobiosis. Perth, Australia：Interatctional Society of Plant Anaerobiosis, 2004：27-31.

[390] Costes C, Vartapetian B B. Plant grown in a vacuum：The ultrastructure and functions of mitochondria[J]. Plant & Sci, 1978,11：115-119.

[391] Jacob D L, Otte M L. Long-term effects of submergence and wetland vegetation on metals in a 90-year old abandoned Pb-Zn mine tailings pond[J]. Environ Pollut, 2004, 130：337-345.

[392] Angenlida M, Gerd A. Tolerance of crop plants to oxygen deficiency stress：Fermentative activity and photosynthetic capacity of entire seedlings under hypoxia and anoxia[J]. Physiol Plant, 2003：117：508-520.

[393] 肖德顺，徐冉，王丹英，等. 根表铁膜对水稻磷吸收影响研究进展[J]. 中国稻米，2022, 28(4)：1-5.

[394] 章永松，林咸永. 水稻根系泌氧对水稻土磷素化学行为的影响[J]. 中国水稻科学，2000, 14(4)：208-212.

[395] Weis J S, Weis P. Metal uptake, transport and release by wetland plants：Implications for phytoremediation and restoration[J]. Environ Int, 2004, 30：685-700.

[396] Armstrong J, Armstrong W. Rice：Sulphide-induced barriers to root radial oxygen loss, Fe^{2+} and water uptake, and lateral root emergence [J]. Annals of Botany, 2005, 96：625-638.

[397] 胡柯鑫，董春华，罗尊长，等. 不同缓释过氧化钙对潜育环境下水稻土微生物特性的影响[J]. 应用生态学报，2020, 31(5)：1467-1475.

[398] 丁维新，蔡祖聪. 土壤甲烷氧化菌及水分状况对其活性的影响[J]. 中国生态

农业学报，2003，11(1)：94-97.

[399] 肖卫华，姚帮松，张文萍，等. 根区通气增氧对杂交水稻根系及根际土壤微生物的影响研究[J]. 中国农村水利水电，2016(8)：41-43.

[400] 余锋，李思宇，邱园园，等. 稻田甲烷排放的微生物学机理及节水栽培对甲烷排放的影响[J]. 中国水稻科学，2022，36(1)：1-12.

[401] 丁维新，蔡祖聪. 植物在CH_4产生、氧化和排放中的作用[J]. 应用生态学报，2003，14(8)：1379-1384.

[402] 傅志强，黄璜，何保良，等. 水稻植株通气系统与稻田CH_4排放相关性研究[J]. 作物学报，2007，33(9)：1458-1467.

[403] Arah J R M, Kirk G J D. Modelling rice plant-mediated methane emission[J]. Nutr Cycl Agro-Ecosys, 2000, 58(1-3)：221-230.

[404] 赵锋，王丹英，徐春梅，等. 根际增氧模式的水稻形态、生理及产量响应特征[J]. 作物学报，2010，36(2)：1-10.

[405] 刘学，朱练峰，陈琛，等. 超微气泡增氧灌溉对水稻生育特性及产量的影响[J]. 灌溉排水学报，2009，28(5)：89-91.

[406] 徐春梅，王丹英，陈松，等. 增氧对水稻根系生长与氮代谢的影响[J]. 中国水稻科学，2012，26(3)：320-324.

[407] 赵霞，徐春梅，王丹英，等. 持续低氧环境下铵硝混合营养对水稻苗期生长及氮素代谢的影响[J]. 中国稻米，2013，19(5)：13-17.

[408] 赵锋，徐春梅，张卫建，等. 根际溶氧量与氮素形态对水稻根系特征及氮素积累的影响[J]. 中国水稻科学，2011，25(2)：195-200.

[409] 朱练峰，刘学，禹盛苗，等. 增氧灌溉对水稻生理特性和后期衰老的影响[J]. 中国水稻科学，2010，24(3)：257-263.

[410] 刘桃菊，戚昌瀚，唐建军. 水稻根系建成与产量及其构成关系的研究[J]. 中国农业科学，2002，35(11)：1416-1419.

[411] 蔡昆争，骆世明，段舜山. 水稻根系的空间分布及其与产量的关系[J]. 华南

农业大学学报，2003，24(3)：1-4.

[412] 朱德峰，林贤青，曹卫星. 水稻深层根系对生长和产量的影响[J]. 中国农业科学，2001，35(4)：1416-1419.

[413] 孙静文，陈温福，臧春明，等. 水稻根系研究进展[J]. 沈阳农业大学学报，2002，33(6)：466-470.

[414] 李扬汉. 禾本科作物的形态与解剖[M]. 上海：上海科学技术出版社，1979.

[415] 石庆华. 大穗型水稻根系生长特性与产量形成的研究[J]. 江西农业大学学报，1988, 10 (S2)：52-62.

[416] Sehefelbein J W, Benfy P N. The development of plant root: new approaches to underground problem [J]. Plant Cell, 1991, 3：1147-1154.

[417] Ennos A R, Fitter A H. Comparative functional morphology of the anchorage systems of annual dicots[J]. Functional Ecology, 1992, 6(1)：71-78.

[418] McMichael B L, Quisenberry J E. The impacts of the soil environment on the growth of the root systems[J]. Environmental & Experimental Botany, 1993, 33(1)：53-61.

[419] Smith S, Smet I D. Root system architecture：Insights from Aradbidopsis and cereal[J]. Philosoph Tran Royal Soc B, 2012,367：1441-1452.

[420] Lynch J P. Root architecture and plant productivity[J]. Plant Physiol, 1995,109：7-13.

[421] 戢林，李廷轩，张锡洲，等. 氮高效利用基因型水稻根系形态和活力特征[J]. 中国农业科学，2012，45(23)：4770-4781.

[422] Evans D E. Aerenchyma formation[J]. New Phytologist , 2004, 161(1)：35-49.

[423] Colmer T D. Aerenchyma and an inducible barrier to radial oxygen loss facilitate root aeration in upland, paddy and deepwater rice (*Oryza sativa* L.) [J]. Annals of Botany, 2003, 91(2)：301-309.

[424] Justin S H F W, Armstrong W. The anatomical characteristics of roots and plant

response to soil flooding[J]. New Phytologist, 1987, 106(1): 465‒495.

[425] Jackson M B, Armstrong W. Formation of aerenchyma and the process of plant ventilation in relation to soil flooding and submergence[J]. Plant Biology, 1999, 1(3): 274‒287.

[426] Vartapetian B B, Jackson M B. Plant adaptation to anaerobic stress[J]. Ann Bot, 1997, 79(90): 3‒20.

[427] Morisset C. Effects of energetic shortage upon the ultrastructure of some organelles, in excised roots of Lycopersicum esculentum cultivated in vitro I: reversible structural modifications of the endoplasmic reticulum[J]. Cytologia, 1983, 48: 349‒362.

[428] 武维华. 植物生理学 [M]. 北京: 科学出版社, 2008: 16‒17.

[429] 杨建昌. 水稻根系形态生理与产量、品质形成及养分吸收利用的关系 [J]. 中国农业科学, 2011, 44(1): 36‒46.

[430] 胡继杰, 钟楚, 胡志华, 等. 溶解氧浓度对水稻分蘖期根系生长及氮素利用特性的影响 [J]. 中国农业科学, 2021, 54(7): 1525‒1536.

[431] Jackson M B, Colmer T D. Response and adaptation by plants to flooding stress[J]. Annal Bot, 2005, 96: 501‒505.

[432] 赵锋, 张卫建, 章秀福, 等. 连续增氧对不同基因型水稻分蘖期生长和氮代谢酶活性的影响 [J]. 作物学报, 2012, 38(2): 344‒351.

[433] 陈改苹, 朱建国, 谢祖彬, 等. 开放式空气 CO_2 浓度升高对水稻根系形态的影响 [J]. 生态环境, 2005, 14(4): 503‒507.

[434] 李中阳, 宋正国, 樊向阳, 等. CO_2 浓度升高对不同水稻品种幼苗养分吸收和根系形态的影响 [J]. 植物营养与肥料学报, 2013, 19(1): 20‒25.

[435] 章怡兰, 林雪, 吴仪, 等. 水稻根系遗传育种研究进展 [J]. 植物学报, 2020, 55(3): 382‒393.

[436] 丁仕林, 刘朝雷. 水稻根系遗传研究进展 [J]. 中国稻米, 2019, 25(5): 24‒29.

[437] 王昱, 王玮, 范杰英, 等. 水稻根系分布同产量之间关系的研究进展 [J]. 农业与技术, 2017, 37(5): 43-45.

[438] 王丹英, 韩勃, 章秀福, 等. 水稻根际含氧量对根系生长的影响 [J]. 作物学报, 2008, 34(5): 803-808.

[439] 赵霞, 徐春梅, 王丹英, 等. 根际溶氧量对分蘖期水稻生长特性及其氮素代谢的影响 [J]. 中国农业科学, 2015, 48(18): 3733-3742.

[440] 牛耀芳, 宗晓波, 都韶婷, 等. 大气 CO_2 浓度升高对植物根系形态的影响及其调控机理 [J]. 植物营养与肥料学报, 2011, 17(1): 240-246.

[441] 徐春梅, 陈丽萍, 王丹英, 等. 低氧胁迫对水稻幼苗根系功能和氮代谢相关酶活性的影响 [J]. 中国农业科学, 2016, 49(8): 1625-1634.

[442] Pan S Z. Characterization of gleyization of paddy soils in the middle reaches of the Yangtze River[J]. Pedosphere, 1996, 6: 111-119.

[443] Sarkar P K, Reddy J N, et al. Physiological basis of submergence tolerance in rice and implications for crop improvement[J]. Curr Sci, 2006, 91: 899-906.

[444] Pezeshki S R, Delaune R D. Responses of Spartina alterniflora and Spartina patens to rhizosphere oxygen deficiency[J]. Acta Oecol, 1996, 17: 365-378.

[445] Colmer T D. Aerenchyma and an inducible barrier to radial oxygen loss facilitate root aeration in upland and deep-water rice (*Oryza sativa* L.) [J]. Ann Bot, 2003, 91: 301-309.

[446] Angenlida M, Gerd A. Tolerance of crop plants to oxygen deficiency stress: Fermentative activity and photosynthetic capacity of entrie seedlings under hypoxia and anoxia[J]. Physiol Plant, 2003, 117: 508-520.

[447] Ella E S, Kawano N, Osamu H. Importance of active oxygen scavenging xyxtem in the recovery of rice seedlings after submergence[J]. Plant Sci, 2003, 65: 85-93.

[448] Das K K, Sawano N, Ismail A M. Elongation ability and non-structural carbohydrate levels in relation to submergence tolerance in rice[J]. Plant Sci, 2005, 68:

131-136.

[449] 宋纯鹏. 植物衰老生物学 [M]. 北京: 北京出版社, 1998.

[450] Evans P H J R. Photosynthetic nitrogen-use efficiency of species that differ inherently in specific leaf area [J]. Mocologia, 1998, 116(1/2): 26-37.

[451] 柳唐镜, 郑秀国, 李劲松, 等. 淹水对红籽瓜嫁接苗生长和根系生理生化的影响 [J]. 长江蔬菜, 2009, 2b: 18-21.

[452] 潘晓华, 王永锐. 水稻根系生长生理研究进展 [J]. 植物学通报, 1996(2): 13-20.

[453] Wiedenroth E M. Responses of roots to hypoxia: Their structural and energy relations with the whole plant[J]. Environmental & Experimental Botany, 1993, 33(1): 41-51.

[454] 李志霞, 秦嗣军, 吕德国, 等. 植物根系呼吸代谢及影响根系呼吸的环境因子研究进展 [J]. 植物生理学报, 2011, 47(10): 957-966.

[455] 郭世荣. 营养液溶氧浓度对黄瓜和番茄根系呼吸强度的影响 [J]. 园艺学报, 2000, 27(2): 141-142.

[456] 张大鹏, 罗国光. 不同时期水分胁迫对葡萄果实生长发育的影响 [J]. 园艺学报, 1992, 19(4): 296-300.

[457] 明东风, 袁红梅, 王玉海, 等. 水分胁迫下硅对水稻苗期根系生理生化形状的影响 [J]. 中国农业科学, 2012, 45(12): 2510-2519.

[458] Kwinta J, Bielawski W. Glutamate dehydrogenase in higher plants[J]. Acta Physiologiae Plantarum, 2012, 20(4): 453-463.

[459] 生利霞, 束怀瑞. 低氧胁迫对平邑甜茶根系活力及氮代谢相关酶活性的影响 [J]. 园艺学报, 2008, 35(1): 7-12.

[460] 生利霞, 巴金磊, 等. 低氧胁迫对樱桃根系呼吸功能及氮代谢的影响 [J]. 内蒙古农业大学学报, 2012, 33(5/6): 23-27.

[461] 赵首萍, 赵学强, 施卫明. 不同铵硝比例对水稻铵吸收代谢基因表达的影响 [J]. 土壤学报, 2006, 43(3): 436-442.

[462] 史树德, 孙亚卿, 魏磊, 等. 植物生理学实验指导[M]. 北京: 中国林业出版社, 2011: 88.

[463] Suralta R R, Yamauchi A. Root growth, aerenchyma development, and oxygen transport I rice genotypes subjected to drought and waterlogging[J]. Environmental & Experimental Botany, 2008,64(1): 75-82.

[464] Stoimenova M, Libourel I G L, et al. The role of root nitrate reduction in the anoxic metabolism of roots II. Anoxic metabolism of tobacco roots with or without nitrate reductase activity[J]. Plant & Soil, 2003, 253(1): 155-167.

[465] 熊杰, 符冠富, 杨永杰, 等. 一氧化氮在植物根系生长发育过程中的作用研究进展[J]. 华中农业大学学报, 2011, 30(3): 375-383.

[466] 徐春梅, 袁立伦, 陈松, 等. 长江下游不同生态区双季优质晚稻生长特性和温光利用差异[J]. 中国水稻科学, 2020, 34(5): 457-469.

[467] 吴文革, 周永进, 张健美, 等. 杂交中籼稻钵苗机插群体特征及产量形成优势分析[J]. 核农学报, 2016, 30(7): 1427-1434.

[468] 刘桃菊, 殷新佑, 戚昌瀚, 等. 气候变化与水稻生长发育及产量形成关系的模拟研究[J]. 应用生态学报, 2005, 16(3): 486-490.

[469] 王永锐. 作物高产群体生理[M]. 北京: 科学技术文献出版社, 1991.

[470] 邹应斌. 水稻品种生育期的研究: I 水稻品种生育期变化类型及其特点[J]. 湖南农学院学报, 1983(3): 1-11.

[471] 林贤青, 周伟军, 朱德峰, 等. 稻田水分管理方式对水稻光合速率和水分利用效率的影响[J]. 中国水稻科学, 2004, 18(4): 333-338.

[472] 杨建昌, 王维, 王志琴, 等. 水稻旱秧大田期需水特性与节水灌溉指标研究[J]. 中国农业科学, 2000, 33(2): 34-42.

[473] 梁建生, 曹显祖, 张海燕, 等. 水稻籽粒灌浆期间茎鞘贮存物质含量变化及其影响因素研究[J]. 中国水稻科学, 1994, 8(3): 151-156.

[474] 谢光辉, 杨建昌, 王志琴, 等. 水稻籽粒灌浆特性及其与籽粒生理活性的关

系[J]. 作物学报, 2001, 27(5): 557-565.

[475] 左清凡, 谢平, 宋宇, 等. 水稻籽粒不同发育时期灌浆速率的遗传及其与环境互作的分析[J]. 中国农业科学, 2002, 35(5): 465-470.

[476] 徐正进, 陈温福, 张龙步, 等. 水稻穗颈维管束性状的类型间差异及其遗传的研究[J]. 作物学报, 1996, 22(2): 168-172.

[477] 沈阿林, 刘春增, 张付申, 等. 不同水分管理对水稻生长与氮素利用的影响[J]. 植物营养与肥料学报, 1997, 3(2): 111-115.

[478] Grable A R. Soil aeration and plant growth[J]. Advances in Agronomy. 1966, 18, 57–106.

[479] 张亚洁, 许德美, 孙斌, 等. 种植方式对陆稻和水稻籽粒灌浆及垩白的影响[J]. 中国农业科学, 2005, 39: 257-264.

[480] 朱庆森, 曹显祖. 水稻籽粒灌浆的生长分析[J]. 作物学报, 1998, 14(3): 182-192.

[481] 袁继超, 刘从军, 朱庆森, 等. 播期对水稻籽粒灌浆特性的影响[J]. 西南农业大学学报, 2004, 17(2): 164-168.

[482] 胡健, 杨连新, 周娟, 等. 开放式CO_2浓度增氧(FACE)对水稻籽粒灌浆动态的影响[J]. 中国农业科学, 2007, 40(11): 243-245.

[483] 王彦荣, 华泽田, 陈温福, 等. 粳稻根系与叶片早衰的关系及其对籽粒灌浆的影响[J]. 作物学报, 2003, 29(6): 892-898.

[484] 郑家国, 任光俊, 陆贤军, 等. 花后水分亏缺对水稻产量和品质的影响[J]. 中国水稻科学, 2003, 17(3): 239-243.

[485] 杨生龙, 王兴盛, 强爱玲, 等. 不同灌溉方式对水稻产量及产量构成因子的影响[J]. 中国稻米, 2010, 16(1): 49-51.

[486] 张自常, 徐云姬, 褚光, 等. 不同灌溉方式下的水稻群体质量[J]. 作物学报, 2011, 37(11): 2011-2019.

附1 水稻热害田间调查及耐高温性大田鉴定规程

一、范围

本标准规定了水稻热害田间调查规程的适用范围、调查内容、判断方法、评判标准等;规定了水稻品种耐高温性能大田鉴定规程的鉴定内容、鉴定方法和程序等要求。本标准适用于中稻类型水稻;适用于农业保险企业、种子企业、稻作经营体和农业行政管理部门对水稻热害受害后的受灾品种、受灾地域和受害程度等的评估与鉴定;适用于相关研究部门对大批量水稻种质资源、育种中间材料耐高温性能的定性型筛选。

二、规范性引用文件

下列文件对于本文件的应用是必不可少的。凡是注日期的引用文件,仅所注日期的版本适用于本文件。凡是不注日期的引用文件,其最新版本(包括所有的修改单)适用于本文件。

GB/T21985—2008 主要农作物高温危害温度指标 第4部分 高温危害指标

NY/T2195—2016 水稻热害鉴定与分级标准 第4部分 水稻高温热害温度指标

三、术语和定义

下列术语和定义适应于本标准。

1. 热害

水稻孕穗期和抽穗期连续发生3 d以上日平均气温≥30℃或最高气温≥35℃的天气,造成水稻授粉和结实异常,并形成明显的结实障碍和减产的一种气象灾害。

2. 受精率

成熟稍前收获高温处理水稻植株,对其穗部小穗进行受精与否统计。凡小穗有结实感者直接计入受精粒；对余下无法确定受精与否的小穗，用染色法确定种子是否受精，凡小穗的颖内被 I-KI 溶液染色者，计入受精粒，无染色者计入未受精粒。受精率（%）= 穗受精粒数 / 穗总粒数 ×100。

3. 品种耐热指数

品种耐热指数（%）= 高温下品种受精率 / 常温下品种受精率 ×100

四、水稻热害田间调查操作规程

1. 热害天气发生判定

调取所在地县级以上国家气象站近期主要气象数据，对照水稻关键生育期，对热害发生的可能性做出判断。当水稻抽穗期发生连续 3 d 以上日平均气温 ≥ 30℃或最高气温 ≥ 35℃的天气，且该天气发生与水稻抽穗期吻合，则可初步判定发生高温危害天气。由于高温和低温致害在水稻受害外观上不易区分，需排除水稻孕穗期低温（抽穗前 12 d 左右，出现连续 3 d 以上日平均气温 ≤ 20℃~22℃）致害后，最后确定高温致害。

2. 水稻热害典型受害特征判定

对水稻穗部的结实粒和空粒分布进行近距离观测，如空粒在穗部的某段呈连续分布且不依据颖花强或弱势类型出现，空粒颖壳呈正常绿色，即为水稻热害典型受害特征。

3. 田间调查内容与程序

依照如下步骤进行（计入附表 1）：

（1）农情调查

包括户主信息；品种及其来源；面积及种植方式；播种及抽穗期；田间长势长相；是否受旱、是否多肥或缺肥等。

（2）田间观测

对相同品种在当地不同农户 / 田块的受害程度进行差异调查，以确定高温受害是否为主要原因；对当地同生育期的不同品种受害程度进行差异调查，以确定是否为品种之间存在耐热性的差异。

（3）田间取样

如初步确立为典型热害受害，在田间每品种选定 3~5 个点，每点抽取水稻 3~5 穴，带回室内考种。

（4）室内鉴定

对从田间取回的水稻植株样本分穗统计每穗总粒数和受精粒数，计算受精率。

附表1　水稻热害田间调查样表

业主姓名				
业主地址				
田间长相描述				
品种		播期		抽穗期
面积			同组同品种面积	
受精率	穗号	总粒数	受精粒数	受精率
	1			
	2			
	3			
	4			
	5			
	……			

4. 热害评判标准

正常生产上使用的水稻品种，受精率（结实率）一般在85%以上。对热害的评判采用如下4级标准。

受精率≥75%，未明显受害（0级）；

60%≤受精率＜75%，明显受害（1级）；

45%≤受精率＜60%，较严重受害（2级）；

受精率＜45%，严重受害（3级）。

5. 提交水稻热害现场调查鉴定结果

通过调查形成《××地区××年水稻热害现场调查鉴定结果》，其内容包括调查案件原委和调查经过、遵循的调查规范、主要调查结果和结论性意见等。

五、水稻品种耐高温性大田鉴定操作规程

1. 鉴定地域

鉴定地域选常年高温危害的易发地带,如湖北省的荆州市或黄冈市等低湿平原地区。

2. 鉴定圃

鉴定圃选远离城市和城郊,基本没有热岛效应的地区,具体田块所处地自然开阔、无大型建筑物遮挡,地形平坦。

3. 气象观测

可以直接利用鉴定圃周围 2 km 范围内县级国家气象观测站,或在附近开阔地建立符合国内观测规范标准的自动气象站。

4. 播种及其播种期调整

采用分期播种法进行大田鉴定。将已分组的品种按 4 个播期进行规划,且根据品种生育期及前期栽培资料,将品种的 1~4 个播期主体安排在 7 月下旬至 8 月上中旬抽穗。每个播期相隔时间为 10 d,并设置至少 2 次重复。设置对照品种,对照品种为已知其耐高温性能的品种。

5. 栽培条件设置

鉴定圃施肥水平控制为中等。栽培规格为四行圃,小区面积为 0.6 m × 2.4 m,株行距为 16 cm × 20 cm,株数 4 株 × 16 株,各小区间距为 30 cm。叶龄 5~6 叶时移栽,单本插(杂交稻)或多本插(常规稻)。开花期前后绝对避免田间缺水情况的发生。加强对主要病虫防治,严格防止倒伏。

6. 田间观测记载

记载播种期、移栽期、分蘖盛期(估测)、分蘖末期(估测)、始穗期和齐穗期、成熟期等,特别强调始穗期的记载。记载肥料和农药施用时期与用量。成熟时,观测记载倒伏、病害等情况。

7. 取样及受精率测定

于成熟前 1 周左右，在每个品种每个播期的每次重复中，取中间 2 行生长整齐一致的稻株 4 株，作为测定受精率的样本植株。取样时，仔细观测和确定样本对小区内整体材料的代表性，剔除异样穗和病穗。取样后标记好标牌，带回室内放到干燥通风和安全处存放，随后测定受精率。

8. 高温遭遇与否与受害与否的判定

同"热害天气发生判定"和"水稻热害典型受害特征判定"。

9. 品种耐热性判定标准

在确立品种是否遭遇危害天气基础上，通过水稻品种受精率设置如下品种耐性等级。

受精率≥85%，为结实正常，对应品种耐热（1级）；

75%≤受精率＜85%，为结实偏低，对应品种中等耐热（2级）；

60%≤受精率＜75%，为结实严重偏低，对应品种感热（3级）；

受精率＜60%，为结实极低，对应品种敏热（4级）。

对部分大穗的超级杂交稻品种，其各相应的指标可在此基础上下调 5%。该等级为该年度特定环境条件下取得的耐性等级，可用于同批次品种之间的相互比较。

附2 水稻品种耐高温性能的花期梯级温度鉴定规程

一、范围

本规程规定了水稻品种耐高温性能的开花期梯度温度鉴定法的基本设施与栽培要求、程序及其操作规程、品种（材料）耐高温性能的评判。

本标准适用于各类水稻结实相关的耐热性能鉴定。

二、规范性引用文件

下列文件对于本文件的应用是必不可少的。凡是注日期的引用文件，仅所注日期的版本适用于本文件。凡是不注日期的引用文件，其最新版本（包括所有的修改单）适用于本文件。

GB/T 21985—2008 主要农作物高温危害温度指标 第4部分 高温危害指标

NY/T 2195—2016 水稻热害鉴定与分级标准 第2部分 术语和定义

三、术语和定义

下列术语和定义适用于本标准。

1. 热害

按照 GB/T 21985—2008 定义水稻热害。

2. 受精率

成熟稍前收获高温处理水稻植株，对其穗部小穗进行受精与否统计。凡小穗有结实感者直接计入受精粒；对余下无法确定受精与否的小穗，用染色法确定种子是否受精，凡小穗的颖内被 I-KI 溶液染色者，计入受精粒，无染色者计入未受精粒。受精率（%）= 穗受精粒数/穗总粒数 ×100。一般每个品种每批次处理取 20~30 穗作为待测样本。

3. 品种耐热指数

采用如下公式计算品种耐热指数：

品种耐热指数（%）= 特定高温下品种受精率 / 常温下品种受精率 ×100

4. 品种耐热综合指数

参考 NY/T 2195—2016，采用如下公式计算品种耐热综合指数：

品种耐热综合指数 =33℃时耐热指数 ×1＋35℃时耐热指数 ×2＋37℃时耐热指数 ×4。

5. 拐点温度

品种在高温下，其受精率降低到特定经济阈值时对应的温度值。本标准规定，品种高温反应的第一拐点温度为 T1，即品种高温受害起点（此时受害，肉眼可以明显区分），为受精率降低到约 75% 时的温度值；第 2 拐点温度为 T2，即品种高温严重受害点，为受精率降低到约 50% 时的温度值（此时水稻外观受害十分明显，通常水稻生产面上受害普遍）；第 3 拐点温度为 T3，即品种高温受害终点，为受精率降低到约 25% 时的温度值（此时受害后，水稻基本不具备收获价值）。

四、基本设施与栽培要求

1. 人工光温控制设备 / 设施

采用人工光温控制设备 / 设施进行控制性高温处理，该设备应可以精准控制光照强度 [（1 400 μmol/（m^2/s）]、空气湿度（Rh 70%～90%，精度 3%）、室内温度（−10℃～45℃，精度 0.3℃），且可分时间段设置其控制参数。

2. 水稻材料培育

选地势平坦、背风向阳、水源方便、交通方便、便于操作管理和安全的地方作为盆栽场，最好是专用盆栽场。盆栽场场地须具有自然地面特性，如自然草地、透水地面、周围无大面积增温、反光、影响空气湿度和风速的场所和设施。

五、操作程序

1. 参试品种（材料）确定

事先根据人工气候室的数量、有效使用空间及盆栽材料的盆钵面积等计算一次性可能鉴定品种（材料）的数量上限。

2. 设置对照品种

确立 1~2 个高温耐性强或弱的典型品种作为对照品种，每次处理须有对照品种。

3. 分期播种

为便于处理，需使供试材料大致同时抽穗。为此，方法之一是对各品种（材料）进行播种期调整，让其在同一时期抽穗；其二是无法预见抽穗期时，对材料进行分期播种，播期从第一期开始，相继延后 10 d 播种，一般总共分 4 期播种。将抽穗期大致相同（播种期可以不同）的品种同时进行高温处理。

4. 盆钵及土壤、施肥

盆钵可采用专用水稻盆栽钵，也可采用市售塑料桶，其规格为高 30 cm，口径 30 cm。供试土壤选择 0~20 cm 的水稻土表层土，经自然风干后过 4 mm 筛，每桶装过筛土 12.5 kg，同时施复合肥（N∶P∶K 为 26∶10∶15）8.0 g 后混匀。

5. 栽培管理

各品种大田播种后 15~20 d 选整齐一致的植株移栽。每期每品种 6~10 盆，每盆移栽 20 株稻苗。水稻植株在盆内成环形种植。水稻发育阶段不定期去除分蘖，仅留主茎。水稻品种（材料）生长发育期间盆内保障不断水。加强病虫害防治，对主要病虫害须进行标准化防治。成熟前在盆栽场四周和上方搭鸟网以防止鸟取食水稻籽粒。

6. 梯度温度设定

温度处理为开花期全程高温处理，依品种的穗型大小而异，一般 5 d。梯度温度设 3 级，分别为日最高气温 33℃、35℃、37℃，其对应的日平均气温分别为 29.8℃、31.8℃、33.8℃。每日温度处理模拟当地典型高温天气，采用每 2 小时变化

1次的方式进行具体温湿度设置。

7. 控温处理过程管理

处理和对照各选取盆栽3盆，于处理前一天下午对即将抽穗开花（见穗）的水稻植株进行挂牌标记（分处理和对照）后搬入人工气候室。高温处理品种（材料）花期结束后搬到盆栽场与对照一起自然生长至成熟阶段。其间需注意：（1）全程避免对水稻品种（材料）造成物理损伤；（2）高温处理时，温湿度传感器应水平放于水稻品种（材料）的穗层且避免被水稻叶片挡光；（3）对照水稻品种（材料）如遇高温天气应采取相应措施避开，搬入常温温室。

8. 受精率测定

将挂牌植株取回室内，放到干燥通风和安全处存放，测定受精率。

六、品种（材料）耐高温性能的评判

计算各品种（材料）的耐热指数和耐热综合指数。采用品种耐热指数表征品种在特定温度下的耐热性能；采用品种耐热综合指数作为水稻品种终级耐热性能评价标准，具体方案见附表2。在对品种耐高温性进行相互比较和总体评价时，除遵循耐热综合指数外，必要时还需参照对照品种表现和各品种拐点温度值进行综合评判。

附表2 品种耐热综合指数值及对应品种耐性等级

级别	耐热性	耐热综合指数值（IHTI）
1	极强耐	IHTI ≥ 4.5
2	强耐	3.5 ≤ IHTI < 4.5
3	较耐	2.5 ≤ IHTI < 3.5
4	中间型	2.0 ≤ IHTI < 2.5
5	不耐	1.0 ≤ IHTI < 2.0
6	极不耐	IHTI < 1.0

附3 水稻高温逼熟耐性鉴定技术规程

一、范围

本文件确立了水稻品种（材料）高温逼熟耐性鉴定的田间鉴定程序和室内鉴定程序。

本文件适用于对湖北省早稻和中稻类型的籼型品种或育种材料进行高温逼熟耐性的鉴定。

二、规范性引用文件

下列文件中的内容通过文中的规范性引用而构成本文件必不可少的条款。其中，注日期的引用文件，仅该日期对应的版本适用于本文件；不注日期的引用文件，其最新版本（包括所有的修改单）适用于本文件。

GB 1350 稻谷

GB/T 5519 谷物与豆类 千粒重的测定

GB/T 21719 稻谷整精米率检验法

NY/T 2334 稻米整精米率、粒型、垩白粒率、垩白度及透明度的测定 图像法

NY/T 2915 水稻高温热害鉴定与分级

三、术语和定义

下列术语和定义适用于本文件。

1. 高温天气

水稻灌浆结实期遭遇连续 3 d 及以上日平均气温 ≥ 28℃的天气。

2. 适温天气

水稻灌浆结实期日平均气温 ≤ 28 ℃ 的（一般介于 24℃ ~ 27 ℃）的天气。

3. 高温逼熟

早稻和中稻灌浆结实期遭遇持续性高温天气，导致水稻灌浆加速，粒重变轻，品质变差的一种水稻气象胁迫或灾害，是水稻热害的一种重要类型。

4. 耐热指数

千粒重和整精米率的耐热指数（分别为 TI 千粒重和 TI 整精米率）为高温条件下灌浆的某指标的测量值与适温条件下灌浆的该指标的测量值的比值，一般用百分率（%）表示，按公式（1）计算。

$$TI = A/B \times 100 \tag{1}$$

公式中：

TI—耐热指数，单位为百分率（%）；

A—高温天气条件下指标的测量值；

B—适温天气条件下指标的测量值。

参考 NY/T 2915。

垩白度的耐热指数直接用高温与适温下的差值表示，按公式（2）计算。

$$TI_{垩白度} = C_1 - C_2 \tag{2}$$

公式中：

$TI_{垩白度}$—垩白度的耐热指数，单位为百分率（%）；

C_1—高温天气条件下垩白度的测量值，单位为百分率（%）；

C_2—适温天气条件下垩白度的测量值，单位为百分率（%）。

5. 耐性指数分级

根据大量实验结果，对品种的高温逼熟耐性所涉千粒重、整精米率和垩白度等三大指标在热害和适温下的表现值进行耐热性等级划分。每个指标分为 1~4 级，级别值越小耐性越强。

6. 综合耐热分级

品种最终的耐性评价采用综合耐性指数分级表示，该分级受品种千粒重、整精米率和垩白度等三大指标中的最低耐性分级指标限制，即三大指标中等级值最大者的等级，为该品种的综合耐热等级。按公式（3）计算。

$$RITI_{综合} = \max\{RTI_{千粒重}, RTI_{整精米率}, RTI_{垩白度}\} \tag{3}$$

四、缩略语

下列缩略语适用于本文件。

Tave：日平均气温。

TI：耐热指数。

HT：高温天气。

$TI_{千粒重}$：千粒重的耐热指数。

$TI_{整精米率}$：整精米率的耐热指数。

$TI_{垩白度}$：垩白度的耐热指数。

$RTI_{千粒重}$：品种千粒重的耐热等级。

$RTI_{整精米率}$：品种整精米率的耐热等级。

$RTI_{垩白度}$：品种垩白度的耐热等级。

$RITI_{综合}$：品种综合耐热等级。

五、田间鉴定程序

1. 鉴定试验的地区选择

通过历年气象资料分析，选择湖北省高温易发区，如江汉平原或鄂东等地开展鉴定工作。

2. 分期播种

将待测品种（材料）进行分期播种，使各品种不同播期灌浆期分别经历高温和适温完成灌浆结实，即根据历年鉴定地域的气象资料，按照水稻品种（材料）生育期，确定明确的播种期，将各品种齐穗后 15 d 的灌浆敏感时期调整到分别经历高温天气（Tave ≥ 28℃）和适温天气（Tave < 28℃，介于 24℃~27℃）两种温度条件。

3. 种植方式

水稻秧龄 20 d 左右移栽，栽插规格为 20 cm×30 cm，每穴插 2 粒谷苗，小区规格 3 m×6 m，3 次重复，肥水管理和病虫防治按照当地水稻生产高产栽培管理方法进行。

4. 收获

品种黄熟时立即收获，收获后在太阳下或烘箱内立即干燥至种子含水量达 13.5%。将干燥后的稻穗在干燥箱内保存，以备测定。

5. 生育期和温度记录

准确记录每个小区始穗期、齐穗期。准确记录关键生育期的气温数据，采用标准自动气象站记录大田周边实时气象数据或直接采用鉴定区域内最近距离的县市级国家法定气象观测站气象数据。

六、室内鉴定程序

1. 千粒重

将收获后的稻穗脱粒后风选去除空粒，自然晾晒至 GB 1350 规定含水量标准，按 GB/T 5519 测定稻谷千粒重。

2. 整精米率

按 GB/T 21719 测定稻谷样品的整精米率。

3. 垩白度

按 NY/T 2334 测定稻谷样品的垩白度。

4. 耐性评价

（1）千粒重的耐热性

根据品种（材料）在适温天气条件下和高温天气（HT）条件下的千粒重，计算该品种千粒重的耐性指数（$TI_{千粒重}$），千粒重的评级方法应符合附表 3 中的规定。

附表3　千粒重耐热性分级标准

$RTI_{千粒重}$	$TI_{千粒重}$（%）	耐热性
1	$TI_{千粒重} \geq 98$	强耐热型，指供试品种（材料）在经历灌浆前中期的高温后，千粒重与适温条件下相比，高温对其影响甚微。
2	$98 > TI_{千粒重} \geq 95$	耐热型，指供试品种（材料）在经历灌浆前中期的高温后，千粒重与适温条件下相比，高温对其有较小影响。
3	$95 > TI_{千粒重} \geq 92$	不耐热型，指供试品种（材料）在经历灌浆前中期的高温后，千粒重与适温条件下相比，高温对其有较大影响。
4	$92 > TI_{千粒重}$	极不耐热型，指供试品种（材料）在经历灌浆前中期的高温后，千粒重与适温条件下相比，高温对其有很大影响。

（2）整精米率的耐热性

根据品种（材料）在适温天气条件下和高温天气（HT）条件下的整精米率，计算该品种整精米率的耐性指数（$TI_{整精米率}$），整精米率的评级方法应符合附表4中的规定。

附表4　整精米率耐热性分级标准

$RTI_{整精米率}$	$TI_{整精米率}$/%	耐热性
1	$TI_{整精米率} \geq 90$	强耐热型，指供试品种（材料）在经历灌浆前中期的高温后，整精米率与适温条件下相比，高温对其影响甚微，损失在10%及以下。
2	$90 > TI_{整精米率} \geq 80$	耐热型，指供试品种（材料）在经历灌浆前中期的高温后，整精米率与适温条件下相比，高温对其有较小影响，损失不大于20%，但达到10%以上。
3	$80 > TI_{整精米率} \geq 70$	不耐热型，指供试品种（材料）在经历灌浆前中期的高温后，整精米率与适温条件下相比，高温对其有较大影响，损失不大于30%，但达到20%以上。
4	$70 > TI_{整精米率}$	极不耐热型，指供试品种（材料）在经历灌浆前中期的高温后，整精米率与适温条件下相比，高温对其有很大影响，损失30%以上。

（3）垩白度的耐热性

根据品种（材料）在适温天气条件下和高温天气（HT）条件下的垩白度，按照公式（2）计算该品种垩白度的高温耐性。垩白度的评级方法应符合附表5中的规定。

附表5 垩白度耐热性分级标准

RTI$_{垩白度}$	TI$_{垩白度}$/%	耐热性
1	2 ≥ TI$_{垩白度}$	强耐热型，指供试品种（材料）在经历灌浆前中期的高温后，垩白度与适温条件下相比，高温对其影响甚微，垩白粒增加在2个百分点以下。
2	4 ≥ TI$_{垩白度}$ > 2	耐热型，指供试品种（材料）在经历灌浆前中期的高温后，垩白度与适温条件下相比，高温对其有较小影响，垩白粒增加2个百分点以上，但不大于4个百分点。
3	6 ≥ TI$_{垩白度}$ > 4	不耐热型，指供试品种（材料）在经历灌浆前中期的高温后，垩白度与适温条件下相比，高温对其有较大影响，垩白粒增加4个百分点以上，但不大于6个百分点。
4	TI$_{垩白度}$ > 6	极不耐热型，指供试品种（材料）在经历灌浆前中期的高温后，垩白度与适温条件下相比，高温对其有很大影响，垩白粒增加6个百分点以上。

（4）品种（材料）综合耐热性评价

根据千粒重、整精米率和垩白粒率的定级结果对品种（材料）的高温逼熟耐性进行综合评价，三个定级指标分级的最大值即为品种综合耐热分级［公式（3）］，综合耐热分级标准应符合附表6中的规定。

附表6 品种综合耐热分级标准

RITI$_{综合}$	RTI$_{千粒重}$	RTI$_{整精米率}$	RTI$_{垩白度}$	品种综合耐热性
1	≤ 1	≤ 1	≤ 1	强耐热型，指供试品种（材料）在经历灌浆前中期的高温后，千粒重、整精米率和垩白粒率受高温影响甚微，各指标评级均为1级。
2	≤ 2	≤ 2	≤ 2	耐热型，指供试品种（材料）在经历灌浆前中期的高温后，千粒重、整精米率和垩白粒率受高温影响较小，各指标评级均小于等于2级，且至少有1个为2级。
3	≤ 3	≤ 3	≤ 3	不耐热型，指供试品种（材料）在经历灌浆前中期的高温后，千粒重、整精米率和垩白粒率中一个或多个指标受高温影响较大，各指标评级均小于等于3级，且至少有1个为3级。
4	≤ 4	≤ 4	≤ 4	极不耐热型，指供试品种（材料）在经历灌浆前中期的高温后，千粒重、整精米率和垩白粒率中一个或多个指标受高温影响很大，各指标评级均小于等于4级，且至少有1个为4级。

图书在版编目（CIP）数据

超级杂交水稻超高产栽培理论与实践 / 马国辉等著. 长沙：湖南科学技术出版社，2024. 10. -- ISBN 978-7-5710-3289-0

Ⅰ.S511

中国国家版本馆 CIP 数据核字第 2024KM6031 号

CHAOJI ZAJIAO SHUIDAO CHAO GAOCHAN ZAIPEI LILUN YU SHIJIAN
超级杂交水稻超高产栽培理论与实践

著　　者：马国辉　等
出 版 人：潘晓山
责任编辑：李　丹
出版发行：湖南科学技术出版社
社　　址：长沙市芙蓉中路一段 416 号泊富国际金融中心
网　　址：http://www.hnstp.com
湖南科学技术出版社天猫旗舰店网址：
　　　　　http://hnkjcbs.tmall.com
邮购联系：0731-84375808
印　　刷：长沙沐阳印刷有限公司
　　　　（印装质量问题请直接与本厂联系）
厂　　址：长沙市开福区陡岭支路 40 号
邮　　编：410003
版　　次：2024 年 10 月第 1 版
印　　次：2024 年 10 月第 1 次印刷
开　　本：787 mm×1092 mm　1/16
印　　张：35.5
字　　数：466 千字
书　　号：ISBN 978-7-5710-3289-0
定　　价：168.00 元

（版权所有·翻印必究）